Der historische Buchbestand der Universitätssternwarte Wien

Karin Lackner/Isolde Müller/Franz Kerschbaum
Roland Ottensamer/Thomas Posch

Der historische Buchbestand der Universitätssternwarte Wien

Ein illustrierter Katalog
Teil 2: 18. Jahrhundert

PETER LANG
Frankfurt am Main · Berlin · Bern · Bruxelles · New York · Oxford · Wien

Bibliografische Information der Deutschen Nationalbibliothek
Die Deutsche Nationalbibliothek verzeichnet diese Publikation in der
Deutschen Nationalbibliografie; detaillierte bibliografische Daten sind
im Internet über <http://www.d-nb.de> abrufbar.

Gedruckt mit Unterstützung der
Wissenschafts- und Forschungsförderung der Stadt Wien, MA 7,
der Erste Bank und des Bundesministeriums für Bildung,
Wissenschaft und Kultur in Wien.

Die Österreichische Akademie der Wissenschaften unterstützte
finanziell die Arbeit von Frau M. Solar, die an der elektronischen
Erfassung mitwirkte.

Umschlagabbildung:
Johann Jacob von Marinoni: De astronomica specula domestica et
organico apparatu astronomico, Wien 1745,
Verlag des Johannes Leopold Kaliwoda.
Abdruck mit freundlicher Genehmigung der
Universitätssternwarte Wien.

ISBN 3-631-53868-5
© Peter Lang GmbH
Europäischer Verlag der Wissenschaften
Frankfurt am Main 2006
Alle Rechte vorbehalten.

Das Werk einschließlich aller seiner Teile ist urheberrechtlich
geschützt. Jede Verwertung außerhalb der engen Grenzen des
Urheberrechtsgesetzes ist ohne Zustimmung des Verlages
unzulässig und strafbar. Das gilt insbesondere für
Vervielfältigungen, Übersetzungen, Mikroverfilmungen und die
Einspeicherung und Verarbeitung in elektronischen Systemen.

Inhalt

Einleitung 7

Katalog 27

Autorenindex 345

Kommentare 359

Literaturverzeichnis 425

Einleitung

1 Motivation und Aufbau

Die Fachbereichsbibliothek Astronomie der Universität Wien verfügt über eine mehr als 500 Titel umfassende Sammlung historischer Druckschriften aus dem 15.–18. Jahrhundert, wovon die etwa 200 aus dem 15.–17. Jahrhundert stammenden Bücher bereits im ersten Teil des vorliegenden zweibändigen Werkes[1] dokumentiert wurden. Über eine Präsentation des Bestandes aus dem 18. Jahrhundert in Buchform hinauszugehen, ist nicht geplant – unter anderem deswegen nicht, weil im 19. Jahrhundert die industrielle Buchproduktion einsetzte (siehe unten, Abschnitt 3), was die Anzahl der Neuerscheinungen stark in die Höhe trieb und den Stellenwert des jeweiligen Einzeltitels tendenziell reduzierte.[2] Ebenso wie die bibliographischen Angaben zu den Werken aus der Zeit zwischen 1473 und 1799 werden jedoch auch entsprechende Angaben zu den Büchern aus späterer Zeit unter der elektronischen Adresse http://www.ub.univie.ac.at/fb-astronomie verfügbar sein.[3] Die Beweggründe dafür, die alten Drucke[4] zusätzlich in Buchform zu präsentieren, wurden auch bereits im ersten Teil dargelegt.[5]

Da es unmöglich ist, die gesamte Geschichte der Naturwissenschaften im 18. Jahrhundert auf wenigen Seiten zusammenzufassen, werden in einem ersten Abschnitt der vorliegenden Einleitung lediglich einige wichtige Entwicklungen, die für das 18. Jahrhundert charakteristisch sind, umrissen. Die Geschichte der Astronomie wird anhand einiger Schwerpunkte, die sich auch im Buchbestand der Bibliothek der Wiener Universitätssternwarte widerspiegeln, im zweiten Abschnitt näher beleuchtet. Im dritten Abschnitt werden zwei herausragende Persönlichkeiten der astronomischen Forschung in Wien – Johann Jakob von Marinoni und Maximilian Hell – vorgestellt. Die folgenden Abschnitte beinhalten einige Grundzüge der Geschichte des Buchwesens im 18. Jahrhundert, das Aufkommen von Periodika sowie die Entwicklung des Buchbestandes der Wiener Universitätssternwarte.

---

[1] Der erste Band erschien 2005: Franz Kerschbaum, Thomas Posch, Der historische Buchbestand der Universitätssternwarte Wien. Ein illustrierter Katalog 1. 15. bis 17. Jahrhundert (Frankfurt a. Main u.a. 2005). Im Folgenden wird dieser Titel abgekürzt als: Kerschbaum, Posch, Buchbestand 1. Zur Gestalt der Kurzzitate im Allgemeinen siehe das Literaturverzeichnis.

[2] Die unter anderem durch die Industrialisierung der Buchproduktion ermöglichte Zunahme der Neuerscheinungen pro Jahr spiegelt sich auch in „unserer" Bestandsgeschichte wider: Im 19. Jahrhundert kommen rund 2500 Titel neu hinzu, was beinahe einer Verzehnfachung der Zuwachsrate entspricht (vgl. Kerschbaum, Posch, Buchbestand 1 S. XVI) und eine ebenso ausführliche Dokumentation für diese neueren Bücher schwer realisierbar erscheinen lässt.

[3] Unter dieser Adresse sind darüber hinaus sämtliche hier abgedruckten Schwarzweiß-Abbildungen in Farbe einseh- und abrufbar.

[4] Mitunter werden unter alten Drucken solche verstanden, die vor 1850 erschienen sind, wir folgen hier jedoch der gängigeren Definition, wonach alte Drucke solche mit einem Erscheinungsjahr vor 1800 sind.

[5] vgl. Kerschbaum, Posch, Buchbestand 1 S. XIf.

Auf die einleitenden Betrachtungen folgen der Katalogteil, welcher neben den bibliographischen Schlüsseldaten zu jedem Buch mindestens eine Abbildung enthält, sowie der Autorenindex, in welchem die Werke nach Autoren geordnet aufgeführt sind. Der abschließende Kommentarteil[6] stellt einen Versuch dar, ausgewählte Werke inhaltlich aufzuschlüsseln, wobei – sofern eruierbar – stets auch biographische Angaben zu den Autoren beigefügt wurden. Die Auswahl der kommentierten Bücher erfolgte nach den Kriterien: Bezug zu Wien, Bekanntheitsgrad des jeweiligen Verfassers (Bücher bekannter Autoren wurden bevorzugt kommentiert) sowie Innovativität eines Titels in Bezug auf die Entwicklung neuer Fragestellungen der Forschung.

2 Die Naturwissenschaften im Zeitalter der Aufklärung

Das Zeitalter der „Wissenschaftlichen Revolution", das im 17. Jahrhundert mit Persönlichkeiten wie Galilei, Kepler, Descartes, Newton und d'Alembert eingesetzt hatte, erreichte im 18. Jahrhundert seinen Höhepunkt. Die Bildung einer neuen Gesellschaft, in der statt Aberglauben und Vorurteilen die Vernunft und wissenschaftliche Grundsätze regieren sollten, wurde angestrebt. Die Anknüpfung an Autoritäten sollte abgelöst werden von mathematischer Modellbildung, die sich zunächst in der Astronomie, in der zweiten Hälfte des 18. Jahrhunderts auch in anderen Naturwissenschaften durchsetzte. Damit hielt ein neuer Wissensbegriff Einzug in die Wissenschaften. Dies bildete unter anderem die Grundlage für den Wandel des Weltbildes, was neben der Einführung des Teleskops für die wissenschaftliche Arbeit einen wesentlichen Fortschritt im Bereich der Astronomie darstellte.[7]

Viele neue Wissenschaften begannen sich während der Aufklärung herauszubilden (vorher beinhaltete beispielsweise die Physik auch die Medizin und – da vorwiegend von Ärzten praktiziert – die Chemie), eine Entwicklung, die sich im 19. Jahrhundert fortsetzte.[8]

Chemie

Robert Boyle, Earl of Cork (1627–1691) vertrat in der zweiten Hälfte des 17. Jahrhunderts die Auffassung, die Grundbausteine der antiken Elementenlehre (Wasser, Feuer, Erde, Luft) seien keine wirklichen Elemente, sondern bestünden bereits aus mehreren Elementen. Damit wies Boyle den Weg zu der von John Dalton Anfang des 19. Jahrhunderts formulierten Atomtheorie. Jedoch wurde die Entwicklung hin zu einer modernen Atomtheorie im 18. Jahrhundert gehemmt durch die so genannte „Phlogistontheorie". Sie wurde von Georg Ernst Stahl (1660–1734) begründet und besagt im Wesentlichen, dass beim Verbrennen ein Stoff, das so genannte Phlogiston, aus der Materie entweicht, wodurch diese leichter wird. Diese Theorie stand den fortschrittlichen Ideen Boyles lange im Wege.[9]

Biowissenschaften

Ein Paradebeispiel für die Wende im 18. Jahrhundert ist in diesem Zusammenhang zu finden: das Aufkommen der Systematisierung. Wichtigstes Ziel hierbei war die Schaffung ei-

---

[6] Auf die Beiträge in diesem Kommentarteil beziehen sich im folgenden die Zahlen in eckigen Klammern.

[7] vgl. Thomas L. Hankins, Science and the Enlightenment (Cambridge History of Science, ed. George Basalla, William Coleman, Cambridge ⁹1997) 1f, 8; Helmut Grössing, Frühling der Neuzeit. Wissenschaft, Gesellschaft und Weltbild in der frühen Neuzeit (=Perspektiven der Wissenschaftsgeschichte 12, ed. Maria Petz-Grabenbauer, Wien 2000) 42–44

[8] vgl. Hankins, Science S. 11

[9] vgl. Grössing, Frühling S. 63f; Hankins, Science S. 94f

nes Klassifikationssystems, das die Natur der Pflanzen und Tiere berücksichtigte, also einer Klassifizierung anhand jener Merkmale, die die Pflanzen und Tiere zu dem machten, was sie waren. Zwei Hauptrichtungen lassen sich hierbei feststellen – zum Einen die Klassifikation anhand eines herausragenden Einzelmerkmals, zum Anderen die Klassifikation anhand einer Summe von Merkmalen. Bedeutendster Vertreter der erstgenannten Richtung war der schwedische Naturwissenschaftler Carl von Linné (Carl Linnaeus, 1707–1778), der seine Klassifikation nach den Fortpflanzungsorganen ausrichtete. Aus Frankreich kam jedoch die Gegenbewegung: Georges Louis Leclerc, Comte de Buffon (1707–1788) kritisierte Linnés System als zu künstlich und abstrakt, man solle die Pflanzen und Tiere nicht auf Basis eines Einzelmerkmales – also der Fortpflanzungsorgane –, sondern auf Basis ihrer Fortpflanzungsfähigkeit unterscheiden; könnten sie fortpflanzungsfähigen Nachwuchs zeugen, seien sie von derselben Art. Weiters war sein System nicht wie jenes von Linné hierarchisch aufgebaut, sondern basierte auf der Idee der Evolution der Arten.[10]

Geowissenschaften
Die Geologie entwickelte sich im 18. Jahrhundert zu einer eigenen Wissenschaft. Ab der Wende vom 17. zum 18. Jahrhundert fand hier eine jahrzehntelange Kontroverse statt. Man stellte sich die Frage nach der Herkunft derselben Fossilien auf hohen Berggipfeln und in großen Meerestiefen und damit verbunden nach der Ursache geologischer Vorgänge. Während die Vertreter des auf John Ray (1627–1705) zurückgehenden Plutonismus (auch: Vulkanismus) die Theorie vertraten, die Gebirge und das Festland hätten sich durch vulkanische Tätigkeit aus dem Meer erhoben, favorisierten die Vertreter des Neptunismus, der Lehre John Woodwards (1665–1728), die Sintflutüberschwemmungstheorie; im vulkanreichen Europa fand der Plutonismus hierbei mehr Anhänger.[11]

Mathematik
Im Laufe des 18. Jahrhunderts wurde unter den Mathematikern die Furcht laut, bald an die Grenzen ihrer Wissenschaft zu stoßen und alle Möglichkeiten ausgeschöpft zu haben. Diese Befürchtung zerstreute Newton mit der Einführung einer neuen Methode. Seine geänderte Form des analytischen Zugangs, mittels dessen er aus Experimenten und Beobachtungen allgemeine Schlüsse zog, hatte vor allem in der Astronomie rasch praktische Auswirkungen – unter anderem konnten präzisere Tafeln angefertigt und neue Theorien bezüglich Form und Bewegungen der Erde sowie anderer Himmelskörper aufgestellt werden.[12]

2.1 Die Geschichte der Astronomie im 18. Jahrhundert

Der Schritt in die Neuzeit war in der Astronomie gekennzeichnet durch die Aufgabe des geozentrischen Weltbildes, wozu Johannes Kepler mit seinen Berechnungen der Planetenbewegungen, basierend auf den Beobachtungsdaten seines Lehrers Tycho Brahe, einen wichtigen Beitrag leistete. Dank Kepler setzte sich auch die Ellipsenbahn gegen die bisher angenommene Kreisbahn der Planeten sowie die Vorstellung einer von der Sonne ausgehenden Kraft anstelle von Engeln oder anderen himmlischen Mächten als Ursache der Planetenbewegungen durch. Isaac Newton konnte, darauf aufbauend, schließlich seine Theo-

---
[10] vgl. Grössing, Frühling S. 68f; Hankins, Science S. 145, 149–151
[11] vgl. Grössing, Frühling S. 65f; Hankins, Science S. 153, 155
[12] vgl. Hankins, Science S. 17, 20, 23

rie über die Gravitation entwickeln.[13] Es lässt sich daher sagen, dass im Laufe der Neuzeit die wissenschaftliche Sicht ihren Sieg über die ursprünglich vom Vatikan vertretene Position davontrug. Nach einigen revolutionären Fortschritten im 16. und 17. Jahrhundert, wie beispielsweise der Einführung des im 17. Jahrhundert in Holland ursprünglich zu nautischen Zwecken entwickelten Fernrohrs in die Astronomie durch Galilei, was zu einer großen Wissenserweiterung und zu zahlreichen neuen Entdeckungen[14] führte, erfuhr die Astronomie vor allem im 18. Jahrhundert einige wesentliche Entwicklungen und Veränderungen.[15]

So gelang dem englischen Astronomen James Bradley in der ersten Hälfte des 18. Jahrhunderts die Entdeckung von Aberration und Nutation, was auf Bogensekunden exakte Beobachtungen ermöglichte. Nicolas Louis de La Cailles *Astronomiae fundamenta* (1757, siehe Katalog) waren die erste umfassende Publikation, in der Aberration und Nutation Rechnung getragen wurde; seine *Tabulae solares* (1758, siehe Katalog) stellten die ersten Sonnentafeln dar, in denen neben Nutation und Aberration auch die planetaren Störungen Berücksichtigung fanden. Auch die Arbeiten von Tobias Mayer (siehe Kommentar [23]) basierten auf den Entdeckungen von Bradley. Dem französischen Wissenschaftler Jean Baptiste le Rond d'Alembert gelang die erste korrekte Ableitung von Präzession und Nutation aus den Newtonschen Gesetzen. Mit der Entdeckung, dass ein Planet durch die gravitative Störung eines anderen Planeten seine Bahnebene hin zur Ebene des störenden Planeten ändert, gewann der Schweizer Mathematiker Leonhard Euler 1748 einen Preis und veröffentlichte acht Jahre später sein Ergebnis von 47,5" pro Jahrhundert bei der damals bestehenden Planetenkonstellation.[16] Ein weiteres Problem, mit dem sich die Astronomen während des 18. Jahrhunderts befassten, war die 1718 von dem englischen Astronomen Edmond Halley aufgeworfene Frage, wie die Bewegung des Sonnensystems im Raum feststellbar sei. Unter Anwendung der Idee von Tobias Mayer, nach der die Sterne wie die Bäume des Waldes auseinanderzurücken scheinen, wenn man sich auf sie zubewege, konnte der deutsch-britische Astronom William Herschel 1783 ein Ergebnis vorweisen: das Sonnensystem bewege sich auf λ Herculis zu. Dies kommt dem heutigen Ergebnis sehr nahe.[17]

Die Geschichte der Astronomie im 18. Jahrhundert ist, wie diese kurze Aufzählung zeigt, ein weites Feld. Daher soll in den folgenden Ausführungen nur auf jene Entwicklungen eingegangen werden, die sich auch im Buchbestand der Universitätssternwarte Wien widerspiegeln.

Mondtheorie

An der Wende vom 17. zum 18. Jahrhundert begann man, eine möglichst exakte Theorie der Mondbewegung zu erarbeiten, um neben der bereits mit hoher Genauigkeit ermittelbaren geographischen Breite auch eine möglichst genaue geographische Längenbestimmung vornehmen zu können. Dies war insbesondere für die Schifffahrt eine Notwendigkeit. Newton stellte 1702 seine Mondtheorie, von der in der ersten Hälfte des 18. Jahrhunderts verschiedene Versionen – so beispielsweise diejenige des englischen Astronomen John Flam-

---

[13] vgl. Geschichte der Naturwissenschaften, ed. Hans Wußing (Köln 1983) 238–248; Jürgen Hamel, Geschichte der Astronomie. Von den Anfängen bis zur Gegenwart (Basel/Boston/Berlin 1998) 219

[14] Beispielsweise wurden die Sonnenflecken (siehe Kommentar [37]) entdeckt und die „Henkel" des Saturn als Ring um denselben erkannt. Durch Beobachtungen der Jupitermonde schloss der dänische Astronom Ole Roemer weiters auf eine endliche Lichtgeschwindigkeit. Vgl. Wußing, Naturwissenschaften S. 245f)

[15] ebd. 238–309

[16] vgl. Hankins, Science S. 42; Wilson, Astronomy S. 338f

[17] vgl. Hamel, Geschichte S. 251f

steed, die in Pierre-Charles Le Monniers *Institutions astronomiques* (1746, siehe Katalog) publiziert wurde – in Umlauf waren, in dem Werk *A New and most Accurate Theory of the Moon's Motion; Whereby all her Irregularities may be solved, and her Place truly calculated to Two Minutes* vor. Sowohl das britische Parlament als auch die Akademie von St. Petersburg starteten Preisausschreiben, und renommierte Wissenschaftler wie Leonhard Euler, Alexis Clairaut und Jean Baptist d'Alembert widmeten sich dem Problem, jedoch wiesen alle Arbeiten einen Fehler von zumindest 3' auf – unzureichend für eine um höchstens 1° abweichende Bestimmung der Länge auf See. Schließlich gelang es Tobias Mayer auf Basis Leonhard Eulers preisgekrönter Arbeit von 1748 über die Auswirkung von gravitativen Störungen durch andere Planeten auf die Bahn des gestörten Planeten, eine Theorie zu entwickeln, auf deren Basis die ermittelte geographische Länge einen Fehler unter 1° aufwies, und er konnte damit die ersten den Ansprüchen der Nautik genügenden Mondtafeln erstellen (siehe Kommentar [23]). Dem englischen Astronomer Royal Nevil Maskelyne dienten sie darüber hinaus als Grundlagen für seinen *Nautical Almanac* (ab 1766 jährlich erschienen bis zu seinem Tod 1811).[18] Auch Johann von Paccassi zog für sein Werk *Einleitung in die Theorie des Mondes* (siehe Kommentar [34]) die Arbeiten Eulers und Mayers heran.

Sonnensystem
Die Beschäftigung mit dem Sonnensystem stellte die Astronomen im 18. Jahrhundert vor eine Reihe von Problemen und führte zu einigen wegweisenden neuen Erkenntnissen. Mitte des 17. Jahrhunderts hatte Edmond Halley, der für Jupiter eine Beschleunigung und für Saturn eine Verlangsamung errechnet und daraus geschlossen hatte, dass sich bei Fortschreiten dieses Phänomens das Planetensystem auflöse, die Frage nach der Stabilität des Sonnensystems aufgeworfen. Die Antwort wurde von dem französischen Astronomen Pierre Simon LaPlace gefunden, dessen Interesse durch die einander widersprechenden Ergebnisse Leonhard Eulers und Joseph Louis Lagranges bezüglich der Veränderung der Bahngeschwindigkeit von Saturn und Jupiter geweckt worden war. Er konnte die These von der Aufaddierung der Bahnstörungen und der Instabilität des Planetensystems widerlegen und zeigen, dass die Unregelmäßigkeiten in den Bahnbewegungen periodisch ablaufen und von wechselseitigen gravitativen Störungen verursacht werden. Auch Johann Heinrich Lambert hatte 1775 festgestellt, dass sich die Werte der Beschleunigung von Jupiter und Verlangsamung von Saturn im Vergleich zu Halleys Ergebnissen reduziert hatten und dies auf eine Umdrehung der Bewegungen und damit auf ihre Periodizität hindeutete. Ende des 18. Jahrhunderts präsentierte schließlich auch Lagrange sein Ergebnis, dass die Bahnen der Planeten zwar um eine Mittellage schwankten, die Stabilität des Sonnensystems aber insgesamt erhalten bleibe.[19]

Eine sensationelle Entdeckung gelang dem Musiker und Amateurastronomen William Herschel am 13. März 1781, die ihm über Nacht Berühmtheit und eine Anstellung als Astronom am englischen Hof eintrug: das Objekt, das er im Rahmen seiner ab 1779 durchgeführten zweiten Himmelsdurchmusterung aufgefunden und zunächst für einen Kometen gehalten hatte, stellte sich als neuer Planet heraus! Damit war die 1778 von Johann Elert Bode in seinem Werk *Anleitung zur Kenntniß des gestirnten Himmels*[20] aufgeworfene Frage, ob

---

[18] vgl. Wilson, Astronomy S. 330f, 340–342
[19] vgl. Wilson, Astronomy S. 344–346; Hankins, Science S. 41; Wußing, Naturwissenschaften S. 309
[20] Die Auflage von 1788 befindet sich im Besitz der Wiener Universitätssternwarte (siehe Katalog).

Saturn tatsächlich der letzte in der Reihe der Planeten sei,[21] beantwortet. Da der neue Planet, der später Uranus heißen sollte, zeitweise gerade noch mit freiem Auge sichtbar war, erhob sich die Frage, warum er erst jetzt entdeckt worden war. Bode stellte daraufhin Nachforschungen an und fand heraus, dass es bereits früher Uranusbeobachtungen gegeben hatte (so bei Flamsteed 1690 und bei Mayer 1756), dass der Planet jedoch nicht als solcher erkannt worden war.[22]

Milchstraße

Herschel machte sich auch Gedanken zur Struktur der Milchstraße. Ausgehend von der Idee Newtons, dass alle Sterne in etwa gleich hell seien und die heller erscheinenden daher näher sein müssten als die schwächer leuchtenden, untersuchte er – mit weitaus besseren Instrumenten, als sie den Astronomen des 17. Jahrhunderts zur Verfügung gestanden hatten – die Verteilungsdichte der Sterne und entwarf unter der Annahme, dass die Sterne im Durchschnitt in der Milchstraße gleichmäßig verteilt seien und daher dort, wo mehr Sterne aufzufinden seien, die Galaxis ausgedehnter sein müsse, eine elliptische Struktur der Milchstraße. In diesem Zusammenhang verdankt die Wissenschaft Herschel neben der Uranusentdeckung eine weitere neue Erkenntnis: Aufgrund der Ähnlichkeit einiger von ihm beobachteter Nebelflecken mit seinem Entwurf der elliptischen Milchstraße schloss Herschel auf die Existenz extragalaktischer Systeme. Damit änderte sich das Weltbild ein weiteres Mal grundlegend: Nachdem man zu akzeptieren gelernt hatte, dass nicht die Erde der Mittelpunkt ist, sondern die Sonne, um die sich die Erde und die anderen Planeten drehen, und dass auch die Sonne weder im Zentrum der Galaxie steht noch einzigartig, sondern ein Stern unter vielen ist, musste man nun auch noch in Erwägung ziehen, dass selbst die Milchstraße nicht einmalig, sondern nur eine von zahlreichen Galaxien ist.[23] Seine Beobachtungen veröffentlichte Herschel in dem 1791 erschienenen Werk *Über den Bau des Himmels* (siehe Kommentar [39]).

Eine weitere Entdeckung, die die Astronomie Herschel verdankt, ist die der physischen Doppelsterne. Bei seinen Beobachtungen stellte Herschel fest, dass die Helligkeit einiger Sterne schwankte und diese sich umeinander bewegten. Nun galten Doppelsterne damals als optische Täuschungen, doch bereits Johann Heinrich Lambert, John Mitchell und Christian Mayer hatten die Existenz von physischen Doppel- und Mehrsternsystemen in Betracht gezogen. Den Beweis konnte Herschel, mit besseren Instrumenten ausgestattet als jene, liefern. Darüber hinaus stellte er fest, dass Sterne von unterschiedlicher Helligkeit Teile desselben Systems sein konnten, was die bisherige Annahme, die Helligkeit sei für alle Sterne etwa gleich und erscheine nur aufgrund verschiedener Entfernungen zur Erde ungleich, widerlegte. Herschel schloss daraus, dass die unterschiedlichen Helligkeiten nicht mit der Entfernung, sondern mit dem physikalischen Aufbau der Sterne zusammenhängen.[24]

---

[21] Er berief sich hierbei auf die nach ihm und Johann Daniel Titius benannte Titius-Bode-Reihe, nach der die Planeten in einem bestimmten Abstandsverhältnis zueinander stehen und möglicherweise außerhalb des Saturn in Fortsetzung dieser Reihe in einer gewissen Entfernung ein weiterer Planet existiere.

[22] vgl. Hamel, Geschichte S. 244–246). Zur Entdeckungsgeschichte und Namensgebung des Uranus siehe auch die Kommentare [33] und [40].

[23] vgl. Wilson, Astronomy S. 349; Hamel, Geschichte S. 253–256. Die Diskussion, ob es sich bei den Nebelflecken tatsächlich um extragalaktische Galaxien handelt oder lediglich um galaktische Objekte, wurde erst 1920 in der so genannten „Great Debate" zwischen Harlow Shapley und Heber D. Curtis endgültig entschieden.

[24] vgl. Hamel, Geschichte S. 249; Hankins, Science S. 43

Kosmische Evolution
Noch ein weiterer neuer Gedanke hielt dank Herschel und LaPlace Einzug in die Astronomie: die Entstehung und Vergänglichkeit der Himmelsobjekte und damit auch der Erde, der Sonne und der Milchstraße. Auf Basis seiner Nebelbeobachtungen schloss Herschel auf eine Evolution der Galaxien ausgehend von diffusen Lichtnebeln, aus denen durch Gravitation zentrale Sterne entstehen, die sich wiederum durch Gravitation zu Doppel- und Mehrsternsystemen verbinden und schließlich kugelförmige Galaxien[25] bilden. Durch fortdauernde Gravitation, so Herschel, seien diese Galaxien jedoch nicht von Dauer, sondern lösten sich wieder auf. Eine Darstellung seiner Evolutionsidee findet sich ebenfalls in seinem Werk *Über den Bau des Himmels* (siehe Kommentar [39]). Parallel zu Herschels Evolutionstheorie von Galaxien befasste sich LaPlace in seiner 1796 erschienenen Arbeit *Exposition du Système de Monde*[26] mit der Entstehung von Planetensystemen aus heißen, flüssigen, rotierenden Scheiben.[27]

Mit diesen Entwicklungen vollzog sich ein Wandel in der Astronomie des 18. Jahrhunderts weg von der traditionellen Positionsastronomie, die sich vorwiegend auf das Planetensystem beschränkte.

Gestalt der Erde
Im 18. Jahrhundert regte die Frage nach der Erdform zu heftigen Diskussionen an. Die Kugelgestalt war zwar bereits seit dem Mittelalter in gebildeten Kreisen unumstritten, jedoch vertrat Newton in seinen *Principia* (siehe Kommentar [4]) die Meinung, die Erde müsse gemäß den Gesetzen der Rotation an den Polen abgeplattet sein. Dem widersprach der französische Philosoph und Naturwissenschaftler René Descartes, nach dessen Theorie die Erde aufgrund eines sie umströmenden Materiewirbels am Äquator abgeplattet und an den Polen elongiert sei. Dieser Meinung schlossen sich nach Vornahme eigener Messungen auch die französischen Astronomen Giovanni Domenico (auch: Jean-Dominique) Cassini und Jacques Cassini an. Einige britische Wissenschaftler dagegen unterstützten Newton, und auch die Franzosen Pierre Louis Moreau de Maupertuis und Alexis Clairaut stellten sich auf Newtons Seite. So nahm die Kontroverse ihren Lauf. Schließlich schlug Maupertuis vor, man solle genauere Messungen als die der beiden Cassinis vornehmen, und zwar diesmal nicht in Europa, sondern dort, wo der Unterschied in der Erdkrümmung am größten sei, nämlich am Äquator und an den Polen. 1735 wurden daraufhin von der Pariser Académie des Sciences zwei Expeditionen losgeschickt, die eine, an der sich auch Pierre Bouguer beteiligte, unter Leitung von Charles-Marie de La Condamine nach Peru, die andere, bei der unter anderen Pierre Le Monnier teilnahm, unter Führung von Maupertuis und Clairaut nach Lappland. Die Polexpedition kam bereits 1737 mit dem Ergebnis einer an den Polen abgeplatteten Erde zurück, die Äquatorexpedition traf erst zehn Jahre später ein, jedoch mit demselben Ergebnis.[28] Zu diesem Thema siehe die Kommentare [6] und [11] über die entsprechenden Werke der beiden Expeditionsteilnehmer Maupertuis und Bouguer sowie Kommentar [32].

---

[25] Die Spiralstruktur von Galaxien wurde erst Mitte des 19. Jahrhunderts von William Parsons Earl of Rosse entdeckt.
[26] Die deutsche Ausgabe *Darstellung des Weltsystems* erschien 1797, siehe Katalog.
[27] vgl. Hamel, Geschichte S. 257–260; Wilson, Astronomy S. 350
[28] vgl. Hankins, Science S. 38f; Wilson, Astronomy S. 332f

Entwicklung des Teleskops

Nach Einführung des Teleskops im 17. Jahrhundert sahen sich die Astronomen bald vor ein Problem gestellt: die Beeinflussung der Beobachtungen durch die sphärische und chromatische Aberration. Um wenigstens die sphärische Aberration möglichst klein zu machen, stellte man immer größere Fernrohre (bis über 30 m) her. Diese waren jedoch mechanisch instabil und verkomplizierten damit das Beobachten. Unter Anwendung der Idee, Spiegel zur Vermeidung der chromatischen Aberration einzusetzen, stellte Newton 1668 ein erstes Spiegelteleskop her[29], doch konnte man die technischen Probleme bei der Produktion von Spiegeln erst Ende des 18. Jahrhunderts in den Griff bekommen. Dennoch kam es ab den 1820er Jahren zu einer vorübergehenden Popularität von Spiegelteleskopen, die allerdings rasch wieder abnahm, da man das Problem der Erhaltung des Reflexionsvermögens von Metallspiegeln nicht lösen konnte. Man wandte sich wieder den Linsenfernrohren zu, bei denen es inzwischen gelungen war, die chromatische Aberration durch eine Kombination von Flint- und Kronglaslinsen[30] zu eliminieren. Der britische Teleskophersteller John Dollond baute Mitte des 18. Jahrhunderts achromatische Linsenfernrohre, die scharfe Bilder lieferten.[31]

Venusdurchgänge

Den genauen Abstand zwischen Erde und Sonne (Sonnenparallaxe) zu bestimmen, war eine der drängenden Fragen im 18. Jahrhundert. Mitte des Jahrhunderts schwankten die errechneten Werte für die Sonnenparallaxe zwischen 9" und 15". Die möglichst exakte Ermittlung des wahren Wertes war insofern besonders wichtig, als der Abstand Erde – Sonne das Referenzmaß zur Entfernungsbestimmung innerhalb des Sonnensystems darstellte (und darstellt) und erforderlich war, um die Erdmasse und damit den gravitativen Einfluss der Erde auf die anderen Himmelskörper berechnen zu können. Bereits 1678 hatte Edmond Halley vorgeschlagen, zur Feststellung der Sonnenparallaxe einen Venustransit (Vorübergang der Venus vor der Sonne) von zwei weit entfernten Orten auf der Erdoberfläche aus zu beobachten. Man bekomme dadurch einen Wert für die Parallaxe der Venus und könne aus dieser die Sonnenparallaxe erschließen.[32] Die nächste Gelegenheit dazu bot sich am 6. Juni 1761. Der französische Astronom Joseph Nicolas Delisle verwarf Halleys Idee, die besagte, die Dauer des Vorübergangs zu messen, und schlug stattdessen vor, denselben Kontakt[33] zu messen. Seine Empfehlungen präsentierte er vor der Académie des Sciences, und sie wurden – trotz des zu dieser Zeit stattfindenden Siebenjährigen Krieges zwischen Frankreich und England (1756–1763) – auch der Royal Society übermittelt. Astronomen aus zahlreichen Ländern beteiligten sich an den Beobachtungen, vor allem die Engländer und Franzosen zeigten reges Interesse. Einige Beobachtungsstationen in Frankreich waren die Pariser Sternwarte (Giovanni Domenico (auch: Jean Dominique) Maraldi), das

---

[29] Dieses Teleskop bespricht Newton in seinem 1704 erschienenen Werk *Opticks*, dessen lateinische Fassung von 1706 im Besitz der Universitätssternwarte ist (siehe Kommentar [2]).

[30] Zur Geschichte der Linsen- und Spiegelteleskope und zu den verschiedenen Kombinationsmöglichkeiten von Flint- und Kronglaslinsen siehe Kommentar [27].

[31] vgl. Wußing, Naturwissenschaften S. 246f; dtv-Atlas S. 19; Hamel, Geschichte S. 237f

[32] vgl. Wilson, Astronomy S. 343f

[33] Während eines Venustransits kommt es zu insgesamt vier Kontakten (das heißt Berührungen) des Venusscheibchens mit der Sonnenscheibe, zwei beim Eintritt (Berührung zwischen Venusrand und äußerem Sonnenrand = erster Kontakt sowie innerem Sonnenrand = zweiter Kontakt) und zwei beim Austritt (Berührung zwischen Venusrand und innerem Sonnenrand = dritter Kontakt sowie äußerem Sonnenrand = vierter Kontakt).

Palais de Luxembourg (Joseph Jérôme Lalande) und das Marineobservatorium (Charles Messier), Le Monnier und La Condamine beobachteten auf Wunsch des Königs mit Ludwig XV. Vier Expeditionen wurden ins Ausland geschickt: Guillaume Le Gentil nach Pondichéry in Indien, Jean Baptiste Chappe d'Auteroche nach Tobolsk in Sibirien, Alexandre Guy Pingré auf die Insel Rodrigues im Indischen Ozean und César François Cassini nach Wien, wo er gemeinsam mit Joseph Liesganig und Erzherzog Joseph das Himmelsschauspiel beobachtete. England wählte als auswärtige Beobachtungsplätze unter anderem die Atlantikinsel St. Helena (Nevil Maskelyne, Robert Weddington) und Bencoolen auf Sumatra (Charles Mason). Von insgesamt 62 Beobachtungsstationen trafen etwa 120 Berichte bei der Académie des Sciences ein und wurden umgehend ausgewertet. Die Ergebnisse waren allerdings nicht zufriedenstellend, lagen sie doch zwischen 8,6" und 10,6". Einer der Gründe dafür war der von mehreren Beobachtern beschriebene Effekt des „Venustropfens", der die Feststellung des genauen Zeitpunktes von zweitem und drittem Kontakt erschwerte. Ein weiteres Phänomen, ein beim Eintritt in die Sonnenscheibe von einigen Astronomen beobachteter Halo um die Venus, führte zu der Erkenntnis, dass dieser Planet eine Atmosphäre besitzt.[34]

Aufgrund der unzulänglichen Ergebnisse entschloss man sich, den nächsten Transit acht Jahren später besser zu nutzen, indem die Beobachtungsstandorte sorgfältiger ausgewählt und die internationale Organisation verbessert werden sollten.[35] Danach würde sich für über hundert Jahre keine Gelegenheit mehr ergeben.

Die internationalen Vorbereitungen auf den neuerlichen Venustransit waren wesentlich aufwändiger als beim ersten Mal. Für den bevorstehenden Venustransit am 3. Juni 1769 entschied man sich auf Pingrés Empfehlung hin, zu der von Halley vorgeschlagenen Methode, die Dauer des Transits und nicht die Kontakte zu messen, zurückzukehren. Am besten dafür geeignet waren Messungen an Orten, an denen die Unterschiede in der Dauer des Transits am größten waren. Dies waren Lappland für den längsten und die Südsee für den kürzesten Transit.[36] Einige für 1769 vorgesehene Beobachtungsstandorte französischer Astronomen waren das Collège Louis-le-Grand in Paris (Messier), das Pariser Observatorium (Maraldi, Cassini), Pondichéry (Le Gentil), Kalifornien (Chappe d'Auteroche, der dort wie die meisten seiner Begleiter am 1. August 1769 an einer Seuche starb) und Saint-Domingue (Pingré).[37]

Die Engländer schickten einige ihrer Wissenschaftler ans Nordkap (William Bayly), nach Hammerfest (Jeremiah Dixon), zur Hudson Bay (Joseph Dymond, William Wales) und in den Pazifik (James Cook, Charles Green, letzterer starb auf der Rückreise an einer Seuche). Für den Pazifik war ursprünglich keine bestimmte Stelle vorgesehen, jedoch hatte Samuel Wallis 1767 eine Insel entdeckt, die er „King George's Island" (heute Tahiti) nannte und die in der gewünschten Region lag.[38] Nach Lappland, das als wichtiger Beobachtungsort galt, reiste auf Einladung des dänisch-norwegischen Königs Christian VII. der Wiener Jesuitenpater Maximilian Hell (zu Hell siehe auch Abschnitt 2.2). Etwa 150 Berichte von

---

[34] vgl. David Sellers, The Transit of Venus. The Quest to find the true Distance of the Sun (Leeds 2001) 119–122, 126f, 133; Suzanne Débarbat, Venus Transits – A French View. In: Transits of Venus. New Views of the Solar System and Galaxy. Proceedings of the 196th Colloquium of the International Astronomical Union, ed. D. W. Kurtz (Cambridge 2004) 41–43

[35] vgl. Débarbat, Venus Transits S. 43

[36] vgl. Sellers, Transit S. 134, 152

[37] vgl. Débarbat, Venus Transits S. 43f

[38] vgl. Sellers, Transit S. 145; Wayne Orchiston, James Cook's 1769 transit of Venus expedition to Tahiti. In: Transits of Venus. New Views of the Solar System and Galaxy. Proceedings of the 196th Colloquium of the International Astronomical Union, ed. D. W. Kurtz (Cambridge 2004) 52f

63 verschiedenen Orten wurden der Académie des Sciences zugesandt. Die Ergebnisse waren dank verbesserter Instrumente, der veränderten Messmethode nach Halley und der besseren Auswertung der Beobachtungen zufriedenstellender als acht Jahre zuvor und lagen zwischen 8,43" und 8,80".[39] Dennoch war das Ergebnis nicht so genau wie erhofft. Daher versuchte man im 19. Jahrhundert erneut, bei den beiden 1874 und 1882 stattfindenden Venusdurchgängen zu einem exakten Wert zu gelangen, was jedoch wiederum misslang, obwohl die Ergebnisse deutlich genauer waren als diejenigen von 1769. Man einigte sich 1896 auf einer internationalen Konferenz schließlich auf einen Durchschnittswert von 8,80" (heutiger Wert: 8,794148").[40] Danach verloren die Venusdurchgänge für die Parallaxenbestimmung ihre Bedeutung, da man auf Mars- und Kleinplanetenbeobachtungen überging.

2.2 Bedeutende „Wiener" Astronomen des 18. Jahrhunderts

Johann Jakob von Marinoni

Geboren am 9. Februar 1676 in Udine als Giovanni Giacomo Marinoni, studierte er Mathematik und kam 1696 nach Wien, wo er in Philosophie promovierte. Zunächst Mathematiklehrer, erhielt er 1702 eine Anstellung an der niederösterreichischen Landschaftsakademie als Assistent von Leander Anguissola und unterrichtete Adelige in Mathematik. 1703 wurde Marinoni von Kaiser Leopold I. zum Hofmathematiker ernannt und erstellte gleich darauf die Pläne für den 1704 zum Schutz der Vorstädte errichteten Linienwall um Wien. Hierfür machte er Aufzeichnungen von Wien, die er noch verfeinerte und die in einen 1706 unter Marinonis und Anguissolas Mitwirkung entstandenen Plan von Wien, der sich durch große Genauigkeit auszeichnete, einflossen. 1709 erfolgte seine Ernennung zum Ingenieur von Niederösterreich, 1718 wurde er Unterdirektor der auf Vorschlag von Prinz Eugen von Kaiser Karl VI. errichteten Militär-Ingenieur-Akademie, während Anguissola als Direktor bestellt wurde. Die Lehrveranstaltungen, hauptsächlich aus den Bereichen Mathematik, Feldmess- und Militärbaukunst, wurden ab 1728 in dem von Marinoni auf der Mölkerbastei erworbenen Haus abgehalten. 1719–1722 war er für die Erstellung des Grundsteuerkatasters für das 1714 zu Österreich gekommene Herzogtum Mailand zuständig. Nach Anguissolas Tod 1720 leitete er die Akademie, 1726 wurde ihm aufgrund seiner Meriten der Adelstitel verliehen und die Leitung der Akademie für Geometrie und Kriegswissenschaft übertragen. Aufgrund der beruflichen Anforderungen konnte er seinen astronomischen Interessen erst ab 1730 verstärkt nachgehen. Er errichtete auf seinem Haus auf der Mölkerbastei einen zweistöckigen Turm, der ihm später als Observatorium diente. Die Aufzeichnungen über seine Sternwarte und Instrumente veröffentlichte er 1745 in dem Maria Theresia gewidmeten Werk *De astronomica specula domestica et organico apparatu astronomico* (siehe Kommentar [10]). Daneben setzte er seine Vermessungstätigkeit fort und verfasste in diesem Zusammenhang die Werke *De re ichnographica* (1751) und *De re ichnometrica* (1775, beide siehe Katalog), wovon letzteres erst nach seinem Tod erschien. Ende 1754 erkrankte Marinoni und verschied am 10. Jänner 1755. Seine letzte Ruhestätte fand er in der Schottengruft. Seine Instrumentensammlung vermachte er Maria Theresia, die sie der Universität übergab und auf dieser einen Turm für astronomische Beobachtungen errichten ließ.[41]

---

[39] vgl. Sellers, Transit S. 140, 152f; Débarbat, Venus Transits S. 44
[40] vgl. Débarbat, Venus Transits S. 46
[41] vgl. Nora Pärr, Wiener Astronomen. Ihre Tätigkeit an Privatobservatorien und Universitätssternwarten (phil. Diplomarbeit, Wien 2001) 20–26

Maximilian Hell

Die Laufbahn des am 15. Mai 1720 in Schemnitz (heutige Slowakei) geborenen Maximilian Hell als Naturwissenschaftler und Astronom begann während seines Studiums in Wien, wohin er 1740, zwei Jahre nach seinem Eintritt in den Jesuitenorden, versetzt worden war. Dort führte er nebenbei an der Jesuitensternwarte Beobachtungen durch und wurde schließlich von Pater Joseph Franz als Gehilfe angestellt. Einige Jahre darauf beteiligte er sich am Bau der Sternwarte in Tyrnau, wenig später wurde er mit der Leitung des Baus der Klausenburger Sternwarte beauftragt. Nachdem er 1755 Professor der Astronomie und Mechanik an der Universität Wien sowie kurz darauf erster Direktor der unter seiner Leitung erbauten ersten Wiener Universitätssternwarte geworden war, gelang es ihm mit seinen ab 1757 herausgegebenen Ephemeriden (siehe Abschnitt 4.2), internationale Anerkennung zu erwerben, die ihm 1767 eine Einladung des dänisch-norwegischen Königs Christian VII. zur Beobachtung des kommenden Venustransits eintrug. So traf Hell mit seinem Gehilfen János Sajnovics im Oktober 1768 auf der Insel Wardoe ein, wo sie bis zum Eintritt des Venustransits am 3. Juni 1769 verschiedene Messungen durchführten. Am 27. Juni verließen Hell und Sajnovics die Insel wieder und trafen im August 1770, nach mehreren Aufenthalten in anderen Städten, in Wien ein.[42] Während der über zweijährigen Expedition hatte Hell ein Tagebuch geführt, das nicht nur seine Beobachtungsdaten, sondern auch Beschreibungen der Orte, die sie passiert hatten, enthielt, und das mit einiger Verzögerung veröffentlicht wurde. Dies nahm der französische Astronom Joseph Jérôme Lalande zum Anlass, an der Echtheit der veröffentlichten Daten zu zweifeln („Cette observation, du 3 juin 1769, parvint à Paris au commencement de mars 1770. Ce retard occasionna des discussions et des doutes sur l'authenticité de l'observation."[43]) und Hell zu beschuldigen, die Daten nachträglich korrigiert zu haben. Von diesem Vorwurf, den ihm später auch Carl Ludwig von Littrow (Direktor der Wiener Universitätssternwarte 1842–1877) machte, konnte sich Hell zeitlebens nicht befreien. Hells Ruf wurde erst 1883 von dem amerikanischen Astronomen Simon Newcomb wiederhergestellt (siehe Kommentar [20]).

Hell befasste sich daneben auch mit Magnetismus (siehe Kommentar [16]). Er starb am 14. April 1792 an den Folgen einer Lungenentzündung und wurde in Maria Enzersdorf beigesetzt.[44]

3 Entwicklung des Buchwesens im 18. Jahrhundert[45]

Die während der Aufklärung vor sich gehende Veränderung der Zusammensetzung des Bürgertums hatte gravierenden Einfluss auf den Büchermarkt. Die sogenannte Leserevolution brachte diverse Neuerungen mit sich, so entstanden Leihbibliotheken und es wurde Literatur für Frauen und Kinder geschrieben. Während im 17. Jahrhundert das Lesen den Gelehrten vorbehalten war, widmete sich im 18. Jahrhundert zunehmend der handeltreibende Mittelstand dieser Tätigkeit. Untere Leserschichten kamen erst in den letzten beiden

---

[42] ebd.
[43] Joseph Jérôme Le Français de Lalande, Bibliographie Astronomique; avec l'Histoire de l'Astronomie depuis 1781 jusqu'à 1802 (Paris 1803) 515
[44] vgl. Pärr, Wiener Astronomen S. 32–38
[45] Die folgende Darstellung der Entwicklung des Buchwesens im 18. Jahrhundert richtet sich, sofern nicht anders angegeben, nach: Marion Janzin, Joachim Güntner, Das Buch vom Buch. 5000 Jahre Buchgeschichte (Darmstadt ²1997) 236–292

Jahrzehnten des 18. Jahrhunderts hinzu. In dieser Zeit lag jedoch der Anteil der Analphabeten in der Bevölkerung bei rund 75 Prozent. Die im 17. Jahrhundert noch bestehende Zweiteilung in eine Gelehrten- und Volksbildung ging jedoch im 18. Jahrhundert verloren. Die zunehmende Lesefähigkeit hatte eine Steigerung der Buchproduktion zur Folge: Im 18. Jahrhundert wurden insgesamt etwa 175 000 Titel aufgelegt, mehr als doppelt so viele wie im Jahrhundert zuvor. In Deutschland stieg die Anzahl der jährlichen Neuerscheinungen zwischen 1700 und 1769 von 1 000 auf 1 650 an, womit gleichzeitig das Niveau der Neuerscheinungen pro Jahr vor dem Dreißigjährigen Krieg wieder erreicht wurde. 1780 waren es bereits 2 642 Neuerscheinungen, diese Zahl verdoppelte sich bis 1800.

Lesestoff

Das 18. Jahrhundert gilt als Blütezeit der Nachschlagewerke, in Deutschland waren Enzyklopädien vor allem in der ersten Hälfte des 18. Jahrhunderts sehr beliebt. Pierre Bayle schuf mit dem von ihm herausgegebenen Werk *Dictionnaire historique et critique* eine neue Gattung der Enzyklopädien. Das markanteste Merkmal dieses *Dictionnaires* war die Aufbereitung des Materials. Zu den Schlagwörtern fanden sich knappe, präzise Artikel, in umfangreichen Anmerkungen wurden die Fakten interpretiert und kritisiert sowie die verschiedenen Quellen einander gegenübergestellt. „Kritik" war auch das Losungswort des 18. Jahrhunderts.

1751–72 erschien die *Encyclopédie ou dictionnaire raisonnée des sciences, des arts et des métiers, par une société de gens de lettres*, welche sich zur schärfsten Waffe der Aufklärung entwickelte. Geleitet von Denis Diderot, wurde das Werk in 17 Foliobänden (Text), 11 Kupferstichbänden, 5 Supplementbänden und 2 Registern herausgegeben. Neben Artikeln über Wissenschaften und Künste waren auch Artikel über verschiedene Handwerke, die von Handwerkern selbst verfasst worden waren, enthalten. Zu den über 50 Autoren zählten unter anderem Voltaire, Montesquieu, Rousseau und d'Alembert. Das Werk erfuhr während seines Entstehens Unterdrückung und Zensur, unter anderem durch die Jesuiten und durch Papst Clemens XIII., aufgrund der in ihm enthaltenen Opposition gegen die Bevormundung durch Kirche und Obrigkeit. Nach der Fertigstellung wurde es in Frankreich verboten. Nichtsdestotrotz erfuhr diese Enzyklopädie eine rasche Verbreitung in Europa.

Parallel zu den aufkommenden Nachschlagewerken steigerte sich überproportional die Nachfrage nach „schöner" Literatur (Romane, Erzählungen, Schauspiele, Dichtungen), sowie nach Populärliteratur und Wochenblättern. Populäre Darstellungen von Philosophie und Wissenschaft trugen zumeist das Wort „Anfangsgründe" im Titel (siehe Katalog, beispielsweise „Anfangsgründe der Mathematik", 1793). Der Anteil an so genannter Erbauungsliteratur schrumpfte jedoch von anfänglichen 19 Prozent (1740) auf 5,8 Prozent (1800). Gleichzeitig stieg die Zeitschriftenproduktion, so erschienen zwischen 1730 und 1740 176 neue Periodika, von 1741 bis 1765 waren es bereits 745, und 1766 bis 1790 gab es 2 191 neue Zeitschriften. Solche Zeitschriften hatten wesentlichen Anteil an der Verbreitung der Aufklärung. Neben gelehrten Journalen aus der ersten Hälfte des 18. Jahrhunderts (siehe Abschnitte 4.1 und 4.2), die sich zu einzelwissenschaftlichen, fakultätsgebundenen Fachzeitschriften weiterentwickelten, existierten volkstümliche Zeitschriften, die im Sinne der Aufklärung für die Erziehung des Menschen sorgten. Die Blütezeit solcher moralischer Zeitschriften, die ihr Vorbild unter anderem in dem englischen Periodikum *Spectator* hatten, reichte in Deutschland bis ca. 1750, dann folgten literarische, später politische Zeitschriften.

Lesegesellschaften und Leihbibliotheken

Bereits gegen Ende des 17. Jahrhunderts kam es zur Bildung von Lesegesellschaften, da die Anschaffung eines Buches für den Einzelnen oft zu teuer war. Eine andere Art der leistbaren Buchlektüre boten Leihbibliotheken. Die Idee der Leihbibliothek geht auf den Buchhändler Allan Ramsay zurück. Er versah seinen eigenen Verlag mit Leih- und Lesesälen, in Wien sorgte Johann Thomas von Trattner für eine ähnliche Einrichtung. Unter anderem standen dort Nachschlagewerke, Periodika sowie wissenschaftliche Literatur in aufklärerischer Absicht zur Verfügung. Jedoch dienten solche Leihbibliotheken, die es seit den 1780er Jahren in jeder größeren Stadt Westeuropas gab, im Normalfall der Massenunterhaltung, sie lieferten spannende und unterhaltende Lektüre. Das Bedürfnis nach derartiger Literatur wurde von öffentlichen Bibliotheken, die bis in die Mitte des 19. Jahunderts fast ausschließlich wissenschaftliche Literatur bereitstellten, nicht erfüllt.

Nationale Bibliotheken

Im Zuge der Französischen Revolution ging die Königliche Bibliothek in Paris in die französische Nationalbibliothek über. Ein auf der Nationalversammlung vom 2. November 1789 verfasstes Dekret erklärte den Bücherbestand von Klerus und Adel zu nationalem Besitz, was den Bestand der französischen Nationalbibliothek auf über 300 000 Bände anwachsen ließ.

Die Wiener Hofbibliothek, welche dem Repräsentationsbedürfnis von Maria Theresia und später Joseph II. diente, wurde aufgrund dessen mit üppigen Etats und gutem Personal ausgestattet, der Bestand durch den Erwerb kostbarer Sammlungen erweitert, 1756 kam der Bestand der Wiener Universitätsbibliothek, welcher damals von der Klosterbibliothek der Jesuiten verwaltet worden war, hinzu[46] (siehe Abschnitt „Universitätsbibliotheken"). Für die Hofbibliothek wurde 1722–26 ein barocker Prunkbau geschaffen.[47] Solche Bibliotheken dienten oftmals als Museum, so waren neben den Büchern Abteilungen mit naturwissenschaftlichen Gegenständen vorhanden. Fürsten- und Hofbibliotheken hatten bis zum Ende des 18. Jahrhunderts wesentlichen Einfluss auf das Bibliothekswesen.

Universitätsbibliotheken

In drastischem Gegensatz zu den Nationalbibliotheken standen die Universitätsbibliotheken: sie zeichneten sich durch dürftige Bestände aus, außerdem gab es meist keinen festen Etat, die Erweiterung des Buchbestandes war vielerorts auf Schenkungen angewiesen oder auf Pflichtexemplare, die ein Verlag abzuliefern hatte. Aufsicht und Pflege oblagen oftmals einem einzigen Professor, was unregelmäßige Öffnungszeiten, sofern die Bibliothek den Studierenden überhaupt offenstand, zur Folge hatte, oder die Bibliothek blieb den Winter über geschlossen.

Eine Ausnahme bildete die Universitätsbibliothek in Göttingen, welche im Zeitalter der Aufklärung die modernste wissenschaftliche Einrichtung der damaligen Zeit darstellte. Der Dienst an der Wissenschaft und an den Lesern stand in dieser Institution im Vordergrund, was sich unter anderem durch einen freien und unbeschwerten Zugang auszeichnete. 1737 wurde die Bibliothek eröffnet, der anfängliche Bestand lag bei 12 000 Bänden, wuchs jedoch bis zum Ende des 18. Jahrhunderts auf 150 000 an. Unter der Leitung von Christian Gottlob Heyne wurde dieser Bestand katalogisiert, d. h. systematische Sachkataloge angefertigt und jedem Band ein Standort zugewiesen. Im Gegensatz dazu wusste in manchen

---

[46] vgl. Homepage der Universitätsbibliothek Wien, http://www.ub.univie.ac.at/geschichte.html, 11. 7. 2006
[47] heutiger Prunksaal der Österreichischen Nationalbibliothek

Sammlungen oft nur der Bibliothekar, an welchem Ort welches Buch aufbewahrt wurde. 1365 gründete Rudolf IV. die Universität in Wien; die Wiener Universitätsbibliothek ist die älteste im deutschen Sprachraum. Während im 15. Jahrhundert der Buchbestand kontinuierlich anwuchs, verfiel der Bestand im 16. und 17. Jahrhundert, bedingt durch Pestepidemien und Türkenbelagerungen. Daraufhin wurde die Leitung der Universitätsbibliothek der Klosterbibliothek der Jesuiten übertragen, 1756 schließlich der Bestand der Wiener Hofbibliothek einverleibt (siehe Abschnitt „Nationale Bibliotheken"). 1777 fand die Neueröffnung unter Maria Theresia statt. Die Bücher stammten hauptsächlich aus den Beständen aufgelassener Jesuitenklöster[48], wobei die wertvollsten an der Hofbibliothek verblieben. Die neueröffnete Universitätsbibliothek war nun allgemein zugänglich und unterstand direkt dem Staat.[49]

Nachdruck im 18. Jahrhundert
Das 18. Jahrhundert gilt auch als Zeitalter des Nachdrucks. Das kursächsische Buchhandelsmandat von 1773 verbot generell den Verkauf oder Vertrieb von Nachdrucken auf der Leipziger Buchmesse und stellte einen allgemeinen Eigentumsschutz für Werke, die in Sachsen gedruckt worden waren, dar. Dieses Mandat hatte einen Nachdruck norddeutscher Literatur in bisher ungekanntem Ausmaß in Süddeutschland, Österreich und der Schweiz zur Folge, in den 1780er Jahren wurden mehr Nachdrucke als Originalausgaben im übrigen Deutschland verkauft. Rückhalt fanden die Drucker solcher Werke in der Obrigkeit, die mit der Billigung und zum Teil auch Förderung von Nachdrucken das heimische Gewerbe schützen wollte und auf diese Weise auf die verlegerische Übermacht aus Berlin und Leipzig reagierte. So agierte der Wiener Drucker Johann Thomas von Trattner auf kaiserliches Gebot, in Frankfurt sorgte Franz Varrentropp für Nachdrucke, Christian Gottlieb Schmieder und C. Macklot in Karlsruhe, J. G. Fleischhauer in Reutlingen und Franz Joseph Eckebrecht in Heilbronn. Diese Nachdrucke spielten eine wichtige Rolle in der Verbreitung der Aufklärung, Geschädigte waren Verleger und Autoren. Einige Autoren versuchten im Selbstverlag ihre Werke herauszugeben, um einerseits den eigenen Honoraranteil zu erhöhen – in Deutschland herrschte im 18. Jahrhundert noch das ewige Vertragsrecht, der Autor erhielt für sein Werk eine einmalige Honorarzahlung seitens des Verlegers –, andererseits das Eigentumsrecht am (eigenen) Werk durchzusetzen. Erst 1835 wurde durch die Versammlung des Deutschen Bundes ein offizielles Verbot des unerlaubten Nachdrucks beschlossen.[50]

Rohmaterial und Rohstoffmangel
Die gesteigerte Buchproduktion im 18. Jahrhundert hatte zur Folge, dass aufgrund des immer schon herrschenden Mangels an textilen Materialien (wie Leinen, Baumwolle oder Hanf, auch „Hadern" genannt) nach alternativen Rohstoffen für die Papierherstellung gesucht wurde. Neben Pflanzenfaserprodukten experimentierte man mit Pappelwolle, Säge- und Hobelspänen, Stroh, Torf, Flechten, Kartoffelkraut und dergleichen, doch standen dem weißen, stabilen und reinen Hadernpapier stets rasch vergilbende und brüchige Holzprodukte gegenüber. 1780 wurde in Frankreich erstmals Papier und Pappe aus Stroh herge-

---

[48] Der Jesuitenorden wurde 1773 durch Papst Clemens XIV. aufgehoben.
[49] vgl. Homepage der Universitätsbibliothek Wien, http://www.ub.univie.ac.at/geschichte.html, 11. 7. 2006
[50] In Großbritannien trat bereits am 17. April 1710 der „Act Anne" in Kraft zum Schutz von Urheber- und Verlagsrechten. Einerseits wurden in diesem „Act" Fristen, die den Verleger vor Raubdruck schützen sollten, festgesetzt, andererseits der Verfasser eines Werkes als geistiger Eigentümer deklariert.

stellt, 1784 erschien das erste Buch, dessen Papier gänzlich ohne Lumpen, sondern aus Gras gefertigt wurde. Justus Claproth entwickelte 1774 ein Verfahren, die Druckerschwärze aus bereits bedrucktem Papier auszuwaschen, um dieses wiederverwenden zu können. 1789 gelang es dem französischen Grafen Berthollet, mittels Chlorbleiche bunte Lumpen als Grundlage für die Papierherstellung heranzuziehen. Diese Verfahren stellten jedoch keine erfolgreiche Lösung für den Ersatz von Hadern dar. Erst 1843 entdeckte Friedrich Gottlob Keller zufällig, wie man aus Holzschliff Papierfaserbrei herstellen konnte.

4 Aufkommen von Periodika im 18. Jahrhundert

4.1 Allgemeines

Mit dem Erscheinen von wissenschaftlichen Zeitschriften entstand für die Akademien der Wissenschaften und Gelehrten Gesellschaften die Möglichkeit eines raschen Gedanken- und Wissensaustausches. Ihre kontinuierlich erscheinenden Schriften lieferten wichtige Anhaltspunkte für die Geschichte der Wissenschaften, in ihnen sind unter anderem neben wichtigen Arbeiten Verzeichnisse der neu erschienenen Schriften enthalten sowie Biographien verstorbener Mitglieder.[51]

Die Gründung der bedeutendsten Periodika des 18. Jahrhunderts (und darüber hinaus) reicht in die zweite Hälfte des 17. Jahrhunderts zurück. Im Folgenden sollen nur einige ausgewählte näher vorgestellt werden:

In Paris wurde 1665 das *Journal des Savants* zum ersten Mal von Denis de Sallo unter dem Pseudonym d'Hedonville herausgegeben und diente zunächst als Organ der Académie des Sciences, entwickelte sich jedoch später zu einer eigenständigen wissenschaftlichen Zeitschrift[52]. Im *Journal* erschienen unter anderem Nachrufe renommierter Gelehrter, Berichte über wissenschaftliche Versuche und Entdeckungen, Nachrichten der Universität und Akademie sowie Bücheranzeigen und Rezensionen.[53]

Im selben Jahr erschienen die *Philosophical Transactions* der Royal Society in London, zunächst herausgegeben vom Sekretär der Royal Society, Heinrich Oldenburg.[54] Die *Philosophical Transactions* sind bis heute das Organ der Society und repräsentieren in diesem Zusammenhang die älteste kontinuierlich erscheinende wissenschaftliche Publikation.

1682 wurden in Leipzig die *Acta Eruditorum* von Otto Mencke herausgegeben, diese Zeitschrift existierte bis 1774 und diente als Organ der Academia naturae curiosum (Akademie der Wissenschaften in Leipzig). Die *Acta Eruditorum* stellen jedoch nicht die erste in Deutschland gegründete wissenschaftliche Zeitschrift dar, da das medizinische Fachblatt *Miscellanea Curiosa Medico-Physica* bereits 1670 ebenfalls in Leipzig gegründet worden, wegen seiner geringen Ausstrahlung jedoch wenig bekannt geblieben war.[55]

In Rom zeichnete Francesco Nazzari 1668 für die Herausgabe des *Giornale de' Letterati* verantwortlich.[56] Die Schriften der Académie des Sciences erschienen 1665–1790 unter dem Titel *Histoire et mémoires de l'Académie des sciences de Paris*, 1796–1815 unter

---

[51] vgl. Rudolf Wolf, Geschichte der Astronomie (München 1877) 759–768
[52] ebd.
[53] vgl. Marion Janzin, Joachim Güntner, Das Buch vom Buch. 5000 Jahre Buchgeschichte (Darmstadt ²1997) 228f
[54] ebd.
[55] ebd.
[56] ebd.

dem geänderten Titel *Mémoires de l'Institut national des sciences et des arts: Sciences mathématiques et physiques*. Der Titel wurde 1816 geändert in *Mémoires de l'Academie des sciences de l'Institut de France*. Außerdem gab die Académie des Sciences seit 1750 die *Mémoires présentés par divers savants* heraus.[57]

Die Berliner Akademie der Wissenschaften gab ihre Schriften 1710–1744 zunächst unter dem Titel *Miscellanea Berolinensia* heraus, 1745–1769 unter *Histoire de l'Académie* und 1770–1804 als *Nouveaux mémoires*.[58]

4.2 Astronomische Periodika

Zeitschriften

Ein bedeutendes frühes astronomisches Periodikum stellt das *Commercium litterarium ad astronomiae incrementum* (1733–35), herausgegeben von Michael Adelbulner in Nürnberg, dar. Mitarbeiter waren unter anderem Christfried Kirch in Berlin, Anders Celsius in Uppsala, Johann Andreas Segner in Jena, Georg Mathias Bose in Leipzig, Johann Jakob von Marinoni in Wien, Johann Friedrich Weidler in Wittenberg, Eustachio Zanotti in Bologna sowie Eustachio Manfredi. Das *Commercium* beinhaltet Rezensionen neu erschienener Werke sowie diverse Beobachtungen und Abhandlungen. Adelbulner veröffentlichte außerdem *Merkwürdige Himmelsbegebenheiten* (1736) und 1743 den Kalender *Aufrichtiger Himmelsbothe*.[59]

Zu Johann Bernoullis Veröffentlichungen im Bereich astronomischer Journale zählen *Lettres astronomiques* (siehe Katalog 1771), *Recueil pour les astronomes* (siehe Katalog 1771), *Nouvelles littéraires de divers pays* und *Lettres sur différents sujets*. Friedrich Hindenburg veröffentlichte gemeinsam mit Christlieb Benedikt Funk und Nathaniel Gottfried Leske das *Leipziger Magazin für Naturkunde, Mathematik und Oekonomie* von 1781 bis 1785, mit Johann Bernoulli von 1786 bis 1788 das *Leipziger Magazin für reine und angewandte Mathematik*. Von 1795 bis 1800 ließ Hindenburg das *Archiv der reinen und angewandten Mathematik*, in welchem auch astronomische Themen enthalten waren, folgen.[60]

Erwähnt werden soll hier auch die *Monatliche Korrespondenz* von Franz Xaver von Zach. Deren Gründung geht auf das Jahr 1798 zurück, als Zach die speziell der Astronomie und ihrer Anwendung auf die Geographie gewidmete Zeitschrift *Geographische Ephemeriden* (siehe Katalog) veröffentlichte. Diese Zeitschrift ging 1800 in die *Monatliche Correspondenz zur Beförderung der Erd- und Himmelskunde* über und erschien in dieser Form bis 1813. Die Bedeutung der *Monatlichen Korrespondenz* liegt vor allem im rascheren Austausch von Beobachtungen und Ansichten, beispielsweise bei der Entdeckung der Kleinplaneten.[61]

Ephemeriden

Jahrbücher und Kalender waren für die Navigation sowie Zeitbestimmung von grundlegender Bedeutung. Im ausgehenden Mittelalter wurden diese noch von einzelnen Gelehrten berechnet und veröffentlicht (z.B. Regiomontan, Stöffler), später übernahmen wissenschaftliche Anstalten, die eigens für die Berechnung der Jahrbücher und Ephemeriden gegründet worden waren, die Herausgabe. Neben Planetenpositionen enthielten Epheme-

---

[57] vgl. Wolf, Geschichte S. 759–768
[58] ebd.
[59] ebd.
[60] ebd.
[61] ebd.

riden anfangs auch die Stellung der Planeten zueinander und die daraus zu ziehenden Folgerungen für Wetterkunde und Landwirtschaft, und sie dienten auch für die Mitteilung diverser astronomischer Beobachtungen. 1911 wurde auf einer Tagung in Paris festgelegt, die Berechnungen künftig für den Meridian von Greenwich durchzuführen sowie dieselben grundlegenden Rechengrößen zu verwenden. Eine weitere Neuerung war die Aufteilung der Berechnungen auf die verschiedenen nationalen Institute, sodass durch die damit erfolgte Arbeitsteilung keine mehrfachen Berechnungen mehr durchgeführt wurden.[62]

Die preußische Akademie der Wissenschaften in Berlin gab 1702–44 Ephemeriden heraus, später, nach einer Unterbrechung von sieben Jahren, bis 1757. Ab 1776 hießen die Berliner Ephemeriden *Berliner Astronomisches Jahrbuch*, welches zunächst von Johann Elert Bode, später vom Berliner Recheninstitut, herausgegeben wurde. Die Ephemeriden der Académie des Sciences in Paris erschienen seit 1679, ab 1796 übernahm das Bureau de Longitude die Herausgabe. Weiters erschienen die *Ephemerides du mouvemens celestes*, Herausgeber dieser Ephemeriden waren unter anderem Desplaces, La Caille und Lalande (siehe Katalog 1716). Die *Connaissance de temps* erschien ebenfalls in Paris, erstmals 1678, in weiterer Folge mit leicht variierenden Titeln. Der Titel der Erstausgabe lautete *La connoissance des temps, ou calendrier et éphémérides du lever et coucher du soleil, de la lune, et des autres planètes*. Die Herausgeber bis Ende des 18. Jahrhunderts waren Picard, Lefevre, Lieutaud, Godin, Maraldi, Lalande, Jeaurat und Mechain. S. de Beaulieu berechnete Ephemeriden für Paris (1701–1800), Eustachio Manfredi (1715–1750), gefolgt von Eustachio Zanotti (1751–1786), für Bologna (siehe Katalog), G. A. de Cesaris 1775–1874 für Mailand, diese Ephemeriden gingen später in die *Effemeridi astronomiche de Milano* über. Seit 1792 gab die Sternwarte in Santiago den *Almanaquo Nautico* heraus. Der *Nautical Almanac*,[63] erstmals erschienen 1767, beinhaltet die Ephemeriden für Greenwich.[64]

Die *Ephemerides astronomicae ad meridianum Vindobonensem* erschienen von 1757 bis 1806, herausgegeben von Maximilian Hell. Der Bestand des Instituts für Astronomie umfasst die Jahrgänge 1757–1760 und 1762–1806. Während Hells Abwesenheit anlässlich des Venusdurchganges von 1769 (siehe Kapitel 2.1) übernahm Anton Pilgram die Veröffentlichung der Wiener Ephemeriden für die Jahre 1769, 1770 und 1771. In letzterem Jahrgang ist die Beobachtung des Venustransits in Wardoe von Hell enthalten. Ab 1772 bis zu seinem Tod 1792 zeichnete wieder Hell für die Herausgabe der Ephemeriden hauptverantwortlich. Ab dem Jahrgang 1793 waren Franz de Paula Triesnecker[65] und Johannes Tobias Bürg Herausgeber der Wiener Ephemeriden.[66]

Im Katalogteil sind diejenigen Ephemeriden, welche nur für den Zeitraum eines Jahres berechnet worden sind, nicht enthalten. Dazu zählen unter anderem die Wiener Ephemeriden. Im Gegensatz dazu sind beispielsweise die Ephemeriden für Bologna von Eustachio Manfredi und Eustachio Zanotti, die für einen Zeitraum von zehn bzw. elf Jahren berechnet worden sind, in den Katalog aufgenommen worden.

---

[62] vgl. Ernst Zinner, Geschichte der Sternkunde (Berlin 1931) 504f

[63] Der Bestand des *Nautical Almanac* am Institut für Astronomie umfasst folgende Jahrgänge: 1771, 1773–96, 1800, 1807–08, ab 1820 vollständig bis einschließlich 1980; das gesondert erschienene Tabellenwerk zur ersten Ausgabe von 1767 sowie die zweite Auflage dieser *Tables* von 1781.

[64] vgl. Zinner, Geschichte S. 504f

[65] Direktor der Wiener Universitätssternwarte 1792–1817

[66] vgl. Zinner, Geschichte S. 504f

5 Der Buchbestand der Universitätssternwarte Wien aus dem 18. Jahrhundert

Der Bestand der Wiener Universitätssternwarte geht unter anderem auf die Bemühungen von Maximilian Hell, welcher die Wiener Universitätsbibliothek dazu veranlasste, der Sternwarte eine Reihe von Büchern zu übergeben, zurück, sowie auf Nachlässe insbesondere von Institutsmitgliedern und auf systematische Ankäufe. In den 1930er Jahren sah sich das Institut für Astronomie jedoch dazu gezwungen, nicht facheinschlägige Bestände und Dubletten zu verkaufen, um dringende Neuanschaffungen tätigen zu können.[67]

Für das 18. Jahrhundert (1700–1799) ergibt sich eine Gesamtzahl von 317 Titeln, wobei mehrbändige Werke als ein Titel zählen und 68 kurze Dissertationen bzw. Disputationen, welche zwar im Autorenindex aufgelistet, jedoch nicht im Katalog enthalten sind, nicht mitgerechnet werden. Spätere Auflagen früherer Werke (z. B. Newtons *Philosophiae naturalis principia mathematica* aus 1713, 1739 und 1783) werden jedoch einzeln aufgeführt.

Sprachen

117 Werke liegen auf Latein, 114 auf Deutsch vor. Die französische Sprache ist mit 64 Titeln vertreten. Der restliche Bestand teilt sich auf Englisch (9), Niederländisch (2), Spanisch (2), Italienisch (1), Polnisch (1) sowie mehrsprachige Bücher (7) auf. In den mehrsprachigen Büchern sind die jeweiligen Sprachen etwa gleichermaßen vertreten, diese sind: Deutsch/Latein (4), Latein/Englisch (1), Französisch/Deutsch (1) und Französisch/Latein (1). In der ersten Hälfte des 18. Jahrhunderts (1700 bis einschließlich 1749) überwiegen lateinische Werke (56), in etwa gleichem Ausmaß folgen französische (22) und deutsche (17). In der zweiten Hälfte (1750 bis einschließlich 1799) sind deutsche Werke (97) häufiger vorhanden als lateinische (61) oder französische (42).

Sachgebiete

Die Werke des 18. Jahrhunderts lassen sich in folgende Sachgebiete unterteilen: Astronomie einschließlich Himmelsatlanten und Instrumentenkunde (150 Werke), Mathematik (66), Physik (27), Biographien (8), Geodäsie (7), Geschichte (6), Chronologie (4), Geographie einschließlich Lexika (4), Meteorologie (2). Die übrigen 43 Werke lassen sich nicht eindeutig einem der oben erwähnten Sachgebiete zuordnen (z. B. Christiaan Huygens, *Opera varia* (1724) und Leonhard Euler, *Lettres à une princesse d'Allemagne* (1768–72)).

---

[67] vgl. Gerhard Polnitzky, Bibliothek des Instituts für Astronomie. In: Handbuch der historischen Buchbestände in Österreich 1, ed. Helmut W. Lang (Hildesheim/Zürich/New York 1994) 208f

6 Danksagung und Ausblick

Wir bedanken uns herzlich bei Christian Beiler und Marion Solar für ihre Hilfe bei der elektronischen Erfassung der Bücher mittels des Datenbanksystems ALEPH 500. Frau Univ.-Prof. Dr. Maria G. Firneis bot uns durch Bereitstellung weiterführender bibliographischer Informationen Hilfe.

Im Jahre 1900 wurde im *Adreßbuch der Bibliotheken der Oesterreichisch-ungarischen Monarchie*[68] angekündigt, dass ein Katalog des Buchbestandes der Wiener Universitätssternwarte in Vorbereitung sei. Dieses lange uneingelöste Versprechen sehen wir nun mit Fertigstellung des vorliegenden Bandes als erfüllt an.

Für die nächsten Jahre ist aus den Gründen, die bereits oben in Abschnitt 1 erwähnt wurden, bei der weiteren Bestandserschließung eine Beschränkung auf einzelne Werke und Autoren geplant, beispielsweise im Sinne der Erstellung neuer kommentierter Editionen bzw. Faksimile-Ausgaben ausgewählter Bücher. Weiters soll die erfolgte Bestandssichtung die Grundlage für die Einleitung konservatorischer Maßnahmen bilden, wo diese erforderlich sind.

---

[68] Johann Bohatta, Michael Holzmann, Adreßbuch der Bibliotheken der Oesterreichisch-ungarischen Monarchie (Wien 1900)

Katalog

Anonym 1700

Titel: Tabulae astronomicae
Erscheinungsort: s.l.
Sprache: Deutsch, Latein
Umfang: 84 S.
Format: Oktav (21x16cm)
Bibliogr. Nachweis: VD17 12:642396N
Signatur: Hw 711
Abbildung: Titelseite

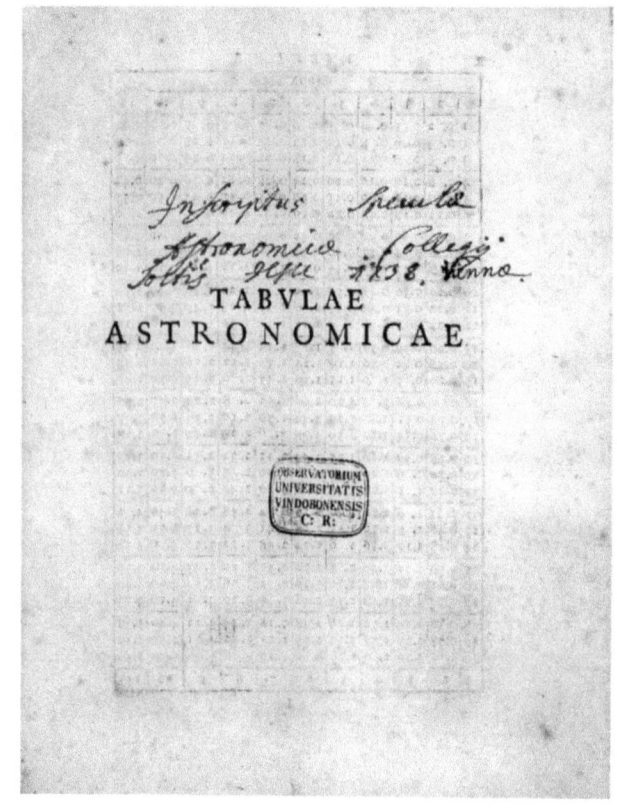

Grüneberg, Christian 1700

Titel: Pandora mathematica tabularum universæ mathesis

Zusatz: nempe sinuum, tangentium & logarithmorum, nec non fortificatoriæ, geographiæ, sphæricæ, theoricæ & gnomonicæ [...] opera

Verfasserangabe: Christiani Grünebergii, Mathes. Professoris Publ. Ordinar. in Electorali Viadrinâ

Erscheinungsort: Berlin; Frankfurt

Verlag: Völcker, Johannes; Zeitler, Christoph

Sprache: Latein

Umfang: [9] Bl., 640 S.

Format: Oktav (15x9cm)

Signatur: Hw 151

Abbildung: Titelseite

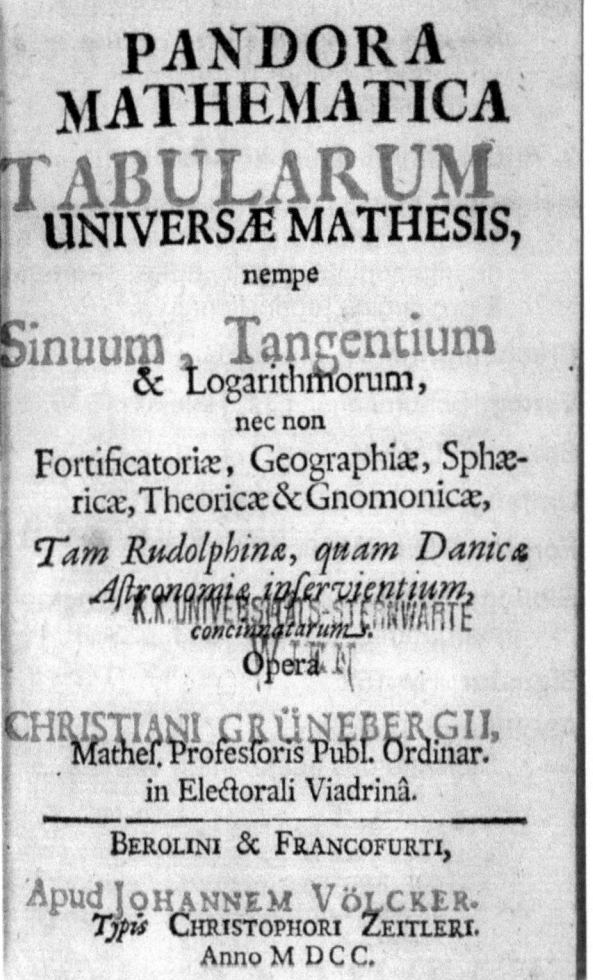

Strauch, Aegidius

(1583-1657)

Titel: \<Aegidii Strauchii\> Tabulæ sinuum tangentium logarithmorum et per universam mathesin. Auctiores et Correctissimæ

2. Autor: Sturm, Leonhard Christoph

Beigefügt: In hac nova Editione Accessere Leonh. Christ. Sturmii tabulæ plane novæ architectonicæ, fortificatoriæ, geometricæ & pro circino proportionali

Erscheinungsort: Amsterdam

Verlag: Schumacher, Chr. Heinrich

Sprache: Latein

Umfang: 32 S., 562 S., [2] Bl., 101 S.

Format: Oktav (15x9cm)

Bibliogr. Nachweis: J. Lalande, Bibliographie astronomique, Paris 1803, p. 338

Signatur: Hw 152

Abbildung: Titelseite
Titelseite des beigefügten Werkes

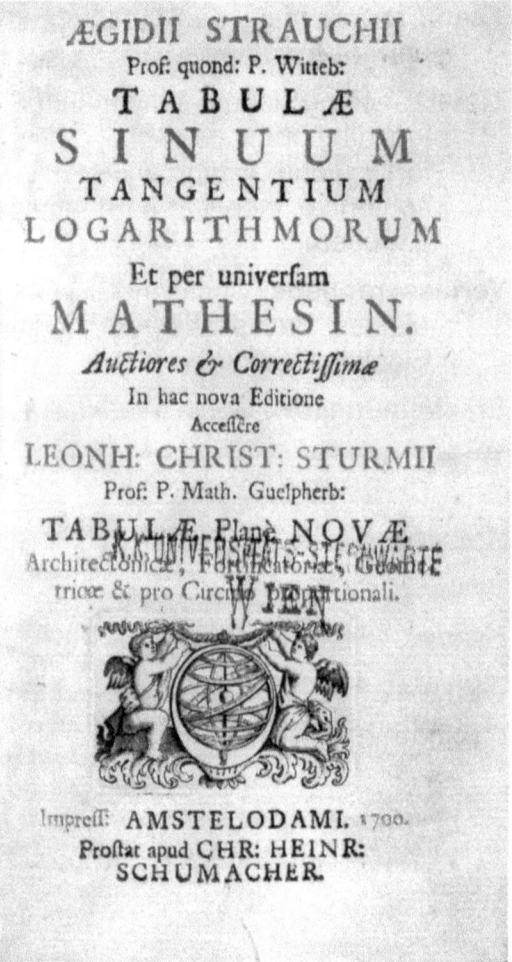

Sturm, Johann Christoph
(1635-1703)

1701

Gesamttitel: Mathesis juvenilis

Erscheinungsort: Nürnberg

Verlag: Hoffmann, Johann (Witwe); Streck, Engelbert

Sprache: Latein

Bde.: Band 1: Tomus prior, 1699
Band 2: Tomus posterior, 1701

Umfang: 1806 S. (gesamt)

Format: Oktav (16x9,5cm)

Signatur: Hw 137

Abbildung: Titelseite des ersten Teils
Entstehung von Finsternissen

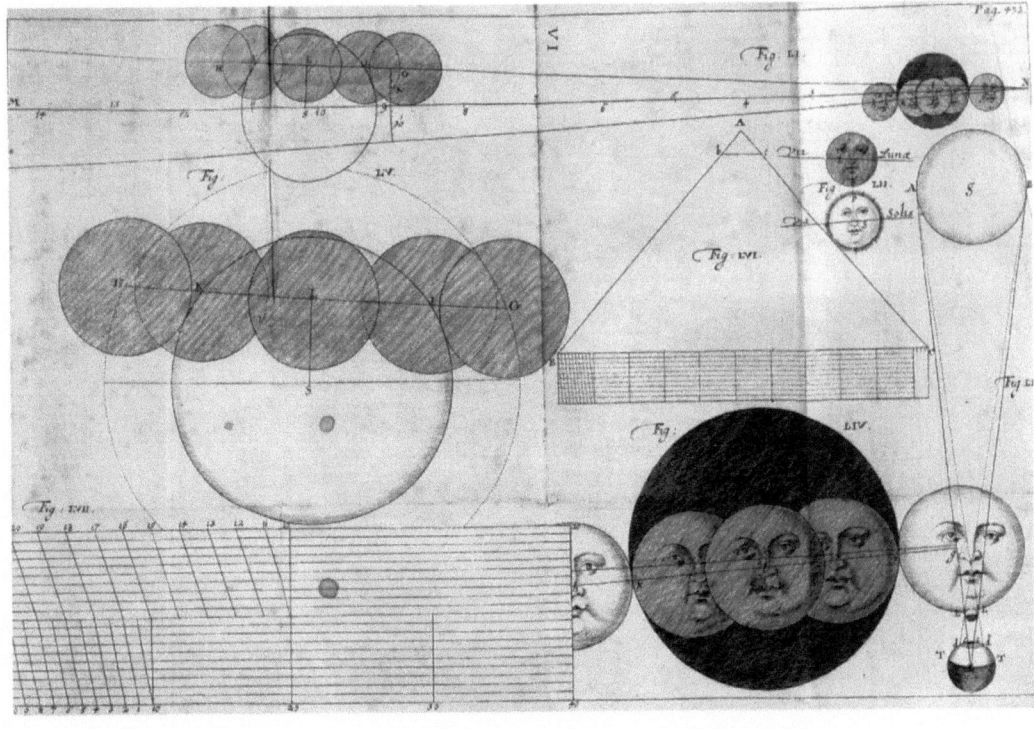

Hellwig, L. Christoph von
(1663-1721)

1702

Titel: Auf hundert Jahr gestellter curiöser Kalender

Zusatz: Nemlichen von 1701 biß 1801. Darinnen zufinden wie ein jeder Hauß-Vatter hohes und niedriges Standes solche ganze Zeit über nach der sieben Planeten Influenz judiciren und sein Haußwesen mit Nutzen einrichten möge; auch mit Kupfferstichen vermehret

Verfasserangabe: Von L. Christoph Hellwigen. Cölleda, Thur. p.t. Cæs. zz. Stadt-Physic. zu Tanstädt.

Erscheinungsort: Erfurt

Verlag: Starck, Johann Georg

Sprache: Deutsch

Umfang: 8 S., 88 S.

Format: Oktav (16,5x9,5cm)

Signatur: Hw 143

Abbildung: Titelseite

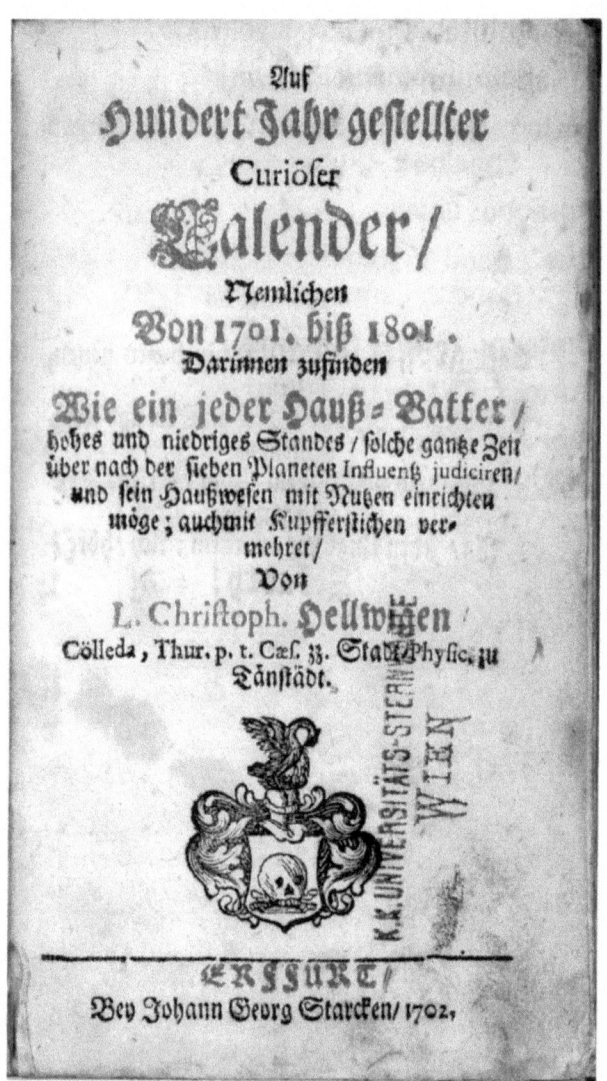

La Hire, Philippe de
(1640-1718)

1702

Titel: Tabulæ astronomicæ Ludovici Magni jussu et munificentia exaratæ et in lucem editæ

Zusatz: In quibus Solis, Lunæ reliquorumque Planetarum motus ex ipsis observationibus, nullâ adhibitâ hypothesi, traduntur; habenturque præcipuarum Fixarum in nostro Horizonte conspicuarum positiones, Ineundi Calculi Methodus, cum Geometricâ ratione computandarum Eclipsium solâ triangulorum rectilineorum Analysi, breviter exponitur. Adjecta sunt Descriptio, Constructio et Usus Instrumentorum Astronomiæ novæ practicæ inservientium, variaque Problemata Astronomis Geographisque perutilia. Ad Meridianum Observatorii Regii Parisiensis in quo habitæ sunt observationes

Verfasserangabe: ab ipso Autore Philippo de la Hire, Regio Matheseos Professore, et Regiæ Scientiarum Academiæ Socio.

Erscheinungsort: Paris

Verlag: Boudot, Johannes

Sprache: Latein

Umfang: 7 Bl., 102 S., 2 Bl., 80 S., 5 Bl.

Format: Quart (25,4x18cm)

Bibliogr. Nachweis: J. Lalande, Bibliographie astronomique, Paris 1803, p. 345

Signatur: Hw 411

Abbildung: Titelseite
Quadrant

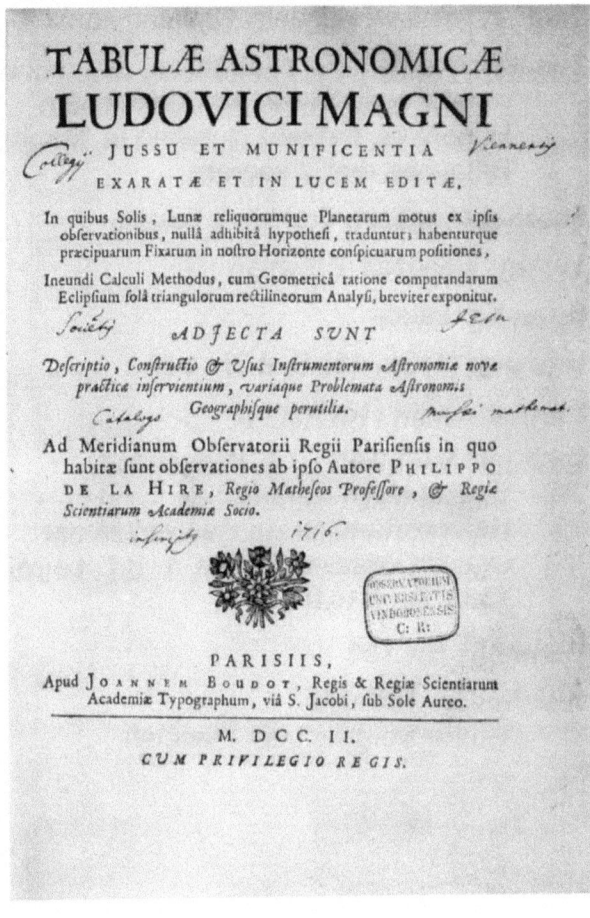

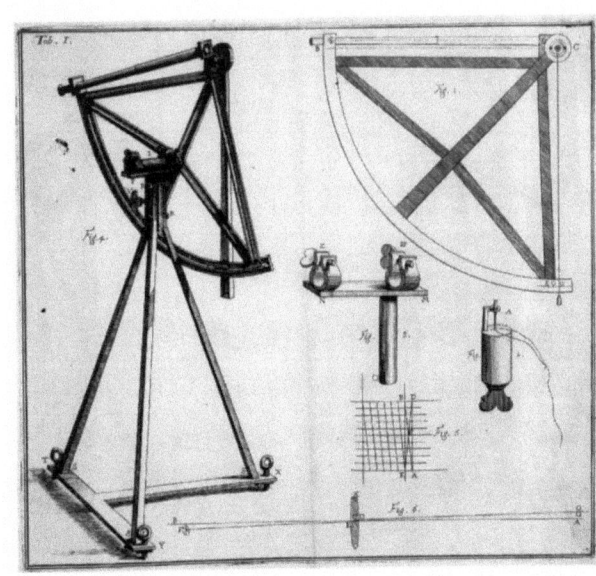

Huygens, Christiaan [1]
(1629-1695)

1704

Titel: <Christiani Hugenii> Cosmotheōros

Zusatz: Sive de terris coelestibus, earumque ornatu, conjecturæ. Ad Constatinum Hugenium, fratrem: Gulielmo III. Magnæ Britanniæ regi, a secretis.

Erscheinungsort: Frankfurt; Leipzig

Verlag: Liebezeit, Christian

Sprache: Latein

Umfang: [1] Bl., 120 S. 4 Bl., 4 Bl.

Format: Quart (16x9,5cm)

Bibliogr. Nachweis: J.C. Poggendorf, Biographisch-literarisches Handwörterbuch zur Geschichte der exacten Wissenschaften, 1. Bd., Leipzig 1863, Sp. 1164f

Signatur: Hw 153

Abbildung: Titelseite
Größenvergleich der Planeten

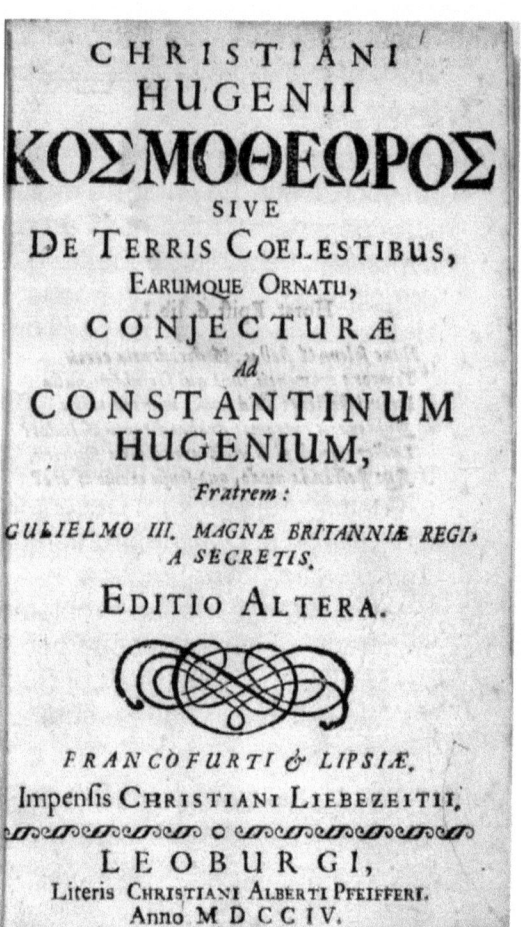

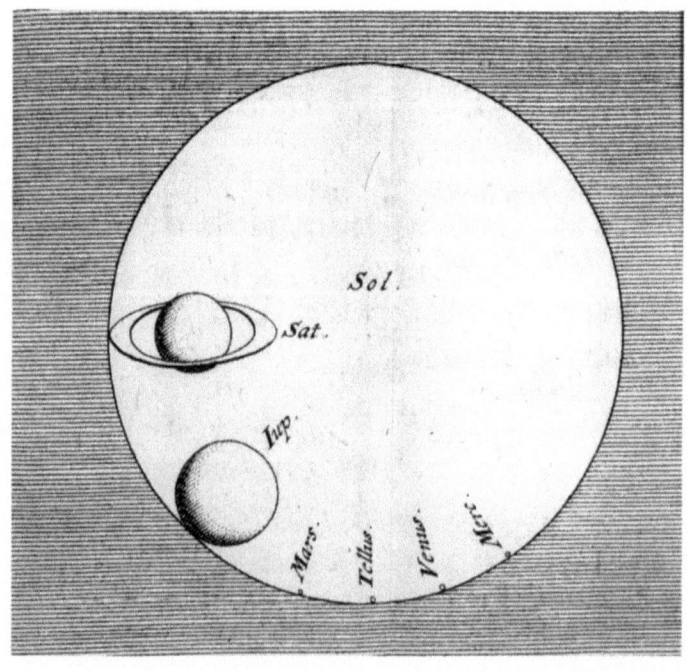

Zimmermann, M. Johann Jacob 1704
(1644-1693)

Titel: Coniglobium nocturnale stelligerum seu conus astrocopicus geminus

Zusatz: Das ist: Eine vortheilhaftige/und nach den Himmel-Gemässen Hevelianischen Gestirn-Register/eingerichtete und auff eine Neue und bequeme Manier in einen zweifachen so Mitternächtigen als Mittägigen Stern-Kegel übergetragene Himmels-Kugel

Illustrationen: großformatige Karte des südlichen Sternhimmels

Verfasserangabe: herausgeben von M. Johann Jacob Zimmermann/Der philosophischen und mathematischen Wissenschaften Beflissenem.

Erscheinungsort: Hamburg

Verlag: Liebernickel, Gottfried

Sprache: Deutsch

Umfang: 40 S., [1] Bl.

Format: Oktav (16,5x9,5cm)

Bibliogr. Nachweis: J. Lalande, Bibliographie astronomique, Paris 1803, p. 351

Signatur: Hw 514

Abbildung: Titelseite
Großformatige Karte des südlichen Sternhimmels

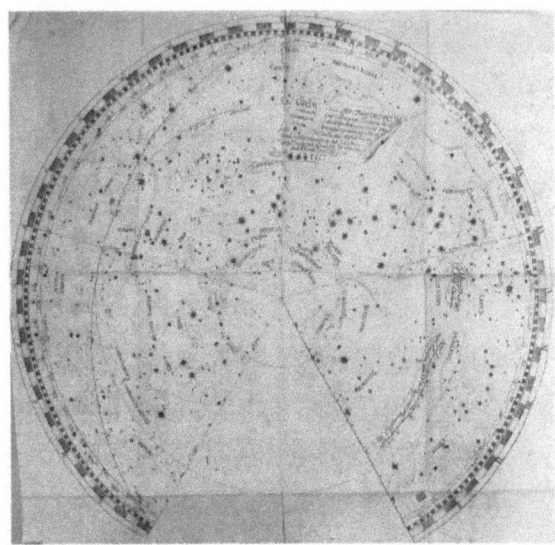

Newton, Isaac [2]
(1642-1726)

1706

Titel: Optice: sive de Reflexionibus, Refractionibus, Inflexionibus et Coloribus lucis

Zusatz: libri tres

2. Autor: Clarke, Samuel

Beigefügt: Accedunt Tractatus 2 eiusdem authoris de speciebus et magnitudine figurarum curvilinearum, Latine scripti

Verfasserangabe: Authore Isaaco Newton, Equite Aurato. Latine reddidit Samuel Clarke, A. M.

Erscheinungsort: London

Verlag: Smith & Walford

Sprache: Latein

Umfang: [7] Bl., 348 S., [1] Bl., 24 S., [1] Bl., 43 S., [6] Bl.

Format: Quart (24x19cm)

Bibliogr. Nachweis: J. Lalande, Bibliographie Astronomique, Paris 1803, p. 352

Signatur: Hw 176

Abbildung: Titelseite
Newtonsches Fernrohr
Newtonsches Farbenglas

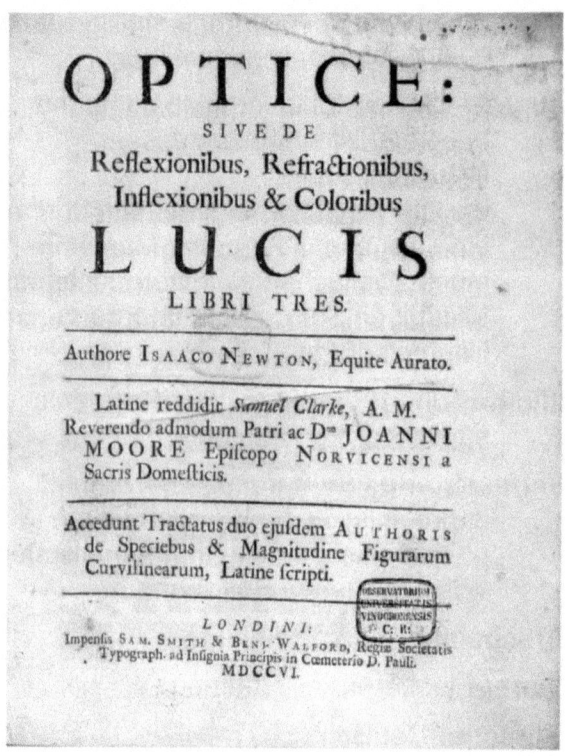

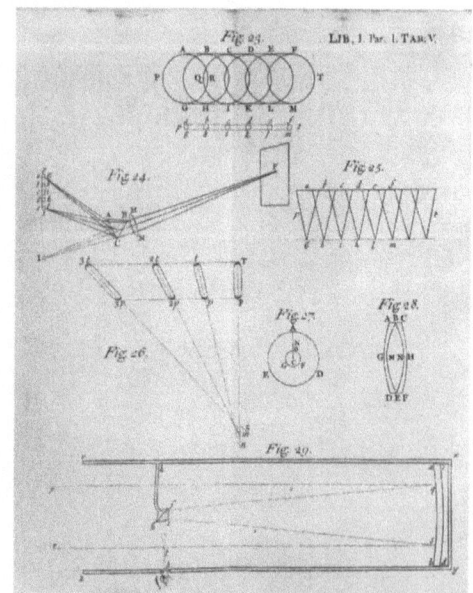

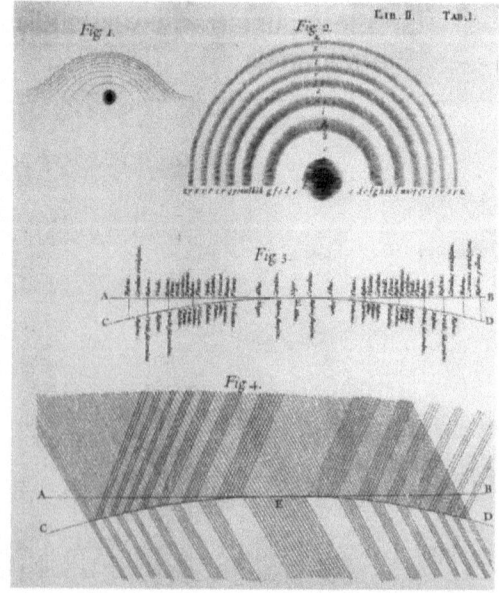

Stengel, Johann Peterson 1706

Titel: <Joan. Peterson Stengelii, Sueci> Gnomonica universalis

Zusatz: sive praxis amplissima geometrice describendi horologia solaria, tum stabilia, juxta omnes species, in quâcunque superficie planâ intra Sphæram Rectam & Obliquam, tum reflexa & portatilia, in figuris CCXXXIII expressa. Subjunctum est supplementum præter superiores adhuc alios, præcipue Trigonometricos Horolocia delineandi Modos exhibens, ipsum pluribus novis Figuris issustratum, a horologiophilo quodam.

Erscheinungsort: Ulm

Verlag: Bartholomaeus, Daniel

Sprache: Latein

Umfang: [4] Bl., 262 S., [3] Bl.

Format: Oktav (16x9cm)

Signatur: Hw 139

Abbildung: Titelseite

Feind, Barthold
(1678-1721)

1707

Titel: Astrognosia, das ist gründliche Anweisung zur Stern-Kunst

Zusatz: Wie nemlich einer so der lateinischen Sprache nicht kündig auch sonsten in Mathesi nicht erfahren den Himmels Lauff vermittelst der Himmels-Kugel auch im Teutschen auffs leichteste und kürtzeste fassen und begreiffen könne.

Ausgabe: 6. Auflage

Erscheinungsort: Hamburg

Verlag: Liebernickel, Gottfried

Sprache: Deutsch

Umfang: 149 S.

Format: Duodez (13.5x8cm)

Signatur: Hw 159

Abbildung: Titelseite
Mars, Jupiter und Saturn

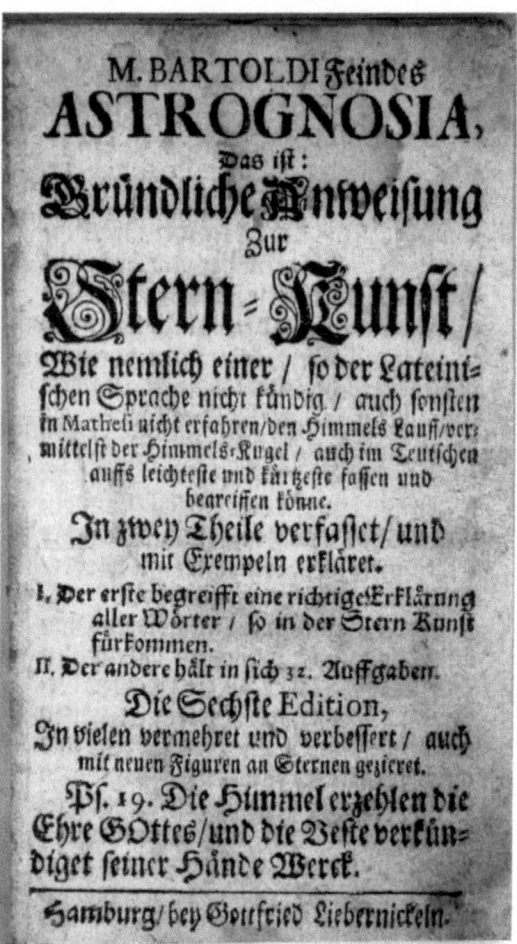

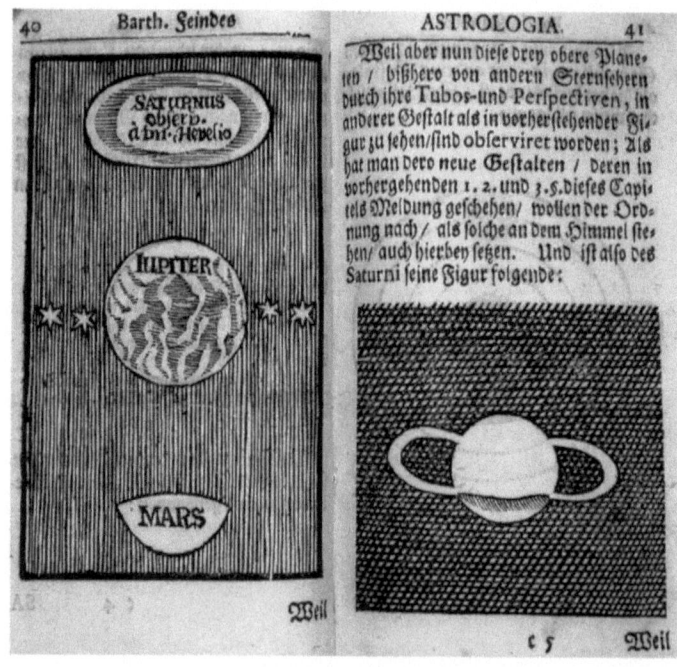

Cellarius, Andreas
(1596-1665)

1708

Titel: Harmonia Macrocosmica

Zusatz: Seu Atlas Universalis Et Novus Totius Universi Creati Cosmographiam Generalem, Et Novam Exhibens. In quâ Omnium totius Mundi Orbium Harmonica Constructio, secundum diversas diversorum Authorum opiniones, ut & Uranometria, seu totus Orbis Coelestis, ac Planetarum Theoriæ, & Terrestris Globus, tàm Planis & Scenographicis Iconibus, quàm Descriptionibus novis ab oculos ponuntur ; Opus novum, antehac nunquam visum, cujuscunque conditionis Hominibus utilissimum, jucundissimum, maximè necessarium, & adornatum

Verfasserangabe: Studio, Et Labore Andreæ Cellarii Palatini, Scholæ Hornanæ in Hollandia Boreali Rectoris

Erscheinungsort: Amsterdam

Verlag: Valk, Gerard; Schenk, Pieter

Sprache: Latein

Umfang: [2] Bl., [28] gef. Bl.: Ill.: 29 Kupferstiche

Format: Folio (49x31cm)

Bibliogr. Nachweis: J. Lalande, Bibliographie astronomique, Paris 1803, p. 355

Signatur: Hw 15

Abbildung: Titelseite
Frontispiz

Müller, Johann Ulrich
(1653-1715)

1709

Titel: Astronomia compendiaria

Zusatz: Das ist/Kurz gefaßte Theoretisch-Practische Stern-Kunst/ Mit etlichen darzu gehörigen Kupffern/

Verfasserangabe: Gar deutlich vorgestellet von Johann Ulrich Müllern/ Mathematophilo

Erscheinungsort: Ulm

Verlag: Kühn, Georg Wilhelm

Sprache: Deutsch

Umfang: [4] Bl., 144 S., [1] Bl.

Format: Oktav (16,5x9,5cm)

Bibliogr. Nachweis: J. Lalande, Bibliographie Astronomique, Paris 1803, p. 356

Signatur: Hw 514

Abbildung: Titelseite

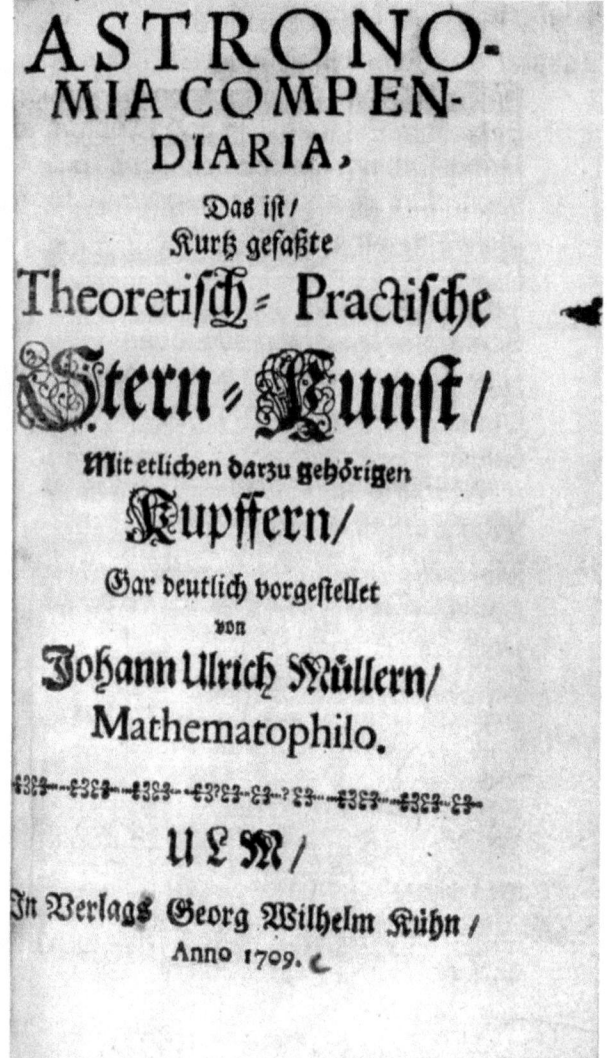

Zimmermann, Johann Jakob — 1709

Titel: Scriptura S. [Sacra] Copernizans seu potius astronomia Copernico scripttuaria bipartita.

Zusatz: Das ist: Ein gantz neu- und sehr curioser Astronomischer Beweißthum Des Copernicanischen Welt-Gebäudes aus H. Schrifft/[...] In zweyen Theilen einfältig entworffen

Verfasserangabe: Von Johann Jacob Zimmermann/Philo-Mathematico.

Erscheinungsort: [Hamburg]

Sprache: Deutsch

Umfang: [7] Bl., 105 S., [6] Bl.

Format: Oktav (16,5x9,5cm)

Bibliogr. Nachweis: J. Lalande, Bibliographie Astronomique, Paris 1803, p. 356

Signatur: Hw 514

Abbildung: Titelseite Sonnenflecken

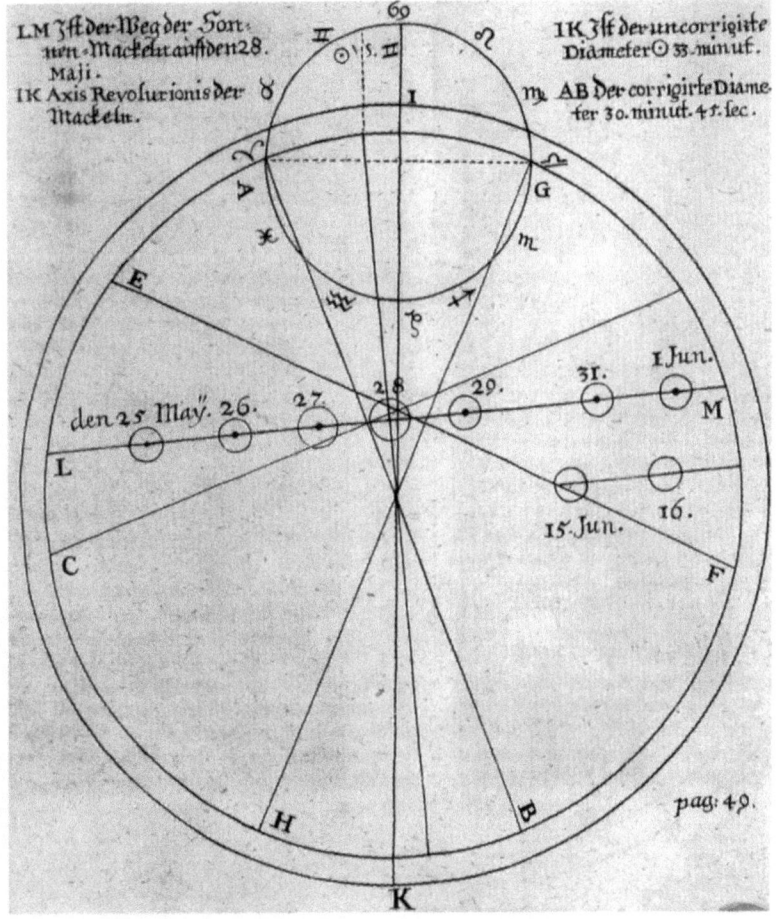

Noël, François
(1640-1725)

1710

Titel: Observationes mathematicæ, et physicæ in India et China Factæ

Zusatz: à Patre Francisco Noël Societatis Jesu, ab anno 1684 ad annum 1708

Erscheinungsort: Prag

Verlag: Kamenicky, Joachim Johann

Sprache: Latein

Umfang: 133 S., [1] gef. Bl.

Format: Quart (21x16,5cm)

Bibliogr. Nachweis: J. Lalande, Bibliographie astronomique, Paris 1803, p. 357

Signatur: Hw 456

Abbildung: Titelseite
Sternkarte

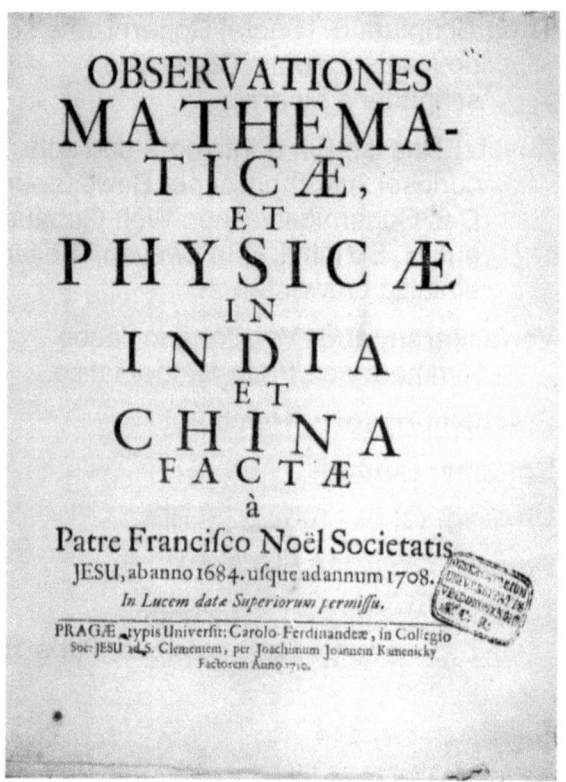

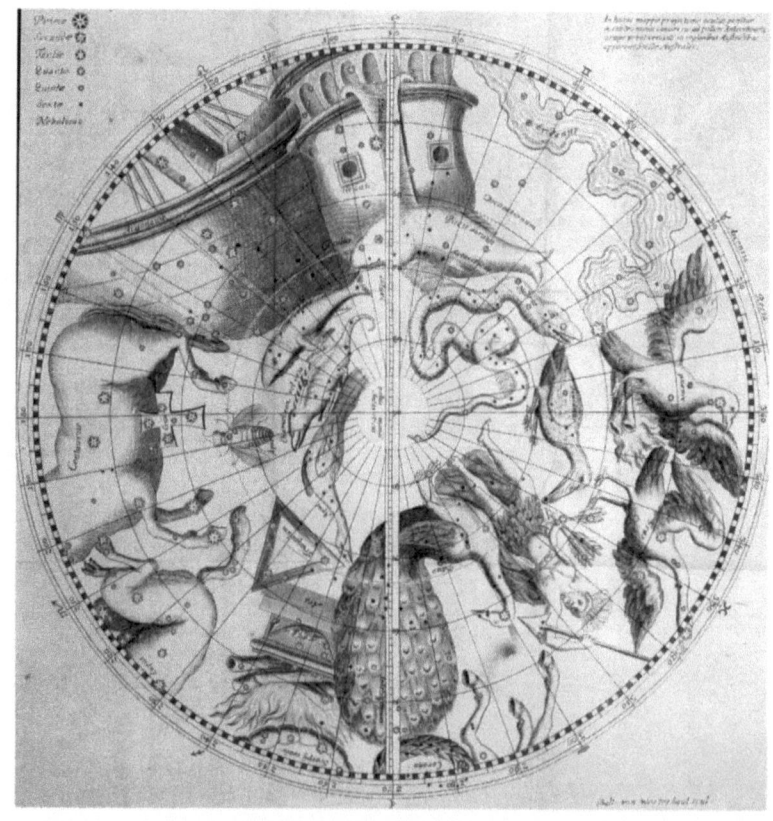

Petau, Denis
(1583-1652)

1710

Titel: [<D. Petavii aurelianensis, e Societate Jesu> Rationarium temporum]

Zusatz: [in partes duas, libros tredecim distributum. In quo ætatum omnium sacra profanaque historia chronologicis probationibus munita summatim traditur.]

Ausgabe: [Editio novissima, cui accedit supplementum, quo historia ad hoc usque tempus continnatur, ut & tabulae genealogicae ac geographicae, utraeque veteris recentisque temporis, denique indices longe auctiores.]

Erscheinungsort: [Leiden]

Verlag: [van der Aa, Peter]

Sprache: Latein

Bde.: Nur Band 2 vorhanden

Umfang: 199 S. (Bestand)

Format: Oktav, (19,5x12cm)

Bibliogr. Nachweis: J.C. Poggendorf, Biographisch-literarisches Handwörterbuch zur Geschichte der exacten Wissenschaften, 2. Bd., Leipzig 1863, Sp. 412

Signatur: Hw 123

Abbildung: Titelseite des 2. Teils

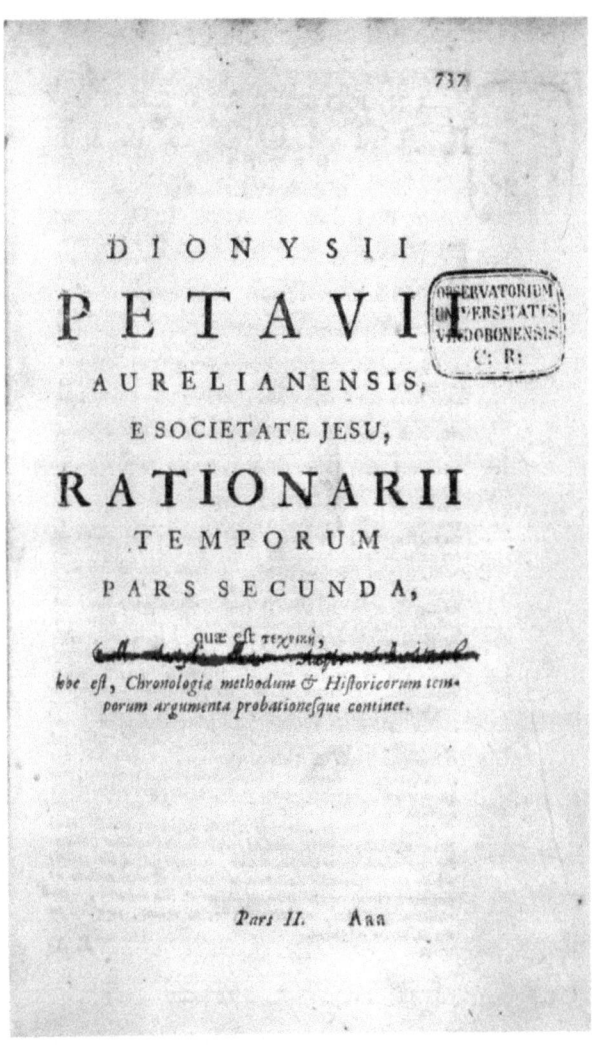

Baudrand, Michel-Antoine 1711

Titel: Dictionaire geographique universel

Zusatz: Contenant une description exacte des Etats, Royaumes, Villes, Forteresses, Montagnes, Caps, Isles, Presqu'iles, Lacs, Mers, Golfes, Détroits, &c. de l'Univers, Le tout tiré du Dictionaire de Baudrand, des meilleures Relations, des plus fameux Voyages, & des plus fidèles Cartes. Ouvrage poussé plus loin qu'aucun qui ait paru jusques ici en François. On y a ajouté un Catalogue Latin tres ample des noms anciens & modernes des lieux, traduits en François, en faveur de ceux qui lisent des Autheurs Latins, & de tous les autres, qui trouvent très souvent dans les Cartes des noms en cette langue.

Ausgabe: Nouvelle Edition corrigée & beaucoup augmentée.

2. Autor: [Maty, Charles]

Erscheinungsort: Utrecht

Verlag: Broedelet, Guiliaume

Sprache: Französisch

Umfang: [4] Bl., 1040 S., [71] Bl.

Format: Quart (23,5x17,5cm)

Signatur: Hw 812

Abbildung: Titelseite

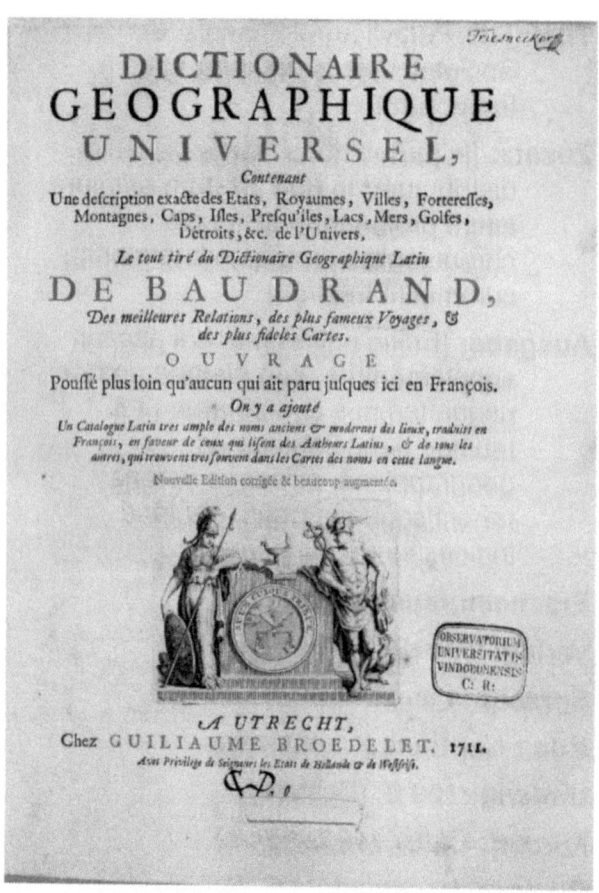

Wilkins, John [3]
(1614-1672)

1713

Gesamttitel: <Johannis Wilkins, des fürtrefflichen englischen Bischoffs zu Chester> Vertheidigter Copernicus

Zusatz: Oder curioser und gründlicher Beweiß der copernicanischen Grundsätze in zweyen Theilen verfasset und dargethan. I. Daß der Mond eine Welt oder Erde II. Die Erde ein Planet seye. Zum Nutzen und zur Belustigung der Liebhaber der wahren Astronomie. Aus dem Englischen ins Teutsche übersetzet.

2. Autor: Doppelmayr, Johann Gabriel [Übersetzer]

Erscheinungsort: Leipzig

Verlag: Monath, Peter Conrad

Sprache: Deutsch

Bde.: Band 1: Erstes Buch von der Entdeckung einer neuen Welt. Zu welchem mit ziemlicher Probabilität dargethan wird/ daß eine andere wohnbare Welt in dem Mond anzutreffen seye
Band 2: Zweytes Buch von einem neuen Planeten. In welchem gar glaublich erwiesen wird/ daß unsere Erde unter die Zahl der Planeten allerdings gerechnet werden möge

Umfang: 242 S. (gesamt)

Format: Quart (20x16cm)

Bibliogr. Nachweis: J. Lalande, Bibliographie Astronomique, Paris 1803, p. 360

Signatur: Hw 538

Abbildung: Titelseite
Planetensystem

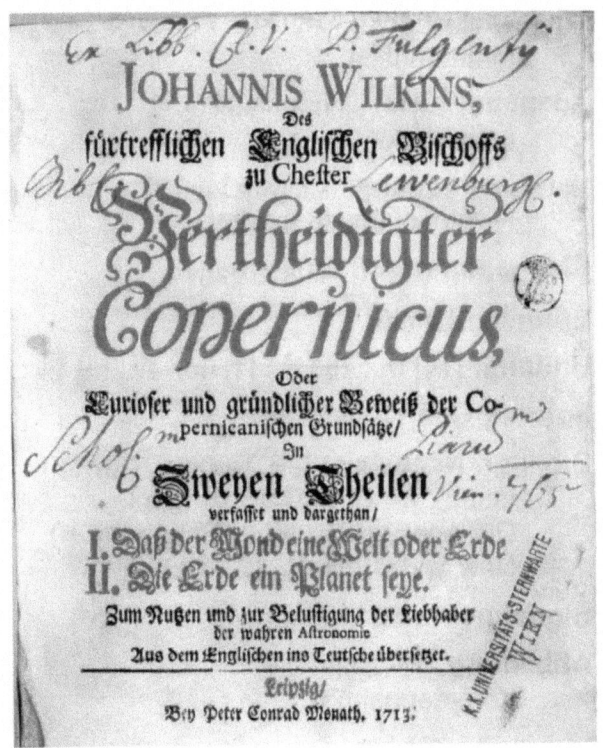

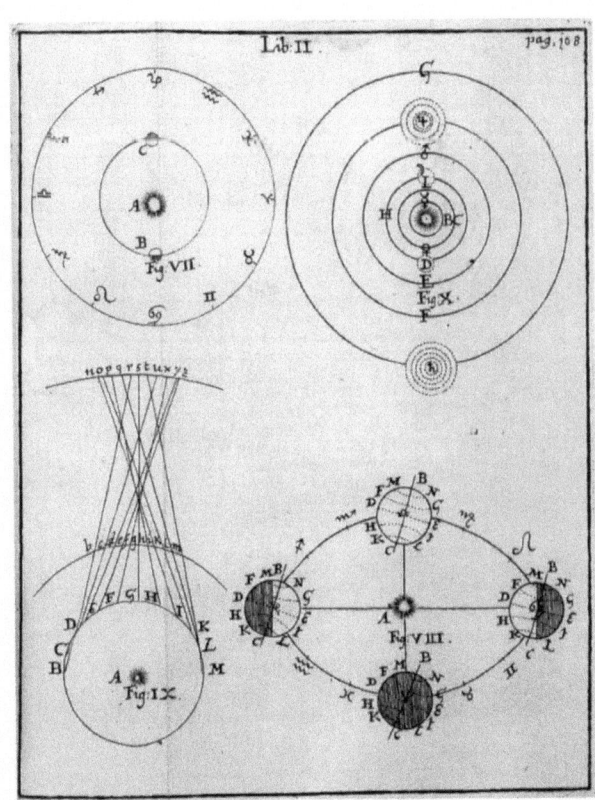

Newton, Isaac [4]
(1642-1726)

1714

Titel: Philosophiæ Naturalis Principia Mathematica

Ausgabe: Editio ultima. Auctior et emendatior.

Verfasserangabe: Auctore Isaaco Newtono, equite aurato.

Erscheinungsort: Amsterdam

Sprache: Latein

Umfang: [14] Bl., 484 S., [1] gef. Bl., [4] Bl.

Format: Quart (25x20cm)

Bibliogr. Nachweis: I. B. Cohen, "Newton, Isaac". In: C. C. Gillispie (Hg.), Dictionary of Scientific Biography 10, New York 1981, S. 42 - 103.

Signatur: Hw 53

Abbildung: Titelseite
Kometenbahn

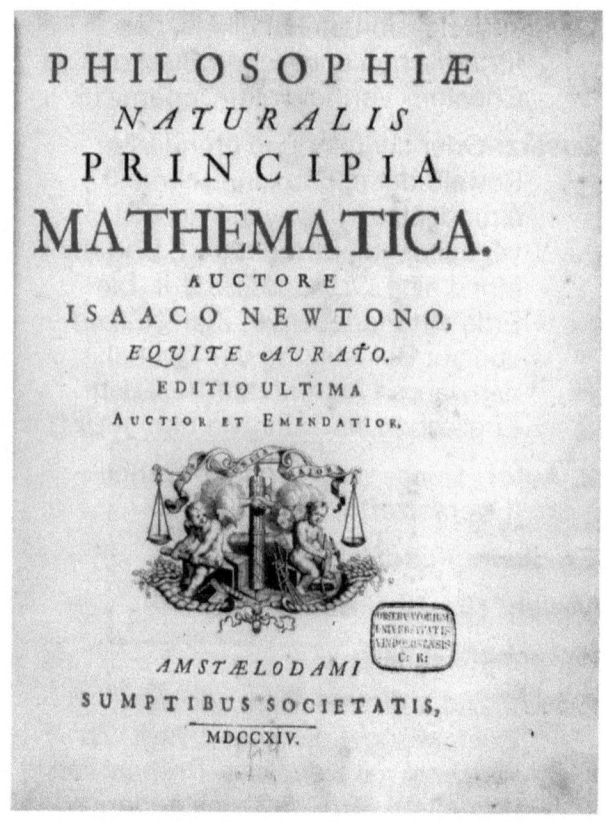

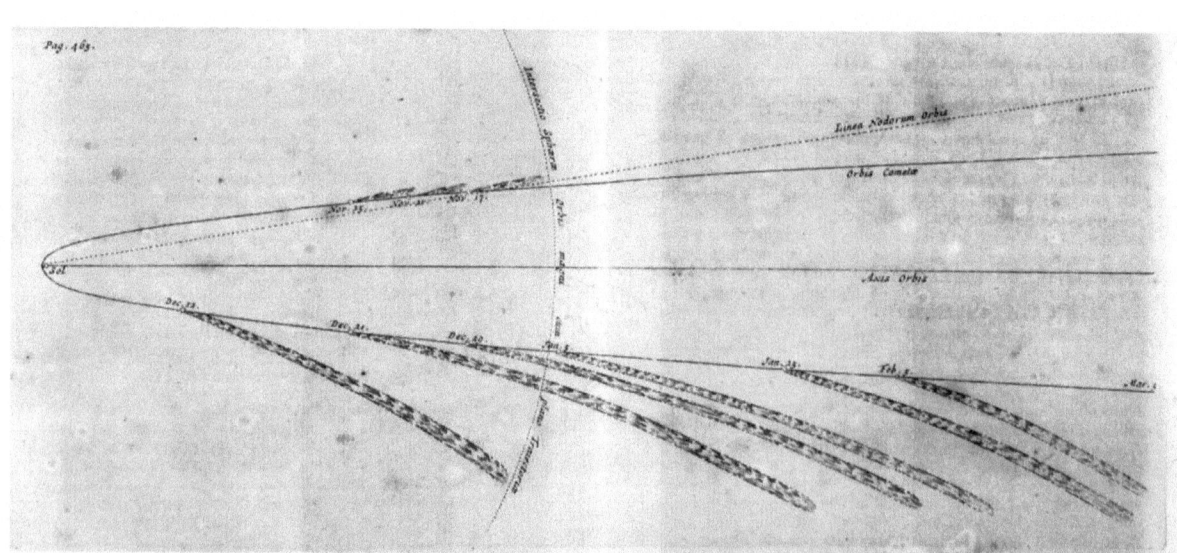

Manfredi, Eustachio
(1674-1739)

1715

Titel: <Eustachii Manfredii> Ephemerides motuum coelestium

Zusatz: Ex anno MDCCXV in annum MDCCXXV e Cassinianis tabulis ad meridianum Bononiæ supputatæ

Erscheinungsort: Bologna

Verlag: Pisari, Konstantin

Sprache: Latein

Umfang: 4 Bl., [4] Bl., 80 S., [1] gef. Bl., [2] Bl., S. 81 - S. 143, [14] gef. Bl., 179 S., 373 S.

Format: Quart (25x18cm)

Bibliogr. Nachweis: J. Lalande, Bibliographie Astronomique, Paris 1803, p. 362

Signatur: Hw 192

Abbildung: Titelseite

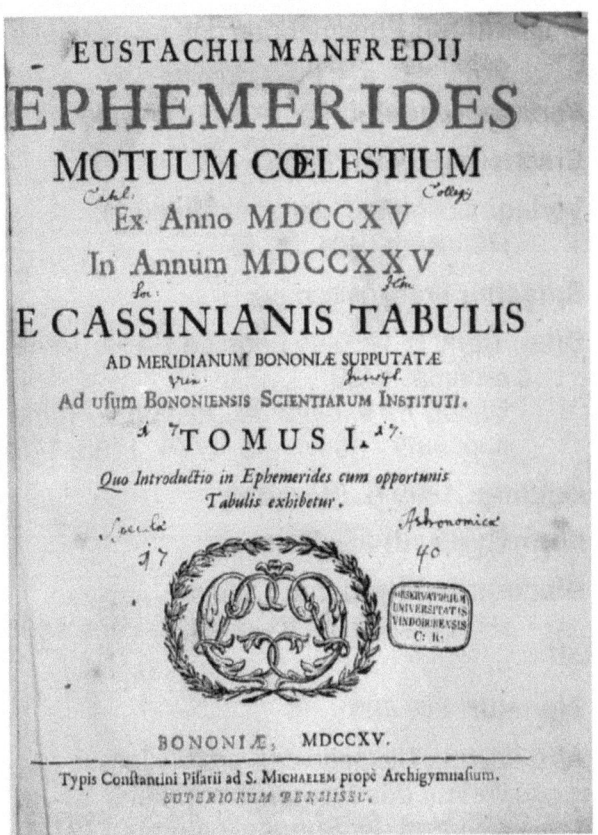

Desplaces, Philippe
(1659-1736)

1716

Gesamttitel: Ephemerides des mouvemens celestes

Verfasserangabe: Par le Sieur Desplaces.

Erscheinungsort: Paris

Verlag: Collombat, Jacques (Band 1); Hérissant (Bde. 6 - 9)

Sprache: Französisch

Bde.: Band 6: Nicolas L. de La Caille, Tome sixième, 1763
Bände 7 - 9: Lalande, Joseph J., Tome septième - neuvième, 1774, 1783, 1792

Umfang: 1890 S. (Bestand)

Format: (Quart 25x19cm)

Bibliogr. Nachweis: J. Lalande, Bibliographie astronomique, Paris 1803, p. 364

Signatur: Hw 409

Abbildung: Titelseite des ersten Teils
Verlauf des Mondhalbschattens während der Sonnenfinsternis 1787

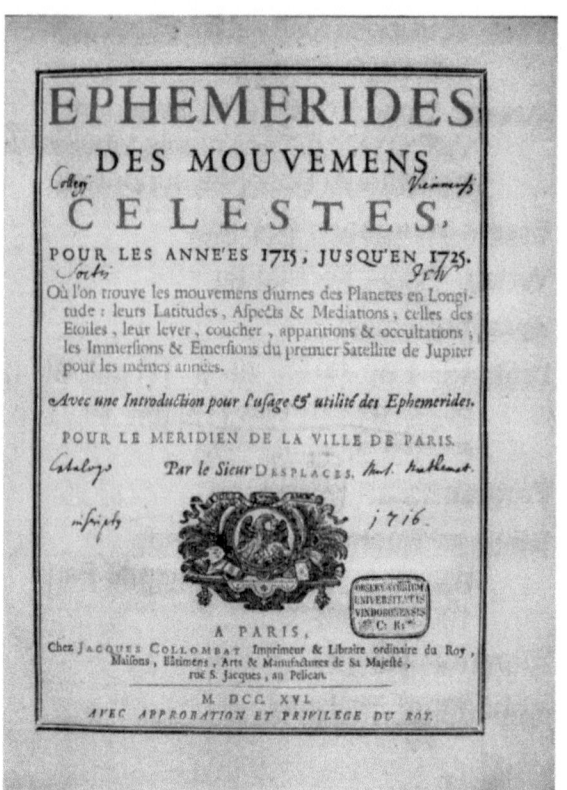

Galilei, Galileo
(1564-1642)

Titel: Opere di Galileo Galilei

Zusatz: Nobile Fiorentino Accademico Linceo. Già lettore delle Mattematiche nelle Università di Pisa, e di Padova, dipoi Sopraordinario nello Studio di Pisa. Primario Filosofo, e Mattematico del serenissimo Gran Duca di Toscana. Nuova Edizione. Coll' aggiunta di varj Trattati dell' istesso autore non più dati alle stampe.

2. Autor: [Buonaventuri, Tommaso]

3. Autor: [Viviani, Vincenzio]

Erscheinungsort: Florenz

Verlag: Tartini, Giovanni Gaetano; Franchi, Santi

Sprache: Italienisch

Bde.: Bände 1 - 3: Tomo Primo - Terzo

Umfang: 2012 S. (gesamt)

Format: Quart (25x17,5cm)

Bibliogr. Nachweis: J. Lalande, Bibliographie Astronomique, Paris 1803, p. 369

Signatur: Hw 83

Abbildung: Titelseite des ersten Teils

1718

Wurzelbau, Johann Philipp von 1719
(1651-1725)

Titel: Uranies Noricæ basis Astronomica sive rationes motus annui

Zusatz: Ex observationibus in Solem hoc nostro et seculo abhinc tertio Norinbergæ sub eodem meridiano habitis quamplurimis deductæ et empliter demonstratæ [...]

Verfasserangabe: Editæ à Johanne Philippo à Wurzelbau

Erscheinungsort: Nürnberg

Verlag: Adelbulner, Johannes Ernst

Sprache: Latein

Umfang: [5] Bl., 82 S., [1] Bl.

Format: Folio (37x22cm)

Bibliogr. Nachweis: J. Lalande, Bibliographie Astronomique, Paris 1803, p. 372

Signatur: Hw 22

Abbildung: Titelseite

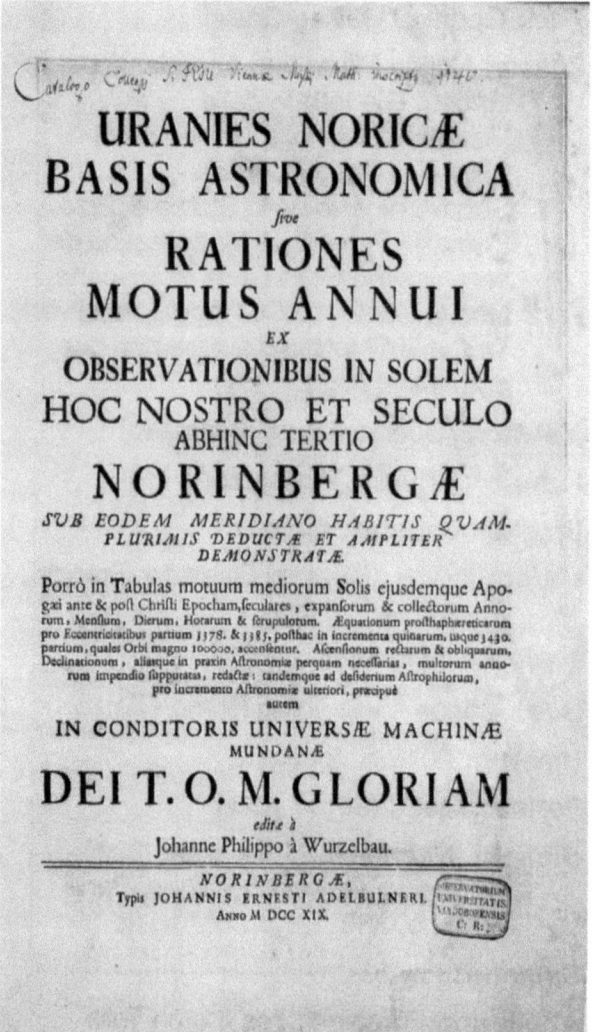

Anonym [5] 1720

Titel: Anmuthiges Bauren-Gespräch über dem Lauffen und nicht Lauffen der Sonnen und dem Umdrehen und nicht Umdrehen der Erden

Zusatz: zwischen Jacob, Cornelis und Peter, aus dem Holländischen ins Hochteutsche übertragen.

Erscheinungsort: Frankfurt; Leipzig

Sprache: Deutsch

Umfang: [14] Bl., 54 S.

Format: Oktav (16,5x9,5cm)

Signatur: Hw 514

Abbildung: Titelseite

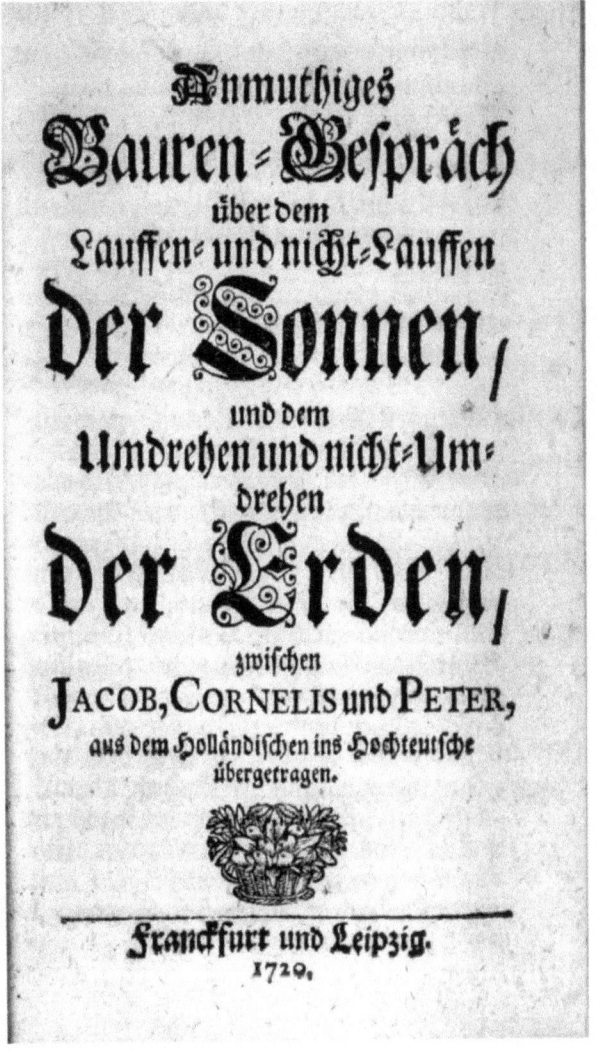

L'Hospital, Guillaume François Antoine de 1720
(1661-1704)

Titel: Traité analytique des sections coniques et de leur usage pour la résolution des équations dans les problêmes tant déterminez qu'indéterminez

Verfasserangabe: Ouvrage posthume de M. Le Marquis de l'Hospital, academicien honoraire de l'Academie Royale des Sciences.

Erscheinungsort: Paris

Verlag: Montalant

Sprache: Französisch

Umfang: [3] Bl., 459 S., [1] Bl.

Format: Quart (25x19,5cm)

Bibliogr. Nachweis: J.C. Poggendorf, Biographisch-literarisches Handwörterbuch zur Geschichte der exacten Wissenschaften, 1. Bd., Leipzig 1863, Sp. 1146f

Signatur: Hw 525

Abbildung: Titelseite
Kegelschnitte

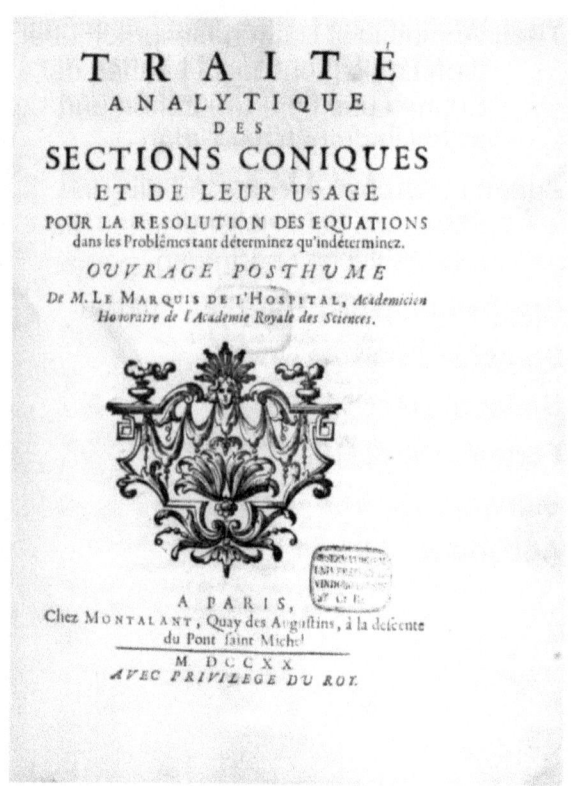

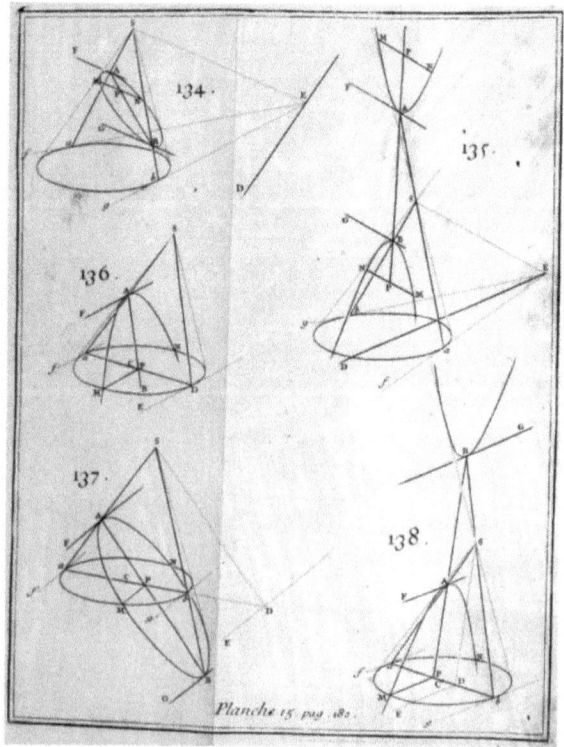

MacLaurin, Colin
(1698-1746)

1720

Titel: Geometria organica: sive descriptio linearum curvarum universalis

Verfasserangabe: Auctore Colino Mac Laurin, Matheseos in Collegio Novo Abredonensi Professore, et Reg. Soc. Soc.

Erscheinungsort: London

Verlag: Innys, William; Innys, John

Sprache: Latein

Umfang: [6] Bl., 139 S.

Format: Oktav (22,5x17,5cm)

Bibliogr. Nachweis: J.C. Poggendorf, Biographisch-literarisches Handwörterbuch zur Geschichte der exacten Wissenschaften, 1. Bd., Leipzig 1863, Sp. 5f

Signatur: Hw 441

Abbildung: Titelseite

Petau, Denis
(1583-1652)

Titel: <Dionysii Petavii aurelianensis è Societ. Jesu> Rationarium temporum

Ausgabe: Editio novissima

Erscheinungsort: Köln

Sprache: Latein

Bde.: Bände 1 - 3: Tomus Primus - Tertius, 1720

Umfang: 1446 S. (gesamt)

Format: Oktav (17,5x10,5cm)

Bibliogr. Nachweis: J.C. Poggendorf, Biographisch-literarisches Handwörterbuch zur Geschichte der exacten Wissenschaften, 2. Bd., Leipzig 1863, Sp. 412

Signatur: Hw 490

Abbildung: Titelseite Band 1

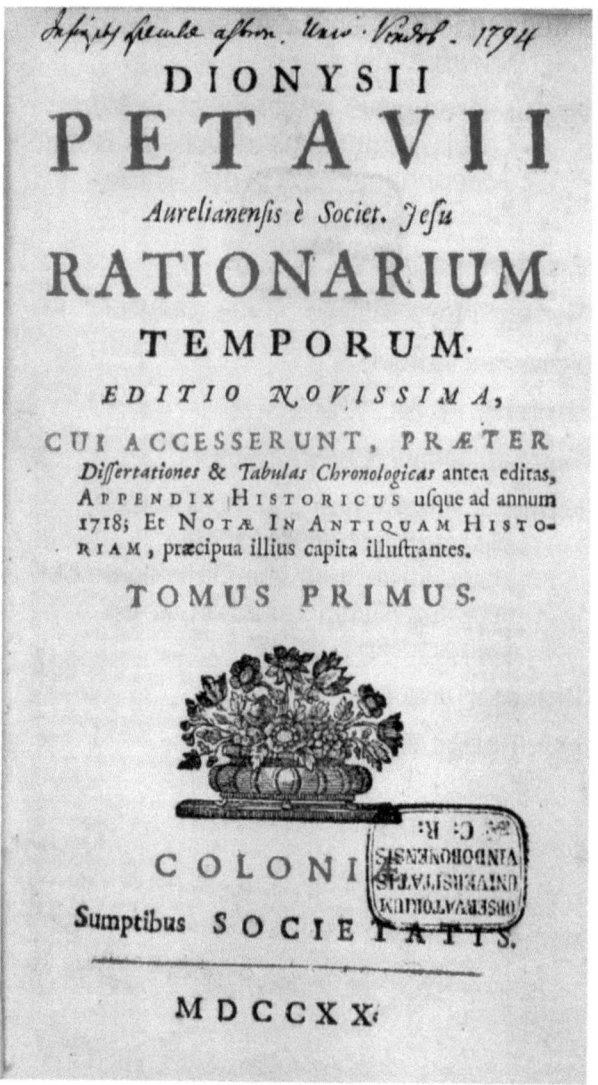

Doppelmayr, Johann Gabriel
(1671-1750)

1721

Titel: Dritte Eröffnung der neuen mathematischen Werck-Schule Nicolai Bion, in welcher die Zubereitung und der Gebrauch verschiedener astronomischen Instrumenten beschrieben wird

2. Autor: Bion, Nicolas

Erscheinungsort: Nürnberg

Verlag: Monath, Peter Conrad

Sprache: Deutsch

Umfang: [6] Bl., 176 S.

Format: Quart (20,5x15,5cm)

Bibliogr. Nachweis: J. Lalande, Bibliographie Astronomique, Paris 1803, p. 375

Signatur: Hw 457

Abbildung: Titelseite
Diverse Instrumente
Quadranten

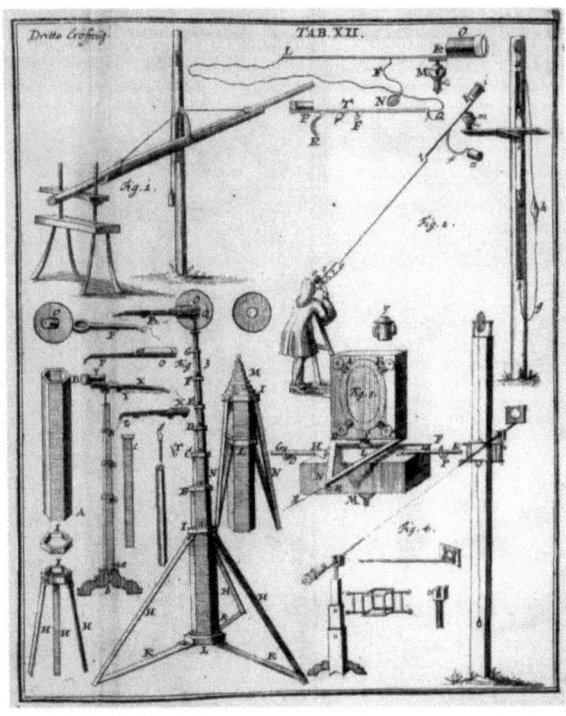

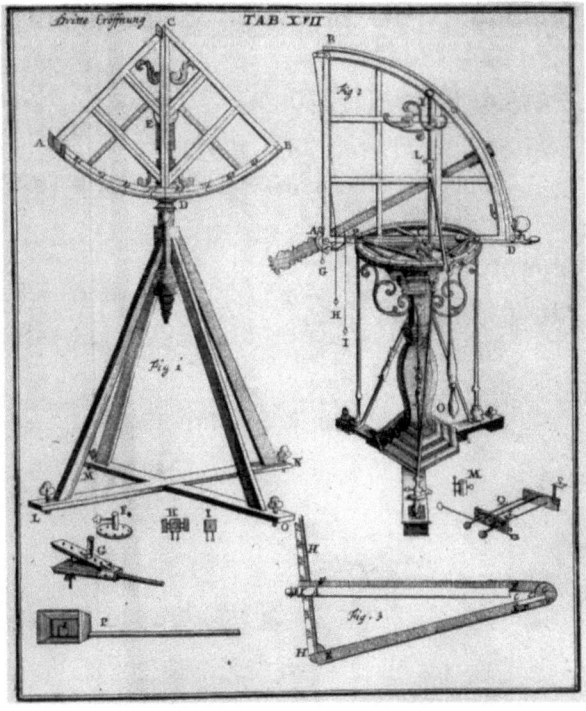

Rost, Johann Leonhard
(1688-1727)

1723

Titel: Atlas portatilis coelestis, oder compendiöse Vorstellung des gantzen Welt-Gebäudes, in den Anfangs-Gründen der wahren Astronomie

Zusatz: dadurch man nicht nur zur Erlernung dieser unentbehrlichen Wissenschaft, auf eine sehr leichte Art gelangen, sondern auch zugleich daraus, sich einen bessern Begriff von dem wahren Fundament, so wol der Geographie als Schiffahrt, zueignen kan; den Liebhabern zu Gefallen, absonderlich aber der studirendem Jugend zum Unterrichte, in möglichster Deutlichkeit abgefasset und durch mehr als anderthalb hundert Figuren erkläret

Illustrationen: Ill., graph. Darst.: 38 Kupferstiche, größtenteils bunt

Verfasserangabe: von Johann Leonhard Rost

Erscheinungsort: Nürnberg

Verlag: Weigel, Johann Christian

Sprache: Deutsch

Umfang: [1] gef. Bl., [6] Bl., 362 S., [37] Bl [1] gef. Bl., [10] Bl.

Format: Oktav (17x10cm)

Bibliogr. Nachweis: J. Lalande, Bibliographie astronomique, Paris 1803, p. 376f

Signatur: Hw 772

Abbildung: Titelseite
Das Sternbild Orion und andere Konstellationen
Armillarsphäre und Himmelsglobus

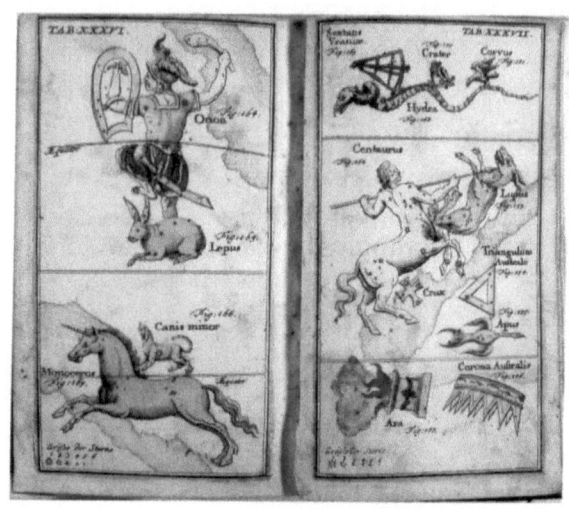

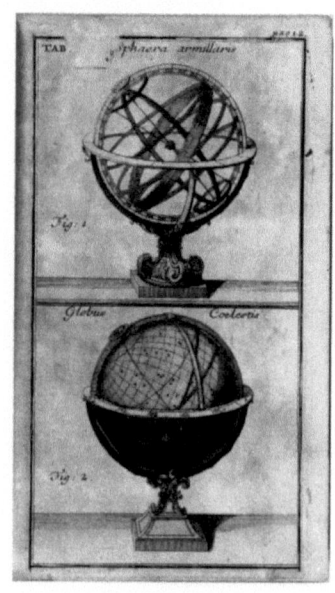

Huygens, Christiaan
(1629-1695)

1724

Titel: <Christiani Hugenii Zulichemii, dum viveret Zelemii Toparchæ> Opera Varia

Erscheinungsort: Leiden

Verlag: van der Aa, Pieter; van der Aa, Boudewijn

Sprache: Latein

Umfang: [9] Bl., 776 S., [9] Bl.

Format: Quart (24,5x19cm)

Bibliogr. Nachweis: J.C. Poggendorf, Biographisch-literarisches Handwörterbuch zur Geschichte der exacten Wissenschaften, 1. Bd., Leipzig 1863, Sp. 1164f

Signatur: Hw 205

Abbildung: Titelseite 1 Saturnbeobachtungen

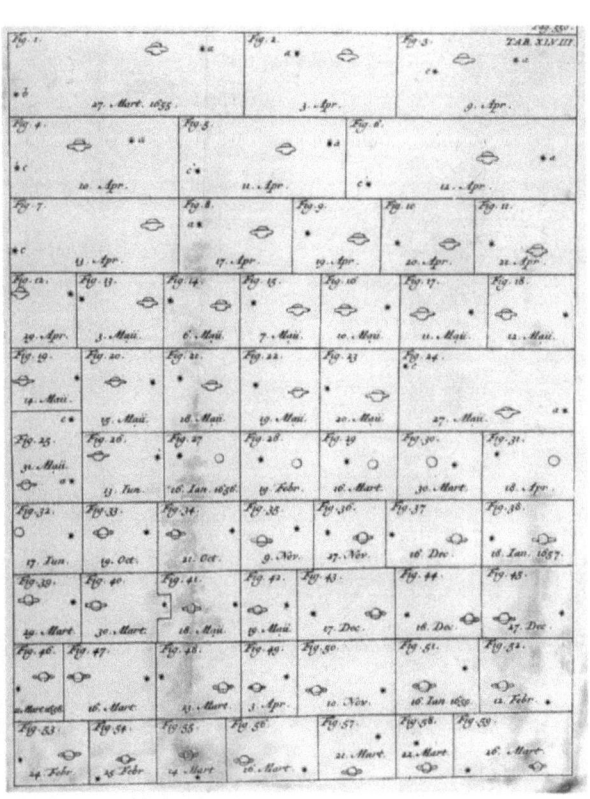

Manfredi, Eustachio
(1674-1739)

1724

Titel: Mercurii ac Solis congressus in astronomica specula Bononiensis scientiarum instituti observatus die IX. Novembris MDCCXXIII

Verfasserangabe: Authore Eustachio Manfredio

Erscheinungsort: Bologna

Verlag: Pisari, Konstantin

Sprache: Latein

Umfang: 37 S., [1] Bl., [1] gef. Bl.

Format: Quart (21x15cm)

Bibliogr. Nachweis: J. Lalande, Bibliographie Astronomique, Paris 1803, p. 378

Signatur: Hw 454

Abbildung: Titelseite
Merkurtransit

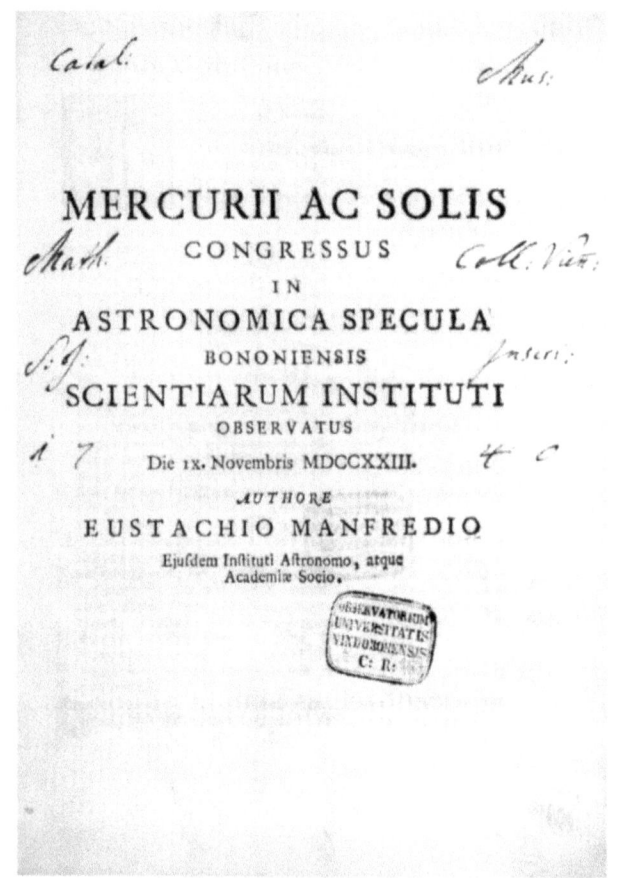

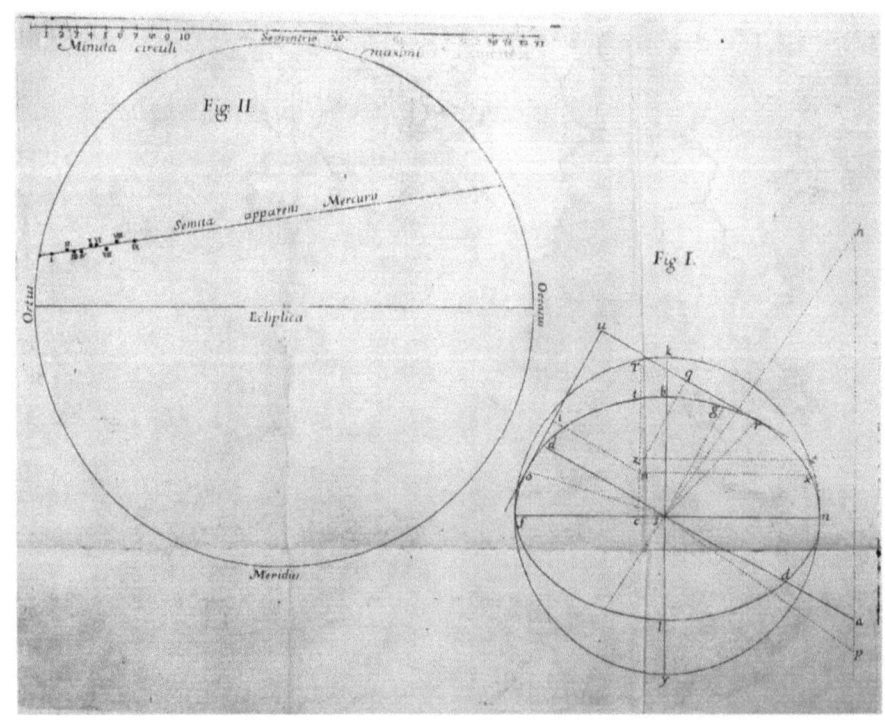

Petau, Denis
(1583-1652)

1724

Gesamttitel: \<Dionysii Petavii aurelianensis e Societate Iesu\> Rationarium temporum

Zusatz: In quo ætatum omnium sacra profanaque Historia Chronologicis probationibus munita summatim traditur

Ausgabe: Editio recentissima

Erscheinungsort: Leiden

Verlag: Haak, Theodor

Sprache: Latein

Bde.: Bände 1 - 3

Umfang: 1266 S. (gesamt)

Signatur: Hw 469

Abbildung: Titelseite des ersten Teils

Flamsteed, John
(1646-1719)

1725

Titel: Historia Coelestis Britannica

Erscheinungsort: London

Verlag: Meere, H.

Sprache: Latein

Bde.: Bände 1 - 3: Volumen primum - tertium

Umfang: 483 S. (gesamt)

Format: Folio (40x25cm)

Bibliogr. Nachweis: J. Lalande, Bibliographie astronomique, Paris 1803, p. 379

Signatur: Hw 1, Hw 1D

Abbildung: Titelseite des ersten Teils

Manfredi, Eustachio
(1674-1739)

1725

Titel: Novissimæ ephemerides motuum coelestium e Cassinianis tabulis

Zusatz: Ad meridianum Bononiae supputatæ. [...] Tomus I. Ex anno 1726 in annum 1737.

Verfasserangabe: Auctoribus Eustachio Manfredio Bononiensis scientiarum instituti astronomo, et sociis

Erscheinungsort: Bologna

Verlag: Pisari, Konstantin

Sprache: Latein

Umfang: [10] Bl., [8] Bl., 383 S., [1] Bl., [7] Bl., 415 S.

Format: Quart (25x18cm)

Bibliogr. Nachweis: J. Lalande, Bibliographie Astronomique, Paris 1803, p. 380

Signatur: Hw 192

Abbildung: Titelseite des ersten Teils Sonnenfinsterniskarte

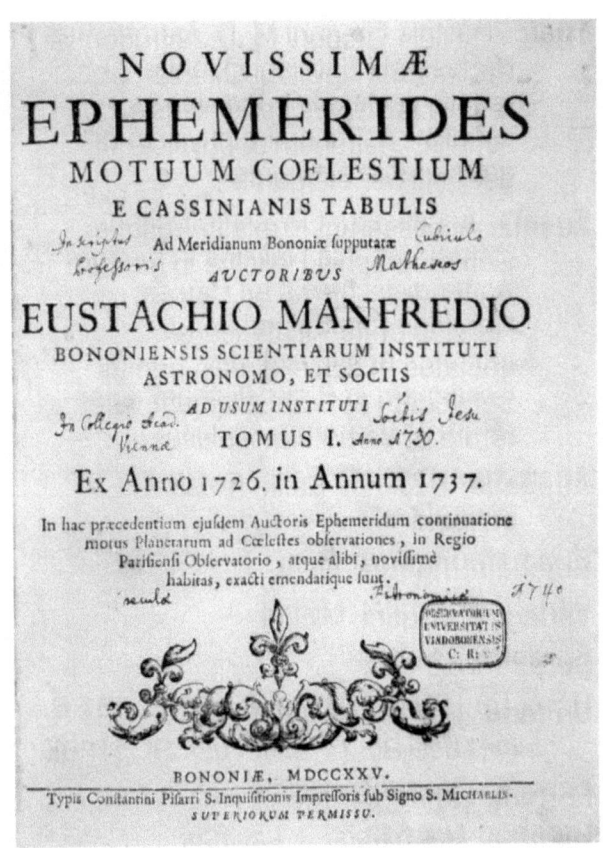

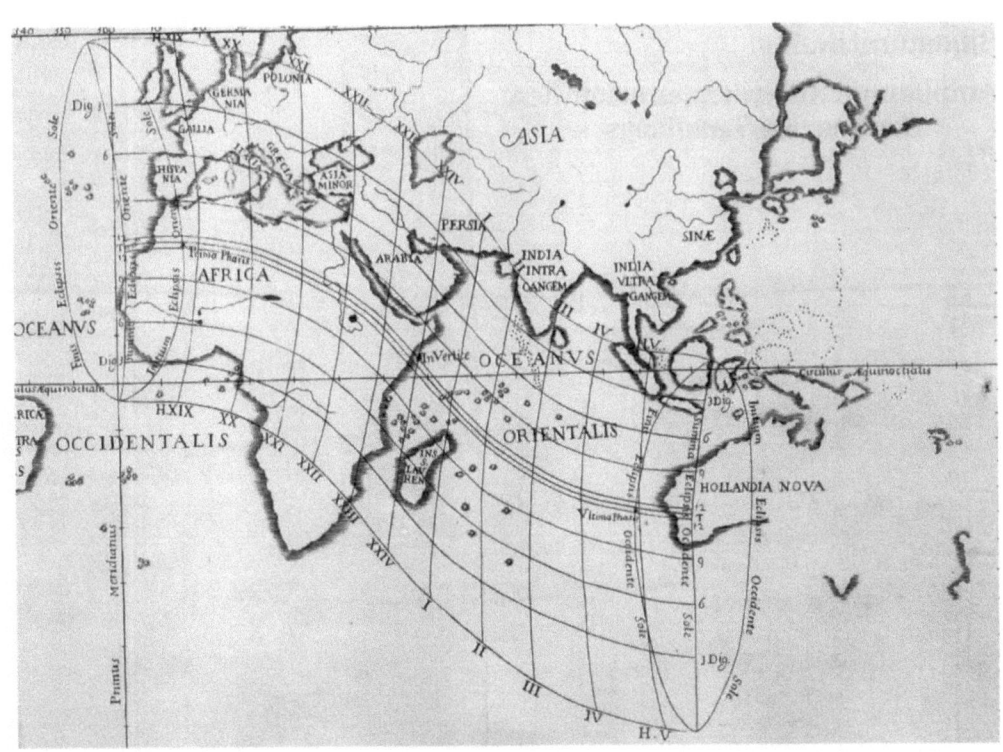

Gregory, David
(1661-1710)

1726

Titel: <Davidis Gregorii M. D. Astronomiæ Professoris Saviliani Oxoniæ, et regalis societatis Londiniensis sodalis> Astronomiæ physicæ et geometricæ elementa

Zusatz: Accesserunt Præfatio Editoris; Cometographia Halleina in modum Appendicis; brevis ad Calcem Horologiorum Scioctericorum tractatus et duplex Index, primus Sectionem et Propositionum, alter rerum et Verborum copiosus

Ausgabe: Secunda Editio revisa & correcta

Erscheinungsort: Genf

Verlag: Bousquet, Michel

Sprache: Latein

Umfang: [11] Bl., [1] gef. Bl., 96 S., 751 S., [41] gef. Bl., 74 S., [6] gef. Bl., [1] Bl.

Format: Quart (24x18cm)

Bibliogr. Nachweis: J. Lalande, Bibliographie Astronomique, Paris 1803, p. 381

Signatur: Hw 86

Abbildung: Titelseite des ersten Teils Stellung des Saturnrings

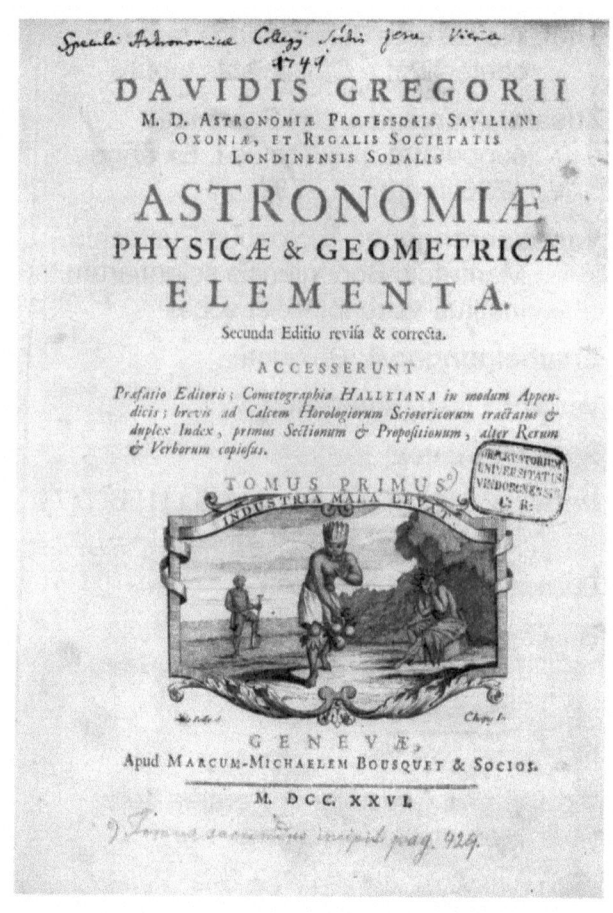

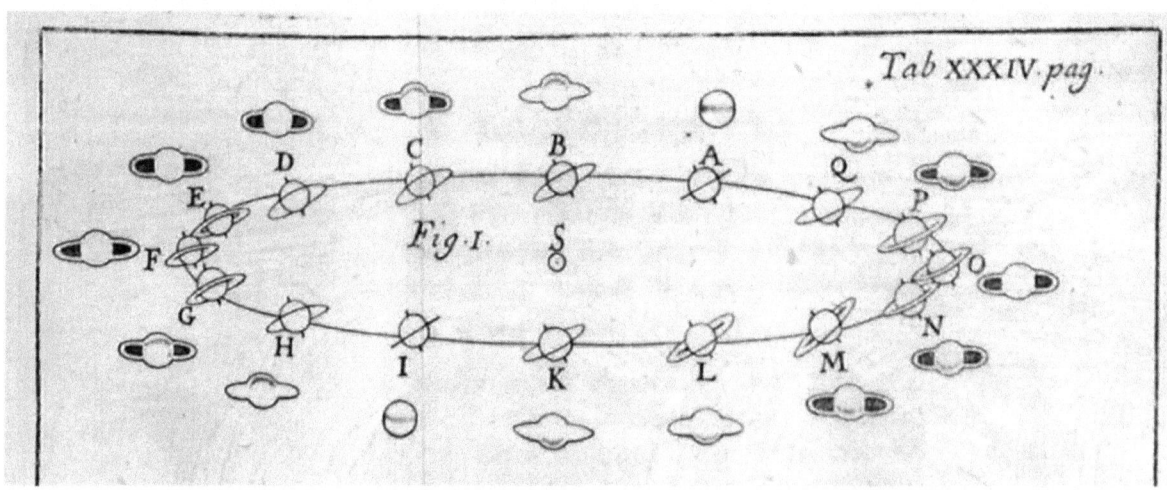

Rost, Johann Leonhard
(1688-1727)

1726

Titel: <Johann Leonhard Rostens der Königlich-Preußischen Gesellschaft der Wissenschaften Mitgliedes,> Astronomisches Hand-Buch

Zusatz: Worinnen nach Anzeige der Vorrede, das nothwendigste anzutreffen ist, was zur Ausübung der unentbehrlichen Astronomie erfodert wird. Auf das deutlichste beschrieben, und so wol durch wahrhafte Exempel, als viele Figuren erläutert

Erscheinungsort: Nürnberg

Verlag: Monath, Peter Konrad

Sprache: Deutsch

Umfang: [9] Bl., 530 S., [10] Bl., [16] gef. Bl.

Format: Quart (23x16cm)

Bibliogr. Nachweis: J.C. Poggendorf, Biographisch-literarisches Handwörterbuch zur Geschichte der exacten Wissenschaften, 2. Bd., Leipzig 1863, Sp. 701

Signatur: Hw 90

Abbildung: Titelseite
Positionsbeobachtungen

Vlacq, Adriaan
(1600-1667)

1726

Titel: Tabulae sinuum, tangentium, et secantium, et logarithmi sinuum, tangentium, et numerorum ab unitate ad 10000

Zusatz: cum methodo facillima, illarum ope, resolvendi omnia triangula rectilinea et sphaerica, et plurimas quaestiones astronomicas

Ausgabe: Editio ultima emendata et aucta

Beigefügt: H. Brig[g]ii Tabula logarithmorum, pro numeris naturali ferie crescentibus ab unitate ad 10000

Verfasserangabe: ab A. Vlacq

Erscheinungsort: Frankfurt; Leipzig

Verlag: Fleischer, Johann Friedrich

Sprache: Latein

Umfang: 48 S., [91] Bl.

Format: Oktav (16x10cm)

Bibliogr. Nachweis: J.C. Poggendorf, Biographisch-literarisches Handwörterbuch zur Geschichte der exacten Wissenschaften, 2. Bd., Leipzig 1863, Sp. 1214

Signatur: Hw 155

Abbildung: Titelseite

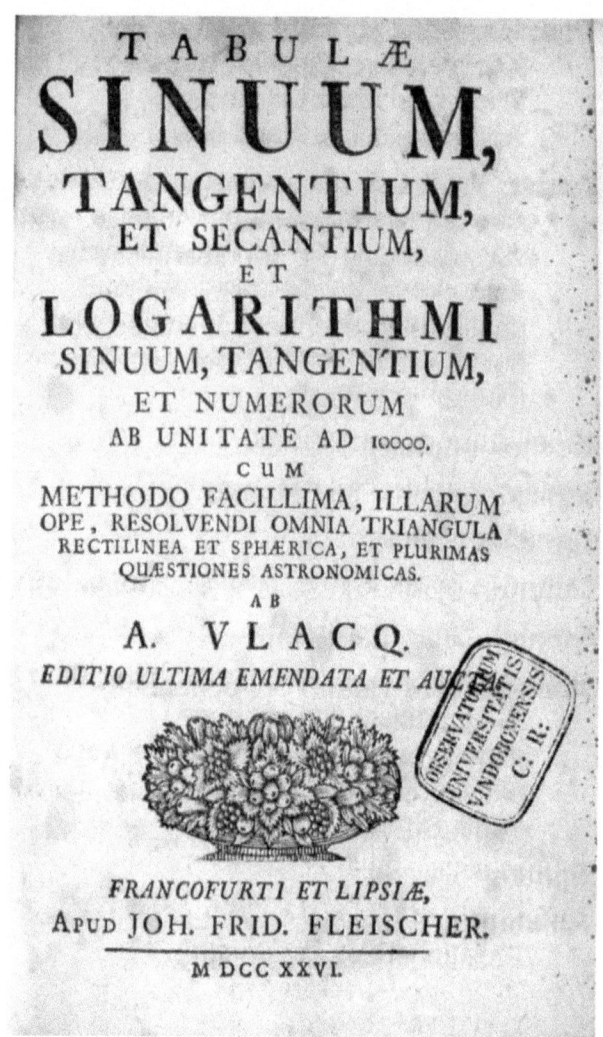

Horrebov, Peder
(1679-1764)

Titel: Copernicus triumphans, sive de parallaxi orbis annui tractatus epistolaris

Zusatz: Ad celsissimum et serenissimum principem ac dominum, Dominum Christianum Daniae et Norvegiae etc. Haeredem

Verfasserangabe: a celsitudinis regiae tuae servo subjectissime P. Horrebow

Erscheinungsort: Kopenhagen

Verlag: Eigenverlag

Sprache: Latein

Umfang: [1] Bl., 58 S., [1] Bl.

Format: Quart (18,5x15cm)

Bibliogr. Nachweis: J. Lalande, Bibliographie Astronomique, Paris 1803, p. 383

Signatur: Hw 475

Abbildung: Titelseite
Parallaxen

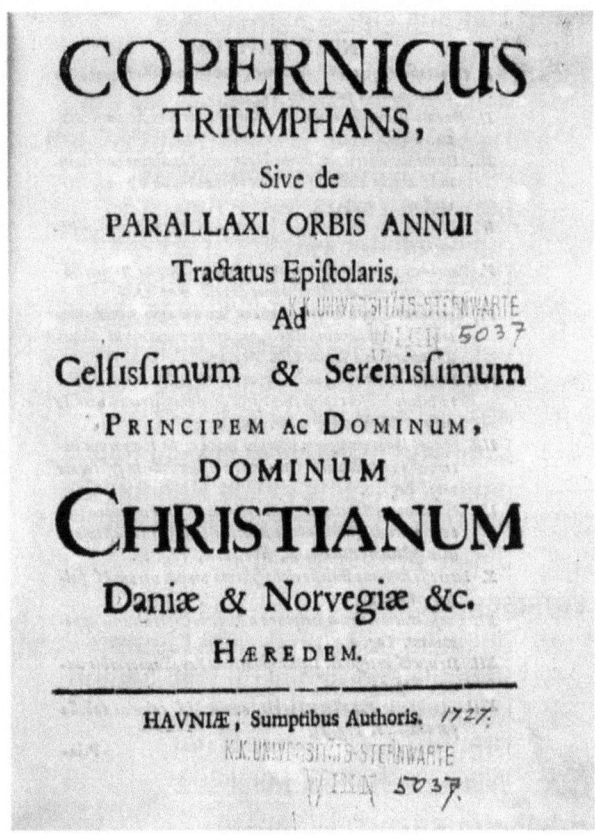

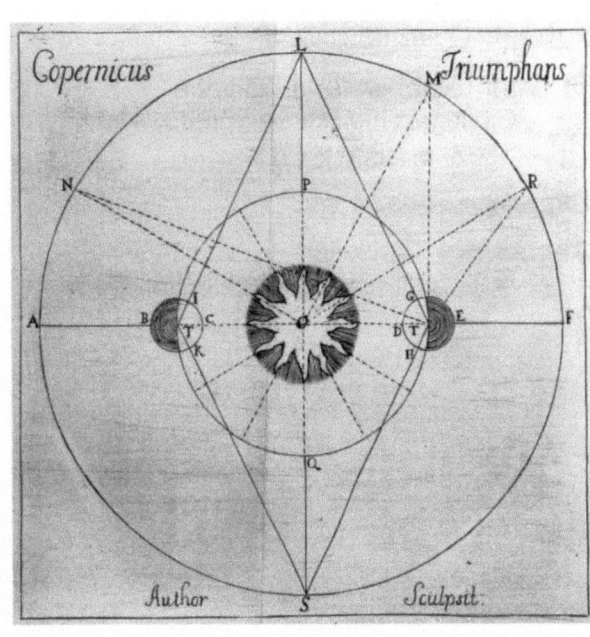

Rost, Johann Leonhard
(1688-1727)

1727

Titel: Der aufrichtige Astronomus

Zusatz: Welcher von verschiedenen, so wol zur doctrina sphaerica als zur Bewegung der Cometen und zu den observationibus astronomicis gehörigen Materien, einen ausführlichen Unterricht ertheilet. Dabey er ferner auf eine überaus deutliche Art lehret: wie man die eclipsis primis satellitis Jovis durch blosses Addiren erforschen; deßgleichen alle Mond- und Sonnen-Finsternisse biß auf das Jahr 1750, ohne einige Rechnung nur durch Circkel und Lineal sehr genau anzeigen soll

Verfasserangabe: [...] an das Licht gestellet und durch viele Figuren begreiflicher gemacht, von Johann Leonhard Rost, der königl. Preußischen Societaet der Wissenschaften, Mitgliede

Erscheinungsort: Nürnberg

Verlag: Monath, Peter Konrad

Sprache: Deutsch

Umfang: [8] Bl., 336 S., 24 S., [4] Bl., [14] gef. Bl.

Format: Quart (23x17cm)

Bibliogr. Nachweis: J. Lalande, Bibliographie Astronomique, Paris 1803, p. 383

Signatur: Hw 531

Abbildung: Titelseite
Sonnenfinsternis 1715 in Nürnberg

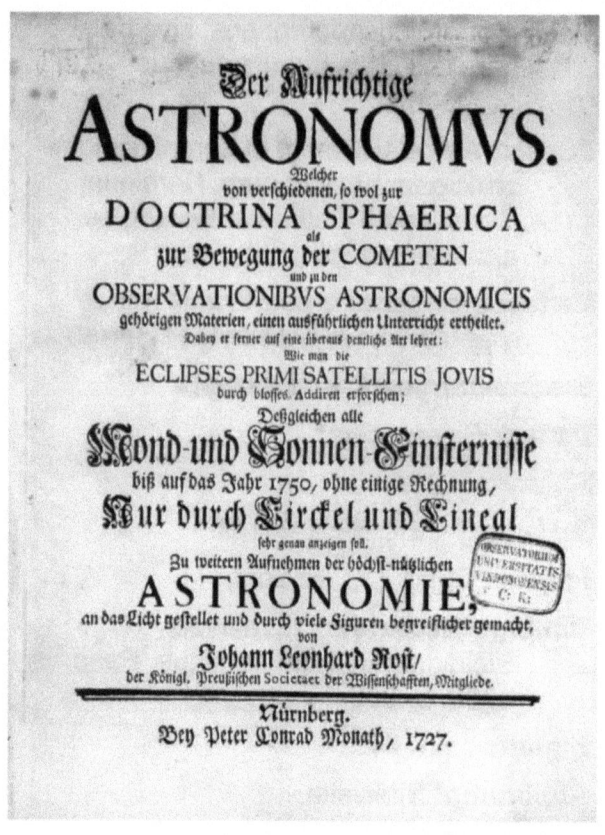

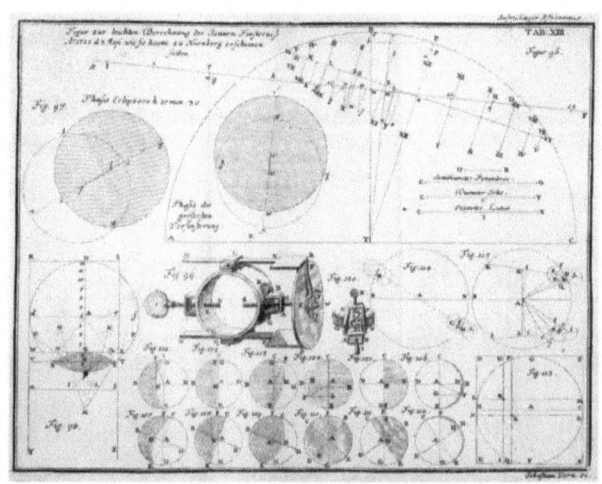

Anonym 1728

Gesamttitel: Commentarii Academiae Scientiarum Imperialis Petropolitanae

Erscheinungsort: Petersburg

Verlag: Im Verlag der Akademie der Wissenschaften

Sprache: Latein

Bde.: Band 1: Tomus I, 1728
Band 2: Tomus II, 1729
Band 8: Tomus VIII, 1741

Umfang: 1636 S. (Bestand)

Format: Quart (25x19cm)

Signatur: Hw 68

Abbildung: Titelseite des ersten Teils

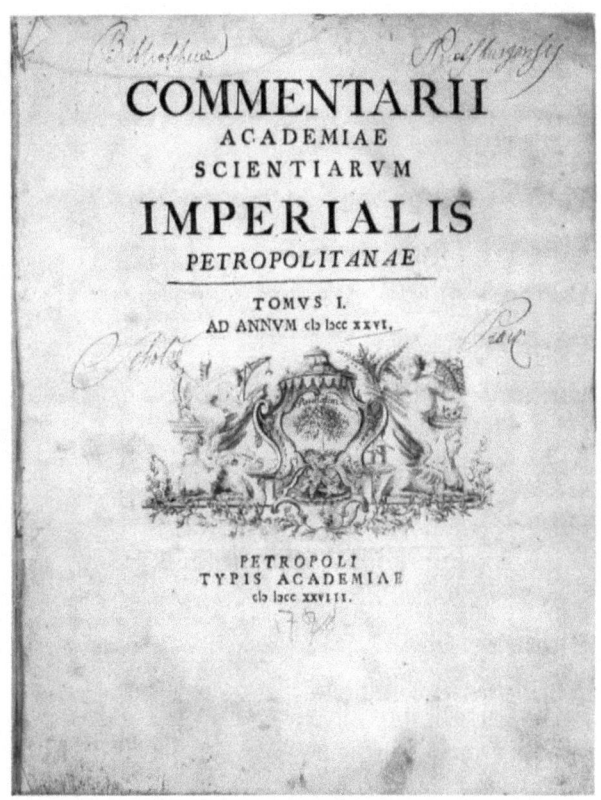

Bianchini, Francesco
(1662-1729)

1728

Titel: Hesperi et Phosphori Nova Phænomena

Zusatz: Sive observationes circa planetam Veneris

Verfasserangabe: A Francisco Blanchino

Erscheinungsort: Rom

Verlag: Salvioni, Joannes Maria

Sprache: Latein

Umfang: [1] Bl., 8 S., 92 S., [6] Bl., [4] gef. Bl.

Format: Folio (43x29cm)

Bibliogr. Nachweis: J. Lalande, Bibliographie Astronomique, Paris 1803, p. 385

Signatur: Hw 17

Abbildung: Titelseite
Fernrohr

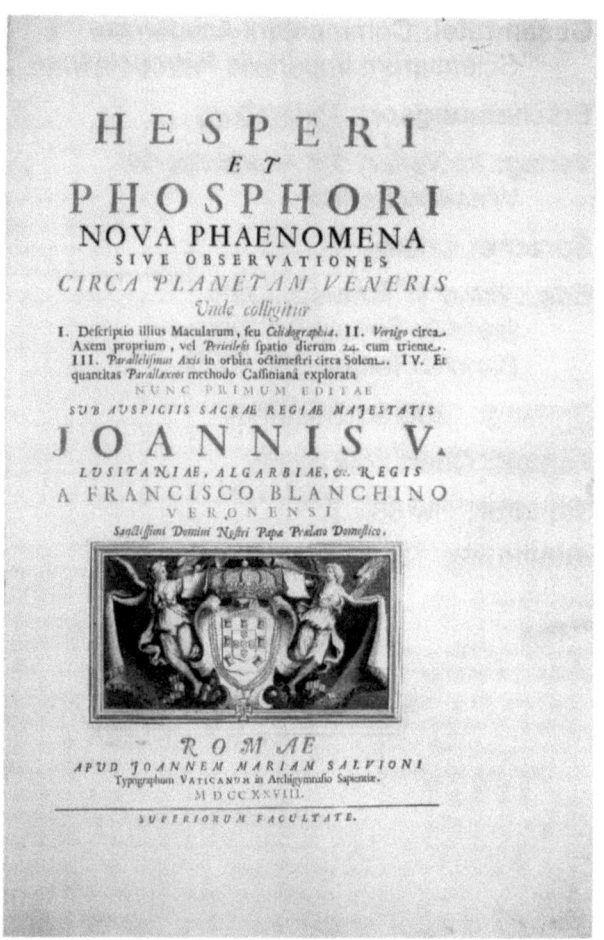

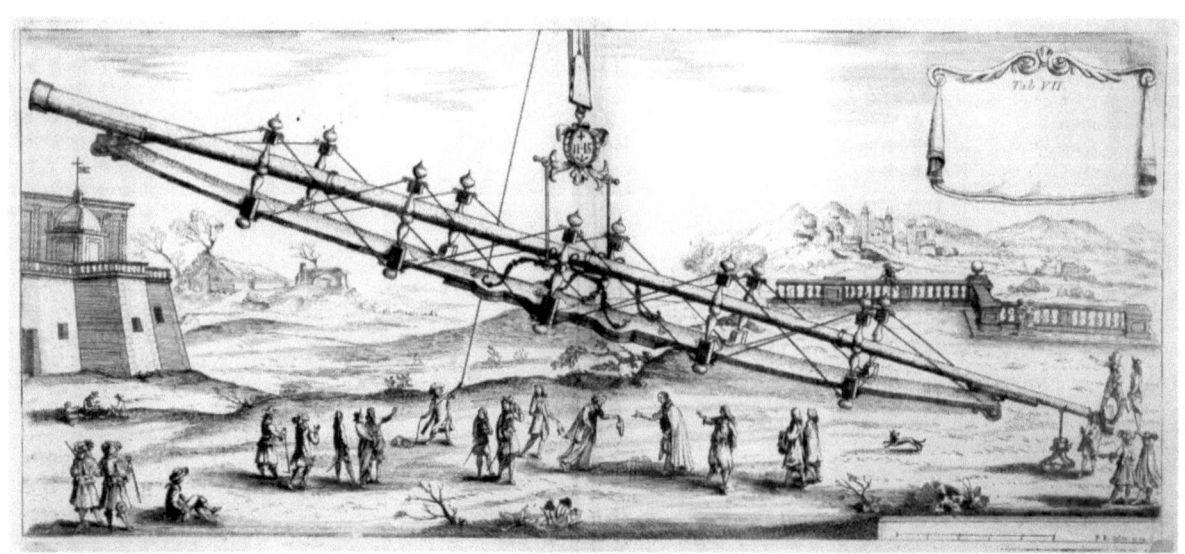

Huygens, Christiaan
(1629-1695)

1728

Titel: <Christiani Hugenii Zuilichemii, Dum viveret Zelhemi Toparchæ> Opera Reliqua

Erscheinungsort: Amsterdam

Verlag: Janssonio-Waesbergius

Sprache: Latein

Bde.: Bände 1 - 2: Volumen Primum - Secundum

Umfang: 875 S. (gesamt)

Format: Quart (25x19cm)

Bibliogr. Nachweis: J. Lalande, Bibliographie Astronomique, Paris 1803, p. 384

Signatur: Hw 204

Abbildung: Titelseite Volumen I
Haloerscheinungen

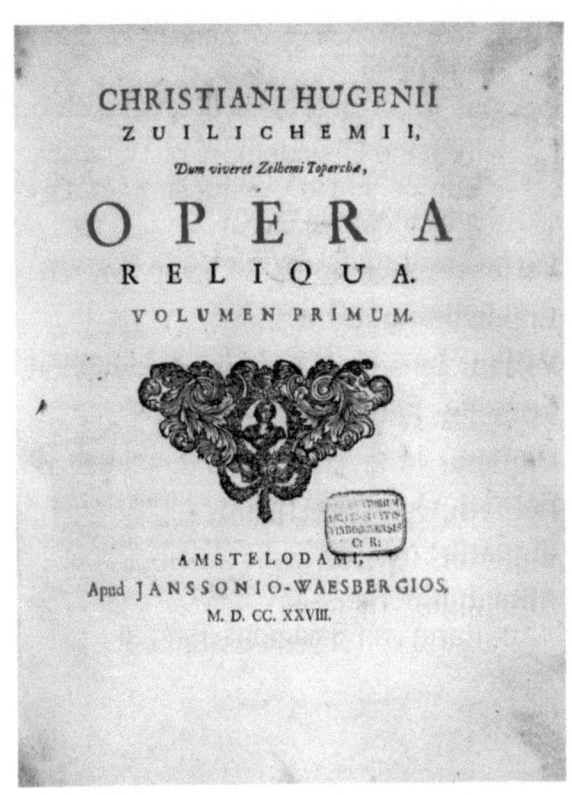

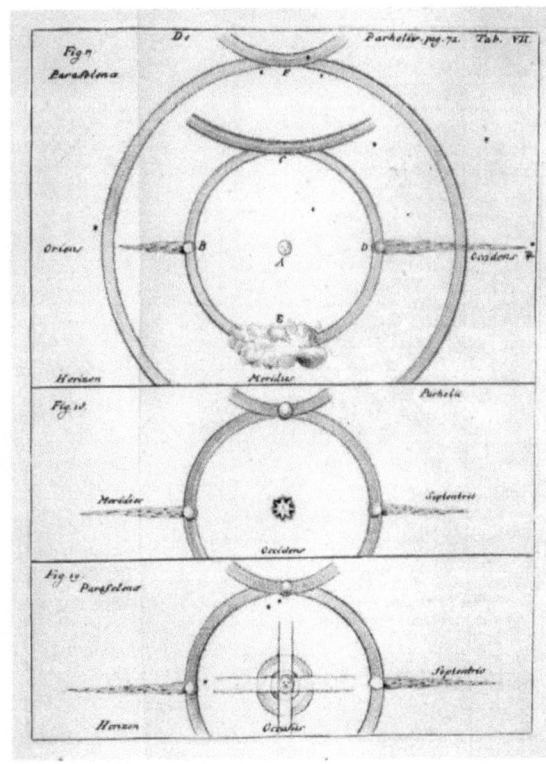

Newton, Isaac
(1642-1726)

1728

Titel: The chronology of ancient kingdoms amended

Zusatz: To which is prefix'd, a short chronicle from the First Memory of Things in Europe, to the Conquest of Persia by Alexander the Great

Verfasserangabe: By Sir Isaac Newton

Erscheinungsort: London

Verlag: Tonson, J.; Osborn, J.; Longman, T.

Sprache: Englisch

Umfang: 14 S., [1] Bl., 376 S., [3] gef. Bl.

Format: Quart (23x18cm)

Signatur: Hw 164

Abbildung: Titelseite
Karte von Salomons Tempel

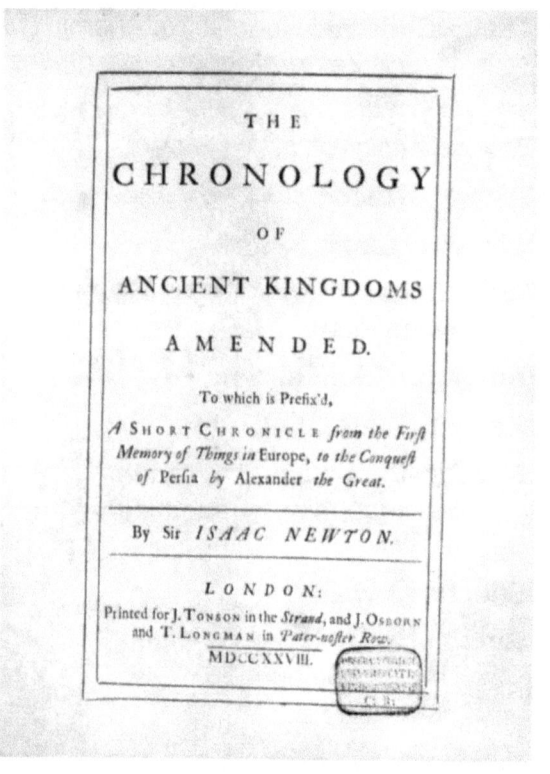

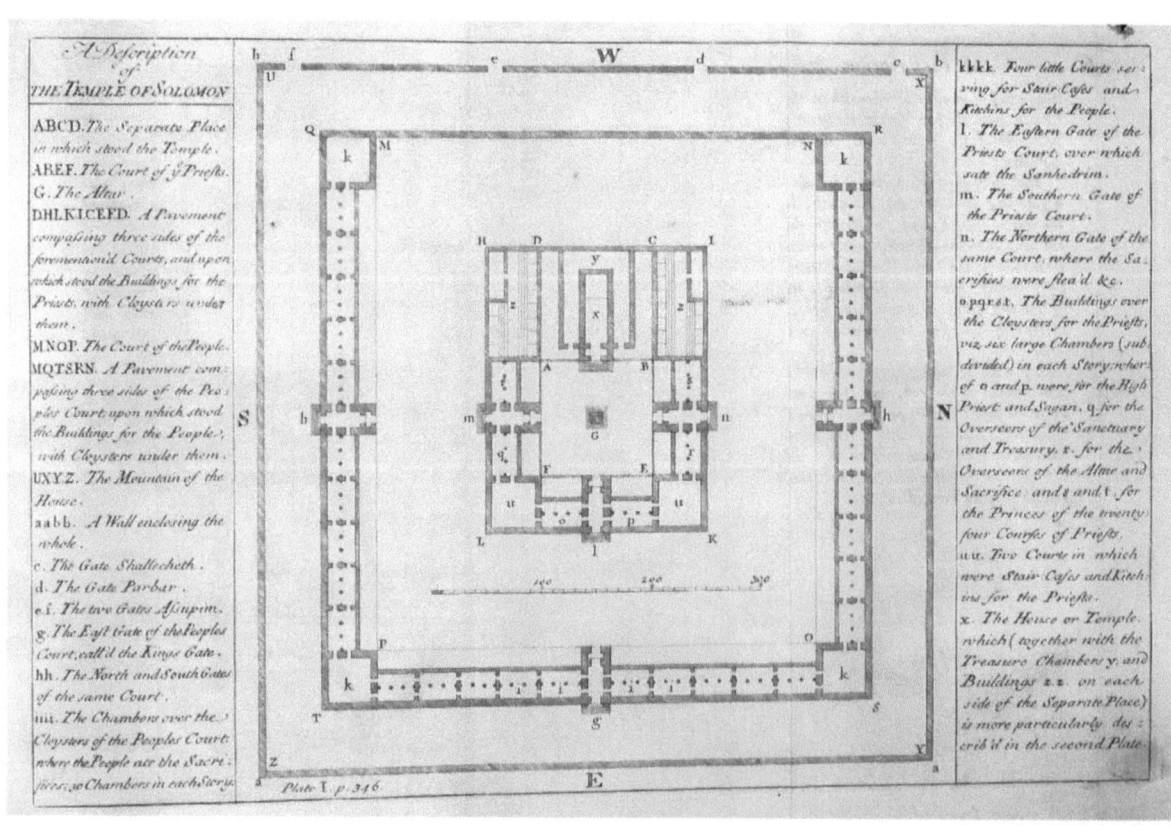

Boileau-Despréaux, Nicolas
(1636-1711)

1729

Titel: Oeuvres de Nicolas Boileau Despréaux

Zusatz: avec des eclaircissemens historiques, donnez par lui-même. [...] Enrichie de figures gravées par Bernard Picart le Romain.

Ausgabe: Nouvelle Edition revuë, corrigée et augmentée d'un grand nombre de remarques historiques et critiques.

Erscheinungsort: Amsterdam

Verlag: Changuion, François

Sprache: Französisch

Bde.: Bände 1 - 4

Umfang: 1679 S. (gesamt)

Format: Oktav (17,5x10,5cm)

Signatur: Hw 479

Abbildung: Titelseite Band 1

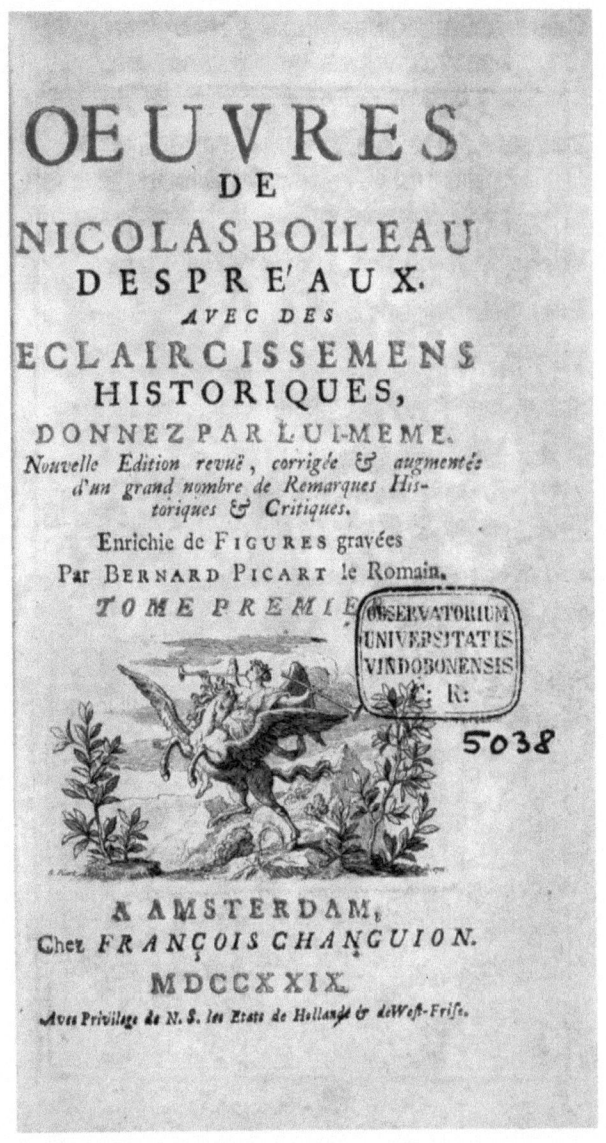

Souciet, Étienne

(1671-1744)

1729

Gesamttitel: Observations mathématiques, astronomiques, géographiques, chronologiques et physiques

Zusatz: tirées des anciens livres Chinois, ou faites nouvellement aux Indes et à la Chine par les pères de la Compagnie de Jésus

Verfasserangabe: par le P. E. Souciet

Erscheinungsort: Paris

Verlag: Rollin

Sprache: Französisch

Bde.: Band 1: Tome I, 1729
Band 2: Tome II, 1732
Band 3: Tome III, 1732

Umfang: 929 S. (gesamt)

Format: Oktav (25,5x18,5cm)

Signatur: Hw 56

Abbildung: Titelseite Band 1
Sonnenfinsternis: Totalitätszone

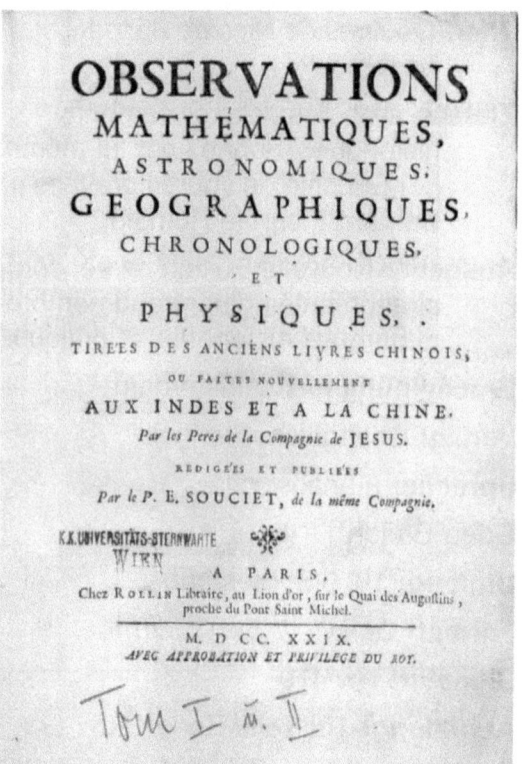

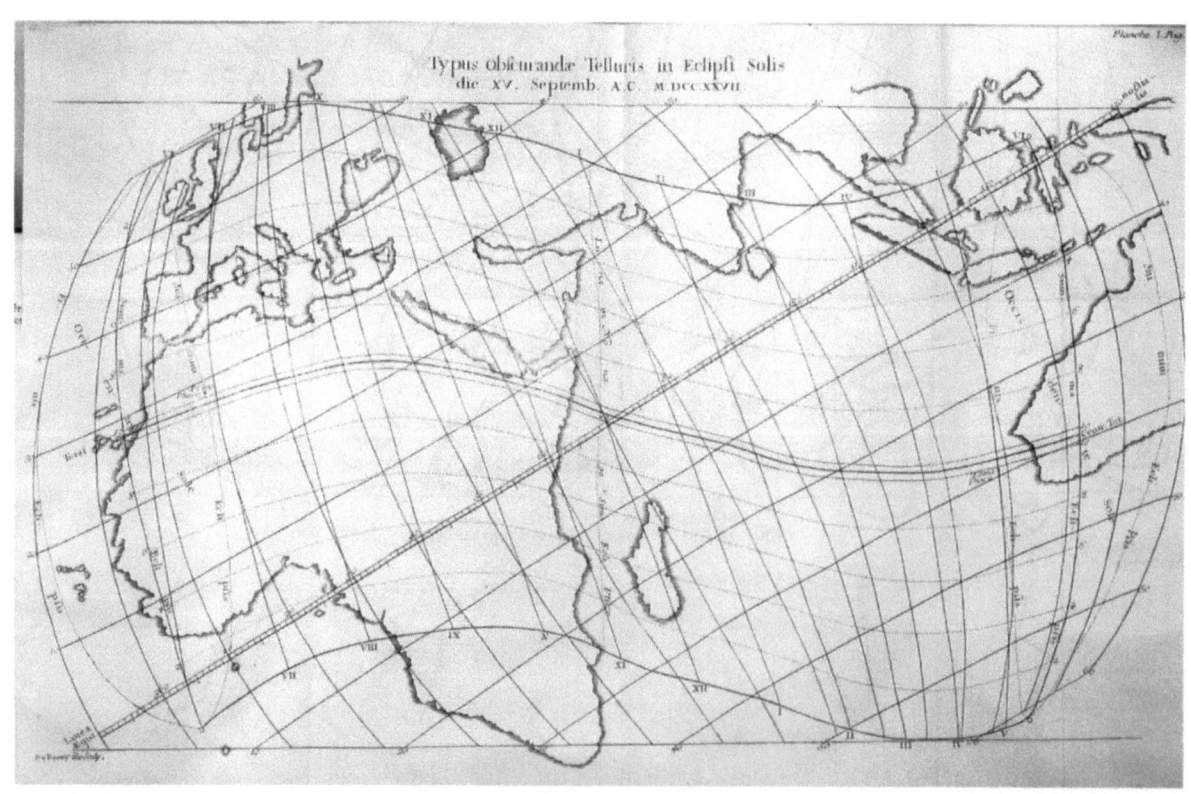

Horrebov, Peder

(1679-1764)

1730

Titel: Clavis astronomiae sive astronomiae pars physica

Verfasserangabe: Authore Petro Horrebowio, Philosophiae et Medicinae Doctore, atque in Universitate Regia Havniensi Astronomiae Professore

Erscheinungsort: Kopenhagen

Verlag: Lossius, Johann Nicolaus

Sprache: Latein

Umfang: [6] Bl., 112 S., [7] Bl.

Format: Quart (18,5x15cm)

Bibliogr. Nachweis: J.F. Weidler, Bibliographia astronomica, Wittenberg 1755, S. 108; J.F. Weidler, Historia astronomiae, Wittenberg 1741, S. 607

Signatur: Hw 475

Abbildung: Titelseite
U. a. Erde-Sonne-System

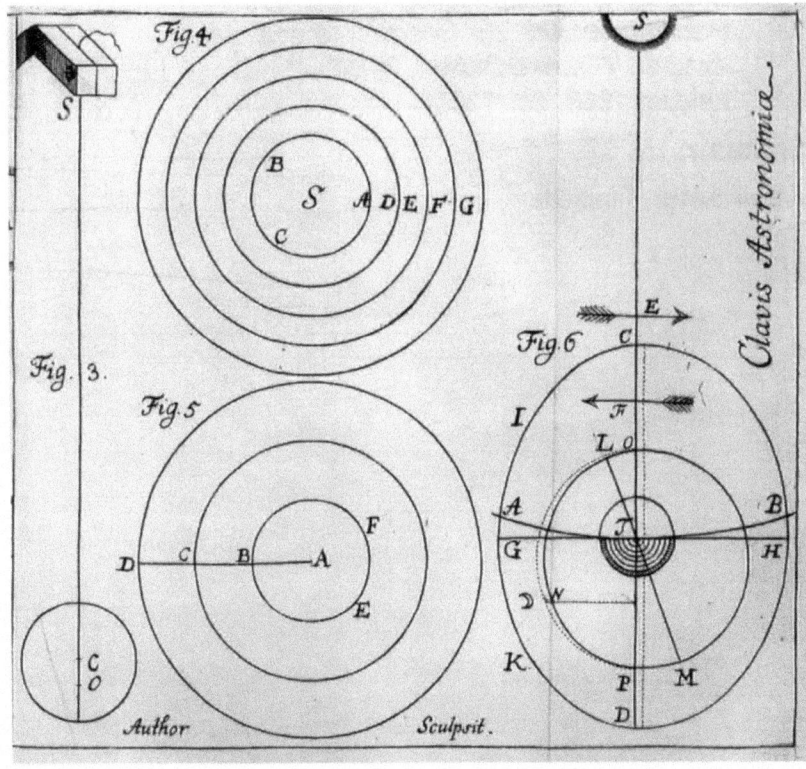

Wolff, Christian von
(1679-1754)

1730

Titel: Elementa Matheseos Universae

Zusatz: Tomus I: Qui commentationem de methodo mathematica, arithmeticam, geometriam, trigonometriam planam, et analysin tam finitorum, quam infinitorum, complectitur

Ausgabe: Editio nova priori multo auctior et correctior

Verfasserangabe: Autore Christiano Wolfio, consiliario aulico Hassiaco, mathematum et philosophiæ in Academia Marburgensi professore primario, professore Petropolitano honorario, societatum regiarum Britannicæ, atque Borussicæ sodali

Erscheinungsort: Halle an der Saale

Verlag: Officina Libraria Rengeriana

Sprache: Latein

Umfang: [12] Bl., 678 S.

Format: Quart (21x17cm)

Bibliogr. Nachweis: J.C. Poggendorf, Biographisch-literarisches Handwörterbuch zur Geschichte der exacten Wissenschaften, 2. Bd., Leipzig 1863, Sp. 1355f

Signatur: Hw 99

Abbildung: Titelseite

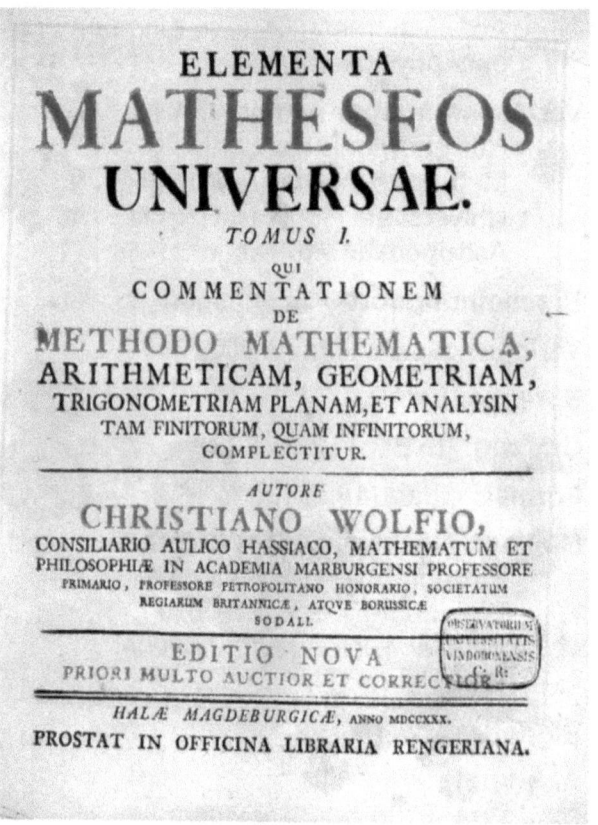

Horrebov, Peder
(1679-1764)

1732

Titel: Atrium Astronomiae, sive de inveniendis refractionibus, obliquitate eclipticae, atque elevatione poli tractatus

Zusatz: cui subjungitur schediasma de arte interpolandi ante annum seorsum editum

Verfasserangabe: Authore Petro Horrebowio, Philosophiae et Medicinae Doctore, atque in Universitate Regia Havniensi Astronomiae Professore

Erscheinungsort: Kopenhagen

Verlag: Lossius, Johann Nicolaus

Sprache: Latein

Umfang: [3] Bl., 96 S., 32 S., [1] Bl.

Format: Quart (18,5x15cm)

Bibliogr. Nachweis: J. Lalande, Bibliographie Astronomique, Paris 1803, p. 394

Signatur: Hw 475

Abbildung: Titelseite
Verschiedene Koordinatensysteme

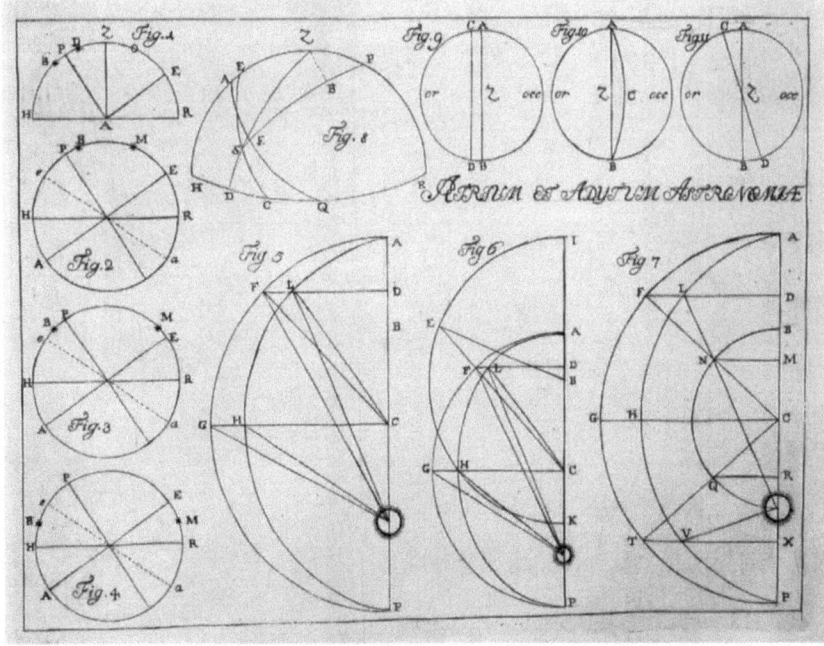

Capello, Angelo Felice
(1681-1749)

1733

Gesamttitel: Astrosophia numerica

Verfasserangabe: a Canonico Angelo Capello

Erscheinungsort: Venedig

Verlag: Mora, Anton

Sprache: Latein

Bde.: Band 1: Pars prior
Band 2: Pars posterior, 1736

Umfang: 632 S. (gesamt)

Format: Quart (23x16cm)

Bibliogr. Nachweis: J. Lalande, Bibliographie astronomique, Paris 1803, p. 396

Signatur: Hw 93

Abbildung: Titelseite des ersten Teils

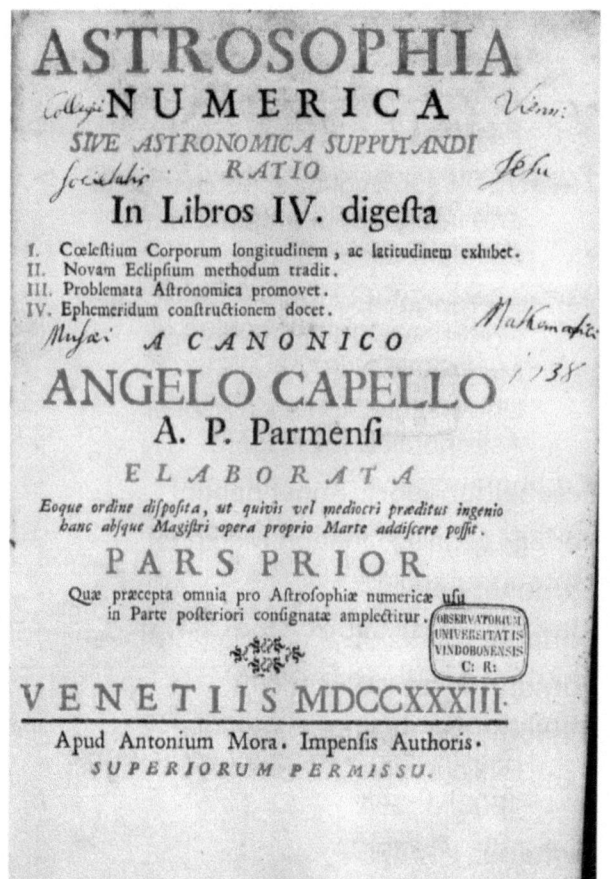

Capello, Angelo Felice
(1681-1749)

1733

Titel: Novissimæ novissimarum Saturni, Jovis , Martis, Veneris, & Mercurii Tabulæ

Zusatz: Ad datam Planetæ a Sole distantiam conditæ, et per trigonometriæ planæ Cavalerii problema XI. supputatæ, quæ Keplerianis, Hyrianis, & Streetianis Hypothesibus mire satisfaciunt, inserviuntque. Accedit insuper tabula proportionalis pro latitudine Planetarum expedite reperienda, nec non perbrevis calculi Hyriani facilitandi methodus

Verfasserangabe: Auctore Canon. Angelo Capello A. P. Parmensi

Erscheinungsort: Venedig

Verlag: Mora, Anton

Sprache: Latein

Umfang: 32 S., 64 S., 8 gef. Bl.

Format: Quart (23x16cm)

Bibliogr. Nachweis: J. Lalande, Bibliographie astronomique, Paris 1803, p. 396

Signatur: Hw 93

Abbildung: Titelseite

Celsius, Anders
(1701-1744)

1733

Titel: CCCXVI Observationes de lumine boreali, ab a. MDCCXVI ad a. MDCCXXXII

Zusatz: Partim a se, partim ab aliis, in Suecia habitas

Verfasserangabe: collegit Andreas Celsius, in Acad. Upsal. Astron. Prof. Reg. et Soc. Reg. Scien. Suec. secr.

Erscheinungsort: Nürnberg

Verlag: Endter, Wolfgang Moritz

Sprache: Latein

Umfang: [6] Bl., 48 S.

Format: Oktav [20x16cm]

Signatur: Hw 539

Abbildung: Titelseite

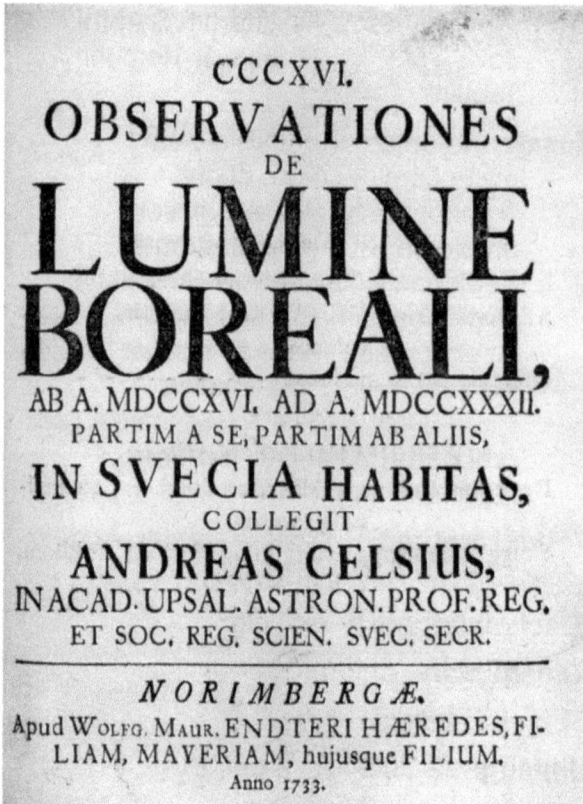

Weidler, Johann Friedrich
(1692-1755)

1733

Titel: <Io. Friderici Weidleri> Tractatus de machinis hydraulicis

Zusatz: toto terrarum orbe maximis Marlyensi et Londinensi et aliis rarioribus similibus in quo mensurae prope ipsas machinas notatae describuntur, et de viribus earum luculenter disseritur

Ausgabe: Editio secunda auctior

Erscheinungsort: Wittenberg

Verlag: Henning, Karl Sigismund

Sprache: Latein

Umfang: [4] Bl., 96 S., 5 gef. Bl.

Format: Oktav (20x16cm)

Bibliogr. Nachweis: J.C. Poggendorf, Biographisch-literarisches Handwörterbuch zur Geschichte der exacten Wissenschaften, 2. Bd., Leipzig 1863, Sp. 1281

Signatur: Hw 539

Abbildung: Titelseite
Hydraulische Maschine

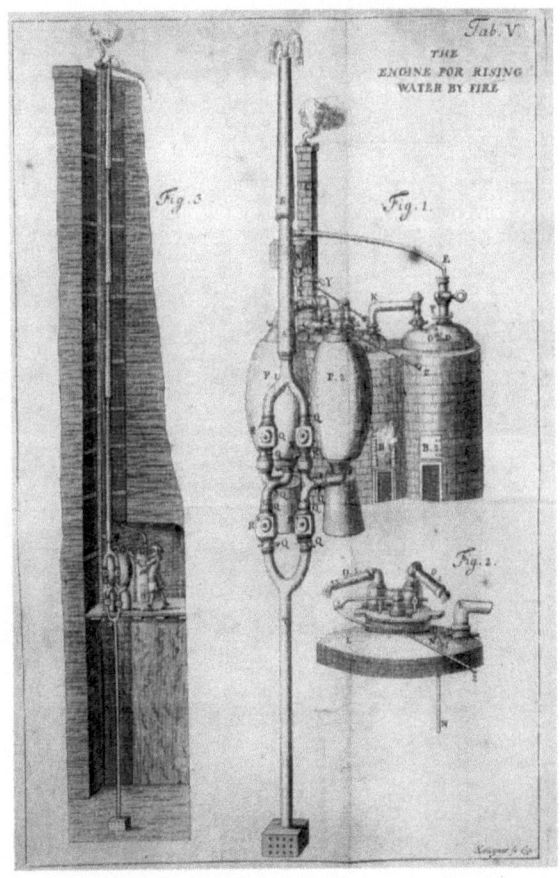

Horrebov, Peder

(1679-1764)

1735

Titel: Basis astronomiae sive astronomiae pars mechanica

Zusatz: In qua describuntur observatoria, atque instrumenta astronomica Roemeriana Danica; simulque eorundem usus, sive methodi observandi Roemerianae [...]

Verfasserangabe: a Petro Horrebowio

Erscheinungsort: Kopenhagen

Verlag: Paul, Heinrich Christian (Witwe)

Sprache: Latein

Umfang: [4] Bl., 232 S., [11] Bl.

Format: Quart (25x19cm)

Bibliogr. Nachweis: J. Lalande, Bibliographie Astronomique, Paris 1803, p. 400f

Signatur: Hw 84

Abbildung: Titelseite
Planetenkurbel

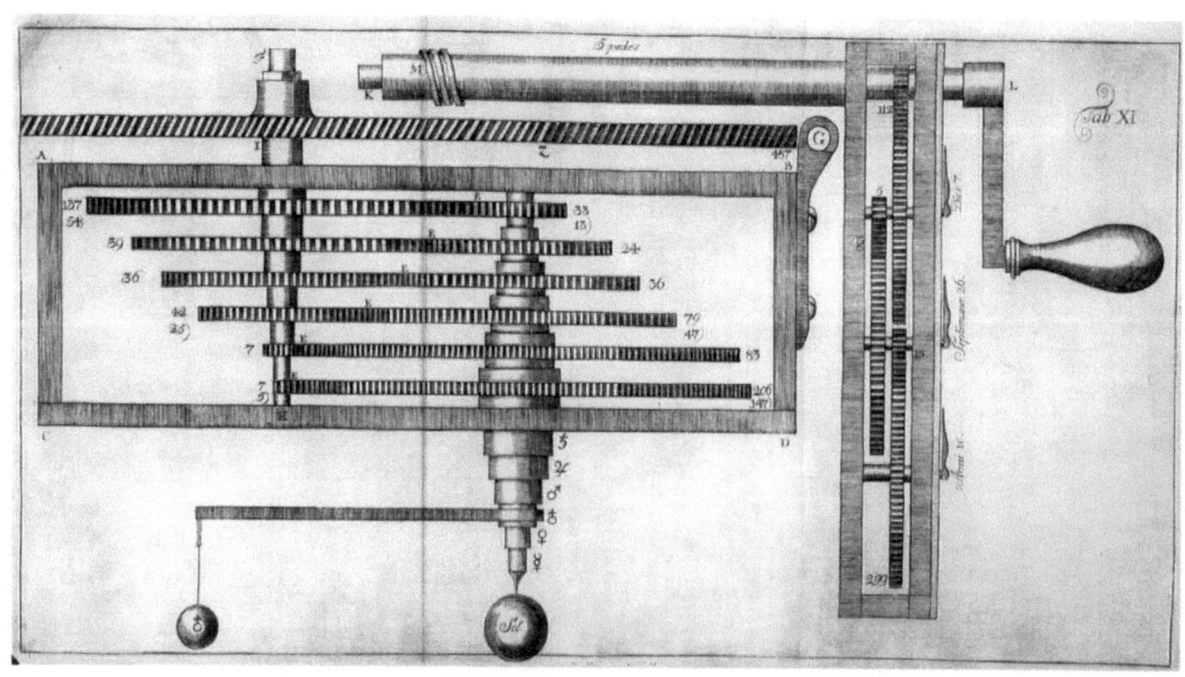

La Hire, Philippe de
(1640-1718)

1735

Titel: Tables astronomiques

Zusatz: dressées et mises en lumière par les ordres de Louis Le Grand.

Ausgabe: Troisième Edition

Verfasserangabe: Par M. De La Hire, Professeur Royal des mathématiques, et de l'Académie Royale des Sciences.

Erscheinungsort: Paris

Verlag: Montalant

Sprache: Französisch

Umfang: [10] Bl., 198 S., [1] Bl., 83 S.

Format: Quart (25x19cm)

Bibliogr. Nachweis: J. Lalande, Bibliographie astronomique, Paris 1803, p. 401

Signatur: Hw 412

Abbildung: Titelseite
Mondkarte

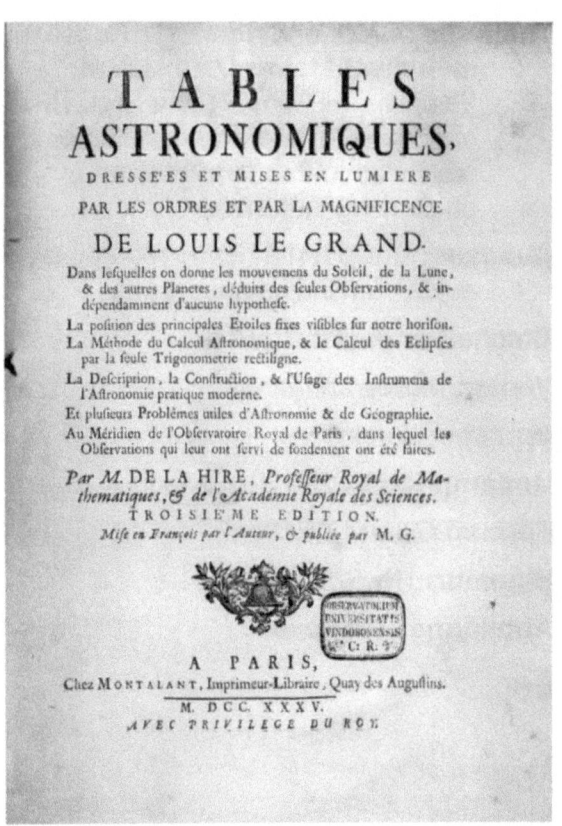

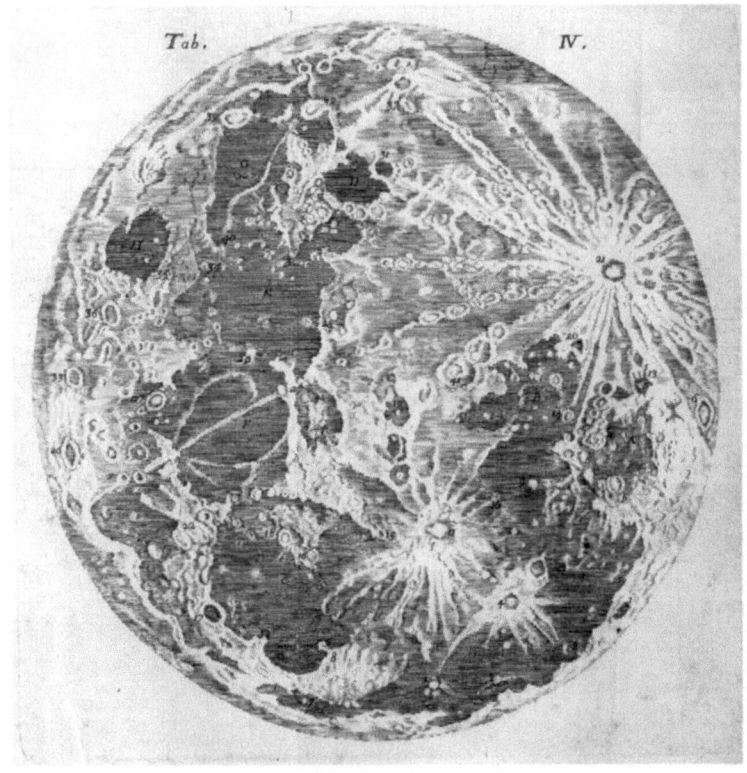

Verdries, Johann Melchior
(1679-1735)

Titel: <Io. Melchior Verdries, D. Consilarii et Archiatri Hasso-Darmstadini Medicin. et Philos. Natur. Prof. Publ. ordinar.> Physica sive in naturae scientiam introductio in usum auditorii sui adornata

Ausgabe: Editio tertia denuo recognitia et aucta cum indice necessario

Erscheinungsort: Gießen

Verlag: Müller, Johannes

Sprache: Latein

Umfang: [4] Bl., 256 S.

Format: Quart (20x16cm)

Signatur: Hw 536

Abbildung: Titelseite

Bion, Nicolas
(1653-1733)

1736

Titel: <Des Herrn Bions, königlichen französischen Ingenieurs,> Abhandlung von der Weltbeschreibung und dem Gebrauch derer Himmels- und Erdkugeln, auch Sphären

Zusatz: Nach denen verschiedenen Weltverfassungen.

2. Autor: Berger, Christian P.

Verfasserangabe: [...] nach der vierten verbesserten Herausgabe, ins Teutsche übersetzet, und mit Anmerckungen und Zusätzen aus den neuern Untersuchungen ingleichen mit Kupfern vermehret von D. Christian Philipp Berger [...]

Erscheinungsort: Lemgo

Verlag: Meyer, Johann Heinrich

Sprache: Deutsch

Umfang: [16] Bl., 605 S., [10] Bl.

Format: Oktav (18,5x11cm)

Bibliogr. Nachweis: J. Lalande, Bibliographie Astronomique, Paris, 1803, p. 404

Signatur: Hw 478

Abbildung: Titelseite
Ptolemäische Sphäre
Kopernikanische Sphäre

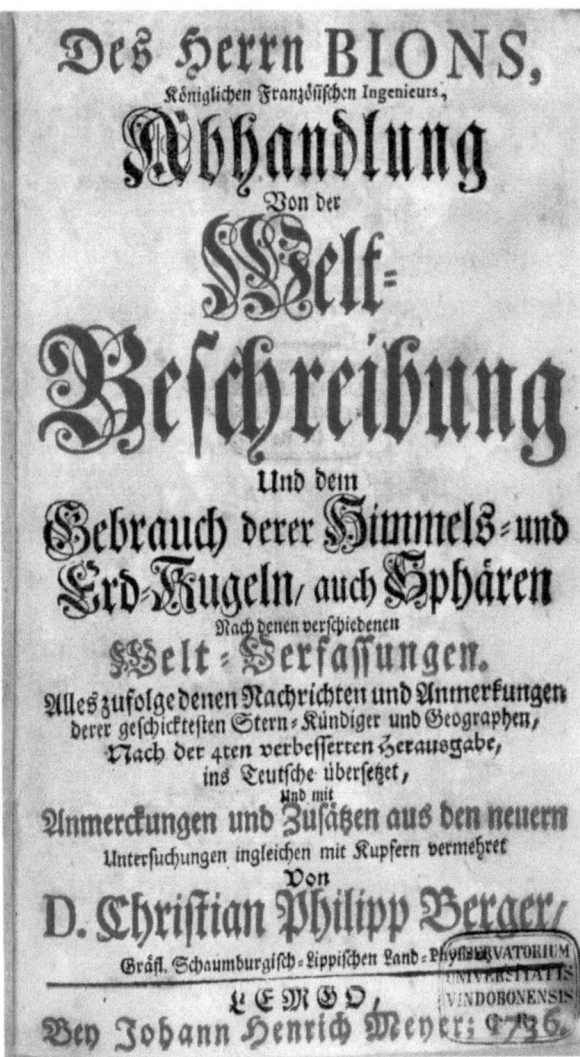

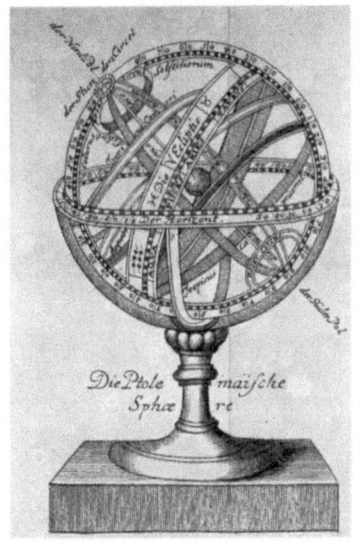
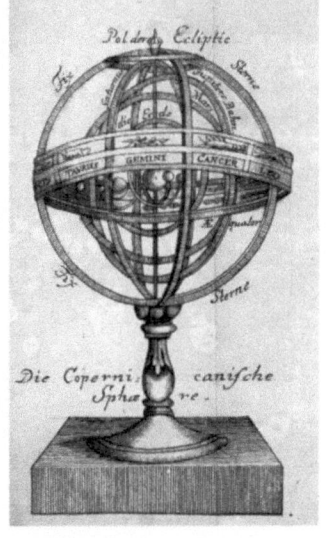

Euler, Leonhard
(1707-1783)

1736

Titel: Mechanica sive motus scientia analytice exposita

Verfasserangabe: Auctore Leonhardo Eulero, Academiae Imper. Scientiarum membro et matheseos sublimioris Professore.

Erscheinungsort: Petersburg

Verlag: Im Verlag der Akademie der Wissenschaften

Sprache: Latein

Bde.: Bände 1 - 2: Tomus I-II

Umfang: 1068 S. (gesamt)

Format: Quart (26x19cm)

Bibliogr. Nachweis: J.C. Poggendorf, Biographisch-literarisches Handwörterbuch zur Geschichte der exacten Wissenschaften, 1. Bd., Leipzig 1863, Sp. 689f

Signatur: Hw 66

Abbildung: Titelseite des ersten Teils

Manfredi, Eustachio
(1674-1739)

1736

Titel: De gnomone meridiano Bononiensi ad divi Petronii

Zusatz: Deque observationibus astronomicis eo instrumento ab ejus constructione ad hoc tempus peractis

Verfasserangabe: Auctore Eustachio Manfredio Bononiensis gymnasii ac scientiarum Instituti Astronomo.

Erscheinungsort: Bologna

Verlag: Vulpe, Laelius a

Sprache: Latein

Umfang: [2] Bl., 397 S.

Format: Quart (24,5x17,5cm)

Bibliogr. Nachweis: J. Lalande, Bibliographie Astronomique, Paris 1803, p. 402

Signatur: Hw 707

Abbildung: Titelseite

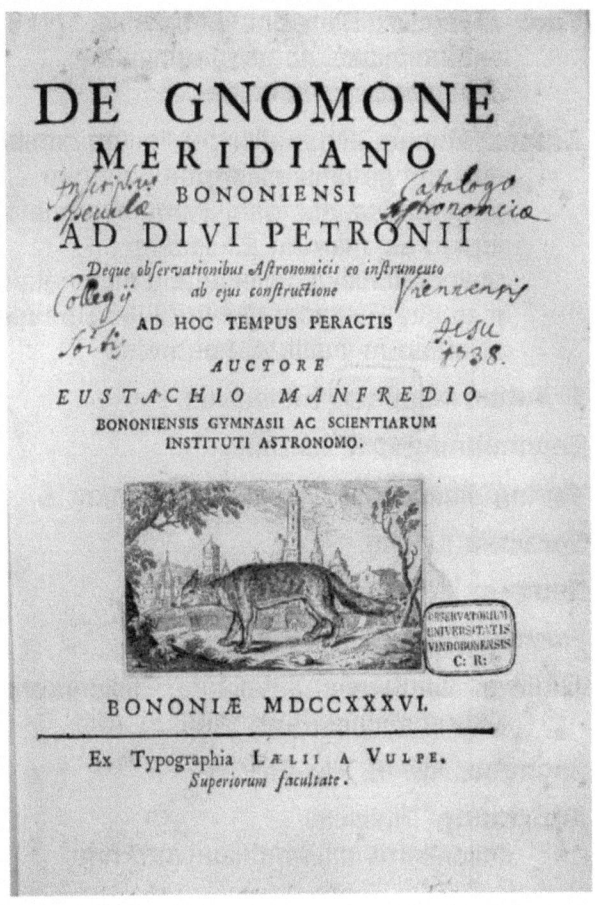

Bianchini, Francesco
(1662-1729)

Titel: <Francisci Blanchini Veronensis astronomicae, ac geographicae> Observationes selectae

Zusatz: Romae, atque alibi per Italiam habitae ex eius autographis excerptae una cum geographica meridiani Romani tabula a mari supero ad inferum. Ex iisdem observationibus collecta et concinnata cura et studio Eustachii Manfredi. In Bononiensi scientiarum Instituto Astronomi.

2. Autor: Manfredi, Eustachius

Erscheinungsort: Verona

Verlag: Ramanzini, Dionysius; Thomas, S.

Sprache: Latein

Umfang: [15] Bl., 278 S., [1] Bl.

Format: Folio (30,5x21cm)

Bibliogr. Nachweis: J. Lalande, Bibliographie Astronomique, Paris 1803, p. 404

Signatur: Hw 45, Hw 45D

Abbildung: Titelseite
Italienkarte mit Meridian von Rom

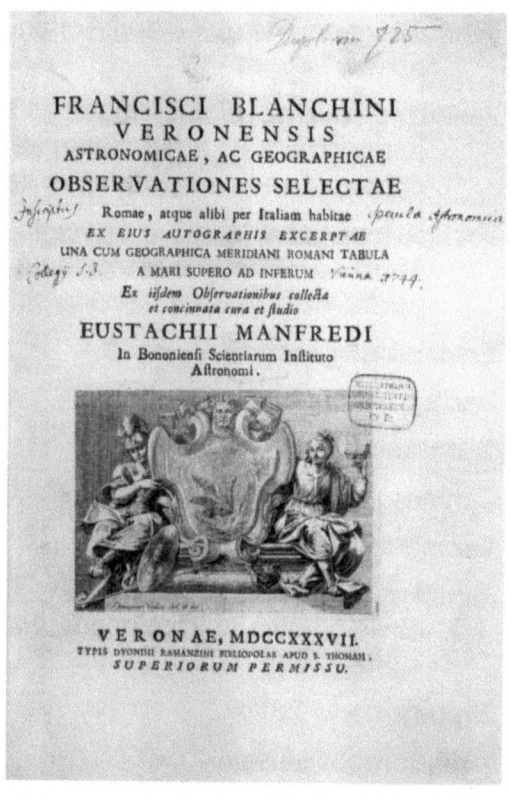

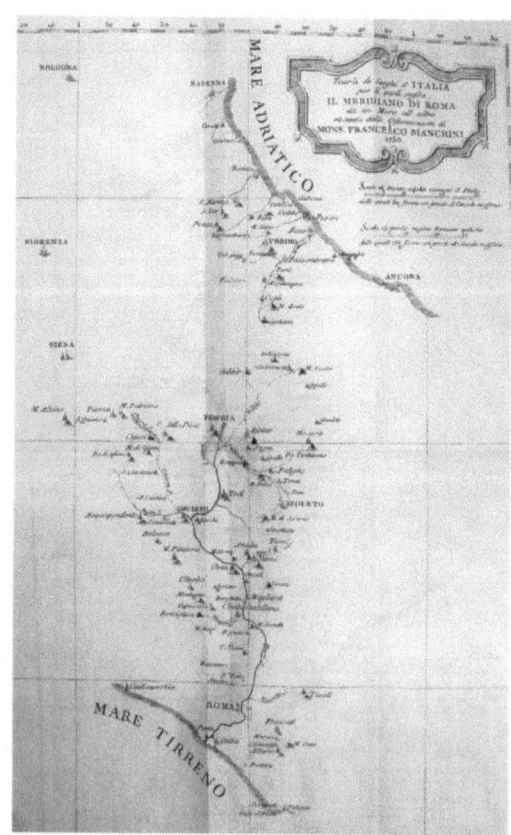

Capello, Angelo Felice
(1681-1749)

1737

Titel: Astrosophiæ numericæ supplementum

Zusatz: Id est Helio-Selenometria ad numeros revocata. Quod idem sonat, ac Exactissimæ Luminarium Tabulæ juxta hypotheses ac mensuras celeb. Geometriæ D. Isaac Newtoni equitis aurati

Verfasserangabe: A canonico Angelo Capello

Erscheinungsort: Venedig

Verlag: Mora, Anton

Sprache: Latein

Umfang: 180 S., [8] gef. Bl.

Format: Quart (23x17cm)

Bibliogr. Nachweis: J. Lalande, Bibliographie Astronomique, Paris 1803, p. 403

Signatur: Hw 93

Abbildung: Titelseite Sonnenfinsternis 1715

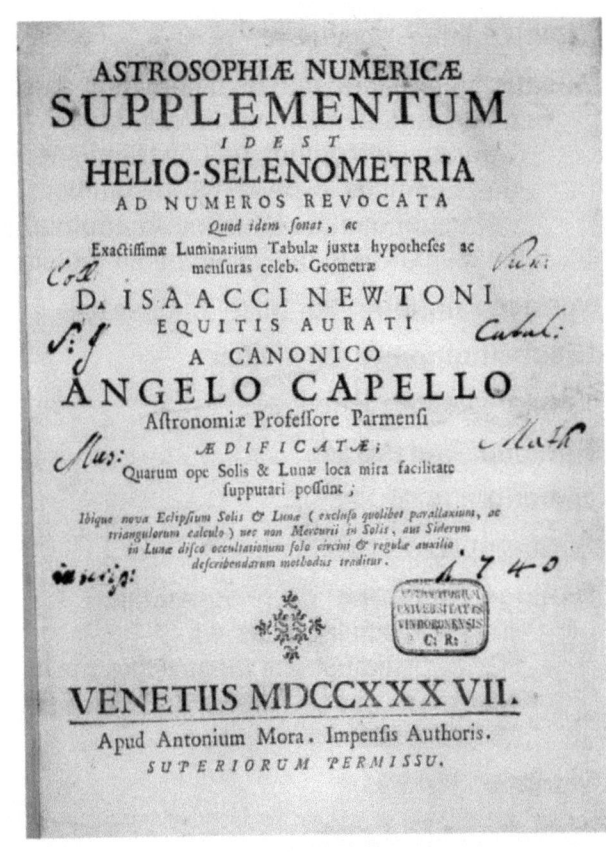

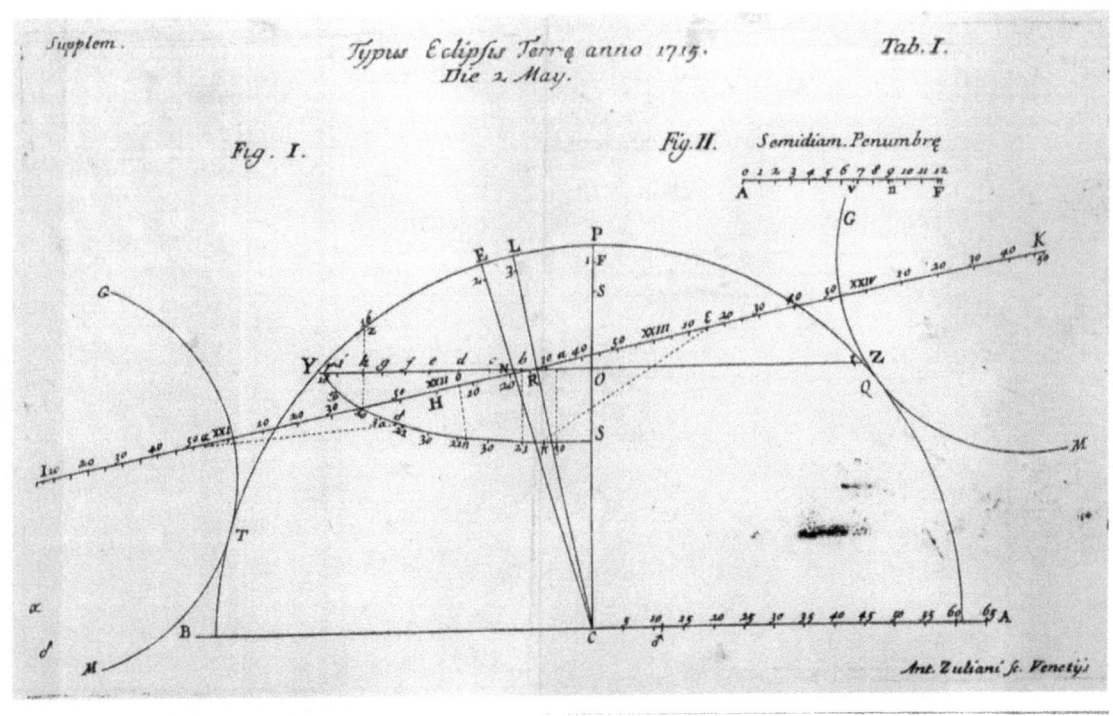

Maupertuis, Pierre Louis Moreau de [6] 1738
(1698-1759)

Titel: La figure de la terre

Zusatz: Determinée par les observations de messieurs de Maupertuis, Clairaut, Camus, Le Monnier, de l'Académie Royale des Sciences, & de M. l'Abbé Outhier, correspondant de la même Académie. Faites par orde du Roi au cercle polaire.

Verfasserangabe: Par M. de Maupertuis

Erscheinungsort: Amsterdam

Verlag: Catuffe, Joannes

Sprache: Französisch

Umfang: [14] Bl., 216 S.

Format: Oktav (16x9,5cm)

Bibliogr. Nachweis: J.C. Poggendorf, Biographisch-literarisches Handwörterbuch zur Geschichte der exacten Wissenschaften, 2. Bd., Leipzig 1863, Sp. 85f

Signatur: Hw 794

Abbildung: Titelseite
Vermessungsmethoden

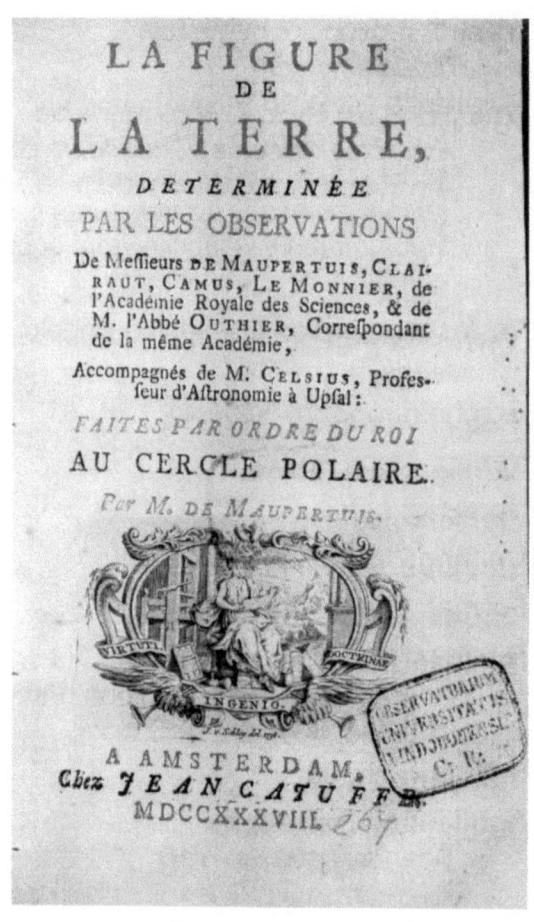

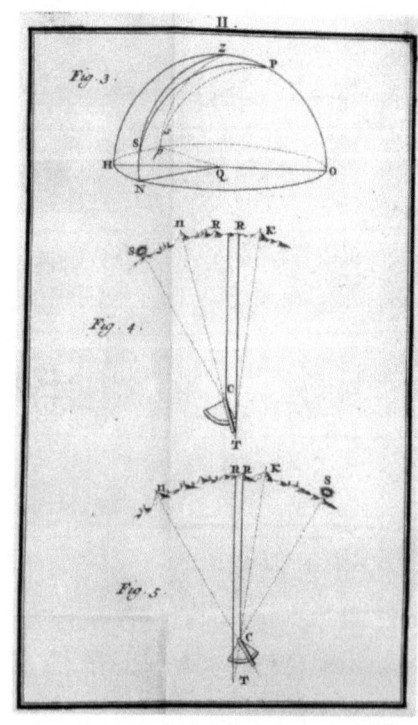

Euler, Leonhard
(1707-1783)

1739

Titel: Tentamen novae theoriae musicae

Zusatz: ex certissimis harmoniae principiis dilucide expositae

Verfasserangabe: Auctore Leonhardo Eulero

Erscheinungsort: Petersburg

Verlag: Im Verlag der Akademie der Wissenschaften

Sprache: Latein

Umfang: 263 S., [5] gef. Bl., [1] Bl.

Format: Quart (26x20cm)

Bibliogr. Nachweis: J.C. Poggendorf, Biographisch-literarisches Handwörterbuch zur Geschichte der exacten Wissenschaften, 1. Bd., Leipzig 1863, Sp. 689f

Signatur: Hw 533

Abbildung: Titelseite
Notenblatt

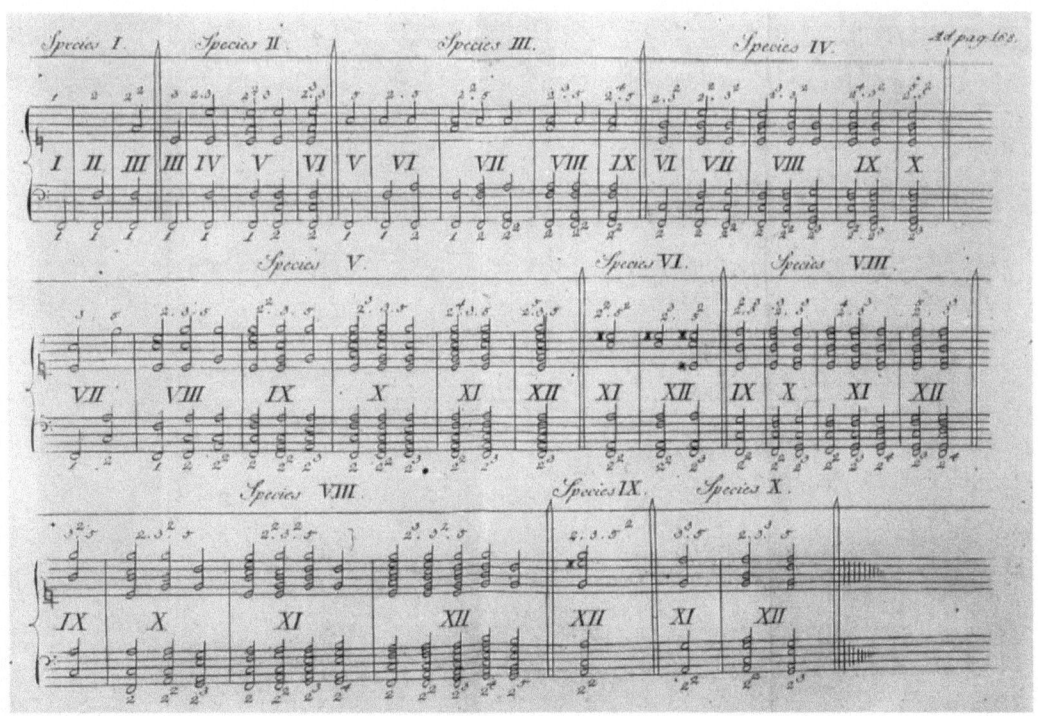

Newton, Isaac
(1642-1726)

1739

Gesamttitel: Philosophiæ Naturalis Principia Mathematica

Verfasserangabe: Auctore Isaaco Newtono

Erscheinungsort: Genf

Verlag: Barrilot & Sohn

Sprache: Latein

Bde.: Bände 1 - 2: Tomus Primus - Secundus, 1739, 1740
Band 3: Tomi tertii pars I, 1742

Umfang: 35 S., 548 S.

Format: 1759 S. (Bestand)

Signatur: Hw 87

Abbildung: Titelseite des ersten Teils

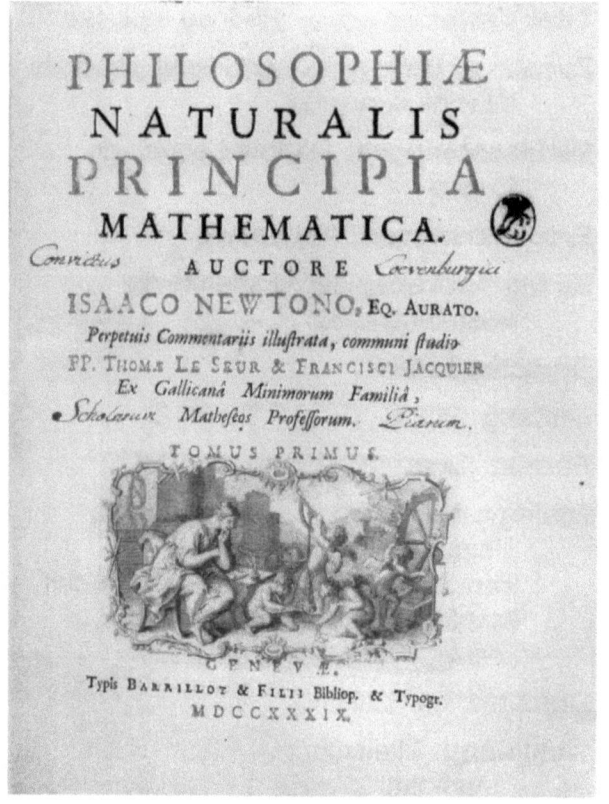

Cassini, Jacques
(1677-1756)

1740

Titel: Tables astronomiques du soleil, de la lune, des planetes, des étoiles fixes, et des satellites de Jupiter et de Saturne

Zusatz: Avec l'explication & l'usage de ces mêmes tables.

Verfasserangabe: Par M. Cassini, Maître des Comptes, de l'Académie Royale des Sciences, et de la Société Royale de Londres.

Erscheinungsort: Paris

Verlag: Imprimerie Royale

Sprache: Französisch

Umfang: 14 S., [3] Bl., 120 S., 222 S., [1] Bl., [5] gef. Bl.

Format: Quart (24x18cm)

Bibliogr. Nachweis: J.F. Weidler, Bibliographia astronomica, Wittenberg 1755, S. 117

Signatur: Hw 413

Abbildung: Titelseite

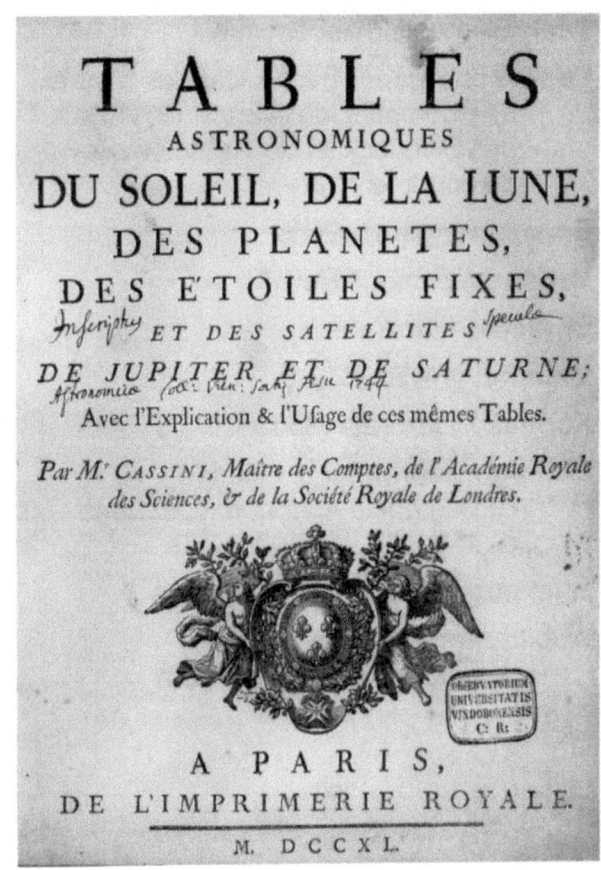

Cassini, Jacques
(1677-1756)

1740

Titel: Éléments d'Astronomie

Verfasserangabe: Par M. Cassini, Maître des Comptes, de l'Académie Royale des Sciences, et de la Société Royale de Londres.

Erscheinungsort: Paris

Verlag: Imprimerie Royale

Sprache: Französisch

Umfang: [14] Bl., 643 S.

Format: Quart (25x18cm)

Bibliogr. Nachweis: J. Lalande, Bibliographie Astronomique, Paris 1803, p. 411

Signatur: Hw 202

Abbildung: Titelseite
Äquator- und Ekliptiksystem

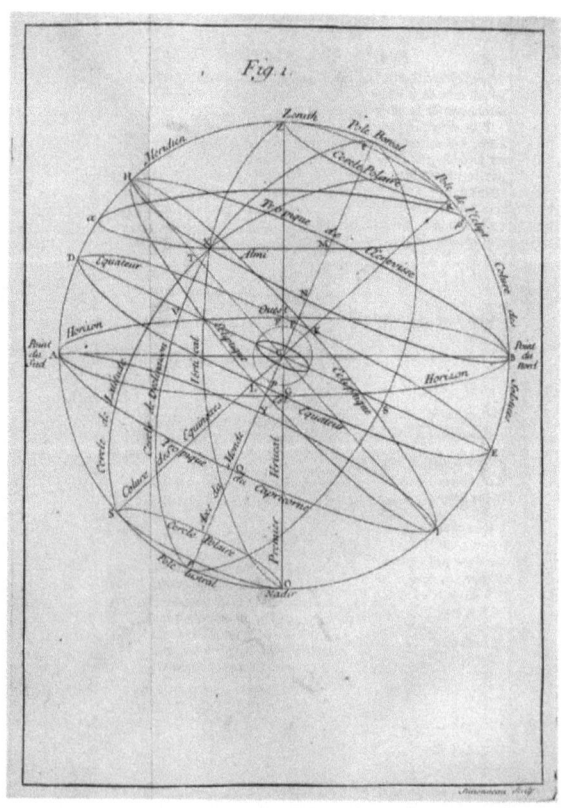

Horrebov, Peder
(1679-1764)

1740

Gesamttitel: <Petri Horrebowii In Academia Regia Havniensi Astronomiæ Professoris> Opera mathematico-physica

Zusatz: Continens elementa matheseos, in progressionem harmonicam mathemata, clavem astronomiæ altero tanto auctiorem

Erscheinungsort: Kopenhagen

Verlag: Preuß, Jacob

Sprache: Latein

Bde.: Bände 1 - 3: Tomus Primus - Tertius, 1740, 1741, 1741

Umfang: 1395 S. (gesamt)

Format: Quart (20x16cm)

Signatur: Hw 537, Hw 537D

Abbildung: Titelseite des ersten Teils
Beobachter bei der Arbeit

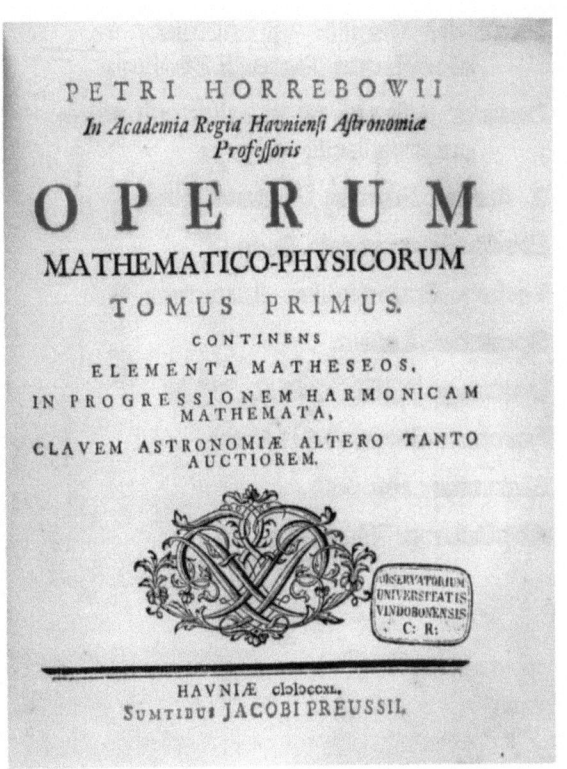

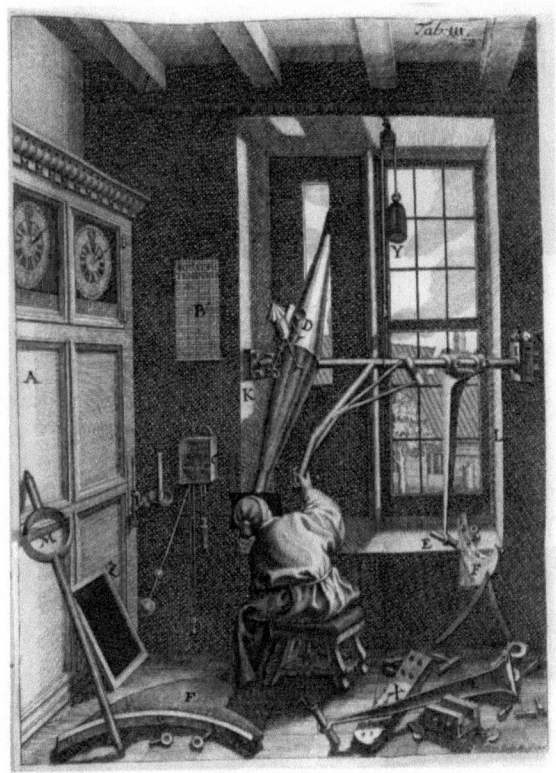

Manilius, Marcus
(Anfang 1. Jhdt. n. Chr.)

1740

Titel: <M. Manilii> Astronomicon ex recensione Richardi Bentleii

Zusatz: Adjecta est in calce cujusque paginæ lectio vulgata.

2. Autor: Bentley, Richard [Hrsg.]

Erscheinungsort: Basel

Verlag: Brandmüller, Johannes

Sprache: Latein

Umfang: [1] Bl., 149 S., [5] Bl.

Format: Oktav (18x11cm)

Signatur: Hw 481

Abbildung: Titelseite

Picard, Jean
(1620-1682)

1740

Titel: Dégré du méridien entre Paris et Amiens

Zusatz: d'où l'on déduit la figure de la terre, par la comparaison de ce dégré avec celui qui a été mesuré au cercle polaire

2. Autor: Maupertuis, Pierre Louis Moreau de

3. Autor: Clairaut, Alexis Claude

Verfasserangabe: déterminé par la mesure de M. Picard, et par les observations de Mrs de Maupertuis, Clairaut, Camus, Le Monnier, de l'Académie Royale des Sciences.

Erscheinungsort: Paris

Verlag: Martin, G.; Coiguard, J. B.

Sprache: Französisch

Umfang: [5] Bl., 56 S., [3] gef. Bl., 116 S., [5] Bl.

Format: Oktav (19x12cm)

Bibliogr. Nachweis: J. Lalande, Bibliographie Astronomique, Paris 1803, p. 412

Signatur: Hw 779

Abbildung: Titelseite
Quadrant

Struyck, Nicolaas
(1686-1769)

1740

Titel: Inleiding tot de algemeene Geographie, benevens eenige sterrekundige en andere verhandelingen.

Verfasserangabe: door Nicolaas Struyck

Erscheinungsort: Amsterdam

Verlag: Tirion, Isaak

Sprache: Niederländisch

Umfang: [5] Bl., [6] gef. Bl., 176 S., [4] gef. Bl., S. 163* - S. 166*, S. 299* - S. 302*, 392 S., 8 S.

Format: Quart (26x20cm)

Bibliogr. Nachweis: J. Lalande, Bibliographie Astronomique, Paris 1803, p. 412

Signatur: Hw 199, Hw 521

Abbildung: Titelseite
Erdbahn

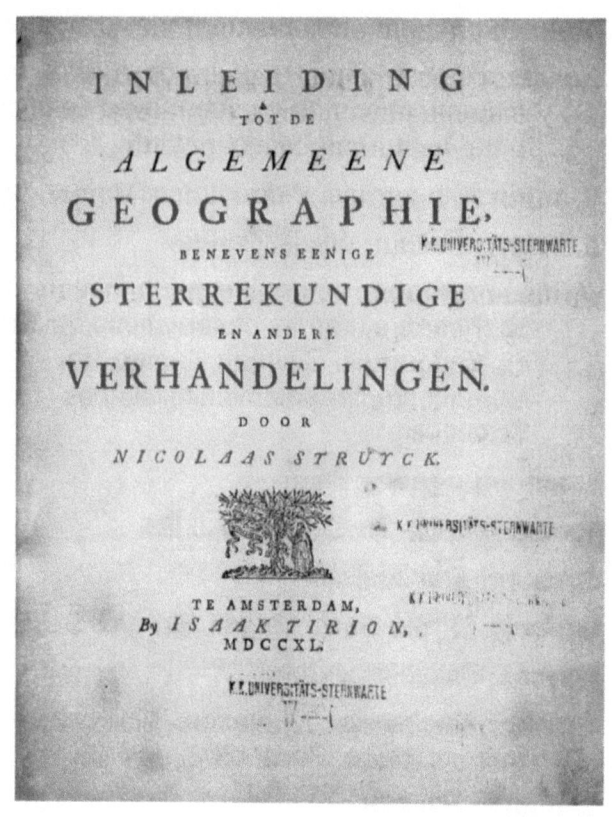

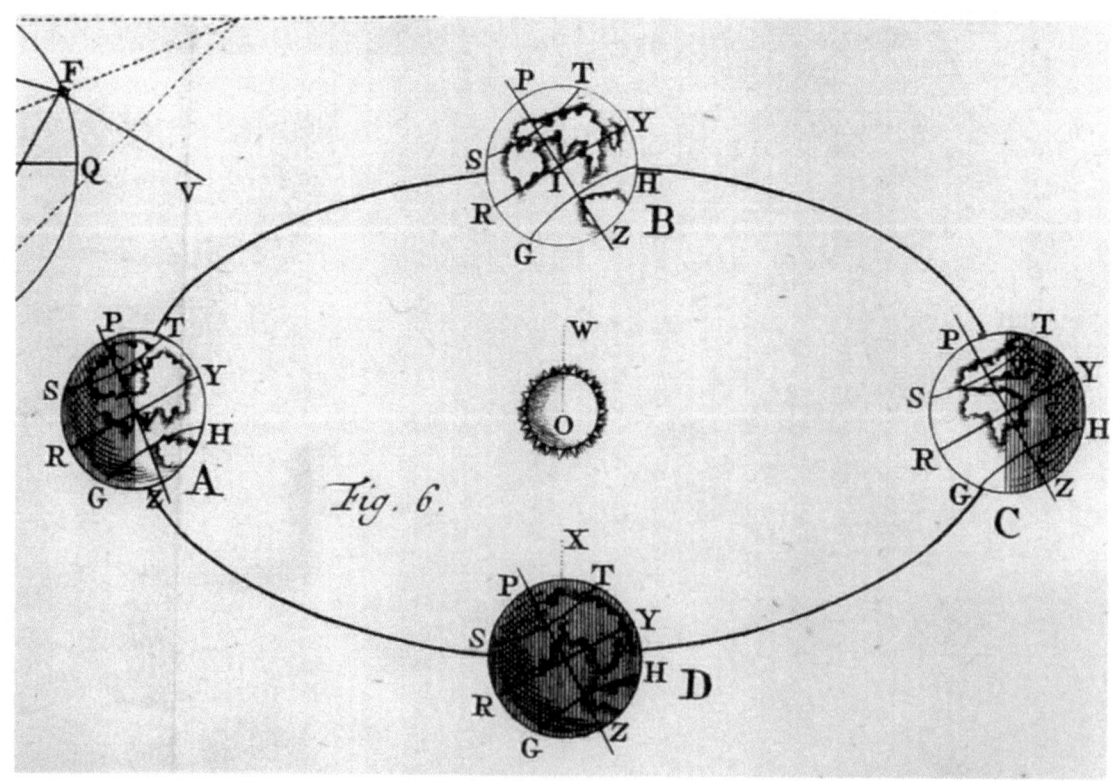

Le Monnier, Pierre-Charles [7]   1741
(1715-1799)

Titel: Histoire Céleste, ou recueil de toutes les observations astronomiques faites par ordre du Roy

Zusatz: Avec un discours préliminaire sur le progrès de l'astronomie, où l'on compare les plus récentes observations à celles qui ont été faites immédiatement après la fondation de l'Observatoire Royale.

Verfasserangabe: Par M. Le Monnier, de l'Académie Royale des Sciences, & de la Societé Royale de Londres.

Erscheinungsort: Paris

Verlag: Briasson

Sprache: Französisch

Umfang: [6] Bl., 92 S., [2] gef. Bl., 368 S., 4 gef. Bl., [1] Bl.

Format: Quart (25,5x19cm)

Bibliogr. Nachweis: J. Lalande, Bibliographie Astronomique, Paris 1803, p. 414

Signatur: Hw 69

Abbildung: Titelseite
Frontispiz
Sonnenflecken

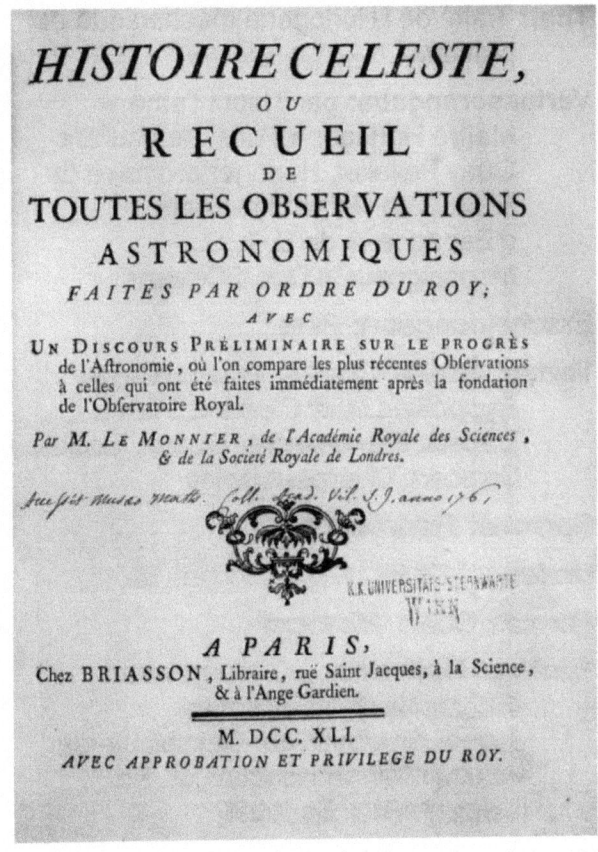

 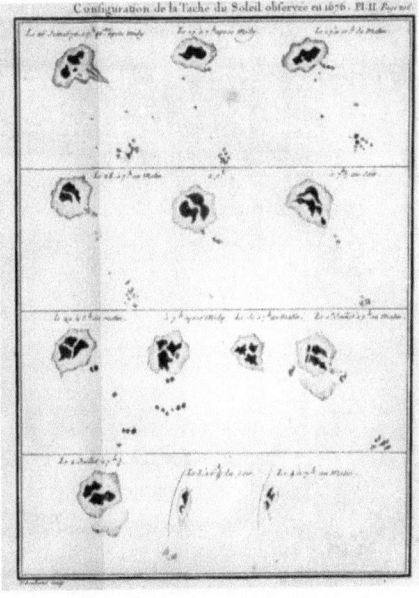

Thiout, Antoine 1741
(1694-1767)

Titel: Traité de l'Horlogerie méchanique et pratique

Verfasserangabe: par Thiout l'aîné, Maître Horloger à Paris, demeurant Quay Pelletier, Horloger ordinaire de S. M. C. la Reine Douairiere d'Espagne, & de S. A. S. Monseigneur le Duc d'Orleans

Erscheinungsort: Paris

Verlag: Moette, Charles; Prault; Guerin, Hyppolite-Louis; Clement, Pierre; Debats, Pierre-André; Dupuis, Louis; Jombert, Charles-Antoine

Sprache: Französisch

Umfang: [12] Bl., 175 S., 50 gef. Bl.

Format: Quart (25x19cm)

Bibliogr. Nachweis: J.C. Poggendorf, Biographisch-literarisches Handwörterbuch zur Geschichte der exacten Wissenschaften, 2. Bd., Leipzig 1863, Sp. 1095

Signatur: Hw 178

Abbildung: Titelseite
Diverses Uhrmacherwerkzeug

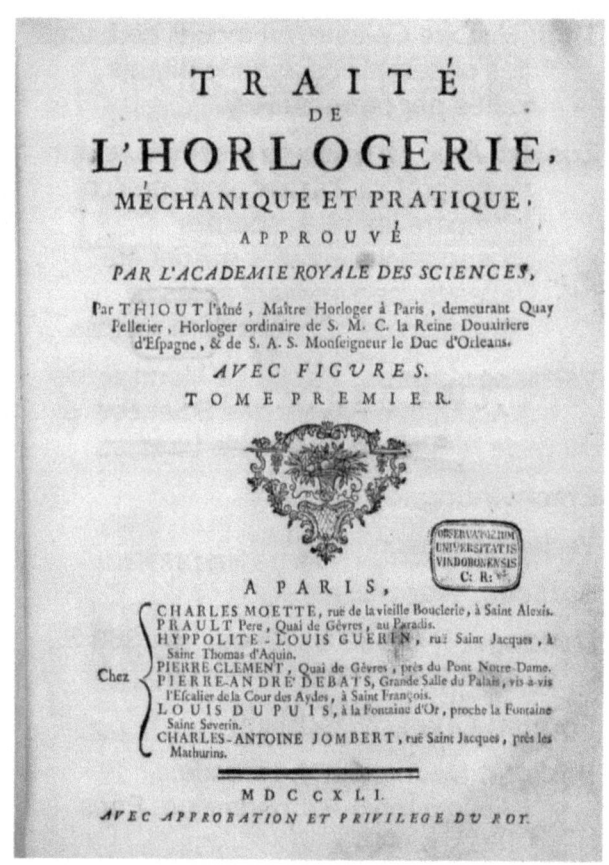

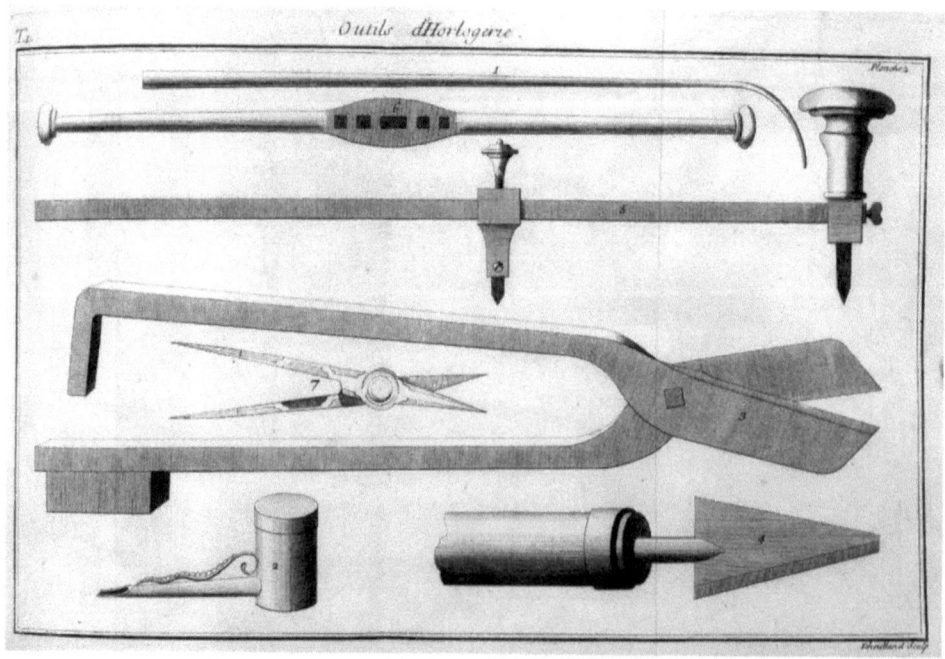

Weidler, Johann Friedrich [8]
(1692-1755)

1741

Titel: <Io. Friderici Weidleri> Historia astronomiae

Zusatz: Sive de ortu et progressu astronomiae Liber singularis

Erscheinungsort: Wittenberg

Verlag: Schwartz, Gottlieb Heinrich

Sprache: Latein

Umfang: [12] Bl., 624 S., [20] Bl.

Format: Quart (21x17cm)

Bibliogr. Nachweis: J. Lalande, Bibliographie astronomique, Paris 1803, p. 414

Signatur: Ha II 132

Abbildung: Titelseite

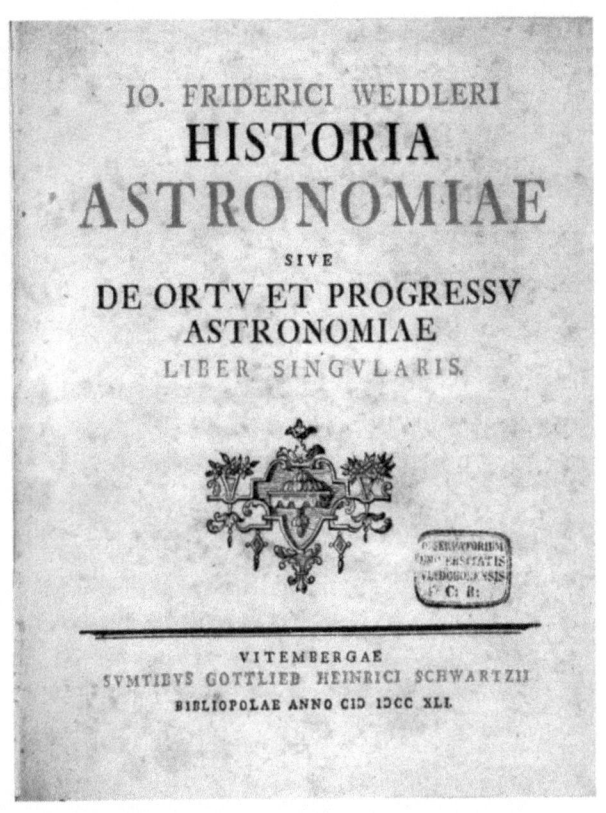

Bodmer, Johann Jacob
(1698-1783)

1742

Titel: Schreiben an die critickverständige Gesellschaft zu Zürich, über die critischen Beyträge des Hrn. Prof. Gottscheds

Erscheinungsort: Zürich

Verlag: Heidegger

Sprache: Deutsch

Umfang: [2] Bl., 92 S.

Format: Oktav (18x11cm)

Signatur: Hw 487

Abbildung: Titelseite

Doppelmayr, Johann Gabriel
(1671-1750)

1742

Titel: Atlas Coelestis

Zusatz: In quo mundus spectabilis et in eodem stellarum omnium phoenoema notabilia, circa ipsarum lumen, figuram, faciem, motum, eclipses, occultationes transitus, magnitudines distantias, aliaque secundum Nic. Copernici et ex parte Tychonis de Brahe Hipothesin [...] exhibentur

Illustrationen: 34 Kupferstiche

Verfasserangabe: Ioh. Gabriele Doppelmaiero

Erscheinungsort: Nürnberg

Verlag: Homännische Erben

Sprache: Latein

Umfang: [71] Bl.

Format: Folio (51x36cm)

Bibliogr. Nachweis: J. Lalande, Bibliographie astronomique, Paris 1803, p. 416

Signatur: Hw 15, Hw 15c

Abbildung: Titelseite
Mondkarte nach Hevelius und Riccioli
Sonnenfinsternis

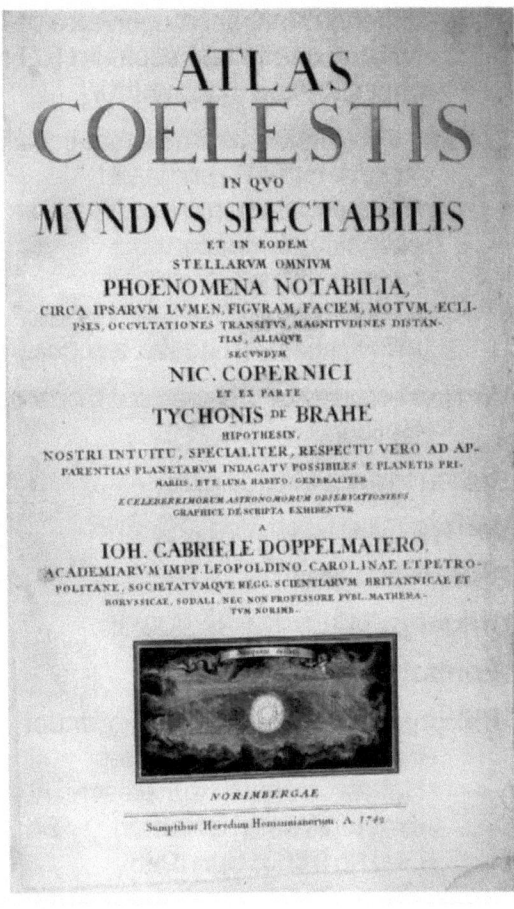

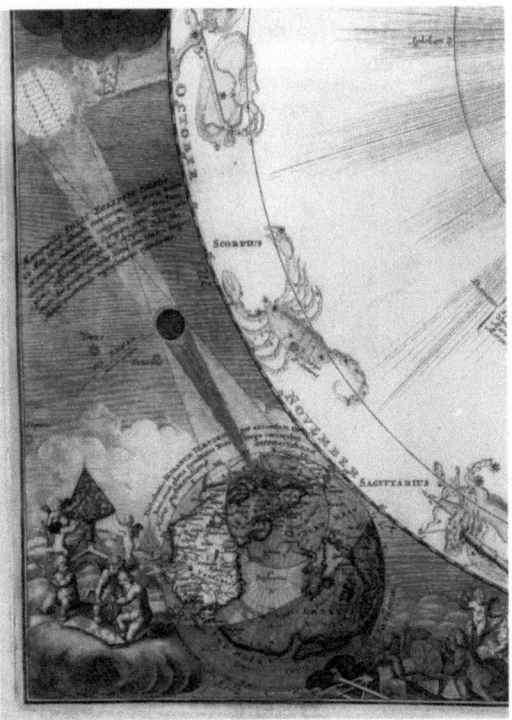

Heilbronner, Johann Christoph
1742
(1706-1747)

Titel: Historia matheseos universæ a mundo condito ad seculum P.C.N. [post Christum natum] XVI

Zusatz: Præcipuorum mathematicorum vitas, dogmata, scripta et manuscripta complexa. Accedit recensio elementorum, compendiorum et operum mathematicorum atque historia arithmetices ad nostra tempora

Verfasserangabe: Autore Jo. Christoph. Heilbronner

Erscheinungsort: Leipzig

Verlag: Gleditsch, Joh. Friedrich

Sprache: Latein

Umfang: [4] Bl., 924 S., [33] Bl.

Format: Oktav (22x17cm)

Bibliogr. Nachweis: J.C. Poggendorf, Biographisch-literarisches Handwörterbuch zur Geschichte der exacten Wissenschaften, 1. Bd., Leipzig 1863, Sp. 1046

Signatur: Hw 91

Abbildung: Titelseite

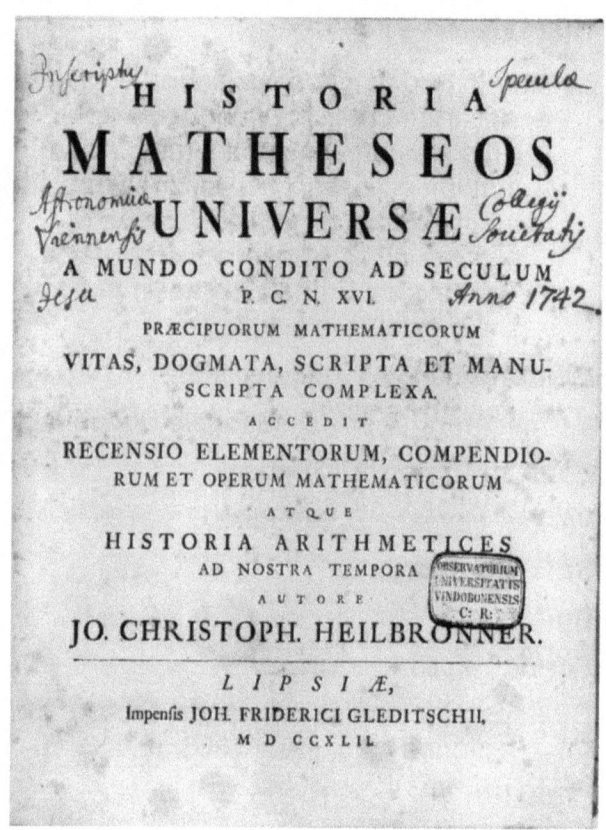

Maupertuis, Pierre Louis Moreau de
(1698-1759)

1742

Titel: Figura Telluris

Zusatz: Determinata per observationes dnn. de Maupertuis, Clairaut, Camus, Le Monnier, acad. reg. scient. Paris socior. et Domini Abbatis Outhier, dictae academ. a commercio epistolico, comitante Domino Celsio, Profess. astronom. vesal. factas iussu galliar. regis christianiss. ad circulum polarem

2. Autor: Zeller, Alarich [Übersetzer]

Verfasserangabe: Autore dn. de Maupertuis e cuius idiomate. gall. in latinum transtulit notisque prooemialibus auxit Alaricus Zeller, M. D. consil. et archiater Wolffenb.

Erscheinungsort: Leipzig

Verlag: Breitkopf

Sprache: Latein

Umfang: [8] Bl., 190 S., 9 gef. Bl.

Format: Oktav (16x9,5cm)

Bibliogr. Nachweis: J.C. Poggendorf, Biographisch-literarisches Handwörterbuch zur Geschichte der exacten Wissenschaften, 2. Bd., Leipzig 1863, Sp. 85f

Signatur: Hw 793

Abbildung: Titelseite
Karte des Meridians

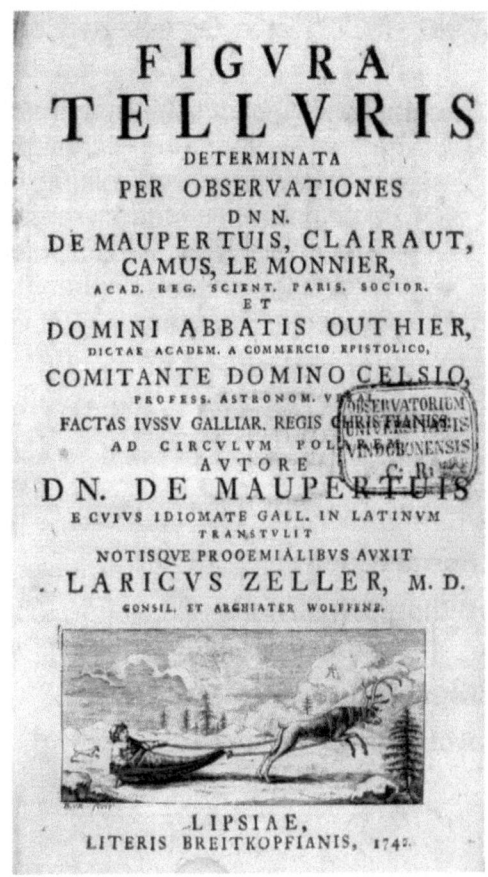

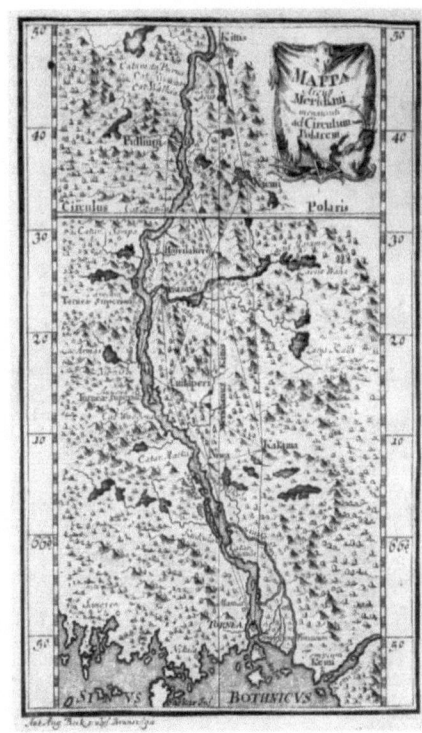

Semler, Christian Gottlieb
(1715-1782)

1742

Titel: <M. Christian Gottlieb Semlers> Astrognosia nova

Zusatz: oder Ausführliche Beschreibung des ganzen Fixstern und Planetenhimmels samt einer gründlichen Anweisung, wie die meisten Seltenheiten, die darinne angetroffen werden, auf eine leichte Weise auszufinden sind. Mit XXXV angehängten Figuren der Sternbilder und einem Register.

Erscheinungsort: Halle

Verlag: Renger

Sprache: Deutsch

Umfang: [11] Bl., 260 S., [7] Bl., 35 gef. Bl.

Format: Oktav (17x10cm)

Bibliogr. Nachweis: J. Lalande, Bibliographie astronomique, Paris 1803, p. 418

Signatur: Hw 502

Abbildung: Titelseite
Sternbild Virgo

Semler, Christian Gottlieb

1742

(1715-1782)

Titel: <M. Christian Gottlieb Semlers> Vollständige Beschreibung von dem neuen Cometen des 1742sten Jahres

Zusatz: samt einer astronomischen Wiederlegung, daß der Stern der Weisen kein Comet gewesen wieder Herrn Rector Hännen und alle diejenigen, welche solches jemahls behauptet haben. Mit beygefügten Figuren des neuen Cometen und einem Anhange von einen den 6 und 7ten April abermahls observirten neuen Cometen.

Erscheinungsort: Halle

Verlag: Renger

Sprache: Deutsch

Umfang: [8] Bl., 182 S.

Format: Oktav (17x10cm)

Bibliogr. Nachweis: J. Lalande, Bibliographie astronomique, Paris 1803, p. 418

Signatur: Hw 502

Abbildung: Titelseite
  Komet von 1742

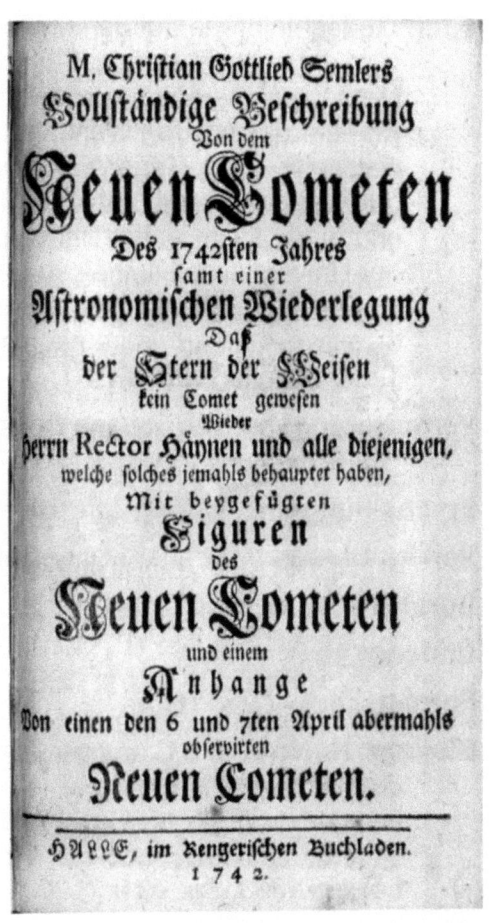

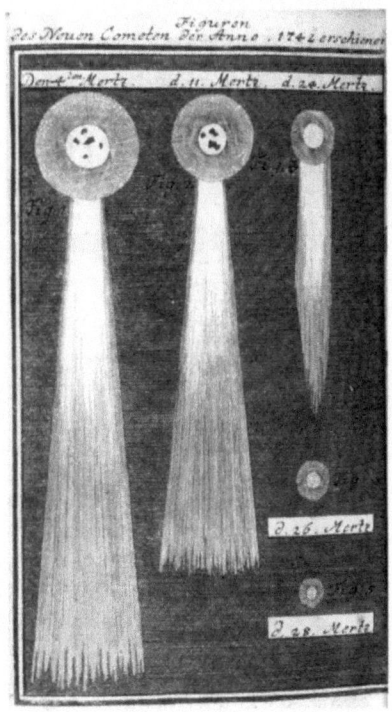

Gottsched, Johann Christoph [9]
(1700-1766)

1743

Titel: Gedächtnißrede auf den unsterblich verdienten Domherrn in Frauenberg Nicolaus Copernicus, als den Erfinder des wahren Weltenbaues, welche in hoher Gegenwart zweyer durchlaucht. königl. pohln. und churfürstl. sächsischer Prinzen, auf der Universitätsbibliothek zu Leipzig, im Maymonate des 1743 Jahres, und also zweyhundert Jahre nach seinem Tode, gehalten worden

Verfasserangabe: von Johann Christoph Gottscheden

Erscheinungsort: Leipzig

Verlag: Breitkopf, Bernhard Christoph

Sprache: Deutsch

Umfang: 48 S.

Format: Oktav (18x11cm)

Bibliogr. Nachweis: J.C. Poggendorf, Biographisch-literarisches Handwörterbuch zur Geschichte der exacten Wissenschaften, 1. Bd., Leipzig 1863, Sp. 931f

Signatur: Hw 487

Abbildung: Titelseite

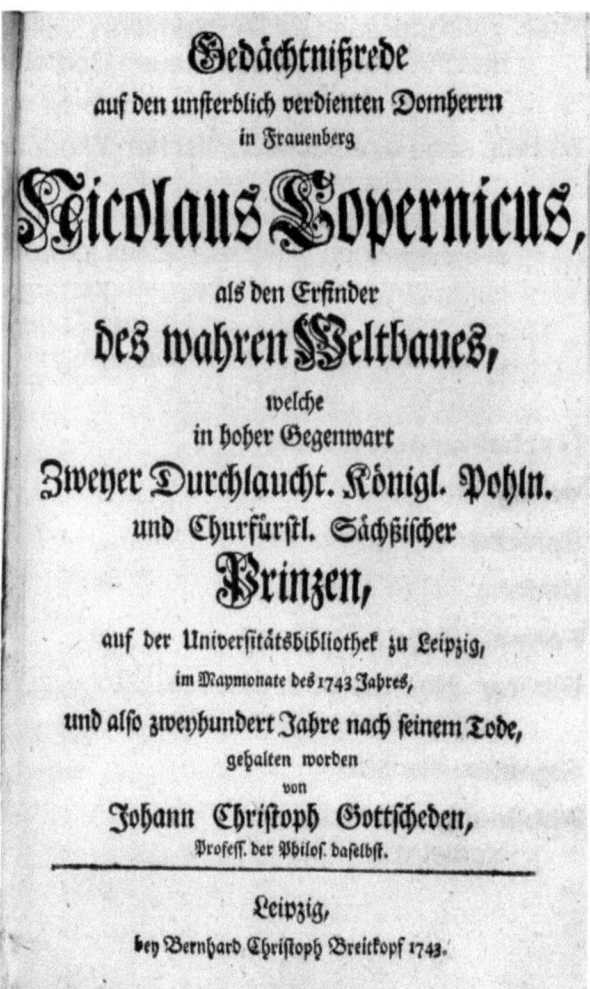

Le Monnier, Pierre-Charles
(1715-1799)

1743

Titel: La theorie des cometes, où l'on traite du progrès de cette partie de l'astronomie

Zusatz: Avec des tables pour calculer les mouvemens des cometes, du soleil, & des principales etoiles fixes.

Verfasserangabe: Par M. Le Monnier, de l'Academie Royale des Sciences, & de la Société Royale de Londres.

Erscheinungsort: Paris

Verlag: Martin, Gab.; Coignard, J.B.; Guerin

Sprache: Französisch

Umfang: [4] Bl., 45 S., 192 S., [4] gef. Bl., [3] Bl.

Format: Oktav (19,5x12,5cm)

Bibliogr. Nachweis: J. Lalande, Bibliographie astronomique, Paris 1803, p. 419

Signatur: Hw 543

Abbildung: Titelseite
südliche Hemisphäre

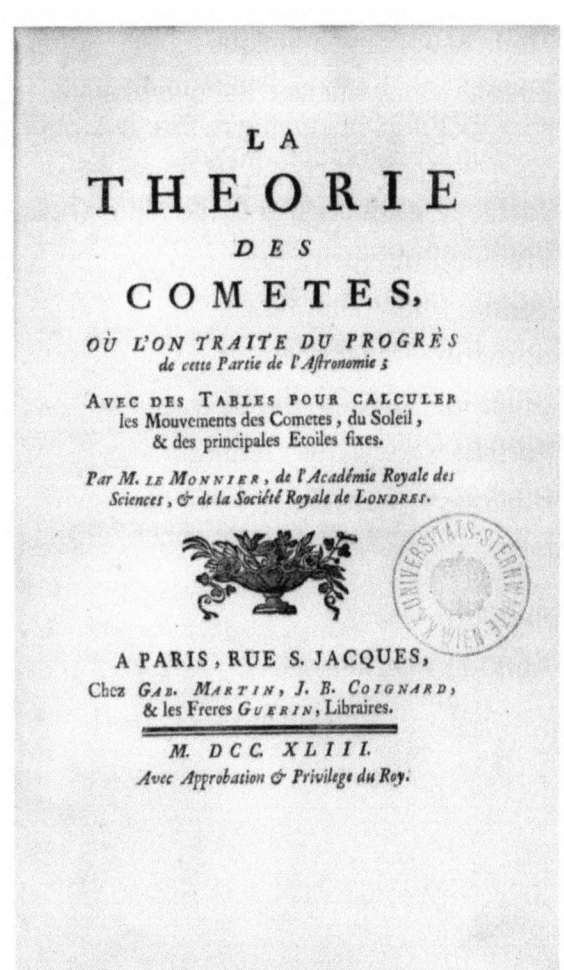

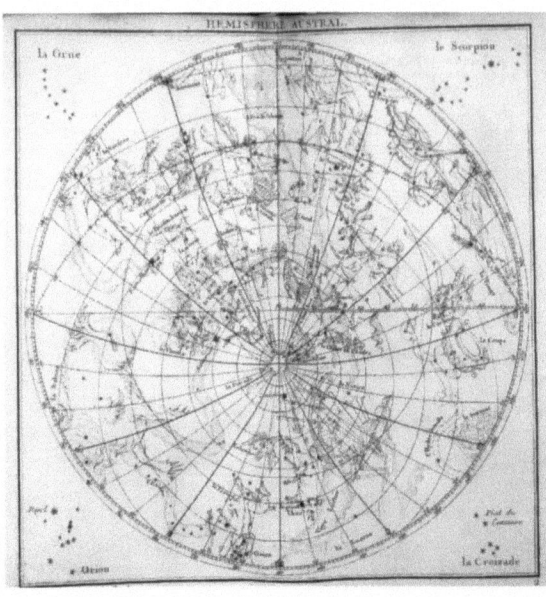

Maupertuis, Pierre Louis Moreau de 1743
(1698-1759)

Titel: Astronomie nautique

Zusatz: Ou élémens d'astronomie tant pour un Observatoire fixe, que pour un Observatoire mobile

Verfasserangabe: Par M. de Maupertuis.

Erscheinungsort: Paris

Verlag: Imprimerie Royale

Sprache: Französisch

Umfang: 50 S., [4] Bl., 98 S.

Format: Oktav (19x11cm)

Bibliogr. Nachweis: J. Lalande, Bibliographie astronomique, Paris 1803, p. 419f

Signatur: Hw 477

Abbildung: Titelseite

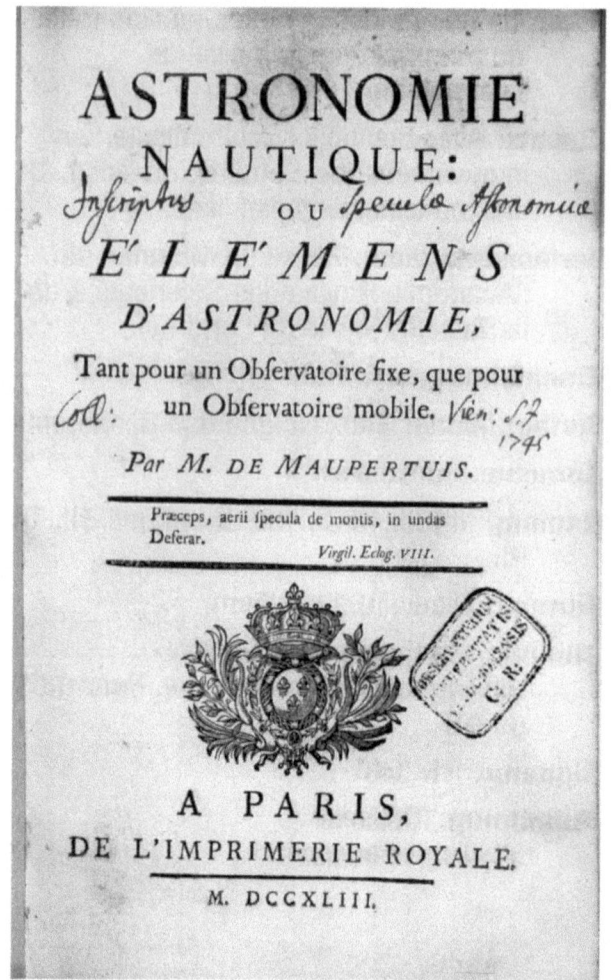

Rachel, Joachim
(1618-1669)

1743

Titel: <Joachim Rachels aus Lunden> Nach dem Originale verbesserte und mit einem neuen Vorberichte begleitete teutsche satyrische Gedichte

Zusatz: Thomas Bartholinus an den Auctor. Da nobis faturas patriaque expungere penna naevos perge meos. Publica tolle mala. Et si pro salibus populi tibi desit: nos pro te faturam scribere uelle puta.

Erscheinungsort: Berlin

Verlag: Kunst, Christian Ludwig

Sprache: Deutsch

Umfang: [8] Bl., 93 S.

Format: Oktav (18x11cm)

Signatur: Hw 487

Abbildung: Titelseite

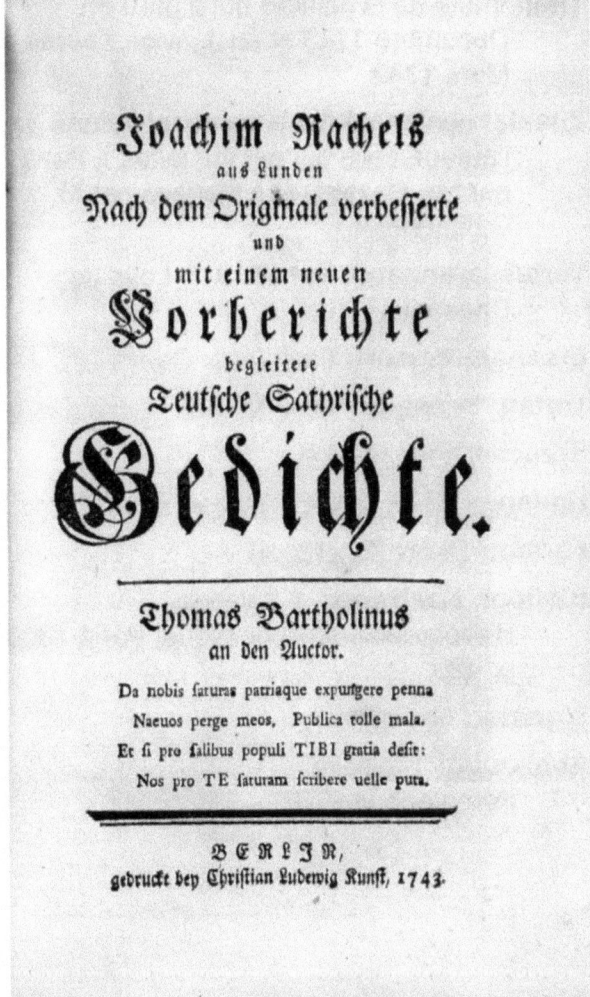

Chéseaux, Jean Philippe Loÿs de
(1718-1751)

1744

Titel: Traité de la comète qui a paru en Decembre 1743 et en Janvier, Fevrier et Mars 1744

Zusatz: contenant outre les observations de l'auteur, celle qui ont été faites à Paris par Mr. Cassini, et à Geneve par M. Calandrini

Verfasserangabe: Par Mr. J. P. Loÿs de Cheseaux

Erscheinungsort: Lausanne; Genf

Verlag: Bousquet, Marc-Michel

Sprache: Französisch

Umfang: [1] Bl., 308 S., [6] gef. Bl.

Format: Oktav (20x12cm)

Bibliogr. Nachweis: J. Lalande, Bibliographie Astronomique, Paris 1803, p. 425

Signatur: Hw 460

Abbildung: Titelseite
Kometenbahn

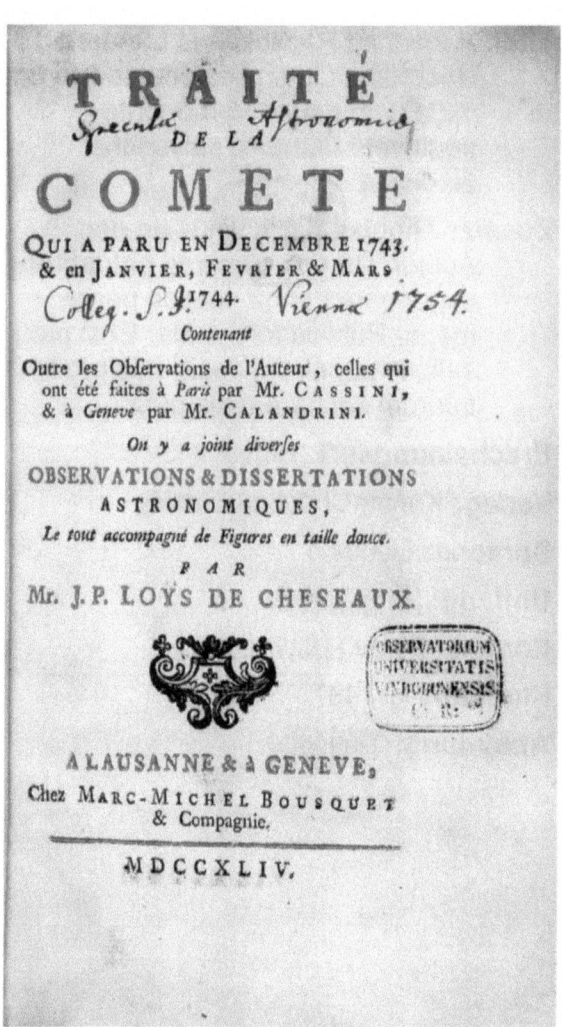

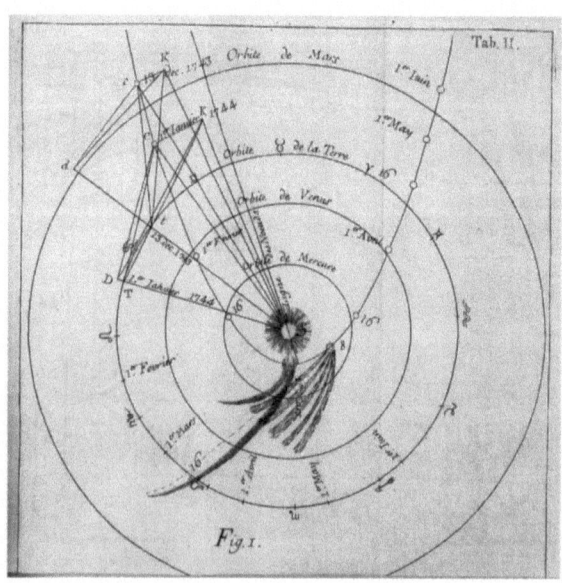

Euler, Leonhard
(1707-1783)

1744

Titel: Methodus inveniendi lineas curvas

Zusatz: Maximi minimive proprietate gaudentes, sive solutio problematis isoperimetrici latissimo sensu accepti

Verfasserangabe: Auctore Leonhardo Eulero, Professore Regio, & Academiæ Imperialis Scientiarum Petropolitanæ Socio.

Erscheinungsort: Lausanne; Genf

Verlag: Bousqet, Marc-Michel

Sprache: Latein

Umfang: [1] Bl., 322 S., [1] Bl., 5 gef. Bl.

Format: Quart (24,5x18,5cm)

Bibliogr. Nachweis: J.C. Poggendorf, Biographisch-literarisches Handwörterbuch zur Geschichte der exacten Wissenschaften, 1. Bd., Leipzig 1863, Sp. 689f

Signatur: Ma VII 68

Abbildung: Titelseite
verschiedene Kurven

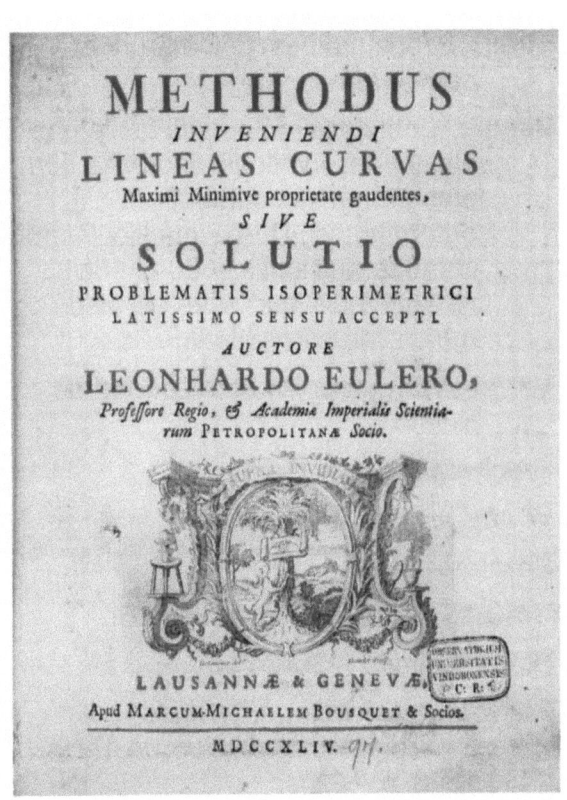

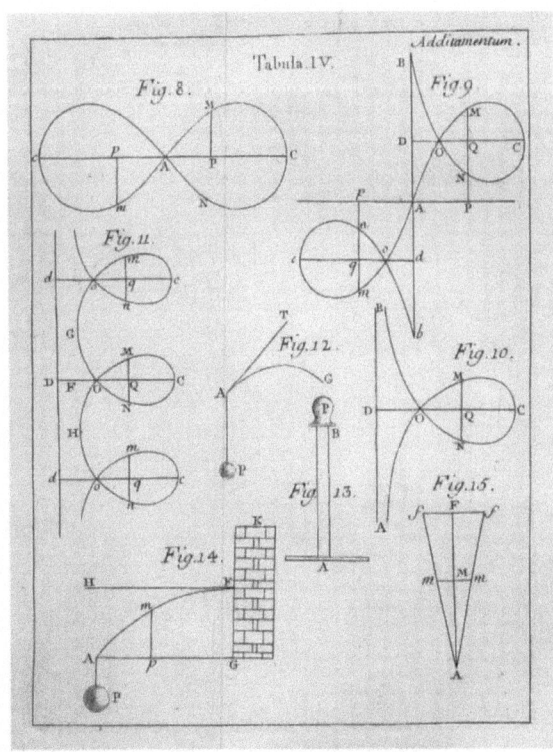

Euler, Leonhard
(1707-1783)

1744

Titel: Theoria motuum planetarum et cometarum

Zusatz: Continens methodum facilem ex aliquot observationibus orbitas cum planetarum tum cometarum determinandi. Una cum calculo, quo cometæ, qui annis 1680 et 1681 itemque ejus, qui nuper est visus, motus verus investigatur.

Verfasserangabe: Auctore Leonhardo Eulero.

Erscheinungsort: Berlin

Verlag: Haude, Ambrosius

Sprache: Latein

Umfang: [1] Bl., 187 S., [4] gef. Bl.

Format: Quart (23x18cm)

Bibliogr. Nachweis: J. Lalande, Bibliographie astronomique, Paris 1803, p. 422

Signatur: Hw 96

Abbildung: Titelseite

Kindermann, Eberhard Christian — 1744

Gesamttitel: Vollständige Astronomie

Verfasserangabe: ans Licht gegeben, anjetzo aber in mehrern beleuchtet und in vielen Kupffern vorgestellet von Eberhard Christian Kindermann.

Erscheinungsort: Rudolstadt (Band 1); Dresden und Leipzig (Band 2)

Verlag: Deer, Wolfgang

Sprache: Deutsch

Bde.: Band 2: Collegium Astronomicum, 1747

Umfang: 674 S. (gesamt)

Format: Quart (21x16cm)

Signatur: Hw 442

Abbildung: Titelseite des ersten Teils

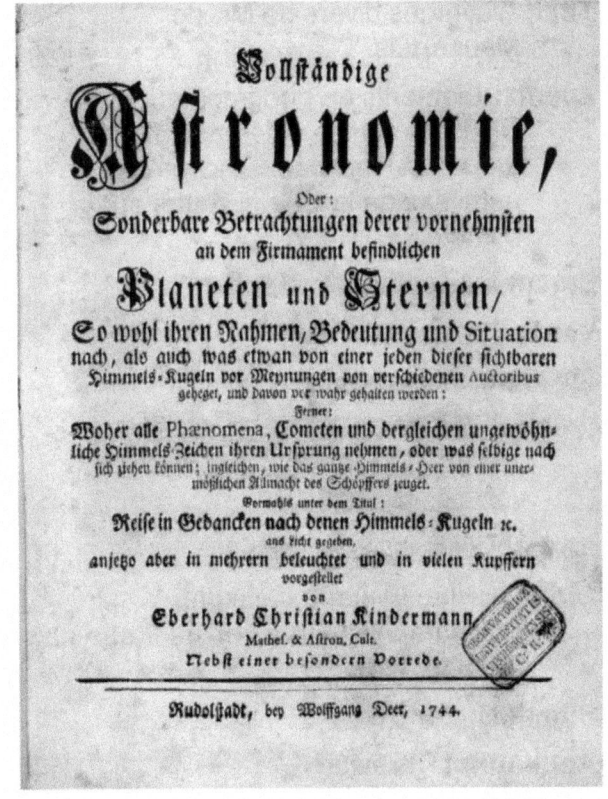

Maupertuis, Pierre Louis Moreau de
1744
(1698-1759)

Titel: Ouvrages divers de Mr. de Maupertuis.

Zusatz: Elements de geographie. Discours sur les differentes figures des corps celestes. Discours sur la parallaxe de la lune. Et lettre sur la comete.

Erscheinungsort: Amsterdam

Verlag: La compagnie

Sprache: Französisch

Umfang: 24 S., 62 S., [5] Bl., [1] gef. Bl., 107 S., [1] gef. Bl., 24 S., 137 S., [3] gef. Bl., [4] Bl.

Format: Oktav (16x9cm)

Bibliogr. Nachweis: J. Lalande, Bibliographie astronomique, Paris 1803, p. 423

Signatur: Hw 513

Abbildung: Titelseite

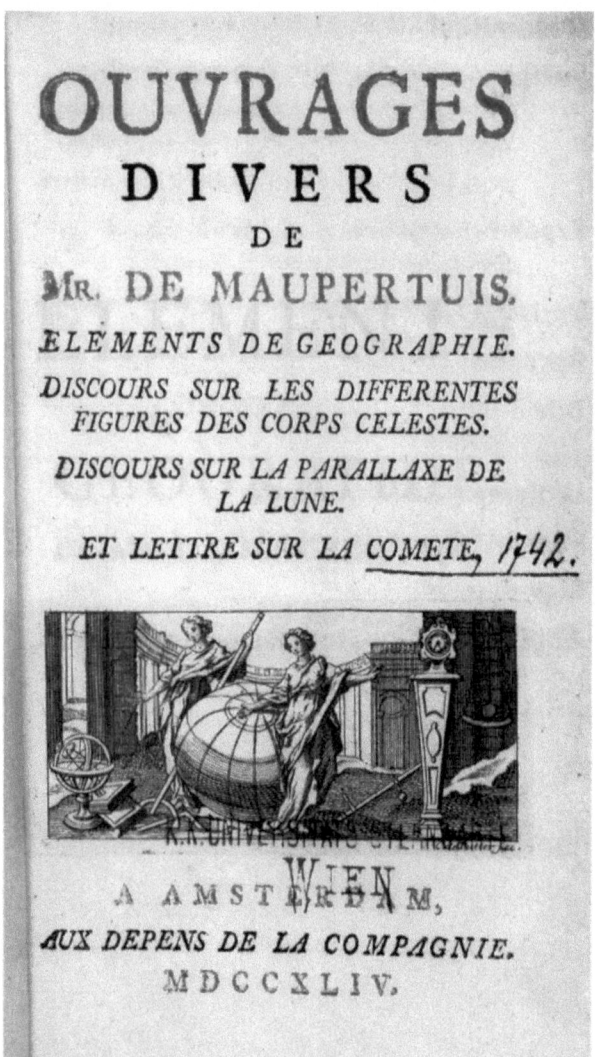

Newton, Isaac
(1642-1726)

1744

Titel: <Isaacii Newtoni, equitis aurati> Opuscula mathematica, philosophica et philologica.

2. Autor: Castillon, Jean

Verfasserangabe: Collegit partímque Latinè vertit ac recensuit Joh. Castillioneus jurisconsultus

Erscheinungsort: Lausanne; Genf

Verlag: Bousquet, Marc-Michel

Sprache: Latein

Bde.: Bände 1 - 3

Umfang: 1603 S. (gesamt)

Format: Quart (24x19cm)

Bibliogr. Nachweis: J.C. Poggendorf, Biographisch-literarisches Handwörterbuch zur Geschichte der exacten Wissenschaften, 2. Bd., Leipzig 1863, Sp. 277f

Signatur: Hw 203

Abbildung: Titelseite des ersten Teils

Leibniz, Gottfried Wilhelm 1745
(1646-1716)

Titel: <Virorum celeberr. Got. Gul. Leibnitii et Johan. Bernoullii> Commercium philosophicum et mathematicum

2. Autor: Bernoulli, Johann

Erscheinungsort: Lausanne; Genf

Verlag: Bousquet, Marc-Michel

Sprache: Latein

Bde.: Band 1: Tomus primus, ab anno 1694 ad annum 1699
Band 2: Tomus secundus, ab anno 1700 ad annum 1716

Umfang: 1057 S. (gesamt)

Format: Quart (24x18,5cm)

Signatur: Hw 206

Abbildung: Titelseite des ersten Teils

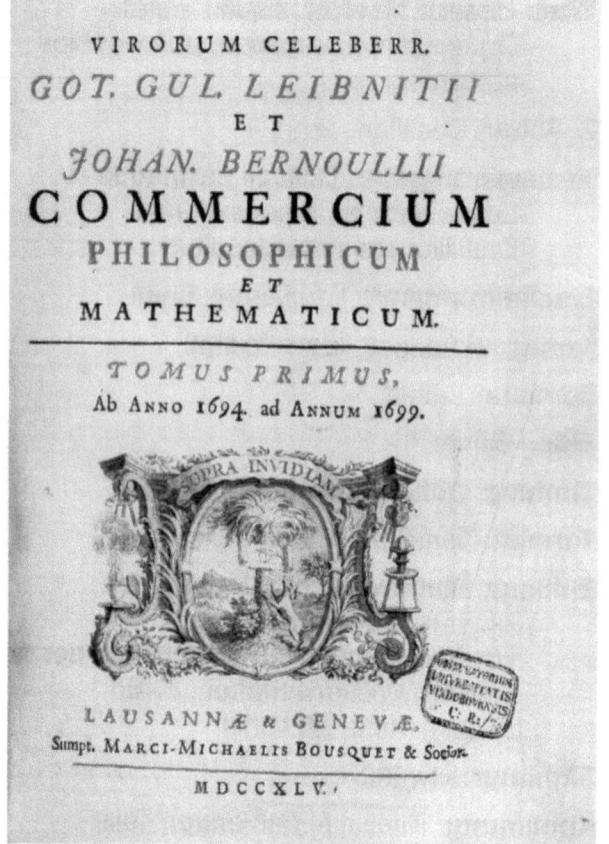

Marinoni, Johann Jacob von [10]
(1676-1755)

1745

Titel: De astronomica specula domestica et organico apparatu astronomico

Zusatz: Libri duo. Reginæ dicati

Verfasserangabe: a Joanne Jacobo Marinonio, patricio utinensi, cæsareo antehac, nunc regio Mathematico & Consiliario; Inclytorum statuum inferioris Austriæ Mathematico, Scientiarum Academiis Bononiensi & Neapolitanæ adscripto.

Erscheinungsort: Wien

Verlag: Kaliwoda, Johannes Leopold

Sprache: Latein

Umfang: [12] Bl., 210 S., [43] gef. Bl., [5] Bl.

Format: Folio (35,5x24cm)

Bibliogr. Nachweis: J. Lalande, Bibliographie astronomique, Paris 1803, p. 426f.

Signatur: Hw 25, Hw 25d

Abbildung: Titelseite
  Quadrant

Euler, Leonhard
(1707-1783)

1746

Titel: <L. Euleri> Opuscula varii argumenti

Erscheinungsort: Berlin

Verlag: Haude, Ambrosius; Spener, Johann Karl

Sprache: Latein

Bde.: Band 1: Opuscula varii argumenti, 1746
Band 2: Conjectura physica, 1750
Band 3: Opusculorum Tomus III, 1751

Umfang: 661 S. (gesamt)

Format: Quart (21x17cm)

Signatur: Hw 184

Abbildung: Titelseite des ersten Teils
Brechung
Magnetfeldlinien

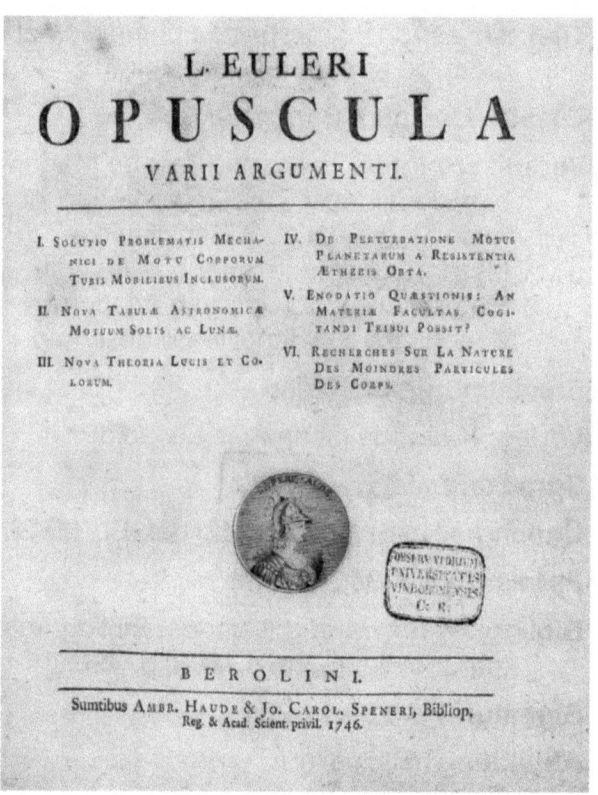

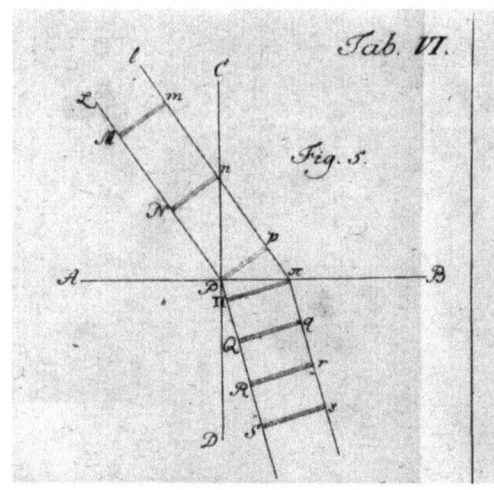
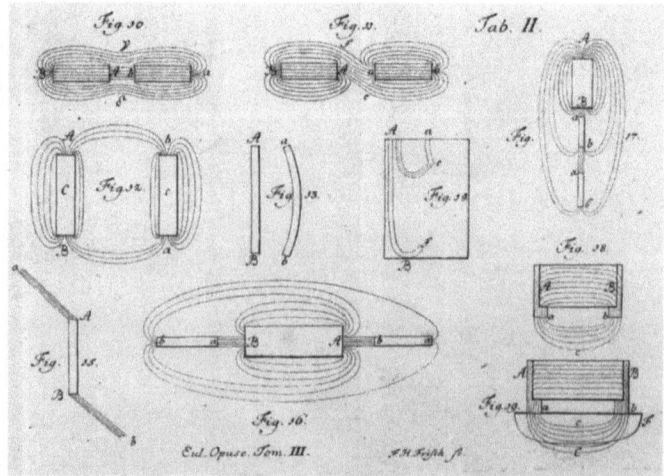

Le Monnier, Pierre-Charles   1746
(1715-1799)

Titel: Institutions astronomiques

Zusatz: ou Leçons élémentaires d'astronomie

Erscheinungsort: Paris

Verlag: Guerin, Hippolyte-Louis; Guerin, Jacques

Sprache: Französisch

Umfang: [4] Bl., 64 S., 660 S., [15] gef. Bl.

Format: Quart (25x19cm)

Bibliogr. Nachweis: J. Lalande, Bibliographie Astronomique, Paris 1803, p. 428f

Signatur: Hw 170

Abbildung: Titelseite
Nördliche Hemisphäre
Mondkarte

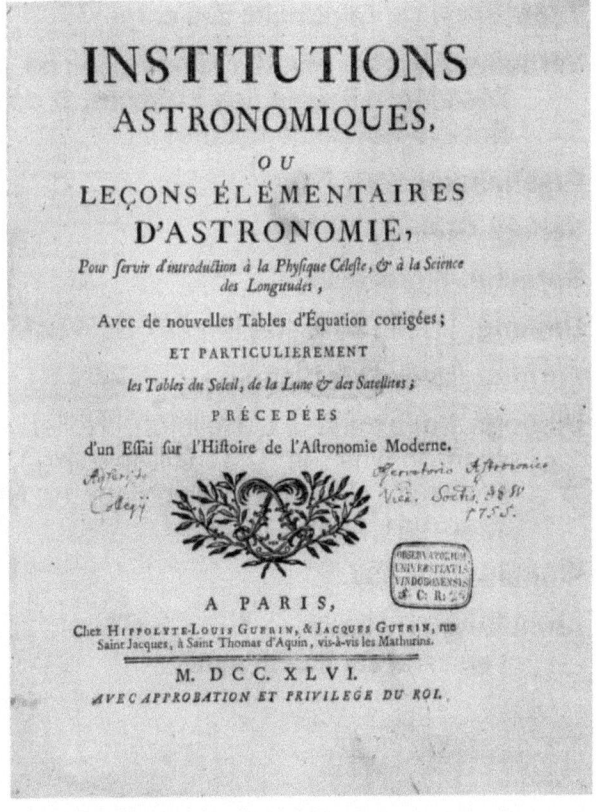

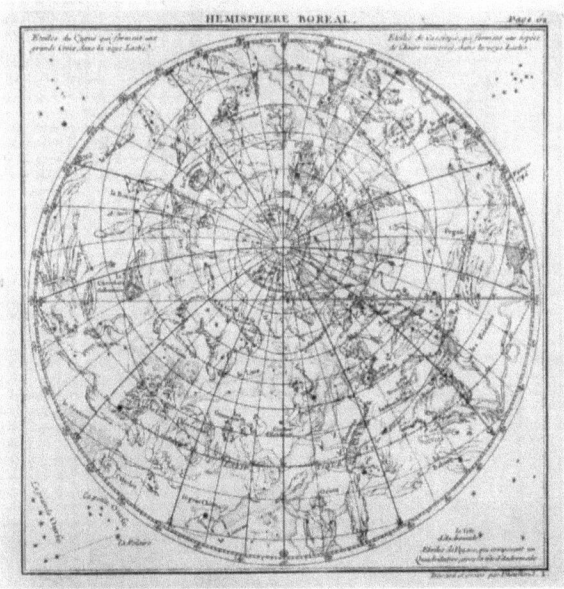

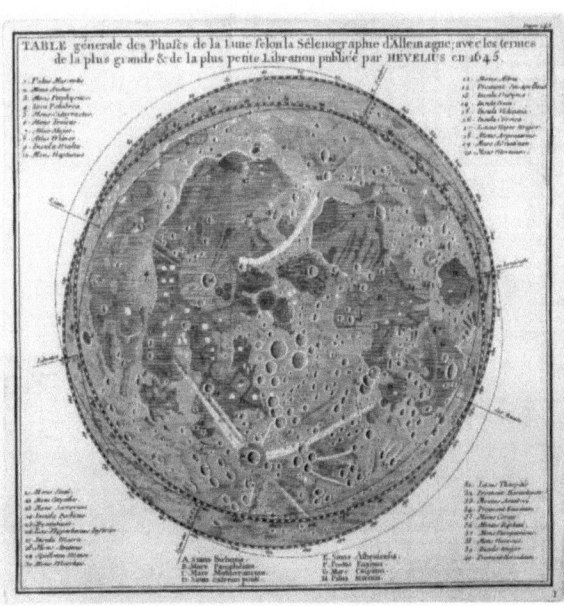

Nollet, Jean-Antoine
(1700-1770)

1746

Titel: Essai sur l'electricité des corps

Verfasserangabe: Par M. l'Abbé Nollet, de l'Académie Royale des Sciences, & de la Société Royale de Londres.

Erscheinungsort: Paris

Verlag: Guerin

Sprache: Französisch

Umfang: [1] Bl., 20 S., [2] Bl., 227 S., 4 gef. Bl.

Format: Oktav (17x10cm)

Bibliogr. Nachweis: J. L. Heilbron, "Nollet, Jean-Antoine". In: C. C. Gillispie (Hg.), Dictionary of Scientific Biography 10, New York 1981, S. 145 - 148.

Signatur: Hw 494

Abbildung: Titelseite
Versuche zur Elektrostatik

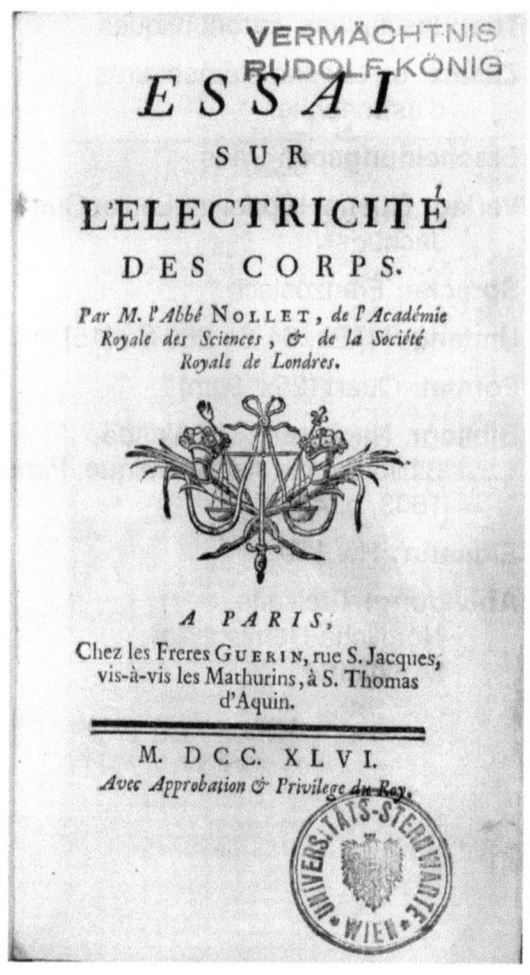

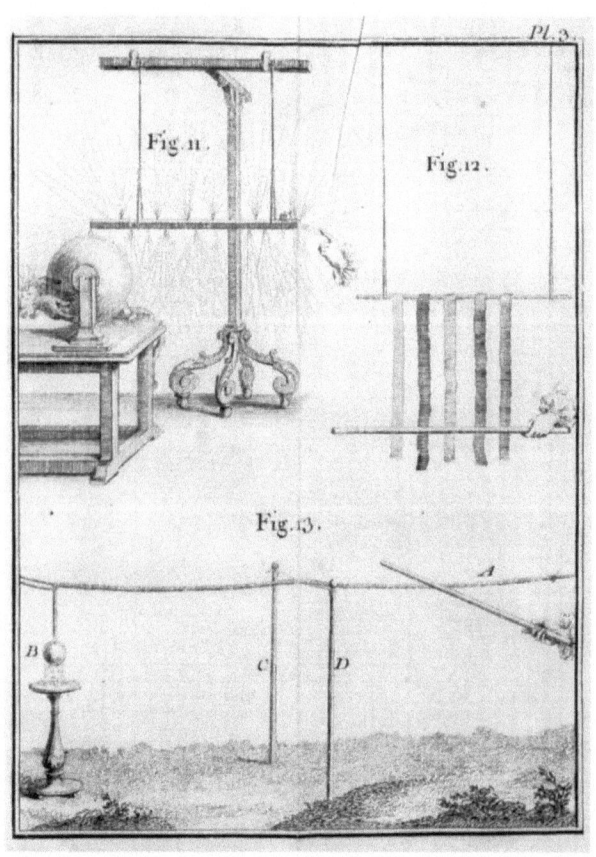

Euler, Leonhard
(1707-1783)

1748

Titel: Introductio in analysin infinitorum

Verfasserangabe: Auctore Leonhardo Eulero, Professore Regio Berolinensi, et Academia Imperialis Scientiarum Petropolitanæ Socio.

Erscheinungsort: Lausanne

Verlag: Bousquet, Marc-Michel

Sprache: Latein

Bde.: Bände 1 - 2

Umfang: 826 S. (gesamt)

Format: Quart (24x19cm)

Bibliogr. Nachweis: J.C. Poggendorf, Biographisch-literarisches Handwörterbuch zur Geschichte der exacten Wissenschaften, 1. Bd., Leipzig 1863, Sp. 689f

Signatur: Hw 168

Abbildung: Titelseite des ersten Teils

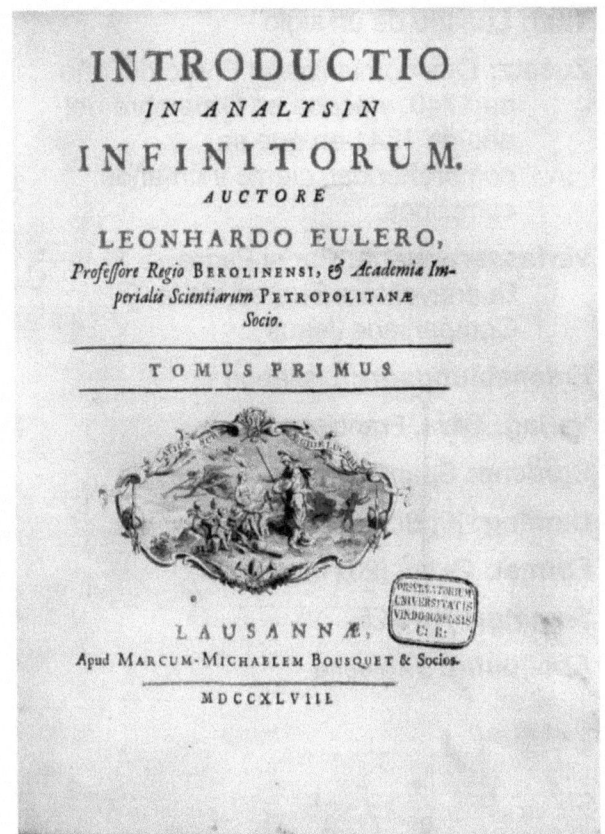

Suàrez, Buenaventura
(1678-1750)

Titel: Lunario de un siglo

Zusatz: Que comienza en Enero del año de 1740, y acaba en Diziembre del año de 1841 en que se comprehenden ciento y un años cumplidos.

Verfasserangabe: Por el Padre Buenaventura Suarez, de la Compañiade Jesus

Erscheinungsort: Lissabon

Verlag: Silva, Francisco da

Sprache: Spanisch

Umfang: [8] Bl., 204 S.

Format: Oktav (20x14cm)

Signatur: Hw 425

Abbildung: Titelseite

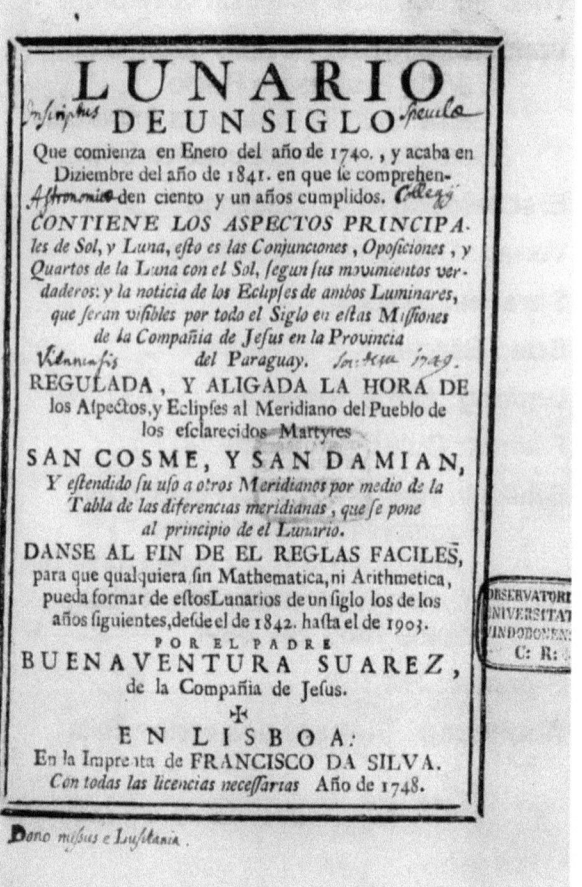

Bouguer, Pierre [11]
(1698-1758)

1749

Titel: La figure de la terre

Zusatz: Détérminée par les observations de Messieurs Bouguer, & de La Condamine, de l'Académie Royale des Sçiences, envoyés par ordre du Roy au Pérou, pour observer aux environs de l'equateur.

Verfasserangabe: Par M. Bouguer

Erscheinungsort: Paris

Verlag: Jombert, Charles-Antoine

Sprache: Französisch

Umfang: [12] Bl., 110 S., [1] gef. Bl., [1] Bl., 394 S., [1] gef. Bl., [1] Bl., [7] gef. Bl.

Format: Quart (24,5x19cm)

Bibliogr. Nachweis: J.C. Poggendorf, Biographisch-literarisches Handwörterbuch zur Geschichte der exacten Wissenschaften, 1. Bd., Leipzig 1863, Sp.254f

Signatur: Hw 63

Abbildung: Titelseite
Profil von Peru

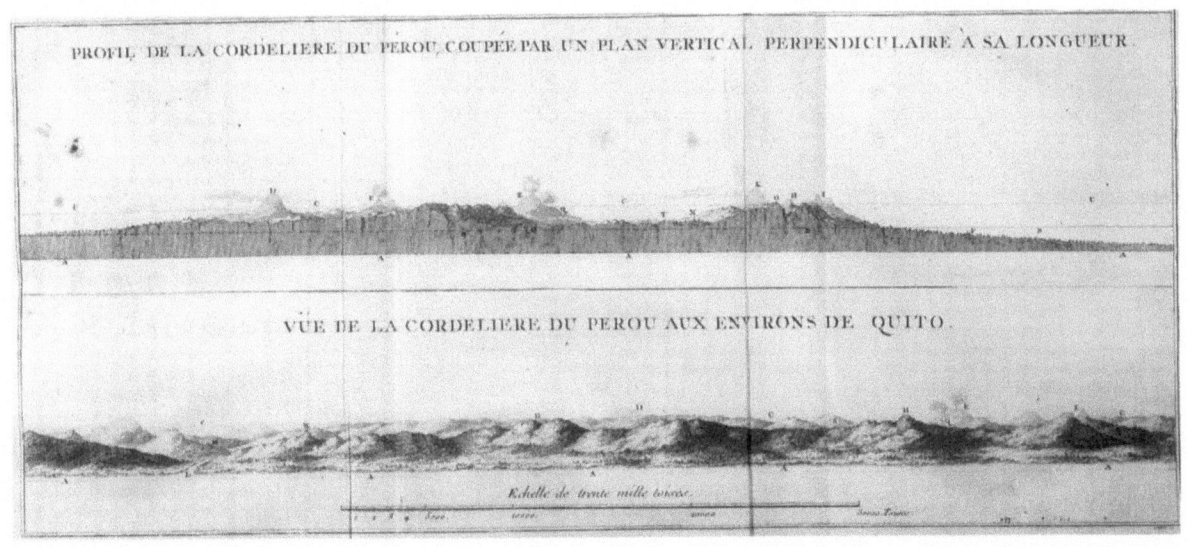

Euler, Leonhard
(1707-1783)

1749

Titel: Scientia navalis seu tractatus de construendis ac dirigendis navibus

Verfasserangabe: Auctore Leonhardo Eulero Prof. Honorario Academiae Imper. Scient. et Directore Acad. Reg. Scient. Borussicae

Erscheinungsort: Petersburg

Verlag: Im Verlag der Akademie der Wissenschaften

Sprache: Latein

Bde.: Band 1: Pars prior complectens theoriam universam de situ ac motu corporum aquae innatantium
Band 2: Pars posterior in qua rationes ac praecepta navium construendarum et gubernandarum fusius

Umfang: 1158 S. (gesamt)

Format: Quart (25x19,5cm)

Bibliogr. Nachweis: J.C. Poggendorf, Biographisch-literarisches Handwörterbuch zur Geschichte der exacten Wissenschaften, 1. Bd., Leipzig 1863, Sp. 689f

Signatur: Hw 65

Abbildung: Titelseite des ersten Teils

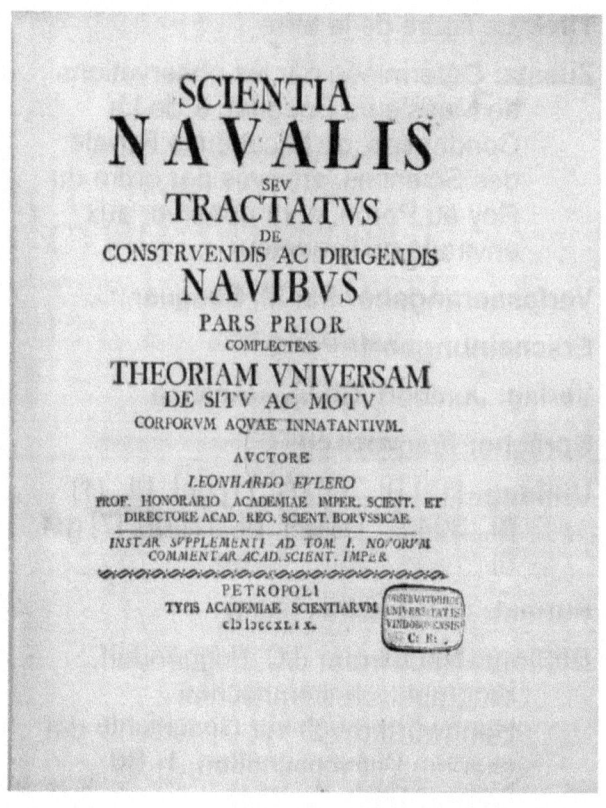

Leibniz, Gottfried Wilhelm
(1646-1716)

1749

Titel: <Summi polyhistoris Godefridi Guilielmi Leibnitii> Protogaea

Zusatz: Sive de prima facie telluris et antiquissimae historiae vestigiis in ipsis naturae monumentis dissertatio ex Schedis manuscriptis viri illustris

2. Autor: Scheidt, Christian Ludwig [Herausgeber]

Verfasserangabe: in lucem edita a Christiano Ludovico Scheidio

Erscheinungsort: Göttingen

Verlag: Schmid, Joh. Guil.

Sprache: Latein

Umfang: [3] Bl., 26 S., [1] Bl., 86 S., [9] gef. Bl., [3] Bl.

Format: Quart (21x17cm)

Bibliogr. Nachweis: J.C. Poggendorf, Biographisch-literarisches Handwörterbuch zur Geschichte der exacten Wissenschaften, 1. Bd., Leipzig 1863, Sp. 1413f

Signatur: Hw 453

Abbildung: Titelseite
Fossilien

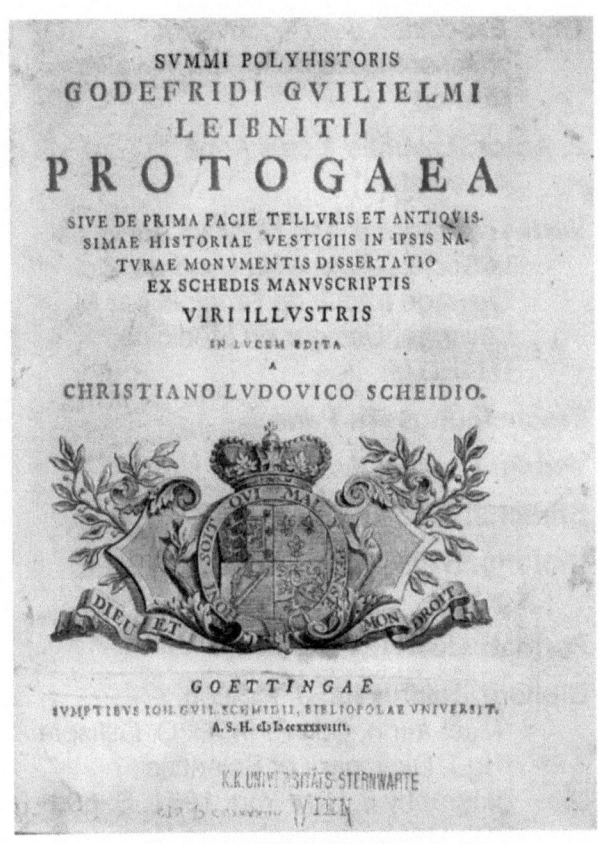

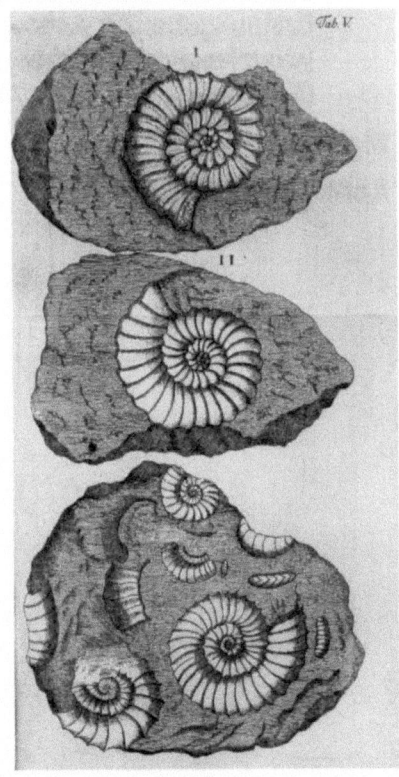

MacLaurin, Colin
1749
(1698-1746)

Titel: Exposition des découvertes philosophiques de M. le Chevalier Newton

2. Autor: Lavirotte, Louis Anne [Übersetzer]

Verfasserangabe: Par M. MacLaurin, de la Société Royale de Londres, &c. Ouvrage traduit de l'anglois par M. Lavirotte, Docteur en Médicine. D.L.F.D.M.

Erscheinungsort: Paris

Verlag: Durand; Pissot

Sprache: Französisch

Umfang: 57 S., [1] Bl., 422 S., [1] Bl., 6 gef. Bl.

Format: Quart (24,5x19cm)

Bibliogr. Nachweis: J. F. Scott, "MacLaurin, Colin". In: C. C. Gillispie (Hg.), Dictionary of Scientific Biography 8, New York 1981, S. 609 - 612. Der bibliographische Nachweis bezieht sich auf die englische Erstausgabe: An Account of Sir Isaac Newton's Philosophical Discoveries (London 1748).

Signatur: Hw 64

Abbildung: Titelseite

MacLaurin, Colin

1749

(1698-1746)

Titel: Traité des fluxions

2. Autor: Pezenas, R.P. [Übersetzer]

Verfasserangabe: Par M. Colin MacLaurin, Professeur de Mathématique dans l'Université d'Edimbourg, de la Société Royale de Londres. Traduit de l'anglois, par le R.P. Pezenas, Jésuite, Professeur Royal d'Hydrographie à Marseille, de l'Académie des beaux Arts de Lyon.

Erscheinungsort: Paris

Verlag: Jombert, Charles-Antoine

Sprache: Französisch

Bde.: Bände 1 - 2: Tome premier - second

Umfang: 795 S. (gesamt)

Format: Quart (25,5x19,5cm)

Bibliogr. Nachweis: J. F. Scott, "MacLaurin, Colin". In: C. C. Gillispie (Hg.), Dictionary of Scientific Biography 8, New York 1981, S. 609 - 612. Der bibliographische Nachweis bezieht sich auf die englische Erstausgabe: The Treatise of Fluxions (Edinburgh 1742).

Signatur: Hw 52

Abbildung: Titelseite des ersten Teils

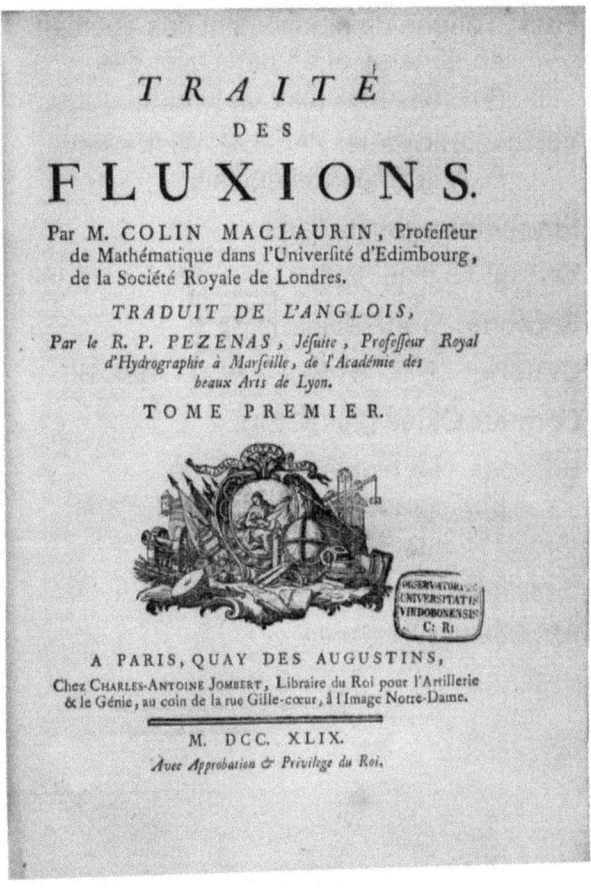

Walmesley, Charles
(1721-1797)

1749

Titel: Théorie du mouvement des apsides en général, et en particulier des apsides de l'orbite de la lune

Verfasserangabe: Par D. C. Walmesley, B. A. [Bénédictin anglais]

Erscheinungsort: Paris

Verlag: Quillau, G. F.

Sprache: Französisch

Umfang: 16 S., 61 S., [1] Bl., [1] gef. Bl.

Format: Oktav (20x12cm)

Bibliogr. Nachweis: J. Lalande, Bibliographie astronomique, Paris 1803, p. 436

Signatur: Hw 561

Abbildung: Titelseite

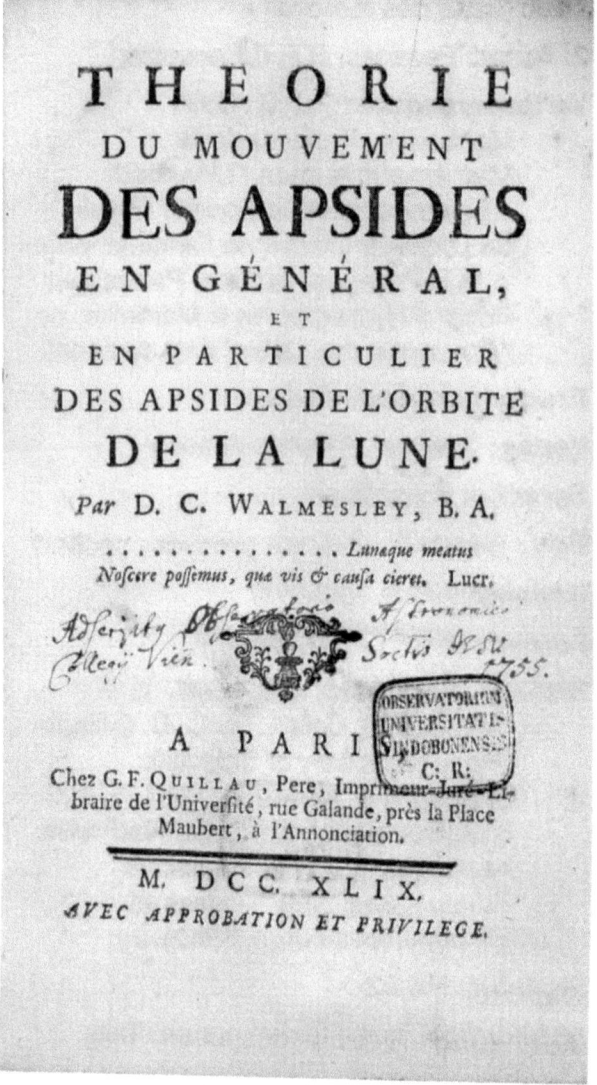

Jöcher, Christian Gottlieb
(1694-1758)

1750

Gesamttitel: Allgemeines Gelehrten-Lexicon, darinne die Gelehrten aller Stände sowohl männ- als weiblichen Geschlechts, welche vom Anfange der Welt bis auf ietzige Zeit gelebt, und sich der gelehrten Welt bekannt gemacht, nach ihrer Geburt, Leben, merckwürdigen Geschichten, Absterben und Schrifften aus den glaubwürdigsten Scribenten in alphabetischer Ordnung beschrieben werden.

Erscheinungsort: Leipzig

Verlag: Gleditsch, Johann Friedrich

Sprache: Deutsch

Bde.: Band 1: Erster Teil, A - C, 1750
Band 2: Zweiter Teil, D - L, 1750
Band 3: Dritter Teil, M - R, 1751
Band 4: Vierter Teil, S - Z, 1751

Umfang: 4800 S. (gesamt)

Format: Quart (26x20,5cm)

Signatur: Hw 524

Abbildung: Titelseite des ersten Teils

La Caille, Nicolas Louis de
(1713-1762)

1750

Titel: Leçons élémentaires d'optique

Erscheinungsort: Paris

Verlag: Guerin

Sprache: Französisch

Umfang: [4] Bl., 119 S., [4] gef. Bl.

Format: Oktav (19,5x13cm)

Bibliogr. Nachweis: J.C. Poggendorf, Biographisch-literarisches Handwörterbuch zur Geschichte der exacten Wissenschaften, 1. Bd., Leipzig 1863, Sp. 1337f

Signatur: Hw 546

Abbildung: Titelseite
U. a. Strahlengang im Newtonschen Fernrohr

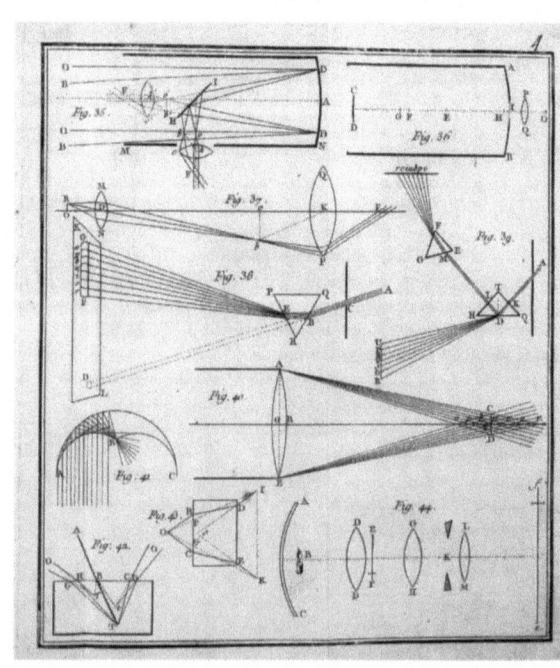

Manfredi, Eustachio

1750

(1674-1739)

Titel: <Eustachii Manfredii> Introductio in Ephemerides

Zusatz: Cum opportunis tabulis

Ausgabe: Editio altera

Erscheinungsort: Bologna

Verlag: Pisarri, Constantin

Sprache: Latein

Umfang: 18 S., [1] Bl., 143 S., 192 S., [1] gef. Bl.

Format: Quart (27x19,5cm)

Bibliogr. Nachweis: J. Lalande, Bibliographie astronomique, Paris 1803, p. 441

Signatur: Hw 192

Abbildung: Titelseite
Mondkarte

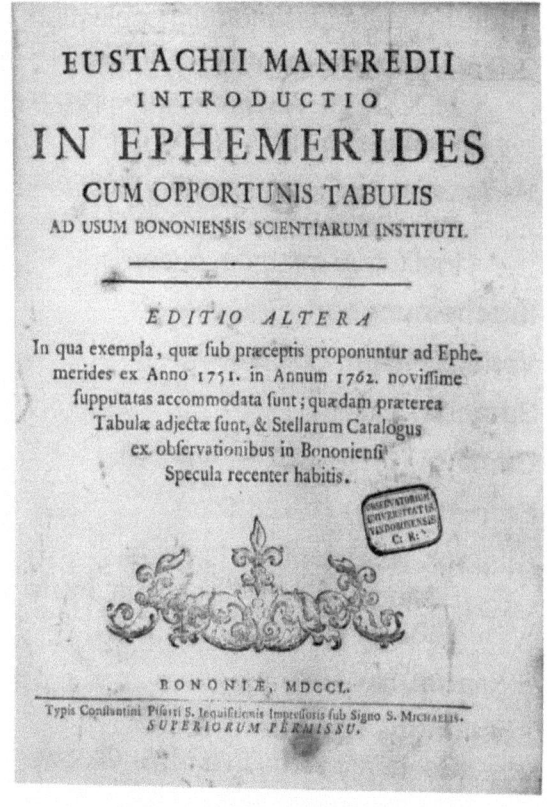

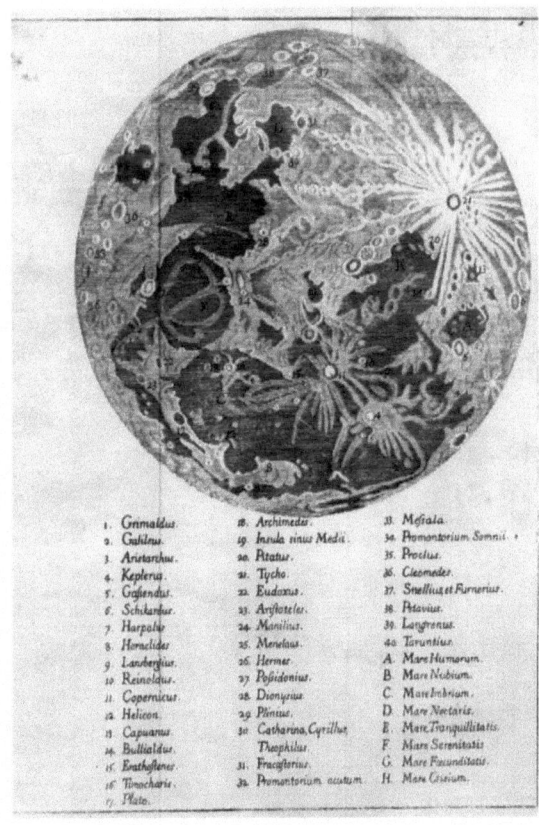

Zanotti, Eustachio
(1709-1782)

1750

Titel: Ephemerides motuum coelestium

Zusatz: Ex anno MDCCLI in annum MDCCLXII. Ad meridianum Bononiæ supputatæ

Verfasserangabe: Auctoribus Eustachio Zanotto Bononiensis Scientiarum Instituti Astronomo, et sociis

Erscheinungsort: Bologna

Verlag: Pisarri, Constantin

Sprache: Latein

Umfang: [6] Bl., 383 S., 4 gef Bl.

Format: Quart (19x26,5cm)

Bibliogr. Nachweis: J. Lalande, Bibliographie astronomique, Paris 1803, p. 442

Signatur: Hw 192

Abbildung: Titelseite
Sonnenfinsternis vom 16. Oktober 1762

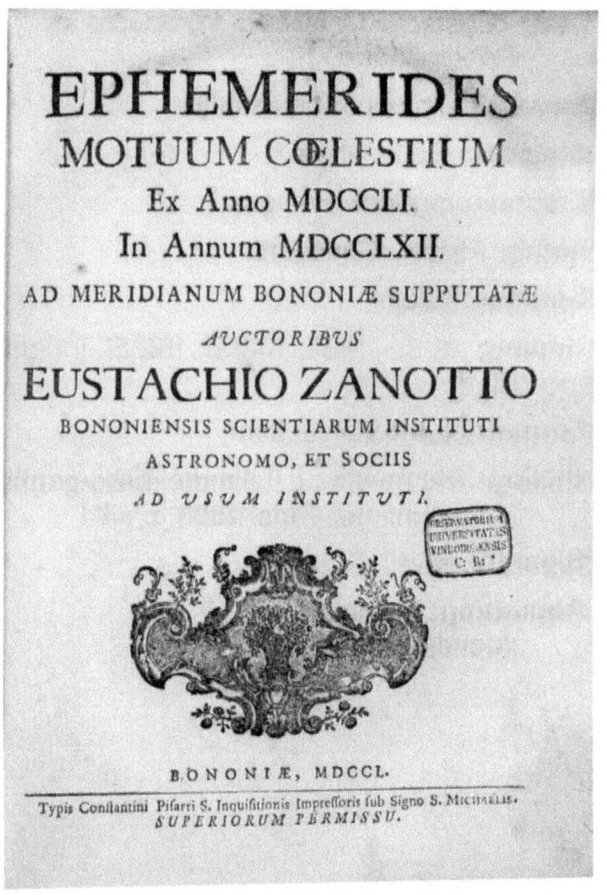

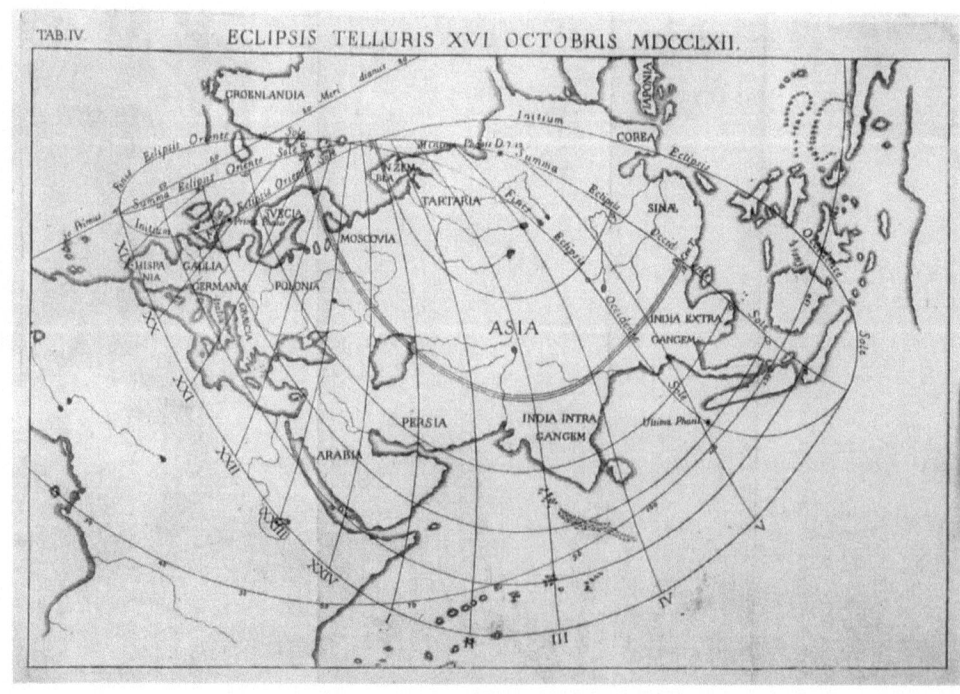

La Condamine, Charles-Marie de [12]   1751
(1701-1774)

Titel: Mésure des trois premiers dégres du méridien dans l'hémisphere austral

Zusatz: Tirée des observations de Mrs. de l'Académie Royale des Sciences, envoyés par le Roi sous l'équateur

Verfasserangabe: Par M. de La Condamine

Erscheinungsort: Paris

Verlag: Imprimerie Royale

Sprache: Französisch

Umfang: [6] Bl., 3 gef. Bl., 266 S., 10 S.

Format: Quart (25x19,5cm)

Bibliogr. Nachweis: J.C. Poggendorf, Biographisch-literarisches Handwörterbuch zur Geschichte der exacten Wissenschaften, 1. Bd., Leipzig 1863, Sp. 470f

Signatur: Hw 60

Abbildung: Titelseite
  Vermessungsinstrument

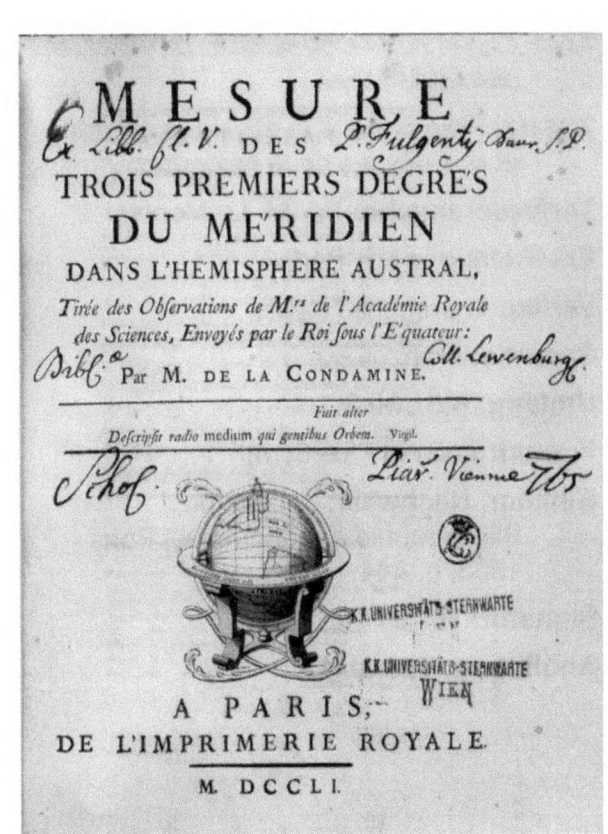

Le Monnier, Pierre-Charles
(1715-1799)

1751

Titel: Observations de la lune, du soleil, et des étoiles fixes

Zusatz: Pour servir à la physique céleste et aux usages de la navigation

Verfasserangabe: Par M. Le Monnier

Erscheinungsort: Paris

Verlag: Imprimerie Royale

Sprache: Französisch

Umfang: 8 S., 59 S.

Format: Folio (37,5x25cm)

Bibliogr. Nachweis: J. Lalande, Bibliographie astronomique, Paris 1803, p. 444

Signatur: Hw 24

Abbildung: Titelseite

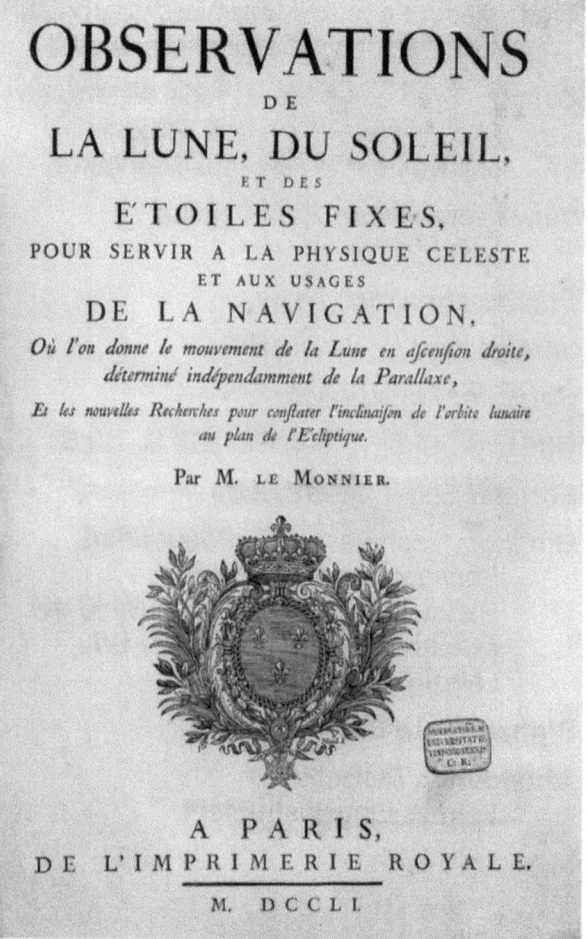

Marinoni, Johann Jacob von
(1676-1755)

1751

Titel: De re ichnographica

Zusatz: Cujus hodierna praxis exponitur, et propriis exemplis pluribus illustratur. Inque varias, quæ contingere possunt, ejusdem aberrationes, posito quoque calculo, inquiritur.

Erscheinungsort: Wien

Verlag: Kaliwoda, Johannes Leopold

Sprache: Latein

Umfang: [10] Bl., 294 S., [10] Bl., [1] Bl.

Format: Quart (30,5x21,5cm)

Signatur: Hw 44

Abbildung: Titelseite

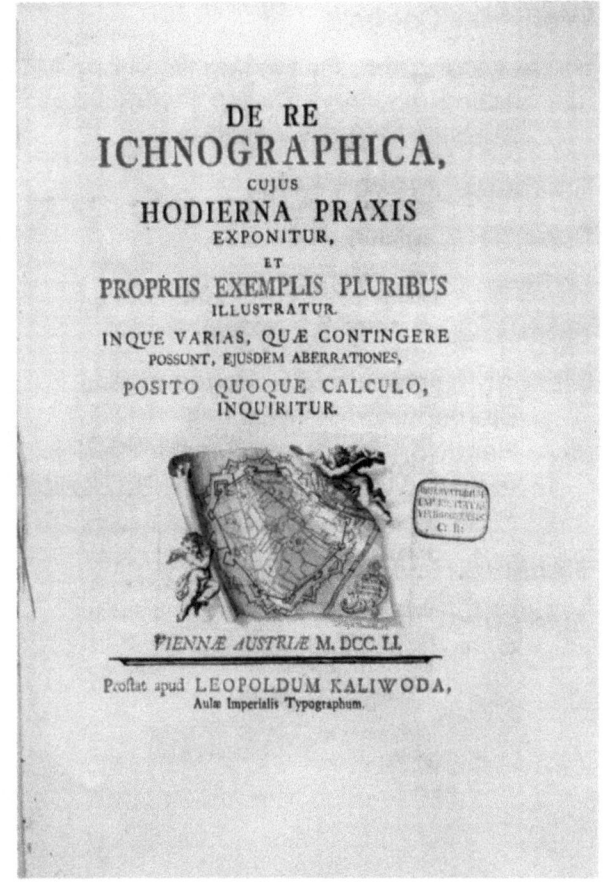

Flamsteed, John

1753

(1646-1719)

Titel: Atlas Coelestis

Verfasserangabe: By the late Reverend Mr. John Flamsteed, Regius Professor of Astronomy at Greenwich.

Erscheinungsort: London

Sprache: Englisch

Umfang: [3] Bl., 9 S., 27 gef. Bl.

Format: groß Folio (54x47cm)

Bibliogr. Nachweis: J.C. Poggendorf, Biographisch-literarisches Handwörterbuch zur Geschichte der exacten Wissenschaften, 1. Bd., Leipzig 1863, Sp. 758

Signatur: Hw 1003

Abbildung: Titelseite
Südliche Hemisphäre

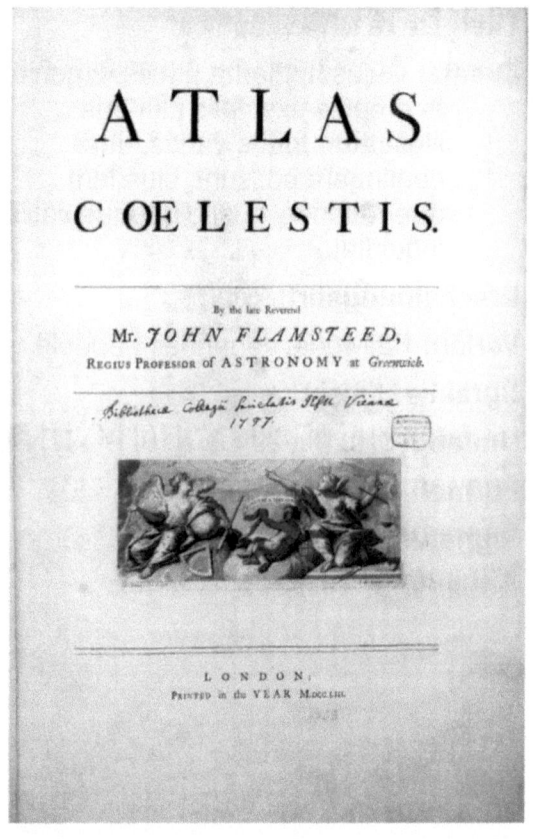

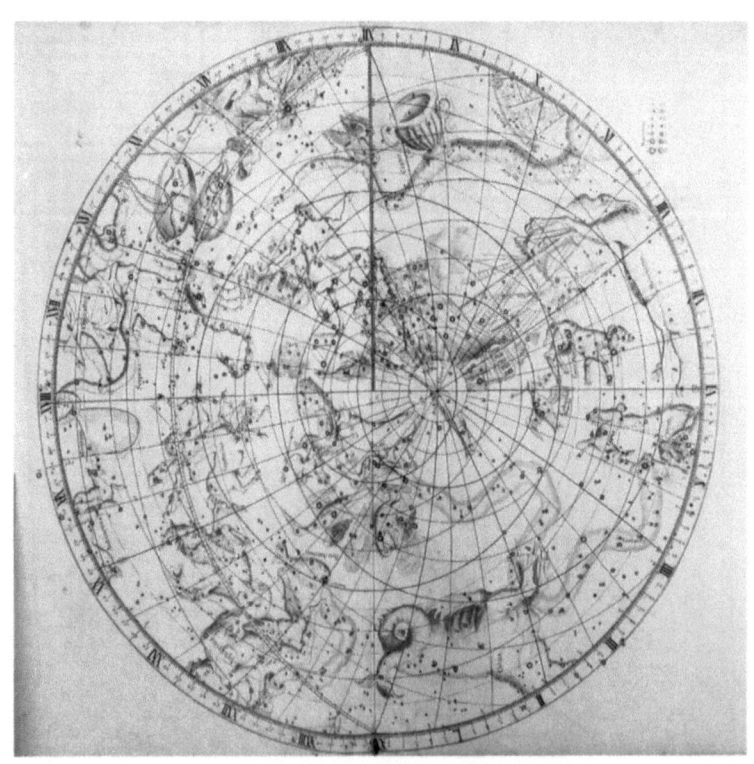

MacLaurin, Colin
(1698-1746)

1753

Titel: Traité d'algèbre et de la manière de l'appliquer

Verfasserangabe: Traduit de l'Anglois de M. MacLaurin, de la Société Royale de Londres, Professeur de Mathématique à Edimbourg.

Erscheinungsort: Paris

Verlag: Jombert, Charles-Antoine

Sprache: Französisch

Umfang: [1] Bl., 8 S., 418 S., [2] Bl., 13 gef. Bl.

Format: Quart (25x19cm)

Bibliogr. Nachweis: J. F. Scott, "MacLaurin, Colin". In: C. C. Gillispie (Hg.), Dictionary of Scientific Biography 8, New York 1981, S. 609 - 612. Der bibliographische Nachweis bezieht sich auf die englische Erstausgabe: A Treatise of Algebra (1748).

Signatur: Hw 526

Abbildung: Titelseite

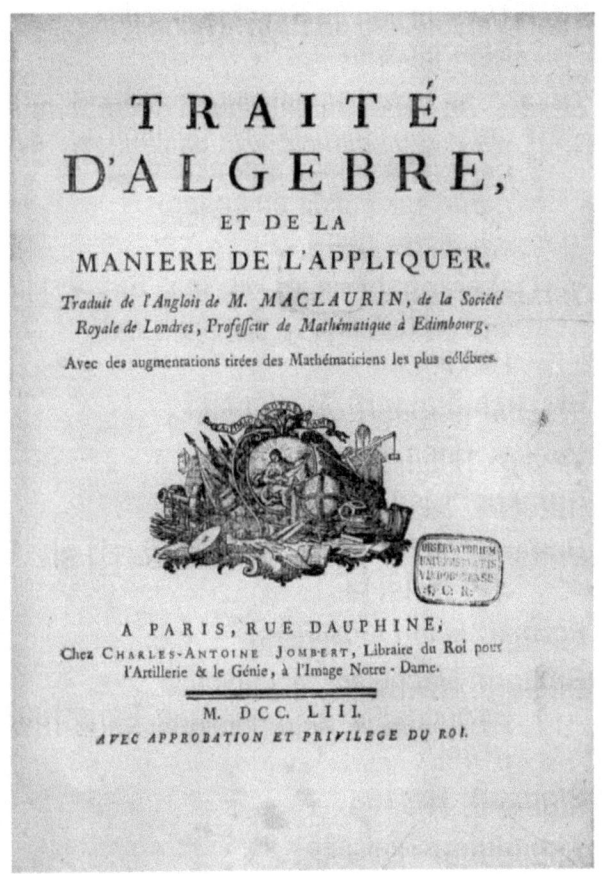

Struyck, Nicolaas
(1686-1769)

1753

Titel: Vervolg van de Beschryving der Staartsterren

Zusatz: en nader ontdekkingen omtrent den staat van't menschelyk geslagt, benevens eenige sterrekundige, aardrykskundige en andere aanmerkingen

Verfasserangabe: door Nicolaas Stryck, Lid van de Koninglyke Societeit van Londen.

Erscheinungsort: Amsterdam

Verlag: Tirion, Isaak

Sprache: Niederländisch

Umfang: [4] Bl., [3] gef. Bl., 182 S., [1] Bl., 216 S., [3] Bl.

Format: Quart (26x20cm)

Bibliogr. Nachweis: J. Lalande, Bibliographie Astronomique, Paris 1803, p. 450

Signatur: Hw 199

Abbildung: Titelseite
Kometenbahn

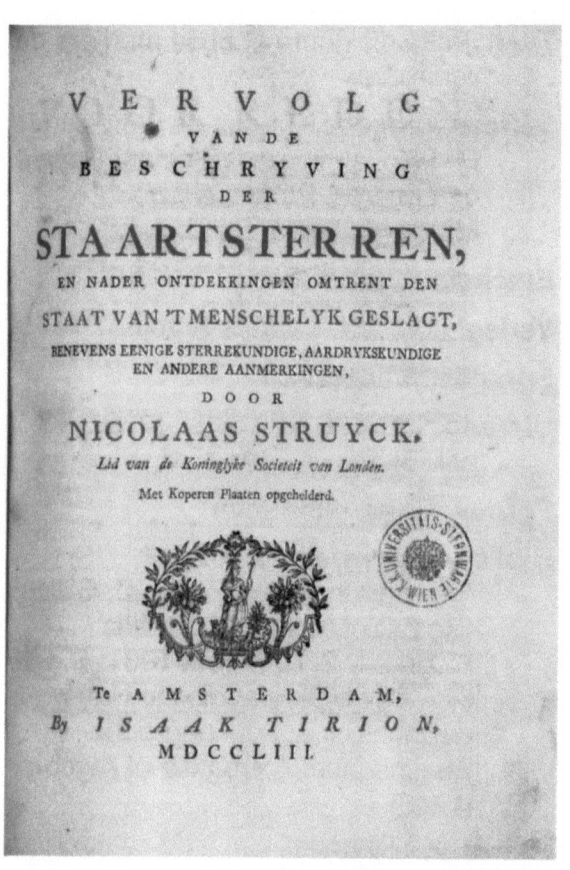

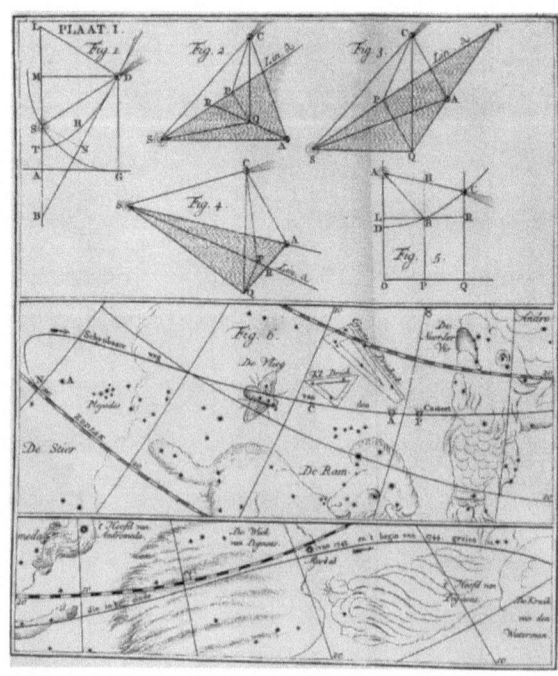

Chappe D'Auteroche, Jean
(1722-1769)

1754

Gesamttitel: Tables astronomiques

Zusatz: Qui contient aussi les observations de la lune, avec les préceptes pour calculer les lieux du soleil & de la lune, & découvrir les erreurs des Tables lunaires pendant une période de 223 lunaisons. Ouvrage destiné principalement à l'usage des Navigateurs & au progrès de la Phisique. Seconde édition.

Verfasserangabe: Par M. l'Abbé De Chappe d'Auteroche.

Erscheinungsort: Paris

Verlag: Durand; Pissot

Sprache: Französisch

Bde.: Band 2: 1759

Umfang: 815 S. (gesamt)

Format: Oktav (20x12cm)

Signatur: Hw 428

Abbildung: Titelseite des ersten Teils Meeresströmungen

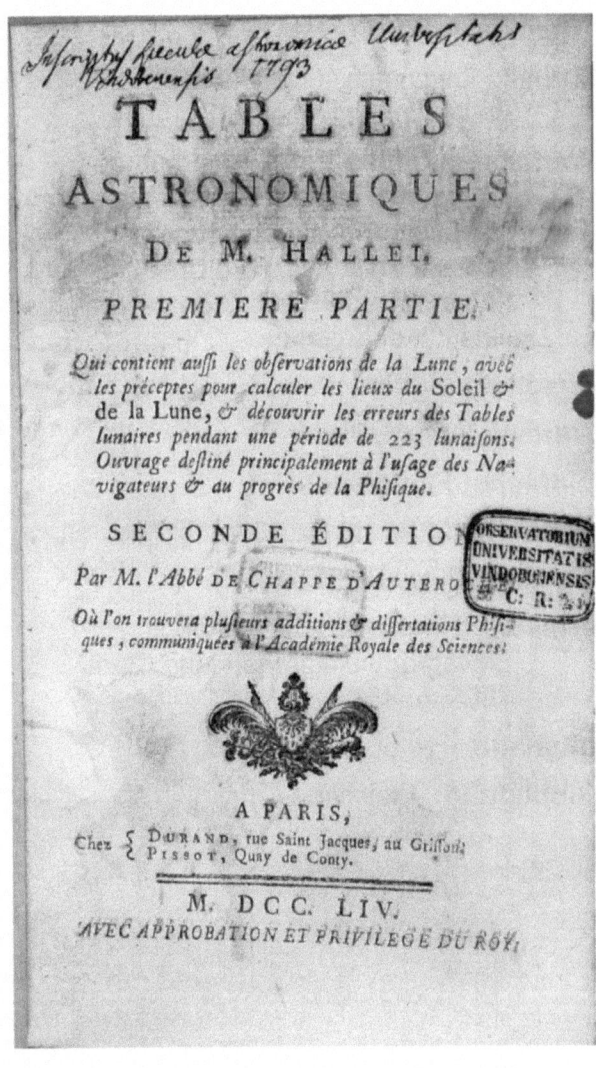

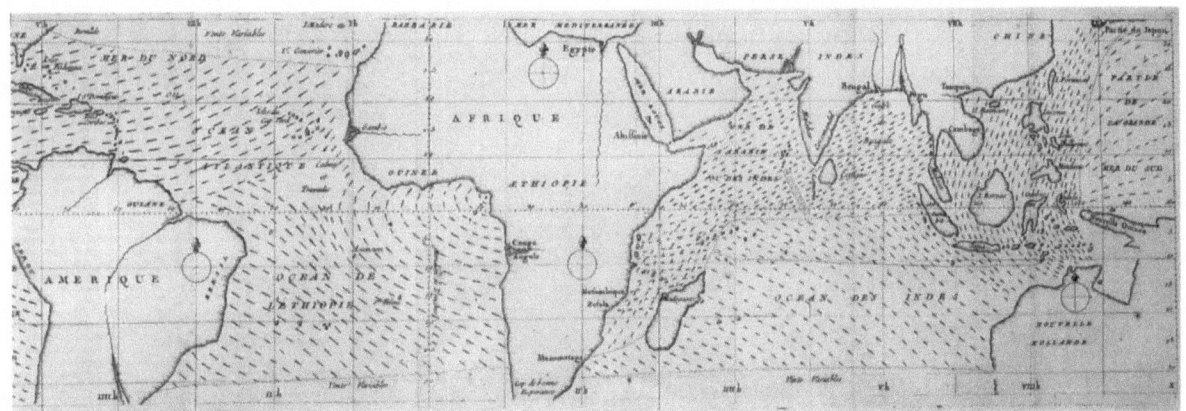

Clairaut, Alexis Claude
(1713-1765)

1754

Titel: Tables de la lune

Zusatz: Calculées suivant la théorie de la gravitation universelle.

Verfasserangabe: Par M. Clairaut, de l'Académie Royale des Sciences, de la Société Royale de Londres, de celles d'Edimbourg & d'Upsal, de l'Académie de Berlin & de celle de l'Institut de Bologne.

Erscheinungsort: Paris

Verlag: Durand; Pissot

Sprache: Französisch

Umfang: [2] Bl., 16 S., 102 S., [1] gef. Bl.

Format: Oktav (20x12cm)

Bibliogr. Nachweis: J. Lalande, Bibliographie astronomique, Paris 1803, p. 453

Signatur: Hw 561, Hw 751

Abbildung: Titelseite

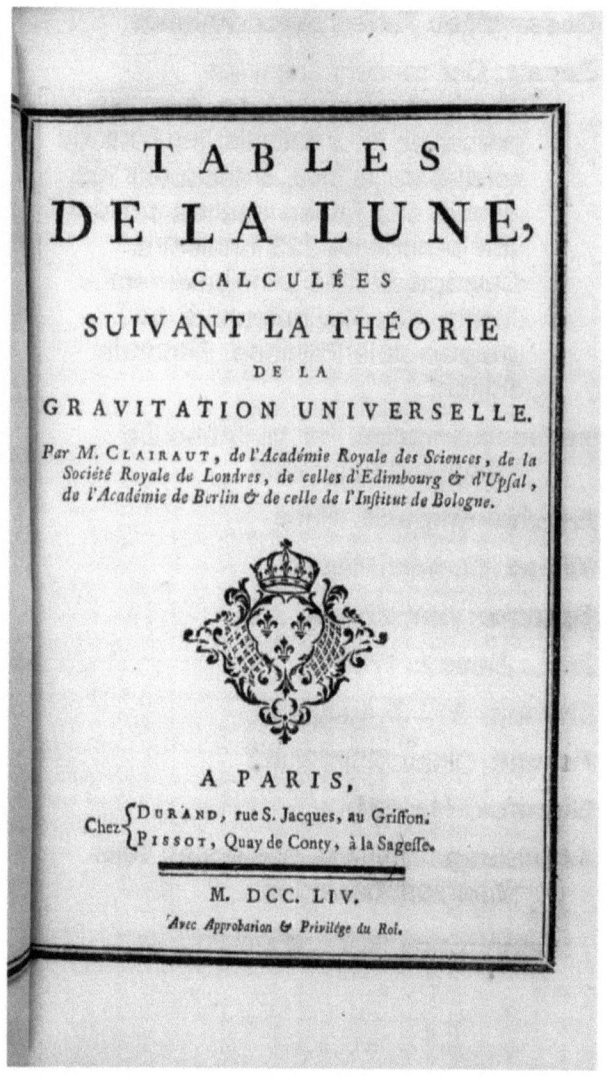

Delagrive, Jean
(1687-1757)

1754

Titel: Manuel de trigonometrie pratique

Verfasserangabe: Par M. l'Abbé Delagrive, de la Société Royale de Londres, & Géographe de la Ville de Paris.

Erscheinungsort: Paris

Verlag: Guerin, H. L.; Delatour, L. F.

Sprache: Französisch

Umfang: [1] Bl., 132 S., [1] Bl., 91 S., [1] Bl., 6 gef. Bl.

Format: Oktav (19x13cm)

Bibliogr. Nachweis: J.C. Poggendorf, Biographisch-literarisches Handwörterbuch zur Geschichte der exacten Wissenschaften, 1. Bd., Leipzig 1863, Sp. 1346

Signatur: Hw 472

Abbildung: Titelseite

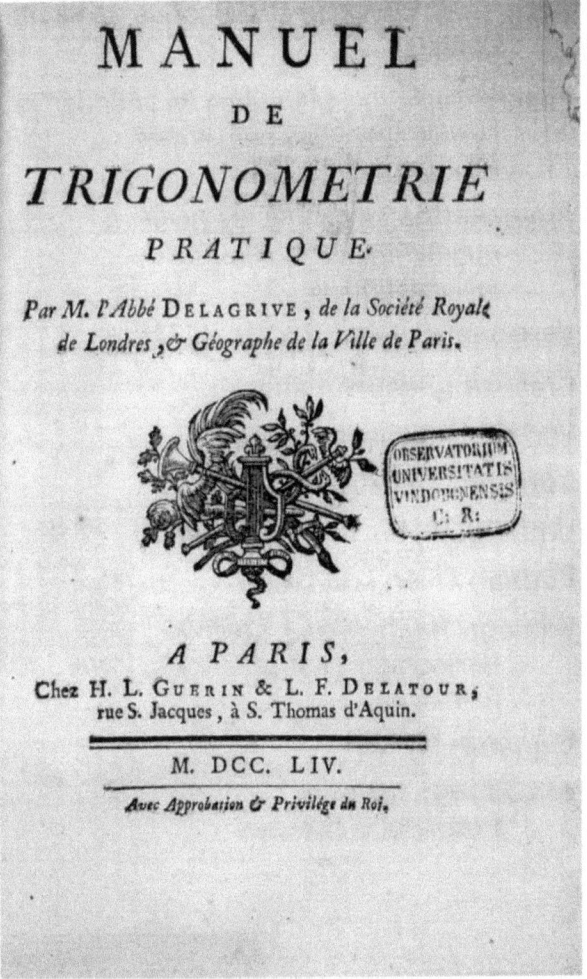

Mairan, Jean Jacques de [13]
1754
(1678-1771)

Titel: Traité physique et historique de l'aurore boréale

Zusatz: Suite des Mémoires de l'Académie Royale des Sciences, année MDCCXXXI

Ausgabe: Seconde édition, revûe, & augmentée de plusieurs éclairissemens.

Verfasserangabe: Par Mr. de Mairan

Erscheinungsort: Paris

Verlag: Imprimerie Royale

Sprache: Französisch

Umfang: [6] Bl., 570 S., 17 gef. Bl., 22 S.

Format: Quart (26x19cm)

Bibliogr. Nachweis: J. Lalande, Bibliographie astronomique, Paris 1803, p. 454f

Signatur: Hw 201

Abbildung: Titelseite
Polarlicht in Giessen

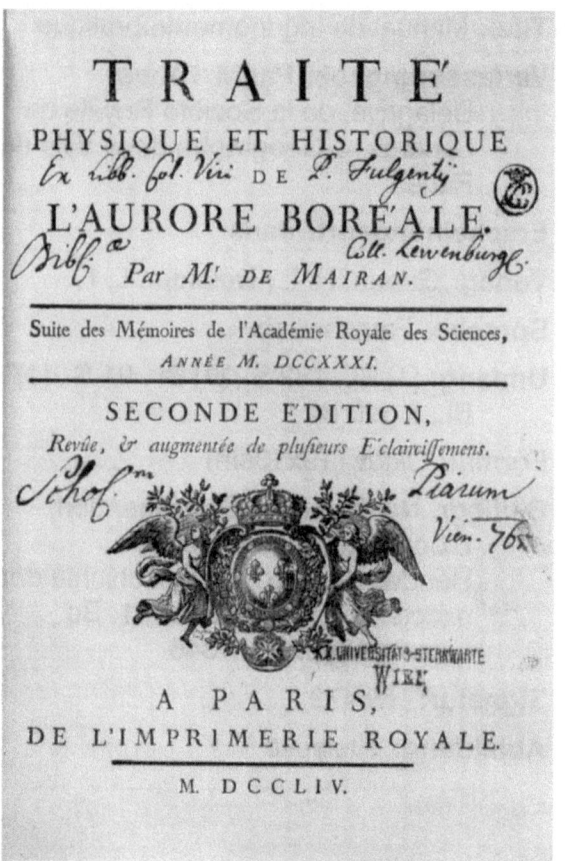

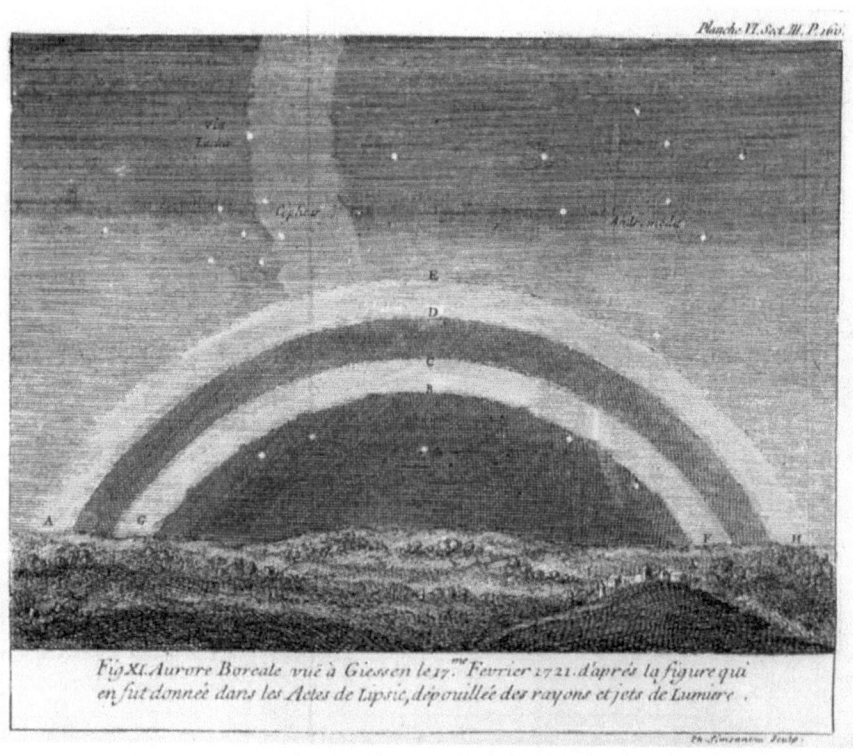

Euler, Leonhard
(1707-1783)

1755

Titel: Institutiones calculi differentialis

Zusatz: Cum eius usu in analysi finitorum ac doctrina serierum

Verfasserangabe: Auctore Leonhardo Eulero, Acad. Reg. Scient. et Eleg. Litt. Boruss. Directore Prof. Honor. Acad. Imp. Scient. Petrop. et Academiarum Regiarum Parisinae et Londinensis Socio.

Erscheinungsort: Petersburg

Verlag: Im Verlag der Akademie der Wissenschaften

Sprache: Latein

Umfang: 24 S., 880 S.

Format: Quart (24x19cm)

Bibliogr. Nachweis: J.C. Poggendorf, Biographisch-literarisches Handwörterbuch zur Geschichte der exacten Wissenschaften, 1. Bd., Leipzig 1863, Sp. 689f

Signatur: Hw 67

Abbildung: Titelseite

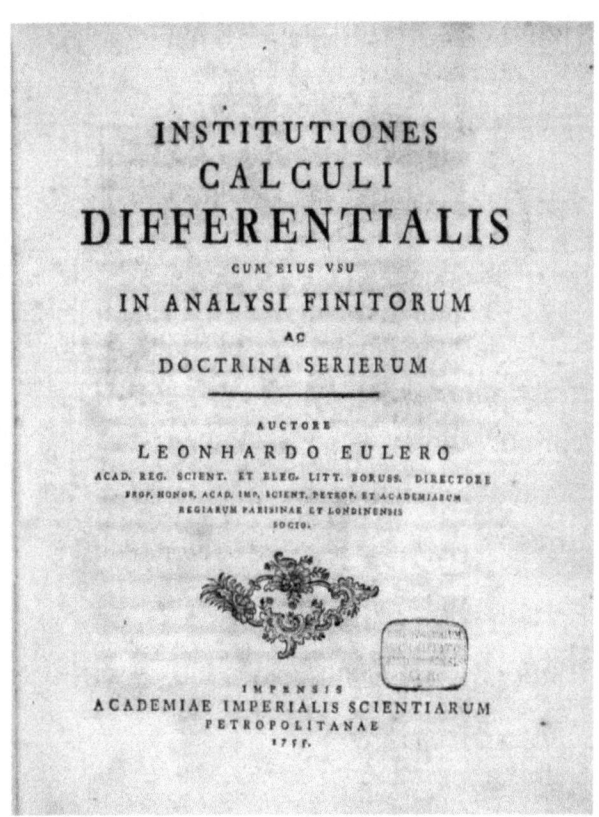

La Caille, Nicolas Louis de
(1713-1762)

1755

Titel: Leçons élémentaires d'Astronomie géométrique et physique

Ausgabe: Nouvelle édition, revûe, corrigée & augmentée

Verfasserangabe: Par M. l'Abbé de La Caille, de l'Académie Royale des Sciences, de celle de Prusse, & de l'Institut de Bologne; Professeur de Mathématiques au Collège Mazarin.

Erscheinungsort: Paris

Verlag: Guerin, H. L.; Delatour, L. F.

Sprache: Französisch

Umfang: 6 S., [1] Bl., S. 33 - S. 375, [8] gef. Bl.

Format: Oktav (19,5x12,5cm)

Bibliogr. Nachweis: J. Lalande, Bibliographie astronomique, Paris 1803, p. 457

Signatur: Am II 54

Abbildung: Titelseite
Saturn

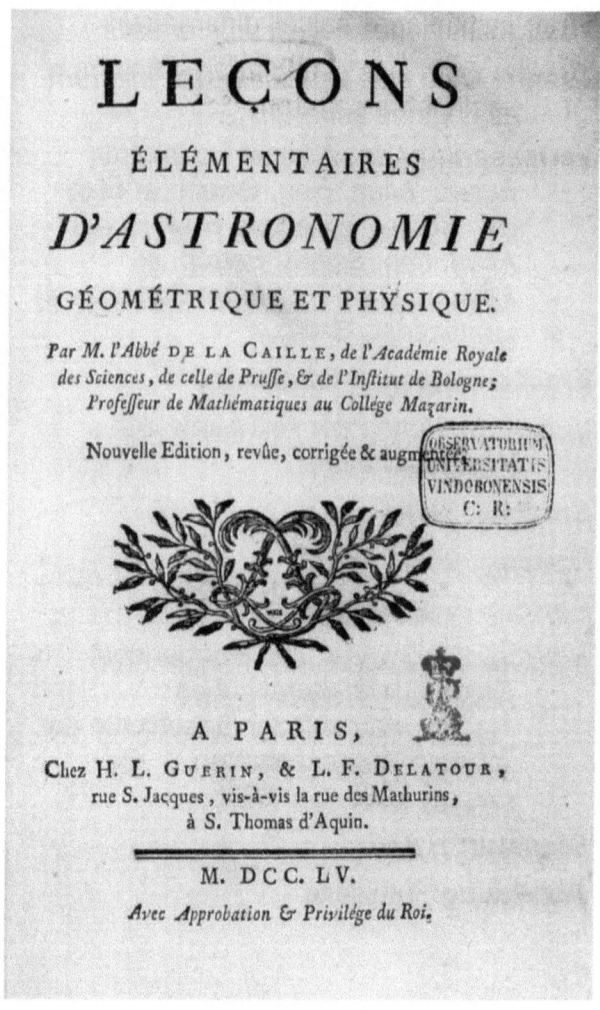

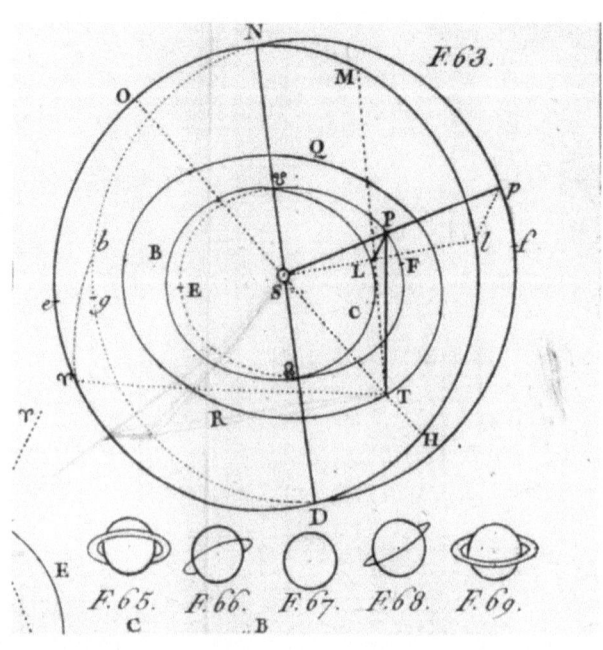

Stengel, Johann Peterson [14] 1755

Titel: <Joh. Peterson Stengels> Ausführliche Beschreibung der Sonnen-Uhren

Zusatz: Worinnen allerhand Arten derselben in hierzu dienlichen Figuren vorgestellet werden, wie solche auf allerley flachen Ebenen sowohl unter der sphæra recta als obliqua, geometrisch aufzureissen. Samt einem Anhang von Reflex- auch allerhand beweglichen Universal- und Particular-Sonnen-Uhren. Mit 233 von Kupfer gestochenen Figuren versehen, und mit neuen Observationibus vermehret von einem Liebhaber dieser Kunst.

Erscheinungsort: Ulm

Verlag: Bartholomäus, Daniel & Sohn

Sprache: Deutsch

Umfang: [2] Bl., 338 S., [115] Bl.

Format: Oktav (17,5x10cm)

Bibliogr. Nachweis: E. Zinner, Deutsche und niederländische astronomische Instrumente des 11. - 18. Jahrhunderts, München 1956, S. 541

Signatur: Hw 492

Abbildung: Titelseite
Konstruktion von Sonnenuhren

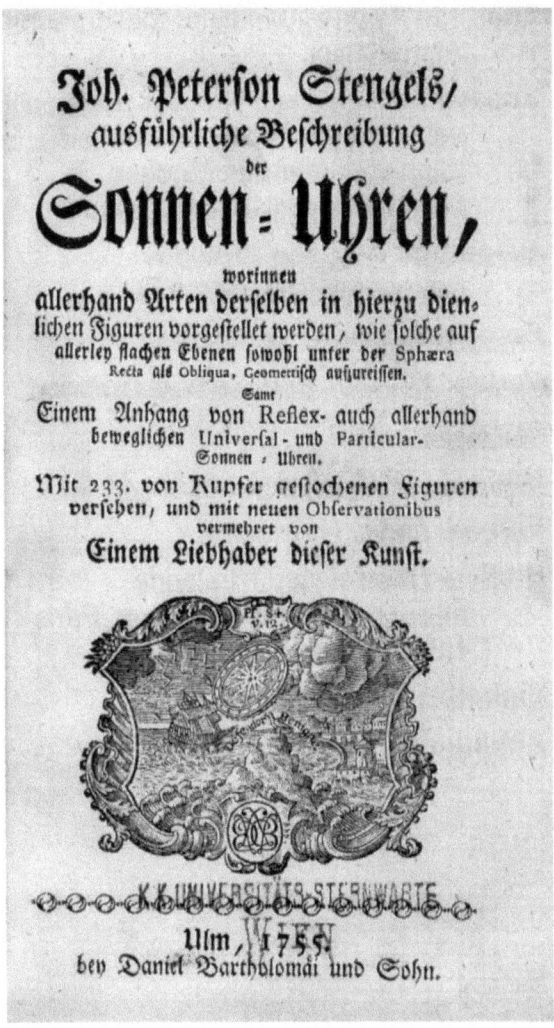

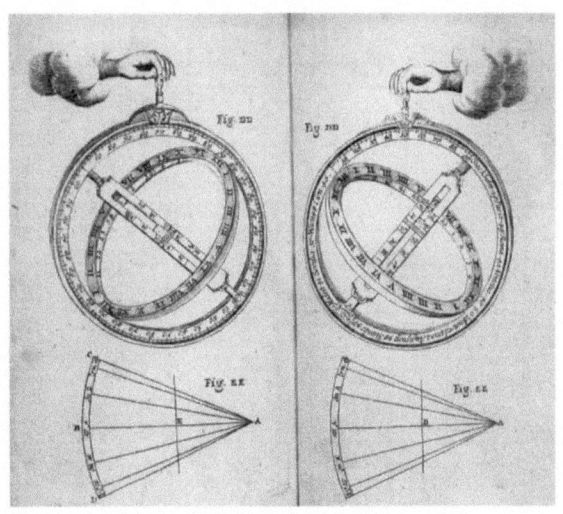

Weidler, Johann Friedrich
(1692-1755)

Titel: <Io. Friderici Weidleri> Bibliographia Astronomica

Zusatz: Temporis, quo libri, vel compositi, vel editi sunt, ordine servato, ad supplendam et illustrandam Astronomiae Historiam, digesta

Beigefügt: Accedunt Historiae Astronomiae supplementa

Erscheinungsort: Wittenberg

Verlag: Zimmermann, Samuel Gottfried

Sprache: Latein

Umfang: [4] Bl., 126 S., [5] Bl.; 44 S.

Format: Oktav (17x10cm)

Bibliogr. Nachweis: J. Lalande, Bibliographie Astronomique, Paris 1803, p. 458

Signatur: Hw 497

Abbildung: Titelseite

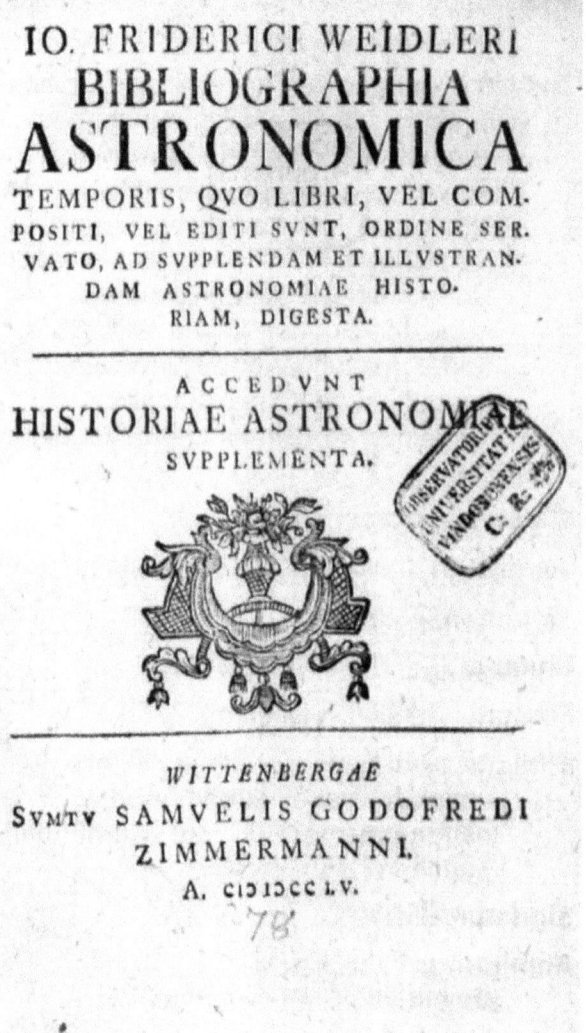

Bang, Oluf 1756

Titel: Lebensbeschreibung des berühmten und gelehrten Dänischen Sternsehers Tycho v. Brahes

2. Autor: Weistritz, Philander von der [Pseud.] [Übersetzer]

Erscheinungsort: Kopenhagen; Leipzig

Verlag: Pelt, Friederich Christian

Sprache: Deutsch

Bde.: Bände 1 - 2: Erster - Zweiter Theil

Umfang: 669 S. (gesamt)

Format: Oktav (17,5x10cm)

Bibliogr. Nachweis: J. Lalande, Bibliographie astronomique, Paris 1803, p. 459

Signatur: Ha II 121

Abbildung: Titelseite des ersten Teils Tychonisches Weltbild

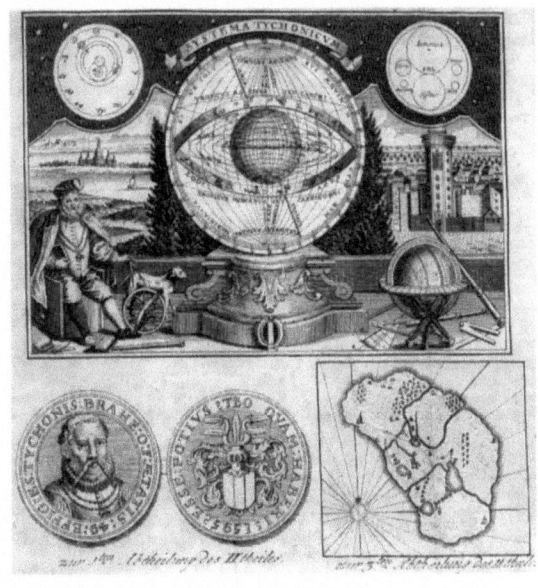

Bošković, Rudjer Josip [15]   1756

Titel: De inæqualitatibus

Zusatz: Quas Saturnus et Jupiter sibi mutuo videntur inducere præsertim circa tempus conjunctionis.

Verfasserangabe: Authore P. Rogerio Josepho Boscovich, Societatis Jesu.

Erscheinungsort: Rom

Verlag: Salomon

Sprache: Latein

Umfang: 24 S., 187 S., 4 gef. Bl.

Format: Oktav (21x13,5cm)

Bibliogr. Nachweis: J. Lalande, Bibliographie astronomique, Paris 1803, p. 459

Signatur: Hw 542

Abbildung: Titelseite

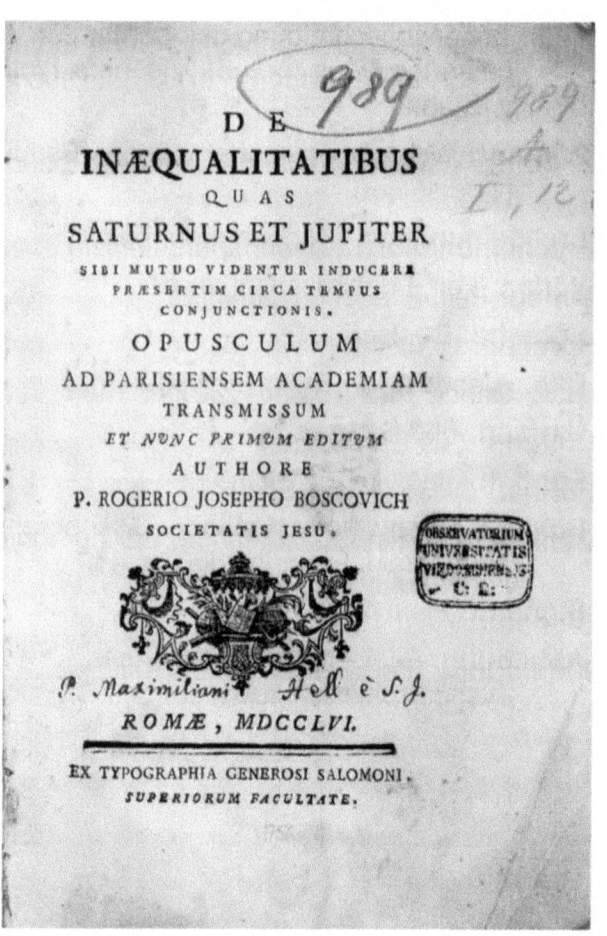

Ferguson, James
(1710-1776)

1756

Titel: Astronomy explained upon Sir Isaac Newton's principles

Zusatz: and made easy to those who have not studied mathematics.

Verfasserangabe: By James Ferguson

Erscheinungsort: London

Verlag: Printed for, and sold by the author

Sprache: Englisch

Umfang: [1] gef. Bl., [4] Bl., 267 S., [12] gef. Bl., [4] gef. Bl.

Format: Oktav (26x20,5cm)

Bibliogr. Nachweis: J. Lalande, Bibliographie astronomique, Paris 1803, p. 460

Signatur: Hw 520

Abbildung: Titelseite
Entstehung von Sonnen- und Mondfinsternissen

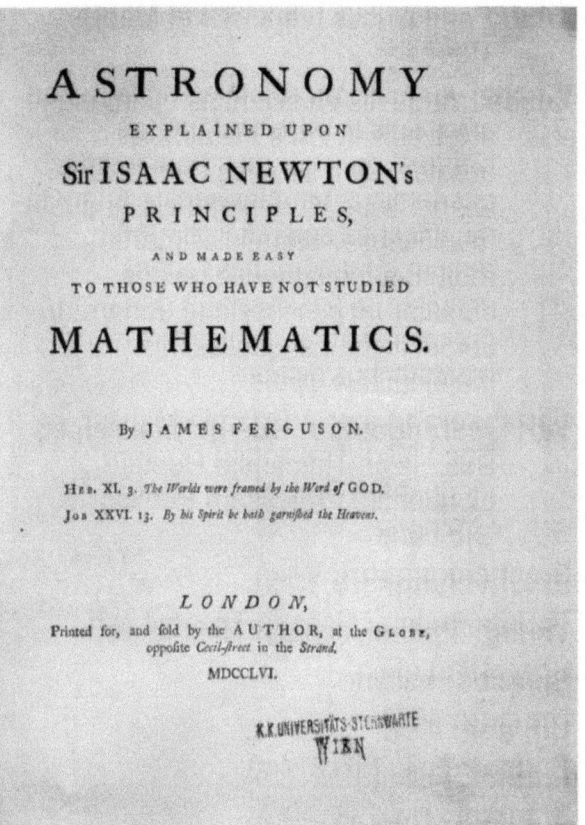

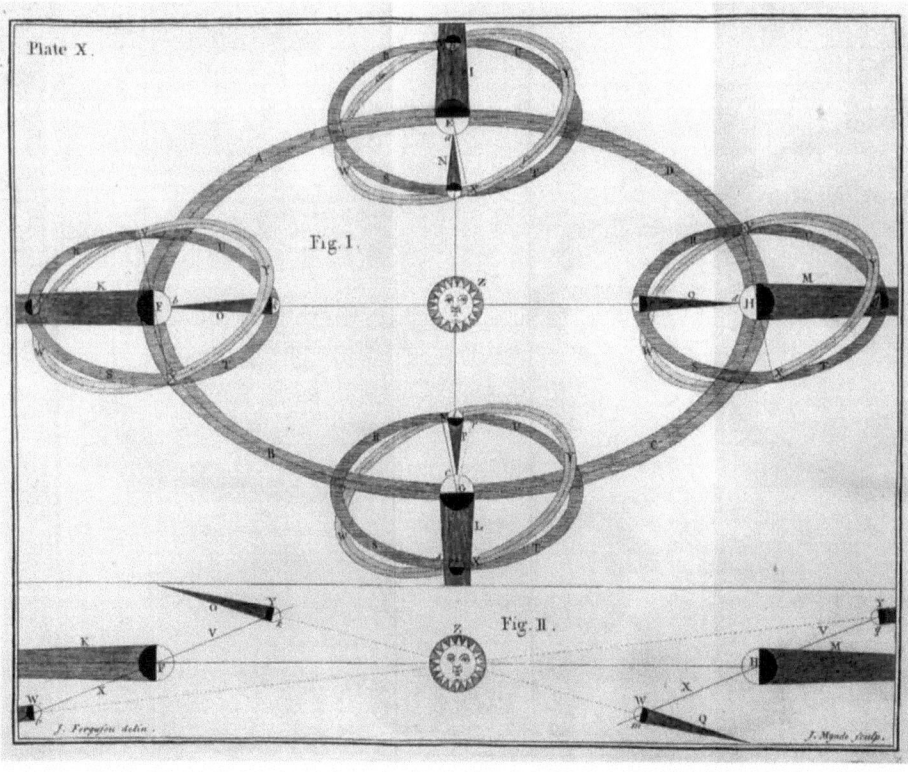

Maister, Georg 1756

Titel: Panegyricus Francisco et Mariæ Theresiæ

Zusatz: Augustis ob scientias optimasque artes suis in terris instauratas, ornatas, dum senatus populusque academicus Vindobonensis Augusta munificentia splendidissimarum ædium e fundamentis recens conditarum possessione donaretur, coram iisdem augustissimis majestatibus dictus

Verfasserangabe: A Georgio Maister, e Soc. Jesu, Theologiæ Doctore, eloquentiæ Professore Publico Ordinario

Erscheinungsort: Wien

Verlag: Trattner, Johann Thomas von

Sprache: Latein

Umfang: 47 S.

Format: Folio (37x27cm)

Signatur: Hw 193

Abbildung: Titelseite

Rau, Johann Jacob
(1715-1782)

1756

Titel: Kurze Einleitung zur Erkenntniß und Gebrauch der Himmels- und Erd-Kugeln

Zusatz: den Anfängern in Erlernung der Astronomie und Geographie zum Besten

Verfasserangabe: abgefaßt von Johann Jacob Rau, Pfarrern zu Ettlenschieß Ulmis. Herrschafft.

Erscheinungsort: Ulm

Verlag: Bartholomäus, Daniel & Sohn

Sprache: Deutsch

Umfang: [8] Bl., 188 S., [9] Bl.

Format: Oktav (17x10cm)

Bibliogr. Nachweis: J.C. Poggendorf, Biographisch-literarisches Handwörterbuch zur Geschichte der exacten Wissenschaften, 2. Bd., Leipzig 1863, Sp. 573f

Signatur: Hw 496

Abbildung: Titelseite

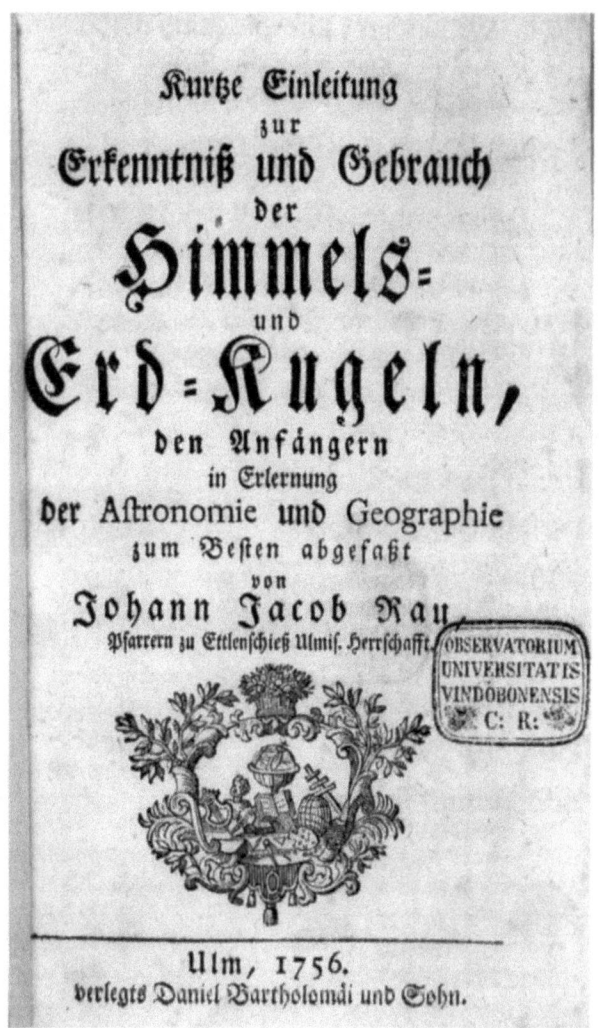

Denicke, C. L. — 1757

Titel: Vollständiges Lehrgebäude der ganzen Optik oder der Sehe-, Spiegel- und Strahlbrech-Kunst

Zusatz: Darinn die Gründe derselben theoretisch und praktisch vorgetragen, die Verfestigung der Maschinen und Instrumente, die zur Bereitung aller Arten von Spiegeln und optischen Gläsern deutlich gelehret, auch der Gebrauch derselben bey den Experimenten gezeiget wird

Erscheinungsort: Altona

Verlag: Iversen, David

Sprache: Deutsch

Umfang: [12] Bl., 772 S., [2] gef. Bl., [78] gef. Bl.

Format: Oktav (21x16cm)

Signatur: Hw 452

Abbildung: Titelseite
Diverse Strahlengänge

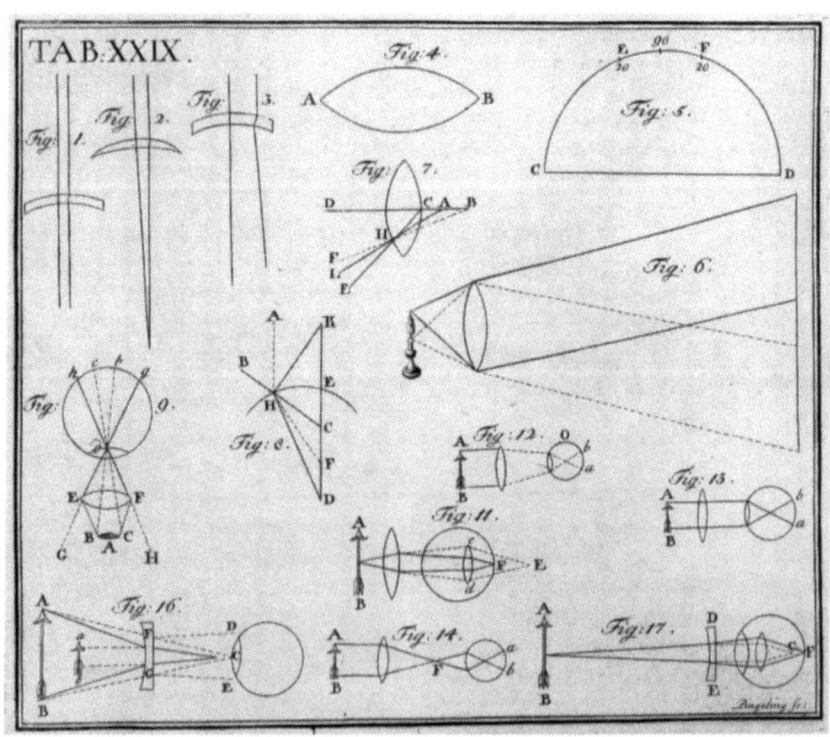

Jaucourt, Louis de
(1704-1780)

1757

Titel: Geschichte des Herrn von Leibniz und Verzeichnis seiner Werke

Zusatz: [...] nebst einigen Anmerkungen

Verfasserangabe: aus dem Französischen des Ritters von Jacourt

Erscheinungsort: Leipzig

Verlag: Heins, Johann Samuel (Erben)

Sprache: Deutsch

Umfang: [4] Bl., 232 S.

Format: Oktav (17x10cm)

Signatur: Hw 495

Abbildung: Titelseite

La Caille, Nicolas Louis de
(1713-1762)

1757

Titel: Astronomiæ fundamenta novissimis Solis et stellarum observationibus stabilita lutetiæ in collegio mazarinæo et in Africa ad Caput Bonæ Spei peractis

Verfasserangabe: A Nicolao-Ludovico de La Caille, in almâ Studiorum Universitate Parisiensi Matheseon Professore, Regiæ Scientiarum Academiæ Astronomo, & earum quæ Petropoli, Berolini, Holmiæ & Bononiæ florent, Academiarum Socio.

Erscheinungsort: Paris

Verlag: Collombat, Stephan

Sprache: Latein

Umfang: [4] Bl., 243 S.

Format: Quart (25,5x19cm)

Bibliogr. Nachweis: J. Lalande, Bibliographie astronomique, Paris 1803, p. 461

Signatur: Hw 407

Abbildung: Titelseite

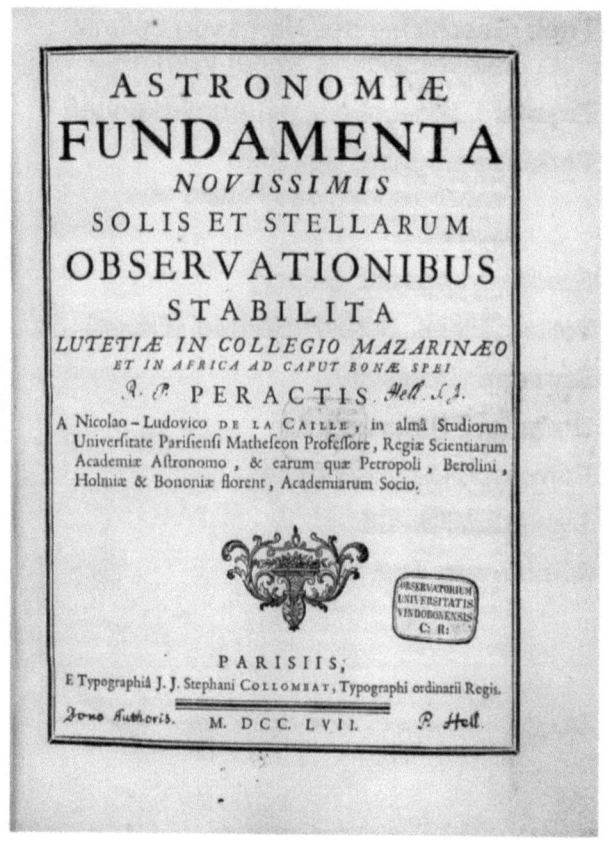

Bošković, Rudjer Josip 1758

Titel: Philosophiæ naturalis theoria redacta ad unicam legem virium in natura existentium

Beigefügt: Epistola P. Rogerii Jos. Boscovich Societatis Jesu ad P. Carolum Scherffer ejusdem Societatis.

Verfasserangabe: Auctore P. Rogerio Josepho Boscovich, Societatis Jesu publico matheseos professore in Collegio Romano.

Erscheinungsort: Wien

Verlag: Kaliwoda

Sprache: Latein

Umfang: [14] Bl., 322 S., [2] Bl., 16 S., 4 gef. Bl.

Format: Quart (21,5x17cm)

Bibliogr. Nachweis: J. Lalande, Bibliographie Astronomique, Paris 1803, p. 464

Signatur: Hw 443

Abbildung: Titelseite
Funktionsgraphen

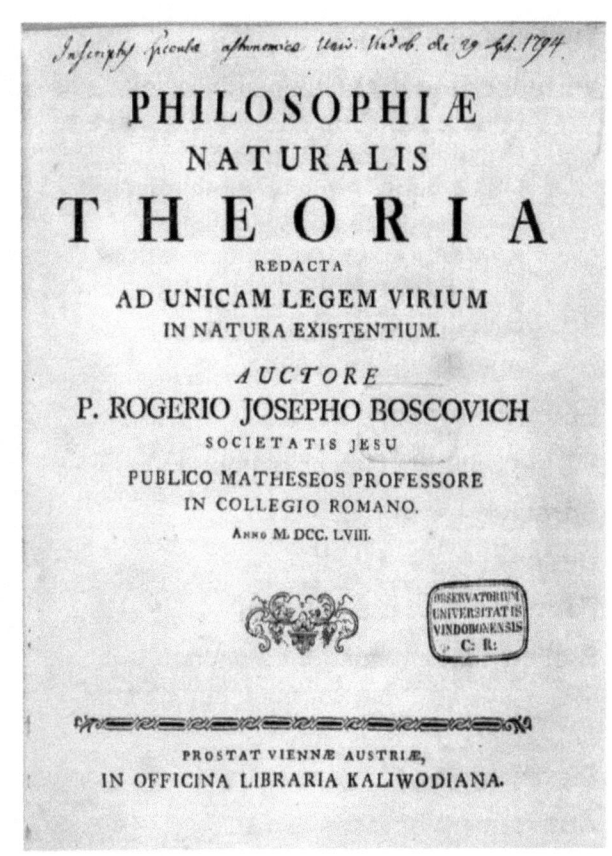

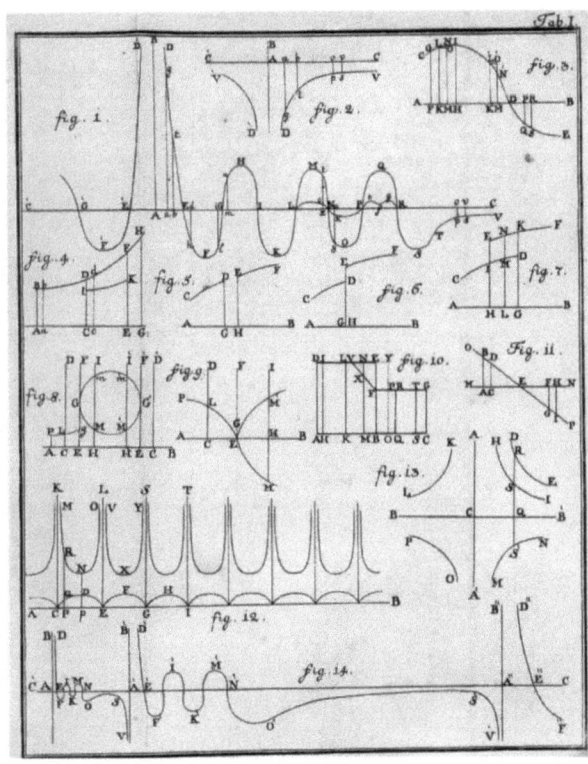

La Caille, Nicolas Louis de
(1713-1762)

Titel: Tabulæ Solares

Verfasserangabe: Quas è novissimis suis observationibus deduxit N. L. de La Caille, in almâ Studiorum Universitate Parisiensi Matheseon Professor, Regiæ Scientiarum Academiæ Astronomus, & earum quæ Petropoli, Berolini, Holmiæ, Bononiæ & Gottingæ florent, Academiarum Socio.

Erscheinungsort: Paris

Verlag: Guerin, H. L.; Delatour, L. F.

Sprache: Latein

Umfang: 27 S., [1] Bl.

Format: Quart (25,5x19cm)

Bibliogr. Nachweis: J. Lalande, Bibliographie astronomique, Paris 1803, p. 465

Signatur: Hw 407

Abbildung: Titelseite

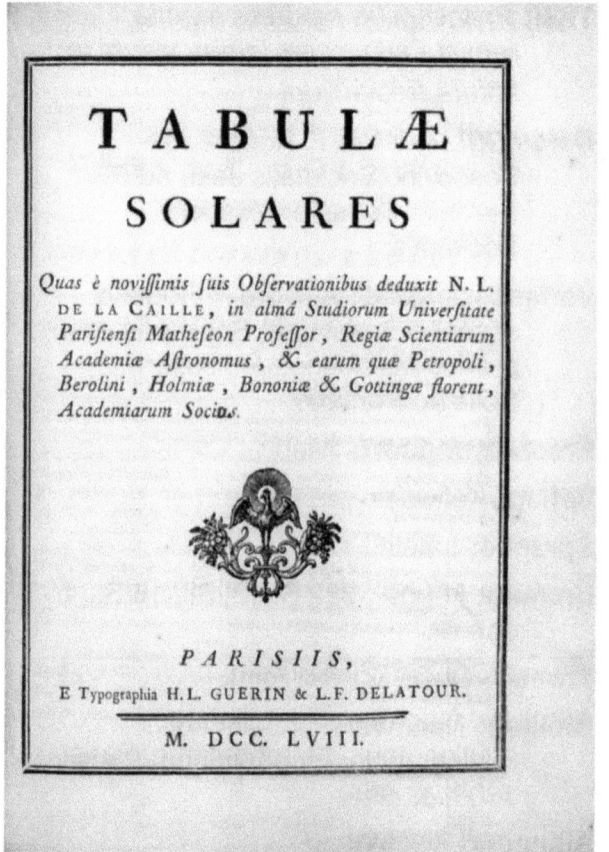

Bošković, Rudjer Josip 1759

Titel: Philosophiæ naturalis theoria redacta ad unicam legem virium in natura existentium

Beigefügt: Epistola P. Rogerii Jos. Boscovich Societatis Jesu ad P. Carolum Scherffer ejusdem Societatis.

Verfasserangabe: Auctore P. Rogerio Josepho Boscovich, Societatis Jesu, publico matheseos professore in collegio romano.

Erscheinungsort: Wien

Verlag: Bernard, Augustin

Sprache: Latein

Umfang: [2] Bl., 16 S., [10] Bl., 322 S., [2] Bl., 4 gef. Bl.

Format: Quart (21,5x17cm)

Bibliogr. Nachweis: J.C. Poggendorf, Biographisch-literarisches Handwörterbuch zur Geschichte der exacten Wissenschaften, 1. Bd., Leipzig 1863, Sp. 246f

Signatur: Hw 443d

Abbildung: Titelseite

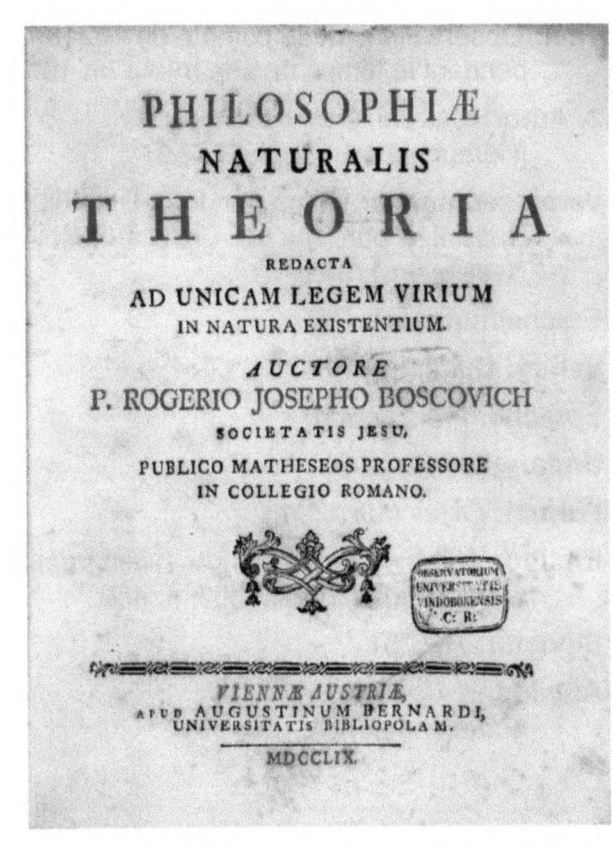

Cassini, Jean-Dominique
(1625-1712)

1759

Titel: Observations de la comète de 1531, pendant le temps de son retour en 1682

2. Autor: Cassini, César-François [Herausgeber]

Verfasserangabe: Faites par Jean-Dominique Cassini, & publiées par Cesar-François Cassini en 1759.

Erscheinungsort: Paris

Verlag: Durand

Sprache: Französisch

Umfang: 38 S., [1] Bl.

Format: Oktav (19x12cm)

Bibliogr. Nachweis: J. Lalande, Bibliographie astronomique, Paris 1803, p. 469

Signatur: Hw 751

Abbildung: Titelseite
Kometenbahn

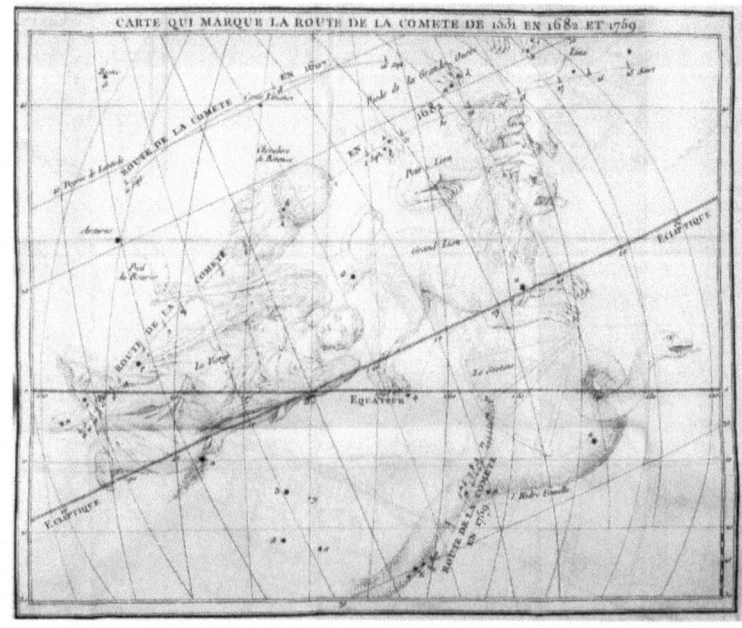

Clairaut, Alexis Claude
(1713-1765)

1760

Titel: Théorie du mouvement des comètes

Zusatz: Dans laquelle on a égard aux altérations que leurs orbites éprouvent par l'action des planètes. Avec l'application de cette théorie à la comète qui a été observée dans les années 1531, 1607, 1682 & 1759.

Verfasserangabe: Par M. Clairaut, des Acamdémies de Sciences de France, d'Angleterre, de Prusse, de Russie, de Bologne & d'Upsal.

Erscheinungsort: Paris

Verlag: Lambert, Michel

Sprache: Französisch

Umfang: [1] Bl., 14 S., 247 S., [2] gef. Bl.

Format: Oktav (19x12cm)

Bibliogr. Nachweis: J. Lalande, Bibliographie astronomique, Paris 1803, p. 470

Signatur: Hw 751

Abbildung: Titelseite

Kästner, Abraham Gotthelf
(1719-1800)

1760

Gesamttitel: Die mathematischen Anfangsgründe

Verfasserangabe: Abgefaßt von Abraham Gotthelf Kästner [...]

Erscheinungsort: Göttingen

Verlag: Vandenhoeck (Witwe)

Sprache: Deutsch

Bde.: Band 1: Anfangsgründe der Arithmetik, Geometrie, ebenen und sphärischen Trigonometrie und Perspectiv, 1764
Band 2: Anfangsgründe der angewandten Mathematik, 1765
Band 3: Anfangsgründe der Analysis endlicher Größen, 1760
Band 4: Anfangsgründe der Analysis des Unendlichen, 1761
Band 5: Anfangsgründe der höhern Mechanik, welche von der Bewegung fester Körper besonders die praktischen Lehren enthalten, 1766

Umfang: 2745 S. (gesamt)

Format: Oktav (17x10cm)

Signatur: Hw 509

Abbildung: Titelseite des ersten Teils

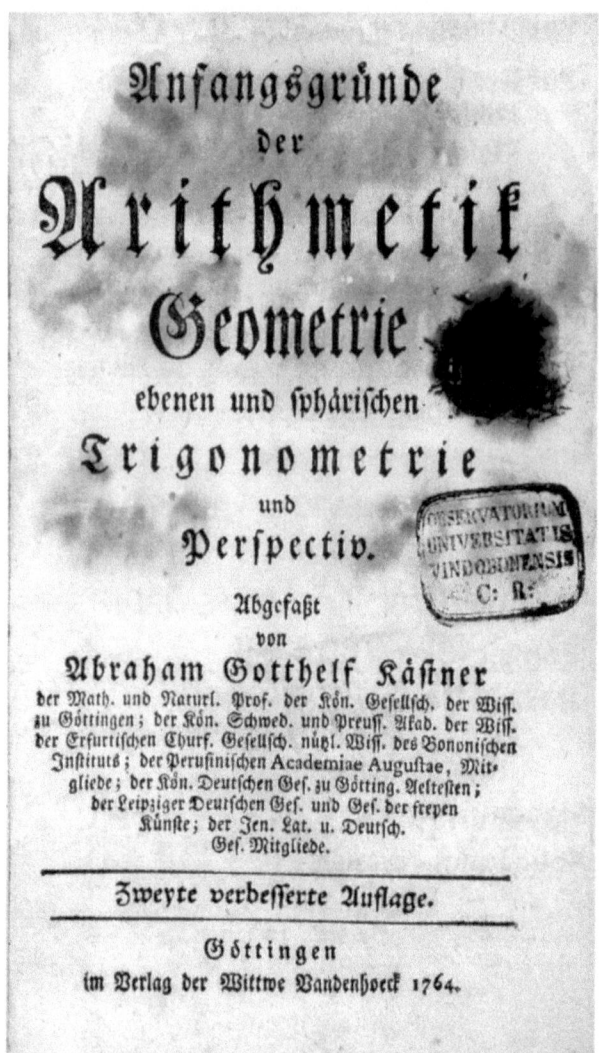

La Caille, Nicolas Louis de
(1713-1762)

1760

Titel: Tables de logarithmes

Zusatz: Pour le sinus & tangentes de toutes les minutes du quart de cercle, & pour tous les nombres naturels depuis 1 jusqu'à 10800. Avec une exposition abrégée de l'usage de ces tables.

2. Autor: [Lalande, Joseph Jérôme Le Français de]

Erscheinungsort: Paris

Verlag: Guerin, H. L.; Delatour, L. F.

Sprache: Französisch

Umfang: [120] Bl.

Format: Oktav (14x9cm)

Bibliogr. Nachweis: J.C. Poggendorf, Biographisch-literarisches Handwörterbuch zur Geschichte der exacten Wissenschaften, 1. Bd., Leipzig 1863, Sp. 1337f

Signatur: Hw 765

Abbildung: Titelseite

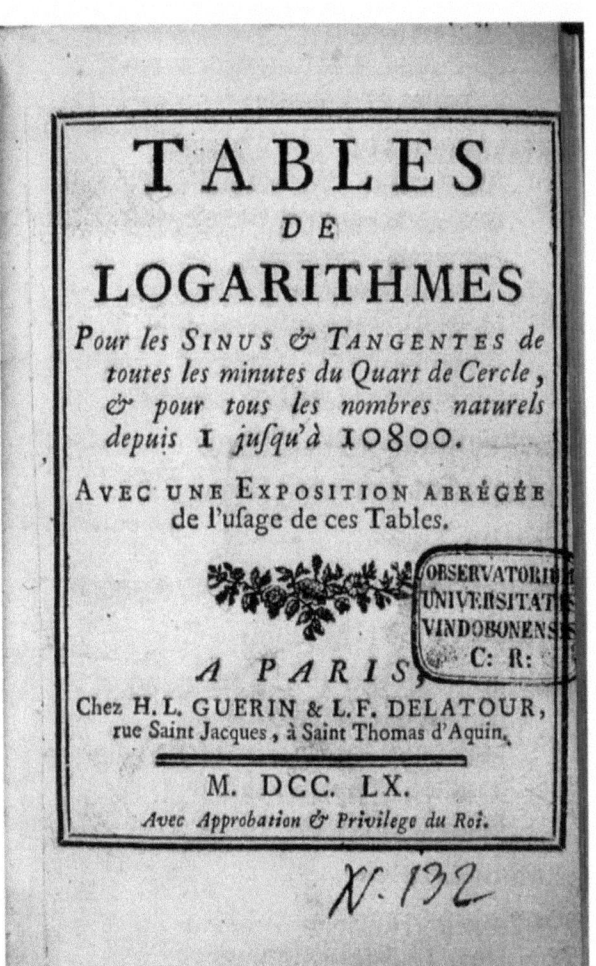

Lambert, Johann Heinrich
(1728-1777)

1760

Titel: <I. H. Lambert [...]> Photometria sive de mensura et gradibus luminis, colorum et umbrae

Verfasserangabe: I. H. Lambert Academiae Scientiarum electoralis Boicae Membri et Professoris Honorarii, Societatis Physico-Medicae Basileensis Membri, Regiae Societati Scientiarum Goettingensi Commercio Literario adiuncti

Erscheinungsort: Augsburg

Verlag: Klett, Eberhard (Witwe)

Sprache: Latein

Umfang: [8] Bl., 547 S., [6] Bl., 8 gef. Bl.

Format: Oktav (18x11cm)

Bibliogr. Nachweis: J.C. Poggendorf, Biographisch-literarisches Handwörterbuch zur Geschichte der exacten Wissenschaften, 1. Bd., Leipzig 1863, Sp. 1355f

Signatur: Hw 482

Abbildung: Titelseite
Diverse Strahlengänge

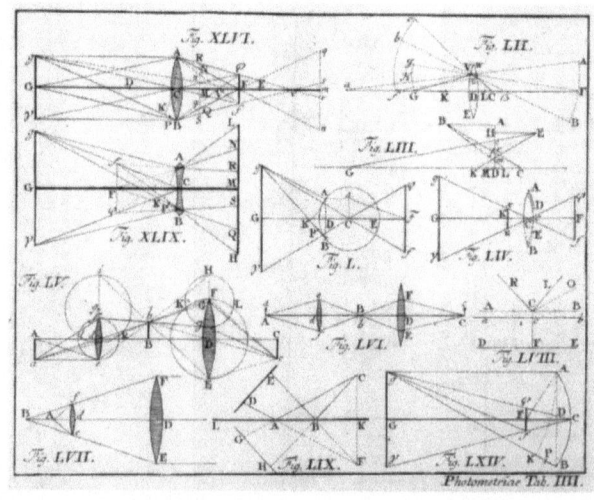

Zucconi, Ludovico
(1706-1783)

1760

Titel: De heliometri structura et usu: quibus accesserunt de semita, numero, & figura omnium ferme macularum, quæ apparuerunt in Solis disco a mense Aprili anni 1754 ad mensem Majum anni 1757. [...] De altera machinula parallatica ad heliometrum erigendum. Liber unus

Begleitmaterial: Lunæ et solis defectus. Astronomicis diebus 17. ac 31. mensis martii currentis anni 1674 [1764]. Observati in Agro Patavino & Venetiis a P. L. [Ludovico] Z. [Zucconi]

Verfasserangabe: A P. L. [Ludovico] Z. [Zucconi]

Erscheinungsort: Venedig

Verlag: Lovisa, Domenico

Sprache: Latein

Umfang: 51 S., [1] Bl., 12 S., 22 Bl., [3] Bl.

Format: Quart (26,5x20cm)

Bibliogr. Nachweis: J. Lalande, Bibliographie astronomique, Paris 1803, p. 470

Signatur: Hw 522

Abbildung: Titelseite
Merkurtransit
Sonnenflecken

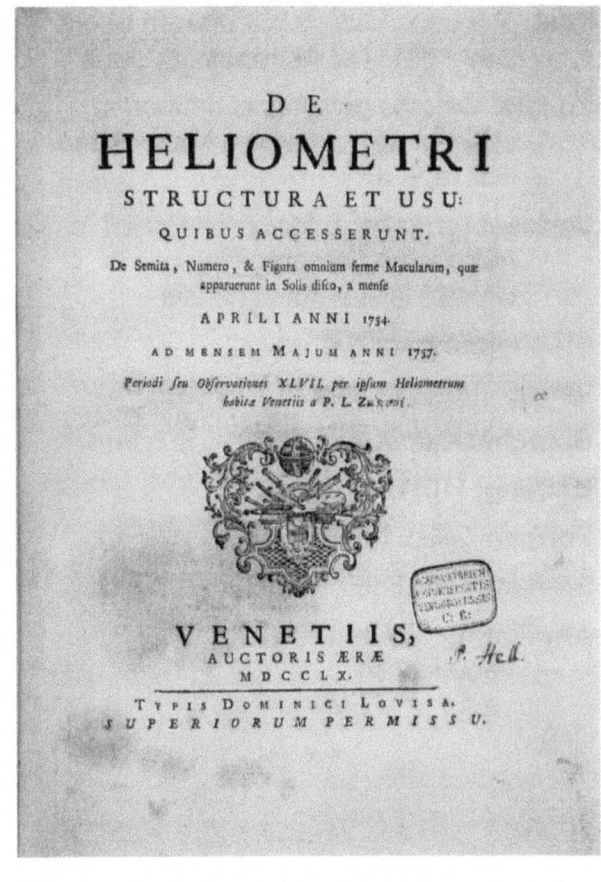

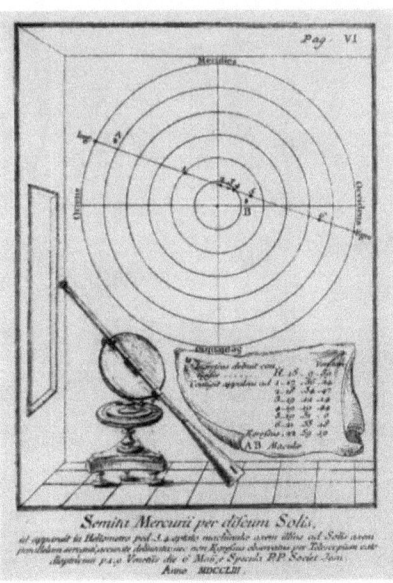

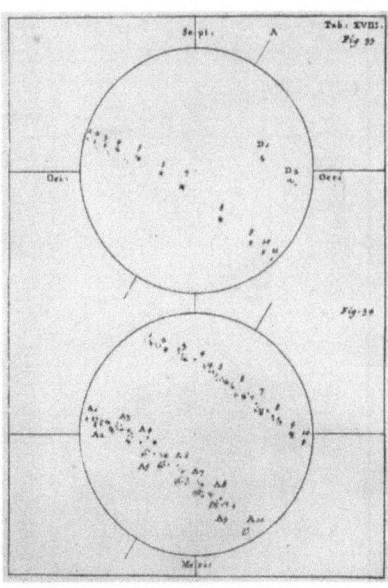

Hell, Maximilian
(1720-1792)

1761

Titel: Transitus Veneris per discum Ssolis anni 1761. Die Astronom. 5. Junii

Zusatz: Calculis definitus et methodis observandi illustratus a Maximiliano Hell, è S. J.

Verfasserangabe: a Maximiliano Hell, è S. J. Astronomo Cæsareo-Regio Universitatis Vindobonensis.

Erscheinungsort: Wien

Verlag: Trattner, Johann Thomas von

Sprache: Latein

Umfang: [10] Bl.

Format: Oktav (20x12cm)

Signatur: Hw 545

Abbildung: Titelseite
Venustransit

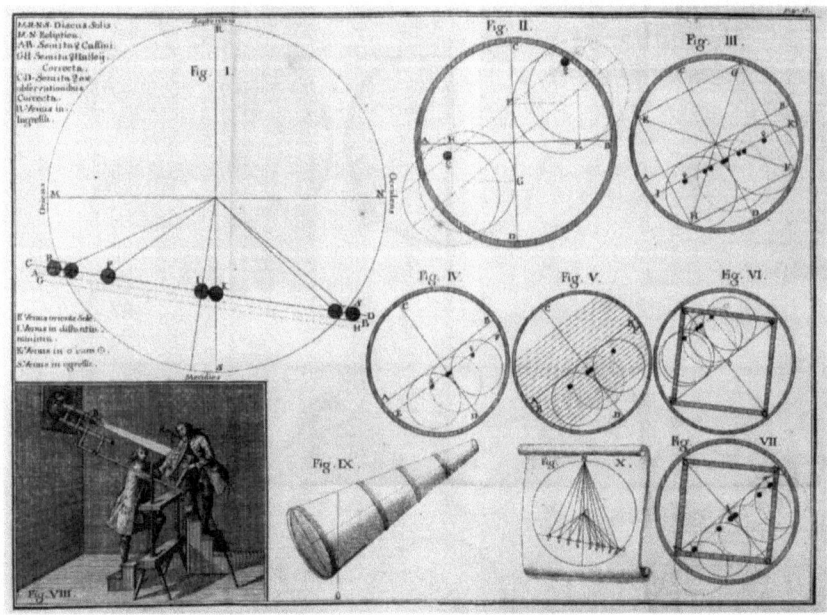

Lambert, Johann Heinrich
(1728-1777)

1761

Titel: <I. H. Lambert [...]> Insigniores orbitae cometarum proprietates

Verfasserangabe: I. H. Lambert Academiae Scientiarum electoralis Boicae Membri et Professoris Honorarii, Societatis Physico-Medicae Basileensis Membri, Regiae Societati Scientiarum Goettingensi Commercio Literario adiuncti

Erscheinungsort: Augsburg

Verlag: Klett, Eberhard (Witwe)

Sprache: Latein

Umfang: [4] Bl., 128 S., [2] Bl., 2 gef. Bl.

Format: Oktav (18x10,5cm)

Bibliogr. Nachweis: J. Lalande, Bibliographie astronomique, Paris 1803, p. 474

Signatur: Hw 436

Abbildung: Titelseite

Bouguer, Pierre
(1698-1758)

1762

Titel: <D. Bovgveri Academiae Scientiarum Regiae Parisinae &c. membri> Optice de diversis luminis gradibus dimetiendis opus posthumum in latinum conversum

2. Autor: Richtenburg, Joachim von

Verfasserangabe: A Ioachimo Richtenburg Societatis Iesu

Erscheinungsort: Wien

Verlag: Trattner, Johann Thomas von

Sprache: Latein

Umfang: [11] Bl., 195 S., [7] Bl., 7 gef. Bl.

Format: Quart (25x19cm)

Bibliogr. Nachweis: W. E. K. Middleton, "Bouguer, Pierre". In: C. C. Gillispie (Hg.), Dictionary of Scientific Biography 2, New York 1981, S. 343f. Der bibliographische Nachweis bezieht sich auf die französische Erstausgabe: Traité d'optique sur la gradation de la lumière (1760).

Signatur: Hw 177

Abbildung: Titelseite
Optische Experimente

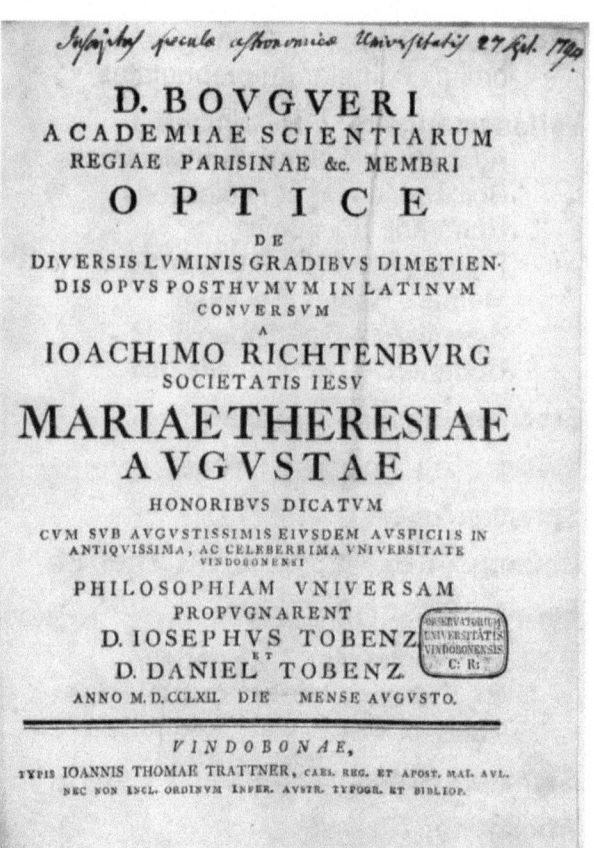

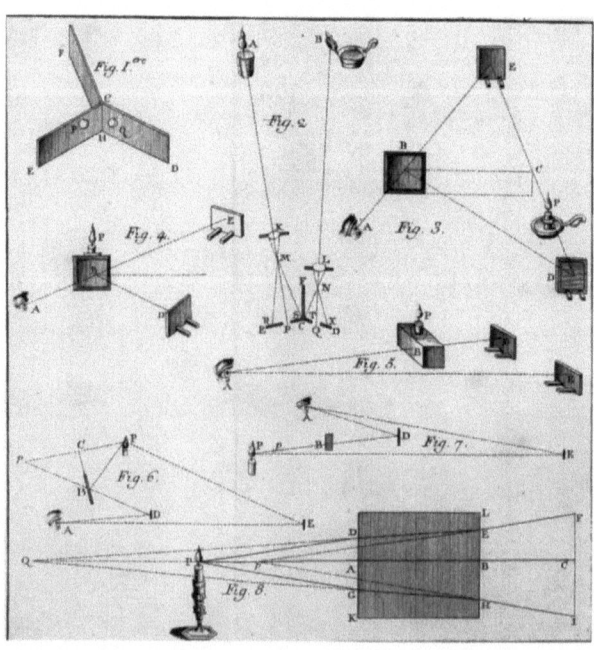

Hell, Maximilian [16]
(1720-1792)

1762

Titel: Anleitung zum Nutzlichen Gebrauch der künstlichen Stahl-Magneten

Verfasserangabe: vom P. Maximilian Hell S. J. Kaiserl. Königl. Astronom bey der Hohen Wiennerischen Universität

Erscheinungsort: Wien

Verlag: Ghelen

Sprache: Deutsch

Umfang: 50 S., [2] Bl.

Format: Oktav (17x11cm)

Bibliogr. Nachweis: J.C. Poggendorf, Biographisch-literarisches Handwörterbuch zur Geschichte der exacten Wissenschaften, 1. Bd., Leipzig 1863, Sp. 1055

Signatur: Hw 499

Abbildung: Titelseite
Stahlmagneten

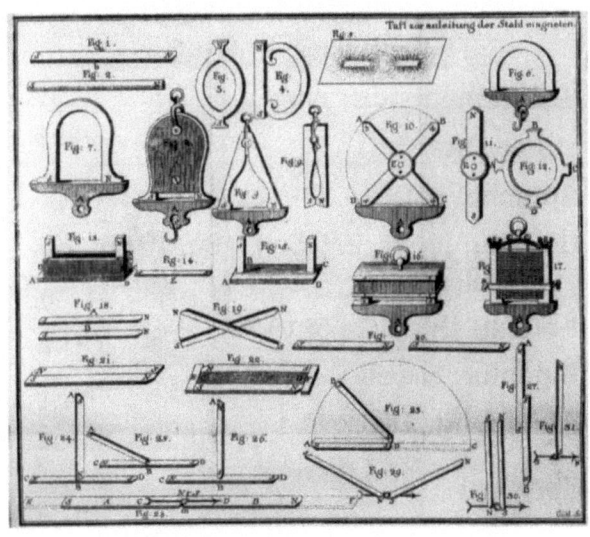

Hermannus, Iacobus — 1762

Titel: Dissertationum physico-mechanicarum ex commentariis Academiae Imperialis Petropolitanae excerptarum

Enthält: Hermannus, Iacobus: De mensura virium corporum, Theoria generalis motuum, Nova ratio deducendi regulam, iam passim traditam, pro centro oscillationis penduli cuiusque compositi; Bilfinger, Georg Bernhard: De viribus corpori moto insitis, & illarum mensura, demonstrationes mechanicae; Bernoulli, Nicolaus: De motu corporum ex percussione; Bernoulli, Daniele: Examen principiorum mechanicae, & demonstrationes geometricae de compositione & resolutione virium, Demonstrationes geometricae de centro virium, oscillationis & gravitatis; Wolffius, Christianus: Principia dynamica; Euler, Leonhard: De novo quodam curvarum tautochronarum genere; Bernoulli, Johann: Theoremata selecta de conservatione virium

Beigefügt: Positiones de motu solidorum & fluidorum, quas sub auspiciis Mariae Theresiae Augustae publico tentamini exponit illustrissimus Dominus Gerardus Marchio de Rangone mutinensis. In ducali Sabaudica nobilium Academia.

Erscheinungsort: Wien

Verlag: Kaliwoda

Sprache: Latein

Umfang: [6] Bl., 275 S., [1] Bl., 10 gef. Bl., [12] Bl.

Format: Quart (24,5x18cm)

Signatur: Hw 58

Abbildung: Titelseite

La Caille, Nicolas Louis de
(1713-1762)

1762

Titel: <Clarissimi viri D. de La Caille, Academiæ Regiæ Scientiarum Parisinæ, Suecicæ, Borussicæ, Russicæ, et Goettinganæ, nec non Instituti Bononiensis Membri, ac Professoris Matheseos in Collegio Mazariniano Parisiis> Lectiones elementares mathematicæ, seu elementa algebræ, et geometriæ in latinum traductæ, et ad editionem Parisinam anni MDCCLIX denuo exactæ

2. Autor: Scherffer, Karl [Übersetzer]

Verfasserangabe: a C. [Charles] S. [Scherffer] e S. [Societate] J. [Jesu]

Erscheinungsort: Wien; Prag; Triest

Verlag: Trattner, Johann Thomas von

Sprache: Latein

Umfang: [4] Bl., 219 S., 6 gef. Bl.

Format: Quart (25x19cm)

Bibliogr. Nachweis: O. Gingerich, "LaCaille, Nicolas-Louis de". In: C. C. Gillispie (Hg.), Dictionary of Scientific Biography 7, New York 1981, S. 542 - 545. Der bibliographische Nachweis bezieht sich auf die französische Erstausgabe: Leçons élémentaires de mathématique (1741).

Signatur: Hw 527

Abbildung: Titelseite

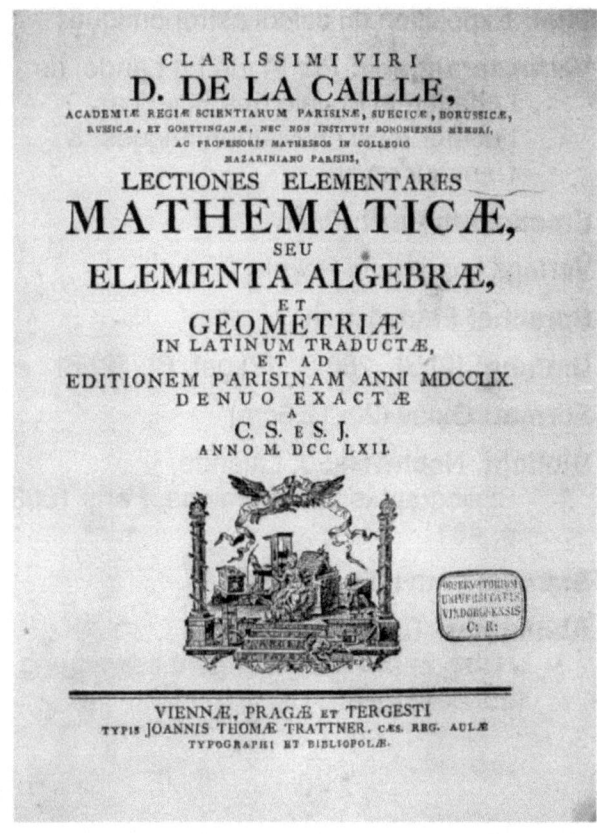

Lalande, Joseph Jérôme Le Français de   1762
(1732-1807)

Titel: Exposition du calcul astronomique

Verfasserangabe: Par M. de La Lande, de l'Académie Royale des Sciences, Lecteur royal en Mathématiques, & Censeur royal.

Erscheinungsort: Paris

Verlag: Imprimerie Royale

Sprache: Französisch

Umfang: [2] Bl., 280 S., [2] gef. Bl., [2] Bl.

Format: Oktav (20x12,5cm)

Bibliogr. Nachweis: J. Lalande, Bibliographie astronomique, Paris 1803, p. 481

Signatur: Am II 56

Abbildung: Titelseite
Hilfsgraphiken zur Längenbestimmung auf dem Meer

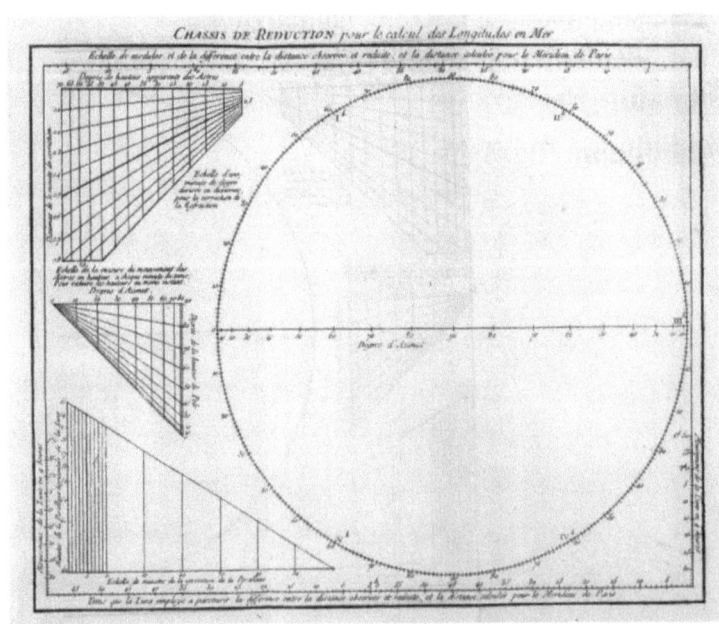

Melander, Daniele
(1726-1810)

1762

Titel: <Isaaci Newtoni Equ. Aur.> Tractatus de quadratura curvarum

Zusatz: In usum studiosæ juventutis mathematicæ explicationibus illustratus

2. Autor: Newton, Isaac

Verfasserangabe: A Daniele Melander. Astron. Profess. Upsal.

Erscheinungsort: Uppsala

Sprache: Latein

Umfang: 112 S., [1] gef. Bl.

Format: Quart (24x18cm)

Bibliogr. Nachweis: J.C. Poggendorf, Biographisch-literarisches Handwörterbuch zur Geschichte der exacten Wissenschaften, 2. Bd., Leipzig 1863, Sp. 108f

Signatur: Hw 169

Abbildung: Titelseite

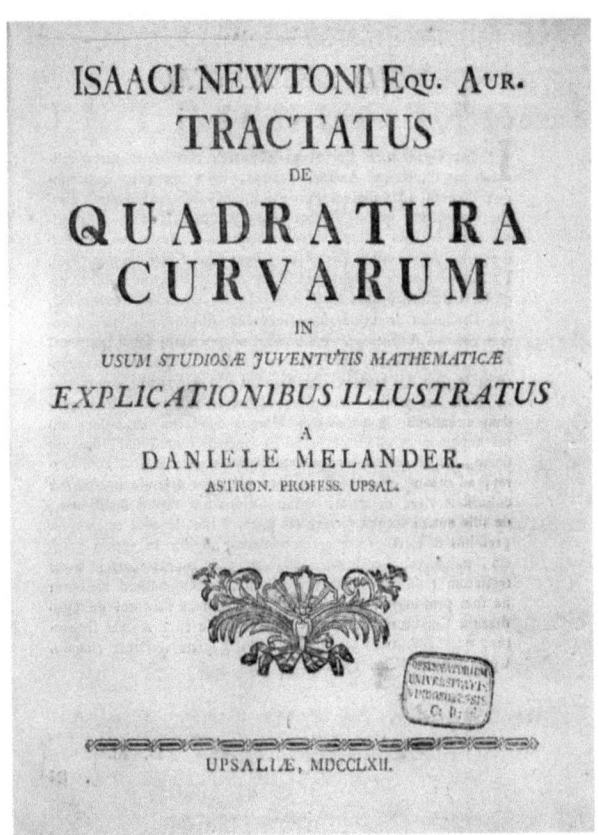

La Caille, Nicolas Louis de
(1713-1762)

1763

Titel: Tabulæ Solares ad meridianum Parisinum

Zusatz: Quas e novissimis suis obersvationibus deduxit vir celeberrimus Nicolaus Ludovicus de la Caille, in alma studiorum Universitate Parisiensi Matheseon Professor [...]

Ausgabe: Editio post primam Parisinam anni 1758 altera et auctior.

2. Autor: Hell, Maximilian

3. Autor: Mayer, Tobias

Erscheinungsort: Wien

Verlag: Trattner, Johann Thomas von

Sprache: Latein

Umfang: 344 S., [3] Bl., [1] gef. Bl.

Bemerkung: S. 65 - 210: Tobias Mayer, Tabulæ Lunares (1763)
S. 211 - 344: Jacques Cassini, Tabulæ Planetarum (1764)

Bemerkung: S. 65 - 210: Tobias Mayer, Tabulæ lunares ad meridianum parisinum
S. 211 - 344: Jacques Cassini, Tabulæ planetarum Saturni, Jovis, Martis, Veneris et Mercurii ad meridianum parisinum (1764)

Format: Oktav (18x11,5cm)

Bibliogr. Nachweis: Tabulæ Solares und Tabulæ Lunares: J. Lalande, Bibliographie astronomiques, Paris 1803, p. 484.
Tabulæ Planetarum: J. Lalande, Bibliographie astronomique, Paris 1803, p.488.

Signatur: Hw 1002

Abbildung: Titelseite der Tabulæ Solares
Titelseite der Tabulæ Lunares
Titelseite der Tabulæ Planetarum

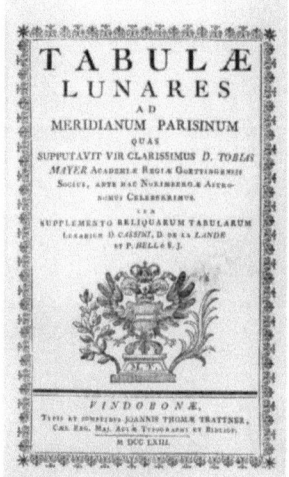

Cassini, Jacques [17]
(1677-1756)

1764

Titel: Tabulæ Planetarum Saturni, Jovis, Martis, Veneris et Mercurii ad meridianum Parisinum

Zusatz: Quas supputavit vir celeberrimus D. Jacobus Cassini

Ausgabe: Ex editione prima Parisina anni 1740.

2. Autor: Hell, Maximilian

Verfasserangabe: A Maximiliano Hell e S. J. Astronomo, Cæs. Regio Universitatis Vindobonensis.

Erscheinungsort: [Wien]

Verlag: Trattner, Johann Thomas von

Sprache: Latein

Umfang: [1] Bl., [134] S., [2] Bl., [1] Bl., [1] gef. Bl.

Format: Oktav (19x12cm)

Bibliogr. Nachweis: J. Lalande, Bibliographie astronomiques, Paris 1803, p. 488. Der bibliographische Nachweis bezieht sich auf: Maximilian Hell, "Ephemerides astronomicae anni 1765 ad meridianum Vindobonensem"(Wien 1764), worinnen die Tabulae Planetarum als Appendix enthalten sind.

Signatur: Hw 821

Abbildung: Titelseite
Planetenbahnen

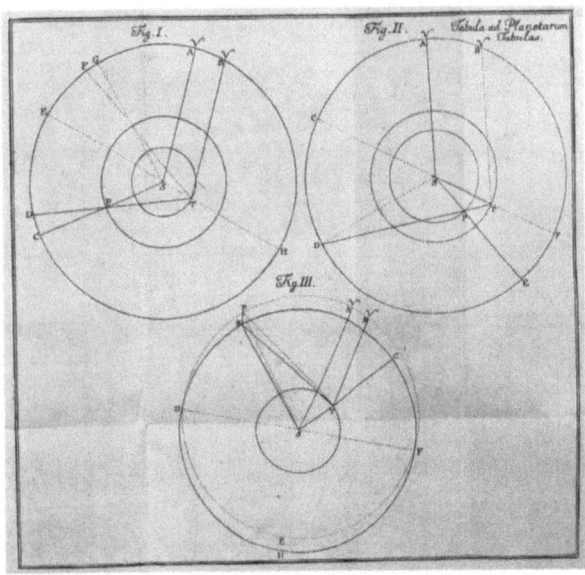

Clemm, Heinrich Wilhelm
(1725-1775)

Titel: [<Heinrich Wilhelm Clemms der Mathematik offentlichen ordentlichen Professors zu Stutgart> Mathematisches Lehrbuch]

Zusatz: [oder vollständiger Auszug aller so wohl zur reinen als angewandten Mathematik gehörigen Wissenschaften: nebst einem Anhang darinnen die Naturgeschichte und Experimentalphysik in einem kurzen Plan vorgetragen wird]

Erscheinungsort: [Stuttgart]

Verlag: [Mezler, Johann Benedict]

Sprache: Deutsch

Umfang: [10] Bl., 448 S., 10 gef. Bl., 336 S., 64 S., 14 gef. Bl.

Format: Oktav (17x10cm)

Bibliogr. Nachweis: Gumbert, Bibliotheca Lichtenbergiana, Nr. 194

Signatur: Hw 503

Abbildung: Vorbericht

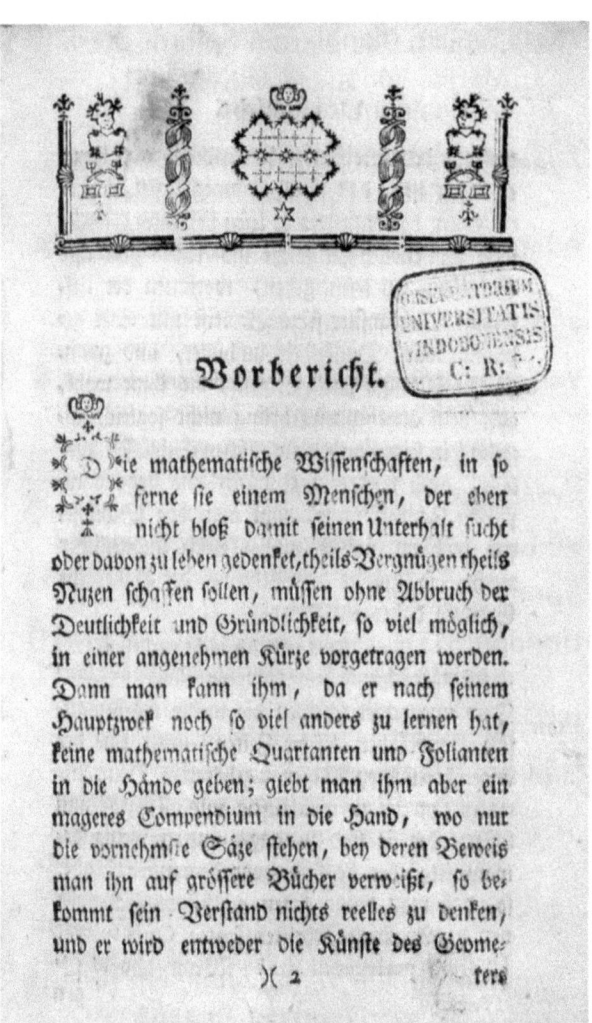

La Caille, Nicolas Louis de
(1713-1762)

1764

Titel: Leçons élémentaires d'Astronomie géométrique et physique

Ausgabe: Nouvelle édition, revue, corrigée & augmentée

Verfasserangabe: Par M. l'Abbé de La Caille, de l'Académie Royale des Sciences; de celles de Petersbourg, de Berlin & de Stockholm; des Sociétés Royales de Londres & de Gottingue; de l'Institut de Bologne; Professeur de Mathématiques au Collége Mazarin.

Erscheinungsort: Paris

Verlag: Guerin, H. L.; Delatour, L. F.

Sprache: Französisch

Umfang: 6 S., [1] Bl., 415 S., 9 gef. Bl.

Format: Oktav (19,5x12,5cm)

Bibliogr. Nachweis: J.C. Poggendorf, Biographisch-literarisches Handwörterbuch zur Geschichte der exacten Wissenschaften, 1. Bd., Leipzig 1863, Sp. 1337f

Signatur: Am II 55

Abbildung: Titelseite
Verlauf der Totalitätszone einer Sonnenfinsternis

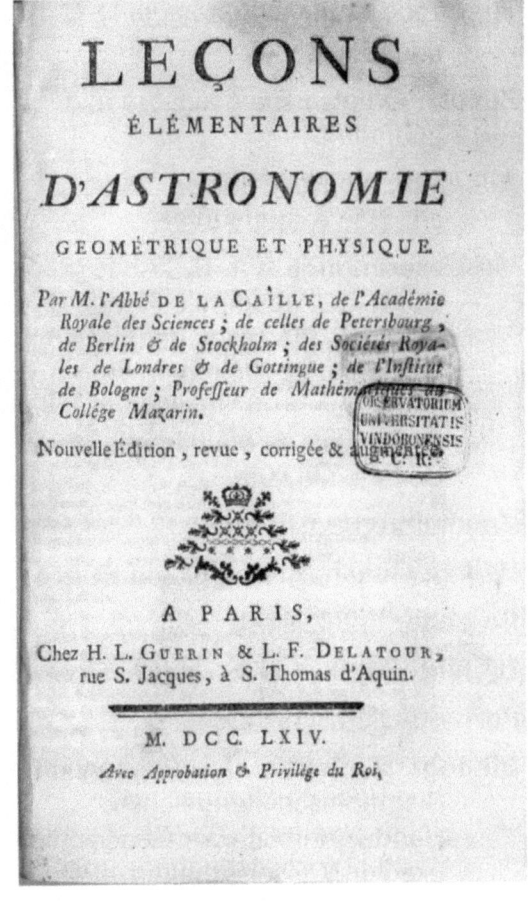

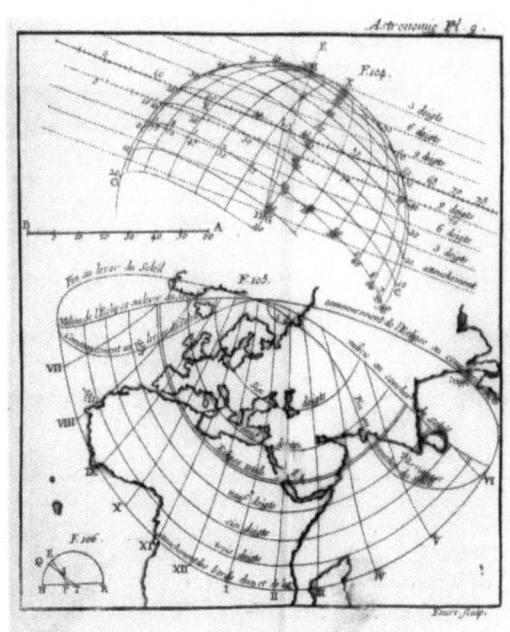

La Caille, Nicolas Louis de
(1713-1762)

1764

Titel: Leçons élémentaires de mathématiques

Zusatz: Ou elemens d'algèbre et de géometrie

Ausgabe: Nouvelle édition, revue, corrigée & augmentée

Verfasserangabe: Par M. l'Abbé de La Caille, de l'Académie Royale des Sciences, de celles de Petersbourg, de Berlin, de Stokholm, de Gorringue, & de l'Institut de Bologne; Professeur de Mathématiques au Collège Mazarin.

Erscheinungsort: Paris

Verlag: Guerin, H. L.; Delatour, L. F.

Sprache: Französisch

Umfang: [4] Bl., 277 S., [1] Bl., 5 gef. Bl.

Format: Oktav (19x12cm)

Bibliogr. Nachweis: J.C. Poggendorf, Biographisch-literarisches Handwörterbuch zur Geschichte der exacten Wissenschaften, 1. Bd., Leipzig 1863, Sp. 1337f

Signatur: Hw 466

Abbildung: Titelseite

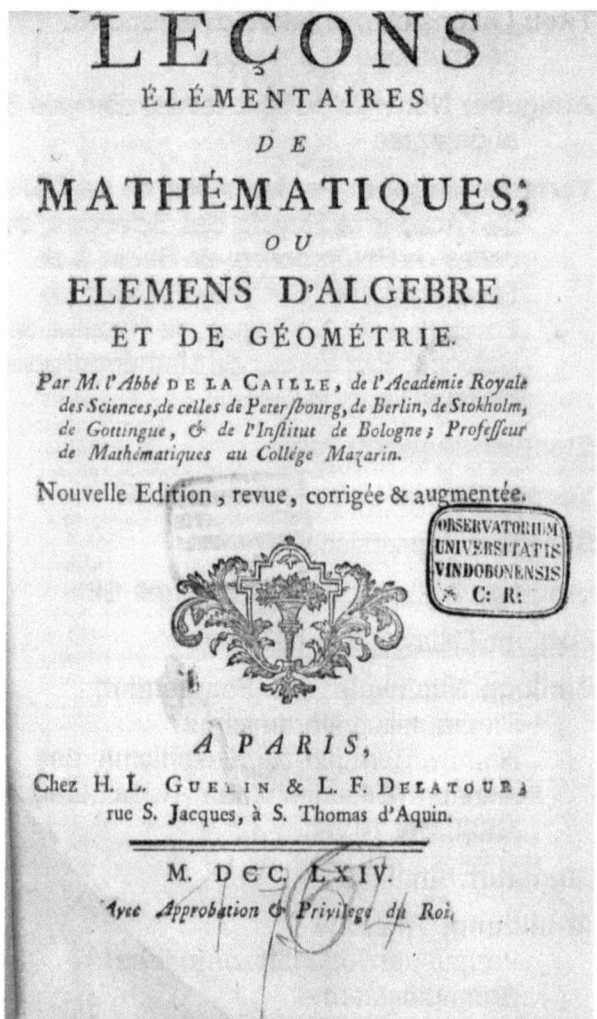

La Caille, Nicolas Louis de
(1713-1762)

Titel: Leçons élémentaires de mécanique

Zusatz: Ou traité abrégé du mouvement et de l'équilibre

Ausgabe: Nouvelle édition, revue, corrigée & augmentée

Verfasserangabe: Par M. l'Abbé de La Caille, de l'Académie Royale des Sciences, de celles de Prusse, de Suede, de Russie, & de l'Institut de Bologne; Professeur de Mathématiques au Collège Mazarin.

Erscheinungsort: Paris

Verlag: Guerin, H. L.; Delatour, L. F.

Sprache: Französisch

Umfang: 8 S., 192 S., [6] gef. Bl.

Format: Oktav (19x12cm)

Bibliogr. Nachweis: O. Gingerich, "LaCaille, Nicolas-Louis de". In: C. C. Gillispie (Hg.), Dictionary of Scientific Biography 7, New York 1981, S. 542 - 545. Der bibliographische Nachweis bezieht sich auf die Erstausgabe: Leçons élémentaires de mécanique (1743).

Signatur: Hw 466

Abbildung: Titelseite

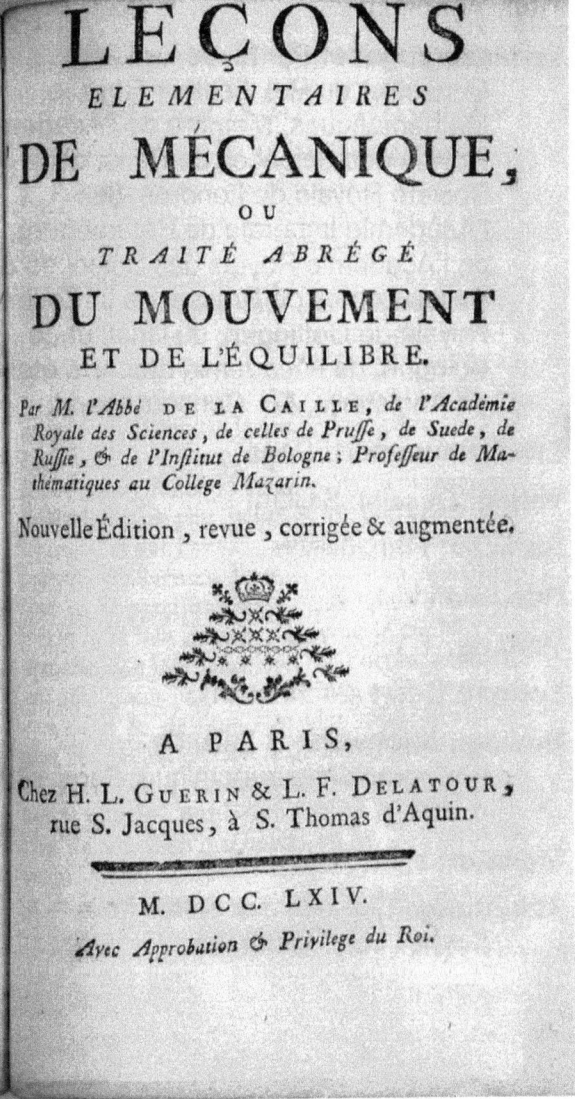

Lalande, Joseph Jérôme Le Français de 1764
(1732-1807)

Titel: Astronomie

Verfasserangabe: Par M. de La Lande, Conseiller du Roi, Lecteur Royal en Mathématiques; Membre de l'Académie Royale des Sciences de Paris; de la Société Royale de Londres; de l'Académie Impérale de Pétersbourg; de l'Académie Royale des Sciences & Belles-Lettres de Prusse; de la Société Royale de Gottingen; de l'Institut de Bologne; de l'Académie des Arts établie en Angleterre, &c. Censeur Royal.

Erscheinungsort: Paris

Verlag: Desaint; Saillant

Sprache: Französisch

Bde.: Bände 1 - 2

Umfang: 1706 S. (gesamt)

Format: Quart (24,5x19cm)

Bibliogr. Nachweis: J. Lalande, Bibliographie astronomique, Paris 1803, p. 485

Signatur: Hw 161

Abbildung: Titelseite des ersten Teils Sextant von Flamsteed

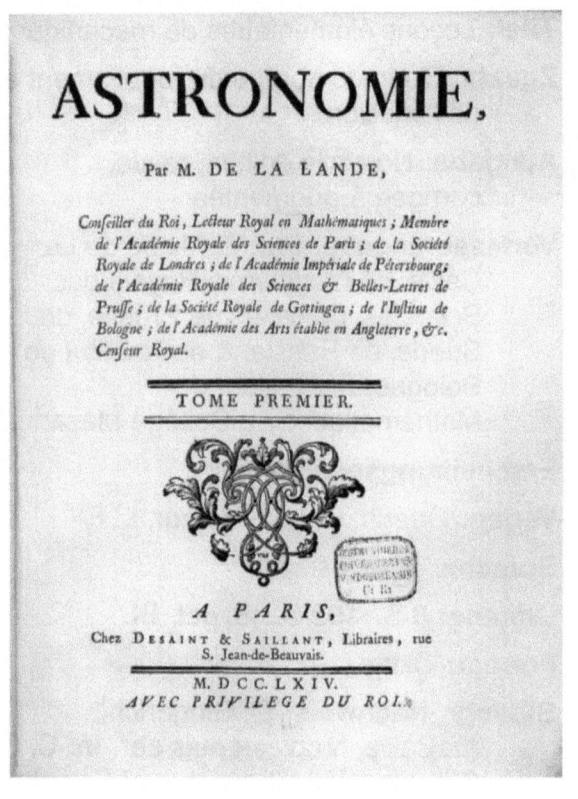

Clairaut, Alexis Claude
(1713-1765)

1765

Titel: Théorie de la lune

Zusatz: Déduite du seul principe de l'attraction réciproquement proportionelle aux quarrés des distances [...]

Ausgabe: Seconde édition, a laquelle on a joint des Tables de la lune, construites sur une nouvelle révision de toutes les espéces de calcul dont leurs équations dépendent.

Verfasserangabe: Par M. Clairaut, des Académies des Sciences de France, d'Angleterre, de Prusse, de Russie, de Bologne & d'Upsal.

Erscheinungsort: Paris

Verlag: Dessaint; Saillant

Sprache: Französisch

Umfang: 161 S., [1] gef. Bl.

Format: Quart (24,5x20cm)

Bibliogr. Nachweis: J. Lalande, Bibliographie astronomique, Paris 1803, p. 490f

Signatur: Hw 54

Abbildung: Titelseite

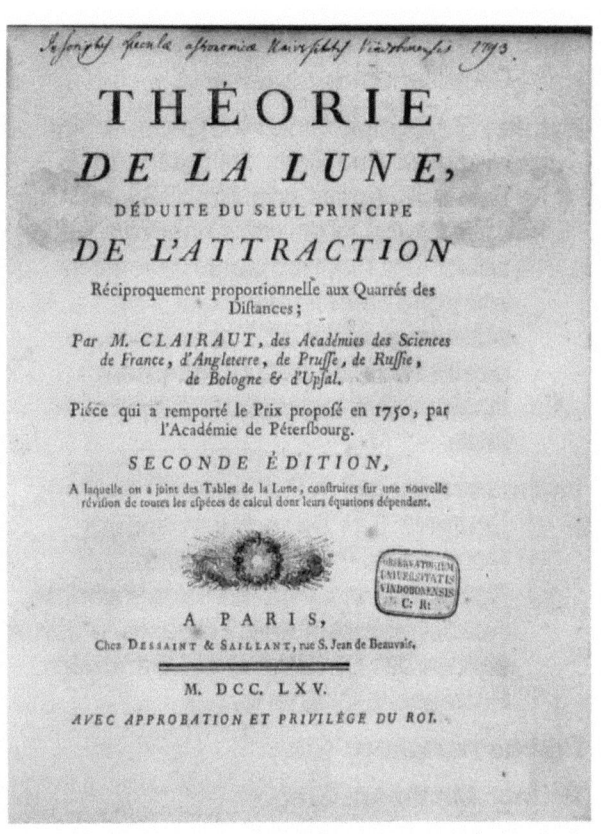

Fixlmillner, Placidus [18]
(1721-1791)

Titel: Meridianus speculae astronomicae Cremifanensis

Zusatz: Seu longitudino eius geographica per magnum illud Solis deliquium, ipsis Calendis Aprilis anni M.DCC.LXIV. spectatum, examinatis variorum celebrium locorum observationibus accurate investigata atque inventa, et adiectis pluribus aliis spectaculis caelestibus, ad rem praesentem illustrandam facientibus, publici iuris facta

Verfasserangabe: A P. Placido Fixlmillner, Ordinem S.P. Benedicti in eodem Monasterio Professo, Notario Apostolico in Curia Romana inscripto, Academiae illustrium Regente, altiorum scholarum Decano, et ss. Canonum Professore Ordinario.

Erscheinungsort: Steyr

Verlag: Menhardt, Gregor

Sprache: Latein

Umfang: [8] Bl., 133 S., 3 gef. Bl.

Format: Quart (23x18cm)

Bibliogr. Nachweis: J.C. Poggendorf, Biographisch-literarisches Handwörterbuch zur Geschichte der exacten Wissenschaften, 1. Bd., Leipzig 1863, Sp. 756

Signatur: Hw 418

Abbildung: Titelseite
Sonnenfinsternis

1765

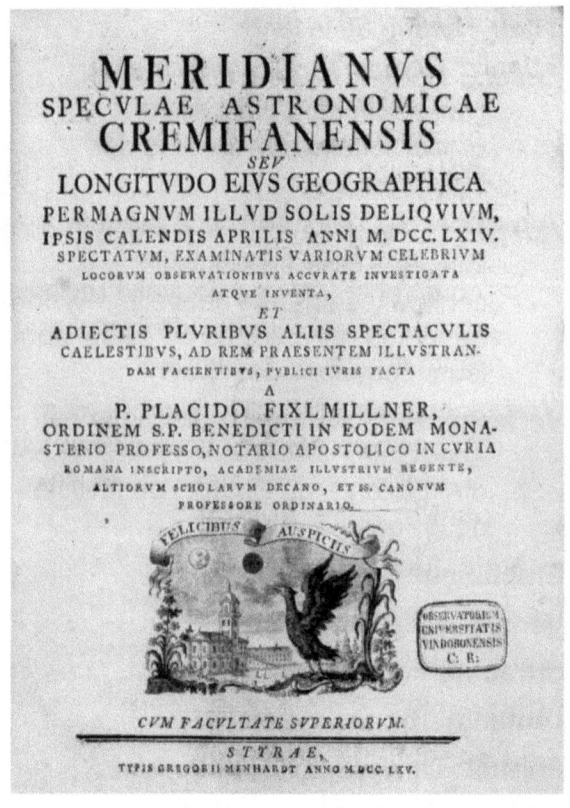

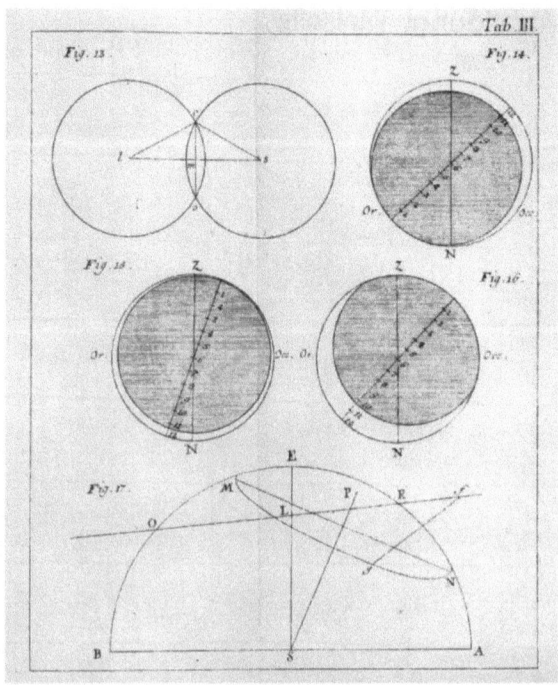

Lambert, Johann Heinrich

1765

(1728-1777)

Gesamttitel: Beyträge zum Gebrauche der Mathematik und deren Anwendung

Erscheinungsort: Berlin

Verlag: Im Verlage des Buchladens der Realschule

Sprache: Deutsch

Bde.: Band 1: 1765
Band 2: Zweyter Theil, 1770
Band 3: Dritter Theil, 1772

Umfang: 2134 S. (gesamt)

Format: Oktav (17x10,5cm)

Signatur: Hw 438

Abbildung: Titelseite des ersten Teils Sphärische Trigonometrie

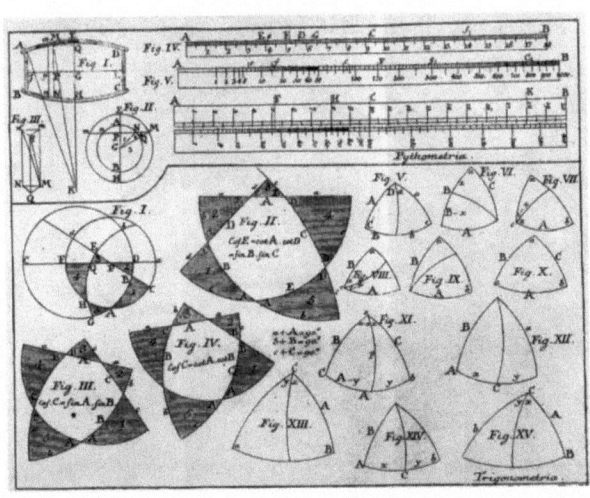

Costard, George
(1710-1782)

Titel: The history of astronomy, with its application to geography, history, and chronology

Zusatz: Occasionally exemplified by the globes.

Verfasserangabe: By George Costard, M.A. Vicar of Twickenham, in Middlesex.

Erscheinungsort: London

Verlag: Lister, James

Sprache: Englisch

Umfang: 16 S., 308 S., [2] Bl.

Format: Quart (28x22cm)

Bibliogr. Nachweis: J.C. Poggendorf, Biographisch-literarisches Handwörterbuch zur Geschichte der exacten Wissenschaften, 1. Bd., Leipzig 1863, Sp. 484

Signatur: Hw 518

Abbildung: Titelseite
Venustransit

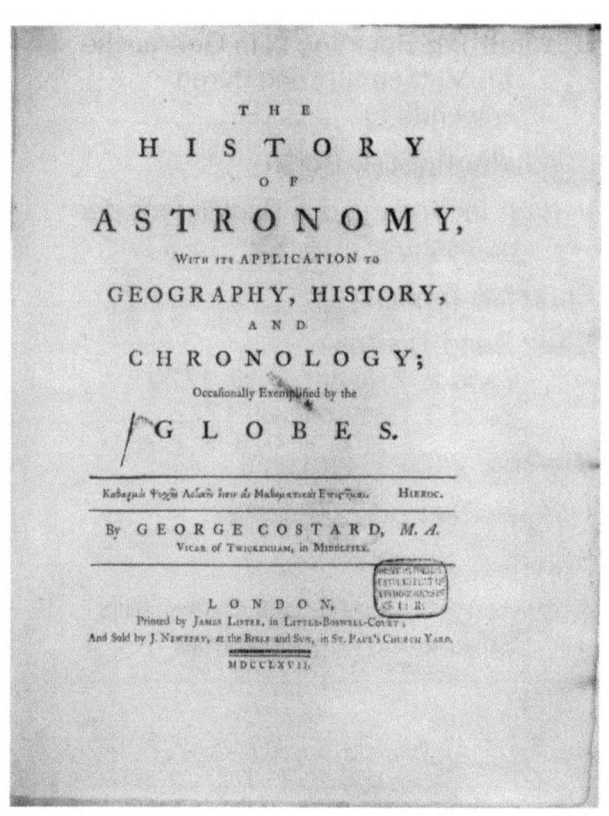

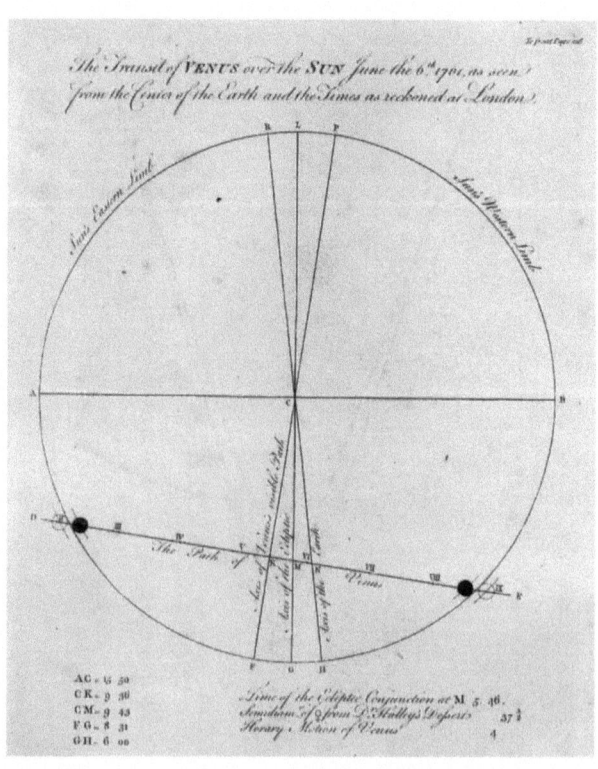

Karsten, Wenceslaus Johann Gustav 1767

Gesamttitel: Lehrbegrif der gesamten Mathematik

Verfasserangabe: Aufgesetzt von Wencesl. Joh. Gustav Karsten, der Phil. Doctor, der Mathem. Professor, und der Churfl. Bayerschen Akademie der Wissenschaften Mitglied

Erscheinungsort: Greifswald

Verlag: Röse, Anton Ferdinand

Sprache: Deutsch

Bde.: Band 1: Der erste Theil, 1767
Band 2a: Der zweyte Theil, 1768
Band 2b: Des zweyten Theils zweyte Abtheilung, 1786
Band 3: Der dritte Theil, 1769
Band 4: Der vierte Theil, 1769
Band 5: Der fünfte Theil, 1770
Band 6: Der sechste Theil, 1771
Band 7: Der siebende Theil, 1775
Band 8: Der achte Theil, 1777

Umfang: 6426 S. (gesamt)

Format: Oktav (17,5x10cm)

Signatur: Hw 505

Abbildung: Titelseite des ersten Teils

Manilius, Marcus
(Anfang 1. Jhdt. n. Chr.)

1767

Titel: <M. Manilii> Astronomicon ex recensione Richardi Bentleji

Zusatz: cum selectis variorum ac propriis notis præfationi subjuncta varia de Manilio judicia et Julii Pontederæ epistola de Manilii Astronomia et anno cælesti

2. Autor: Bentley, Richard

3. Autor: Stoeber, Elias [Hrsg.]

Verfasserangabe: cura et studio M. Eliae Stoeber

Erscheinungsort: Straßburg

Verlag: Koenig, Amand

Sprache: Latein

Umfang: 38 S., 531 S., [5] Bl.

Format: Oktav (19x12cm)

Signatur: Hw 467

Abbildung: Titelseite

Mayer, Tobias
(1723-1762)

1767

Titel: Theoria Lunæ juxta systema Newtonianum

Zusatz: Edita jussu præfectorum rei longitudinariæ

Verfasserangabe: auctore Tobia Mayer

Erscheinungsort: London

Verlag: Richardson; Clark

Sprache: Latein

Umfang: [2] Bl., 58 S.

Format: Quart (26x21cm)

Bibliogr. Nachweis: J. Lalande, Bibliographie Astronomique, Paris 1803, p. 496

Signatur: Hw 414

Abbildung: Titelseite

Sternberg, Daniel 1767

Titel: Lebensgeschichte des berühmten Mathematikers und Künstlers Peter Anichs eines Tyrolerbauers

2. Autor: [Sterzinger, Joseph]

Verfasserangabe: Verfasset von einer patriotischen Feder.

Erscheinungsort: München

Verlag: Crätz, Joseph Aloysius

Sprache: Deutsch

Umfang: [5] Bl., 64 S., [2] Bl.

Format: Quart (21x17,5cm)

Signatur: Hw 447

Abbildung: Titelseite

Euler, Leonhard
(1707-1783)

1768

Gesamttitel: Institutionum calculi integralis

Zusatz: In quo methodus integrandi a primis principiis usque ad integrationem aequationum differentialium primi gradus pertractatur.

Verfasserangabe: Auctore Leonhardo Eulero Acad. Scient. Borussiae Directore Vicennali et Socio Acad. Petrop. Parisin. et Londin.

Erscheinungsort: Petersburg

Verlag: Im Verlag der Akademie der Wissenschaften

Sprache: Latein

Bde.: Bände 1 - 4: Volumen primum - quartum, 1768, 1769, 1770, 1794

Umfang: 2366 S. (gesamt)

Format: Quart (24,5x19cm)

Signatur: Hw 167

Abbildung: Titelseite des ersten Teils

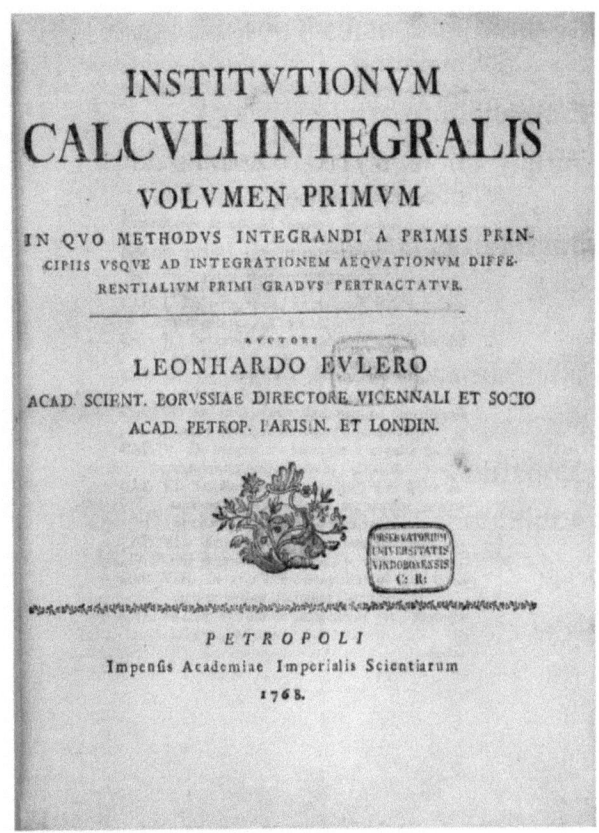

Euler, Leonhard [19]
(1707-1783)

1768

Gesamttitel: Lettres à une princesse d'Allemagne

Erscheinungsort: Petersburg

Verlag: Im Verlag der Akademie der Wissenschaften

Sprache: Französisch

Bde.: Bände 1 - 3: Tome premier - troisième, 1768, 1768, 1772

Umfang: 1124 S. (gesamt)

Format: Oktav (20x12cm)

Signatur: Hw 556

Abbildung: Titelseite des ersten Teils Versuch zu statischer Elektrizität

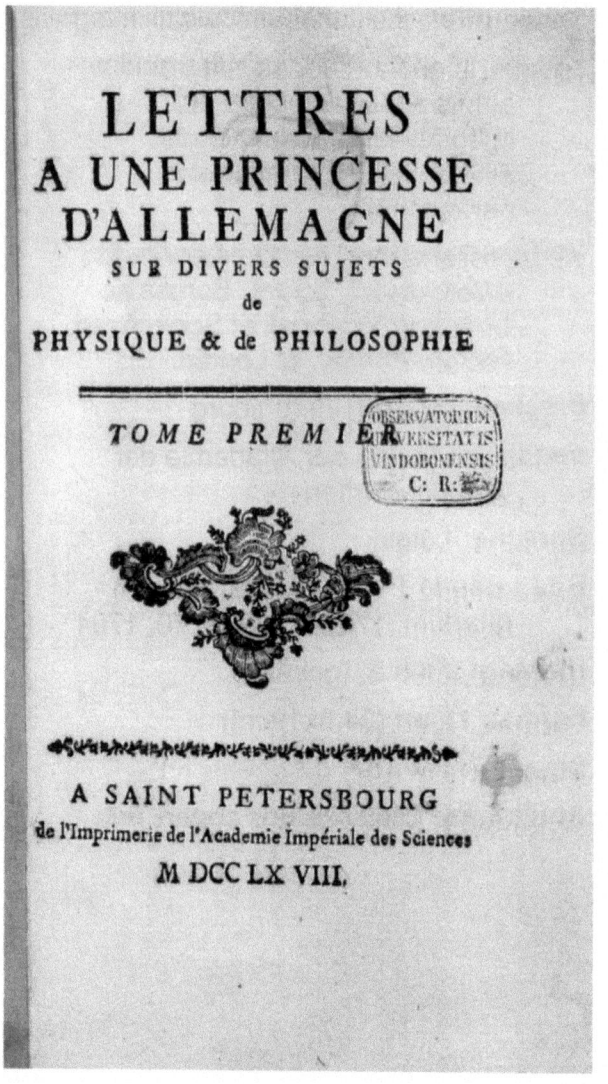

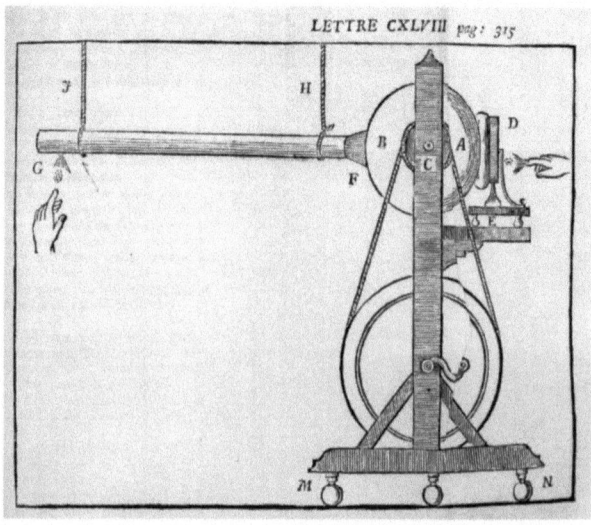

Frisi, Paolo
(1728-1784)

1768

Titel: <Paulli Frisii [...]> De gravitate universali corporum

Zusatz: Libri tres

Verfasserangabe: Paulli Frisii Presb. Regul. Barnabitæ, in Mediolanensi, Pisano, et Bononiensi Gymnasio Publici Matheseos Professoris, Societatis Regiæ Londinensis, Bononiensis Instituti, Berolinensis, Petropolitanæ, Holmiensis, Hafniensis, Senensis, Lugdunensis &c. Scientiarum Academiæ Socii, Parisiensis Academiæ correspondentis

Erscheinungsort: Mailand

Verlag: Galeatius, Joseph

Sprache: Latein

Umfang: [6] Bl., 420 S., 6 gef. Bl.

Format: Quart (26x19cm)

Bibliogr. Nachweis: J. Lalande, Bibliographie astronomique, Paris 1803, p. 502

Signatur: Hw 528

Abbildung: Titelseite

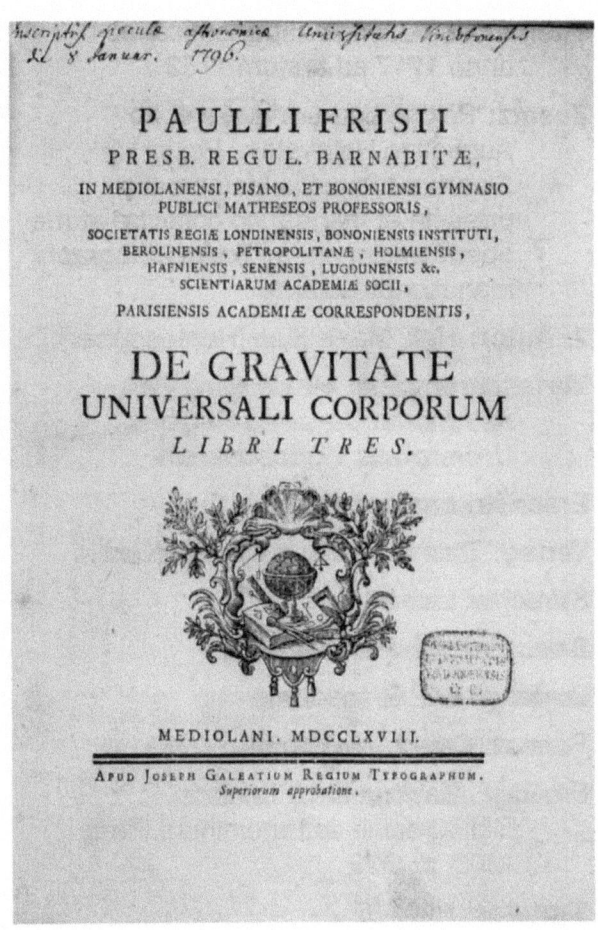

Hallerstein, Augustin
(1703-1774)

1768

Titel: Observationes astronomicæ ab anno 1717 ad annum 1752

Zusatz: Pekini Sinarum factæ et ab Augustino Hallerstein, Pekini Sinarum tribunalis Mathematici præside et mandarino collectæ atque operis editionem ad fidem autographi manuscripti curante

2. Autor: Hell, Maximilian [Herausgeber]

Verfasserangabe: Maximiliano Hell, Astronomo Cæsareo-Regio Universitatis Vindobonensis.

Erscheinungsort: Wien

Verlag: Trattner, Johann Thomas von

Sprache: Latein

Bde.: Band 2: Pars secunda

Umfang: 842 S. (gesamt)

Format: Quart (26x21cm)

Bibliogr. Nachweis: J. Lalande, Bibliographie astronomique, Paris 1803, p. 500

Signatur: Hw 405

Abbildung: Titelseite des ersten Teils

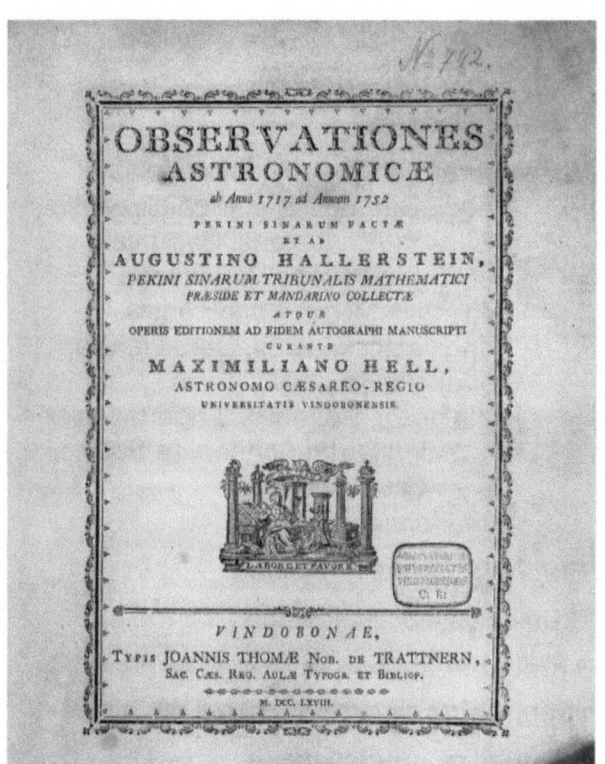

Hell, Maximilian
(1720-1792)

1768

Titel: Elogium Rustici Tyrolensis celeberrimi Petri Anich Oberperfussensis

Zusatz: Coloni, Tornatoris , Chalcographi, mechanicarum atrium Magistri, Geodetæ, Geographi, et Astrophili ad prodigium excellentis. Ex relationibus authenticis manuscriptis P. Ignatii Weinhart, S. J. Anichii Professoris et Directoris concinnatum, et adnotationibus illustratum

Verfasserangabe: A R. P. Maximiliano Hell, S. J. Astronomo Cæsareo-Regio Universitatis Vindobonensis

Erscheinungsort: Innsbruck

Sprache: Latein

Umfang: 38 S.

Format: Oktav (17x10cm)

Bibliogr. Nachweis: J. Lalande, Bibliographie astronomique, Paris 1803, p. 495. Der bibliographische Nachweis bezieht sich auf die Erstausgabe "Elogium Rustici Tyrolensis celeberrimi Petri Anich", erschienen als Appendix in Maximilian Hell, Ephemerides astronomicae anni 1767 ad meridianum vindobonensem, Wien 1766.

Signatur: Hw 1001

Abbildung: Titelseite

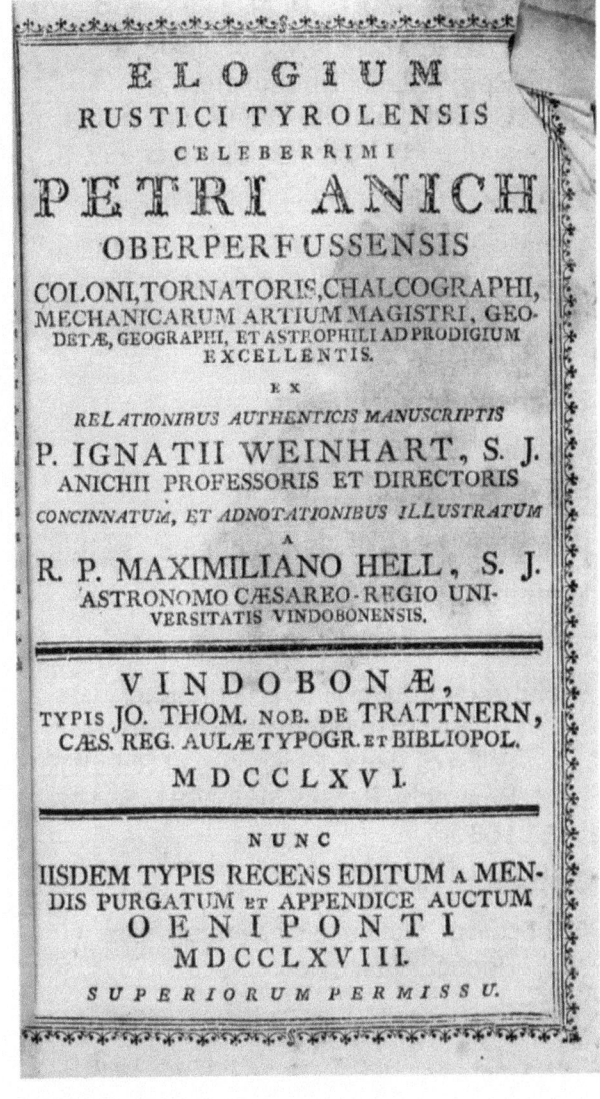

Leibniz, Gottfried Wilhelm 1768
(1646-1716)

Titel: <Gothofredi Guillelmi Leibnitii, S. Cæsar. Majestatis Consiliarii, & S. Reg. Majest. Britanniarum a Consiliis Justitiæ intimis, nec non a scribendâ Historiâ> Opera omnia

2. Autor: Dutens, Louis [Herausgeber]

Verfasserangabe: Nunc primum collecta, in classes distributa, præfationibus & indicibus exornata, studio Ludovici Dutens.

Erscheinungsort: Genf

Verlag: Tournes

Sprache: Latein

Bde.: Bände 1 - 6: Tomus primus - sextus

Umfang: 5024 S. (gesamt)

Format: Quart (27x19,5cm)

Bibliogr. Nachweis: J. E. Hofmann, "Leibniz, Gottfried Wilhelm". In: C. C. Gillispie (Hg.), Dictionary of Scientific Biography 8, New York 1981, S. 149 - 168

Signatur: Hw 209

Abbildung: Titelseite des ersten Teils Rechenmaschine

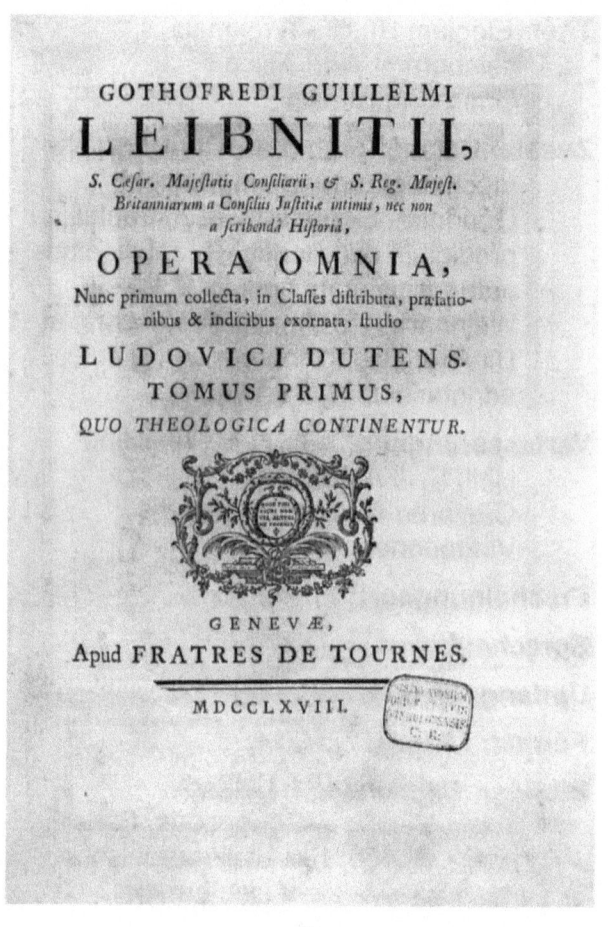

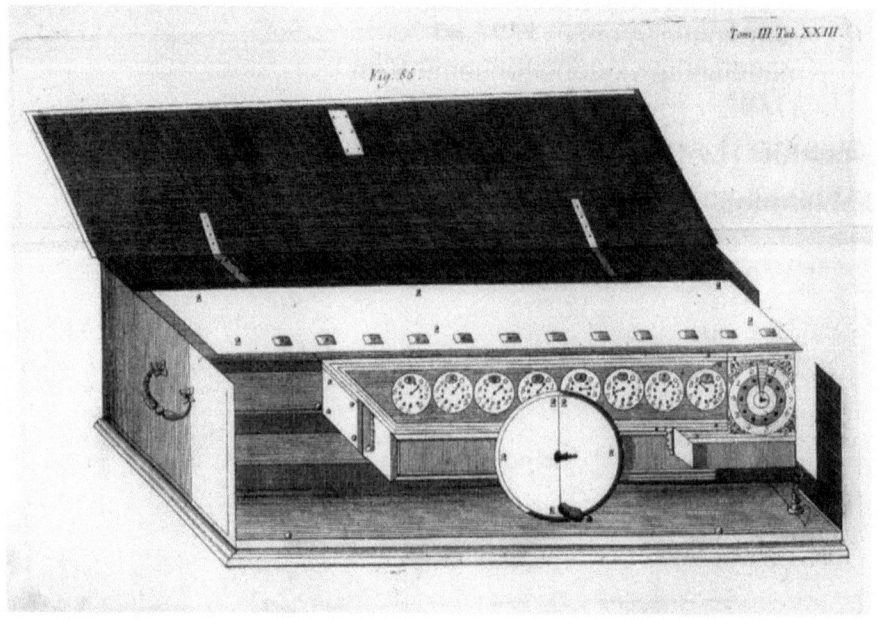

Euler, Leonhard
(1707-1783)

1769

Gesamttitel: Dioptrica

Zusatz: Continens librum primum, de explicatione principiorum, ex quibus constructio tam telescopiorum quam microscopiorum est petenda.

Erscheinungsort: Petersburg

Verlag: Im Verlag der Akademie der Wissenschaften

Sprache: Latein

Bde.: Bände 1 - 3: Pars prima - tertia, 1769, 1770, 1771

Umfang: 1399 S. (gesamt)

Format: Quart (23,5x18,5cm)

Signatur: Hw 163

Abbildung: Titelseite des ersten Teils Spiegelteleskop

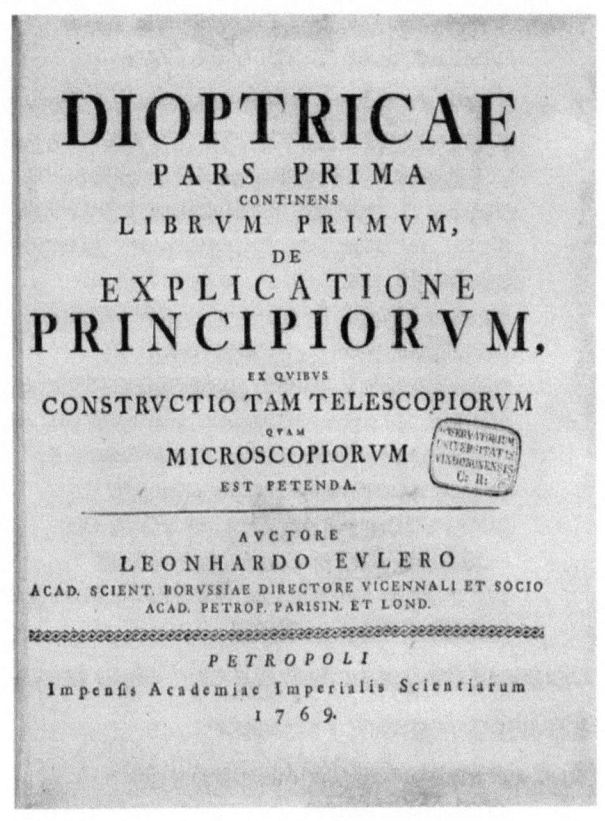

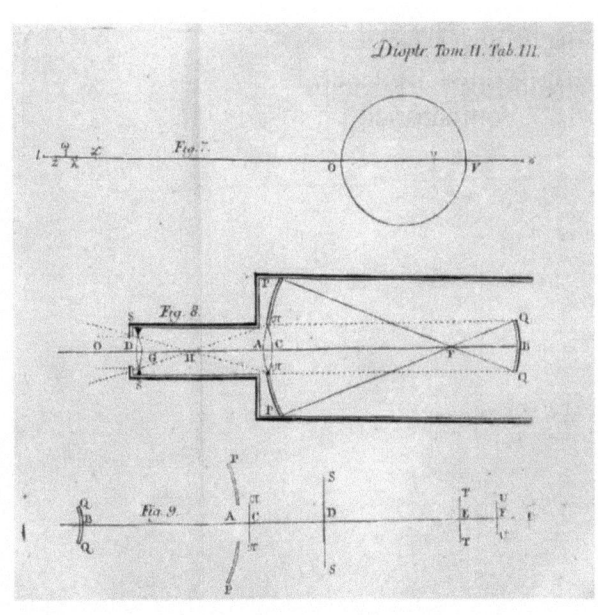

Mayer, Christian
(1719-1783)

1769

Titel: Expositio De Transitu Veneris Ante Discum Solis D. 23. Maii 1769

Zusatz: Ad Augustissimam Russiarum Omnium Imperatricem Catharinam II. Alexiewnam [...] iussu ilustrissimi et excellentissimi domini d. comitis Wolodimeri ab Orlow, illustr. Academiae Scientiarum directoris suscepta, ubi agitur de fine huius observationis 1) cognoscendi veram parallaxin horizontalem Solis, 2) determinandi veram distantiam Solis a Tellure, 3) ceterorumque planetarum et cometarum ordinem et distantiam, 4) deque commodis inde natis pro geographia, re nautica, physica etc. adductis ubique observationibus earumque calculis ac methodis ipsaque parallaxi hinc deducta

Verfasserangabe: Auctore Christiano Mayer

Erscheinungsort: Petersburg

Verlag: Im Verlag der Akademie der Wissenschaften

Sprache: Latein

Umfang: [5] Bl., 355 S., [7] gef. Bl.

Format: Quart (26x20cm)

Bibliogr. Nachweis: J. Lalande, Bibliographie Astronomique, Paris 1803, p. 512

Signatur: Hw 523

Abbildung: Titelseite
Venustransit

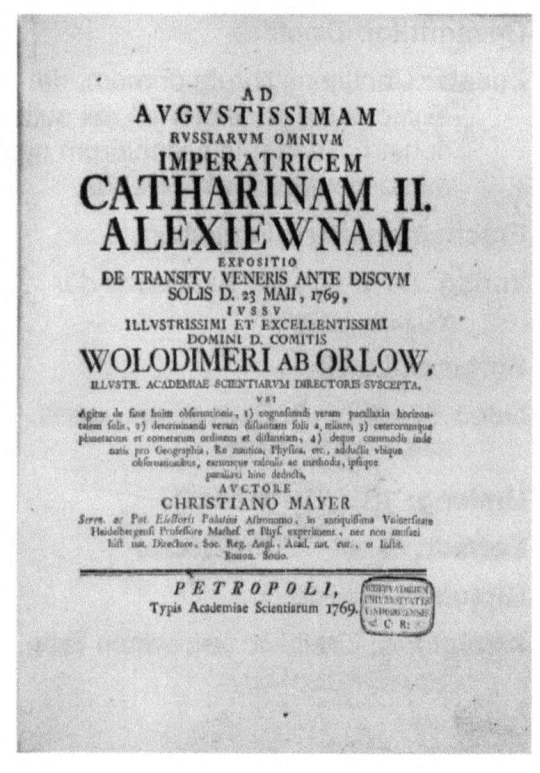

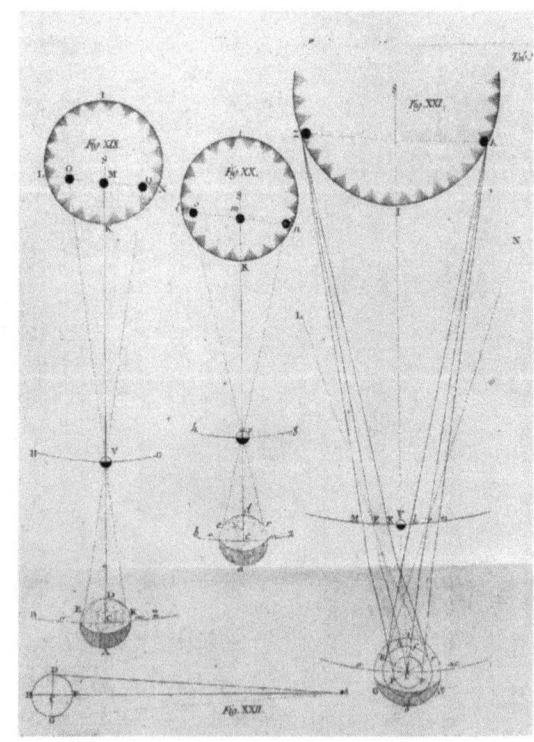

Aman, Caesarius

(1727-1792)

1770

Titel: Quadrans astronomicus novus

Zusatz: Descriptus et examinatus in specula uranica Ingolstadiensi

Verfasserangabe: A P. Cæsario Amman S. J. Math. et S. Ling. P.P.O.

Erscheinungsort: Augsburg

Verlag: Klett, Eberhard (Witwe)

Sprache: Latein

Umfang: 91 S., [4] gef. Bl.

Format: Quart (22x16cm)

Bibliogr. Nachweis: J. Lalande, Bibliographie astronomique, Paris 1803, p. 517

Signatur: Hw 449

Abbildung: Titelseite
Quadrant

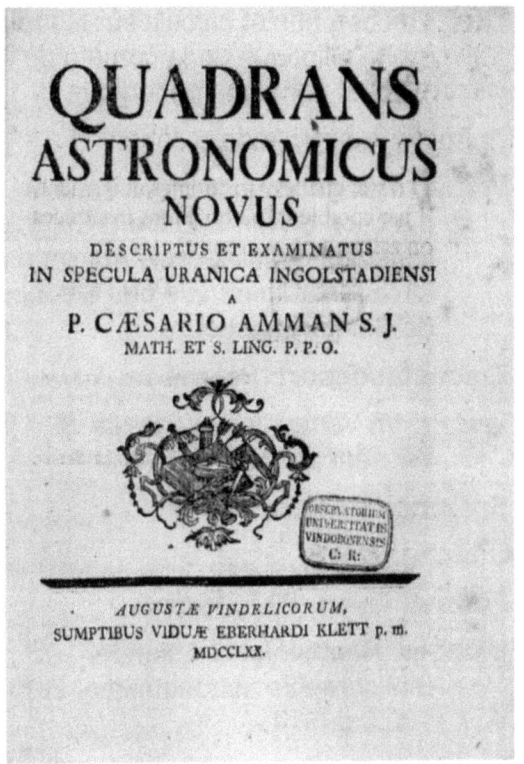

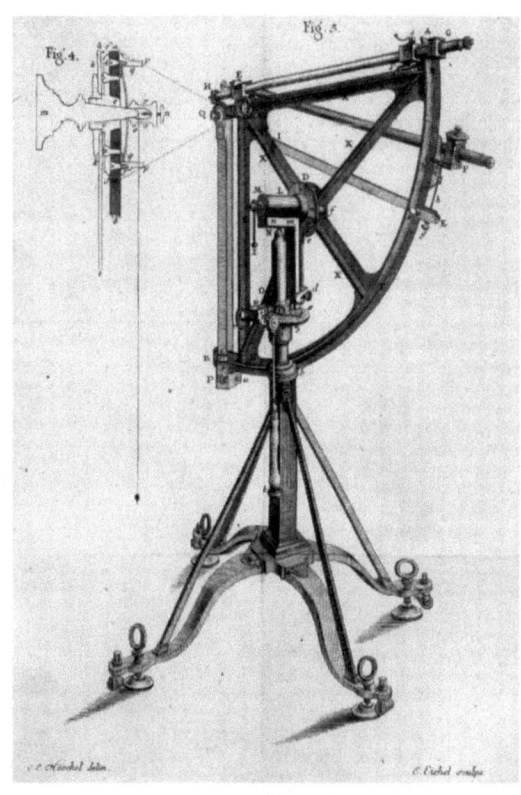

Euler, Leonhard
(1707-1783)

1770

Titel: Recherches et calculs sur la vraie orbite elliptique de la comète de l'an 1769 et son tems periodique

2. Autor: Lexell, Anders Johan

Verfasserangabe: executées sous la direction de Mr. Leonhard Euler, par les soins de Mr. Lexell, Adjoint de l'Academie Imperiale des Sciences de Saint-Petersbourg

Erscheinungsort: Petersburg

Verlag: Im Verlag der Akademie der Wissenschaften

Sprache: Französisch

Umfang: 159 S., 2 gef. Bl.

Format: Quart (23,5x19cm)

Bibliogr. Nachweis: J. Lalande, Bibliographie astronomique, Paris 1803, p. 514

Signatur: Hw 730

Abbildung: Titelseite

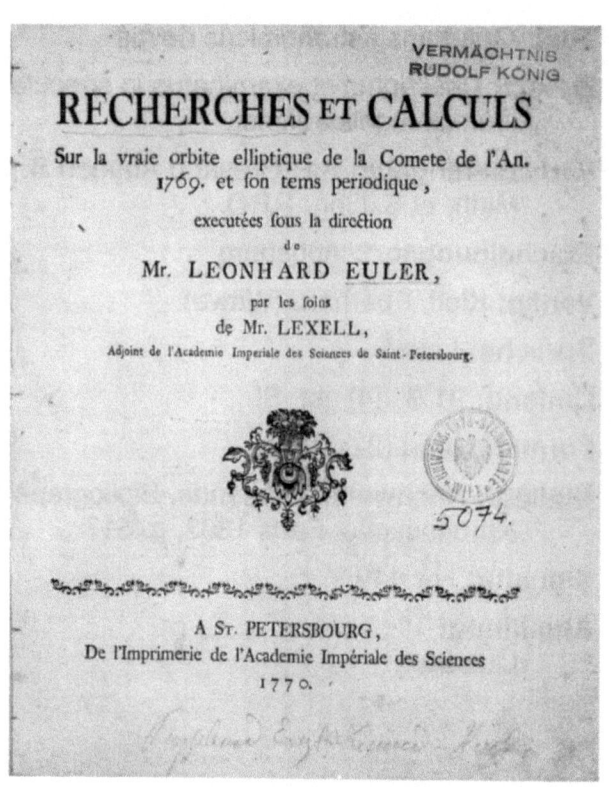

Gardiner, William 1770

Titel: Tables de logarithmes

Zusatz: Contenant les logarithmes des nombres, depuis 1 jusqu'à 102100, & les logarithmes des sinus & des tangentes, de 10 en 10 secondes, pour chaque degré du quart de cercle, avec différentes autres tables

Ausgabe: Nouvelle édition, augmentée des logarithmes des sinus & tangentes, pour chaque seconde des quatre premiers degrés

Verfasserangabe: Publiées ci-devant en Angleterre par Monsieur Gardiner.

Erscheinungsort: Avignon

Verlag: Aubert, J.

Sprache: Französisch

Umfang: [149] Bl.

Format: Folio (31x23cm)

Bibliogr. Nachweis: J. Lalande, Bibliographie astronomique, Paris 1803, p. 516

Signatur: Hw 753, Hw 753d

Abbildung: Titelseite

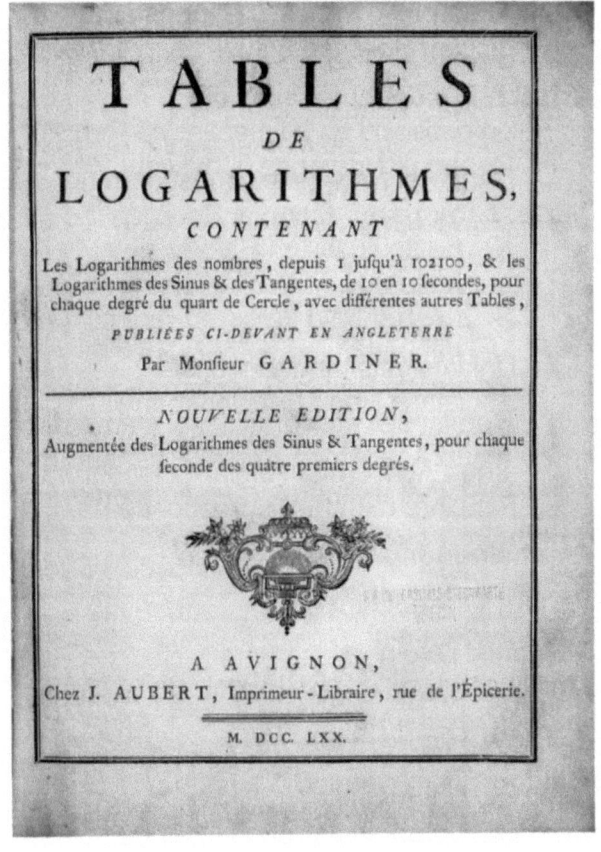

Hell, Maximilian [20]
(1720-1792)

1770

Titel: Observatio transitus Veneris ante discum Solis die 3 Junii anno 1769.

Zusatz: Wardoëhusii, auspiciis potentissimi ac clementissimi Regis Daniæ et Norvegiæ, Christiani VII.

Verfasserangabe: facta, et Societati Regiæ scientiarum Hafniensi prælecta à R. P. Maximiliano Hell, è. S. J. Astronomo cæsareo-regio Universitatis Vindobonensis, Societatis Regiæ Scientiarum Hafniensis, et Nidrosiensis membro, atque Academiæ Regiæ Scientiarum Parisinæ membro correspondente.

Erscheinungsort: Kopenhagen

Verlag: Giese, Gerhard

Sprache: Latein

Umfang: [4] Bl., 82 S., [8] gef. Bl.

Format: Quart (22,5x17cm)

Bibliogr. Nachweis: J. Lalande, Bibliographie astronomique, Paris 1803, p. 515

Signatur: Hw 98

Abbildung: Titelseite
Venustransit
Observatorium in Wardehuus

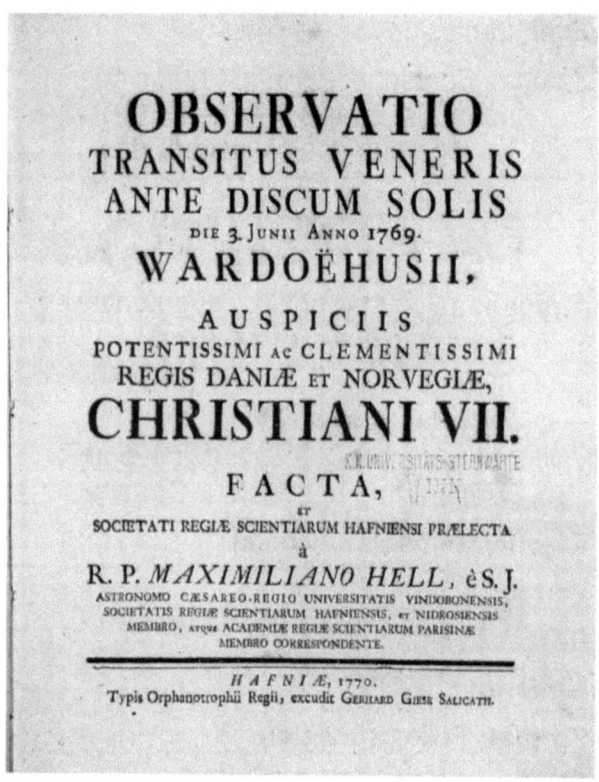

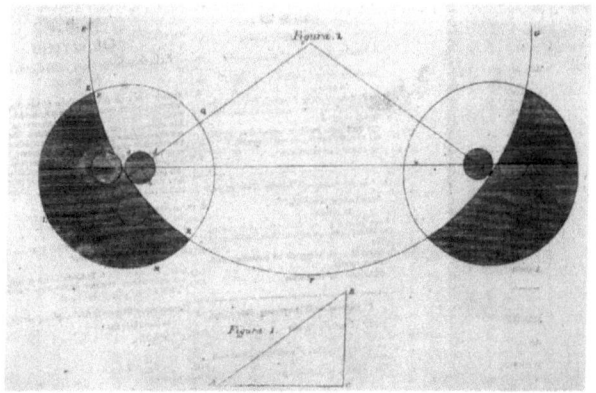

Hellwig, L. Christoph von
(1663-1721)

1770

Titel: <L. Christoph von Hellwig, Med. Pract. Erfurtensis> Neuvermehrter, auf hundert Jahr gestellter curiöser Hauß-Calender

Zusatz: Nehmlich: von 1701 biß 1801. Darinnen zu finden, wie ein jeder Hauß-Vater solche ganze Zeit über nach der sieben Planeten Influenz judiciren und sein Hauß-Wesen darnach nützlich einrichten könne, nebst Beschreibung derer Metallen und Mineralien, wie solche unter die Planeten gehören, auch der Kräuter, was für welche in jedem Monat vorkommen und blühen; mit Abbildung der Planeten gezieret, und mit einem Anhang allerhand nützlicher Hauß- und Wirthschaffts-Regeln, sonderlich bey der Vieh-Zucht, versehen.

Erscheinungsort: Chemnitz

Verlag: Stößel, Johann Christoph

Sprache: Deutsch

Umfang: 176 S., 203 S.

Format: Oktav (17,5x10cm)

Signatur: Hw 768

Abbildung: Titelseite

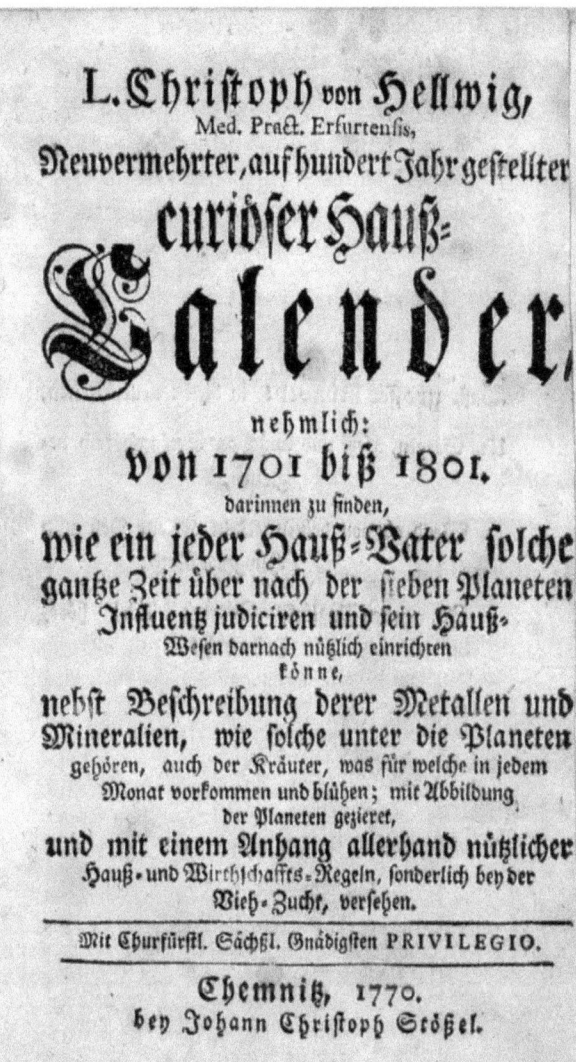

Klügel, Georg Simon
(1739-1812)

Titel: Analytische Trigonometrie

Verfasserangabe: Von Georg Simon Klügel, der Mathematik ordentlichen Lehrer auf der Julius Carls Universität, der Göttingischen Königl. Gesellschaft der Wissenschaften Correspondenten, und einiger gelehrten Gesellschaften Mitgliede.

Erscheinungsort: Braunschweig

Verlag: In [sic] Verlag der Fürstl. Waisenhausbuchhandlung

Sprache: Deutsch

Umfang: [8] Bl., 248 S., 3 gef. Bl.

Format: Oktav (16,5x10cm)

Bibliogr. Nachweis: J.C. Poggendorf, Biographisch-literarisches Handwörterbuch zur Geschichte der exacten Wissenschaften, 1. Bd., Leipzig 1863, Sp. 1277f

Signatur: Hw 512

Abbildung: Titelseite
Sphärische Trigonometrie

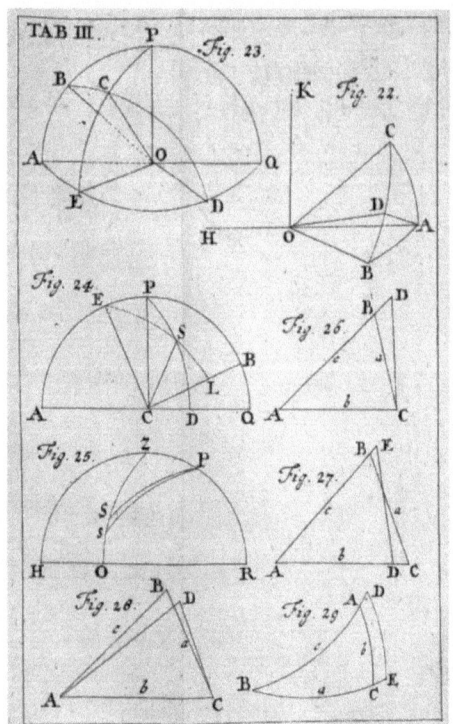

Liesganig, Joseph [21]
(1719-1799)

1770

Titel: Dimensio graduum meridiani Viennensis et Hungarici

Zusatz: augg. iussu et auspiciis peracta a Josepho Liesganig, societatis Jesu. Cum figuris æneis

Verfasserangabe: a Josepho Liesganig

Erscheinungsort: Wien

Verlag: Bernard, Augustin

Sprache: Latein

Umfang: [11] Bl., 262 S., [1] Bl., [10] gef. Bl.

Format: Quart (24x19cm)

Bibliogr. Nachweis: J. Lalande, Bibliographie astronomique, Paris 1803, p. 515

Signatur: Hw 705

Abbildung: Titelseite
Quadrant

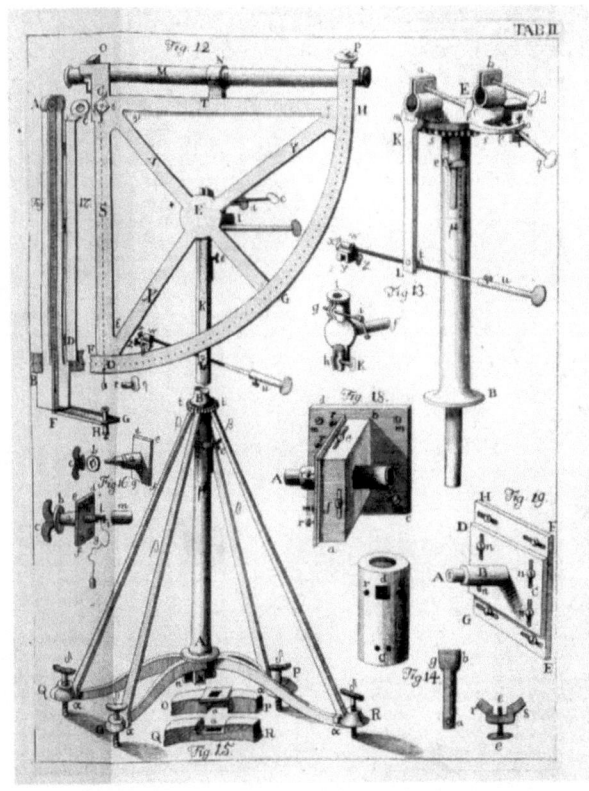

Mayer, Christian [22]
(1719-1783)

1770

Titel: Collectio omnium observationum quae occasione transitus Veneris per Solem a. [anno] MDCCLXIX iussu Augustae per Imperium Russicum Institutae fuerunt una cum theoria indeque deductis conclusionibus.

2. Autor: Mallet, Jacques-André

3. Autor: Pictet, Jean-Louis

Erscheinungsort: Petersburg

Verlag: Im Verlag der Akademie der Wissenschaften

Sprache: Latein

Umfang: 607 S., [2] gef. Bl., 7 gef. Bl., [1] gef. Bl.

Format: Quart (26x20cm)

Signatur: Hw 77

Abbildung: Titelseite

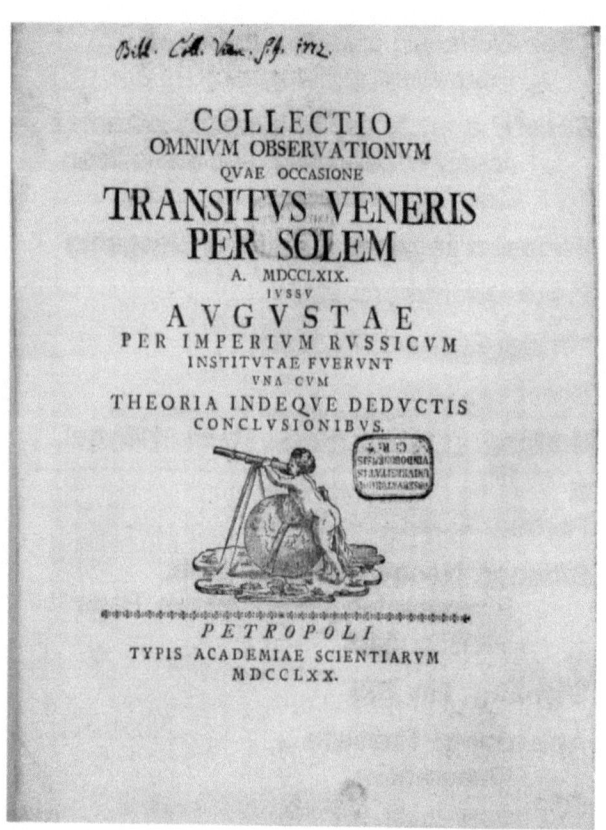

Mayer, Tobias 1770
(1723-1762)

Titel: Tabulæ motuum Solis et Lunæ novæ et correctæ

Zusatz: quibus accedit Methodus longitudinum promota, eodem auctore

Paralleltitel: New And Correct Tables Of The Motions Of The Sun And Moon

Verfasserangabe: Auctore Tobia Mayer

Erscheinungsort: London

Verlag: Richardson, William; Richardson, John

Sprache: Latein, Englisch

Umfang: 7 S., 136 S., 130 S., [1] Bl., [2] gef. Bl.

Format: Quart (26x21cm)

Bibliogr. Nachweis: J. Lalande, Bibliographie Astronomique, Paris 1803, p. 514

Signatur: Hw 414

Abbildung: Titelseite

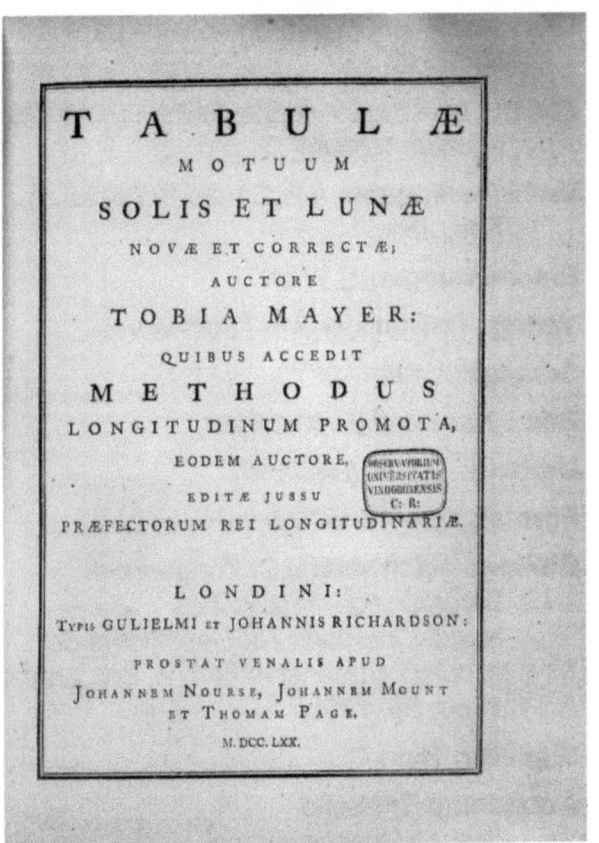

Scherffer, Karl
(1716-1783)

1770

Titel: Institutionum geometricarum pars secunda

Zusatz: sive trigonometria plana, conscripta in usum tironum

Verfasserangabe: a P. Carolo Scherffer, e Soc. Jesu.

Erscheinungsort: Wien

Verlag: Trattner, Johann Thomas von

Sprache: Latein

Bde.: Nur Band 2 vorhanden.

Umfang: 168 S. (Bestand)

Format: Quart (24x19,5cm)

Bibliogr. Nachweis: J.C. Poggendorf, Biographisch-literarisches Handwörterbuch zur Geschichte der exacten Wissenschaften, 2. Bd., Leipzig 1863, Sp. 790f

Signatur: Hw 171

Abbildung: Titelseite
diverse Linsensysteme

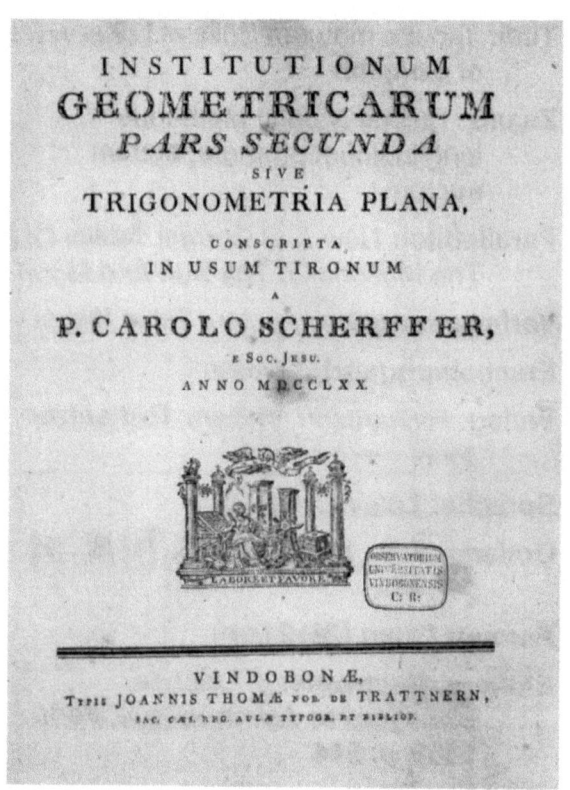

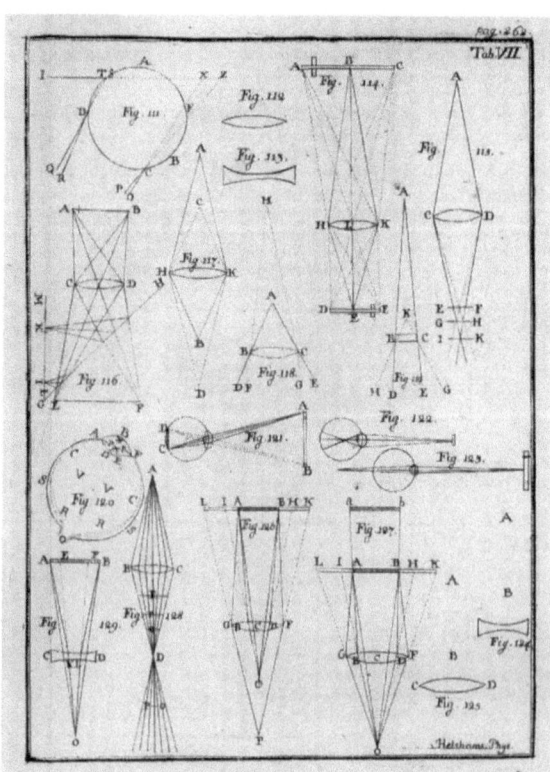

Bernoulli, Johann 1771
(1744-1807)

Gesamttitel: Recueil pour les astronomes

Erscheinungsort: Berlin

Verlag: Desaint (Band 1); Decker, G. J. (Band 2); Haude und Spener (Band 3)

Sprache: Französisch

Bde.: Bände 1 - 3: Tome I-III, 1771, 1772, 1776

Umfang: 1048 S. (gesamt)

Format: Oktav (22x14cm)

Signatur: Hw 448, Hw 448d

Abbildung: Titelseite des ersten Teils

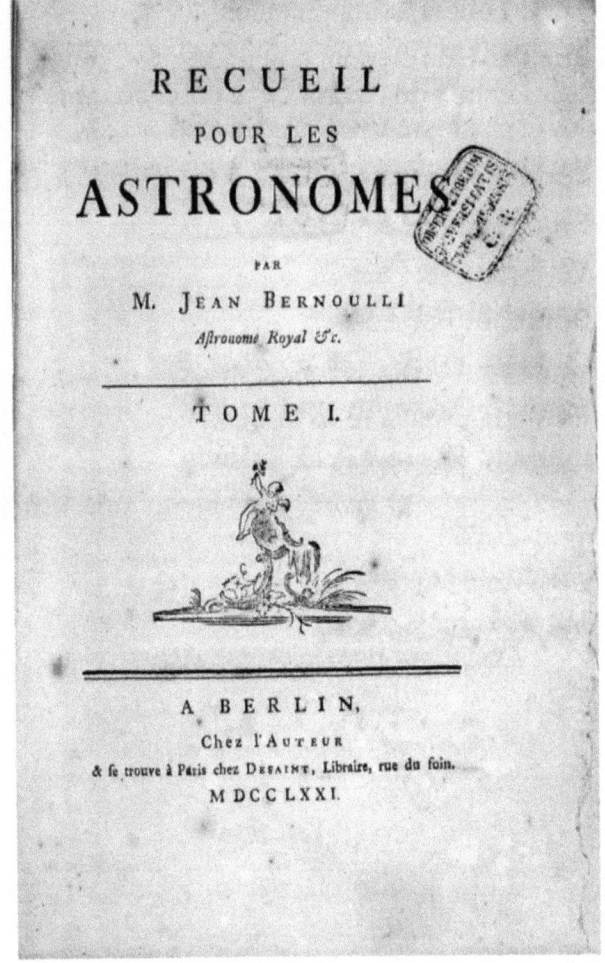

Bernoulli, Johann
(1744-1807)

1771

Titel: Lettres astronomiques

Zusatz: Où l'on donne une idée de l'état actuel de l'astronomie pratique dans plusieurs villes de l'Europe

Verfasserangabe: Par M. Jean Bernoulli

Erscheinungsort: Berlin

Verlag: Chez l'auteur

Sprache: Französisch

Umfang: [4] Bl., 175 S., 2 gef. Bl.

Format: Oktav (18,5x11,5cm)

Bibliogr. Nachweis: J. Lalande, Bibliographie astronomique, Paris 1803, p. 521

Signatur: Hw 468

Abbildung: Titelseite
Observatorium in Greenwich

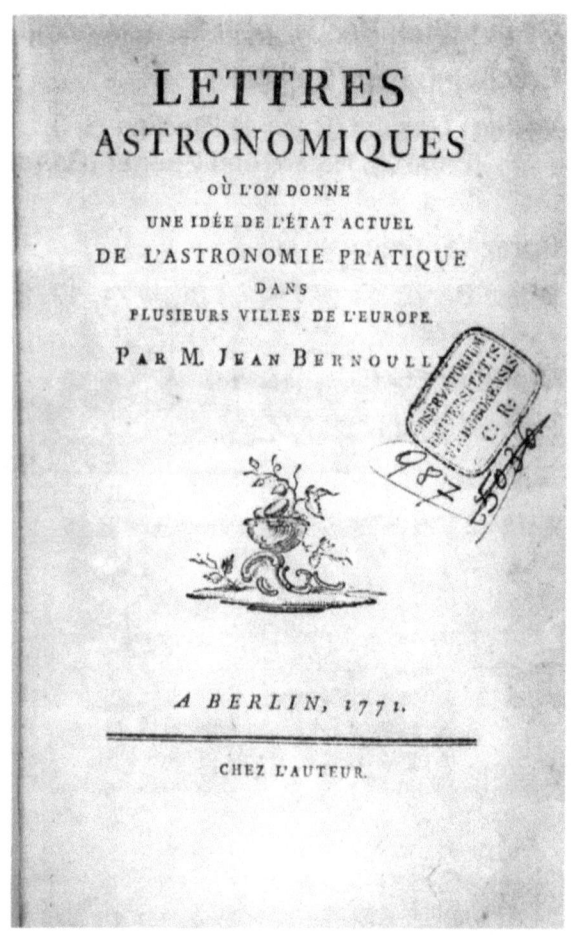

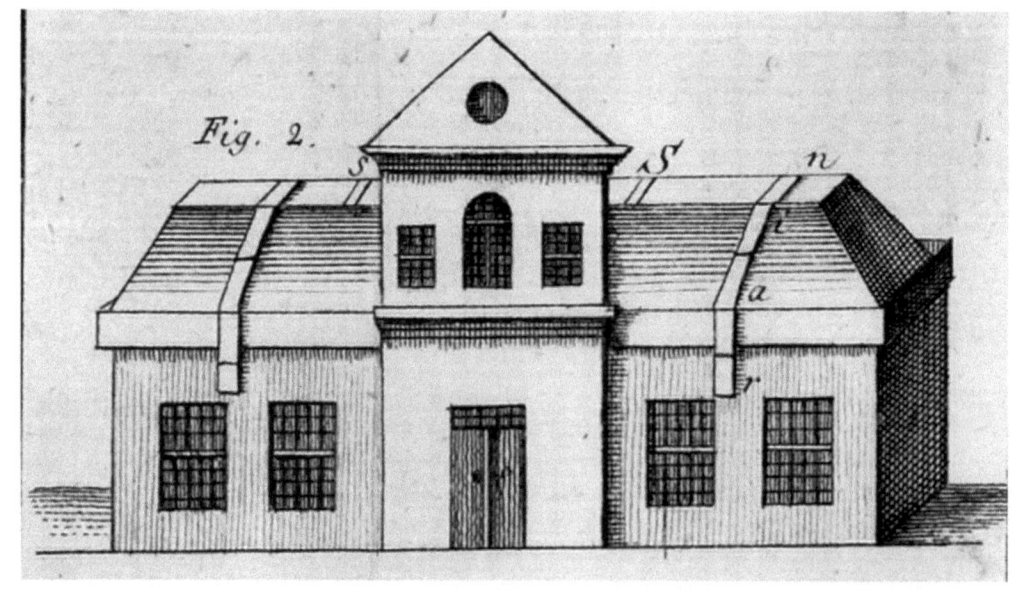

Dicquemare, Jacques-François
(1733-1789)

Titel: La connoissance de l'astronomie

Zusatz: Rendue aisée, & mise à la portée de tout le monde.

Ausgabe: Seconde édition, augmentée par l'auteur, & enrichie de vingt-six planches en taille-douce.

Verfasserangabe: Par M. l'Abbé Dicquemare.

Erscheinungsort: Paris

Verlag: Lottin

Sprache: Französisch

Umfang: 10 S., 158 S., [24] Bl., [2] gef. Bl., [1] Bl.

Format: Oktav (19,5x12,5cm)

Bibliogr. Nachweis: J. Lalande, Bibliographie astronomique, Paris 1803, p. 525

Signatur: Hw 464

Abbildung: Titelseite
Astronomische Dämmerung

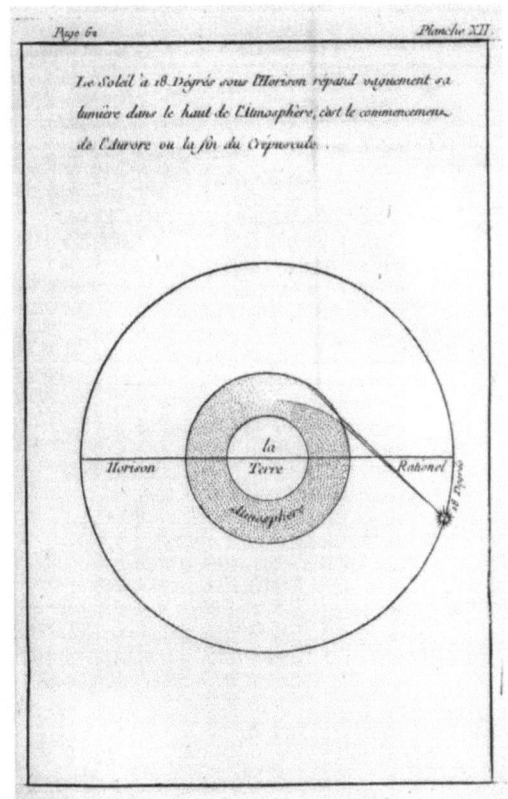

Euler, Leonhard
(1707-1783)

1771

Titel: <Leonhard Euler> Vollständige Anleitung zur Algebra

Zusatz: [...] von den verschiedenen Rechnungsarten, Verhältnissen und Proportionen. Mit Röm. Kayserl. und Churfürstl. Sächß. allergnädigsten Privilegiis

Erscheinungsort: Petersburg

Verlag: Im Verlag der Akademie der Wissenschaften

Sprache: Deutsch

Bde.: Bände 1 - 2

Umfang: 656 S. (gesamt)

Format: Oktav (19,5x12cm)

Bibliogr. Nachweis: J.C. Poggendorf, Biographisch-literarisches Handwörterbuch zur Geschichte der exacten Wissenschaften, 1. Bd., Leipzig 1863, Sp. 689f

Signatur: Ma V 9

Abbildung: Titelseite des ersten Teils

Gianella, Carlo
(1740-1810)

1771

Titel: De fluxionibus earumque usu

Verfasserangabe: Auctore Carolo Gianella Societatis Jesu

Erscheinungsort: Mailand

Verlag: Galeatius, Joseph

Sprache: Latein

Umfang: 141 S., [1] Bl., [1] gef. Bl.

Format: Oktav (20,5x13cm)

Signatur: Hw 562

Abbildung: Titelseite
Funktionsgraphen

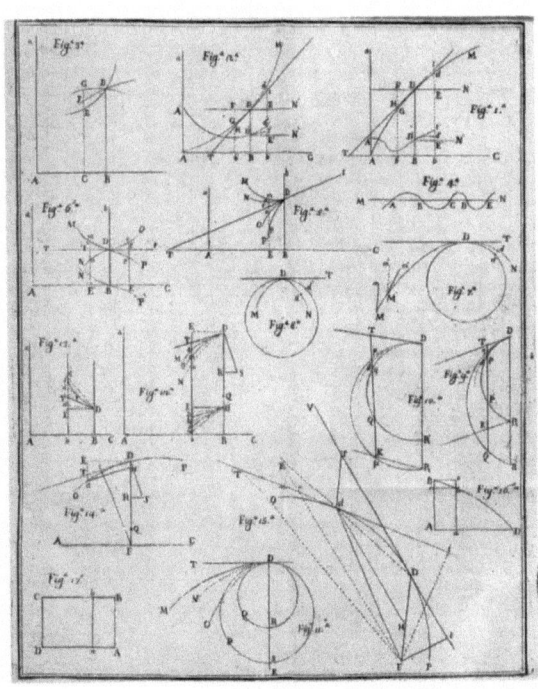

Lalande, Joseph Jerôme Le Français de — 1771

Titel: Tables astronomiques calculées pour le méridien de Paris, sur les observations les plus exactes, faites jusqu'à l'année 1770.

Erscheinungsort: [S.l.]

Sprache: Französisch

Umfang: 248 S.

Format: Quart (25,6x20cm)

Bibliogr. Nachweis: J.C. Poggendorf, Biographisch-literarisches Handwörterbuch zur Geschichte der exacten Wissenschaften, 1. Bd., Leipzig 1863, Sp. 1349ff

Signatur: Hw 410

Abbildung: Titelseite

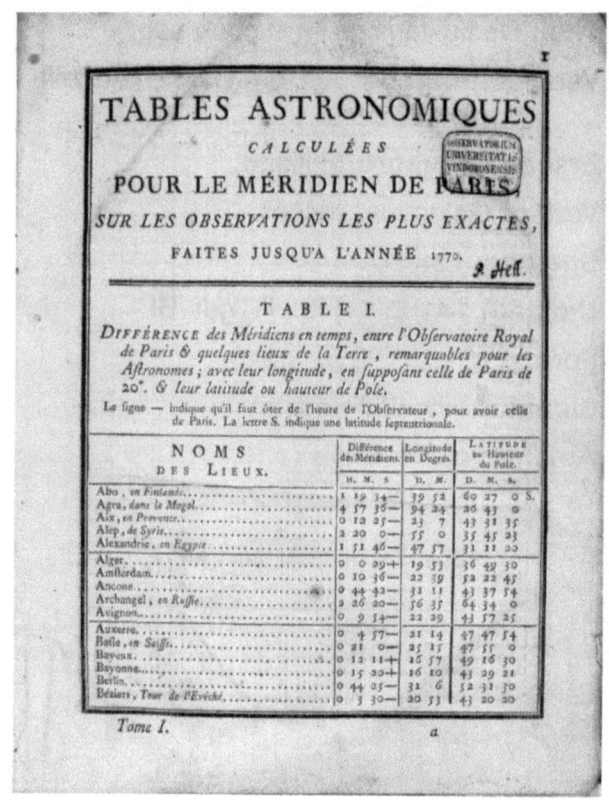

Pilgram, Anton [23]
(1730-1793)

1771

Titel: Tabulæ Lunares Tobiæ Mayeri

Zusatz: novæ et correctæ juxta editionem Londinensem anni 1770 ad meridianum Parisinum reductæ, et pro facilitando calculo sic dispositæ ut omnes æquationes positivæ sint. Præmissa differentia inter novas Solares tabulas Mayeri, et tabulas de la Caillii.

2. Autor: Mayer, Tobias

Verfasserangabe: a P. Antonio Pilgram

Erscheinungsort: Wien

Verlag: Trattner, Johann Thomas von

Sprache: Latein

Umfang: 109 S., [2] gef. Bl.

Format: Oktav (19x12cm)

Signatur: Hw 435

Abbildung: Titelseite
Sonnen- und Mondbahn

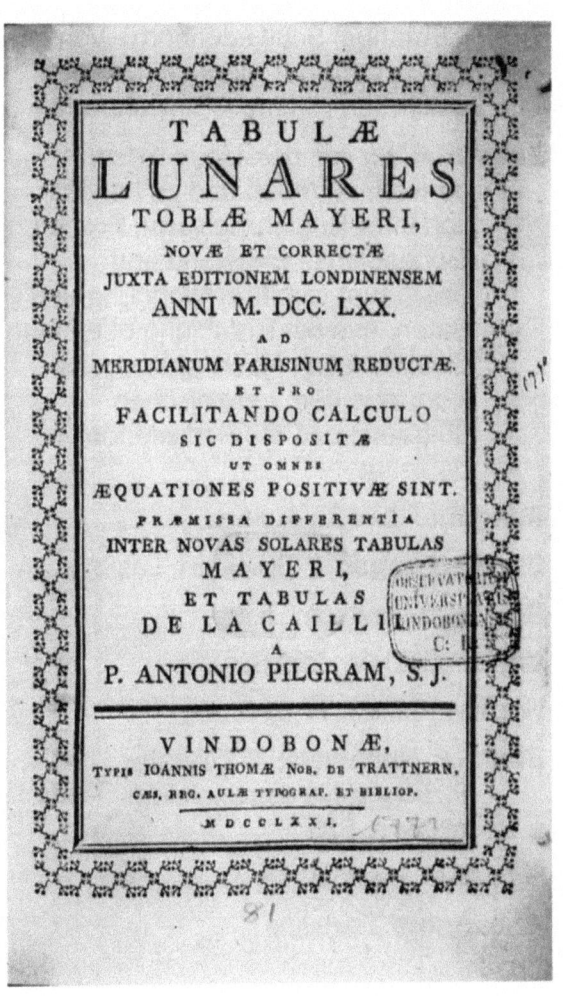

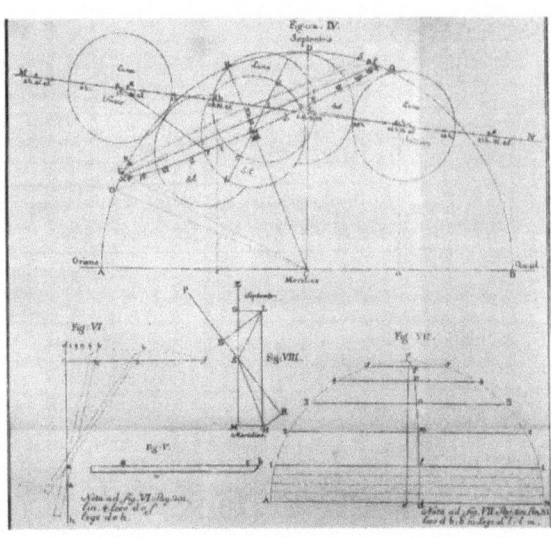

Swedenborg, Emanuel [24]
(1688-1772)

1771

Titel: <Emanuel Schwedenborg> Von den Erdkörpern der Planeten und des gestirnten Himmels Einwohnern

Zusatz: Allwo von derselben Art zu denken, zu reden und zu handeln, von ihrer Regierungsform, Policey, Gottesdienst, Ehestand und überhaupt von ihrer Wohnung und Sitten, aus der Erzählung derselben Geister selbst Nachricht gegeben wird. Aus dem Lateinischen übersetzt und mit Reflexionen begleitet.

Ausgabe: Zweyte Auflage

Erscheinungsort: Frankfurt; Leipzig

Sprache: Deutsch

Umfang: [6] Bl., 228 S.

Format: Oktav (17,5x10cm)

Bibliogr. Nachweis: J. Lalande, Bibliographie astronomique, Paris 1803, p. 526

Signatur: Hw 498

Abbildung: Titelseite

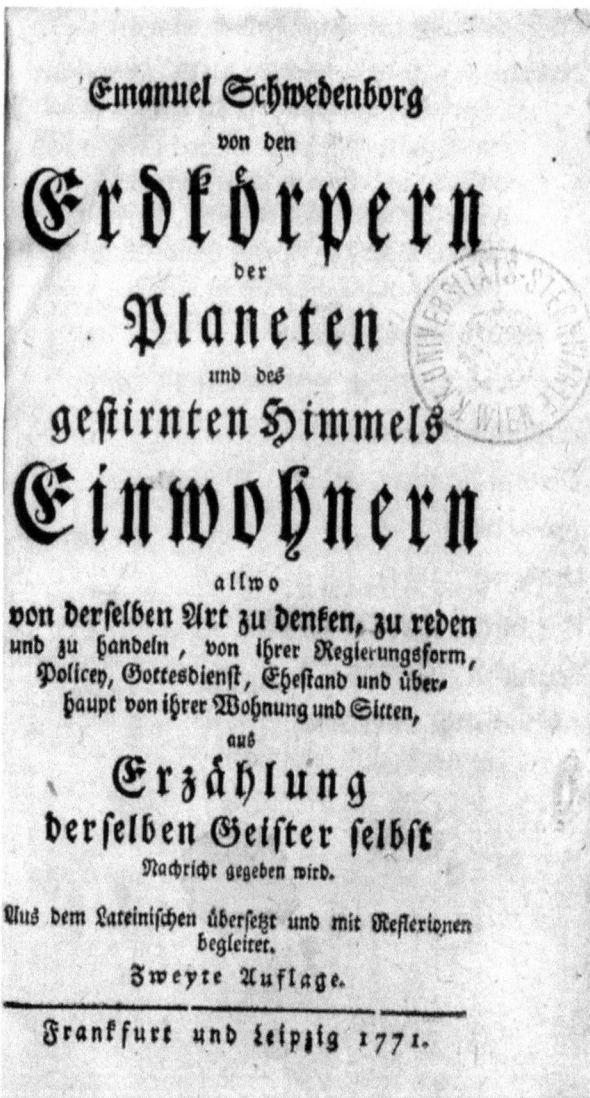

Euler, Leonhard
(1707-1783)

1772

Titel: Theoria motuum Lunae

Zusatz: Nova methodo pertractata una cum tabulis astronomicis unde ad quodvis tempus loca Lunae expedite comptuari possunt, incredibili studio atque indefesso labore trium academicorum: Johannis Alberti Euler, Wolffgangi Ludovici Krafft, Johannis Andreae Lexell

2. Autor: Euler, Johann Albrecht

3. Autor: Krafft, Woffgang Ludovicus

Verfasserangabe: Opus dirigente Leonhardo Eulero

Erscheinungsort: Petersburg

Verlag: Im Verlag der Akademie der Wissenschaften

Sprache: Latein

Umfang: [8] Bl., 775 S., [1] gef. Bl.

Format: Quart (25x20cm)

Bibliogr. Nachweis: J. Lalande, Bibliographie astronomique, Paris 1803, p. 526

Signatur: Hw 61

Abbildung: Titelseite
Illustration zur Eulerschen Mondtheorie

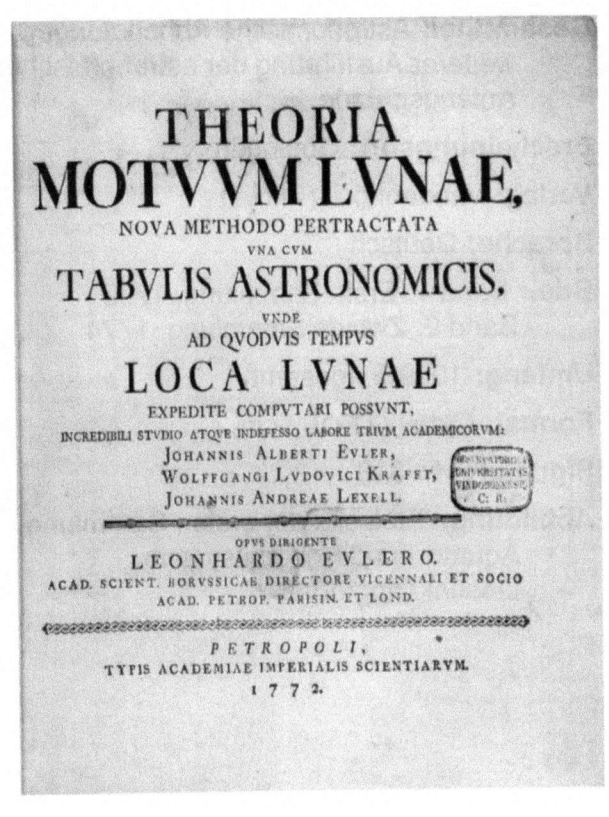

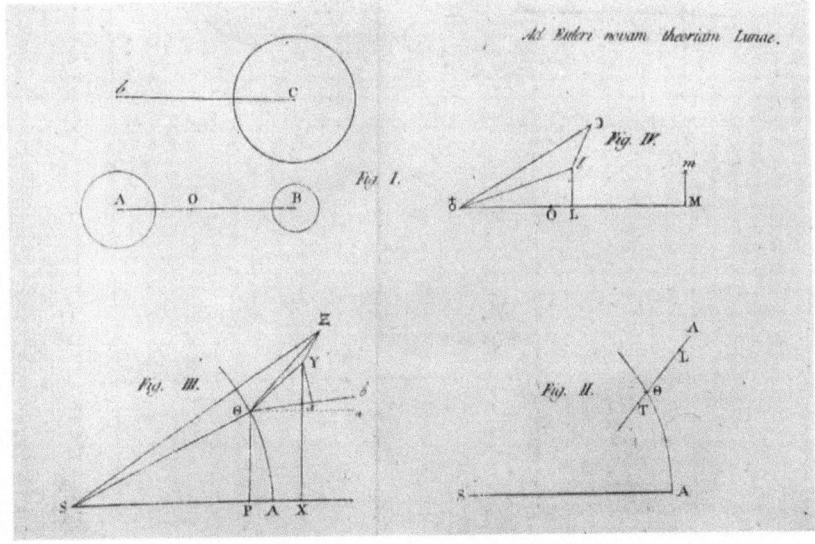

Kästner, Abraham Gotthelf
(1719-1800)

1772

Gesamttitel: Astronomische Abhandlungen zu weiterer Ausführung der astronomischen Anfangsgründe

Erscheinungsort: Göttingen

Verlag: Vandenhöck (Witwe)

Sprache: Deutsch

Bde.: Band 1: Erste Sammlung, 1772
Band 2: Zweyte Sammlung, 1774

Umfang: 1009 S. (gesamt)

Format: Oktav (17x10,5cm)

Signatur: Hw 818

Abbildung: Titelseite der ersten Sammlung
Äquator- und Horizontsystem
Linsenkenngrößen

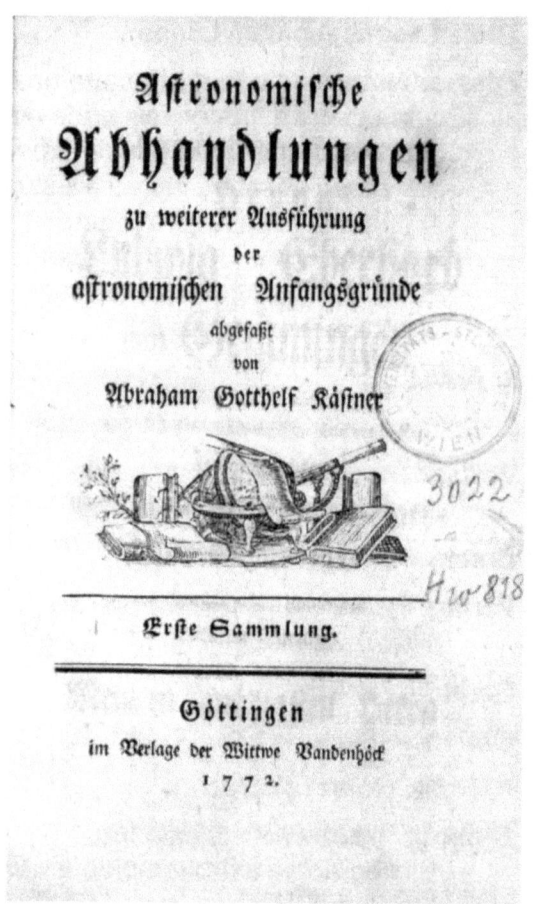

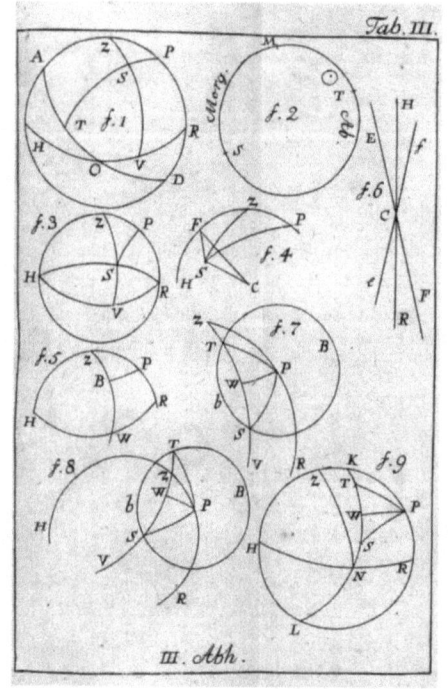

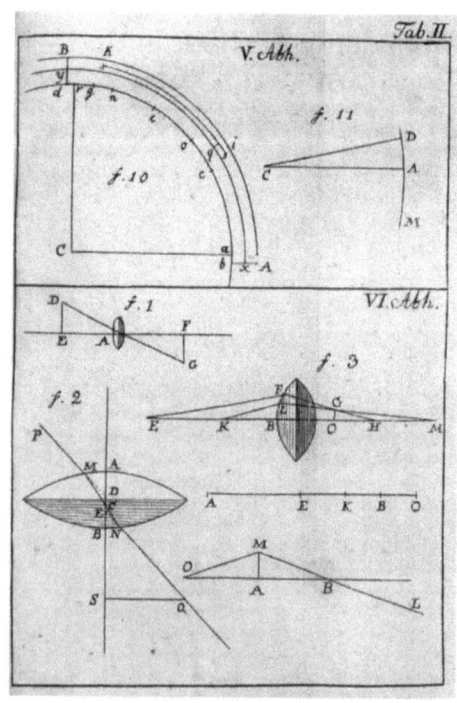

La Caille, Nicolas Louis de
(1713-1762)

1772

Titel: Leçons élémentaires de mathématiques

Zusatz: Ou élémens d'algebre et de géométrie

Ausgabe: Nouvelle édition, revue, corrigée & augmentée.

Verfasserangabe: Par M. l'Abbé de La Caille, de l'Académie Royale des Sciences, de celles de Petersbourg, de Berlin, de Stokholm, de Gottingue, & de l'Institut de Bologne; Professeur de Mathématiques au Collége Mazarin.

Erscheinungsort: Paris

Verlag: Guerin, H. L.; Delatour, L. F.

Sprache: Französisch

Umfang: [4] Bl., 277 S., [1] Bl., 6 gef. Bl.

Format: Oktav (19,5x12cm)

Bibliogr. Nachweis: J.C. Poggendorf, Biographisch-literarisches Handwörterbuch zur Geschichte der exacten Wissenschaften, 1. Bd., Leipzig 1863, Sp. 1337f

Signatur: Hw 549

Abbildung: Titelseite
Kegelschnitte

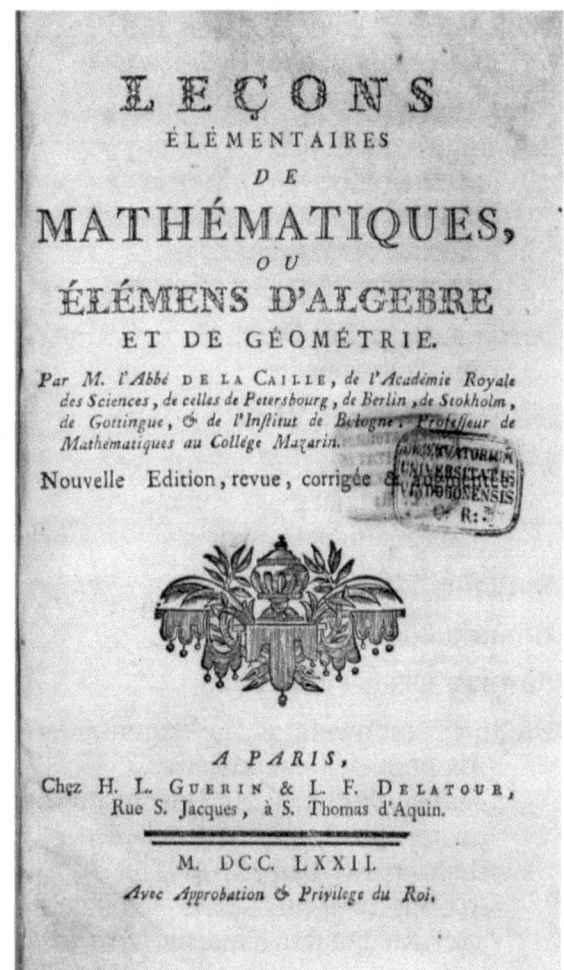

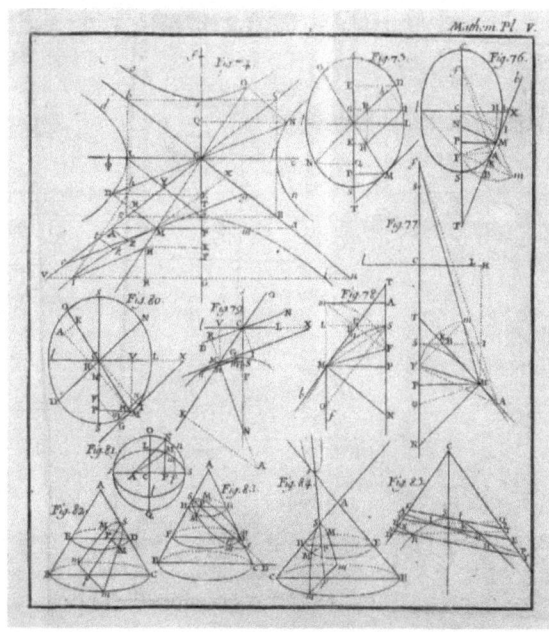

Le Ratz de Lanthenée, Jean François 1772
(-1770)

Titel: Versuch einer Methode, die Aerometers, oder Hydroskopen miteinander zu vergleichen

Zusatz: als ein Zusatz zu der physisch mathematischen Untersuchung von der Richtigkeit des Masses und den Nutzen der Hydroskopien [...] Aus dem Französischen übersetzt.

Verfasserangabe: Durch Herrn Le Ratz de Lanthenée

Erscheinungsort: Wien

Verlag: Auf Kosten des kaiserl. königl. allergnädigst privil. Kunst- und Realzeitungs Comtoir

Sprache: Deutsch

Umfang: 30 S.

Format: Oktav (16,5x10cm)

Bibliogr. Nachweis: J. C. Poggendorf, Biographisch-literarisches Handwörterbuch zur Geschichte der exacten Wissenschaften, 1. Bd., Leipzig 1863, Sp. 1374. Der bibliographische Nachweis bezieht sich auf die französische Auflage: Essai sur une méthode de rendre les aréometres ou pèse-liqueurs comparables (Paris 1769).

Signatur: Hw 1001

Abbildung: Titelseite

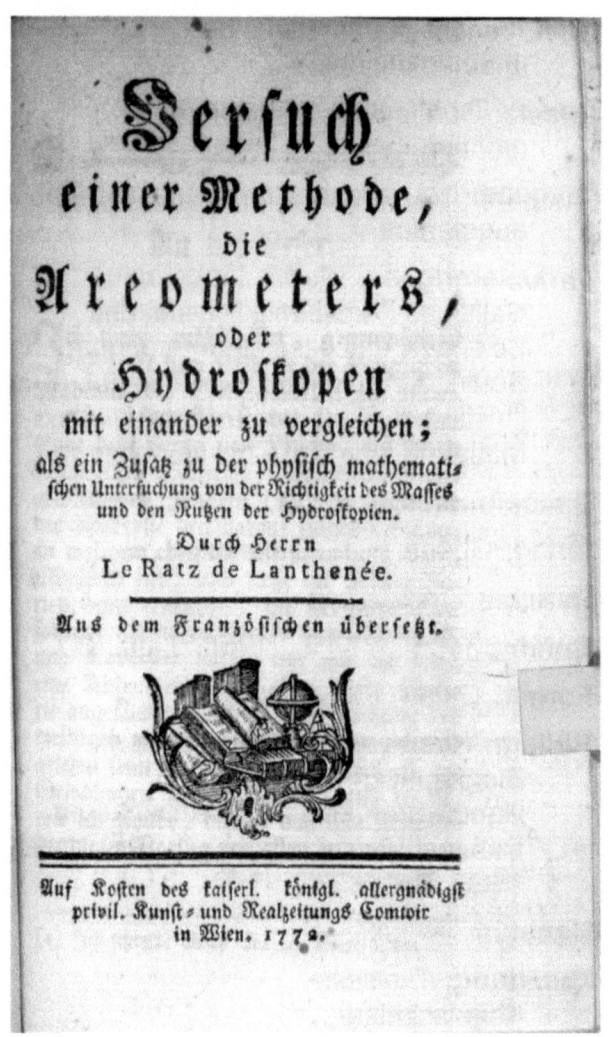

Hell, Maximilian
(1720-1792)

1773

Titel: Supplementum dissertationis de parallaxi Solis

Verfasserangabe: A R. P. Maximiliano Hell, è S. J. Astronomo Cæsareo-Regio.

Erscheinungsort: Wien

Verlag: Trattner, Johann Thomas von

Sprache: Latein

Umfang: 162 S., [1] gef. Bl.

Format: Oktav (19,5x12cm)

Signatur: Hw 551

Abbildung: Titelseite

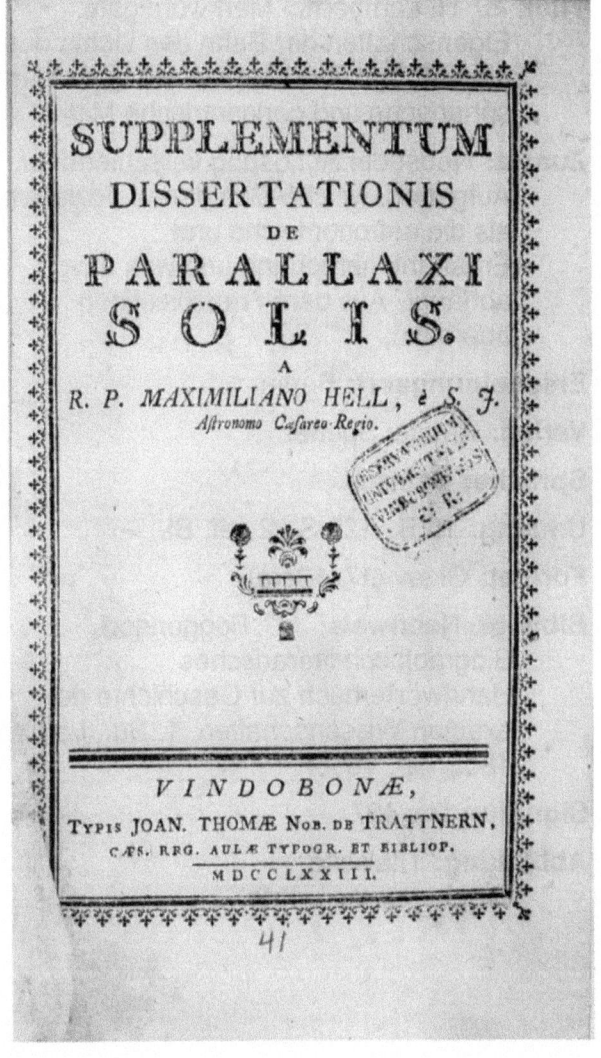

Lambert, Johann Heinrich [25]

(1728-1777)

1773

Titel: <J. H. Lamberts> Merkwürdigste Eigenschaften der Bahn des Lichts durch die Luft und überhaupt durch verschiedene sphärische und concentrische Mittel

Zusatz: Nebst der Auflösung verschiedener Aufgaben, welche sich darauf beziehen, als die astronomische und Erdstrahlenbrechung und was davon abhängt. Aus dem Französischen übersetzt.

Erscheinungsort: Berlin

Verlag: Haude; Spener

Sprache: Deutsch

Umfang: 15 S., 128 S., 2 gef. Bl.

Format: Oktav (17x10cm)

Bibliogr. Nachweis: J.C. Poggendorf, Biographisch-literarisches Handwörterbuch zur Geschichte der exacten Wissenschaften, 1. Bd., Leipzig 1863, Sp. 1355f

Signatur: Hw 437

Abbildung: Titelseite
Brechung des Lichts

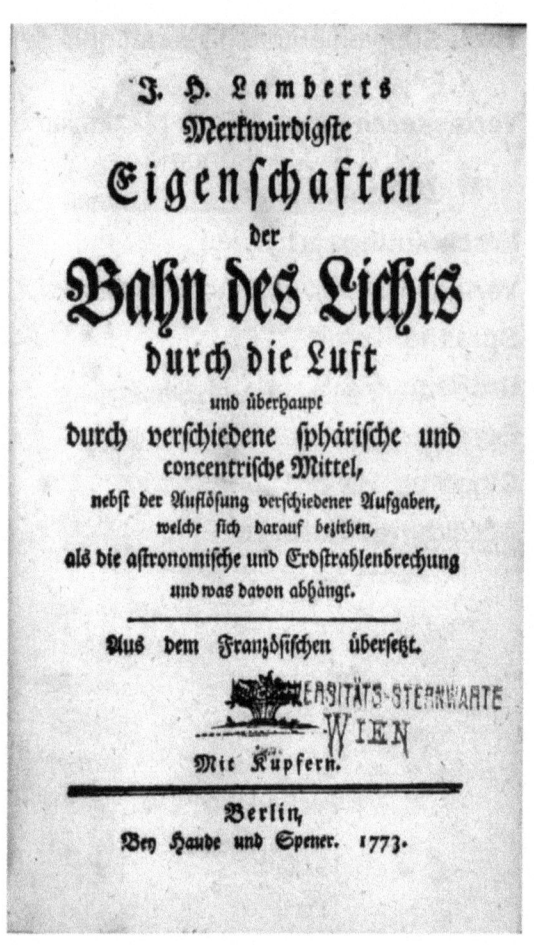

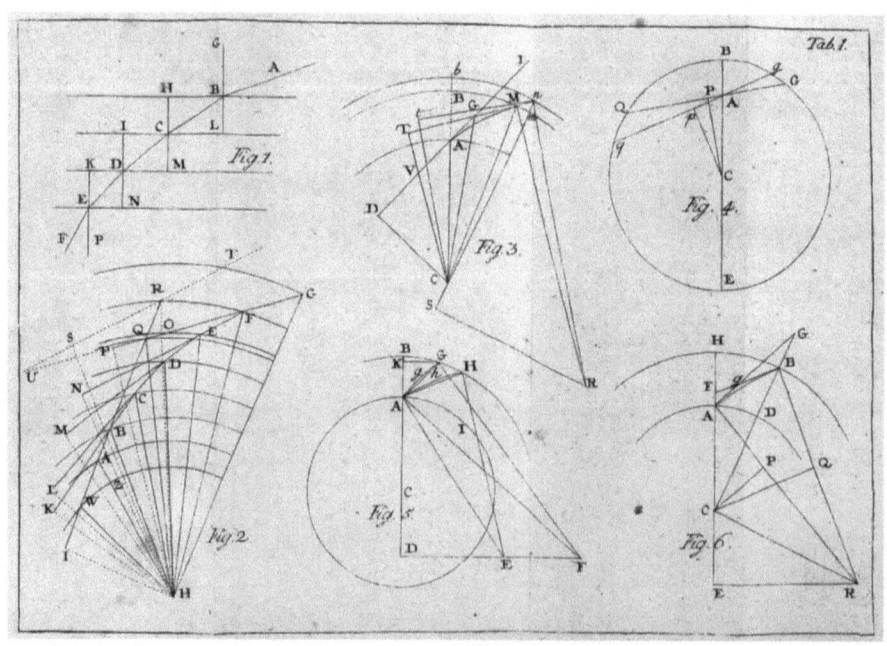

Walcher, Joseph
(1718-1803)

1773

Titel: Nachrichten von den Eisbergen in Tyrol

Verfasserangabe: von Joseph Walcher

Erscheinungsort: Wien

Verlag: Kurzböck, Joseph

Sprache: Deutsch

Umfang: 5 Bl., [2] Bl., 99 S., [5] gef. Bl.

Format: Quart (19x12cm)

Bibliogr. Nachweis: J.C. Poggendorf, Biographisch-literarisches Handwörterbuch zur Geschichte der exacten Wissenschaften, 2. Bd., Leipzig 1863, Sp. 1244

Signatur: Hw 819

Abbildung: Titelseite
Berglandschaft

Euler, Leonhard
(1707-1783)

Titel: Élémens d'Algèbre

Zusatz: [...] Traduits de l'allemand, avec des notes et des additions.

Verfasserangabe: Par M. Léonhard Euler

Erscheinungsort: Lyon

Verlag: Bruyset, Jean-Marie

Sprache: Französisch

Bde.: Bände 1 - 2

Umfang: 1392 S. (gesamt)

Format: Oktav (19,5x12cm)

Signatur: Ma V 10

Abbildung: Titelseite des ersten Teils

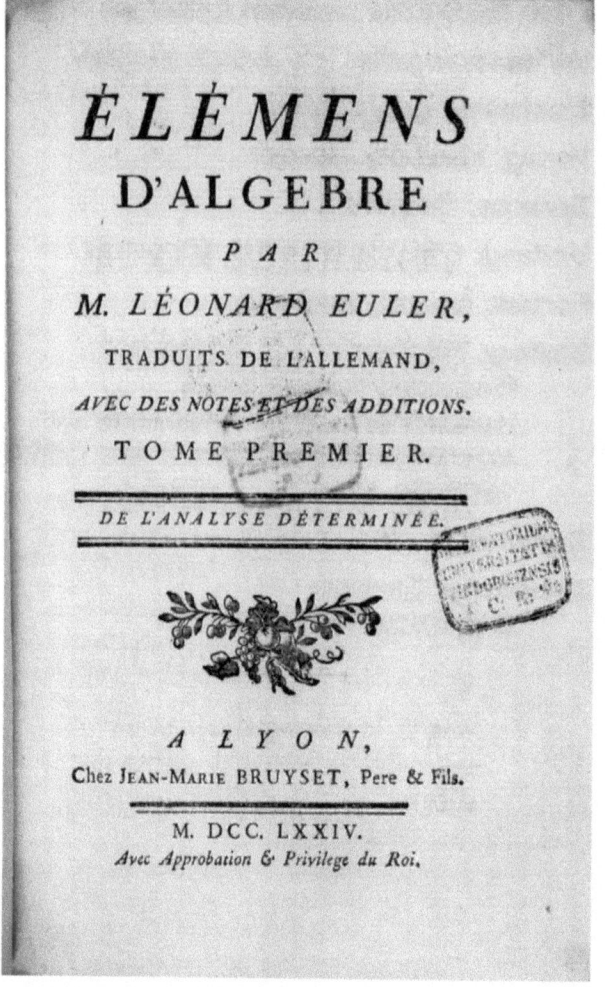

Maskelyne, Nevil 1774
(1732-1811)

Gesamttitel: Astronomical observations made at the Royal Observatory at Greenwich

Erscheinungsort: London

Verlag: Richardson

Sprache: Englisch

Bde.: Vol. 1, Pt. 1765/69
Vol. 1, Pt. 1770/74
Vol. 2, Pt. 1775/83
Vol. 2, Pt. 1784/86
Vol. 3, Pt. 1787/88
Vol. 3, Pt. 1789/95
Vol. 3, Pt. 1796/98
Vol. 4, Pt. 1799/1802

Umfang: 1843 S. (Bestand)

Format: Folio (37x23,5cm)

Bibliogr. Nachweis: J. Lalande, Bibliographie astronomique, Paris 1803, p. 537f

Signatur: Hw 197, Hw 210

Abbildung: Titelseite Astronomical Observations Buch 1

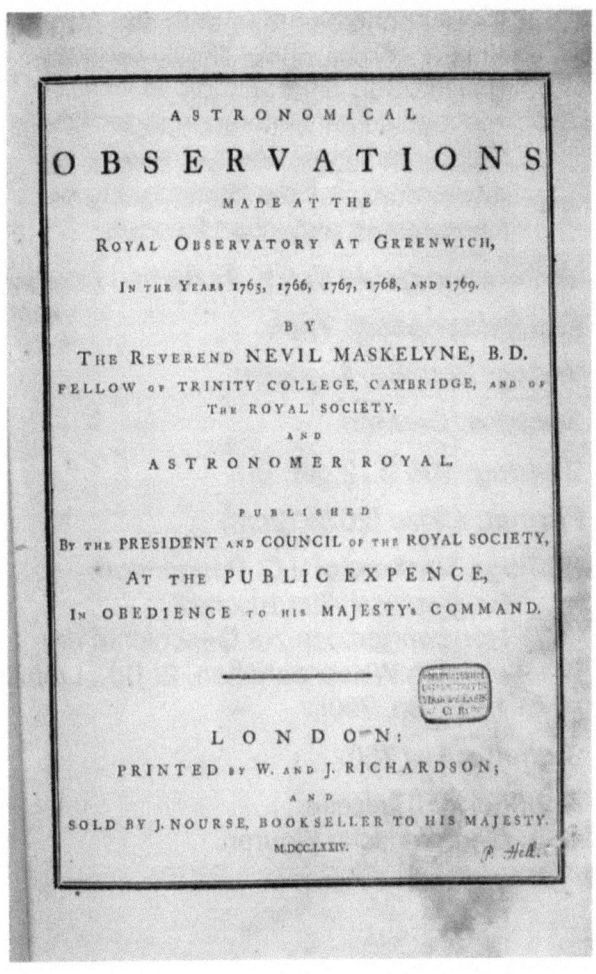

Scherffer, Karl
(1716-1783)

1774

Titel: Berechnung des Moments der Trägheit einiger Körper, derer Theile durchaus gleichförmig sind, und die in mechanischen Untersuchungen öftern Gebrauch haben können, sammt der Anwendung auf die Bestimmung der Länge eines einfachen Pendels.

Verfasserangabe: Von K. Scherffer, Priester.

Erscheinungsort: Wien

Verlag: Bernard, Augustin

Sprache: Deutsch

Umfang: 105 S., 3 gef. Bl.

Format: Oktav (20,5x12cm)

Bibliogr. Nachweis: J.C. Poggendorf, Biographisch-literarisches Handwörterbuch zur Geschichte der exacten Wissenschaften, 2. Bd., Leipzig 1863, Sp. 790f

Signatur: Hw 750

Abbildung: Titelseite
Geometrische Figuren

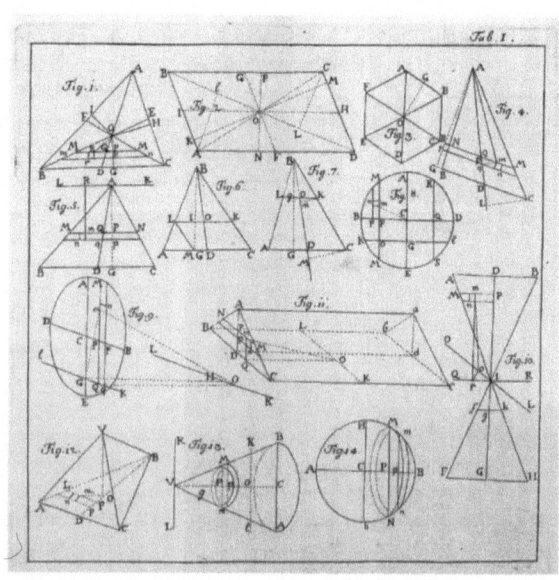

Zanotti, Eustachio   1774
(1709-1782)

Titel: Ephemerides motuum cælestium ex anno 1775 in annum 1786 ad Meridianum Bononiæ ex Halleii tabulis supputatæ

Verfasserangabe: Auctoribus Eustachio Zanotto Bononiensis Scientiarum Instituti Astronomo Et Sociis ad usum instituti

Erscheinungsort: Bologna

Verlag: Vulpe, Laelius a

Sprache: Latein

Umfang: [1] Bl., 7 S., 384 S., [3] gef. Bl.

Format: Quart (27x20cm)

Bibliogr. Nachweis: J. Lalande, Bibliographie Astronomique, Paris 1803, p. 539

Signatur: Hw 192

Abbildung: Titelseite
Sonnenfinsternis vom 13. Juni 1779

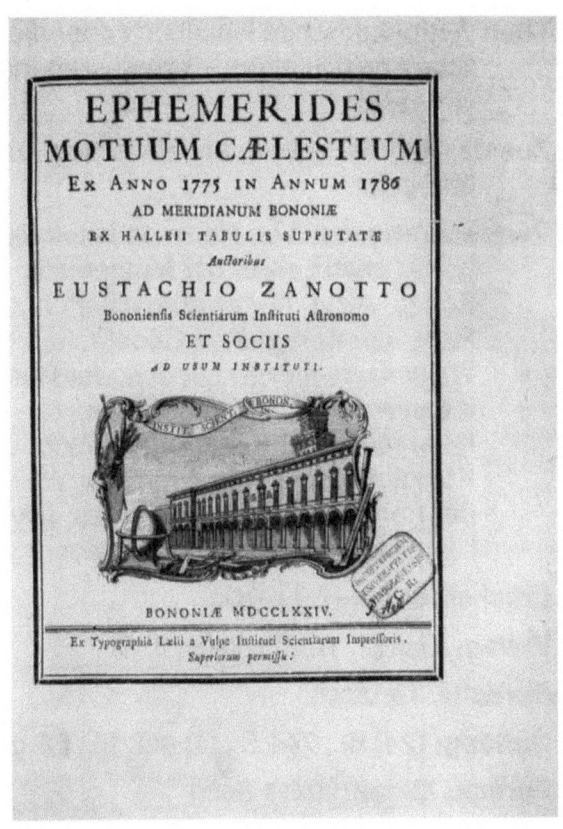

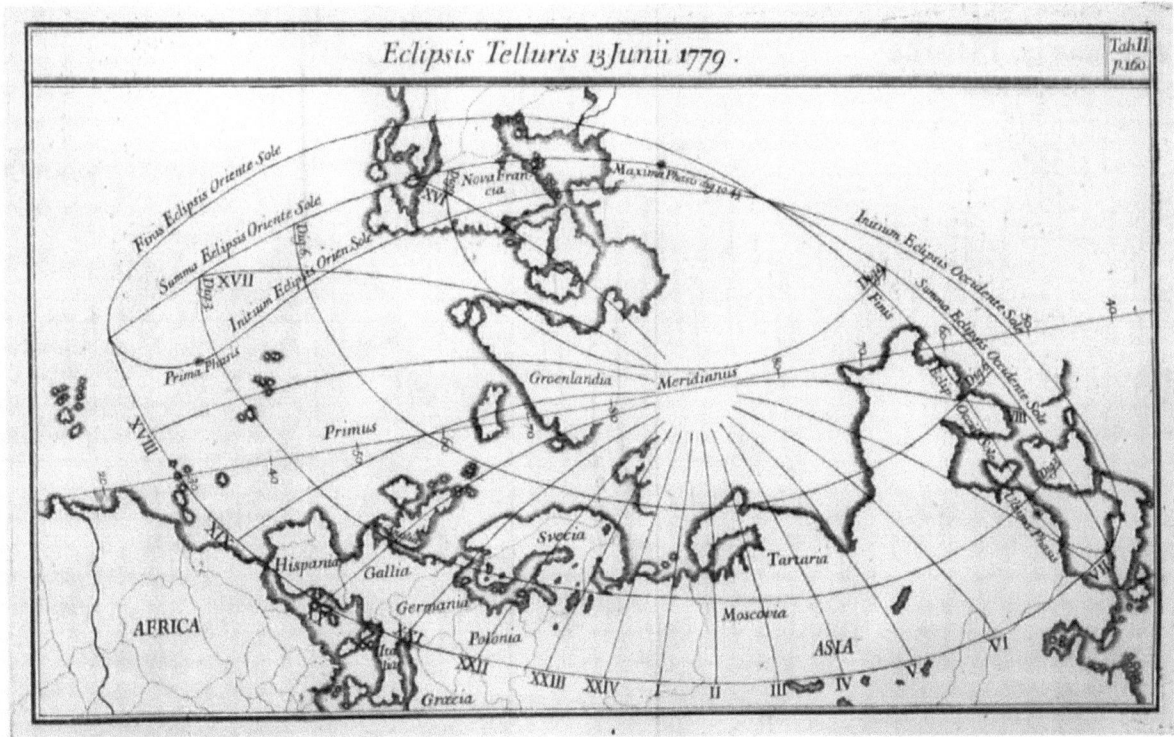

Lalande, Joseph Jérôme Le Français de   1775
(1732-1807)

Titel: Astronomisches Handbuch oder die Sternkunst in einen kurzen Lehrbegriff verfasset

Zusatz: Aus der zwoten französischen Ausgabe übersetzt.

Verfasserangabe: Von Herrn de la Lande, Königlichen Lehrer der Mathematik; der Königl. Akad. der Wissenschaften zu Paris, der Königlichen Gesellschaft der Wissenschaften zu London, der Russisch Kayserl. Akad. der Wissensch. zu Petersburg, der Königl. Preußisch. und Königl. Schwedisch. Akad. der Wiss. und der Bononisch. Akad. der Wiss. Mitgliede. [...] Königl. Französisch. Censor

Erscheinungsort: Leipzig

Verlag: Flittner, W. F.; Müller, J. C.

Sprache: Deutsch

Umfang: [24] Bl., 744 S., [1] gef. Bl., 16 gef. Bl.

Format: Oktav (20x11,5cm)

Bibliogr. Nachweis: J. Lalande, Bibliographie astronomique, Paris 1803, p. 549

Signatur: Hw 749

Abbildung: Titelseite
  Ringkugel

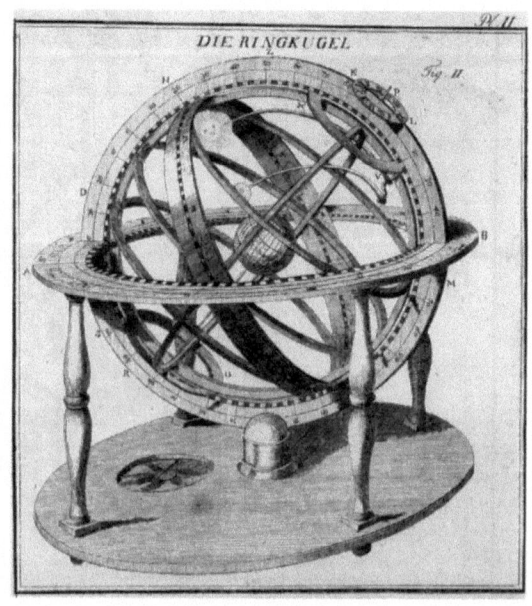

Marinoni, Johann Jacob von
(1676-1755)

1775

Titel: De re ichnometrica veteri, ac nova.

Zusatz: Recensentur experimenta per utramque habita. Accedunt modi areas fundorum sine calculo investigandi. [...] Opus posthumum.

Verfasserangabe: Auctore Jo. Jacobo de Marinoni patricio Utinensi, cæs. regio consiliario, ac mathematico, scientiarum academiis Londinensi, Petropolitanæ, Borussicæ, Bononiensi, Neapolitanæ, Olomucensi, & Roboretanæ adscripto.

Erscheinungsort: Wien

Verlag: Kaliwoda, Johannes Leopold

Sprache: Latein

Umfang: [13] Bl.,272 S., [5]gef. Bl., [1] Bl.

Format: Quart (30,5x21,5cm)

Signatur: Hw 44

Abbildung: Titelseite

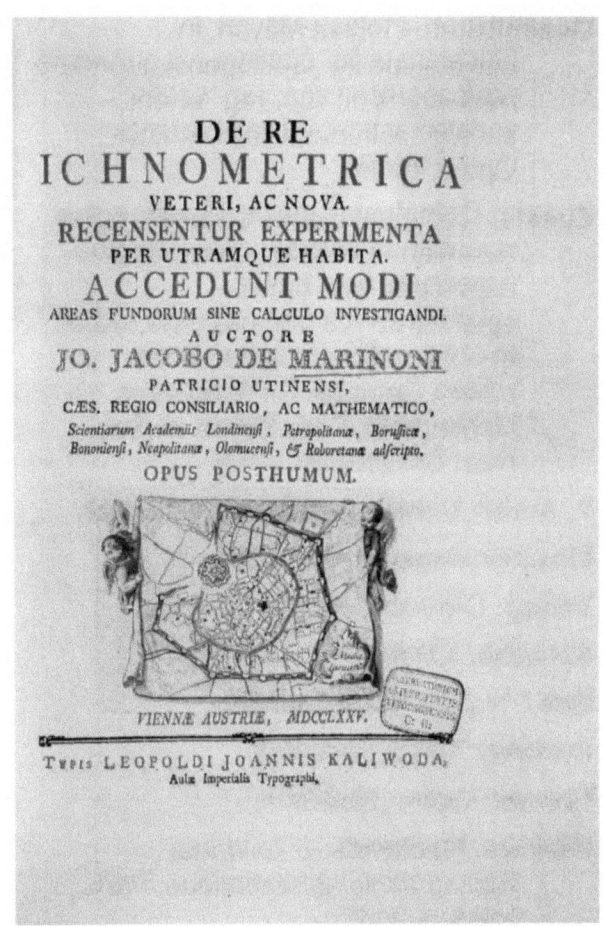

Mayer, Tobias   1775
(1723-1762)

Gesamttitel: <Tobiae Mayeri, in universitate litt. Gottingensi quondam professoris ac soc. reg. scient. sodalis; astronomi celeberrimi> Opera Inedita

Zusatz: Commentationes societati regiae scientiarum oblatas, quae integrae supersunt, cum tabula selenographica complectens. Edidit et observationum appendicem adiecit Georgius Christophorus Lichtenberg, Prof. Philos. et Soc. Reg. Sc. sodalis.

2. Autor: Lichtenberg, Georg Christoph

Erscheinungsort: Göttingen

Verlag: Dieterich, Johann Christian

Sprache: Latein

Bde.: Nur Band 1 vorhanden.

Umfang: 126 S. (Bestand)

Format: Quart (29x23cm)

Bibliogr. Nachweis: J. Lalande, Bibliographie astronomique, Paris 1803, p. 543f

Signatur: Hw 516

Abbildung: Titelseite
Mondkarte

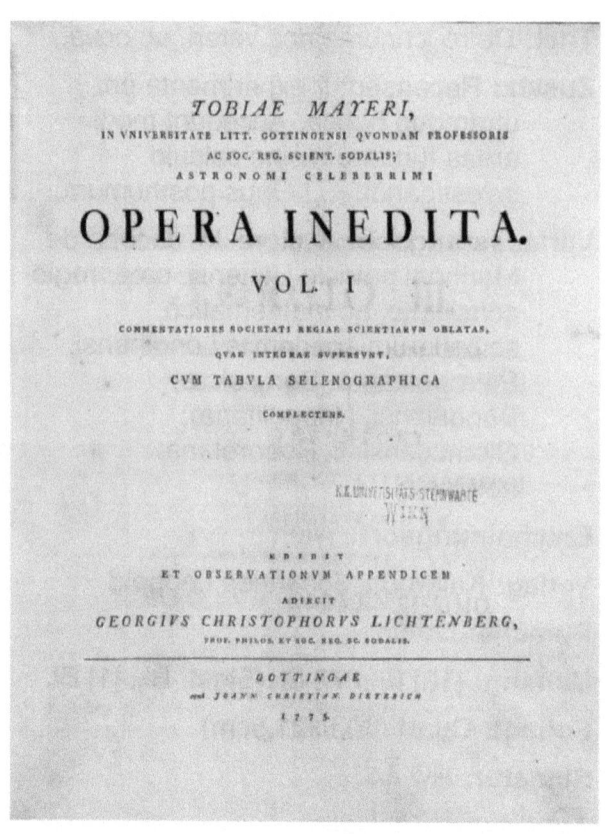

Anonym 1776

Titel: Sammlung astronomischer Tafeln

Zusatz: Unter Aufsicht der Königlich-Preussischen Akademie der Wissenschaften

Erscheinungsort: Berlin

Verlag: Decker, Georg Jacob

Sprache: Deutsch

Bde.: Bände 1 - 3

Umfang: 893 S. (gesamt)

Format: Oktav (22x13cm)

Bibliogr. Nachweis: J. Lalande, Bibliographie astronomique, Paris 1803, p. 551f

Signatur: Hw 426

Abbildung: Titelseite des ersten Teils

Büsch, Johann Georg   1776
(1728-1800)

Titel: <Johann Georg Büsch Professors in Hamburg> Versuch einer Mathematik zum Nutzen und Vergnügen des bürgerlichen Lebens, welcher das Nutzbarste aus der abstracten Mathematik und eine practische Mechanik enthält.

Erscheinungsort: Hamburg; Leipzig

Verlag: Bohn, Carl Ernst

Sprache: Deutsch

Umfang: [3] Bl., 490 S., [18] gef. Bl.

Format: Oktav (18x11cm)

Bibliogr. Nachweis: J.C. Poggendorf, Biographisch-literarisches Handwörterbuch zur Geschichte der exacten Wissenschaften, 1. Bd., Leipzig 1863, Sp. 336

Signatur: Hw 782

Abbildung: Titelseite
Zur Triangulation

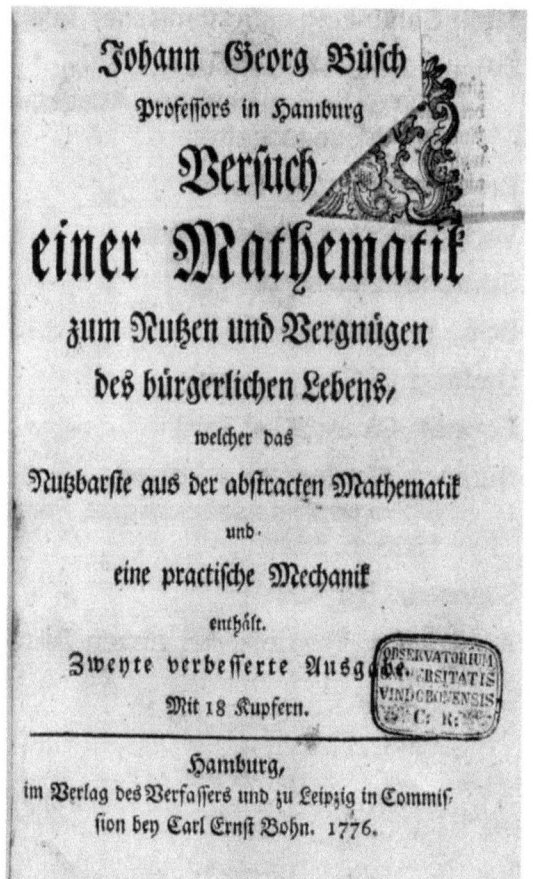

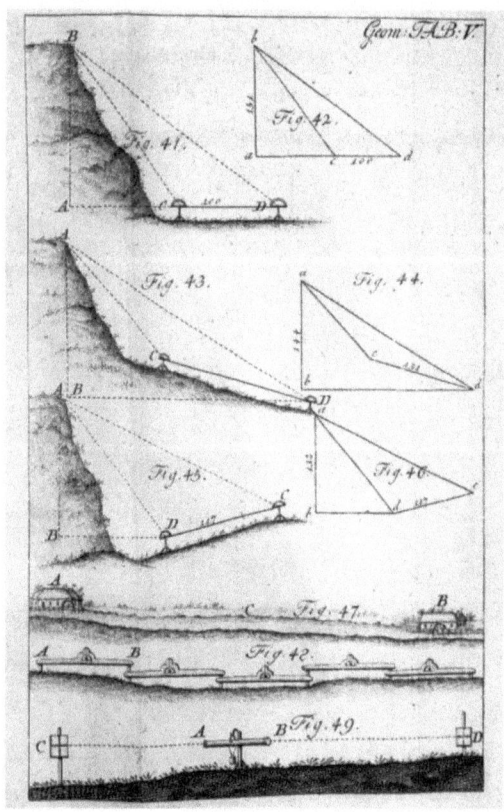

Felkel, Anton
(1740-)

1776

Gesamttitel: Tafel aller einfachen Factoren der durch 2, 3, 5 nicht theilbaren Zahlen von 1 bis 10 000 000

Zusatz: Enthaltend die Factoren von 1 bis 144 000

Verfasserangabe: Entworfen von Anton Felkel, Lehrer an der k. k. Normalschule

Erscheinungsort: Wien

Verlag: Ghelen

Bde.: Band 1: I. Theil
Band 2: Tabula factorum pars II

Umfang: 123 S. (Bestand)

Format: Folio (42x28,5cm)

Signatur: Hw 534

Abbildung: Titelseite des ersten Teils

Fixlmillner, Placidus [26]
(1721-1791)

1776

Titel: Decennium astronomicum

Zusatz: continens observationes praecipuas ab anno 1765 ad annum 1775 in specula Cremifanensi factas, una cum calculis, quibus partim ad tabulas astronomicas novissimas referuntur, parim ad definiendam longitudinem et latitudinem ipsius speculae applicantur, adiectis insuper variis adnotationibus, cum ad theoriam, tum ad usum calculorum astronomicorum accommodatis

Verfasserangabe: a P. Placido Fixlmillner

Erscheinungsort: Steyr

Verlag: Wimmer, Abraham

Sprache: Latein

Umfang: [10] Bl., 280 S., [4] gef. Bl.

Format: Quart (23x18cm)

Bibliogr. Nachweis: J. Lalande, Bibliographie Astronomique, Paris 1803, p. 550

Signatur: Hw 419

Abbildung: Titelseite Konstruktionszeichnungen

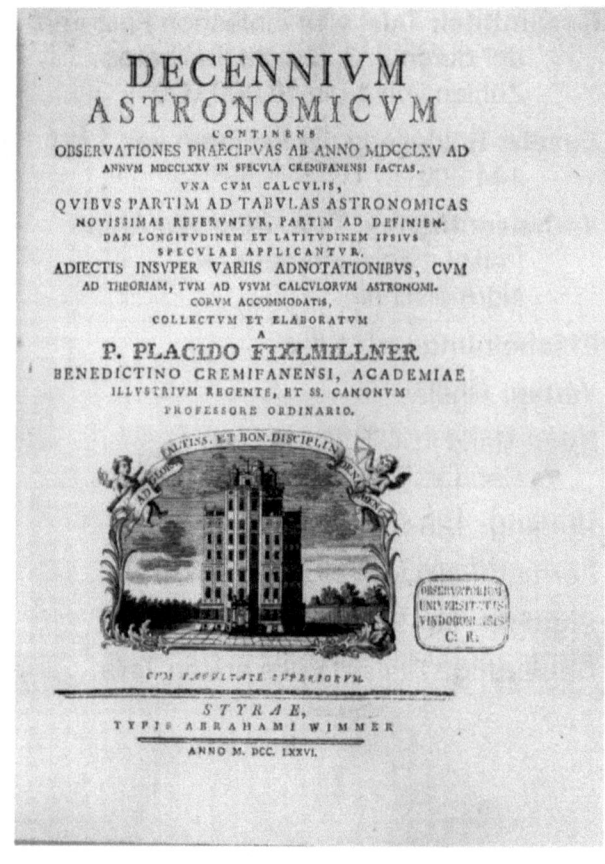

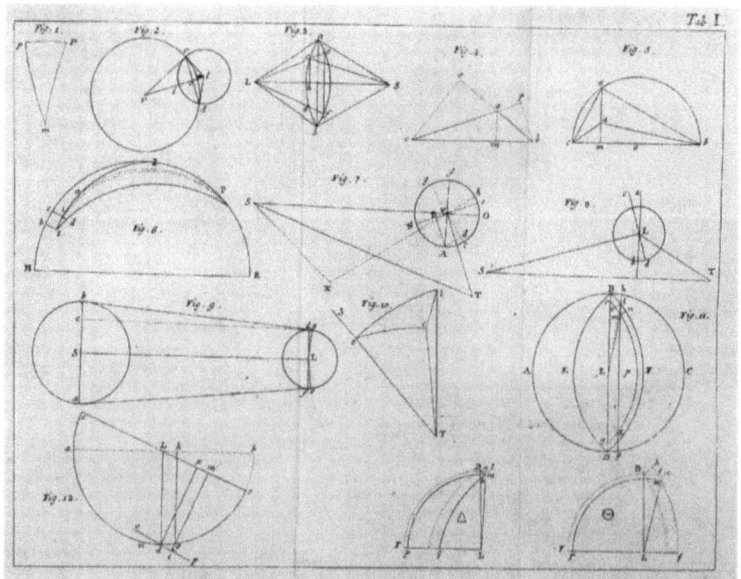

Flamsteed, John
(1646-1719)

1776

Titel: Atlas céleste de Flamstéed

Zusatz: Approuvé par l'Académie Royale des Sciences, et publié sous le privilege de cette compagnie.

Ausgabe: Seconde édition

2. Autor: Fortin, Jean [Herausgeber]

Verfasserangabe: par M. J. Fortin

Erscheinungsort: Paris

Verlag: Deschamps, F. G.

Sprache: Französisch

Umfang: 8 S., 30 Bl., 40 S.

Format: Quart (22x15cm)

Bibliogr. Nachweis: J. Lalande, Bibliographie Astronomique, Paris 1803, p. 553

Signatur: Hw 771

Abbildung: Titelseite
Polarregion

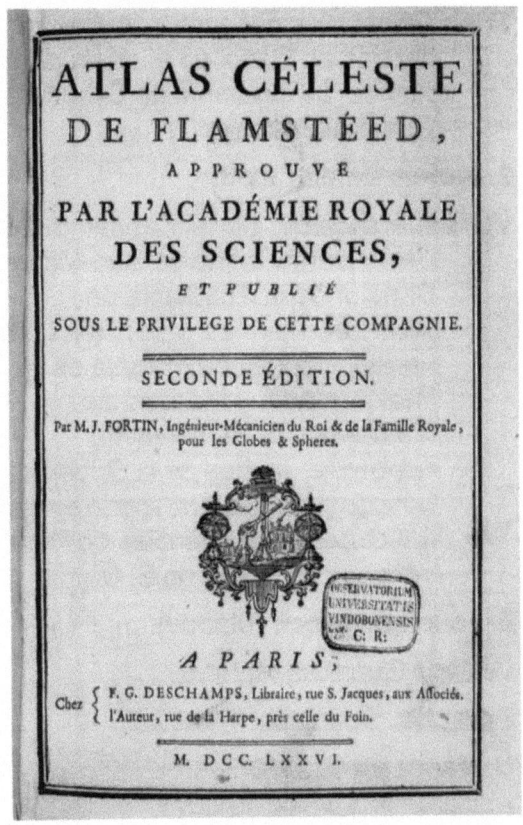

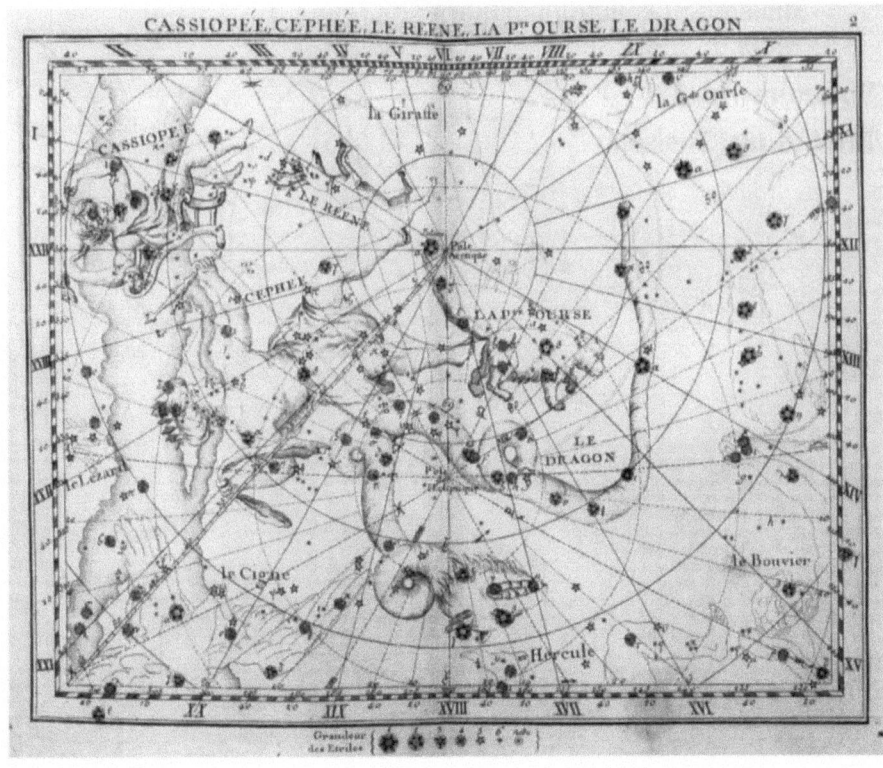

Torfiño de San Miguel, Vincente 1776
(1740-1795)

Titel: Observaciones astronomicas hechas en Cadiz en el observatorio real de la Compañia de Cavalleros Guardias-Marinas

2. Autor: Varela, Joséf

Verfasserangabe: por el Capitan de Navio Don Vicente Tofiño de San-Miguél, Director de la Academia de Guardias-Marinas, y por Don Josef Varela, Capitan de Fragata de la Real Armada, y Maestro de Mathematicas en la misma Academia, ambos de la Sociedad Bascongada, y Correspondientes de la Academia de Ciencias de Paris. Inpresas de orden de S. M.

Erscheinungsort: [Madrid]

Verlag: Guardias-Marinas

Sprache: Spanisch

Umfang: [6] Bl., 156 S.

Format: Quart (23x16cm)

Bibliogr. Nachweis: J. Lalande, Bibliographie astronomique, Paris 1803, p. 550

Signatur: Hw 420

Abbildung: Titelseite

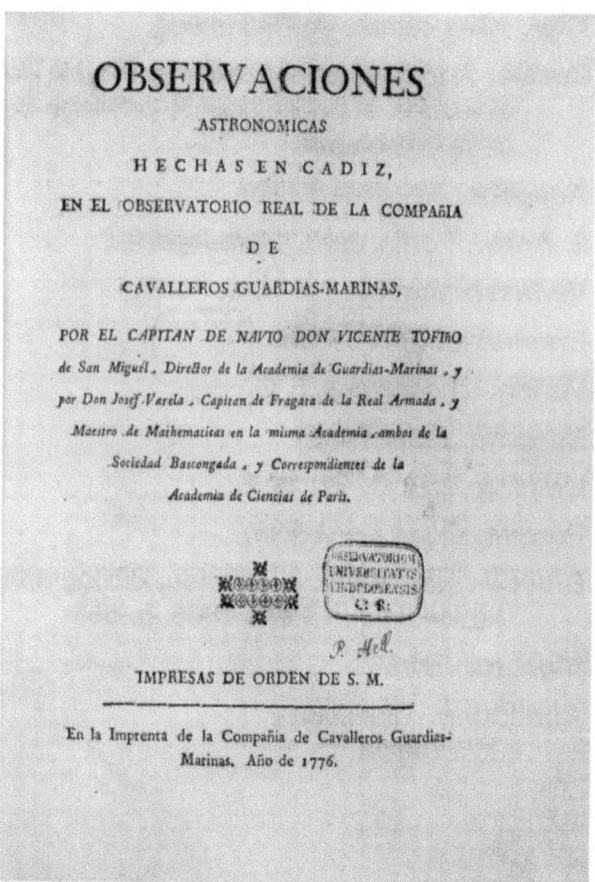

Bailly, Jean Sylvain
(1736-1793)

1777

Titel: Lettres sur l'origine des sciences, et sur celle des peuples de l'Asie

Zusatz: Adressées à M. de Voltaire par M. Bailly, & précédées de quelques lettres de M. de Voltaire à l'auteur. Prix, deux livres huit fols.

Erscheinungsort: London; Paris

Verlag: Elmsley, M.; Debure

Sprache: Französisch

Umfang: [2] Bl., 348 S.

Format: Oktav (20x12cm)

Bibliogr. Nachweis: J. Lalande, Bibliographie astronomique, Paris 1803, p. 560

Signatur: Hw 552

Abbildung: Titelseite

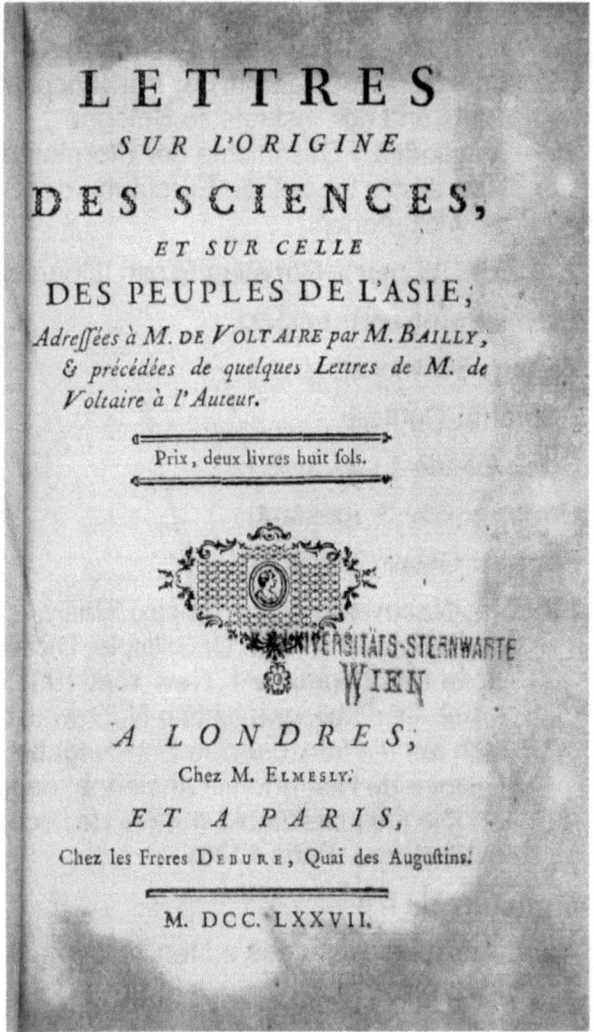

Bailly, Jean Sylvain
1777
(1736-1793)

Titel: <Des Herrn Bailly, Aufsehers über den königlichen Bildersaal wie auch der königlichen Akademie der Wissenschaften zu Paris und des Instituts zu Bologne Mitgliedes.> Geschichte der Sternkunde des Alterthums bis auf die Errichtung der Schule zu Alexandrien.

2. Autor: [Wünsch, Christian Ernst] [Übersetzer]

Erscheinungsort: Leipzig

Verlag: Schwickert

Sprache: Deutsch

Bde.: Bände 1 - 2

Umfang: 659 S. (gesamt)

Format: Oktav (20x12cm)

Bibliogr. Nachweis: S. L. Chapin, "Bailly, Jean-Sylvain". In: C. C. Gillispie, Dictionary of Scientific Biography 1, New York 1981, S. 400 - 402. Der bibliographische Nachweis bezieht sich auf die französische Erstausgabe: Histoire de l'astronomie ancienne, depuis son origine jusqu'à l'établissement de l'école d'Alexandre (Paris 1775)

Signatur: Ha II 8

Abbildung: Titelseite des ersten Teils
Tierkreiszeichen

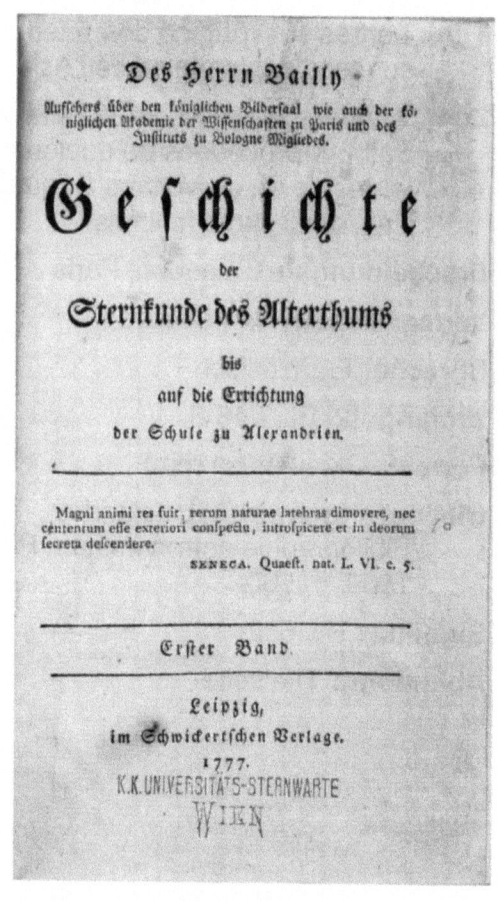

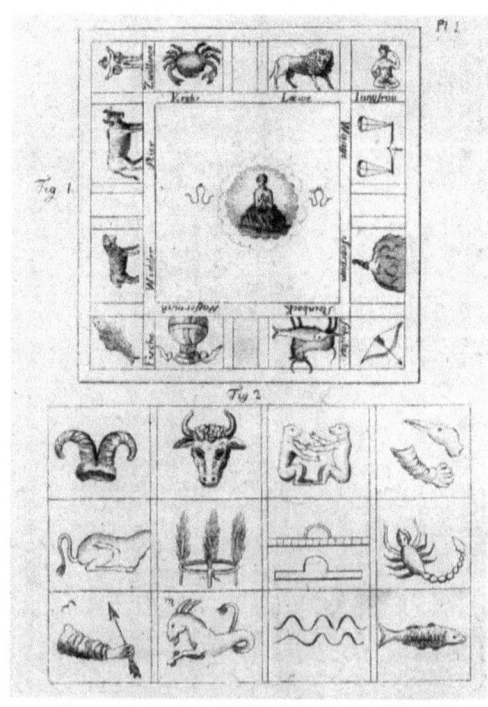

Funk, Christlieb Benedict 1777

Titel: <Christlieb Benedict Funks der Naturlehre ordentlichen Professors und der philosophischen Facultät zu Leipzig dermahligen Dechants> Anweisung zur Kenntnis der Gestirne auf zwey Planiglobien und zween Sternkegeln, nach Bayern und Vaugondy

Erscheinungsort: Leipzig

Verlag: Crusius, Siegfried Leberecht

Sprache: Deutsch

Umfang: [5] Bl., 212 S., [1] Bl.

Format: Oktav (18x10cm)

Bibliogr. Nachweis: J. Lalande, Bibliographie astronomique, Paris 1803, p. 560

Signatur: Hw 483

Abbildung: Titelseite
Planiglobus

Martini, Georg Heinrich
(1722-1794)

1777

Titel: Abhandlung von den Sonnenuhren der Alten

Verfasserangabe: aufgesetzet und durch Denkmaale des Alterthums erl. von Georg Heinrich Martini

Erscheinungsort: Leipzig

Verlag: Crusius, Siegfried Lebrecht

Sprache: Deutsch

Umfang: 144 S., [2] gef. Bl.

Format: Oktav (20,5x12,5cm)

Bibliogr. Nachweis: J. Lalande, Bibliographie Astronomique, Paris 1803, p. 559

Signatur: Hw 459

Abbildung: Titelseite
Sonnenuhren

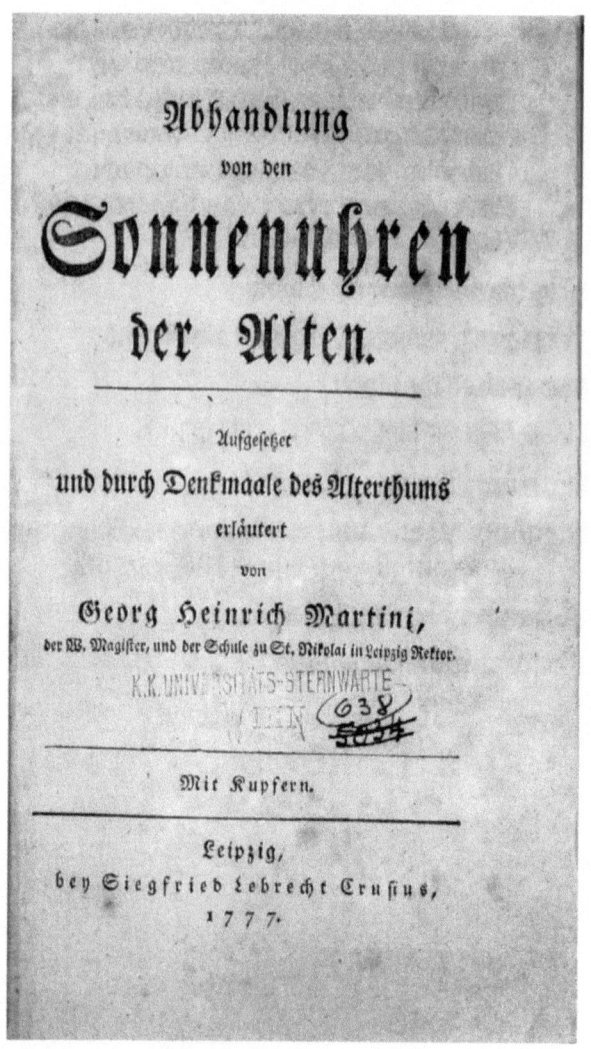

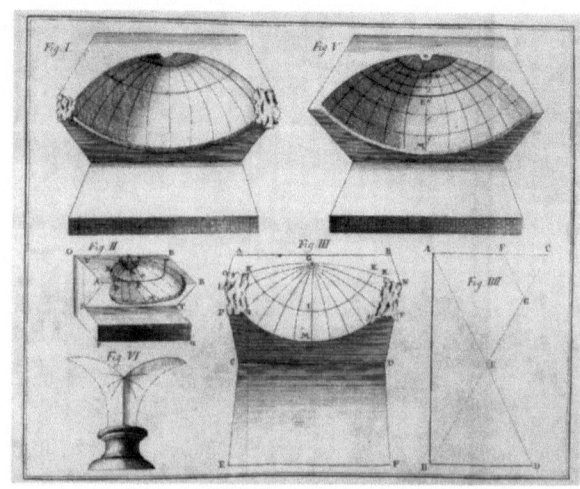

Metzburg, Georg Ignaz von   1777
(1735-1798)

Titel: <Cl. Georg. Ignat. De Metzburg S. R. I. EQ. In Universitate Viennensi AA. LL. Et Philosophiæ Doctoris Matheseos Professoris Publici Ordinarii> Praxis Geometrica Ex Principiis Trigonometricis Deducta

Zusatz: Mariæ Theresiæ Augustæ Honoribus Dicata a Rever. Relig. ac Doctissmo P. Malachia Zeman AA. LL. Et Philosophiæ Baccalaureo Et Ad SS. Trinitatem Neostadii Professo; Dum Sub Augustissimis Auspiciis Ex Ejusdem Prælectionibus Mathematicis Tentamen Publicum Subiret

Erscheinungsort: Wien

Verlag: Trattner, Johann Thomas von

Sprache: Deutsch

Umfang: 51 S., [1] S., 140 S., [28] Bl.

Format: Oktav (20x12cm)

Signatur: Hw 476

Abbildung: Titelseite

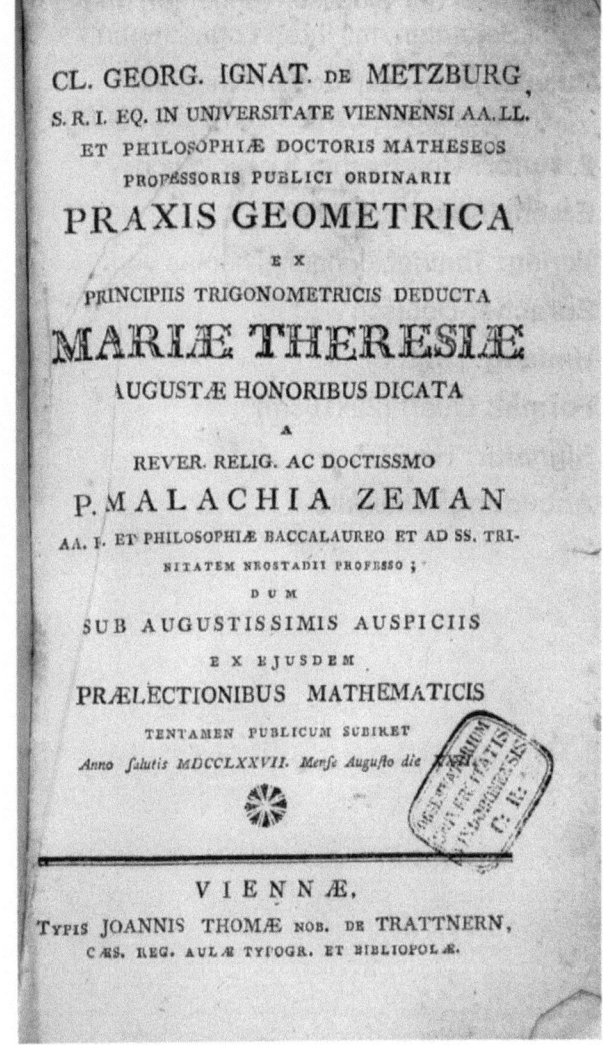

Rivard, Dominique François
(1697-1778)

1777

Titel: Tafel der Sinusse, Tangenten und Sekanten, mit ihren Logarithmen

Zusatz: Nebst den Logarithmen der natürlichen Zahlen von 1 bis 20000

2. Autor: Unterberger, Leopold von

Erscheinungsort: Wien

Verlag: Trattner, Johann Thomas von

Sprache: Deutsch

Umfang: [154] Bl.

Format: Quart (22x16cm)

Signatur: Hw 757

Abbildung: Titelseite

Bode, Johann Elert
(1747-1826)

1778

Titel: <Johann Elert Bode Astronom der Königl. Preuß. Academie der Wissenschaften und Mitglied der Gesellschaft Naturforschender Freunde in Berlin> Kurzgefaßte Erläuterung der Sternkunde und den dazu gehörigen Wissenschaften.

Zusatz: Erster Theil. Mit 10 Kupfertafeln

Erscheinungsort: Berlin

Verlag: Himburg, Christian Friedrich

Sprache: Deutsch

Bde.: Nur Teil 1 vorhanden.

Umfang: 359 S. (Bestand)

Format: Oktav (17x10cm)

Bibliogr. Nachweis: J. Lalande, Bibliographie astronomique, Paris 1803, p. 566

Signatur: Hw 501

Abbildung: Titelseite
Diverse Planetensysteme

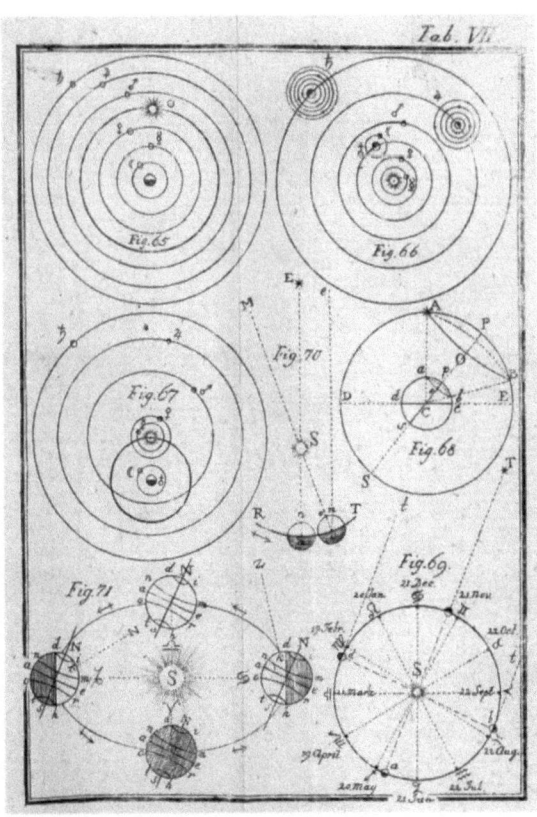

Fuss, Nicolaj I. [27]
(1755-1826)

1778

Titel: Umständliche Anweisung, wie alle Arten von Fernröhren in der größten möglichen Vollkommenheit zu verfertigen sind.

Zusatz: Aus des ältern Herrn Eulers Theorie der Dioptrik gezogen, und für alle Künstler in diesem Fache begreiflich gemacht von Hrn. Nicolaus Fuß. Beygefügt ist die Beschreibung eines Mikroskops, das als das vollkommenste in seiner Art anzusehen ist, und zu jeder beliebigen Vergrößerung eingerichtet werden kann. Aus dem Französischen übersetzt und mit einigen Zusätzen vermehrt

2. Autor: Klügel, Georg Simon [Übersetzer]

3. Autor: Euler, Leonhard

Verfasserangabe: von Georg Simon Klügel, Professor der Mathematik zu Helmstädt.

Erscheinungsort: Leipzig

Verlag: Junius, Johann Friedrich

Sprache: Deutsch

Umfang: 56 S., 2 gef. Bl.

Format: Quart (24x18,5cm)

Bibliogr. Nachweis: J.C. Poggendorf, Biographisch-literarisches Handwörterbuch zur Geschichte der exacten Wissenschaften, 1. Bd., Leipzig 1863, Sp. 821f

Signatur: Hw 735, Hw 736

Abbildung: Titelseite
Diverse Linsenfernrohre

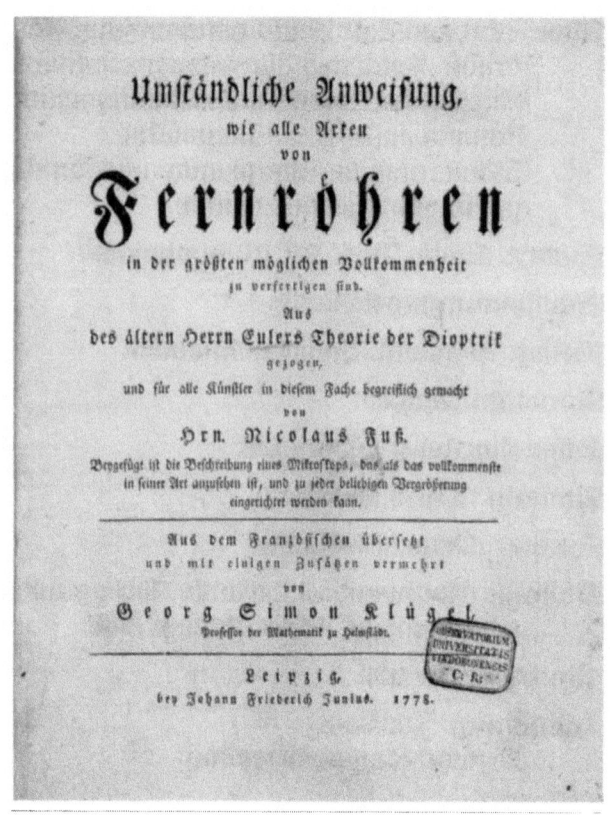

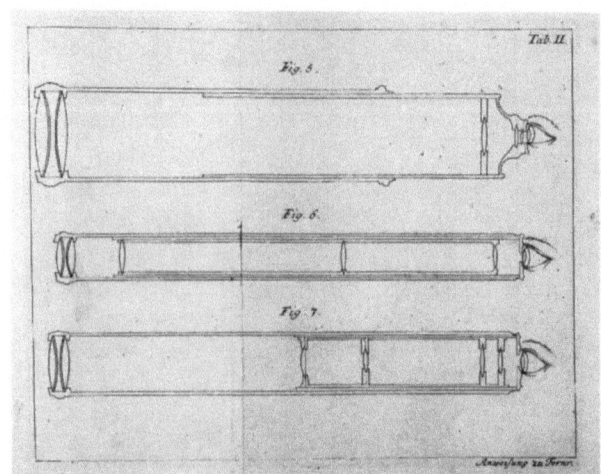

Klügel, Georg Simon
(1739-1812)

1778

Titel: Analytische Dioptrik in zwey Theilen.

Zusatz: Der erste enthält die allgemeine Theorie der optischen Werkzeuge: der zweyte die besondere Theorie und vortheilhafteste Einrichtung aller Gattungen von Fernröhren, Spiegelteleskopen, und Mikroskopen.

Verfasserangabe: Von Georg Simon Klügel Professor der Mathematik zu Helmstädt.

Erscheinungsort: Leipzig

Verlag: Junius, Johann Friedrich

Sprache: Deutsch

Umfang: [12] Bl., 303 S., 4 gef. Bl.

Format: Quart (23x18,5cm)

Bibliogr. Nachweis: J.C. Poggendorf, Biographisch-literarisches Handwörterbuch zur Geschichte der exacten Wissenschaften, 1. Bd., Leipzig 1863, Sp. 1277f

Signatur: Hw 736

Abbildung: Titelseite
Linsensysteme

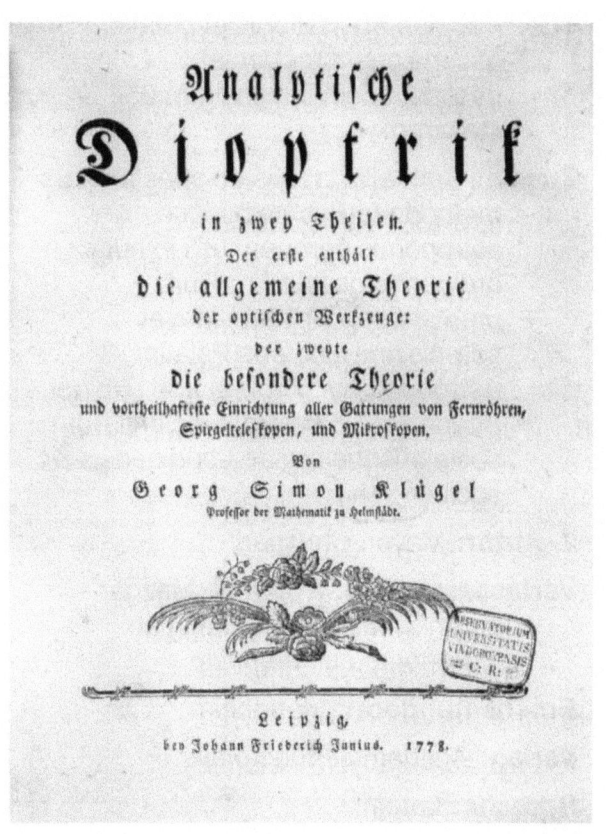

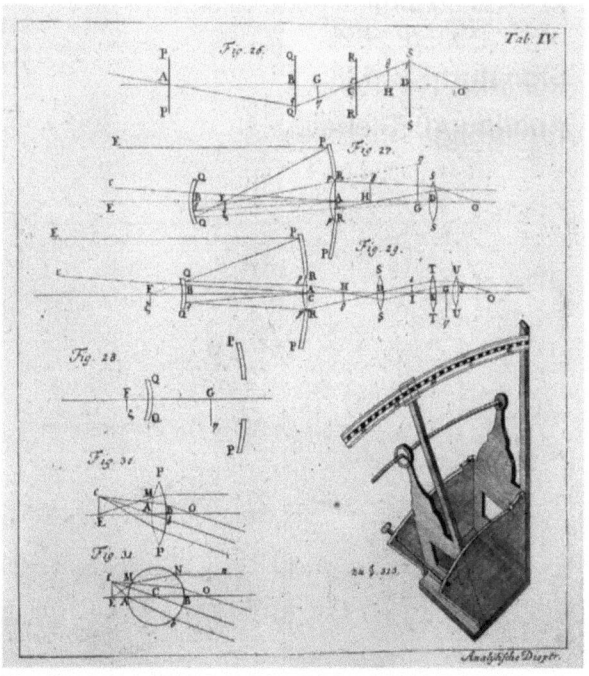

Metzger, Johann
(1735-1780)

1778

Titel: Tabulae aberrationis et nutationis in ascensionem rectam et declinationem insigniorum 352 stellarum

Zusatz: Cum aliis tabulis eo spectantibus methodo facili omnibusque astronomis perquam utili in hunc ordinem digestae [...] Cum praefatione Christiani Mayer serenissimi electoris Palatini Astronomi Aul. Prof. astron. Heidel. Academiae Electoralis Scientiarum societatisque regiae Londinensis &c. socii.

2. Autor: Mayer, Christian

Verfasserangabe: a Joanne Mezger serenissimi electoris Palatini astronomo aul. adjuncto

Erscheinungsort: Mannheim

Verlag: Academiae Electoralis

Sprache: Latein

Umfang: 8 Bl., 220 S., [2] Bl.

Format: Oktav (20x12cm)

Bibliogr. Nachweis: J. Lalande, Bibliographie astronomique, Paris 1803, p. 562f

Signatur: Hw 433

Abbildung: Titelseite

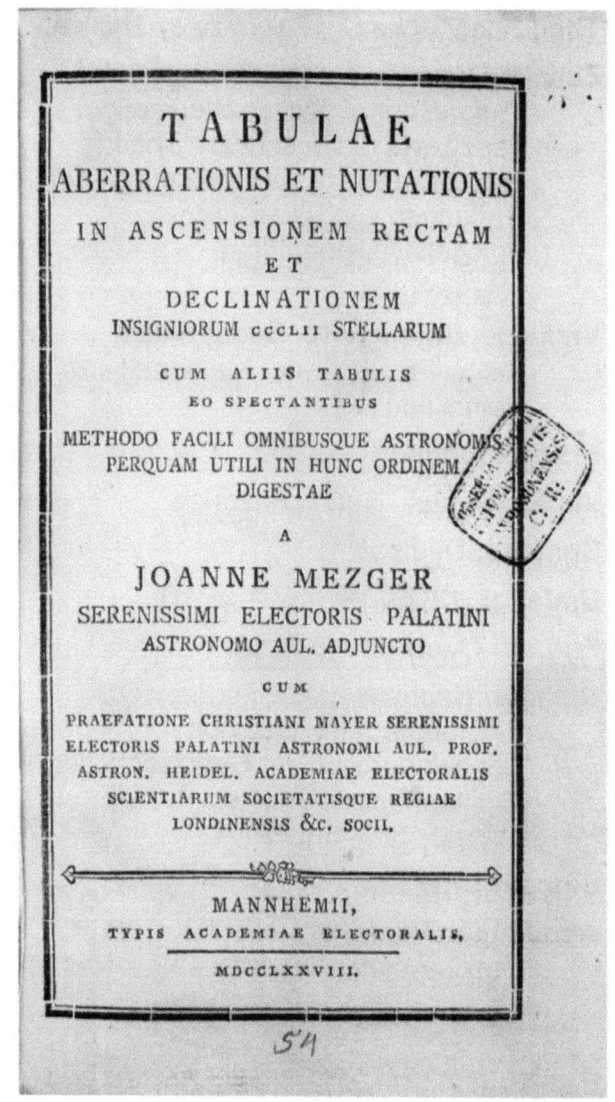

Röhl, Lambert Heinrich
(1724-1790)

1778

Titel: Anleitung zur Steuermannskunst

Zusatz: Den Weg auf der See zu finden und zu berichtigen

Verfasserangabe: entworfen von Lampert Hinrich Röhl, Professor der Mathematik und Astronomie auf der Academie Greifswald, Mitglied der Königl. Academie der Wissenschaften zu Stockholm.

Erscheinungsort: Greifswald

Verlag: Röse, Anton Ferdinand

Sprache: Deutsch

Umfang: [8] Bl., 392 S., 210 S., [1] Bl.

Format: Oktav (17,5x10cm)

Bibliogr. Nachweis: J.C. Poggendorf, Biographisch-literarisches Handwörterbuch zur Geschichte der exacten Wissenschaften, 2. Bd., Leipzig 1863, Sp. 673

Signatur: Gd III 22

Abbildung: Titelseite

Schulze, Johann Karl
(1749-1790)

1778

Titel: Recueil De Tables Logarithmiques, Trigonométriques Et Autres Nécessaires Dans Les Mathématiques Pratiques

Paralleltitel: <Johann Carl Schulze wirklichen Mitgliedes der Königl. Preussischen Academie der Wissenschaften> Neue Und Erweiterte Sammlung Logarithmischer, Trigonometrischer und anderer Zum Gebrauch Der Mathematik Unentbehrlicher Tafeln

Verfasserangabe: Publié Par Jean Charles Schulze, Membre Ordinaire De L'Académie Royale De [Des] Sciences Et Belles Lettres De Prusse

Erscheinungsort: Berlin

Verlag: Mylius, Auguste

Sprache: Französisch, Deutsch

Bde.: Nur Band 1 vorhanden.

Umfang: 655 S. (Bestand)

Format: Oktav (21x13cm)

Bibliogr. Nachweis: J. Lalande, Bibliographie astronomique, Paris 1803, p. 563

Signatur: Hw 760

Abbildung: Titelseite

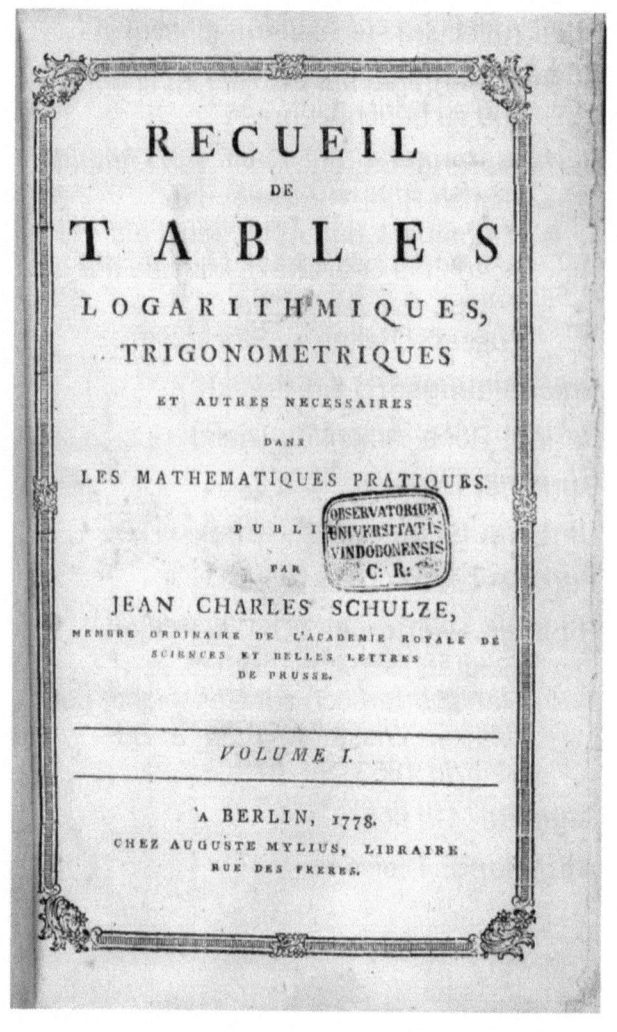

Bacon, Francis [28]
(1561-1626)

1779

Gesamttitel: <Francisci Baconi Baronis de Verulamio> De dignitate et augmentis scientiarum

Erscheinungsort: Würzburg

Verlag: Stahel, Johann Jacob

Sprache: Latein

Bde.: Band 1: Tomus I, 1779
Band 2: Tomus II, 1780

Umfang: 712 S. (gesamt)

Format: Oktav (18,5x11cm)

Signatur: Hw 480

Abbildung: Titelseite des ersten Teils

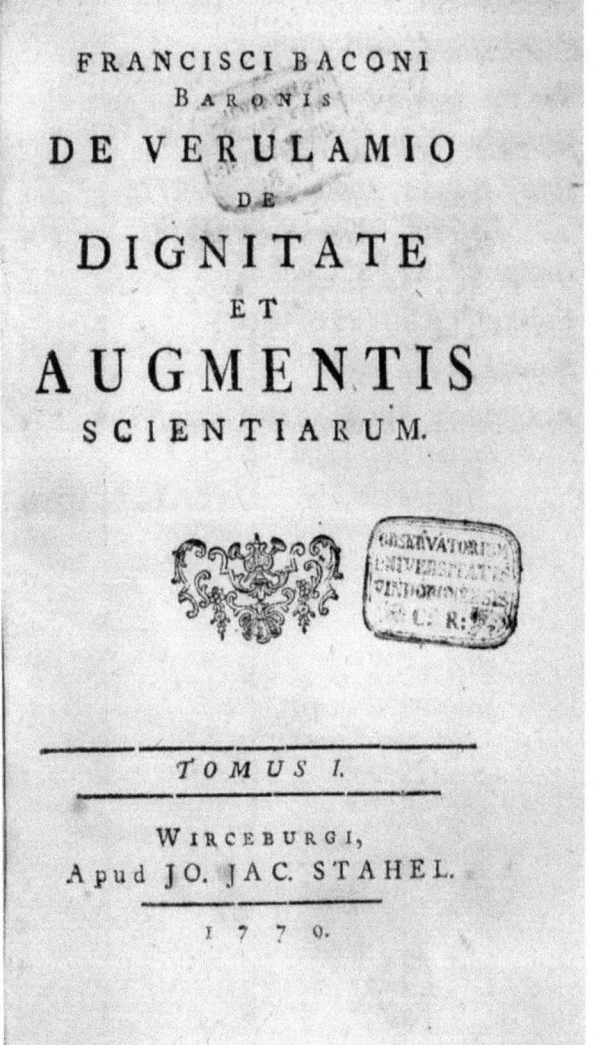

Le Gentil de la Galaisière, Guillaume J. [29]   1779
(1725-1792)

Gesamttitel: Voyage dans les mers de l'Inde
Erscheinungsort: Paris
Verlag: Imprimerie Royale
Sprache: Französisch
Bde.: Band 1: Tome premier, 1779
Band 2: Tome second, 1781
Umfang: 1672 S. (gesamt)
Format: Quart (25,5x19cm)
Signatur: Hw 200
Abbildung: Titelseite des ersten Teils
Komet von 1769

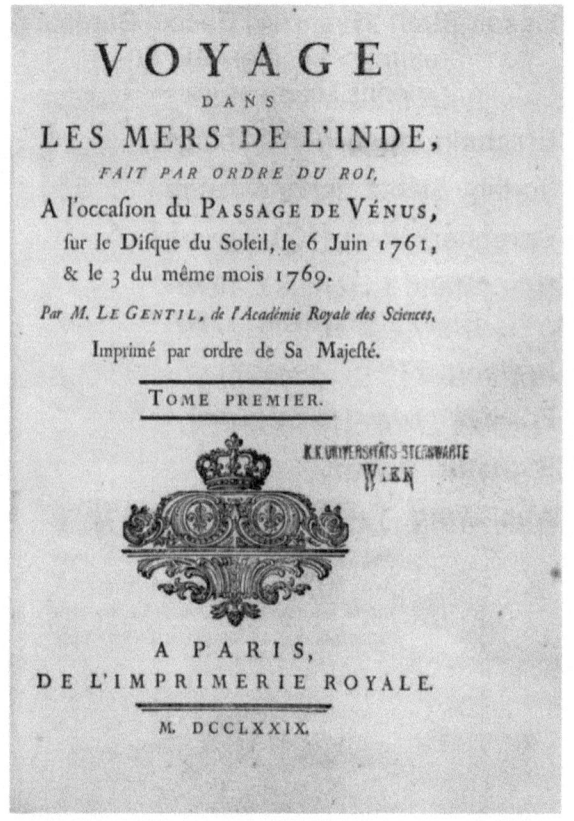

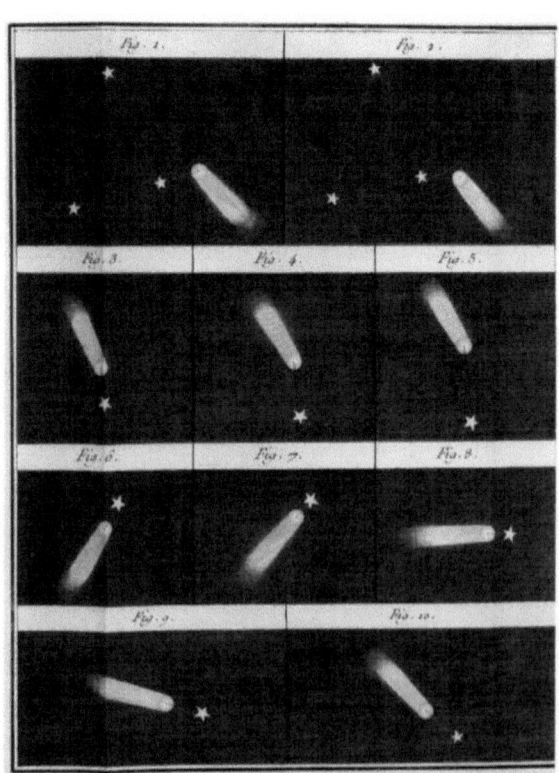

Taylor, Michael
(1756-1789)

1780

Titel: A sexagesimal table, exhibiting, at sight, the result of any proportion, where the terms do not exceed sixty minutes.

Zusatz: Also tables of the equation of second difference, and tables for turning the lower denominations of English money, weights, and measures, into sexagesimals of the higher, and vice versa. And the sexagesimal table turned into seconds as far as the 1000th column, Being a very useful millesimal table of proportional Parts, with precepts and examples. Useful for Astronomers, Mathematicians, Navigators, and Persons in Trade. [...] Published by order of the Commissioners

Verfasserangabe: By Michael Taylor

Erscheinungsort: London

Verlag: Richardson, William

Sprache: Englisch

Umfang: 45 S., [1] S., [1] Bl., 316 S.

Format: Quart (29x24cm)

Bibliogr. Nachweis: J. Lalande, Bibliographie astronomique, Paris 1803, p. 574

Signatur: Hw 517

Abbildung: Titelseite

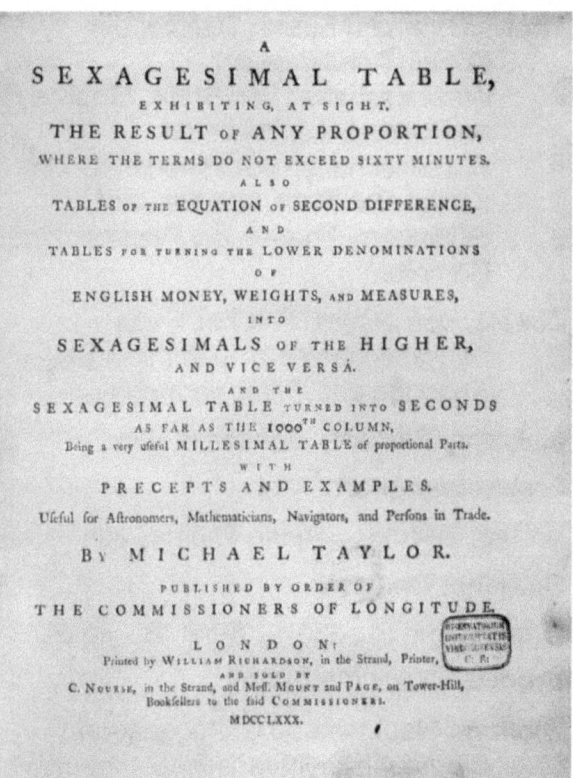

Euler, Leonhard [30]
(1707-1783)

1781

Titel: <Leonhard Eulers, Director der Königl. Academie der Wissenschaften von Berlin, Mitglied der Kaiserl. Academie der Wissenschaften von Petersburg, der Königl. von Paris, London, und Göttingen> Theorie der Planeten und Cometen

Zusatz: von Johann Freyherrn von Paccassi übersetzt, und mit einem Anhange und Tafeln vermehrt

2. Autor: Paccassi, Johann B. von

Erscheinungsort: Wien

Verlag: Trattner, Johann Thomas von

Sprache: Deutsch

Umfang: [4] Bl., 230 S., 3 gef. Bl., [1] Bl.

Format: Quart (25x20cm)

Bibliogr. Nachweis: J.C. Poggendorf, Biographisch-literarisches Handwörterbuch zur Geschichte der exacten Wissenschaften, 1. Bd., Leipzig 1863, Sp. 689f

Signatur: Hw 165

Abbildung: Titelseite
Kometenbahn

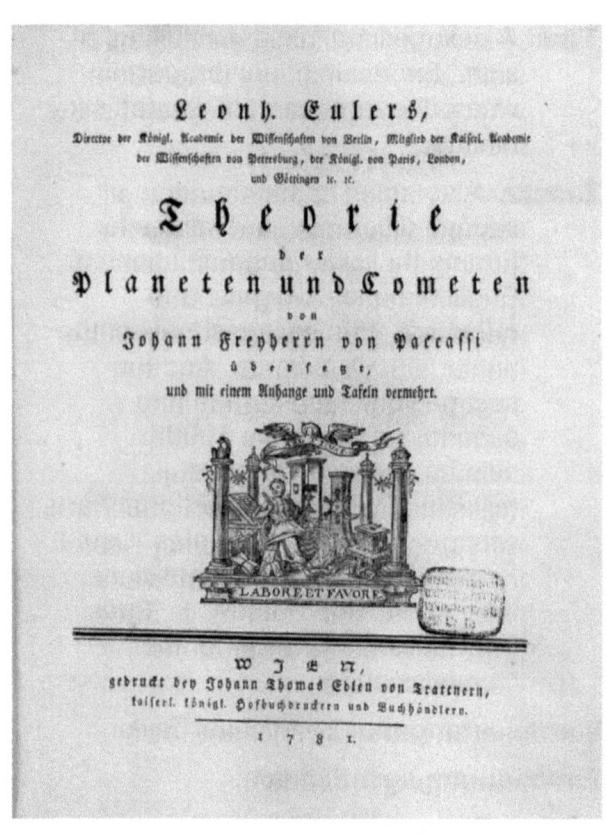

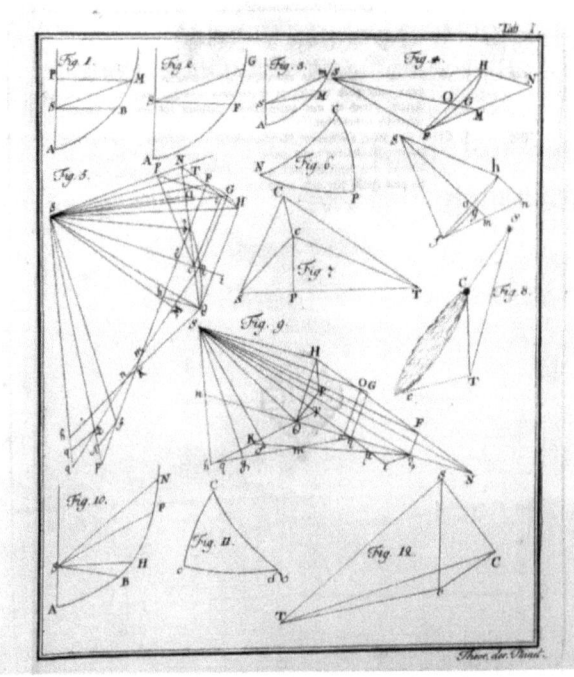

Florencourt, Carl Chassot von   1781
(1757-1790)

Titel: Abhandlungen aus der juristischen und politischen Rechenkunst

Zusatz: Nebst einer Vorrede Herrn Hofrath Kästners. Mit einem Kupfer.

2. Autor: Kästner, Abraham Gotthelf

Verfasserangabe: von Carl Chassot de Florencourt

Erscheinungsort: Altenburg

Verlag: Richter

Sprache: Deutsch

Umfang: [1] Bl., 5 S., [1] S., 292 S., [1] gef. Bl.

Format: Quart (22x17cm)

Bibliogr. Nachweis: J.C. Poggendorf, Biographisch-literarisches Handwörterbuch zur Geschichte der exacten Wissenschaften, 1. Bd., Leipzig 1863, Sp. 763

Signatur: Hw 440

Abbildung: Titelseite

Hutton, Charles
(1737-1823)

1781

Titel: Tables of the products and powers of numbers.

Zusatz: Namely, 1st, the products of all numbers to 1000 by 100, 2nd, the squares of all numbers to 25400, 3rd, the cubes of all numbers to 10000, 4th, the first ten powers of all numbers to 100, 5th, tables for reducing money, weights, and measures from one denomination to another. With an introduction, explaining and illustrating the use of the tables.

Verfasserangabe: By Charles Hutton, LL.D & F.R.S.

Erscheinungsort: London

Verlag: Richardson, William

Sprache: Englisch

Umfang: [4] Bl., 103 S.

Format: Folio (42x26cm)

Bibliogr. Nachweis: J.C. Poggendorf, Biographisch-literarisches Handwörterbuch zur Geschichte der exacten Wissenschaften, 1. Bd., Leipzig 1863, Sp. 1162f

Signatur: Hw 535

Abbildung: Titelseite

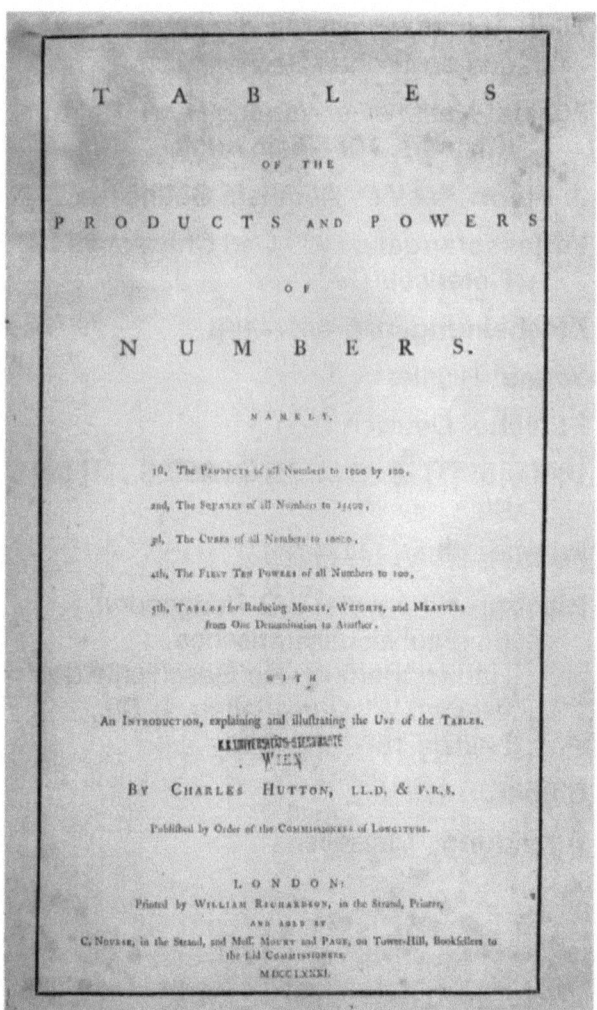

Mitterpacher, Ludwig
(1734-1814)

1781

Titel: Anfangsgründe der physikalischen Astronomie

Verfasserangabe: Von Ludwig Mitterbacher, königlicher Lehrer an der Universität Ofen.

Erscheinungsort: Wien

Verlag: Wappler, Christian Friedrich

Sprache: Deutsch

Umfang: [4] Bl., 340 S., [1] gef. Bl., 10 gef. Bl.

Format: Oktav (20x12cm)

Bibliogr. Nachweis: J.C. Poggendorf, Biographisch-literarisches Handwörterbuch zur Geschichte der exacten Wissenschaften, 2. Bd., Leipzig 1863, Sp. 162

Signatur: Hw 560

Abbildung: Titelseite
Darstellung der Ekliptik

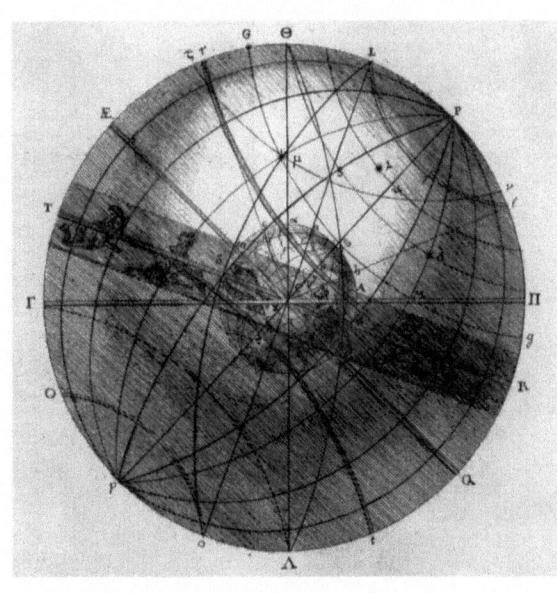

Pasquich, Johann
(1753-1829)

1781

Titel: Compendiaria Euthymetriæ Institutio

Zusatz: Quam In Usum Studiosæ Juventutis Exaravit Joannes Pasquich Presbyter Soecularis

Erscheinungsort: Graz

Verlag: Widmannstetter

Sprache: Latein

Umfang: [3] Bl., 195 S., [1] S., [9] Bl., [4] gef. Bl.

Format: Oktav (15x10cm)

Signatur: Hw 141

Abbildung: Titelseite
Konstruktionszeichnungen

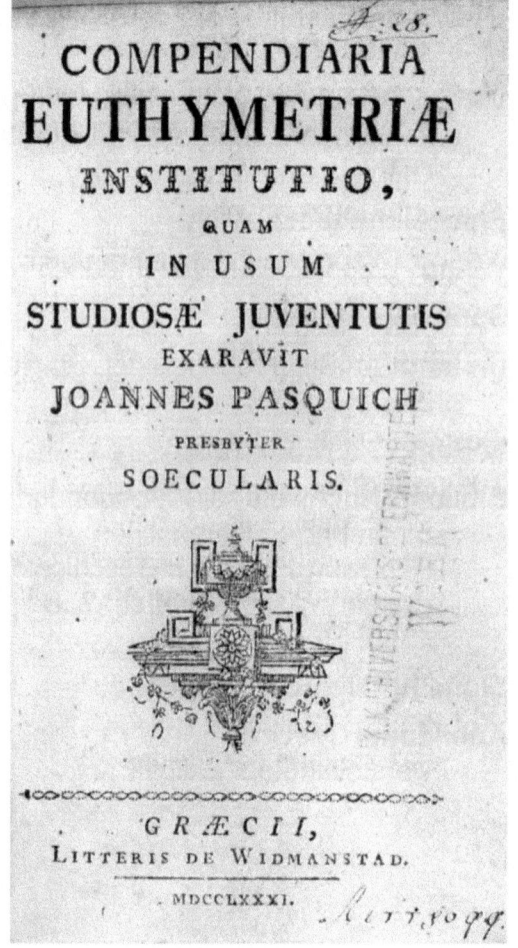

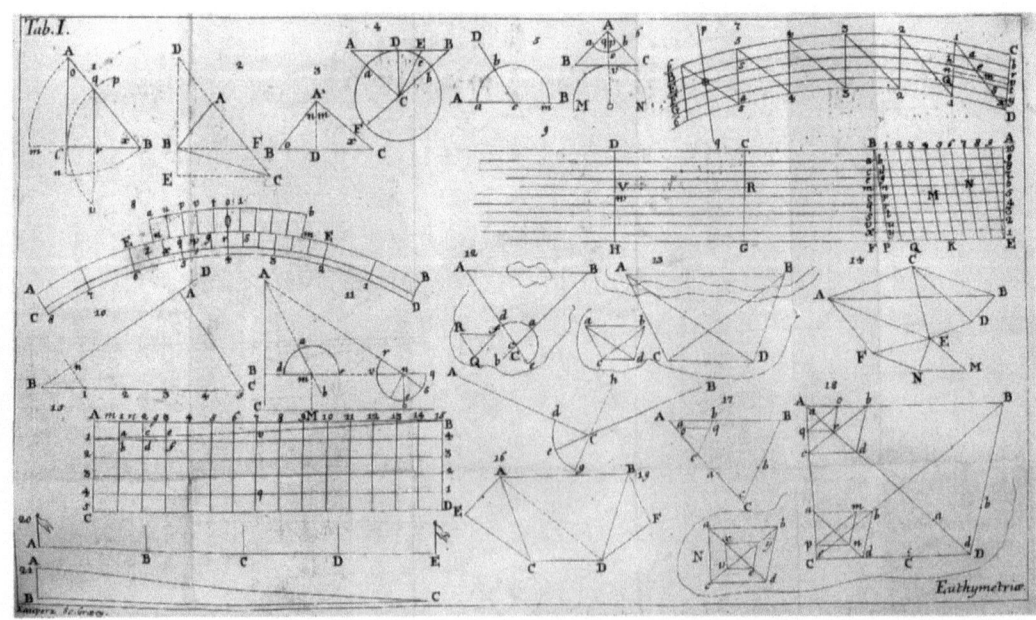

Pilgram, Anton [31]
(1730-1793)

1781

Titel: Calendarium chronologicum medii potissimum ævi monumentis accomodatum

Verfasserangabe: Ab Antonio Pilgram

Erscheinungsort: Wien

Verlag: Kurzbeck, Joseph

Sprache: Latein

Umfang: [4] Bl., 14 S., 260 S.

Format: Quart (25x20cm)

Bibliogr. Nachweis: J.C. Poggendorf, Biographisch-literarisches Handwörterbuch zur Geschichte der exacten Wissenschaften, 2. Bd., Leipzig 1863, Sp. 452

Signatur: Hw 766

Abbildung: Titelseite

Bode, Johann Elert
(1747-1826)

1782

Titel: Vorstellung der Gestirne auf XXXIV Kupfertafeln

Zusatz: Nach der Pariser Ausgabe des Flamsteadschen Himmelsatlas. Durchgehends verbessert und mit den Beobachtungen neuerer Astronomen vermehrt nebst einer Anweisung zum Gebrauch und einem vollständigen Sternenverzeichnisse

Verfasserangabe: von J. E. Bode

Erscheinungsort: Berlin; Stralsund

Verlag: Lange, Gottlieb August

Sprache: Deutsch

Umfang: 8 S., 32 S., 40 S., [1] Bl., 34 Bl.

Format: Quart (21x28cm)

Bibliogr. Nachweis: J.C. Poggendorf, Biographisch-literarisches Handwörterbuch zur Geschichte der exacten Wissenschaften, 1. Bd., Leipzig 1863, Sp. 217f

Signatur: Hw 183

Abbildung: Titelseite
Einhorn, Großer und Kleiner Hund

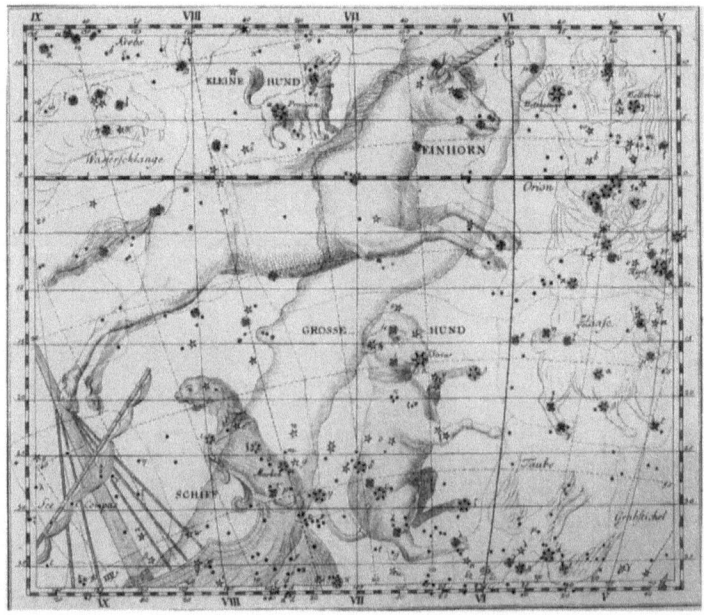

Gerlach, Friedrich Wilhelm [32]

(1728-1802)

1782

Titel: Die Bestimmung der Gestalt und Grösse der Erde

Zusatz: Wie auch der Vorrückung der Nachtgleichen, Schwankung der Erdaxe, Verhältniss der Massen von Sonn Erd und Mond, etc.

Verfasserangabe: von Friedr. Wilh. Gerlach

Erscheinungsort: Wien

Verlag: Trattner, Johann Thomas von

Sprache: Deutsch

Umfang: [1] Bl., 8 S., 240 S., 5 Bl., [2] Bl., [2] gef. Bl.

Format: Oktav (20x13cm)

Bibliogr. Nachweis: J.C. Poggendorf, Biographisch-literarisches Handwörterbuch zur Geschichte der exacten Wissenschaften, 1. Bd., Leipzig 1863, Sp. 883f

Signatur: Hw 775

Abbildung: Titelseite
Frontispiz
Tierkreis

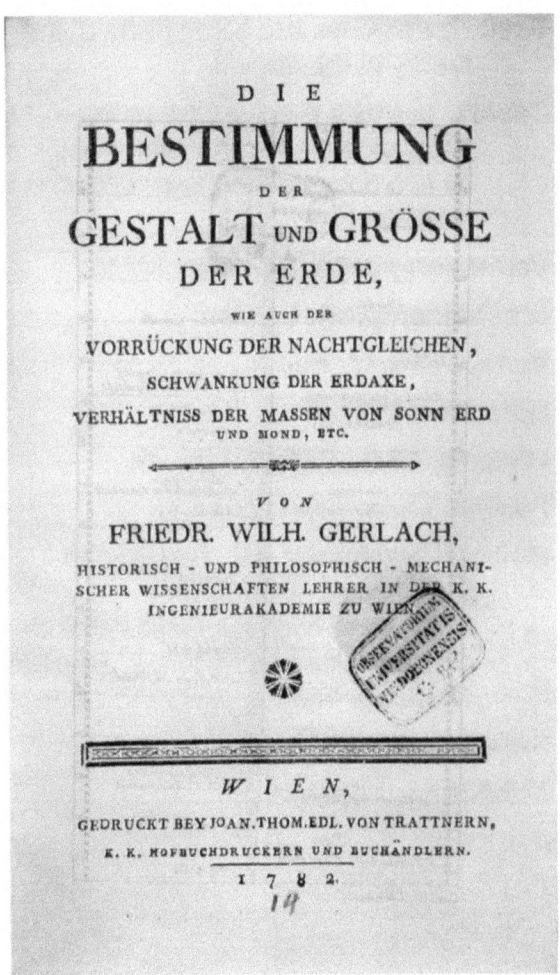

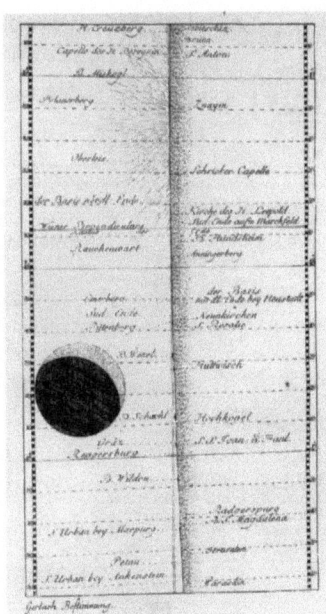
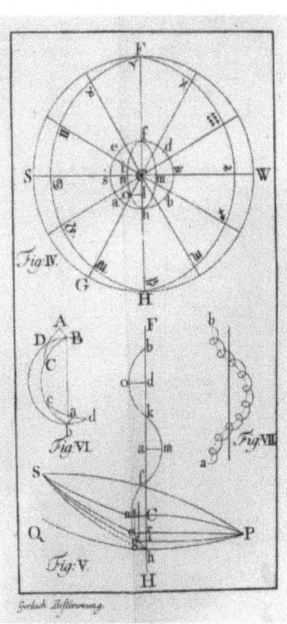

Minto, Walter
(1753-1796)

1783

Titel: Researches into some parts of the theory of the planets

Zusatz: In which is solved the problem, to determine the circular orbit of a planet by two observations; exemplified in the new planet

Verfasserangabe: By Walter Minto

Erscheinungsort: London

Verlag: Dilly, C.; Bell, J.

Sprache: Englisch

Umfang: 18 S., 72 S., [1] gef. Bl.

Format: Oktav (20x12cm)

Bibliogr. Nachweis: J.C. Poggendorf, Biographisch-literarisches Handwörterbuch zur Geschichte der exacten Wissenschaften, 2. Bd., Leipzig 1863, Sp. 156

Signatur: Am II 114

Abbildung: Titelseite

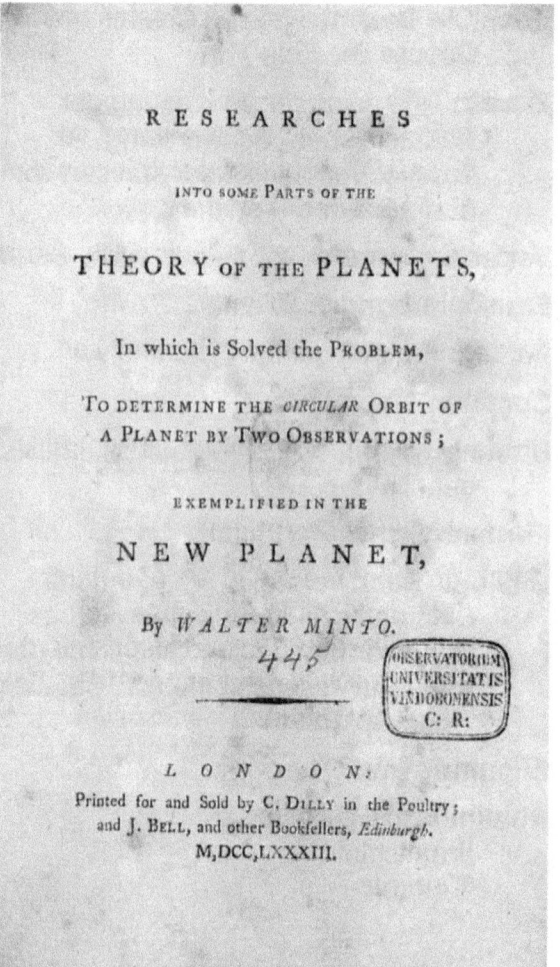

Newton, Isaac
(1642-1726)

1783

Gesamttitel: Philosophiae Naturalis Principia Mathematica

Titel: Libri II. Pars Prima

Zusatz: Typis Commissa, Dum Eruditissimus Ac Religiosus D. Aloysius David, Professus Teplensis Ex Universo Principiorum Newtoni Libro I. in Magna Aula Carolina Tentamen Subiret.

2. Autor: Tessanek, Johann

Verfasserangabe: Auctore Isaaco Newtono Equite Aurato, Illustrata Commentationibus Joannis Tessanek, Philosophiæ Et Ss. Theologiæ Doctoris, Inclytæ Lipsiensis Scientiarum Societatis Membri Honorarii, In Universitate Carolo-Ferdinandea Pragensi Sublimioris Matheseos Professoris Regii, Publici, Ac Ordinarii, Regiæ Studiorum Commissionis Assesoris, Atque Facultatis Philosophicæ Quoad Physicam, Et Mathesim Cæsareo-Regii Præsidis, Ac Directoris.

Erscheinungsort: Prag

Verlag: Schmadl, Matthäus Adam

Sprache: Latein

Bde.: Nur Band 2 vorhanden

Umfang: 182 S. (Bestand)

Format: Quart (24x19cm)

Bibliogr. Nachweis: J.C. Poggendorf, Biographisch-literarisches Handwörterbuch zur Geschichte der exacten Wissenschaften, 2. Bd., Leipzig 1863, Sp. 277f

Signatur: Hw 532

Abbildung: Titelseite
U. a. Archimedische Spirale

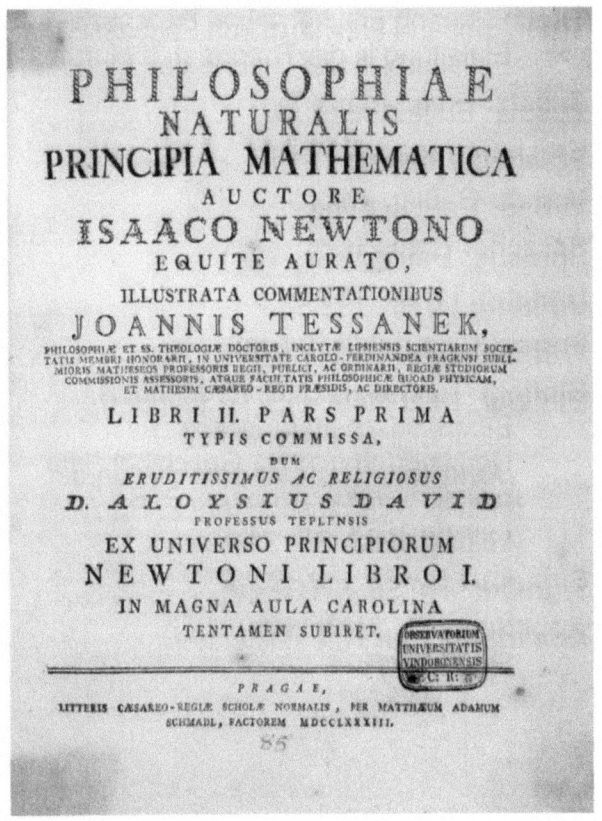

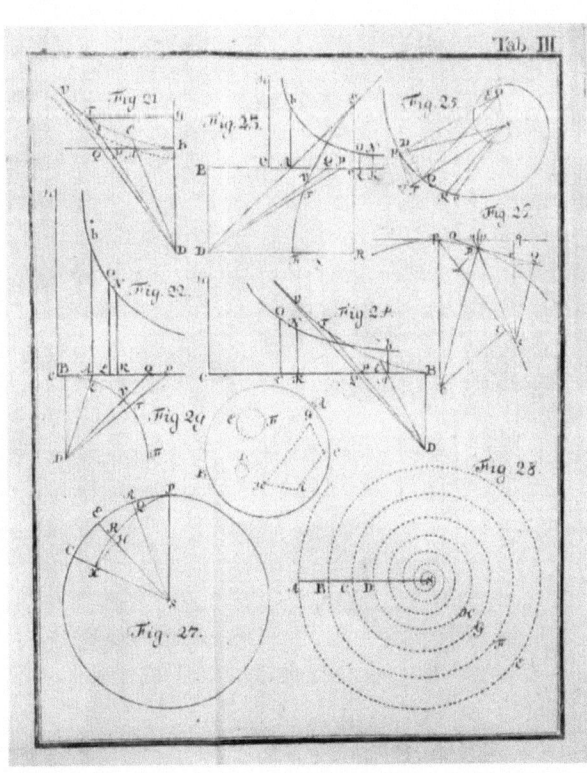

Paccassi, Johann von [34]
(1758-1818)

1783

Titel: <Johann Freyherrn von Paccassi> Einleitung in die Theorie des Mondes

Zusatz: Erste Abtheilung

Erscheinungsort: Wien

Verlag: Gaßler, Anton

Sprache: Deutsch

Umfang: [4] Bl., 153 S.

Format: Quart (25x19,5cm)

Bibliogr. Nachweis: J.C. Poggendorf, Biographisch-literarisches Handwörterbuch zur Geschichte der exacten Wissenschaften, 2. Bd., Leipzig 1863, Sp. 342f

Signatur: Hw 55, Hw 82

Abbildung: Titelseite des ersten Exemplars

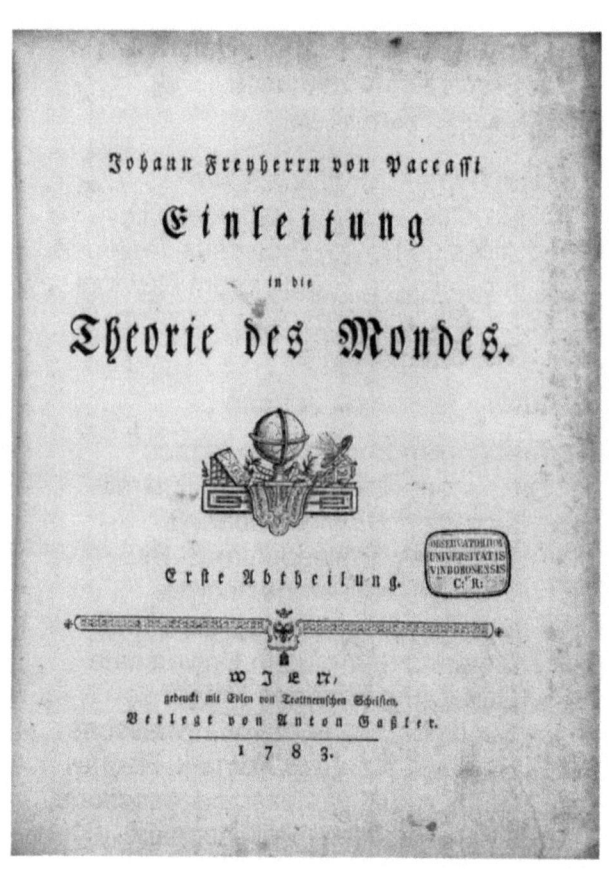

Pingré, Alexandre Guy
(1711-1796)

1783

Gesamttitel: Cométographie ou traité historique et théorique des comètes.

Erscheinungsort: Paris

Verlag: Imprimerie Royale

Sprache: Französisch

Bde.: Band 1: 1783
Band 2: 1784

Umfang: 1184 S. (gesamt)

Format: Quart (26x19,5cm)

Signatur: Hw 207

Abbildung: Titelseite des ersten Teils
Veränderung eines Kometenschweifs

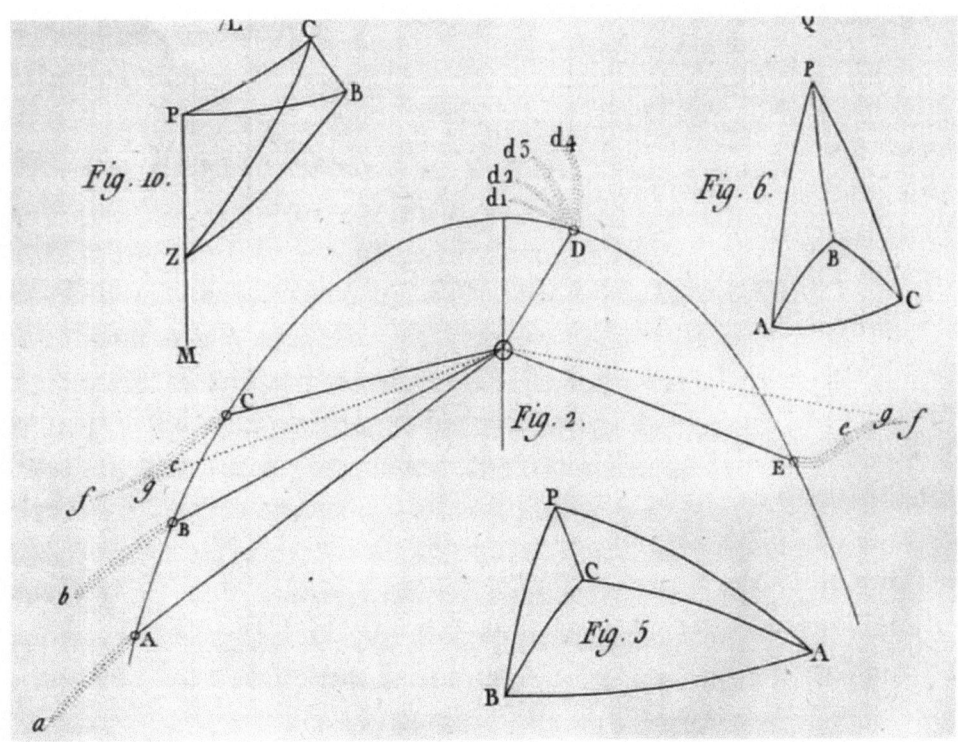

Trembley, Jean
(1749-1811)

1783

Titel: Essai de trigonométrie sphérique

Zusatz: Contenant diverses applications de cette science à l'Astronomie

Verfasserangabe: Par Jean Trembley

Erscheinungsort: Neuchatel

Verlag: Fauche, Samuel

Sprache: Französisch

Umfang: 270 S., [1] Bl.

Format: Oktav (20x12cm)

Bibliogr. Nachweis: J. Lalande, Bibliographie astronomique, Paris 1803, p. 586

Signatur: Hw 777

Abbildung: Titelseite

Vega, Georg von
(1756-1802)

1783

Titel: Logarithmische, trigonometrische, und andere zum Gebrauche der Mathematik eingerichtete Tafeln und Formeln.

Verfasserangabe: Von Georg Vega, Unterlieutnant und Lehrer der Mathematik bey dem K. K. zweyten Feld-Artillerie-Regiment

Erscheinungsort: Wien

Verlag: Trattner, Johann Thomas von

Sprache: Deutsch

Umfang: 68 S., 420 S.

Format: Oktav (20x12cm)

Bibliogr. Nachweis: J. Lalande, Bibliographie astronomique, Paris 1803, p. 586

Signatur: Hw 759

Abbildung: Titelseite

Bode, Johann Elert [33]
(1747-1826)

1784

Titel: <Johann Elert Bode Astronom der Königlichen Akademie der Wissenschaften und Mitglied der Gesellschaft Naturforschender Freunde in Berlin> Von dem neu entdeckten Planeten

Zusatz: [...] Mit einer Kupfertafel

Erscheinungsort: Berlin

Verlag: Bey dem Verfasser in Berlin, und in der Buchhandlung der Gelehrten in Dessau und Leipzig

Sprache: Deutsch

Umfang: [2] Bl., 132 S., [1] gef. Bl.

Format: Oktav (18x10cm)

Signatur: Pl 39

Abbildung: Titelseite
Uranus

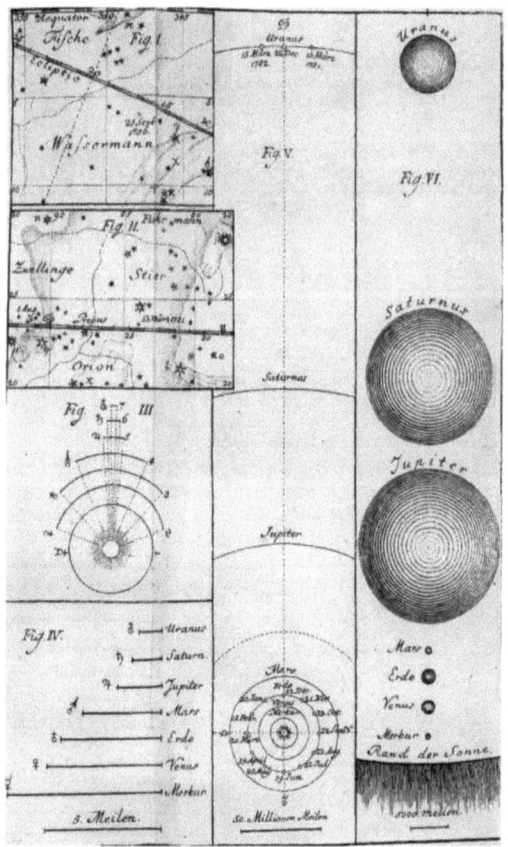

Bugge, Thomas
(1740-1815)

1784

Titel: Observationes Astronomicæ Annis 1781, 1782 & 1783

Zusatz: Institutæ In Observatorio Regio Havniensi Et Cum Tabulis Astromomicis Comparatae

Verfasserangabe: Auctore Thoma Bugge, S.R.M. Consiliario Justitiæ, Astronomiæ Professore Pubico Ordinario In Universitate Hauniensi, Mathematum Lectore In Naustibulo Regio, Regiæ Societatis Scientiarum Hauniensis Et Nidrosiensis, Nec Non Societatis Meteorologicæ Manhemiensis Sodali.

Erscheinungsort: Kopenhagen

Verlag: Möller, Nicolai

Sprache: Latein

Umfang: 120 S., 141 S., [1] S., [1] Bl., 12 gef. Bl.

Format: Quart (25x21cm)

Bibliogr. Nachweis: J. Lalande, Bibliographie astronomique, Paris 1803, p. 590

Signatur: Hw 81

Abbildung: Titelseite
Quadrant
Höhenkreis

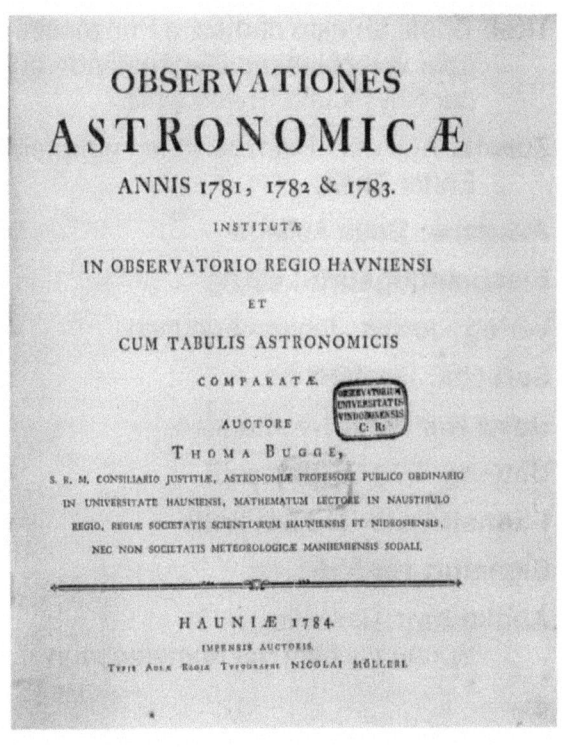

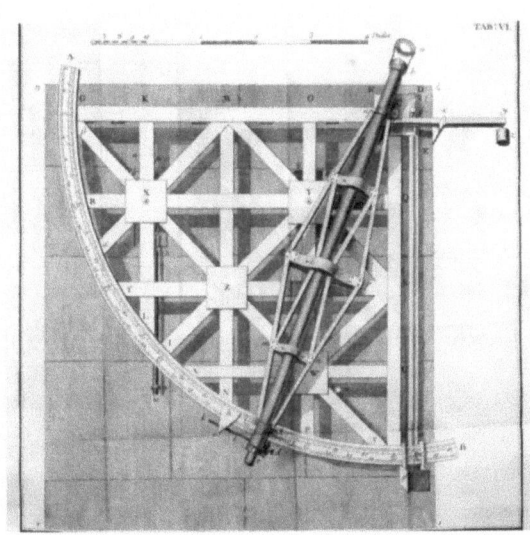
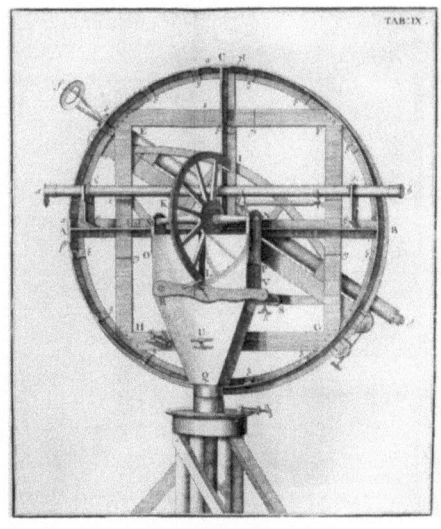

Euler, Leonhard
(1707-1783)

1784

Titel: Briefe an eine deutsche Prinzessinn über verschiedene Gegenstände aus der Physik und Philosophie

Zusatz: Aus dem Französischen übersetzt. Erster Theil

Ausgabe: Dritte Auflage

Erscheinungsort: Leipzig

Verlag: Junius, Johann Friedrich

Sprache: Deutsch

Bde.: Nur Band 1 vorhanden.

Umfang: 276 S. (Bestand)

Format: Oktav (19,5x11cm)

Signatur: Hw 555

Abbildung: Titelseite
Sonnensystem mit Kometenbahn

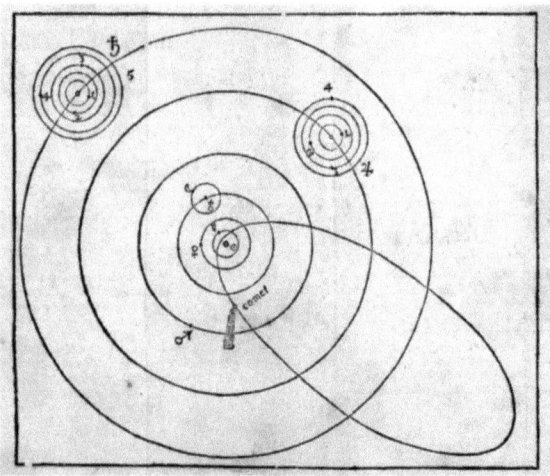

Grünberger, Georg
(1749-1820)

1784

Titel: Rede von der manichfaltigen Brauchbarkeit mathematischer Kenntnisse, und dem Nutzen eines verbreiteten Unterrichts in denselben

Zusatz: gehalten in einer öffentlichen Versammlung der kurfürstl. Akademie der Wissenschaften an dem höchsterfreulichen Geburtstage Sr. kurfürstl. Durchl. Karl Theodors

Verfasserangabe: von Georg Grünberger Lehrer der Mathematik in der Herzogl. Marianischen Landakademie und ordentlichem Mitgliede der kurfl. Akademie der Wissenschaften in München

Erscheinungsort: München

Verlag: Vötter

Sprache: Deutsch

Umfang: 73 S.

Format: Oktav (21x17cm)

Signatur: Hw 445

Abbildung: Titelseite

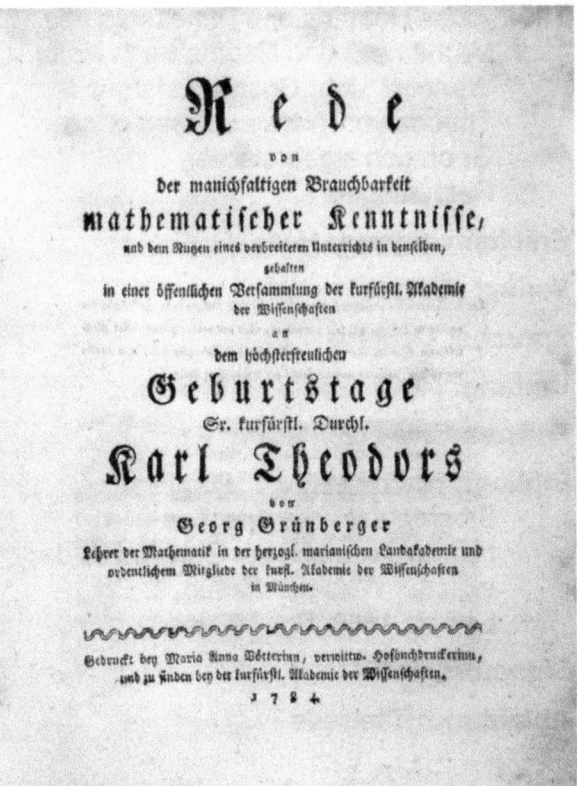

Karsten, Wenceslaus Johann Gustav — 1784

Titel: <Des Hofraths und Professors der Mathematik und Naturlehre in Halle, Wencesl. Joh. Gustav Karstens,> Theorie von Wittwencassen ohne Gebrauch algebraischer Rechnungen

Erscheinungsort: Halle

Verlag: Renger

Sprache: Deutsch

Umfang: [4] Bl., 268 S., [18] Bl.

Format: Oktav (20x12cm)

Bibliogr. Nachweis: J.C. Poggendorf, Biographisch-literarisches Handwörterbuch zur Geschichte der exacten Wissenschaften, 1. Bd., Leipzig 1863, Sp. 1224f

Signatur: Hw 541

Abbildung: Titelseite

Boščović, Rudjer Josip 1785

Titel: Nouveaux ouvrages de Monsieur l'Abbé Boscovich appartenants principalement à l'optique, et à l'astronomie

Zusatz: En cinq volumes. Dédiés au Roi.

Paralleltitel: <Rogerii Josephi Boscovich> Opera pertinentia ad opticam, et astronomiam

Erscheinungsort: Bassano

Verlag: Remondini

Sprache: Französisch, Latein

Bde.: Bände 1 - 5: Tome premier - cinquième

Umfang: 2700 S. (gesamt)

Format: Quart (25x19cm)

Bibliogr. Nachweis: J. Lalande, Bibliographie astronomique, Paris 1803, p. 593

Signatur: Hw 175

Abbildung: Französische Titelseite des ersten Teils
Lateinische Titelseite des ersten Teils

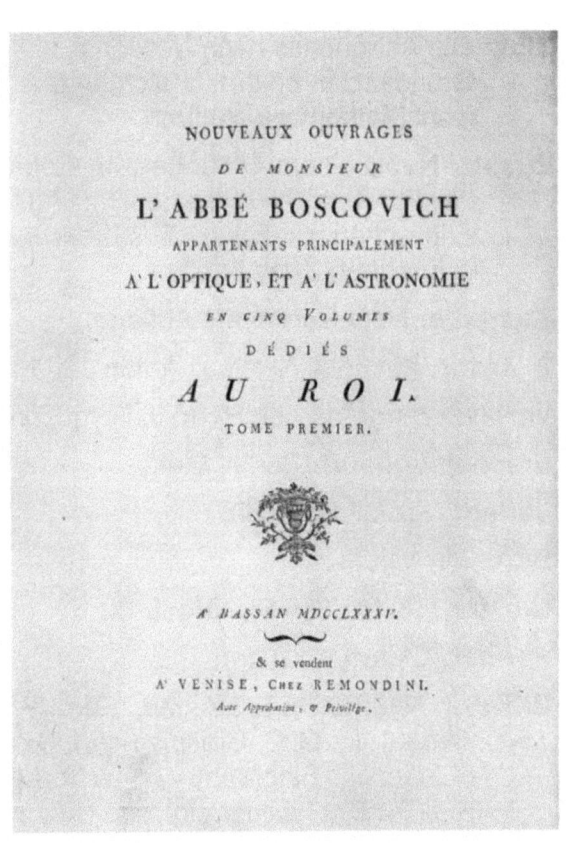

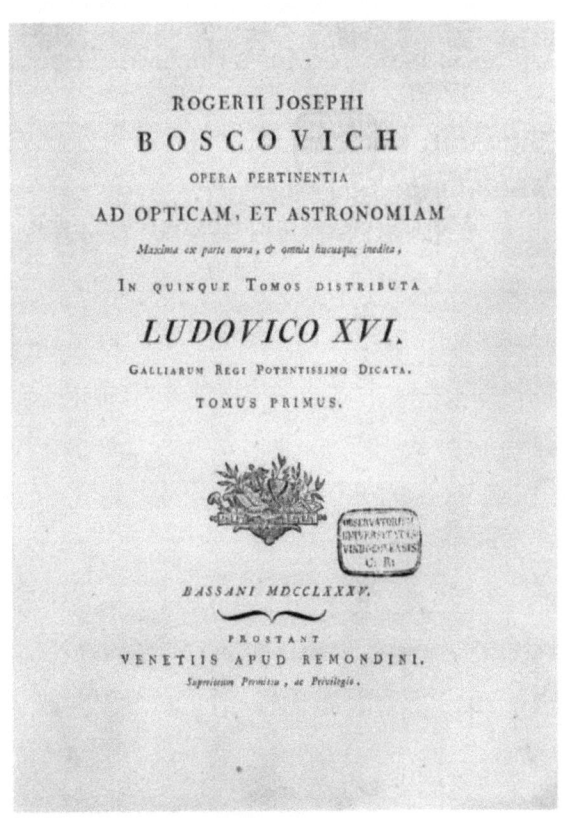

Ferguson, James
(1710-1776)

1785

Titel: Die Astronomie nach Newtons Grundsätzen erklärt; faßlich für die, so nicht Mathematik studiren

Zusatz: Nebst einem Anhange vom Gebrauch der Erd- und Himmelskugel [...] Aus dem Englischen mit einigen Zusätzen von N. A. J. Kirchhof. Zwey Theile.

Ausgabe: Neue vermehrte Auflage

2. Autor: Kirchhof, Nikolaus Anton Johann

Verfasserangabe: von Herrn J. Ferguson

Erscheinungsort: Berlin; Stettin

Verlag: Nicolai, Friedrich

Sprache: Deutsch

Umfang: [4] Bl., 356 S., 11 gef. Bl.

Format: Oktav (17x10cm)

Bibliogr. Nachweis: L. Laudan, "Ferguson, James". In: C. C. Gillispie (Hg.), Dictionary of Scientific Biography 4, New York 1981, S. 565f. Der bibliographische Nachweis bezieht sich auf die englische Erstausgabe: Astronomy explained upon Sir Isaac Newton's Priciples (London 1756).

Signatur: Hw 511

Abbildung: Titelseite
Mondphasen und Sonnenfinsternis

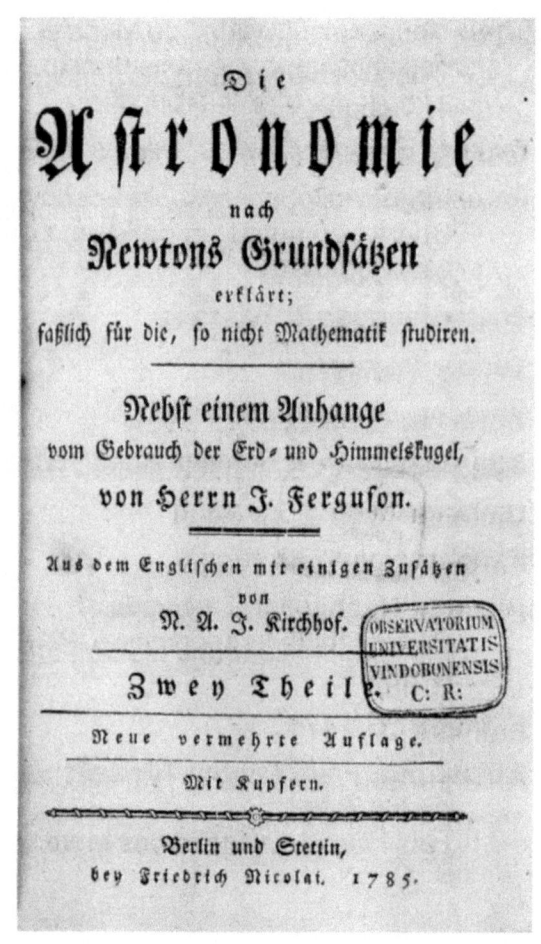

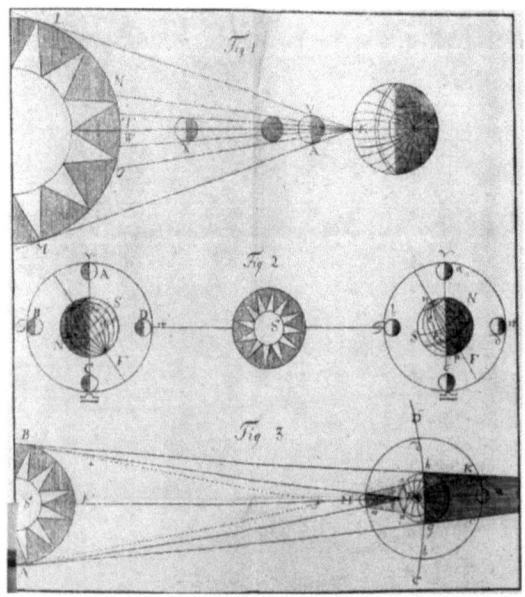

Karsten, Wenceslaus Johann Gustav   1785

Titel: Auszug aus den Anfangsgründen und dem Lehrbegriffe der mathematischen Wissenschaften

Ausgabe: Die zweyte Auflage.

Verfasserangabe: aufgesetzt von Wencesl. Johann Gustav Karsten

Erscheinungsort: Greifswald

Verlag: Röse, Anton Ferdinand

Sprache: Deutsch

Bde.: Bände 1 - 2

Format: Oktav (17x10cm)

Bibliogr. Nachweis: J.C. Poggendorf, Biographisch-literarisches Handwörterbuch zur Geschichte der exacten Wissenschaften, 1. Bd., Leipzig 1863, Sp. 1224f

Signatur: Hw 506

Abbildung: Titelseite des ersten Teils Strahlengänge durch Linsen

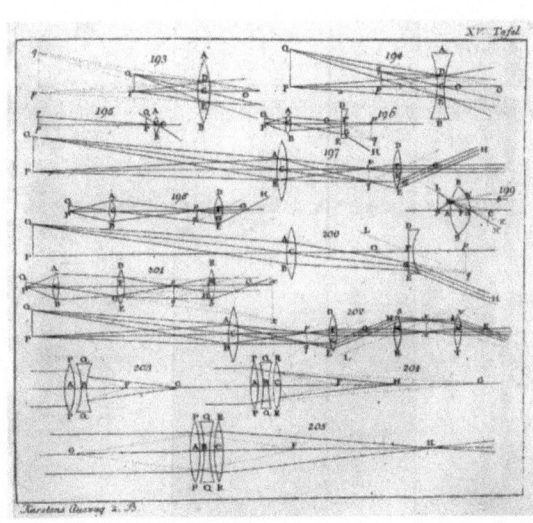

Tetens, Johann Nicolaus
(1736-1807)

1785

Titel: Einleitung zur Berechnung der Leibrenten und Anwartschaften, die vom Leben und Tode einer oder mehrerer Personen abhangen

Zusatz: Mit Tabellen zum practischen Gebrauch

Verfasserangabe: von Joh. Nicol. Tetens

Erscheinungsort: Leipzig

Verlag: Weidmanns Erben; Reich

Sprache: Deutsch

Umfang: 44 S., 604 S., [1] gef. Bl.

Format: Oktav (20x12cm)

Bibliogr. Nachweis: J.C. Poggendorf, Biographisch-literarisches Handwörterbuch zur Geschichte der exacten Wissenschaften, 2. Bd., Leipzig 1863, Sp. 1085f

Signatur: Hw 540

Abbildung: Titelseite

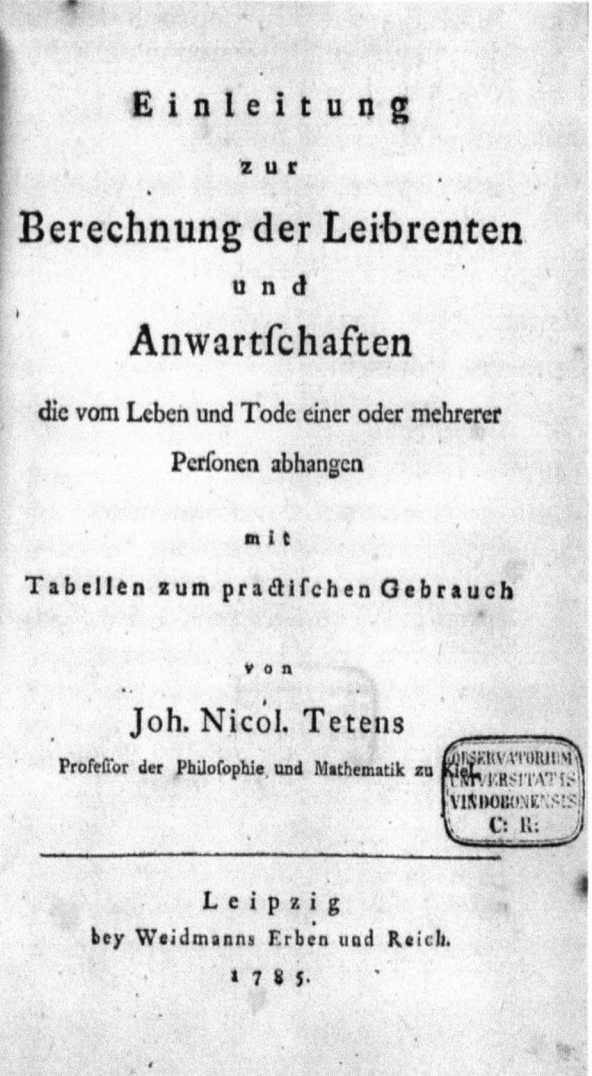

Clemm, Heinrich Wilhelm
(1725-1775)

1786

Gesamttitel: <Heinrich Wilhelm Clemms, der Heil. Schrift Doktors und öffentlichen Professors der Theologie an der Universität Tübingen> Mathematisches Lehrbuch

Zusatz: Oder vollständiger Auszug aus allen sowohl zur reinen als angewandten Mathematik gehörigen Wissenschaften, nebst einem Anhang oder kurzen Entwurf der Naturgeschichte.

2. Autor: Döttler, Remigius Samuel

Erscheinungsort: Wien

Verlag: Trattner, Johann Thomas von

Sprache: Deutsch

Bde.: Band 1: I. Theil. Mit Anmerkungen und Erläuterungen versehen von Remigius Döttler, Priester der frommen Schulen. Nur Band 1 vorhanden.

Umfang: 500 S. (Bestand)

Format: Oktav (20,5x12cm)

Bibliogr. Nachweis: J.C. Poggendorf, Biographisch-literarisches Handwörterbuch zur Geschichte der exacten Wissenschaften, 1. Bd., Leipzig 1863, Sp. 456

Signatur: Hw 554

Abbildung: Titelseite des ersten Teils Kegelschnitte

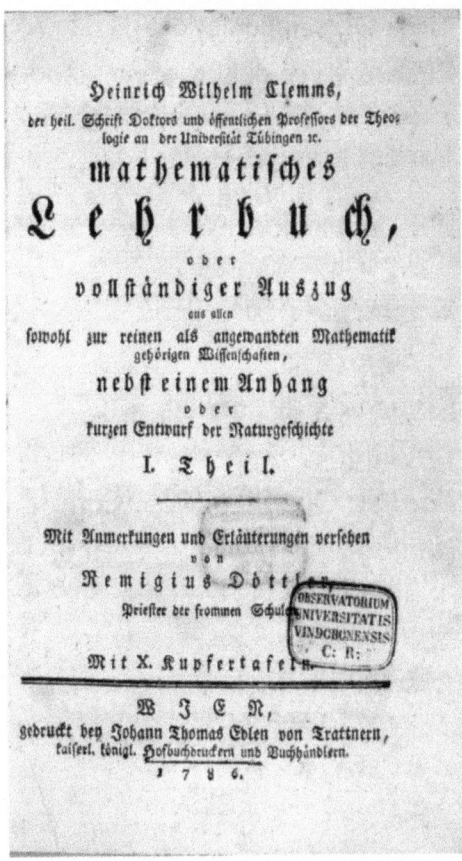

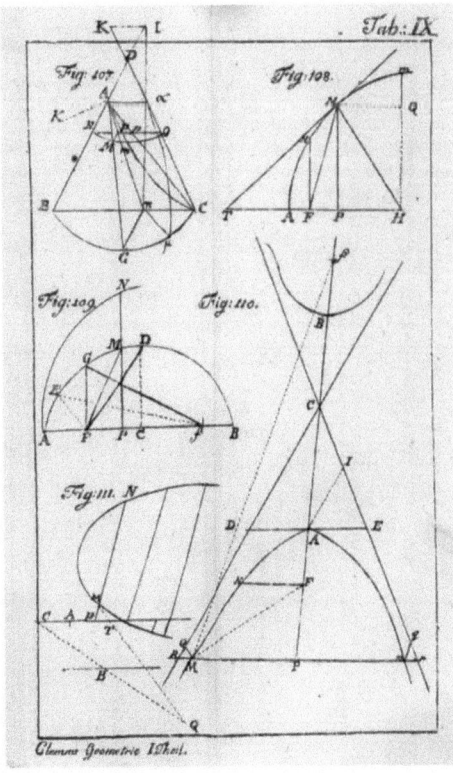

Borda, Jean Charles
(1733-1799)

Titel: Description et usage du cercle de réflexion

Zusatz: Avec différentes méthodes pour calculer les observations nautiques

Verfasserangabe: Par Le Chevalier de Borda, Capitaine de Vaisseau, Chef de Division, et Membre des Académies Royales des Sciences et de Marine.

Erscheinungsort: Paris

Verlag: Didot

Sprache: Französisch

Umfang: 87 S., 33 S., 3 gef. Bl.

Format: Quart (20,5x15,5cm)

Bibliogr. Nachweis: J. Lalande, Bibliographie astronomique, Paris 1803, p. 602

Signatur: Hw 458

Abbildung: Titelseite
Vermessungsinstrument

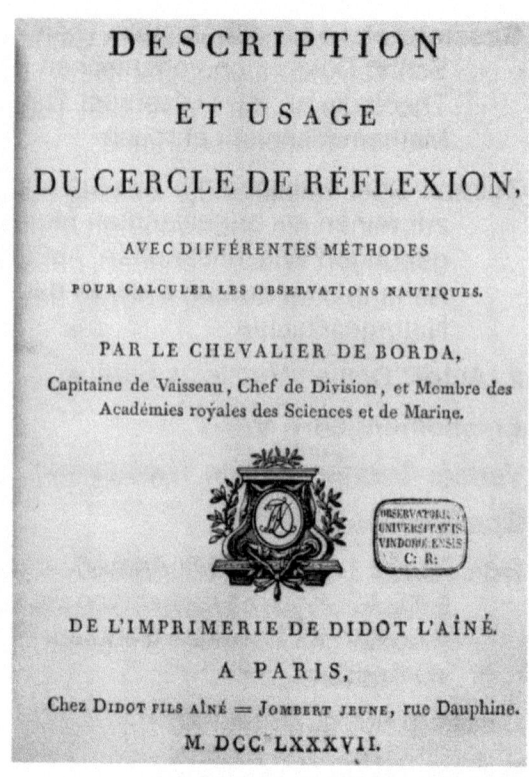

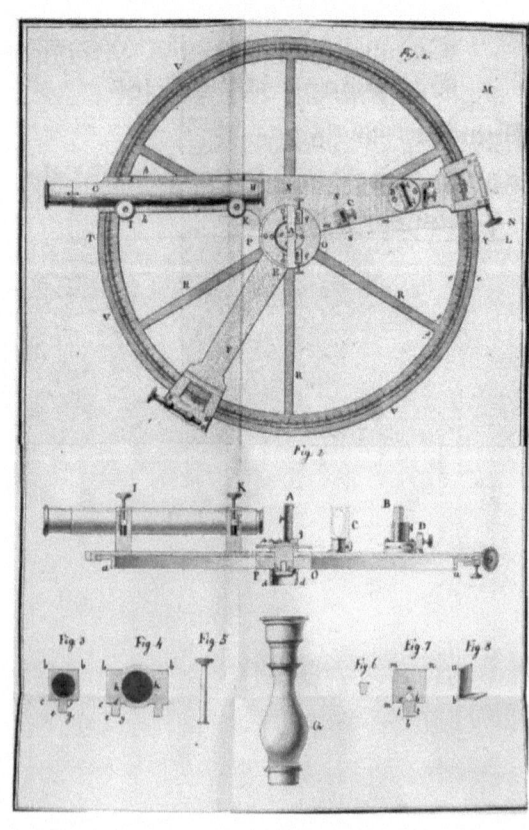

Jagemann, Christian Joseph

1787

(1735-1804)

Titel: Geschichte des Lebens und der Schriften des Galileo Galilei

Zusatz: Mit dem Bildnisse des Galilei.

Ausgabe: Neue Auflage.

Verfasserangabe: von C. J. Jagemann

Erscheinungsort: Leipzig

Verlag: Beer, Georg Emanuel

Sprache: Deutsch

Umfang: [7] Bl., 243 S.

Format: Oktav (18x11cm)

Bibliogr. Nachweis: J.C. Poggendorf, Biographisch-literarisches Handwörterbuch zur Geschichte der exacten Wissenschaften, 1. Bd., Leipzig 1863, Sp. 1187

Signatur: Hw 489

Abbildung: Titelseite

Kraft, Jens
(1720-1765)

1787

Titel: <Jens Krafts, vormaligen Königl. Dänischen Justitzraths und öffentlichen Lehrers der Mathematik auf der Ritterakademie zu Soroe,> Mechanik

Zusatz: [...] Mit XV. Kupfertafeln

2. Autor: Steingrüber, Johann Christian August

3. Autor: Tetens, Johann Nicolaus

Verfasserangabe: aus der lateinischen mit Zusätzen vermehrten Uebersetzung des Herrn Prof. Tetens ins Deutsche übersezt und hin und wieder verbessert von Johann Christian August Steingrüber

Erscheinungsort: Dresden

Verlag: Walther

Sprache: Deutsch

Umfang: 62 S., 960 S., [1] Bl., [15] gef. Bl.

Format: Oktav (22x13cm)

Bibliogr. Nachweis: K. M. Pedersen, "Kraft, Jens". In: C. C. Gillispie (Hg.), Dictionary of Scientific Biography 7, New York 1981, S. 490f.

Signatur: Hw 444

Abbildung: Titelseite
Mechanische Versuche

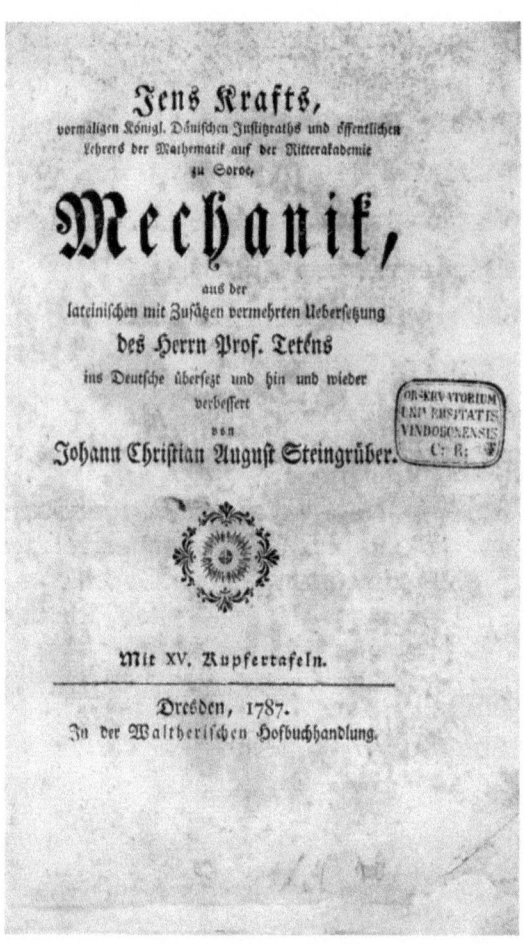

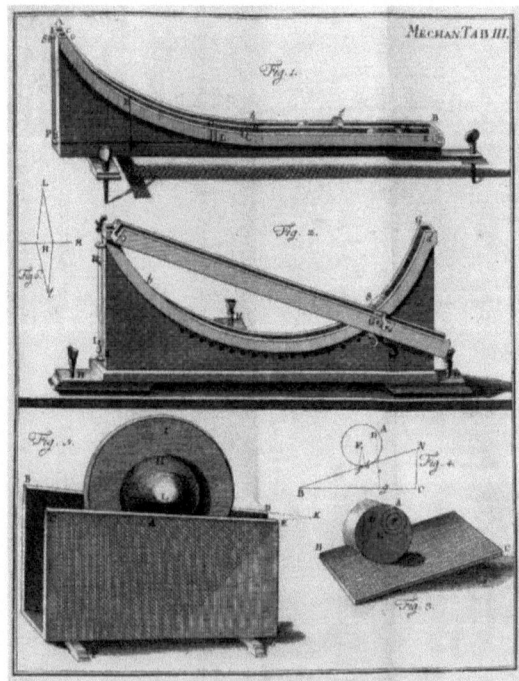

Euler, Leonhard
(1707-1783)

1788

Gesamttitel: <Leonhard Eulers> Einleitung in die Analysis des Unendlichen

Erscheinungsort: Berlin

Verlag: Hesse, Sigismund Friedrich (Bde. 1 - 2); Matzdorff, Carl (Band 3)

Sprache: Deutsch

Bde.: Bände 1 - 2: 1788
Band 3: 1791

Umfang: 1792 S. (gesamt)

Format: Oktav (20x12cm)

Signatur: Hw 747

Abbildung: Titelseite des ersten Teils

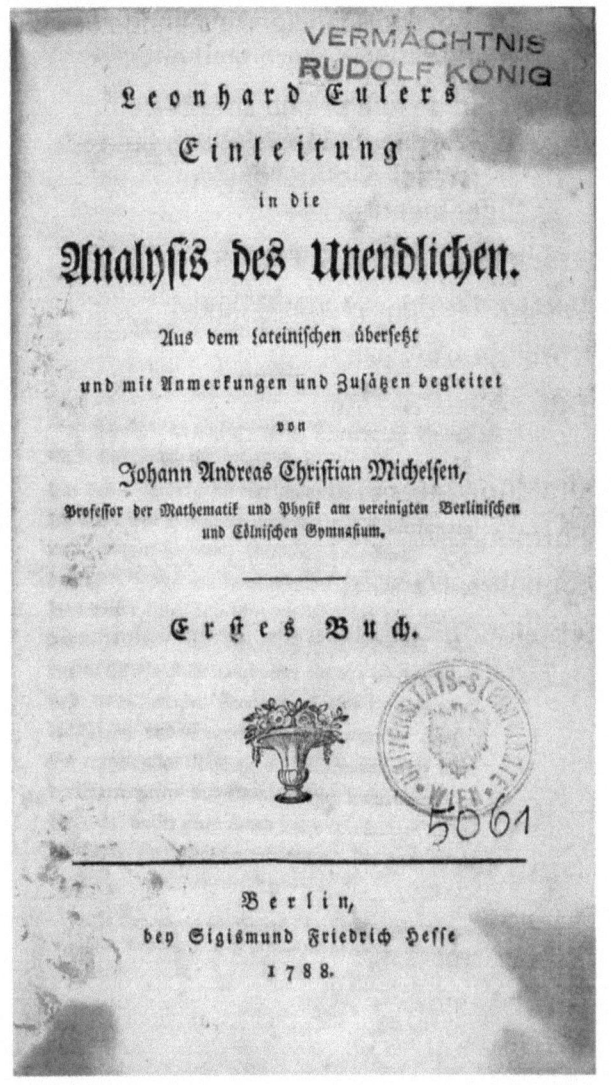

Hahn, Georg Gottlieb
(1756-1823)

1788

Gesamttitel: Vollständige Anleitung zur niedern und höhern Mathematik

Zusatz: in so fern solche sowohl dem Offizier überhaupt als auch dem Ingenieur und Artilleristen unentbehrlich ist

Erscheinungsort: Stuttgart

Verlag: Mezler, Johann Benedict

Sprache: Deutsch

Bde.: Band 1: 1788
      Band 2: 1790

Umfang: 1453 S. (gesamt)

Format: Oktav (19x11cm)

Signatur: Hw 471

Abbildung: Titelseite des ersten Teils

Penther, Johann Friedrich
(1693-1749)

1788

Titel: Praxis Geometriæ

Zusatz: worinnen nicht nur alle bey dem Feld-Messen vorkommenden Fälle, mit Stäben, dem Astrolabio, der Boussole, und der Mensul, in Ausmessung einzelner Linien, Flächen und ganzer Revier, welche, wenn deren etliche angränzende zusammen genommen, eine Land-Karte ausmachen, auf ebenen Boden und Gebürgen, wie auch die Abnehmung derer Höhen und Wasserfälle, nebst beygefügten practischen Hand-Griffen, deutlich erörtert, sondern auch eine gute Ausarbeitung der kleinsten Risse bis zum größten, mit ihren Neben-Zierathen, treulich communiciret werden.

Erscheinungsort: Augsburg; Leipzig

Verlag: Jenisch; Stage

Sprache: Deutsch

Umfang: [4] Bl., 97 S.,[2] Bl.,55 S., 39 Bl.

Format: Quart (34x20cm)

Bibliogr. Nachweis: J. C. Poggendorf, Biographisch-literarisches Handwörterbuch zur Geschichte der exacten Wissenschaften, 2. Bd., Leipzig 1863, Sp. 399f. Der bibliographische Nachweis bezieht sich auf die Erstausgabe von 1732.

Signatur: Hw 194

Abbildung: Titelseite
Höhenmessungen

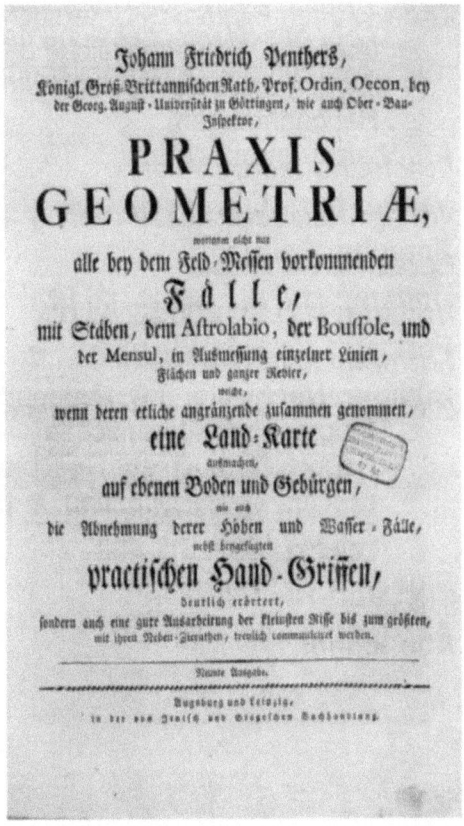

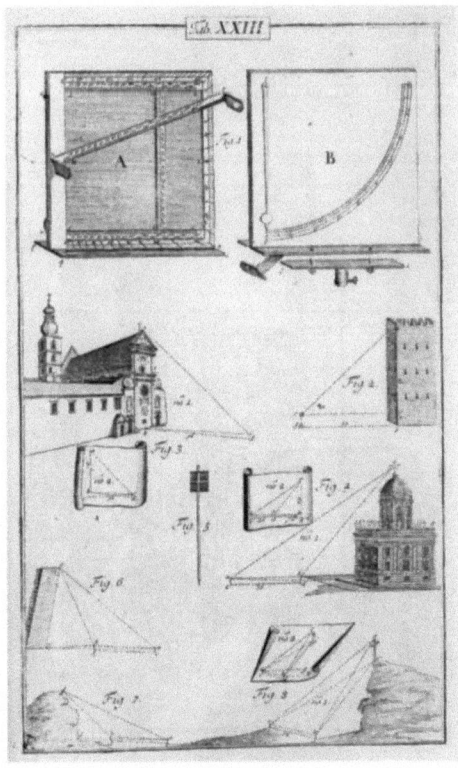

Pilgram, Anton [35]
(1730-1793)

1788

Titel: <Anton Pilgrams> Untersuchungen über das Wahrscheinliche der Wetterkunde durch vieljährige Beobachtungen

Erscheinungsort: Wien

Verlag: Kurzbeck, Joseph von

Sprache: Deutsch

Umfang: [12] Bl., 608 S., [2] Bl.

Format: Quart (24x20cm)

Bibliogr. Nachweis: J.C. Poggendorf, Biographisch-literarisches Handwörterbuch zur Geschichte der exacten Wissenschaften, 2. Bd., Leipzig 1863, Sp. 452

Signatur: Hw 172

Abbildung: Titelseite

Roesler, Gottlieb Friedrich   1788
(1740-1790)

Titel: <M. Gottlieb Fridrich Röslers, Professors am Gymn. Ill. zu Stuttgart, der Königl. Gesellschaft der Wissenschaften zu Göttingen Correspondenten, der Herzogl. Akademie der Künste Ehrenmitglieds,> Handbuch der praktischen Astronomie für Anfänger und Liebhaber

Zusatz: Zu Benuzung und Beobachtung der vornehmsten himmlischen Erscheinungen, ohne allzukostbaren Instrumenten-Vorrath, und zur Kenntniß des Gebrauchs der vornehmsten astronomischen Werkzeuge.

Erscheinungsort: Tübingen

Verlag: Heerbrandt, Jakob Friedrich

Sprache: Deutsch

Bde.: Bände 1 - 2

Umfang: 1115 S. (gesamt)

Format: Oktav (19x11,5cm)

Bibliogr. Nachweis: J.C. Poggendorf, Biographisch-literarisches Handwörterbuch zur Geschichte der exacten Wissenschaften, 2. Bd., Leipzig 1863, Sp. 675f

Signatur: Hw 473

Abbildung: Titelseite des ersten Teils
Mondphasen

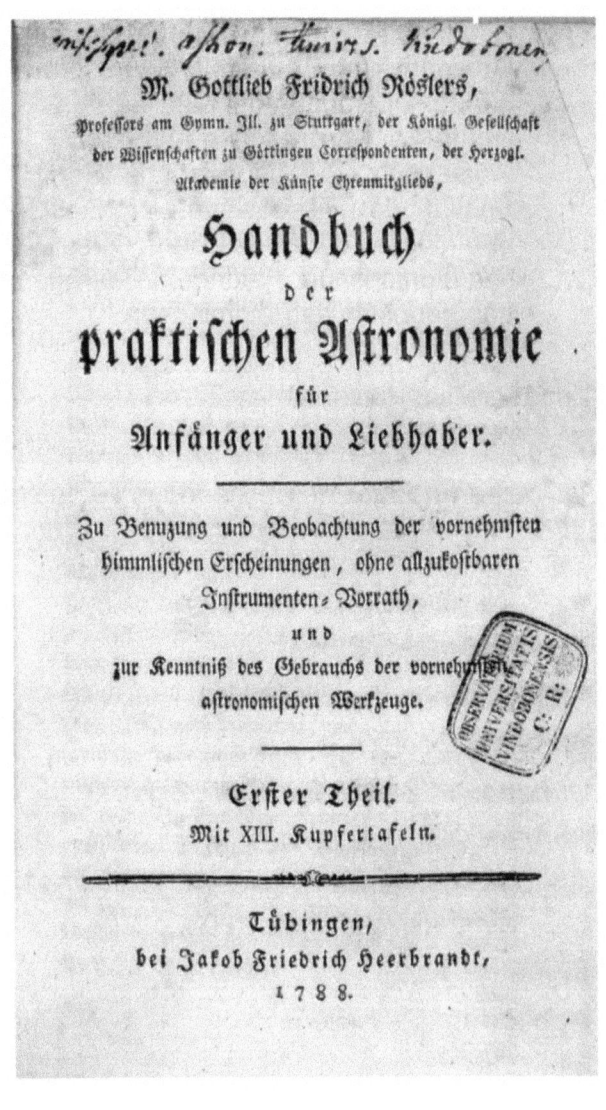

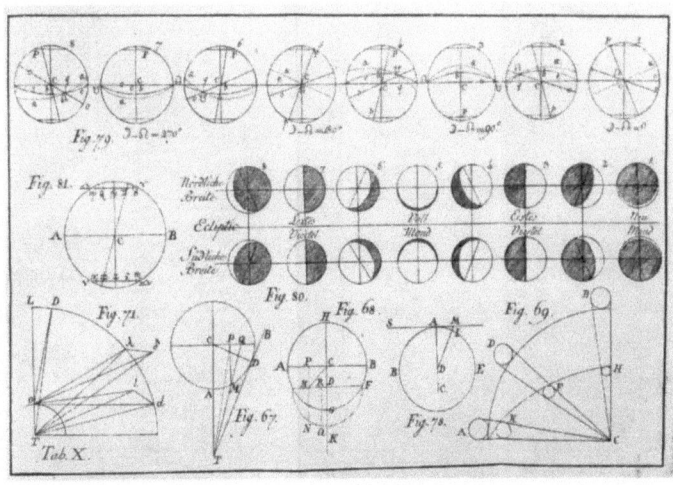

Schroeter, Johann Heinrich [36]   1788
(1745-1816)

Titel: <Johann Hieronymus Schröters Königl. Grossbrit. und Churfürstl. Braunschw. Lüneb. Oberamtmann, Mitglied der Churfürstl. Maynzischen Akad der Wissensch. Correspondent der Königl. Societät der Wissenschaften in Göttingen und Mitglied der Berlinischen Gesellschaft Naturforschender Freunde.> Beiträge zu den neuesten astronomischen Entdeckungen

Zusatz: Mit 8 Kupfertafeln.

2. Autor: Bode, Johann Elert [Herausgeber]

Verfasserangabe: Herausgegeben von Johann Elert Bode, Astronom und Mitglied der Königl. Preussischen Akademie der Wissenschaften etc.

Erscheinungsort: Berlin

Verlag: Lange, August Gottlieb

Sprache: Deutsch

Umfang: 14 S., 288 S., [1] Bl., 8 gef. Bl.

Format: Oktav (19,5x11,5cm)

Bibliogr. Nachweis: J. Lalande, Bibliographie astronomique, Paris 1803, p. 606

Signatur: As 23

Abbildung: Titelseite
  Jupiter

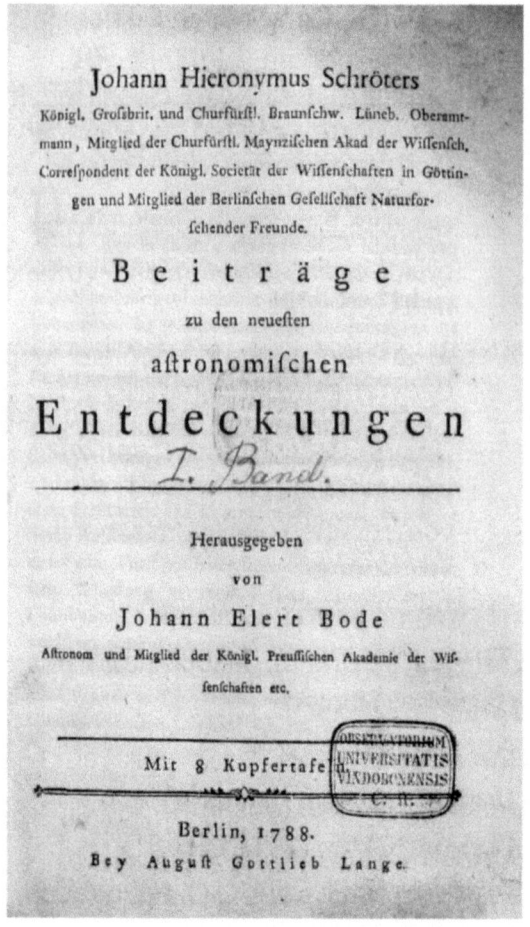

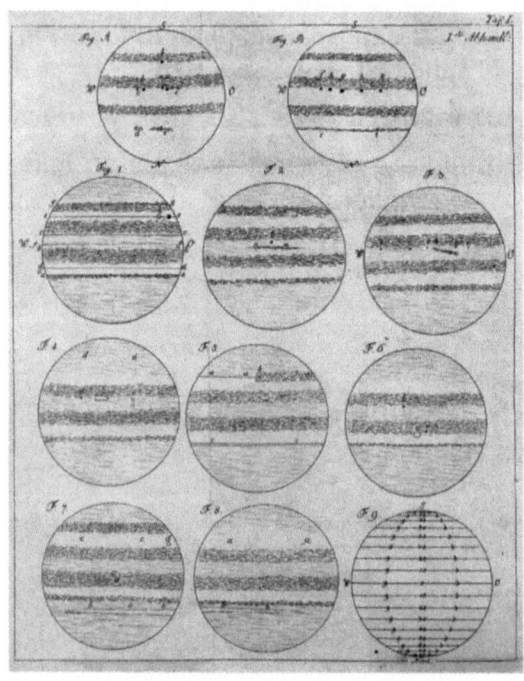

Vega, Georg von
(1756-1802)

1788

Titel: Vorlesungen über die Mathematik

Zusatz: Dritter Band, welcher die Mechanik der festen Körper enthält. Zum Gebrauche des Kaiserl. Königl. Artilleriekorps

Beigefügt: Beylage zum dritten Bande der Vorlesungen über die Mathematik des Georg Vega

Verfasserangabe: Aufgesetzt von Georg Vega, Hauptmann und Professor der Mathematik bey dem Kaiserl. Königl. Bombadierkorps

Erscheinungsort: Wien

Verlag: Trattner, Johann Thomas von

Sprache: Deutsch

Bde.: Nur Band 3 vorhanden.

Umfang: 611 S. (Bestand)

Format: Oktav (20,5x12,5cm)

Bibliogr. Nachweis: J.C. Poggendorf, Biographisch-literarisches Handwörterbuch zur Geschichte der exacten Wissenschaften, 2. Bd., Leipzig 1863, Sp. 1190

Signatur: Hw 741

Abbildung: Titelseite
Mechanik

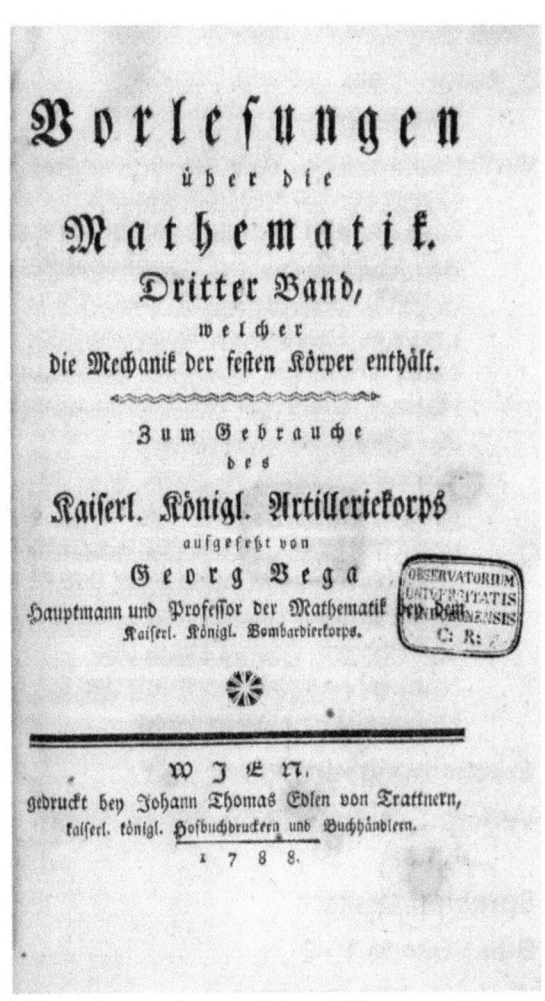

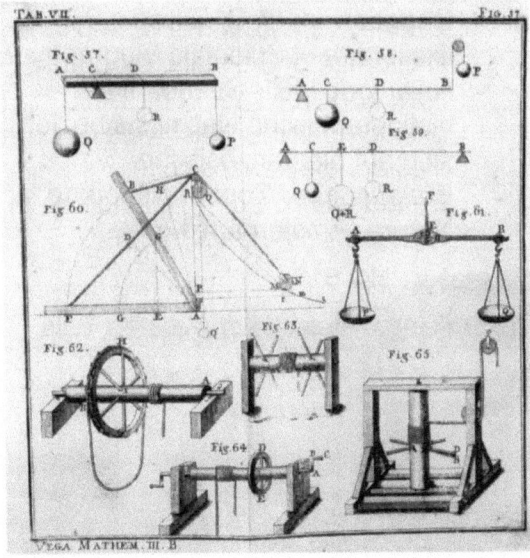

Bonnet, Charles
(1720-1793)

1789

Titel: Betrachtung über die Natur

2. Autor: Tietz, Johann Daniel [Herausgeber]

Verfasserangabe: Vom Herrn Karl Bonnet Mitgliede der römisch-kaiserl. Gesellschaft der Naturforscher, und der Akademien und Gesellschaften der Wissenschaften zu Petersburg, London, Stockholm, Kopenhagen, Lyon, München, Bologna, Siena und Harlem; wie auch Correspondenten der königl. Akademie der Wissenschaften zu Paris, und der königl. Gesellschaften zu Montpellier und Göttingen. Nach der neuesten sehr vermehrten Auflage in dessen sämmtlichen Werken herausgegeben von Johann Daniel Titius der Naturlehre Professorn auf der Universität zu Wittenberg

Erscheinungsort: Wien

Verlag: Schrämbl, Franz Anton; Alberti, Ignaz

Sprache: Deutsch

Bde.: Bände 1 - 2

Umfang: 873 S. (gesamt)

Format: Oktav (15,5x9,5cm)

Bibliogr. Nachweis: P. E. Pilet, "Bonnet, Charles". In: C. C. Gillispie (Hg.), Dictionary of Scientific Biography 2, New York 1981, S. 286f. Der bibliographische Nachweis bezieht sich auf die französische Erstausgabe: Contemplation de la Nature (Amsterdam 1764).

Signatur: Hw 515

Abbildung: Titelseite des ersten Teils

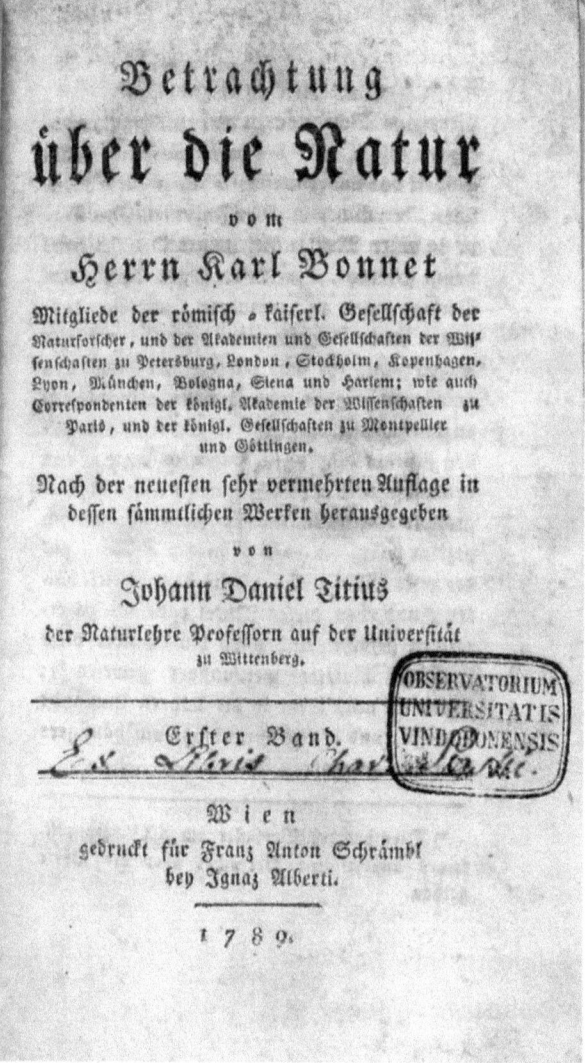

Schroeter, Johann Heinrich [37]
(1745-1816)

1789

Titel: <Ioh. Hieronymus Schröter Königl. Grosbritt. und Churfürstl. Braunschw. Lüneb. Oberamtmanns, Mitglieds der Churfürstl. Mainzischen Akademie nützl. Wissenschaften, Correspondentens der Königl. Societät der Wissenschaften in Göttingen, und Mitglieds der Berlin. Gesellschaft Naturforschender Freunde etc.> Beobachtungen über die Sonnenfackeln und Sonnenflecken

Zusatz: Samt beylæufigen Bemerkungen ueber die scheinbare Flæche, Rotation und Licht der Sonne. Mit 5 Kupfertafeln.

Erscheinungsort: Erfurt

Verlag: Keyser, Georg Adam

Sprache: Deutsch

Umfang: 103 S., 5 gef. Bl.

Format: Quart (21,5x17,5cm)

Bibliogr. Nachweis: J.C. Poggendorf, Biographisch-literarisches Handwörterbuch zur Geschichte der exacten Wissenschaften, 2. Bd., Leipzig 1863, Sp. 846f

Signatur: So I 24

Abbildung: Titelseite
Sonnenflecken

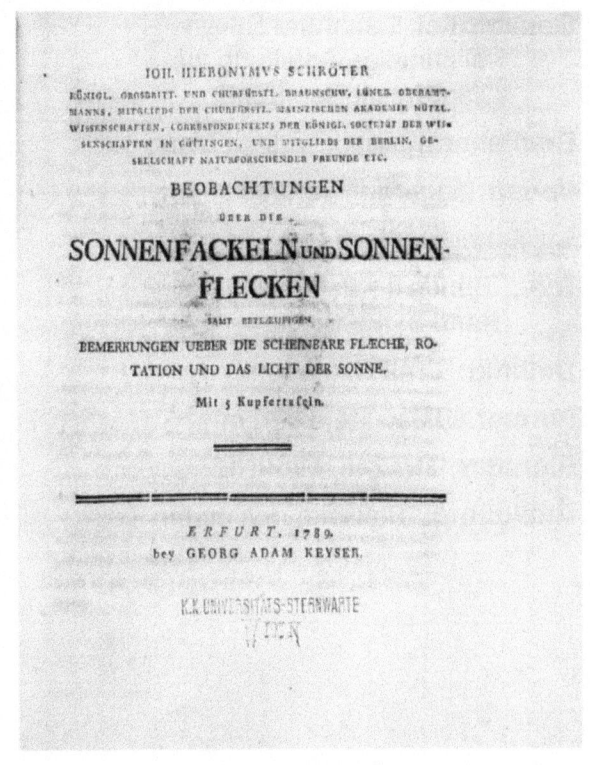

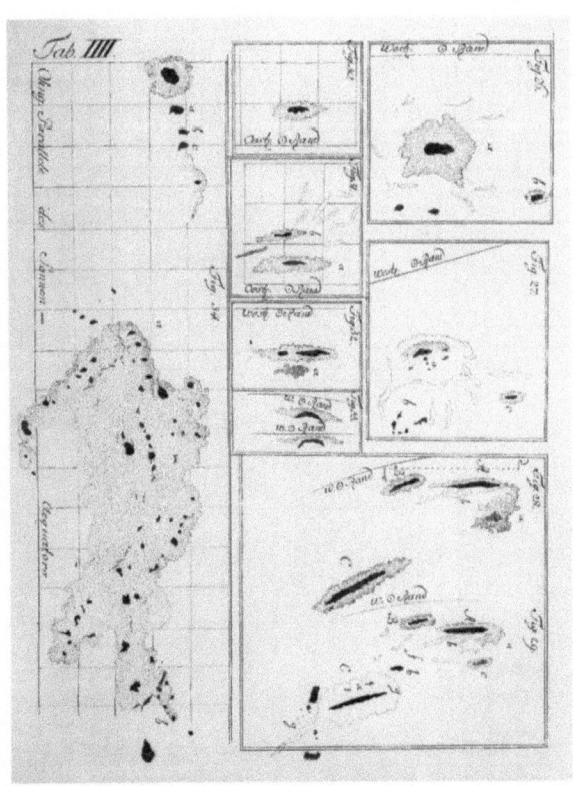

Euler, Leonhard
(1707-1783)

1790

Gesamttitel: Leonhard Euler's vollständige Anleitung zur Differenzial-Rechnung

Erscheinungsort: Berlin; Libau

Verlag: Lagarde; Friedrich

Sprache: Deutsch

Bde.: Bände 1 - 2: 1790
Band 3: 1793

Umfang: 1149 S. (gesamt)

Format: Oktav (18,5x11cm)

Signatur: Hw 748, Ma III 13

Abbildung: Titelseite des ersten Teils

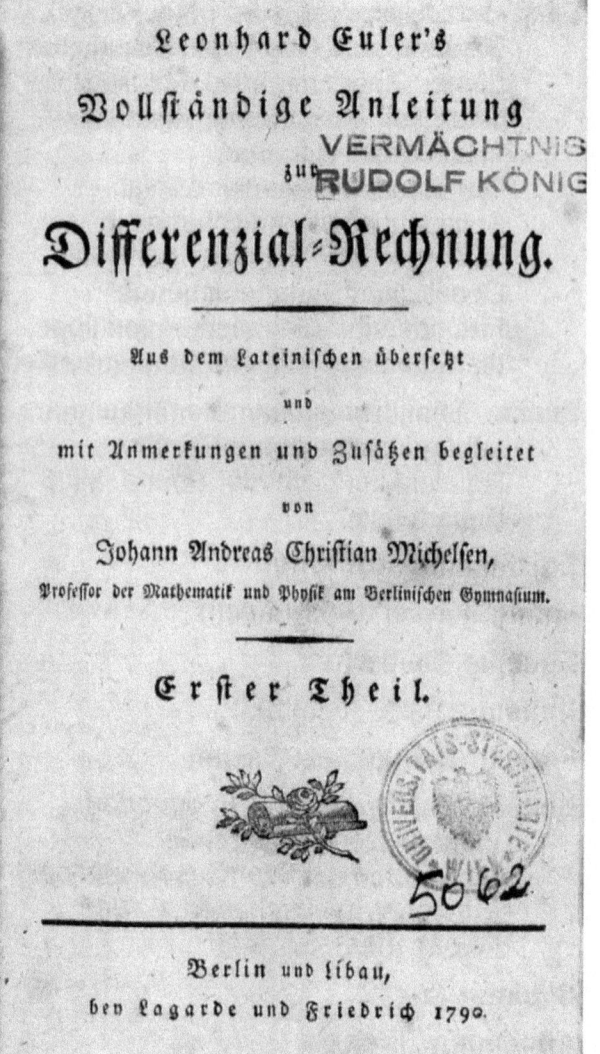

Helfenzrieder, Johann Evangelist   1790
(1724-1803)

Titel: Vollständiger und ausführlicher Unterricht gute Sonnenuhren auf ebene vertikale Flächen sonderlich auf Mauern und Fenster zu machen, als ein Beytrag zur Gnomonik

Zusatz: mit VII. Kupfertabellen, und einer Tabelle mit der man aus seinem Schatten auf dem Boden die gegenwärtige Zeit findet

Verfasserangabe: verfasset von Johann Helfenzrieder vormaligem Professor der Mathematik auf der hohen Schule zu Ingolstadt, der Theologie Doktor, Sr. churfürstl. Durchl. zu Pfalzbaiern geistlichem Rathe, der churfürstl. Akademie der Wissenschaften zu München und der churmainzischen zu Erfurt ordentlichem Mitgliede

Erscheinungsort: Augsburg

Verlag: Rieger, Matthäus (Söhne)

Sprache: Deutsch

Umfang: 6 S., [5] Bl., 310 S., [1] Bl., 7 gef. Bl.

Format: Oktav (19x11cm)

Signatur: Hw 485

Abbildung: Titelseite Sonnenuhren

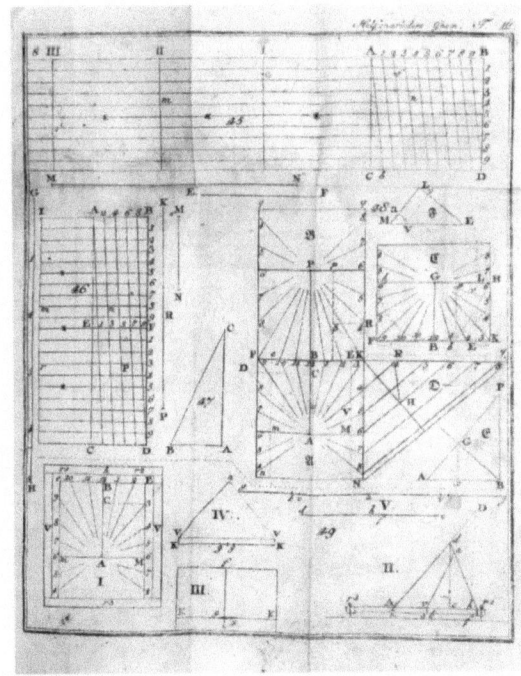

Kästner, Abraham Gotthelf
(1719-1800)

1790

Gesamttitel: Die mathematischen Anfangsgründe

Erscheinungsort: Göttingen

Verlag: Vandenhoek; Ruprecht

Sprache: Deutsch

Bde.: Band 1: Erste Sammlung, 1790
Band 2: Zweyte Sammlung, 1791

Umfang: 1027 S. (gesamt)

Format: Oktav (17x11cm)

Signatur: Hw 504

Abbildung: Titelseite Band 1
Polygone
Abbildung zur Zyklometrie

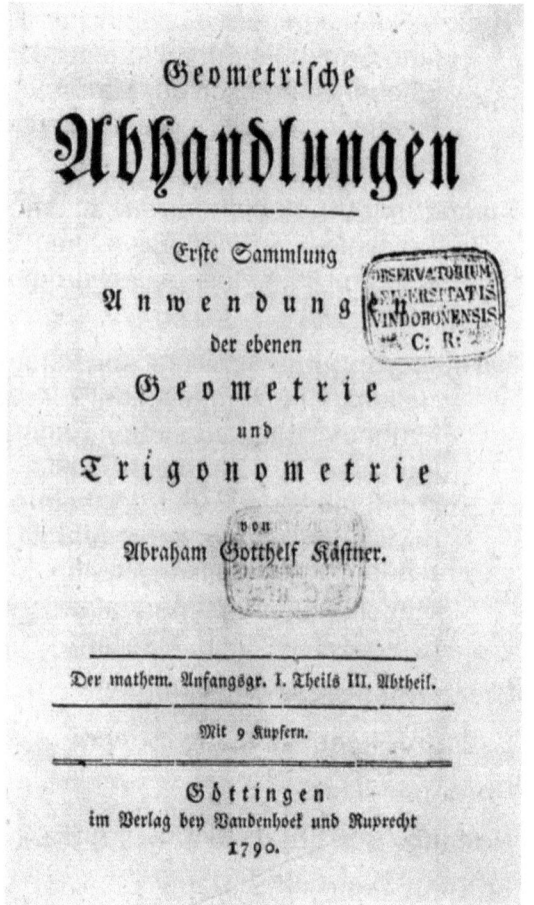

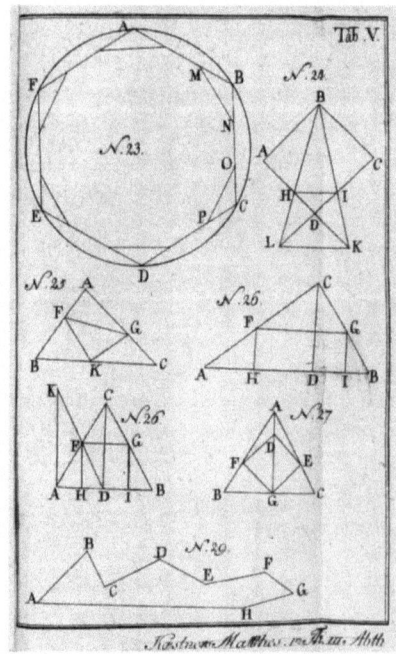

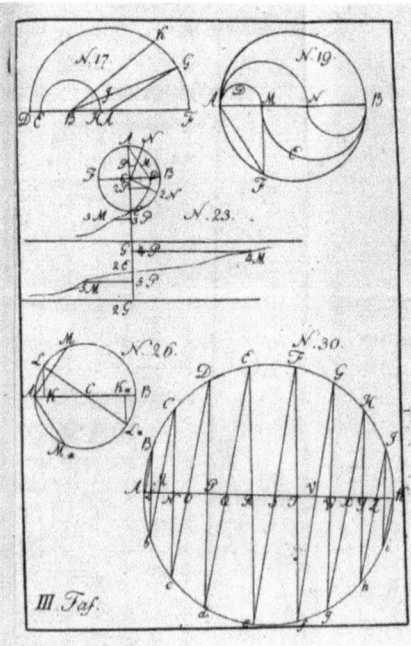

Leski, Joseph
(1765-1825)

Titel: Teoryczna i praktyczna nauka zołnierskich rozmiarow

Zusatz: Czyli miernictwo woienne do użycia Officyerom i początkowym Inżenterom

2. Autor: Horgreve, Johann Ludwig

Verfasserangabe: Ułożone przez P. Horgrewe, W służbie Angielskiey Inżenierow Kapitana. Na Oyczysty zaś iezyk przełożone, i Arytmetyką, Geometryą i pierwszemi zasaðami sztuki woienney powiększone przez Jozefa Łęskiego, Officyera i początkowey Matematyki w Szkole Rycerskiey nauczyciela.

Erscheinungsort: Warschau

Verlag: u P. Dufour Konsyl: Nadwor: Druk: J.K. Mei i Rzepltey, Dyrek: Druk: Korp: Kadet:

Sprache: Polnisch

Umfang: [4] Bl., 31 S., 355 S., 246 S., [1] Bl., [14] gef. Bl.

Format: Oktav (20x12,5cm)

Bibliogr. Nachweis: J.C. Poggendorf, Biographisch-literarisches Handwörterbuch zur Geschichte der exacten Wissenschaften, 1. Bd., Leipzig 1863, Sp. 1435

Signatur: Hw 461

Abbildung: Titelseite
Landkarten

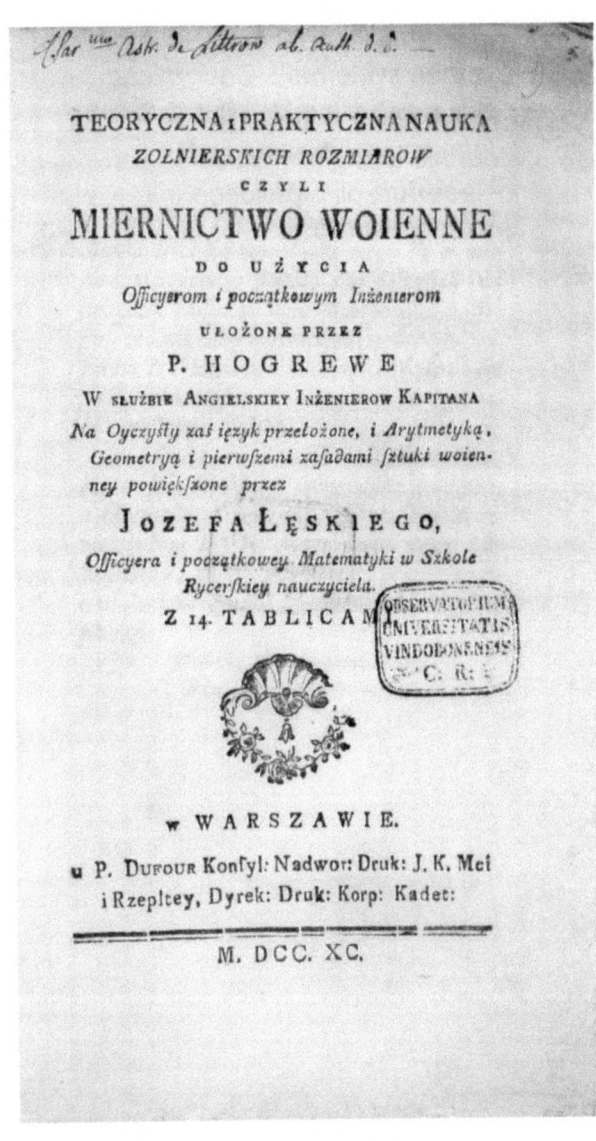

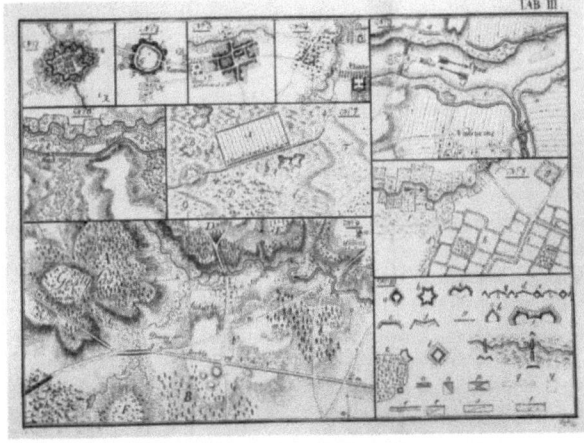

Riccioli, Giovanni Battista
(1598-1671)

1790

Titel: Apostata Copernicanus, sive novum examen systematis Copernicani

Verfasserangabe: ad mentem R. P. Joannis Bap. Riccioli, S. J. celeberrimi olim philosophi & astronomi institutum

Erscheinungsort: Brünn

Verlag: Trassler

Sprache: Latein

Umfang: 149 S. (Seitenzählung beginnt erst ab Seite 10)

Format: Oktav (18x11cm)

Signatur: Hw 488

Abbildung: Titelseite

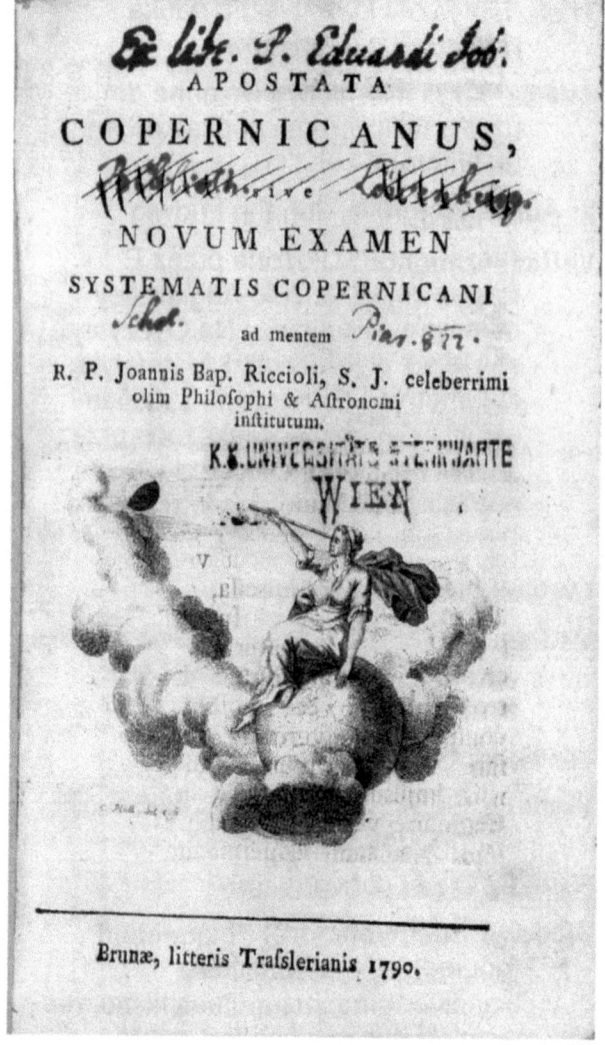

Darquier de Pellepoix, Antoine
(1718-1802)

1791

Titel: <Des Herrn Darquier> Briefe über die practische Astronomie

2. Autor: Scheibel, Johann Ephraim [Übersetzer]

Verfasserangabe: aus dem Französischen übersetzt, mit einigen Anmerkungen von Johann Ephraim Scheibel.

Erscheinungsort: Breslau

Verlag: Gutsch, Christian Friedrich

Sprache: Deutsch

Umfang: 8 S., 126 S.

Format: Oktav (20,5x12cm)

Signatur: As 106

Abbildung: Titelseite

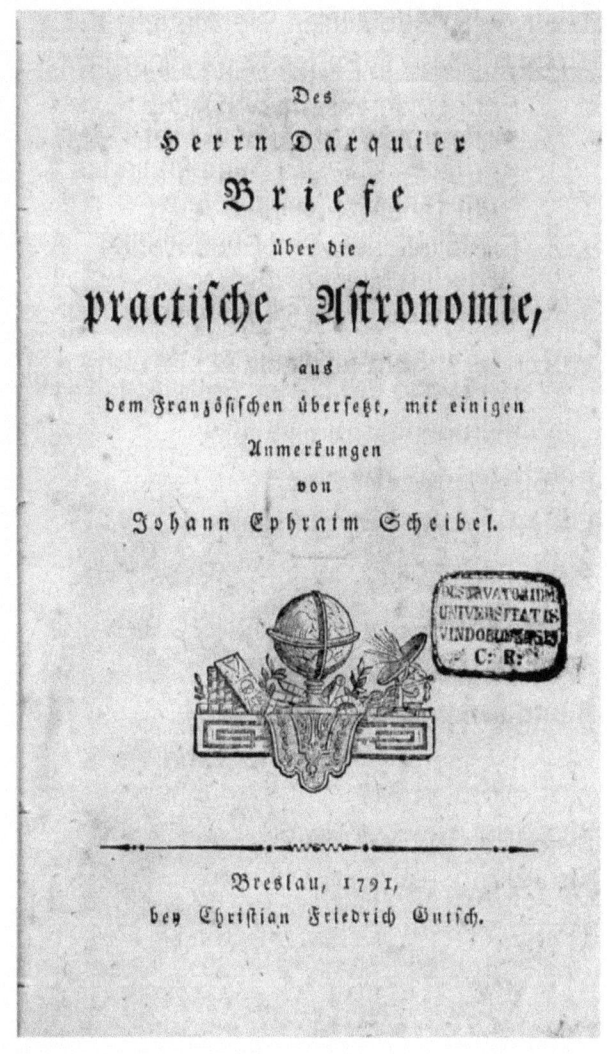

Fixlmillner, Placidus [38]
(1721-1791)

1791

Titel: Acta Astronomica Cremifanensia

Zusatz: Divisa In Partes Duas, Quarum Prior Observationes Ab Anno MDCCLXXVI Ad Annum MDCCXCI, Earum Calculos Et Comparationes Cum Tabulis, Posterior Vero Exercitationes, Seu Enodationes Variarum Materialum Astronomicarum Complectitur

Verfasserangabe: collecta et elaborata a P. Placido Fixlmillner, Benedictino et astronomo Cremifanensi

Erscheinungsort: Steyr

Verlag: Medter, Franz Joseph

Sprache: Latein

Umfang: [13] Bl., 556 S., [6] gef. Bl.

Format: Quart (24x18cm)

Bibliogr. Nachweis: J. Lalande, Bibliographie Astronomique, Paris 1803, p. 617

Signatur: Hw 529, Hw 62

Abbildung: Titelseite

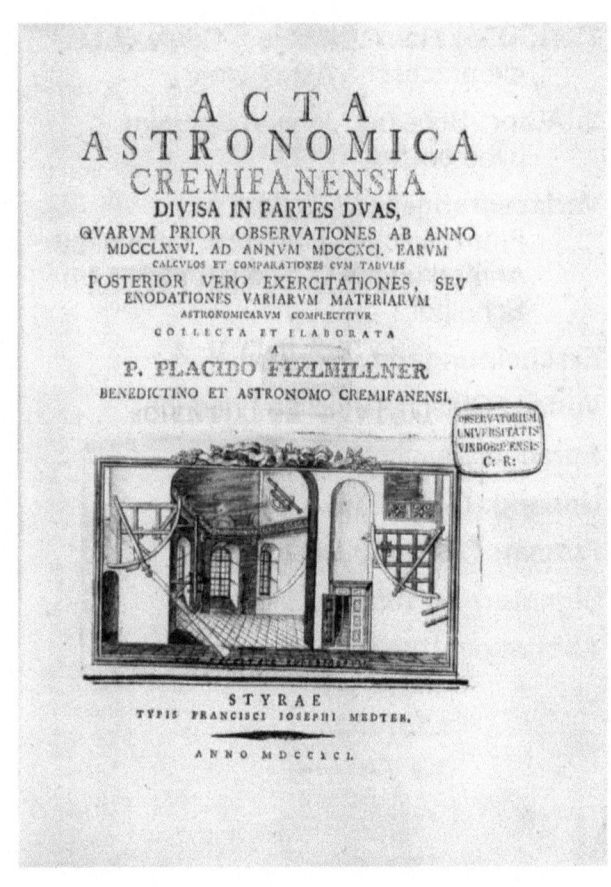

Herschel, William [39]
(1738-1822)

1791

Titel: <William Herschel Doctor der Rechte, und Mitglied der königlichen Gesellschaft der Wissenschaften in London> Über den Bau des Himmels

Zusatz: Drey Abhandlungen aus dem Englischen übersetzt. Nebst einem authentischen Auszug aus Kants Allgemeiner Naturgeschichte und Theorie des Himmels

2. Autor: Sommer, Georg Michael

Verfasserangabe: G. M. Sommer, Pfarrer-Adjunkt an der Haberbergschen Kirche, und zweyter Bibliothekar bey der Königl. Schloßbibliothek

Erscheinungsort: Königsberg

Verlag: Nicolovius, Friedrich

Sprache: Deutsch

Umfang: 12 S., 204 S.

Format: Oktav (19x11cm)

Signatur: Hw 474

Abbildung: Titelseite

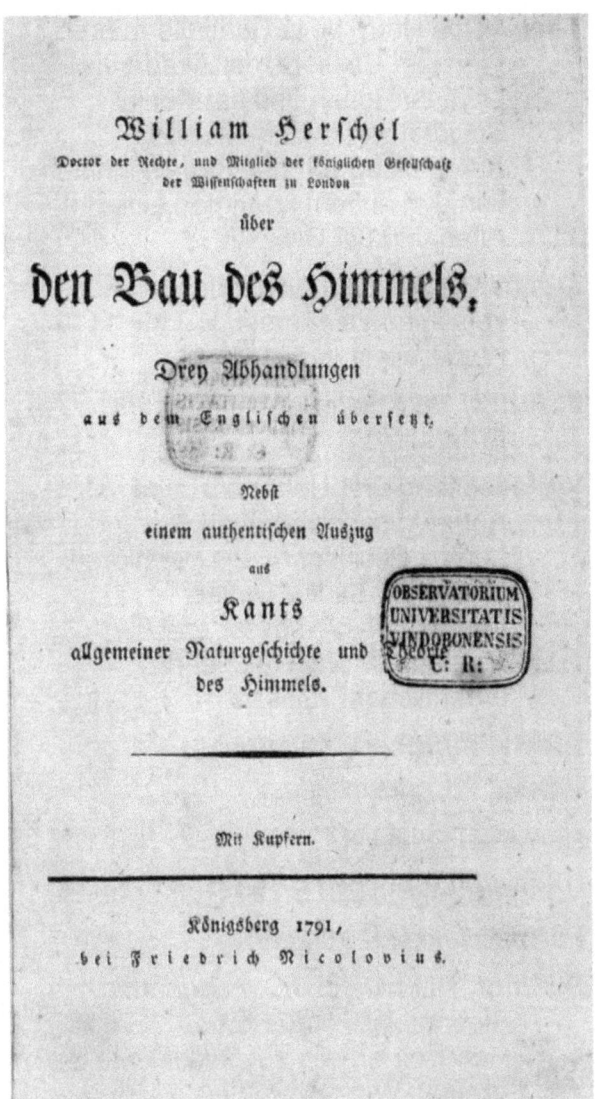

La Chapelle, J. B. de — 1791

Titel: <Des Herrn de la Chapelle Königl. Französ. Censors, der Akademie zu Lion, zu Rouen und der Königl. Societät zu London Mitglieds> Abhandlung von den Kegelschnitten, von den andern krummen Linien der Alten und der Cycloide

Zusatz: Nebst ihren Anwendungen auf verschiedene Künste. [...] Mit 11 Kupfertafeln.

2. Autor: Böckmann, Johann Lorenz [Übersetzer]

Verfasserangabe: Uebersetzt und mit Anmerkungen versehen von Johann Lorenz Böckmann, des Hochfürstl. Markgräfl. Baden-Durlach. Kirchenraths Assessor und der Mathematik und Naturlehre ordentlicher Professor

Erscheinungsort: Karlsruhe

Verlag: Macklot, Michael

Sprache: Deutsch

Umfang: [4] Bl., 520 S., 24 S., 11 gef. Bl.

Format: Oktav (20x12cm)

Bibliogr. Nachweis: J.C. Poggendorf, Biographisch-literarisches Handwörterbuch zur Geschichte der exacten Wissenschaften, 1. Bd., Leipzig 1863, Sp. 220

Signatur: Ma VII 17

Abbildung: Titelseite Strahlengänge

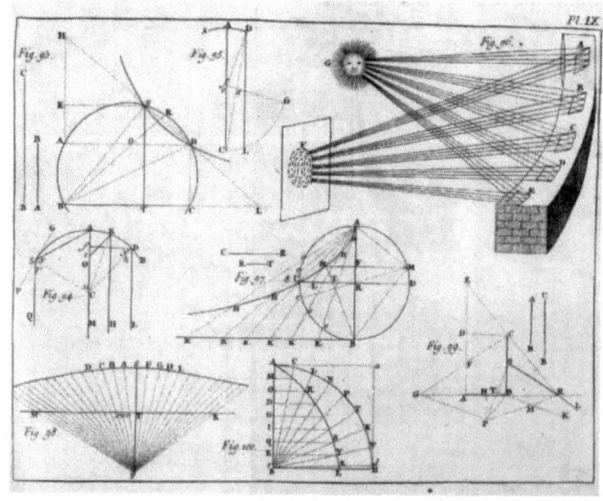

Müller, Friedrich Christoph
(1751-1808)

1791

Titel: <Friederich Christoph Müllers Mitgliedes der Königl. Preuss. Academie der Wissenschaften> Tafeln der Sonnenhöhen für ganz Deutschland und dessen westlich und östlich benachbarte Länder

Zusatz: nebst einem in Kupfer gestochenen Sextanten

Erscheinungsort: Leipzig

Verlag: Crusius, Siegfried Lebrecht

Sprache: Deutsch

Umfang: 48 S., [402] Bl., [1] gef. Bl

Format: Oktav (21x12cm)

Bibliogr. Nachweis: J.C. Poggendorf, Biographisch-literarisches Handwörterbuch zur Geschichte der exacten Wissenschaften, 2. Bd., Leipzig 1863, Sp. 223f

Signatur: Hw 427

Abbildung: Titelseite

Wurm, Johann Friedrich [40]
(1760-1833)

1791

Titel: Geschichte des neuen Planeten Uranus

Zusatz: samt Tafeln für dessen heliocentrischen und geocentrischen Ort

Paralleltitel: Historia novi planetae Urani

Verfasserangabe: Herausgegeben und berechnet von Johann Friedrich Wurm

Erscheinungsort: Gotha

Verlag: Ettinger, Carl Wilhelm

Sprache: Deutsch, Latein

Umfang: [1] Bl., 96 S., 88 S., [1] Bl.

Format: Oktav (19x11,5cm)

Bibliogr. Nachweis: J. Lalande, Bilbiographie astronomique, Paris 1803, p. 617

Signatur: Pl 38

Abbildung: Deutsche Titelseite
Lateinische Titelseite

Lalande, Joseph Jérôme Le Français de
(1732-1807)

1792

Titel: Astronomie

Ausgabe: Troisième édition, revue et augmentée

Verfasserangabe: Par Jérôme Le Franç (La Lande), de l'Académie Royale des sciences de Paris; celles de Londres, de Pétersbourg, de Berlin, de Stockholm, de Bologne, etc.; Inspecteur du Collège royal, et Directeur de l'Observatoire de l'École royale militaire.

Erscheinungsort: Paris

Verlag: Desaint (Witwe); Didot, Pierre

Sprache: Französisch

Bde.: Bände 1 - 3

Umfang: 2108 S. (gesamt)

Format: Quart (25x19,5cm)

Bibliogr. Nachweis: J. Lalande, Bibliographie astronomique, Paris 1803, p. 622

Signatur: Hw 162

Abbildung: Titelseite des ersten Teils
Diverse Planetensysteme

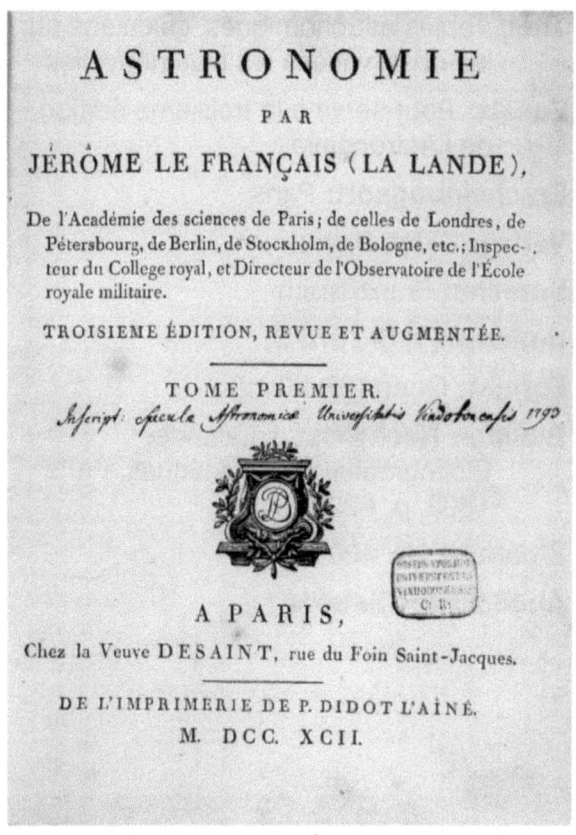

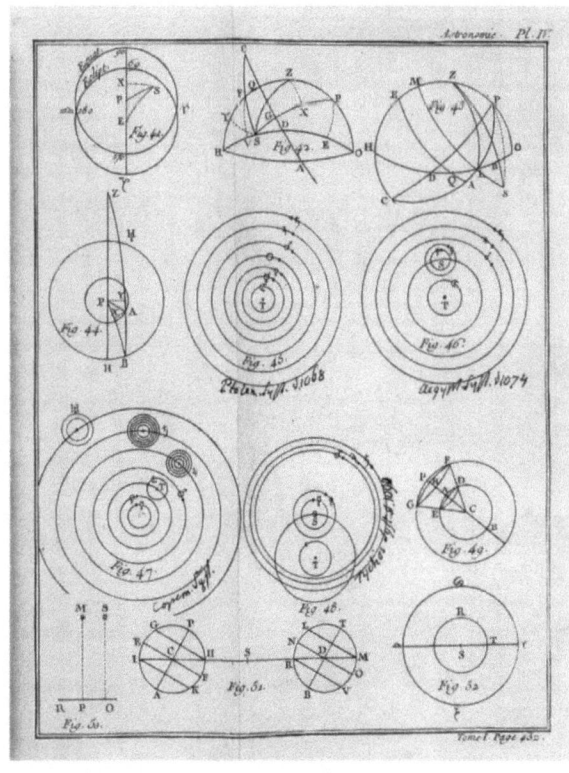

Lalande, Joseph Jérôme Le Français de 1792
(1732-1807)

Titel: Tables astronomiques, calculées sur les observations les plus nouvelles

Zusatz: Pour servir à la troisième édition de l'Astronomie

Erscheinungsort: Paris

Verlag: Didot, Pierre

Sprache: Französisch

Umfang: [1] Bl., 378 S.

Format: Quart (25x20cm)

Bibliogr. Nachweis: J. Lalande, Bibliographie astronomiques, Paris 1803, p. 622

Signatur: Hw 406

Abbildung: Titelseite

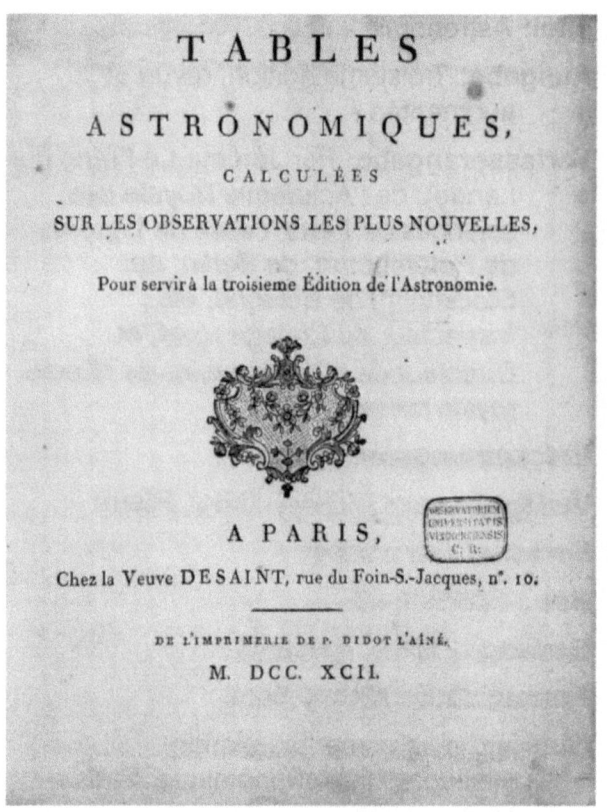

Mayer, Johann Tobias
(1723-1762)

1792

Gesamttitel: Gründlicher und ausführlicher Unterricht zur praktischen Geometrie

Verfasserangabe: Entworfen von Johann Tobias Mayer, Hofrath und Prof. der Mathematik und Physik zu Erlangen

Erscheinungsort: Göttingen (Bde. 1 - 3); Erlangen (Band 4)

Verlag: Vandenhoek; Ruprecht (Bde. 1 - 3); Palm, Johann Jakob (Band 4)

Sprache: Deutsch

Bde.: Band 1: Erster Theil, 1792
Band 2: Zweyter Theil, 1793
Band 3: Dritter Theil, 1795
Band 4: Vierter Theil, 1794

Umfang: 2565 S. (gesamt)

Format: Oktav (17x10cm)

Signatur: Hw 493

Abbildung: Titelseite des ersten Teils
Vermessungsinstrumente

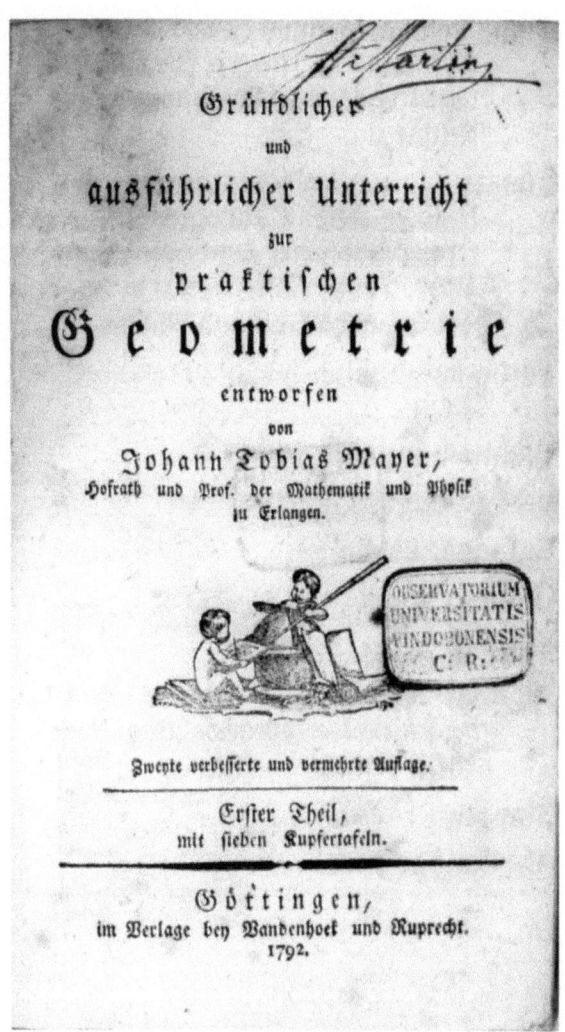

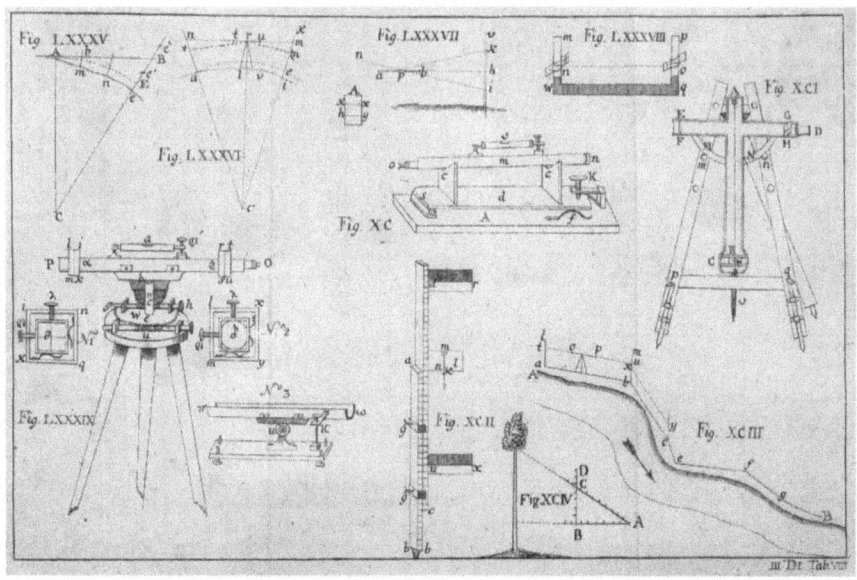

Zach, Franz Xaver von
(1754-1832)

1792

Titel: Tabulae Motuum Solis Novae et Correctae ex Theoria Gravitatis et Observationibus Recentissimis Erutae

Zusatz: Quibus Accedit Fixarum Praecipuarum Catalogus Novus ex Observationibus Astronomicis Annis 1787. 1788. 1789. 1790. In Specula Astronomica Gothana Habitis

Verfasserangabe: Auctore Francisco de Zach

Erscheinungsort: Gotha

Verlag: Ettinger, Karl Wilhelm

Sprache: Latein

Umfang: [5] Bl., 195 S., 250 S.

Format: Quart (26x20cm)

Bibliogr. Nachweis: J. Lalande, Bibliographie Astronomique, Paris 1803, p. 622f

Signatur: Hw 415

Abbildung: Titelseite

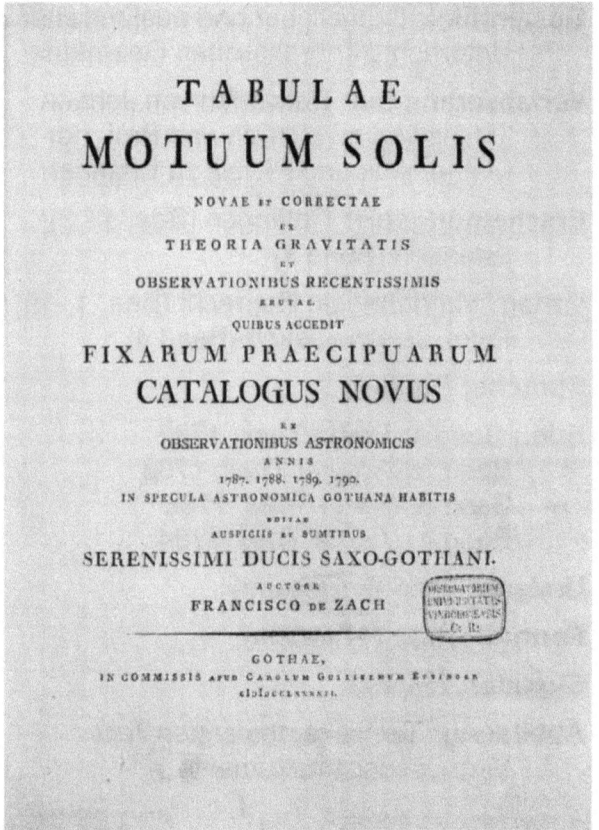

Zach, Franz Xaver von
(1754-1832)

1792

Titel: Fixarum Praecipuarum Catalogus Novus

Zusatz: Ex Observationibus Astronomicis In Specula Astronomica Gothana Annis 1787. 1788. 1789. 1790. Habitis et ad initium anni MDCCC constructus

Verfasserangabe: Auctore Francisco de Zach

Erscheinungsort: Gotha

Verlag: Ettinger, Karl Wilhelm

Sprache: Latein

Umfang: [2] Bl., 64 S., 104 S.

Format: Quart (26x20cm)

Signatur: Hw 415

Abbildung: Titelseite

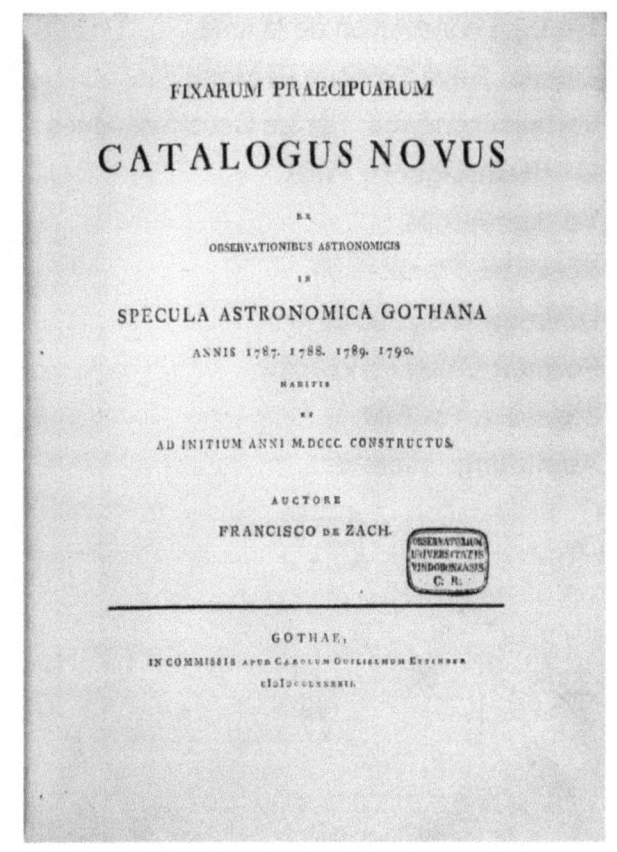

Beffroy de Reigny, Louis-Abel
(1757-1811)

1793

Titel: La constitution de la lune
Zusatz: Rêve Politique Et Moral
Verfasserangabe: Par Le Cousin-Jacques
Erscheinungsort: Paris
Verlag: Froullé
Sprache: Französisch
Umfang: 8 S., 302 S.
Format: Oktav (17x10cm)
Signatur: Hw 500
Abbildung: Titelseite

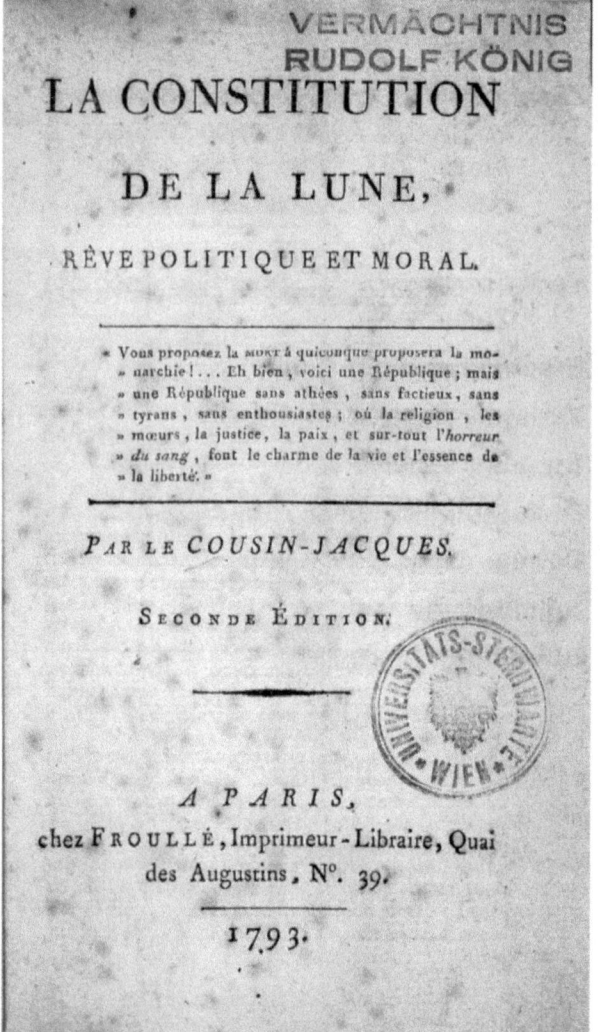

David <a Sancto Caietano> 1793

Titel: Praktische Anleitung für Künstler, alle astronomische Perioden durch brauchbare bisher noch nie gesehene ganz neue Räderwerke mit Leichtigkeit vom Himmel unabweichlich genau auszuführen

Zusatz: sammt Erweiterung der Theorie des neuen Rädergebäudes

Verfasserangabe: von Fr. David à S. Cajetano, Augustiner Baarfuesser im Hofkloster

Erscheinungsort: Wien; Leipzig

Verlag: Hörling, Johann David

Sprache: Deutsch

Umfang: [4] Bl., 113 S., [2] gef. Bl., [1] Bl.

Format: Oktav (20x12cm)

Signatur: Hw 544

Abbildung: Titelseite
Astronomische Uhr

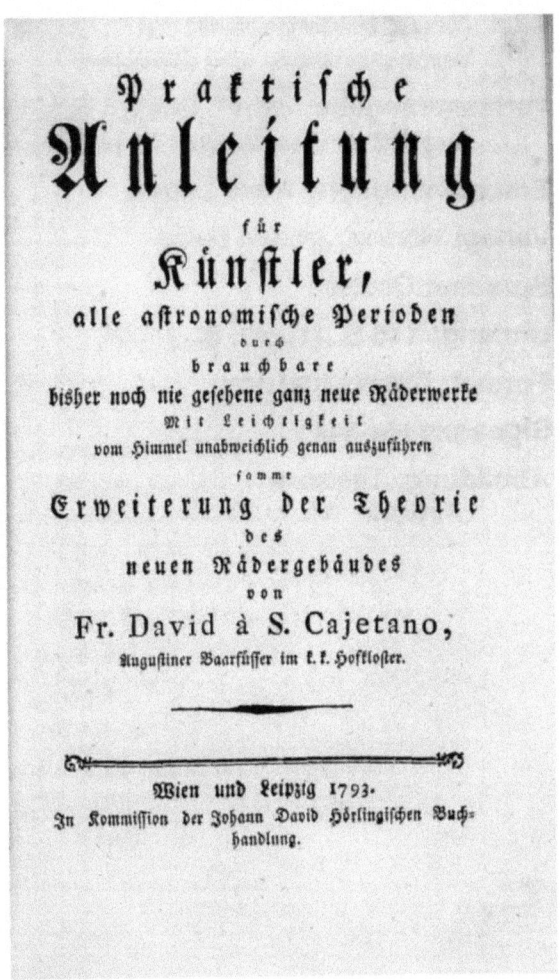

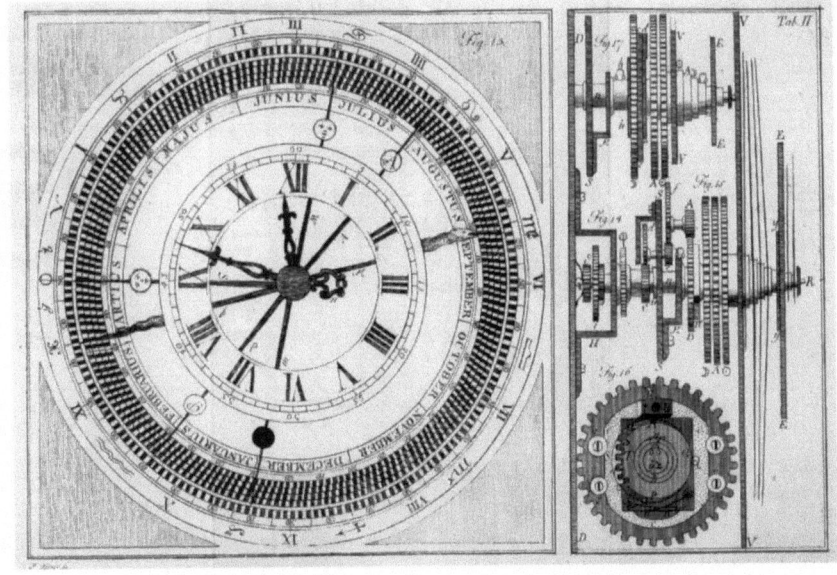

David <a Sancto Caietano> [41] 1793

Titel: Neues Rädergebäude mit Verbesserungen und Zusätzen

Verfasserangabe: von Fr. David à S. Cajetano, Augustiner Baarfuesser im Hofkloster

Erscheinungsort: Wien; Leipzig

Verlag: Hörling, Johann David

Sprache: Deutsch

Umfang: 146 S., [1] gef. Bl., [1] Bl.

Format: Oktav (20x12cm)

Signatur: Hw 544

Abbildung: Titelseite
Uhrwerk

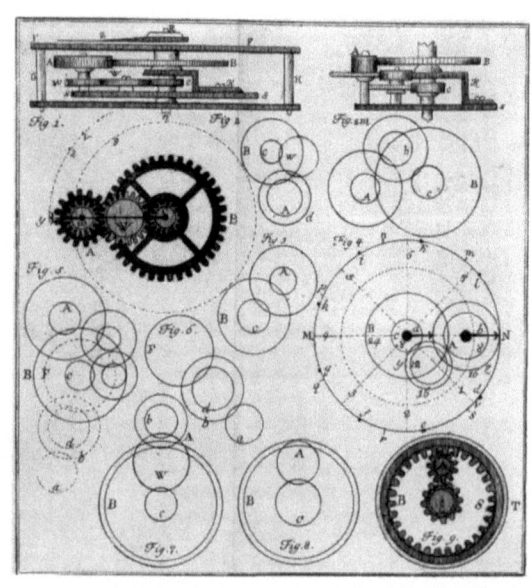

Dionis du Séjour, Achille P.
(1734-1794)

1793

Titel: Des Herrn Dionysius du Sejour analytische Abhandlung von den Sonnenfinsternissen

Zusatz: aus dessen Recherches sur la Gnomonique &c. übersetzt, mit Anmerkungen und Anwendung auf die große Sonnenfinsternis 1793 den 5. September

2. Autor: Scheibel, Johann E.

Verfasserangabe: durchgehend erläutert von Johann Ephraim Scheibel

Erscheinungsort: Breslau

Verlag: Meyer, Ernst Gottlieb

Sprache: Deutsch

Umfang: 24 S., 101 S., [1] gef. Bl.

Format: Oktav (20x12cm)

Signatur: Hw 463

Abbildung: Titelseite
Sonnenfinsternis

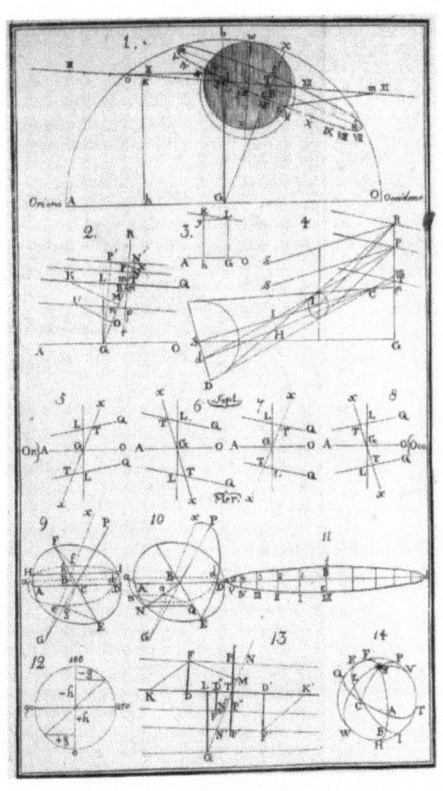

Kästner, Abraham Gotthelf 1793
(1719-1800)

Gesamttitel: Anfangsgründe der Mathematik

Ausgabe: Zweyte, sehr verbesserte und vermehrte Auflage

Erscheinungsort: Göttingen

Verlag: Vandenhoek; Ruprecht

Sprache: Deutsch

Bde.: Band 3: Anfangsgründe der Analysis des Unendlichen, 1799
Band 4: Anfangsgründe der höhern Mechanik, 1793

Umfang: 1586 S. (Bestand)

Format: Oktav (17x10)

Signatur: Hw 508

Abbildung: Titelseite Analysis

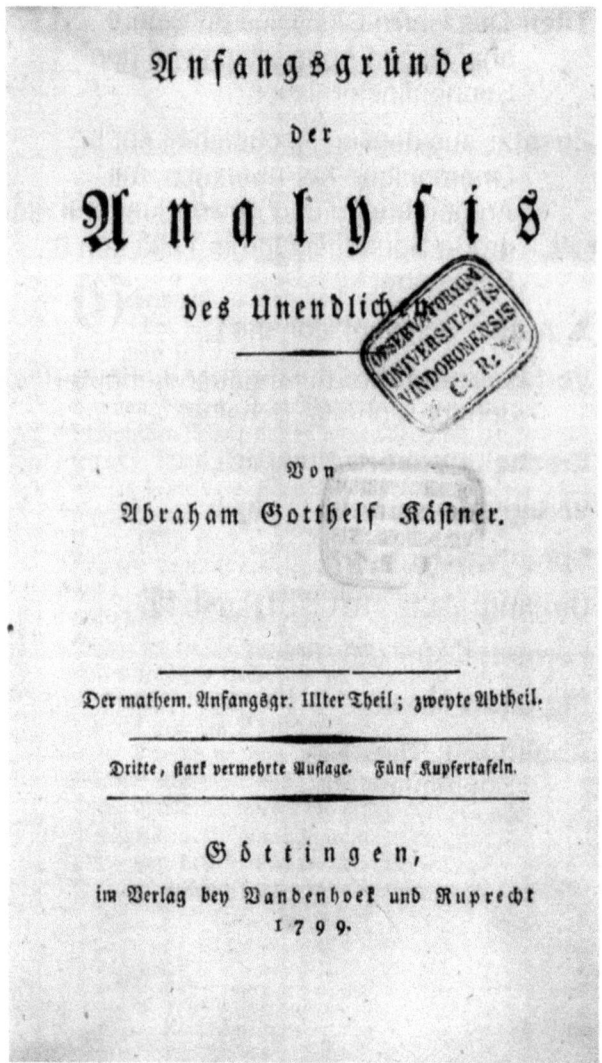

Morville, Niels
(1743-1812)

1793

Titel: Die Lehre von der geometrischen und ökonomischen Vertheilung der Felder

2. Autor: Christiani, Johann Wilhelm

Verfasserangabe: Nach der dänischen Schrift des Herrn Niels Morville bearbeitet von Johann Wilhelm Christiani

Erscheinungsort: Göttingen

Verlag: Vandenhoek; Ruprecht

Sprache: Deutsch

Umfang: 18 S., 154 S.

Format: Oktav (18x11cm)

Bibliogr. Nachweis: J.C. Poggendorf, Biographisch-literarisches Handwörterbuch zur Geschichte der exacten Wissenschaften, 2. Bd., Leipzig 1863, Sp. 213f

Signatur: Hw 486

Abbildung: Titelseite

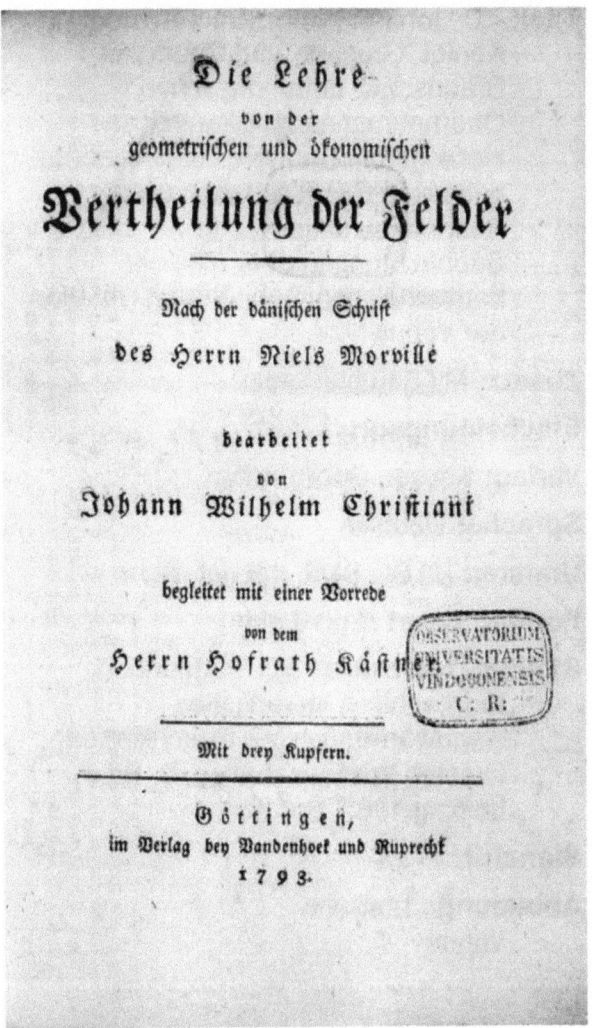

Schroeter, Johann Heinrich [42]
(1745-1816)

1793

Titel: <D. Johann Hieronymus Schroeter, Königl. Grosbrit. und Churfürstl. Braunschw. Lüneburgischen Oberamtmanns zu Lilienthal im Herzogthum Bremen, verschiedener gelehrten Gesellschaften und Academien Mitglieds etc.> Beobachtungen über die sehr beträchtlichen Gebirge und Rotation der Venus

Zusatz: Mit 3 Kupfertafeln

Erscheinungsort: Erfurt

Verlag: Keyser, Georg Adam

Sprache: Deutsch

Umfang: [2] Bl., 84 S., [3] gef. Bl.

Format: Quart (21x16,5cm)

Bibliogr. Nachweis: J.C. Poggendorf, Biographisch-literarisches Handwörterbuch zur Geschichte der exacten Wissenschaften, 2. Bd., Leipzig 1863, Sp. 846f

Signatur: Pl 24

Abbildung: Titelseite
Venus

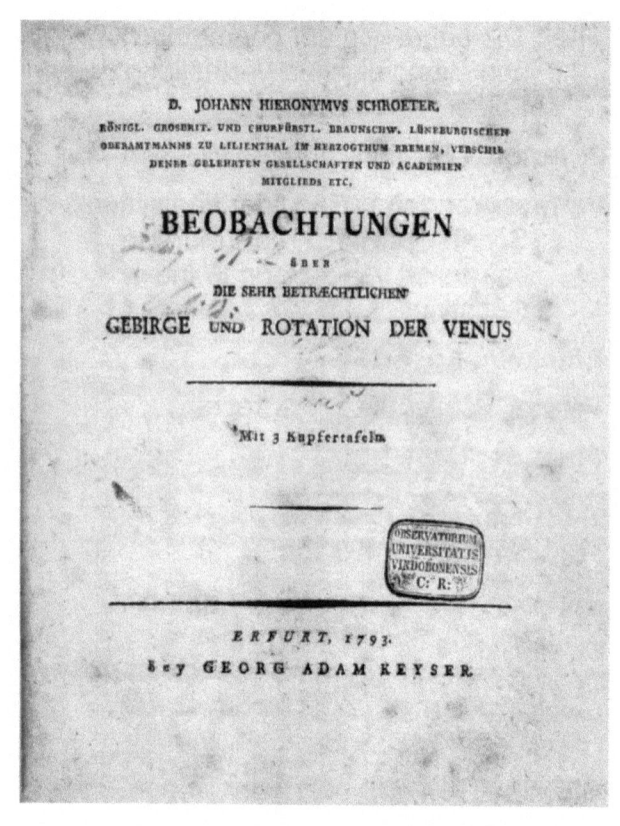

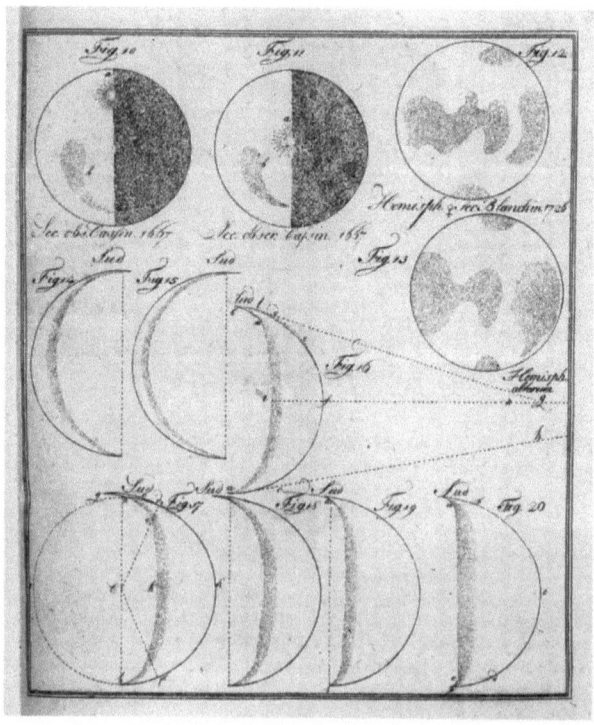

Slop von Cadenberg, Joseph Anton 1793
(1740-1808)

Titel: Observationes siderum habitae Pisis in specula academica ab anno LXXXII ad annum LXXXVI vertentis saeculi XVIII.

Zusatz: Jussu et auspiciis R. C. Ferdinandi III. M.E.D.

Verfasserangabe: In lucem editae a Josepho Slop de Cadenberg in Pisana Academia publico astronomiae Professore, Scientiarum Bononiensis Instituti et Regiae Gottingensis atque Italicae Societatum Socio.

Erscheinungsort: Pisa

Verlag: Mugnainius, Cajetanus

Sprache: Latein

Umfang: 4 S., 232 S.

Format: Quart (28,5x21,5cm)

Signatur: Hw 401

Abbildung: Titelseite

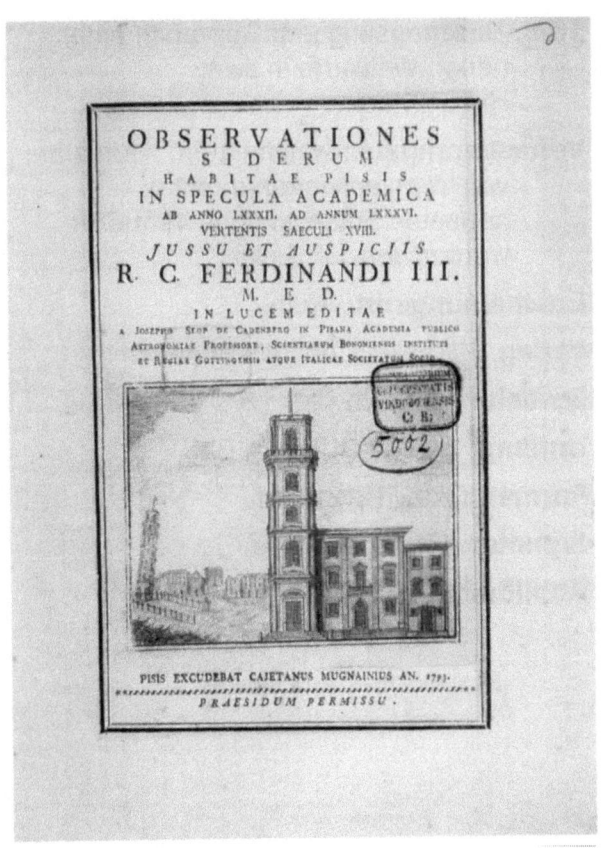

Ecker, Johann Anton
(1755-1820)

1794

Titel: Beschreibung und Gebrauch einer neuen Weltkarte in zwey Hemisphären

Verfasserangabe: welche auf d. Horizont von Wien entworfen u. mit d. neuesten Entdeckungen vermehrt worden von J.A. Ecker

Erscheinungsort: Wien

Verlag: Wappler, Christian Friedrich

Sprache: Deutsch

Umfang: 11 S., 121 S., [1] Bl.

Format: Oktav (21x12cm)

Signatur: Hw 720

Abbildung: Titelseite

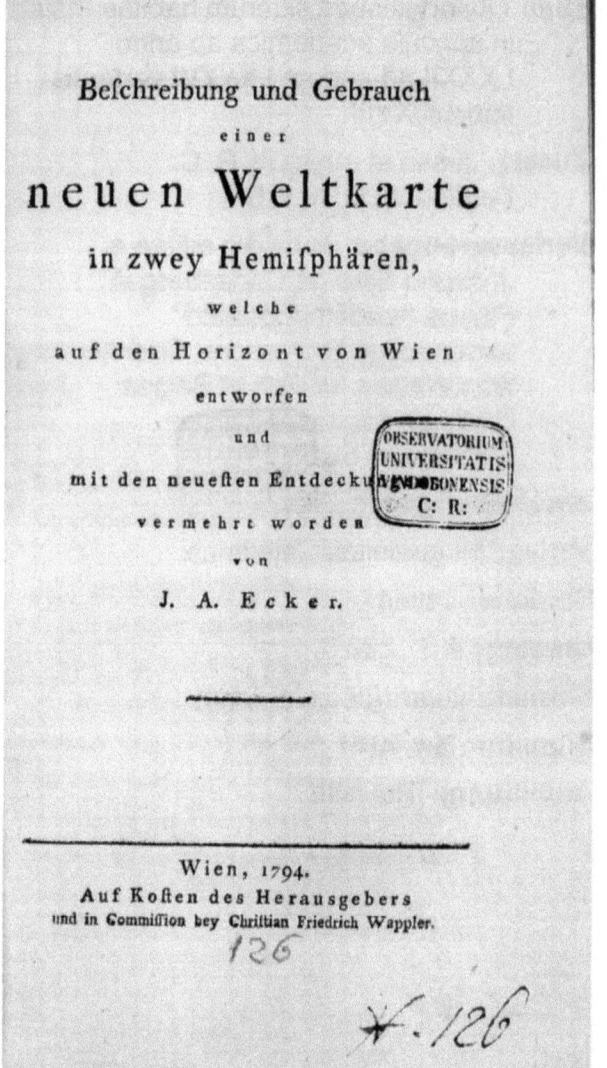

Reimarus, Johann Albert Heinrich 1794
(1729-1814)

Titel: <J. A. H. Reimarus, der Arzeneygelahrtheit Doctors,> Neuere Bemerkungen vom Blitze

Zusatz: dessen Bahn, Wirkung, sichern und bequemen Ableitung; aus zuverläßigen Wahrnehmungen von Wetterschlägen dargelegt. Mit neun Kupfertafeln.

Erscheinungsort: Hamburg

Verlag: Bohn, Carl Ernst

Sprache: Deutsch

Umfang: 12 S., 386 S., 9 gef. Bl.

Format: Oktav (20x11,5cm)

Bibliogr. Nachweis: J.C. Poggendorf, Biographisch-literarisches Handwörterbuch zur Geschichte der exacten Wissenschaften, 2. Bd., Leipzig 1863, Sp. 596

Signatur: Me 15

Abbildung: Titelseite
Blitzableiter

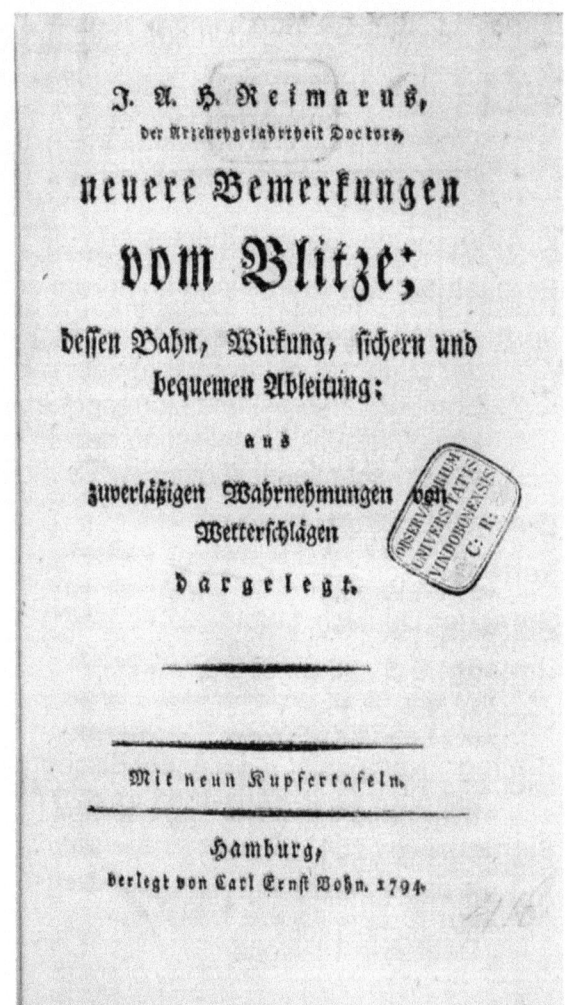

Vlacq, Adriaan
(1600-1667)

1794

Titel: Vollständige Sammlung größerer logarithmisch-trigonometrischer Tafeln

Zusatz: nach Adrian Vlack's Arithmetica Logarithmica und Trigonometria Artificialis, verbessert, neu geordnet und vermehrt von Georg Vega

2. Autor: Vega, Georg [Übersetzer]

Paralleltitel: Thesaurus logarithmorum completus

Verfasserangabe: von Georg Vega, Major und Prof. der Math. beym kayserl. königl. Bombardierkorps, und Corresponenten der königl. großbr. Gesellschaft der Wissenschaften in Göttingen

Erscheinungsort: Leipzig

Verlag: Weidmann

Sprache: Deutsch, Latein

Umfang: 8 S., 30 S., 685 S.

Format: Folio (33x20cm)

Bibliogr. Nachweis: J. Lalande, Bibliographie astronomique, Paris 1803, p. 628

Signatur: Hw 754

Abbildung: Lateinische Titelseite
Deutsche Titelseite

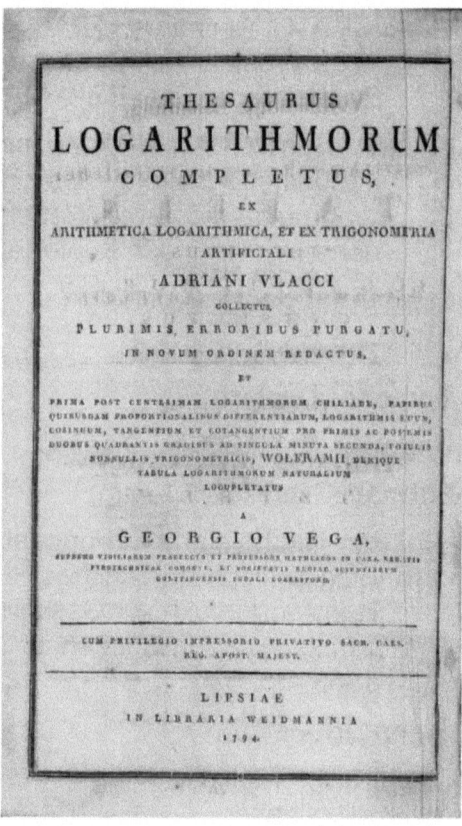

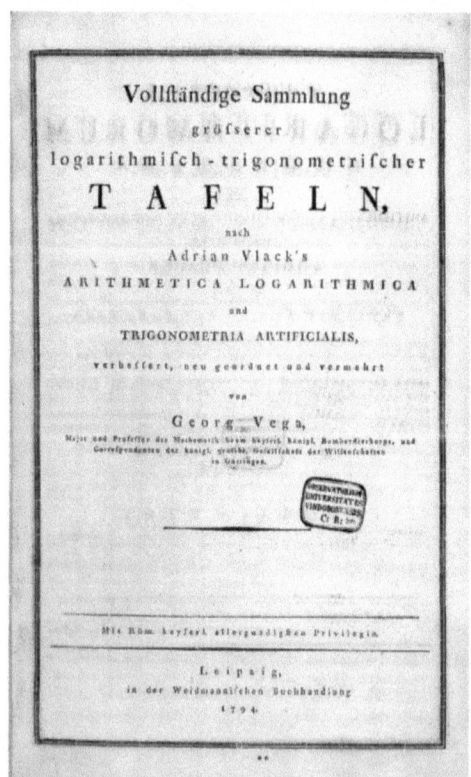

Bode, Johann Elert [43]

(1747-1826)

1795

Titel: <Claudius Ptolemaeus Astronom zu Alexandrien, im zweyten Jahrhundert> Beobachtung und Beschreibung der Gestirne und der Bewegung der himmlischen Sphäre

Zusatz: Mit Erläuterungen, Vergleichungen der neuern Beobachtungen und einem stereographischen Entwurf der beyden Halbkugeln des gestirnten Himmels für die Zeit des Ptolemäus.

2. Autor: Ptolemaeus, Claudius

Verfasserangabe: Von J.E. Bode. Königl. Astronom, Mitglied der Akademien der Wissenschaften zu Berlin, London, Petersburg und Stockholm, wie auch der Berlinischen Gesellschaft Naturforschender Freunde.

Erscheinungsort: Berlin; Stettin

Verlag: Nicolai, Friedrich

Sprache: Deutsch

Umfang: 8 S., 260 S., [1] gef. Bl.

Format: Oktav (19,5x11,5cm)

Bibliogr. Nachweis: J. Lalande, Bibliographie astronomique, Paris 1803, p. 631

Signatur: As 24

Abbildung: Titelseite
Stereographischer Entwurf

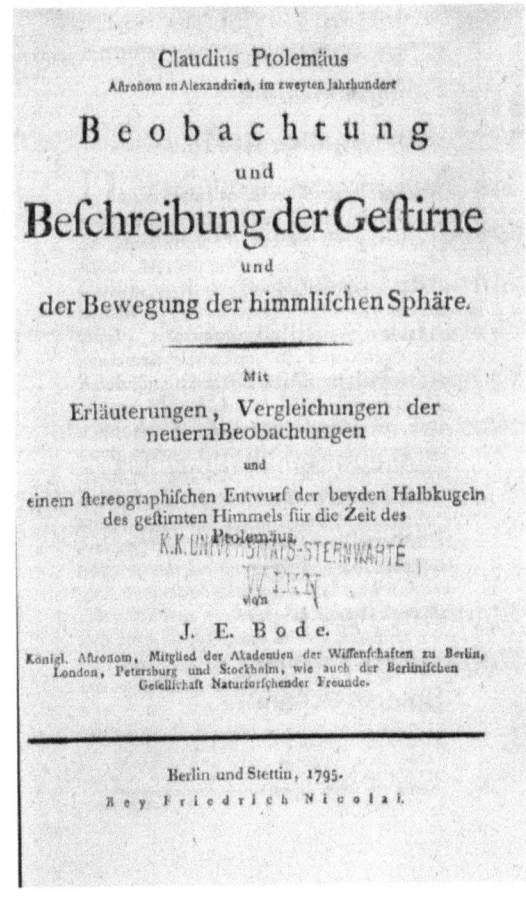

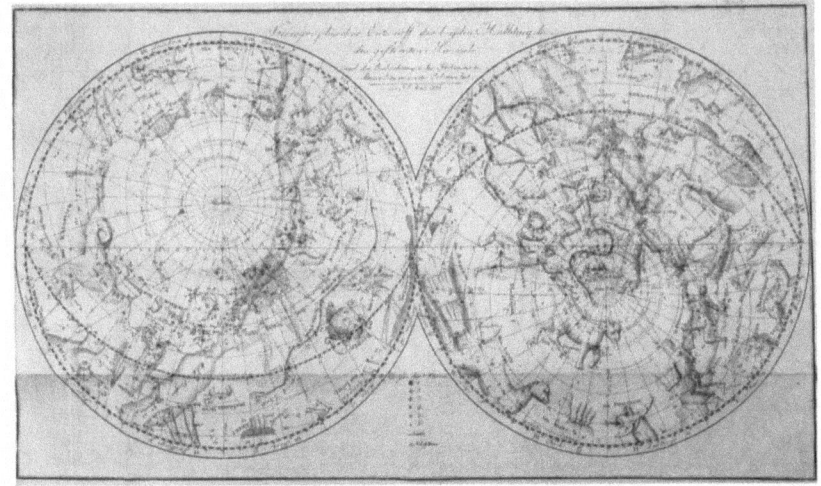

Bohnenberger, Johann G. F.
(1765-1831)

1795

Titel: Anleitung zur geographischen Ortsbestimmung vorzüglich vermittelst des Spiegelsextanten

Verfasserangabe: von M. J. G. F. Bohnenberger

Erscheinungsort: Göttingen

Verlag: Vandenhoek; Ruprecht

Sprache: Deutsch

Umfang: 8 S., [5] Bl., 514 S., [7] gef. Bl.

Format: Oktav (20x12cm)

Bibliogr. Nachweis: J.C. Poggendorf, Biographisch-literarisches Handwörterbuch zur Geschichte der exacten Wissenschaften, 1. Bd., Leipzig 1863, Sp. 226f

Signatur: Hw 774

Abbildung: Titelseite Spiegelsextant

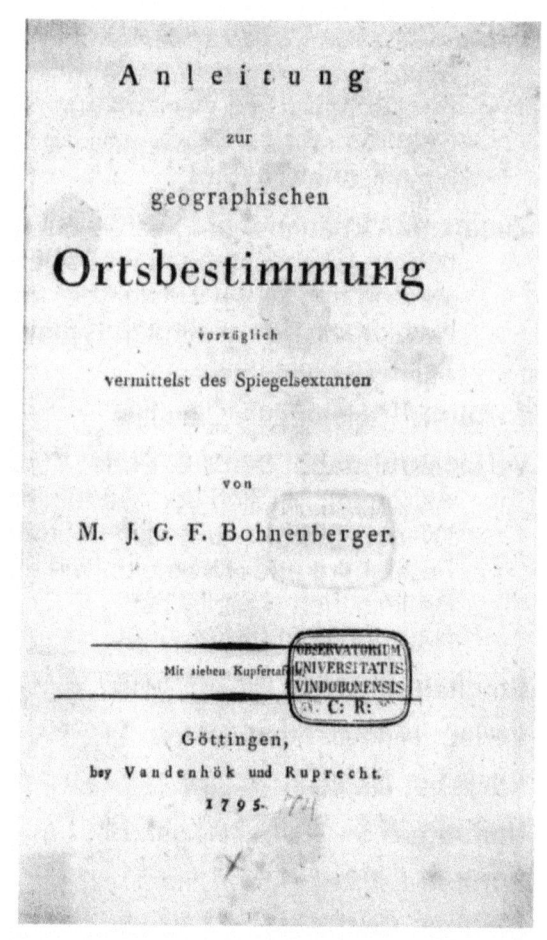

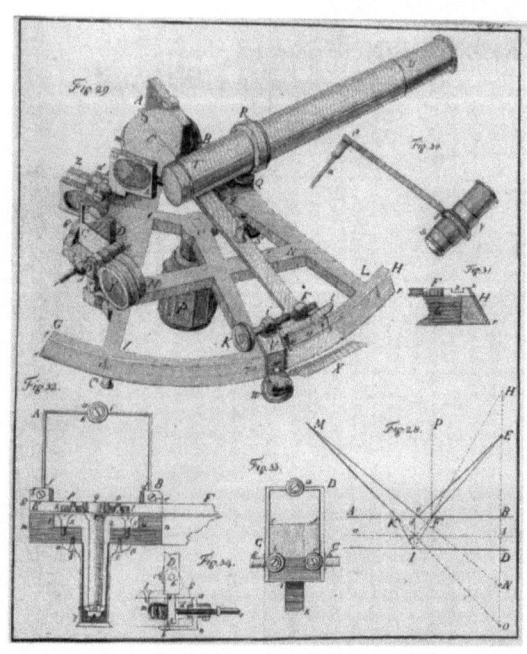

Kästner, Abraham Gotthelf
(1719-1800)

1795

Titel: Weitere Ausführung der mathematischen Geographie, besonders in Absicht auf die sphäroidische Gestalt der Erde

Verfasserangabe: von Abraham Gotthelf Kästner

Erscheinungsort: Göttingen

Verlag: Vandenhoek; Ruprecht

Sprache: Deutsch

Umfang: 32 S., 526 S., [6] gef. Bl.

Format: Oktav (17x10cm)

Bibliogr. Nachweis: J.C. Poggendorf, Biographisch-literarisches Handwörterbuch zur Geschichte der exacten Wissenschaften, 1. Bd., Leipzig 1863, Sp. 1217f

Signatur: Hw 510

Abbildung: Titelseite
Geometrische Figuren

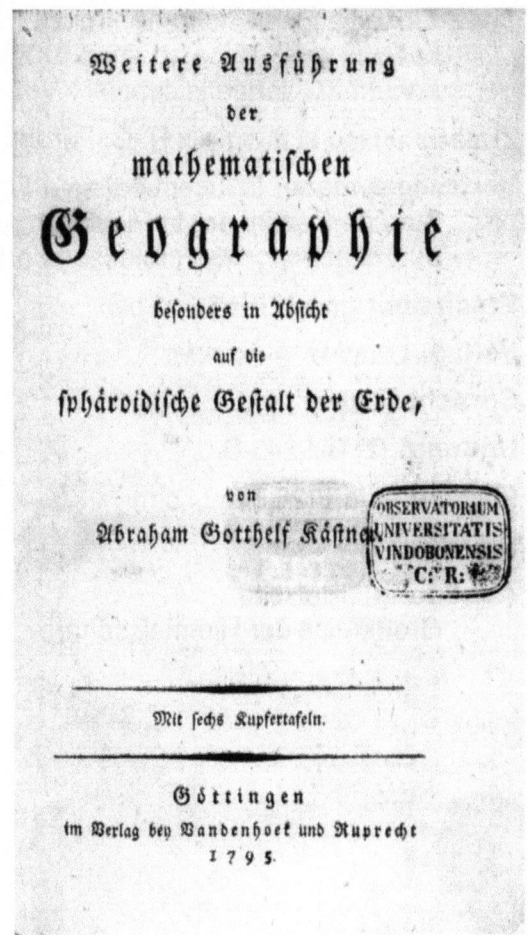

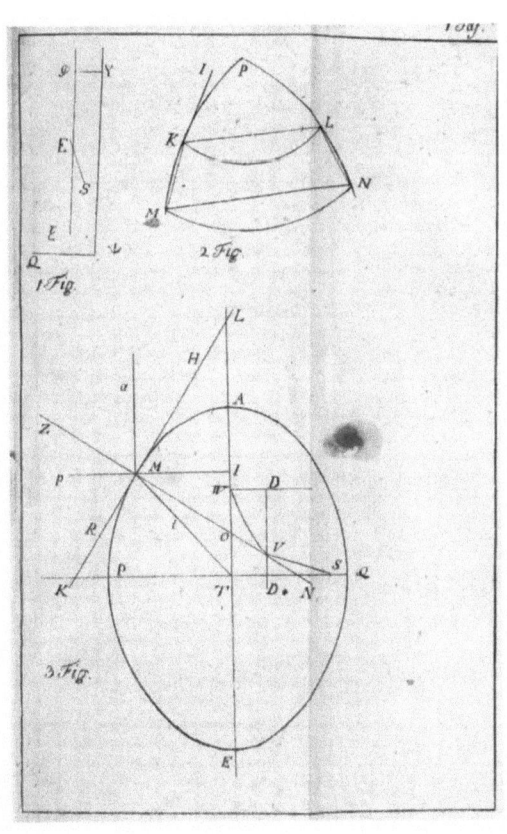

Slop de Cadenberg, Franciscus 1795

Titel: Observationes siderum habitae Pisis in specula academica ab anno LXXXVI ad annum XC vertentis saeculi XVIII.

Zusatz: Jussu et auspiciis R. C. Ferdinandi III.

Verfasserangabe: In lucem editae a Francisco Slop de Cadenberg in Pisana Academia publici astronomiae professoris adiutore.

Erscheinungsort: Pisa

Verlag: Landius, Alexander

Sprache: Latein

Umfang: [2] Bl., 243 S.

Format: Quart (25,5x19,5cm)

Signatur: Hw 402

Abbildung: Titelseite
Großkreise der Himmelssphäre

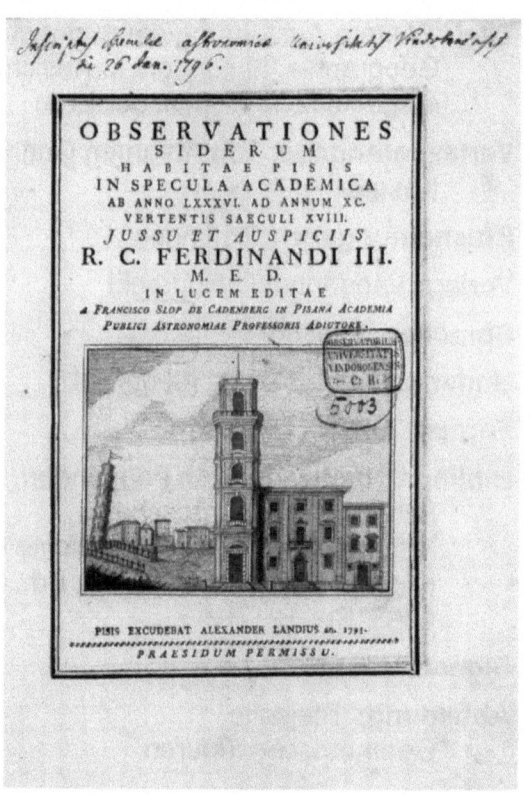

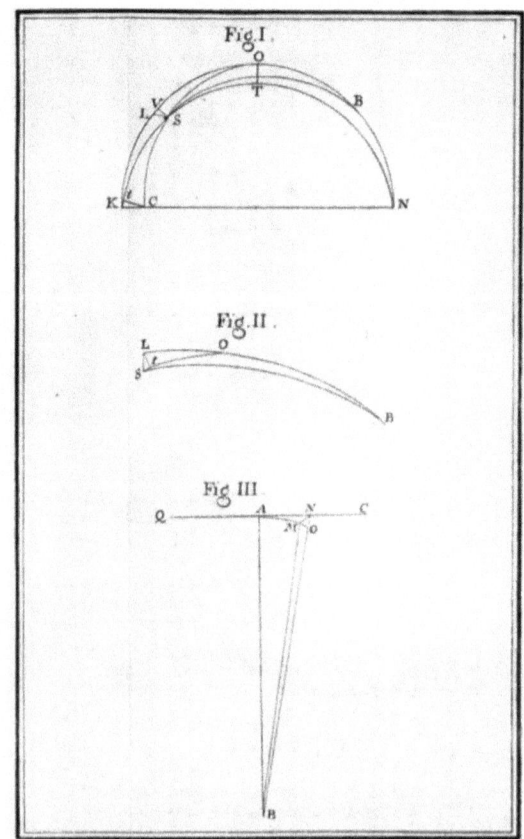

Bailly, Jean Sylvain

1796

(1736-1793)

Gesamttitel: <Bailly's> Geschichte der neuern Astronomie

Zusatz: Von der Stiftung der alexandrinischen Schule bis zu ihrem Untergange. [...] Mit dreizehn Kupfertafeln.

Erscheinungsort: Leipzig

Verlag: Schwickert

Sprache: Deutsch

Bde.: Band 1: 1796
Band 2: 1797

Umfang: 799 S. (gesamt)

Format: Oktav (20x12cm)

Signatur: Ha II 7

Abbildung: Titelseite des ersten Teils
Nördliche Himmelssphäre
Weltbilder (ptolemäisch, tychonisch, kopernikanisch)

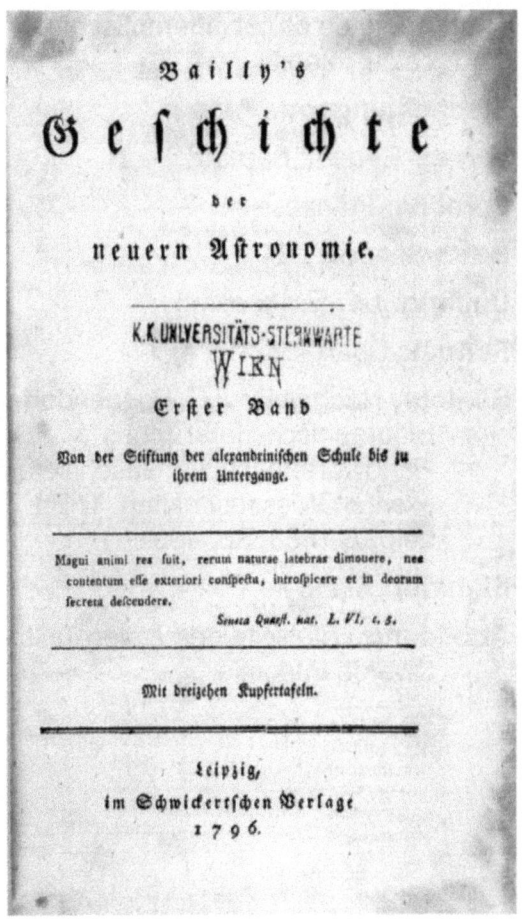

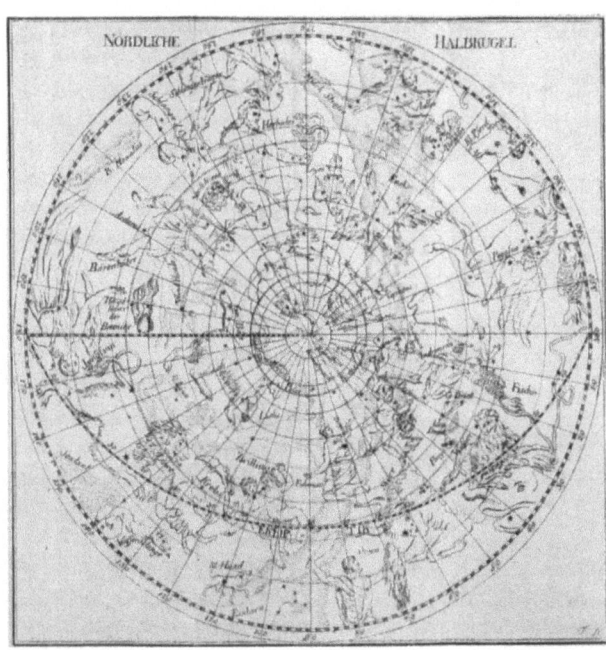

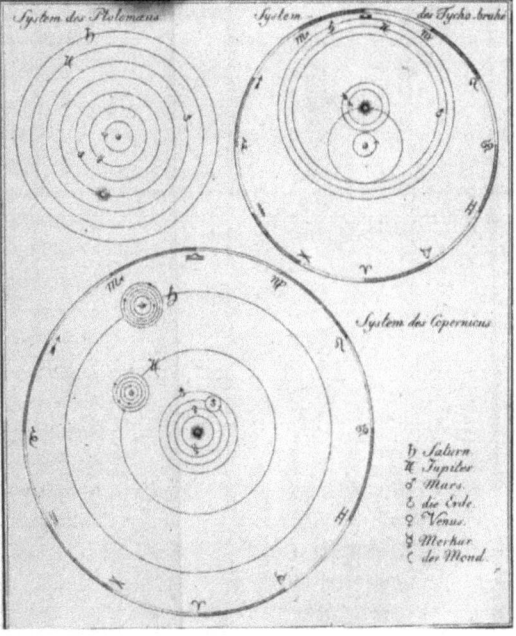

Cousin, Jacques A. J.
(1739-1800)

1796

Titel: Traité de calcul différentiel et de calcul intégral

Erscheinungsort: Paris

Verlag: Régent; Bernard

Sprache: Französisch

Bde.: Bände 1 - 2

Umfang: 647 S. (gesamt)

Format: Quart (25x18cm)

Bibliogr. Nachweis: J.C. Poggendorf, Biographisch-literarisches Handwörterbuch zur Geschichte der exacten Wissenschaften, 1. Bd., Leipzig 1863, Sp. 490

Signatur: Ma III 44

Abbildung: Titelseite des ersten Teils Diverse Integrale

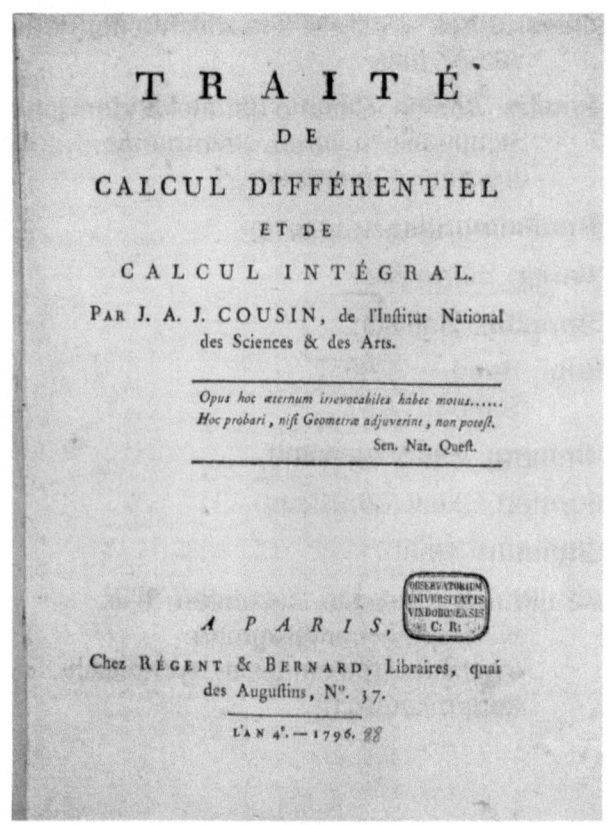

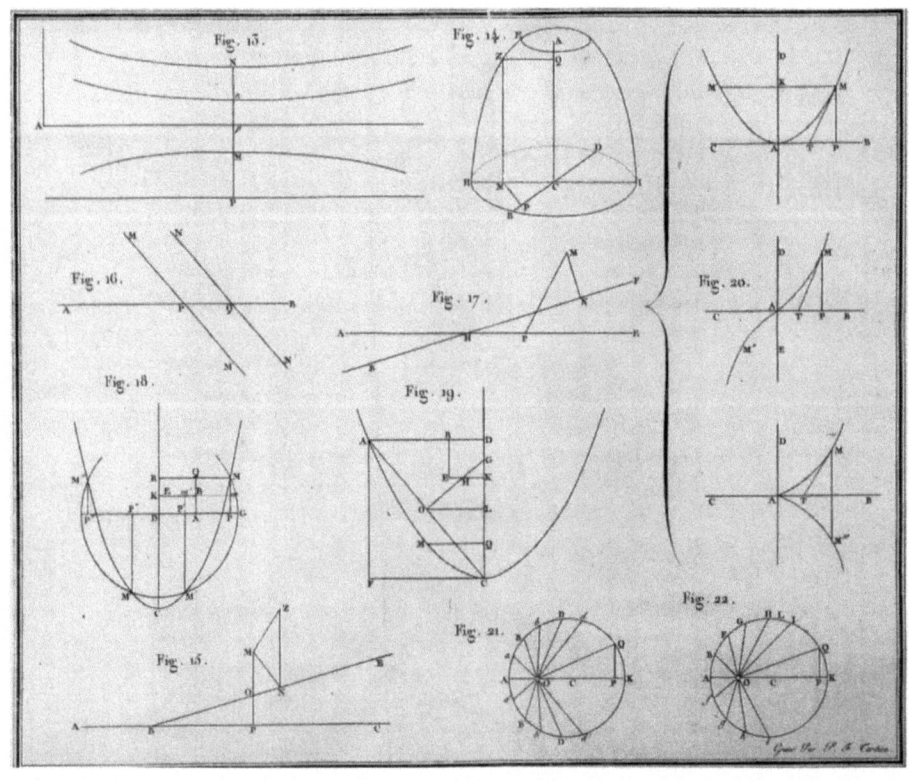

Euler, Leonhard
(1707-1783)

1796

Titel: <Leonhard Eulers> Vollständige Anleitung zur niedern und höhern Algebra

Zusatz: nach der französischen Ausgabe des Herrn de la Grange mit Anmerkungen und Zusätzen

2. Autor: Lagrange, Joseph Louis de

3. Autor: Grüson, Johann Philipp [Herausgeber]

Verfasserangabe: herausgegeben von Johann Philipp Grüson, Professor der Mathematik am Königl. Kadettencoprs.

Erscheinungsort: Berlin

Verlag: Nauck, G. C.

Sprache: Deutsch

Bde.: Bände 1 - 2

Umfang: 737 S. (gesamt)

Format: Oktav (20x11cm)

Bibliogr. Nachweis: J.C. Poggendorf, Biographisch-literarisches Handwörterbuch zur Geschichte der exacten Wissenschaften, 1. Bd., Leipzig 1863, Sp. 689f

Signatur: Hw 746

Abbildung: Titelseite des ersten Teils

Heinrich, Placidus
(1758-1825)

1796

Titel: De Sectionibus Conicis Tractatus Analyticus

Zusatz: Cum VIII. Tab. aeneis

Verfasserangabe: Authore Placido Heinrich ex Monasterio Ad S. Emmeramum Ratisbonae, SS. Theol. et Phil. Doct. Seren. Elect. Palat. Bavari Cons. Eccles. Actual. Physices Theoret. et Experiment. Nec non Meteorolog. et Astronom. in universitate elect. Ingolstad. Profess. P. O.

Erscheinungsort: Regensburg

Verlag: Rottermundt, Johann Baptist

Sprache: Latein

Umfang: [4] Bl., 343 S., [2] Bl., [8] gef. Bl.

Format: Oktav (18x10cm)

Bibliogr. Nachweis: J.C. Poggendorf, Biographisch-literarisches Handwörterbuch zur Geschichte der exacten Wissenschaften, 1. Bd., Leipzig 1863, Sp. 1051

Signatur: Hw 507

Abbildung: Titelseite
Kegelschnitte

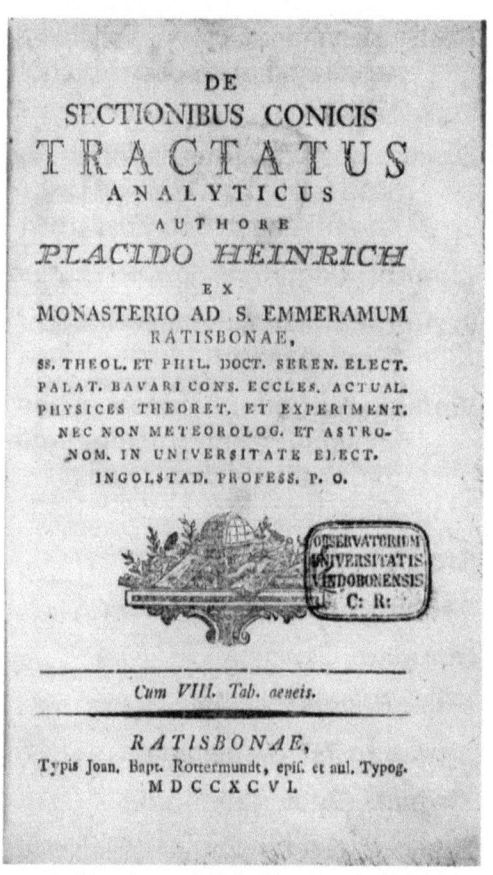

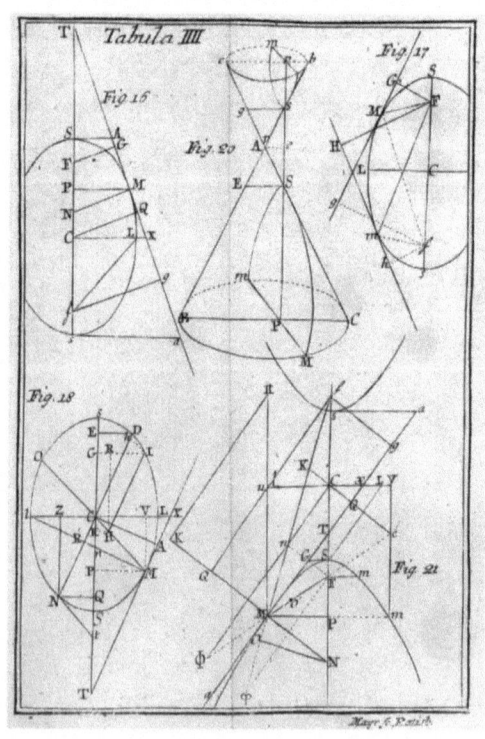

Hube, Johann Michael
(1737-1807)

1796

Titel: Vollständiger und faßlicher Unterricht in der Naturlehre mit allen neuen Entdeckungen

Zusatz: In einer Reihe von Briefen an einen jungen Herrn von Stande

Verfasserangabe: Von Michael Hube, Generaldirektor und Professor zu Warschau

Erscheinungsort: Wien; Prag

Verlag: Haas, Franz

Sprache: Deutsch

Bde.: Bände 1 - 3

Umfang: 1597 S. (gesamt)

Format: Oktav (19x10cm)

Bibliogr. Nachweis: J.C. Poggendorf, Biographisch-literarisches Handwörterbuch zur Geschichte der exacten Wissenschaften, 1. Bd., Leipzig 1863, Sp. 1151

Signatur: Hw 470

Abbildung: Titelseite des ersten Teils Abbildungen zur Optik

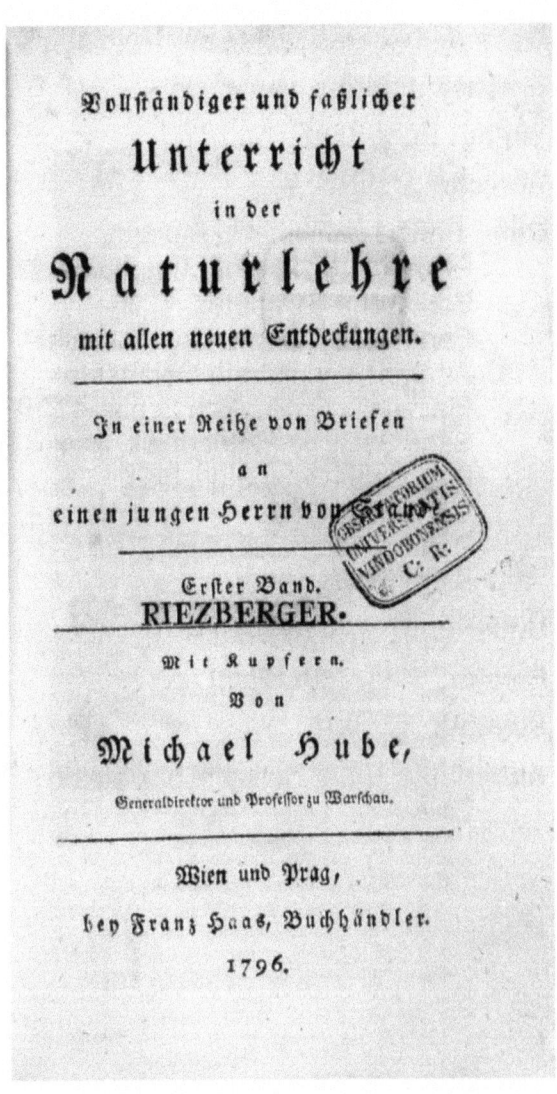

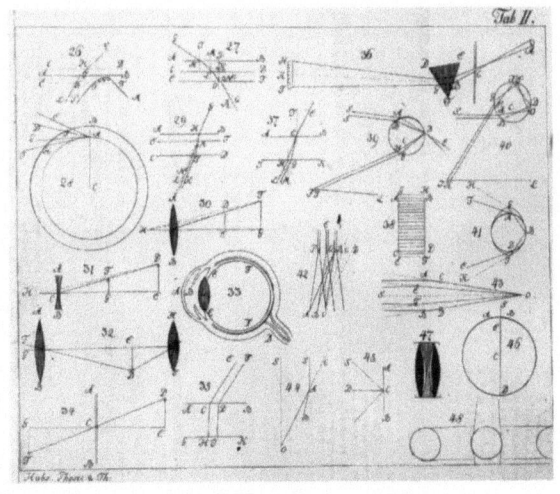

Kästner, Abraham Gotthelf
(1719-1800)

1796

Gesamttitel: Geschichte der Mathematik

Erscheinungsort: Göttingen

Verlag: Rosenbusch

Sprache: Deutsch

Bde.: Band 1: Arithmetik, Algebra, Elementargeometrie, Trigonometrie, Praktische Geometrie, 1796
Band 2: Perspectiv, Geometrische Analysis und höhere Geometrie, Mechanik, Optik, Astronomie, 1797
Band 3: Reine Mathematik, Analysis, praktische Geometrie, bis an Cartesius, 1799
Band 4: Mechanik, Optik, Astronomie, 1800

Umfang: 2527 S. (gesamt)

Format: Oktav (20x12cm)

Signatur: Hw 431

Abbildung: Erste Titelseite des ersten Teils

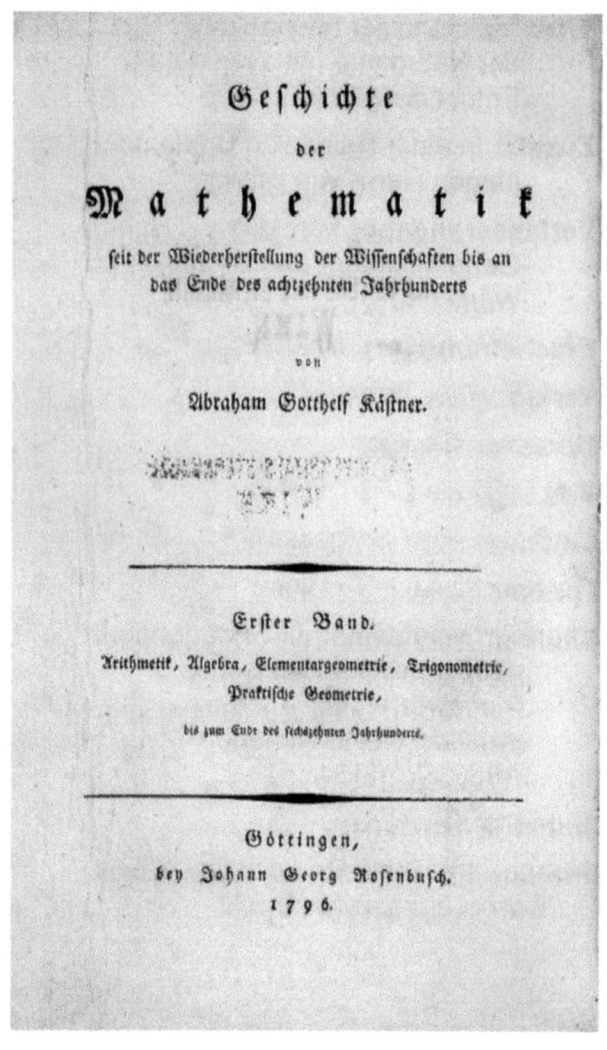

Schroeter, Johann Heinrich
(1745-1816)

1796

Titel: Aphroditographische Fragmente, zur genauern Kenntniss des Planeten Venus

Zusatz: sammt beygefügter Beschreibung des Lilienthalischen 27 füssigen Telescops, mit practischen Bemerkungen und Beobachtungen über die Grösse der Schöpfung

Verfasserangabe: von D. Johann Hieronymus Schröter, [...]

Erscheinungsort: Helmstedt

Verlag: Fleckeisen, C. G.

Sprache: Deutsch

Umfang: 16 S., 250 S., [8] gef. Bl., [1] Bl., [2] gef. Bl.

Format: Quart (27x22cm)

Bibliogr. Nachweis: J. Lalande, Bibliographie Astronomique, Paris 1803, p. 635

Signatur: Hw 519

Abbildung: Titelseite
Lilienthalisches Teleskop

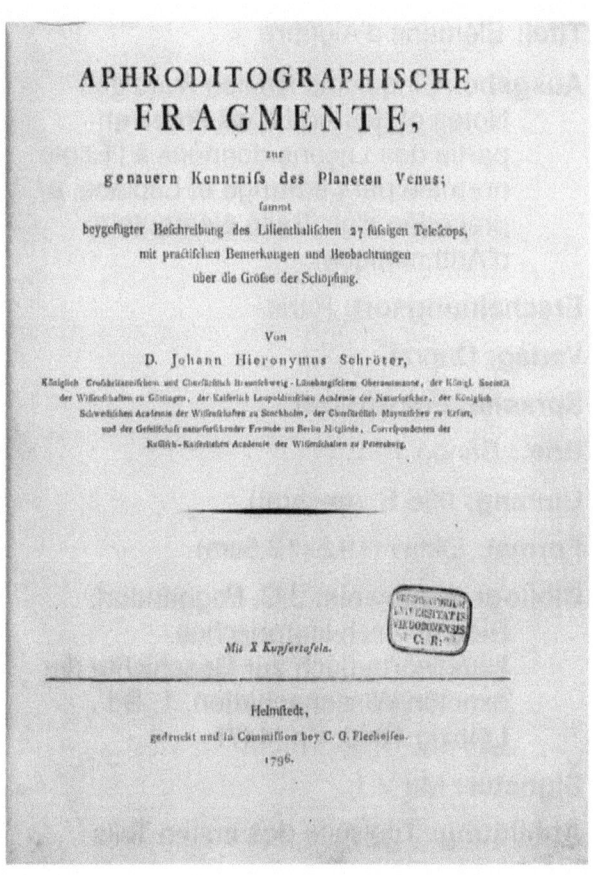

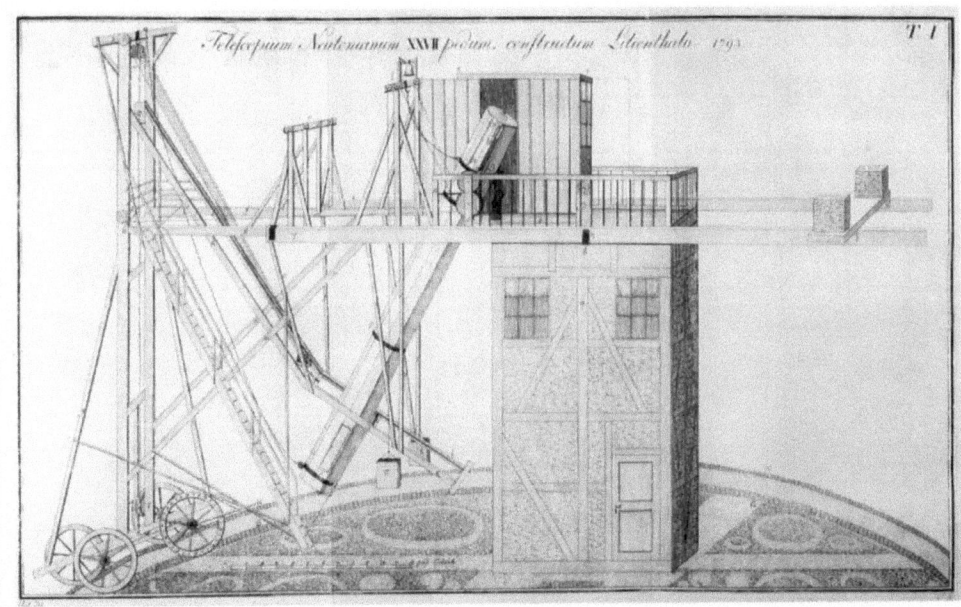

Clairaut, Alexis Claude
(1713-1765)

1797

Titel: Élémens d'Algèbre

Ausgabe: Cinquième Édition Avec des Notes et des Additions tirées en partie des Leçons données à l'École normale par Lagrange et Laplace, et précédée d'un Traité élémentaire d'Arithmétique.

Erscheinungsort: Paris

Verlag: Duprat

Sprache: Französisch

Bde.: Bände 1 - 2

Umfang: 956 S. (gesamt)

Format: Oktav (19,5x12,5cm)

Bibliogr. Nachweis: J.C. Poggendorf, Biographisch-literarisches Handwörterbuch zur Geschichte der exacten Wissenschaften, 1. Bd., Leipzig 1863, Sp. 447f

Signatur: Ma V 1

Abbildung: Titelseite des ersten Teils

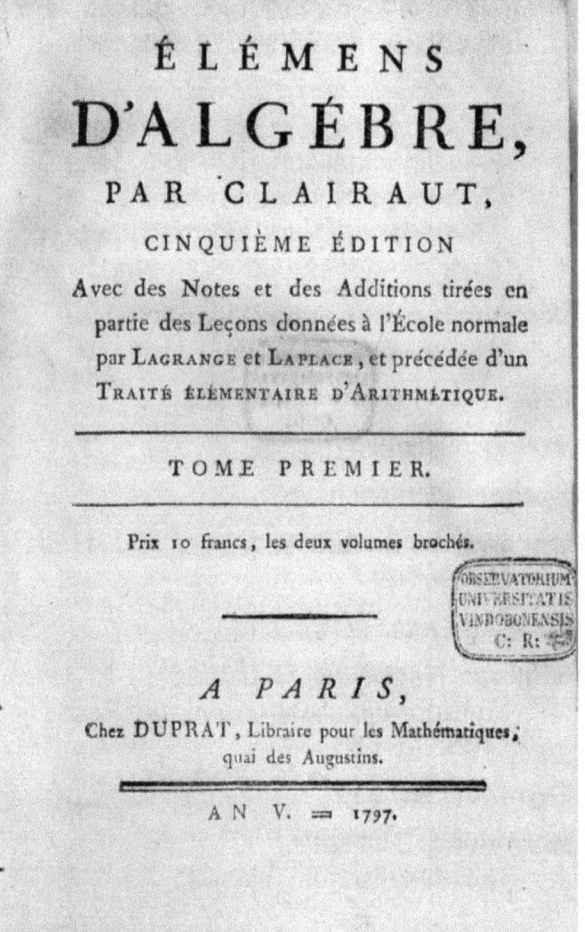

Kant, Immanuel
(1724-1804)

1797

Titel: Versuch den Begriff der negativen Größen in die Weltweisheit einzuführen

Ausgabe: Neueste Auflage

Verfasserangabe: von Immanuel Kant

Erscheinungsort: Graz

Verlag: Leykam, Andreas

Sprache: Deutsch

Umfang: 93 S.

Format: Oktav (16x9,5cm)

Signatur: Hw 1001

Abbildung: Titelseite

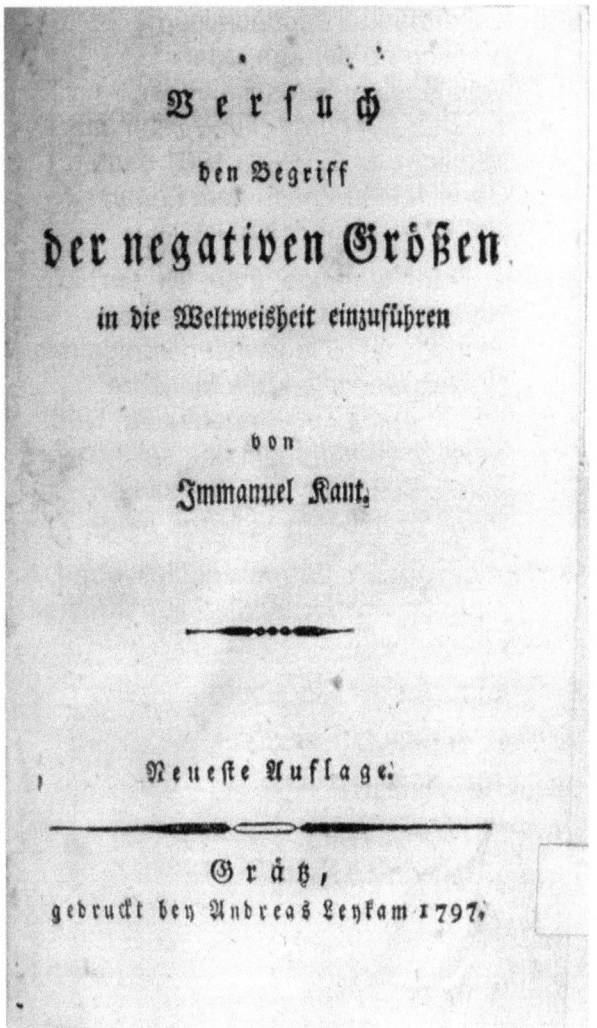

Knauer, Mauritius
(1613-1664)

1797

Titel: Calendarium oeconomicum practico-perpetuum, oder Vollständiger Haus-Calender, welcher auf hundert und zehn Jahre nämlich von 1792 bis 1901 nach Christi Geburt nach dem neuen Calender eingerichtet ist

Zusatz: Darinnen findet man, wie ein Hausvater hohen und niedrigen Standes sein Hauswesen künftig mit Nutzen einrichten, die Mißjahre erkennen, der bevorstehenden Noth weislich vorkommen, und solche ganze Zeit über nach der sieben Planeten-Influenz judiciren möge

Verfasserangabe: vormals gestellt von D. Mauritio Knauer, Abbten zum Kloster Langenheim

Erscheinungsort: Augsburg

Verlag: Brinhaußer, Andreas

Sprache: Deutsch

Umfang: 94 S., [1] Bl.

Format: Oktav (16x9cm)

Signatur: Hw 770

Abbildung: Titelseite

LaPlace, Pierre Simon de
(1749-1827)

1797

Titel: Darstellung des Weltsystems

2. Autor: Hauff, Johann Karl Friedrich [Übersetzer]

Verfasserangabe: durch Peter Simon LaPlace, Mitglied des Französischen Nationalinstituts und der Comission wegen der Meereslänge. Aus dem Französischen übersetzt von Johann Karl Friedrich Hauff

Erscheinungsort: Frankfurt am Main

Verlag: Varrentrapp; Wenner

Sprache: Deutsch

Bde.: Bände 1 - 2

Umfang: 718 S. (gesamt)

Format: Oktav (20x11cm)

Signatur: Hw 548

Abbildung: Titelseite des ersten Teils

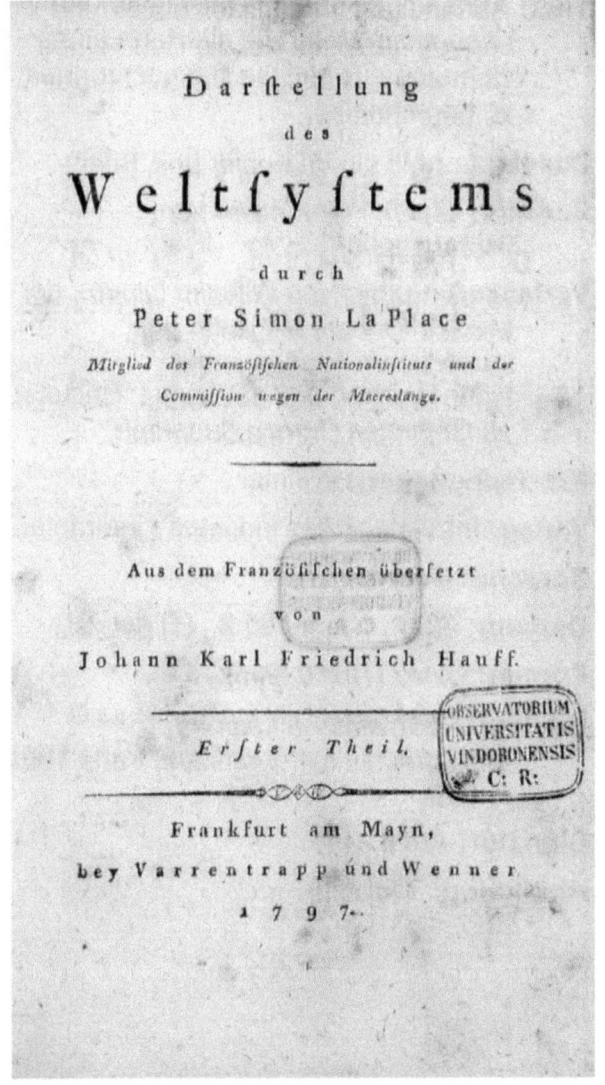

Olbers, Wilhelm
(1758-1840)

1797

Titel: Abhandlung über die leichteste und bequemste Methode, die Bahn eines Cometen aus einigen Beobachtungen zu berechnen

Zusatz: [...] Mit einem Kupfer und Tafeln.

2. Autor: [Zach, Franz Xaver von] [Herausgeber]

Verfasserangabe: Von Wilhelm Olbers, der Medicin Doctor, Mitgliede der kaiserlichen Akademie der Naturforscher, und der königl. Societät zu Göttingen Correspondenten.

Erscheinungsort: Weimar

Verlag: Im Verlage des Industrie-Comptoirs

Sprache: Deutsch

Umfang: 32 S., 106 S., 80 S., [1] gef. Bl.

Format: Oktav (18x10,5cm)

Bibliogr. Nachweis: J. Lalande, Bibliographie astronomique, Paris 1803, p. 638

Signatur: Am II 81a

Abbildung: Titelseite

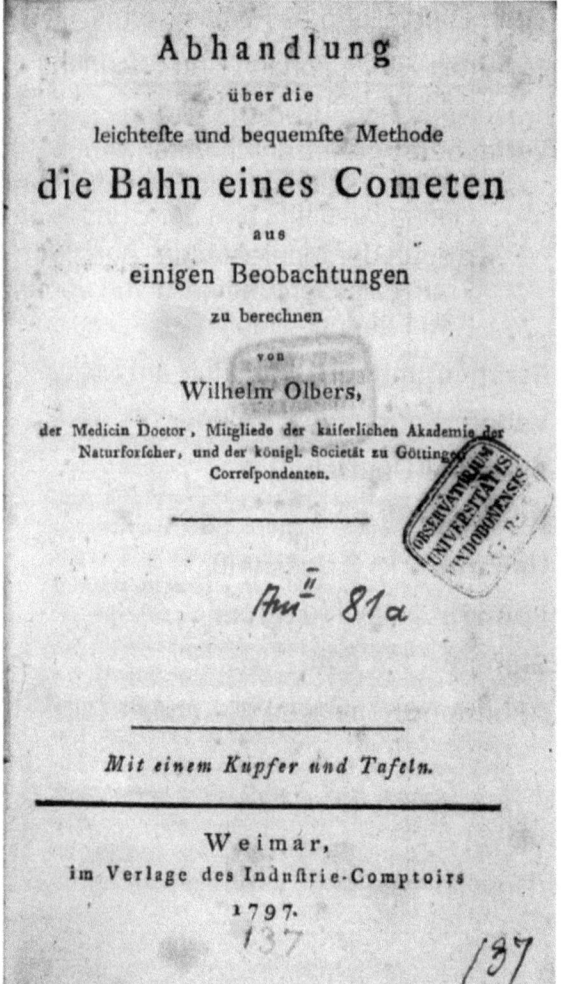

Parrot, Christoph Friedrich
(1751-1812)

1797

Titel: Neue, vollständige und gemeinfaßliche Einleitung in die mathematisch-physische Astronomie und Geographie

Begleitmaterial: Mit 12 Kupfertafeln und 6 Tabellen

Verfasserangabe: von Christoph Friedrich Parrot, der Weltweisheit Doctor und Professor auf der Königl. Preußis. Universität zu Erlangen und der philosophischen Facultät Adjunct.

Erscheinungsort: Hof

Verlag: Grau, Gottfried Adolph

Sprache: Deutsch

Umfang: [4] Bl., 231 S., [18] gef. Bl.

Format: Oktav (20x12cm)

Bibliogr. Nachweis: J.C. Poggendorf, Biographisch-literarisches Handwörterbuch zur Geschichte der exacten Wissenschaften, 2. Bd., Leipzig 1863, Sp. 364f

Signatur: Hw 559

Abbildung: Titelseite
Kopernikanische Hypothese
Tychonische Hypothese

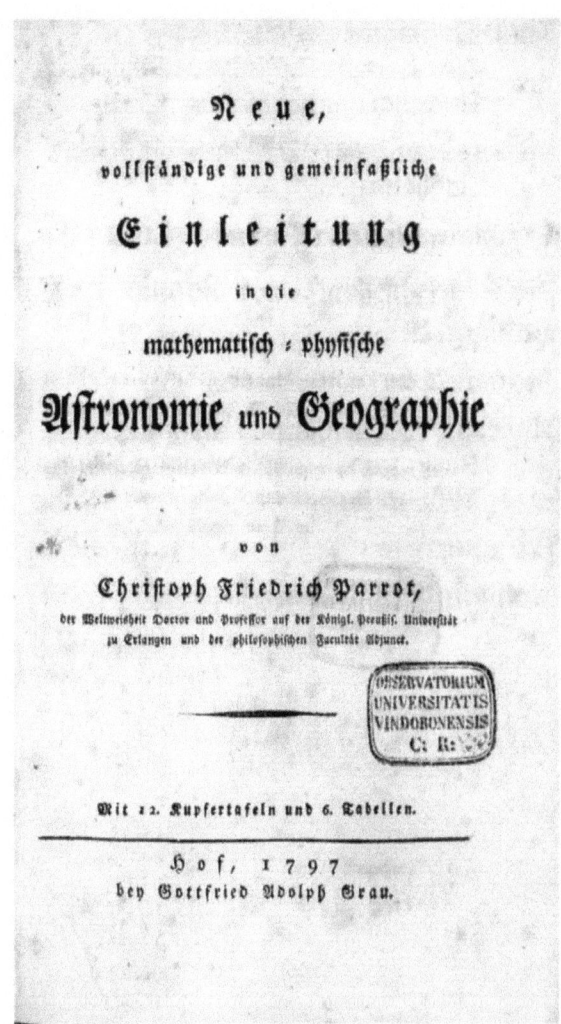

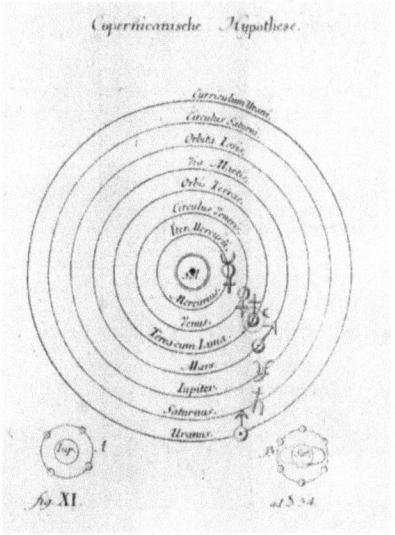
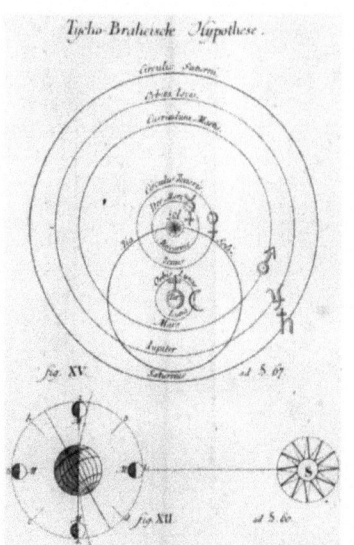

Schlichtegroll, Friedrich

1797

(1765-1822)

Titel: Denkmahl des berühmten Astronomen P. Placidus Fixlmillner, Benedictiners in Kremsmünster

Verfasserangabe: Errichtet von Friedr. Schlichtegroll

Erscheinungsort: Gotha

Sprache: Deutsch

Umfang: 20 S.

Format: Oktav (16x9,5cm)

Bibliogr. Nachweis: J. Lalande, Bibliographie astronomique, Paris 1803, p. 641

Signatur: Hw 1001

Abbildung: Titelseite

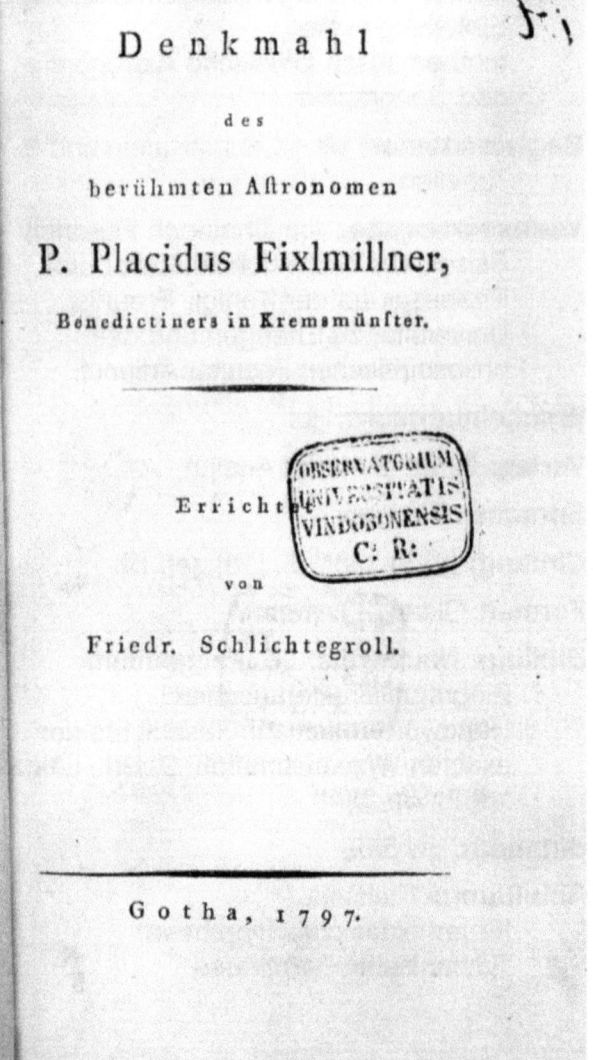

Vega, Georg von
(1756-1802)

1797

Gesamttitel: Tabulae logarithmico-trigonometricae cum diversis aliis in matheseos usum constructis tabulis et formulis

Ausgabe: Editio secunda emendata aucta penitusque reformata / Zweyte, verbesserte, vermehrte und gänzlich umgearbeitete Auflage

Paralleltitel: <Georg Vega's, Ritters des militärischen Marie-Theresie-Ordens, Majors und Professors der Mathematik des kaiserl. königl. Artilleriecorps, correspondierenden Mitgliedes der königl. Grossbritannischen Gesellschaft der Wissenschaften zu Göttingen,> logarithmisch-trigonometrische Tafeln nebst andern zum Gebrauch der Mathematik eingerichteten Tafeln und Formeln

Erscheinungsort: Leipzig

Verlag: Weidmann

Sprache: Deutsch, Latein

Bde.: Nur Band 2 vorhanden.

Umfang: 460 S. (Bestand)

Format: Quart (22x15cm)

Bibliogr. Nachweis: J.C. Poggendorf, Biographisch-literarisches Handwörterbuch zur Geschichte der exacten Wissenschaften, 2. Bd., Leipzig 1863, Sp. 1190

Signatur: Hw 758

Abbildung: Titelseite auf Latein
Titelseite auf Deutsch

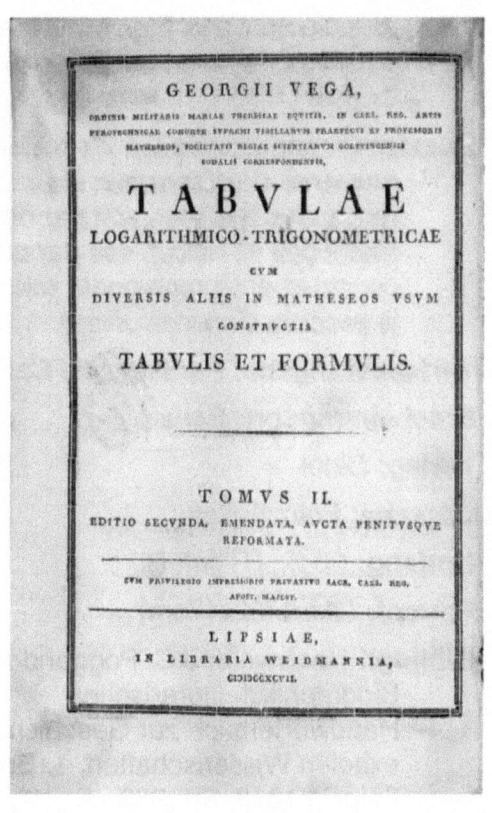

Callet, François
(1744-1798)

1798

Titel: Supplément à la Trigonométrie sphérique, et à la navigation de Bezout

Zusatz: Ou recherches sur les meilleures manieres de déterminer les longitudes à la mer, soit par des méthodes de calcul, soit par des constructions graphiques, soit avec le secours d'un instrument

Verfasserangabe: Par François Callet

Erscheinungsort: Paris

Verlag: Didot

Sprache: Französisch

Umfang: 96 S., [1] gef. Bl.

Format: Quart (22x17cm)

Bibliogr. Nachweis: J.C. Poggendorf, Biographisch-literarisches Handwörterbuch zur Geschichte der exacten Wissenschaften, 1. Bd., Leipzig 1863, Sp. 363

Signatur: Hw 97

Abbildung: Titelseite
Sphärische Trigonometrie

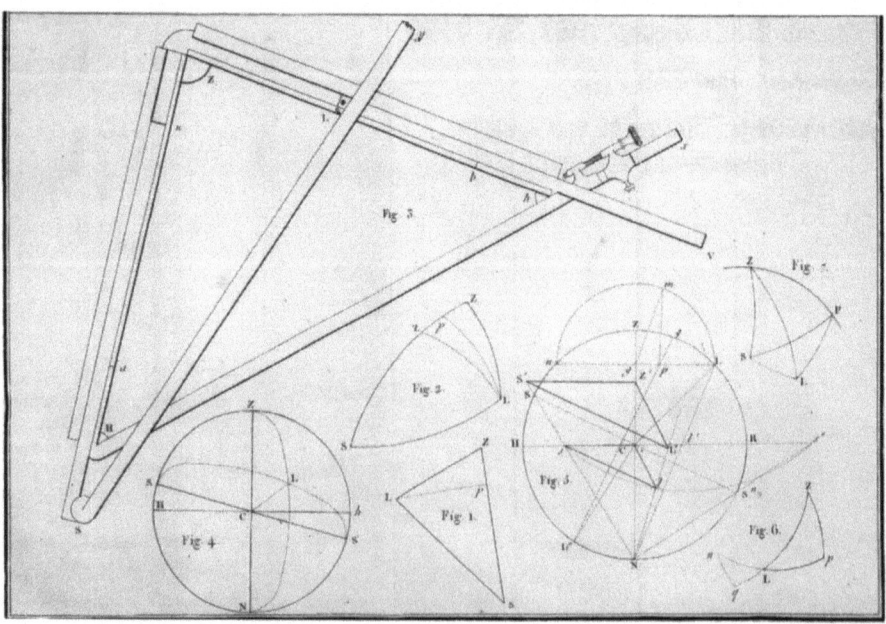

Euclides 1798

Titel: Euclid's Elemente

Zusatz: Fünfzehn Bücher

2. Autor: Lorenz, Johann Friedrich [Übersetzer]

Verfasserangabe: aus dem Griechischen übersetzt von Johann Friedrich Lorenz

Erscheinungsort: Halle

Verlag: Im Verlage der Waisenhaus-Buchhandlung

Sprache: Deutsch

Umfang: [1] Bl., 36 S., [1] gef. Bl., 447 S.

Format: Oktav (20x11cm)

Bibliogr. Nachweis: J.C. Poggendorf, Biographisch-literarisches Handwörterbuch zur Geschichte der exacten Wissenschaften, 1. Bd., Leipzig 1863, Sp. 1496f

Signatur: Hw 717

Abbildung: Titelseite

Fontenelle, Bernard Le Bovier de 1798
(1657-1757)

Titel: <Bernard de Fontenelle> Dialogen über die Mehrheit der Welten

Zusatz: Mit Anmerkungen und Kupfertafeln

Ausgabe: Dritte gänzlich verbesserte und vermehrte Ausgabe

2. Autor: Bode, Johann Elert

Verfasserangabe: Von Johann Elert Bode, Königl. Astronom, Mitglied der Akademie der Wissenschaften zu Berlin, Petersburg, London und Stockholm, wie auch der Berlinischen Gesellschaft naturforschender Freunde.

Erscheinungsort: Berlin

Verlag: Himburg, Christian Friedrich

Sprache: Deutsch

Umfang: [4] Bl., 364 S., 11 gef. Bl.

Format: Oktav (16x10cm)

Bibliogr. Nachweis: J. Lalande, Bibliographie astronomique, Paris 1803, p. 646

Signatur: As 95

Abbildung: Titelseite
Nördliche und südliche Hemisphäre

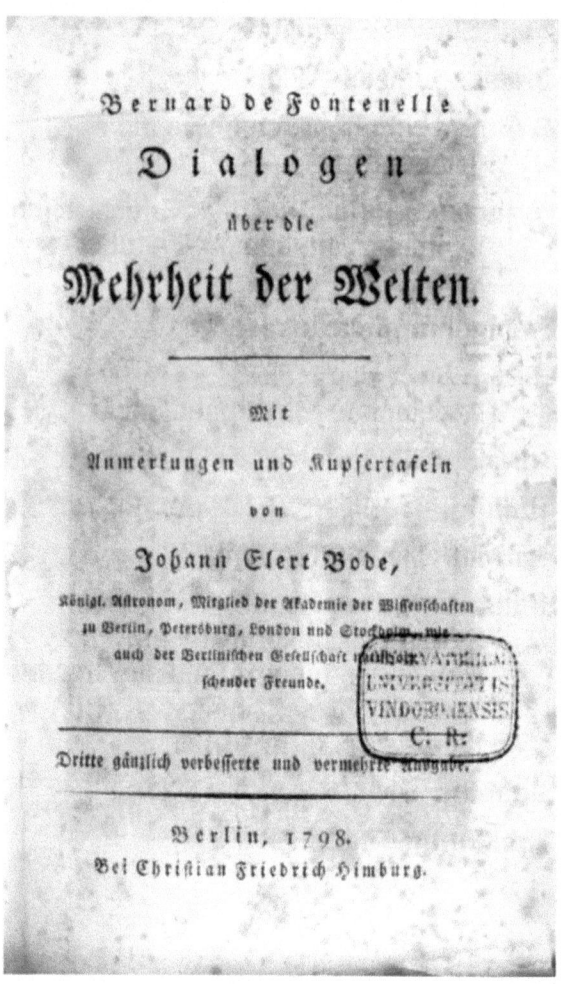

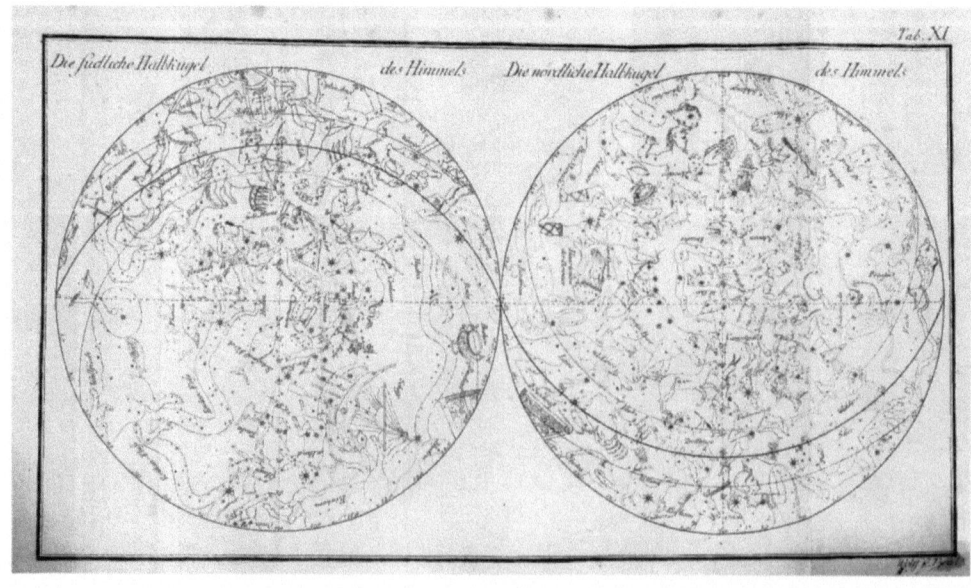

Grüson, Johann Philipp
(1768-1857)

1798

Titel: Supplement zu L. Eulers Differenzialrechnung

Zusatz: worin ausser den Zusätzen und Berichtigungen, auch noch andere nützliche analytische Untersuchungen, welche größtentheils die combinatorische Analysis betreffen, enthalten sind

Verfasserangabe: von Johann Philipp Grüson

Erscheinungsort: Berlin

Verlag: Lagarde

Sprache: Deutsch

Umfang: VIII, 374 S., [1] Bl., [1] gef. Bl.

Format: Oktav (18,5x11cm)

Bibliogr. Nachweis: J. C. Poggendorf, Biographisch-literarisches Handwörterbuch zur Geschichte der exacten Wissenschaften, 1. Bd., Leipzig 1863, Sp. 963f

Signatur: Hw 748, Ma III 13

Abbildung: Titelseite

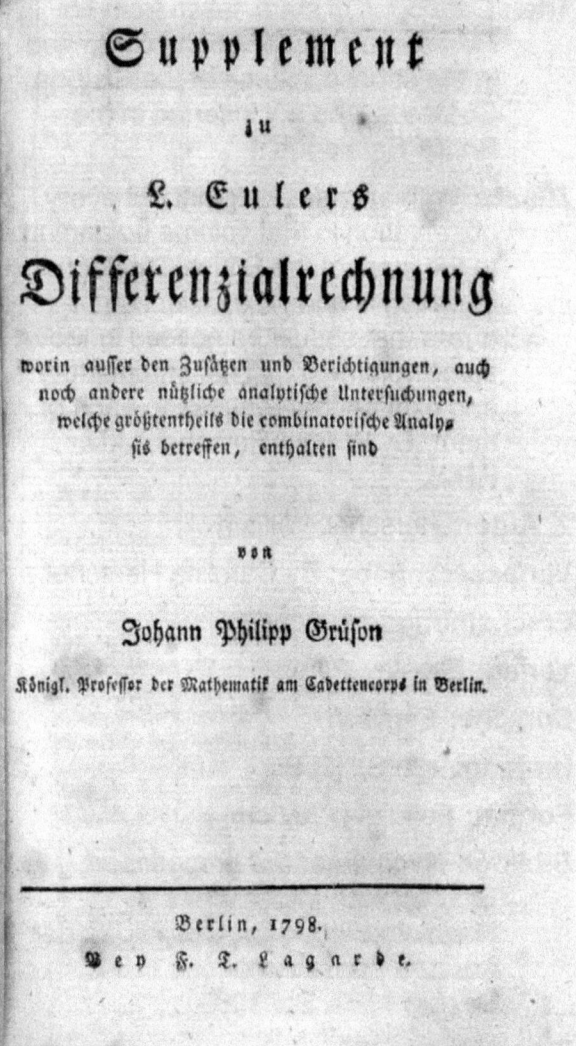

Herschel, Caroline Lucretia [44]
(1750-1848)

1798

Titel: Catalogue of stars, taken from Mr. Flamsteed's Observations contained in the second volume of the Historia Coelestis, and not inserted in the British Catalogue.

Zusatz: With an index, to point out every observation in that volume belonging to the stars of the British Catalogue. To which is added, a collection of errata that should be noticed in the same volume. [...] With introductory and explanatory remarks to each of them. By William Herschel, LLD. F.R.S.

2. Autor: Herschel, William

Verfasserangabe: By Carolina Herschel.

Erscheinungsort: London

Verlag: Elmsley, Peter

Sprache: Englisch

Umfang: 136 S., [2] Bl.

Format: Folio (44x26,5cm)

Bibliogr. Nachweis: J.C. Poggendorf, Biographisch-literarisches Handwörterbuch zur Geschichte der exacten Wissenschaften, 1. Bd., Leipzig 1863, Sp. 1089

Signatur: Hw 823

Abbildung: Titelseite

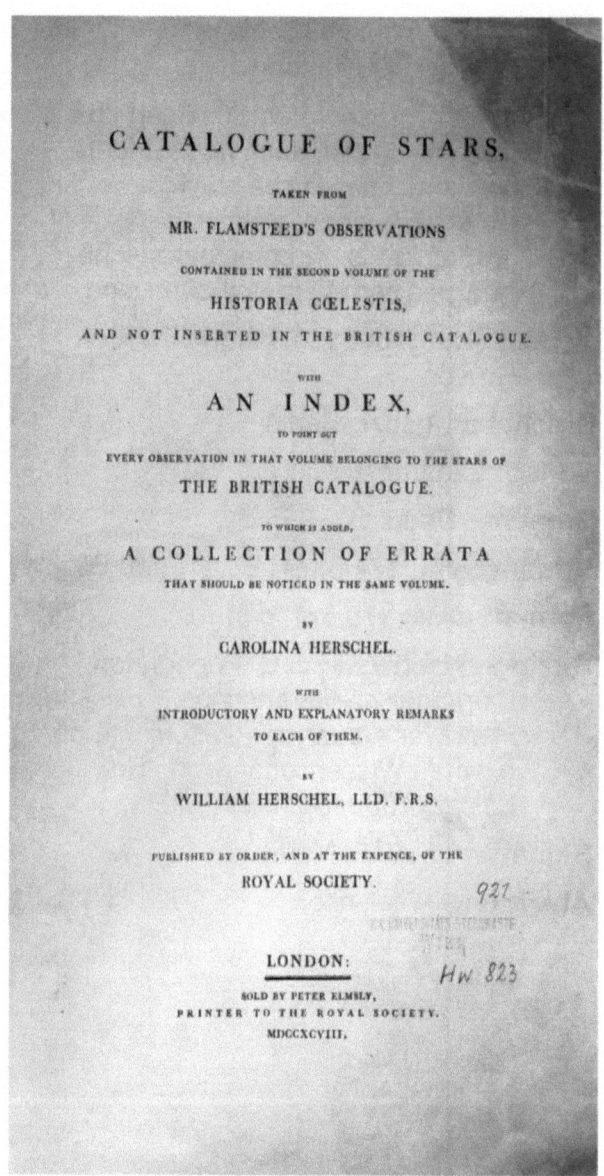

Lalande, Joseph Jêrome Le Français de   1798

Titel: Mélanges d'astronomie

Erscheinungsort: Paris

Verlag: Duprat

Sprache: Französisch

Umfang: [1] Bl., 276 S.

Format: Oktav (19x13cm)

Bibliogr. Nachweis: J. Lalande, Bibliographie Astronomique, Paris 1803, p. 644

Signatur: Hw 465

Abbildung: Titelseite

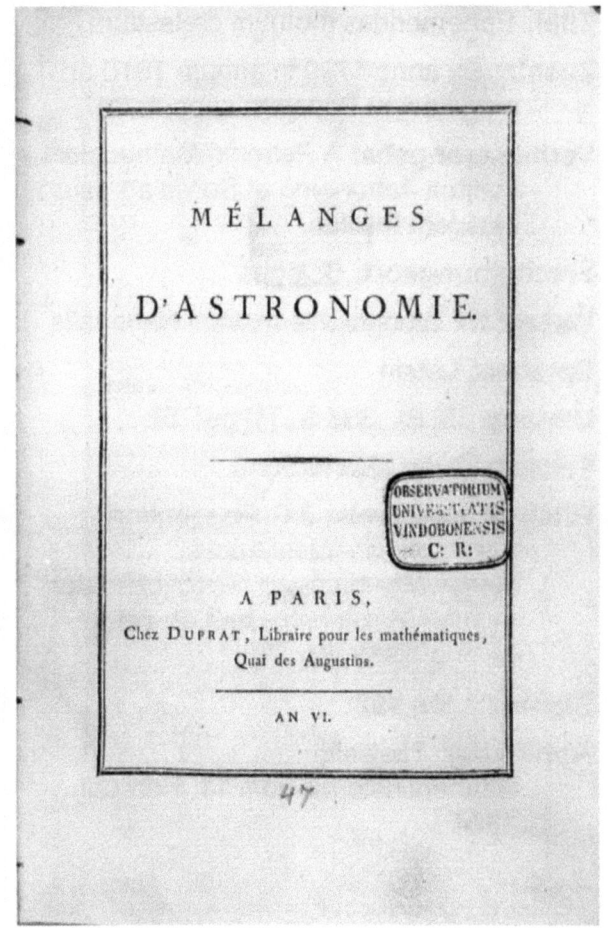

Mateucci, Petronio
(-1800)

1798

Titel: Ephemerides motuum cælestium

Zusatz: Ex anno 1799 in annum 1810 ad meridianum Bononiæ supputatæ

Verfasserangabe: A Petronio Matheucio Instituti Astronomo et Sociis ad usum ejusdem Instituti.

Erscheinungsort: Bologna

Verlag: Ex Typographia Instituti Nationalis

Sprache: Latein

Umfang: [5] Bl., 336 S., [1] gef. Bl.

Format: Quart (26x19,5cm)

Bibliogr. Nachweis: J.C. Poggendorf, Biographisch-literarisches Handwörterbuch zur Geschichte der exacten Wissenschaften, 2. Bd., Leipzig 1863, Sp. 78f

Signatur: Hw 192

Abbildung: Titelseite Sonnenfinsternis vom 11. Februar 1804

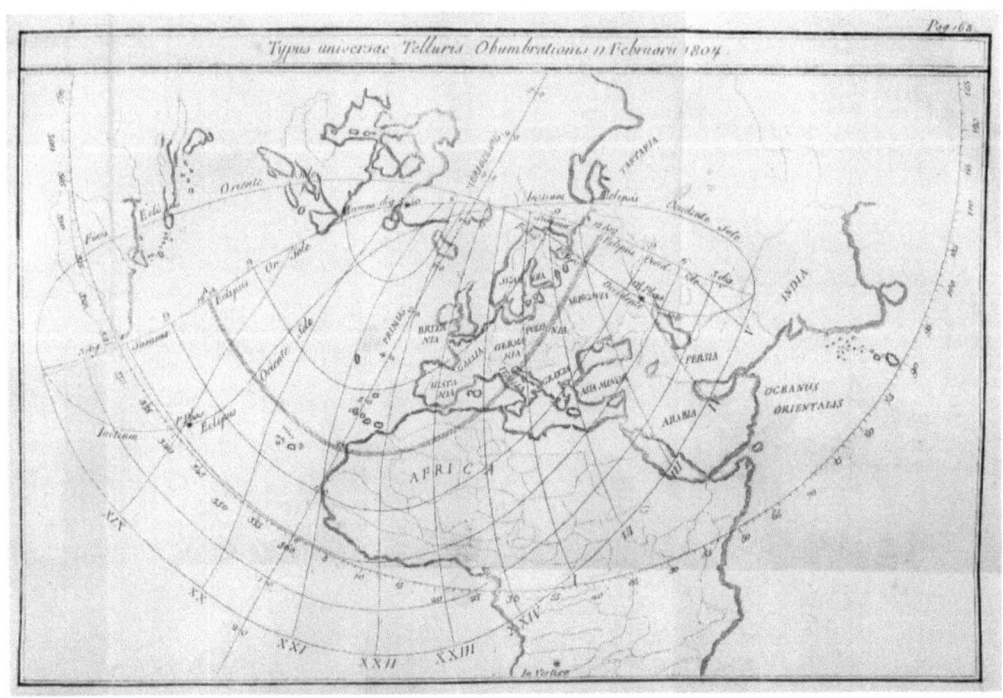

Martonfi, Antonius
(1748/50-1799)

1798

Titel: Initia Astronomica Speculæ Batthyanianæ Albensis in Transilvania

Zusatz: Cujus I. Originem, et Adjuncta. II. Adparatum Astronomicum. III. Rectificationem Instrumentorum

Verfasserangabe: proposuit Antonius Martonfi, presbyter secularis, philiosophiæ doctor, speculae ejusdem director, et astronomus

Erscheinungsort: Karlsburg

Verlag: Typis Episcopalibus

Sprache: Latein

Umfang: [2] Bl., 24 S., [4] Bl., 424 S., [10] gef. Bl.

Format: Oktav (23x15cm)

Bibliogr. Nachweis: J. Lalande, Bibliographie Astronomique, Paris 1803, p. 646; V. Wollmann, Die Karlsburger Sternwarte (Specula) aus dem Jahre 1797. In: Zeitschrift für Siebenbürgische Landeskunde 21 (1998), Heft 1, S. 77-81

Signatur: Hw 439

Abbildung: Titelseite
Quadrant

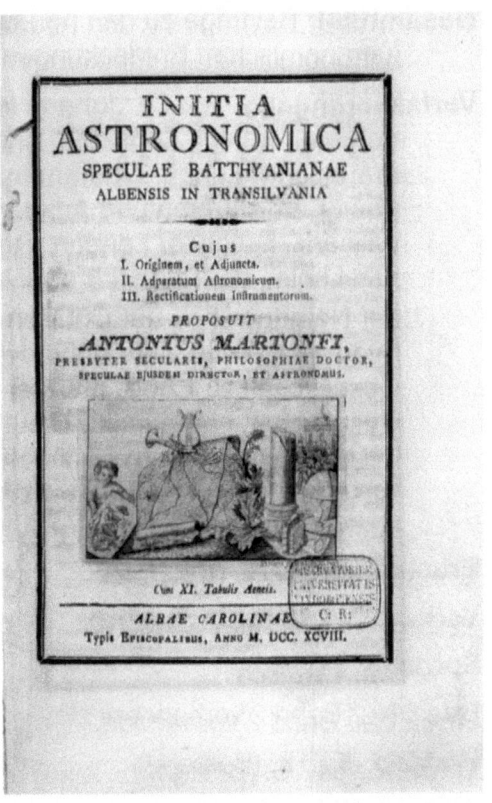

Schroeter, Johann Heinrich
(1745-1816)

1798

Gesamttitel: Beyträge zu den neuesten astronomischen Entdeckungen

Verfasserangabe: von Dr. Johann Hieronymus Schröter, Königl. Grossbrit. und Churf. Braunschw. Lüneb. Oberamtmanne, der Königl. Societæten und Academien der Wissenschaften zu London, Göttingen, Stockholm, der Kaiserl. Leopoldin. Acad. der Naturforscher, der Churmaynzischen Acad. der Wissensch. auch der mathem. Gesellschaft zu Erfurt, und der Gesellschaft naturforsch. Freunde zu Berlin Mitgliede, Correspondenten der Russisch Kaiserl. Acad. der Wissensch. zu Petersburg

Erscheinungsort: Göttingen

Verlag: Vandenhoek; Ruprecht

Sprache: Deutsch

Bde.: Nur Band 2 vorhanden.

Umfang: 547 S. (Bestand)

Format: Oktav (21x12cm)

Bibliogr. Nachweis: J.C. Poggendorf, Biographisch-literarisches Handwörterbuch zur Geschichte der exacten Wissenschaften, 2. Bd., Leipzig 1863, Sp. 846f

Signatur: Hw 558

Abbildung: Titelseite
Saturn

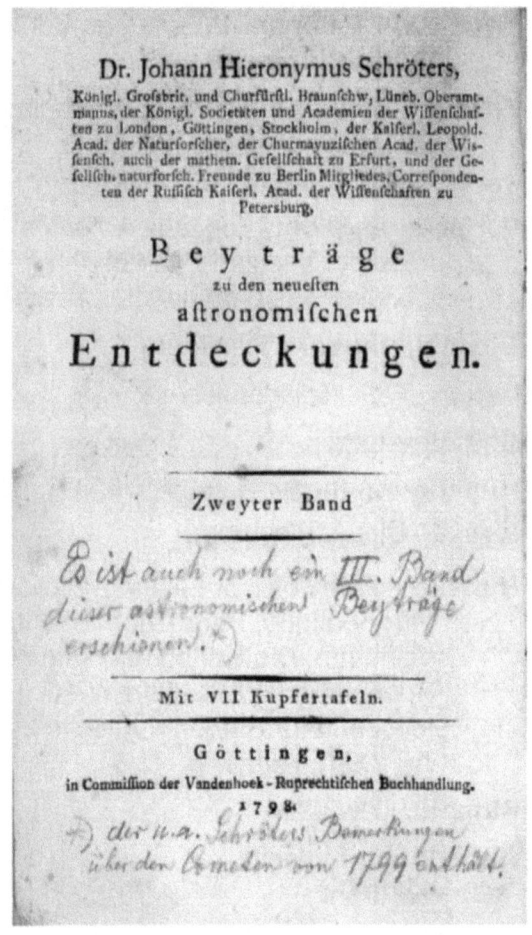

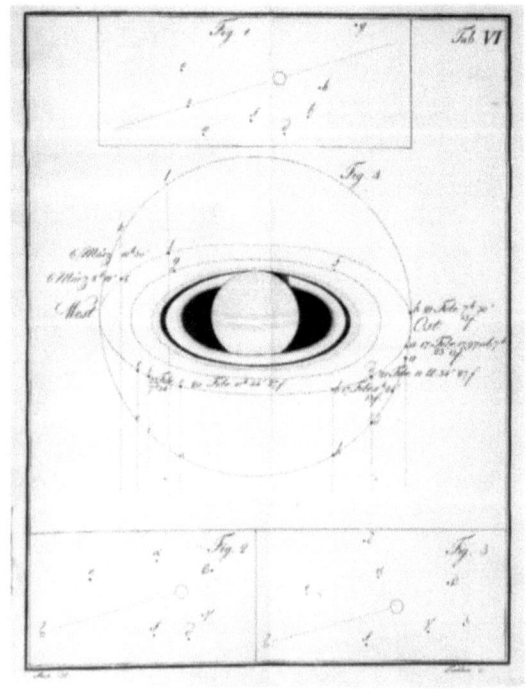

Vega, Georg von
(1756-1802)

1798

Titel: <Georg Vega's, Ritters des militärischen Marien-Theresien-Ordens, Majors und Professors der Mathematik des k. k. Artilleriecorps u. s. w.> Mathematische Betrachtungen über eine sich um eine unbewegliche Achse gleichförmig drehende feste Kugel, und die Folgen dieser Voraussetzung für Astronomie, Geographie und Mechanik, in Beziehung auf unser Erdsphaeroid

Erscheinungsort: Erfurt

Verlag: Beyer; Maring

Sprache: Deutsch

Umfang: [1] Bl., 30 S., [1] gef. Bl.

Format: Oktav (20x12cm)

Bibliogr. Nachweis: J.C. Poggendorf, Biographisch-literarisches Handwörterbuch zur Geschichte der exacten Wissenschaften, 2. Bd., Leipzig 1863, Sp. 1190

Signatur: Hw 547

Abbildung: Titelseite

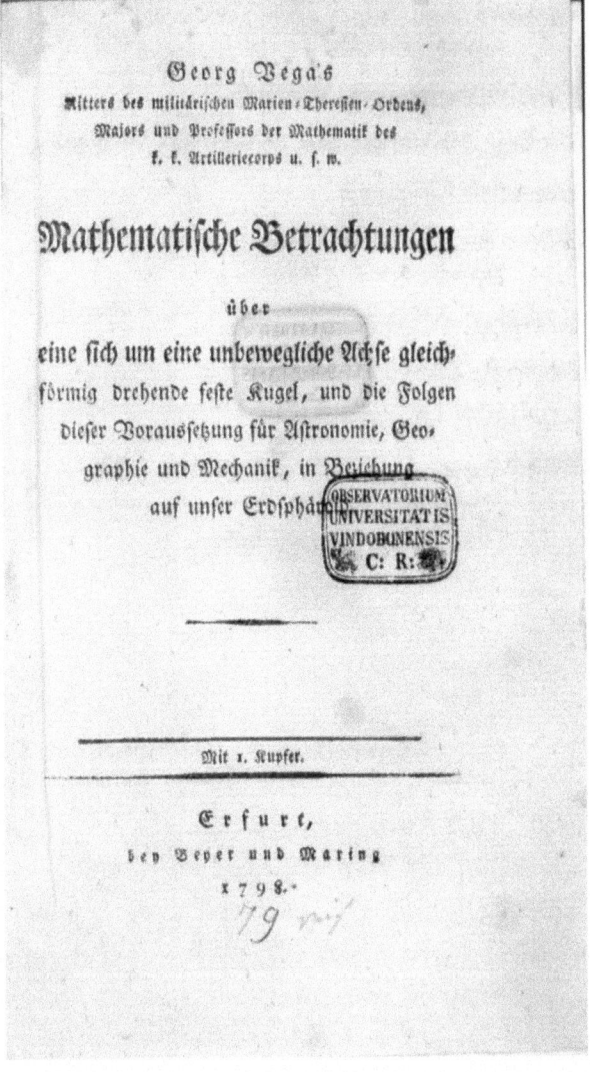

Zach, Franz Xaver von
(1754-1832)

1798

Gesamttitel: Allgemeine Geographische Ephemeriden

Erscheinungsort: Weimar

Verlag: Im Verlag des Industrie-Comptoirs

Sprache: Deutsch

Bde.: Bände 1 - 2: 1798
Bände 3 - 4: 1799

Umfang: 2790 S. (gesamt)

Format: Oktav (18x11cm)

Signatur: Hw 783

Abbildung: Titelseite des ersten Teils
Karte von China
Plan eines Wasserfalls

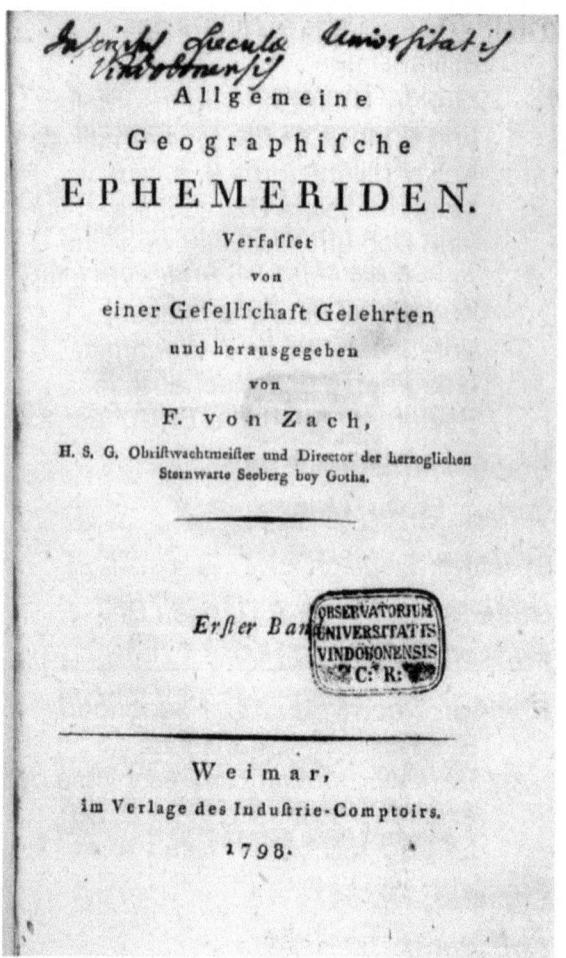

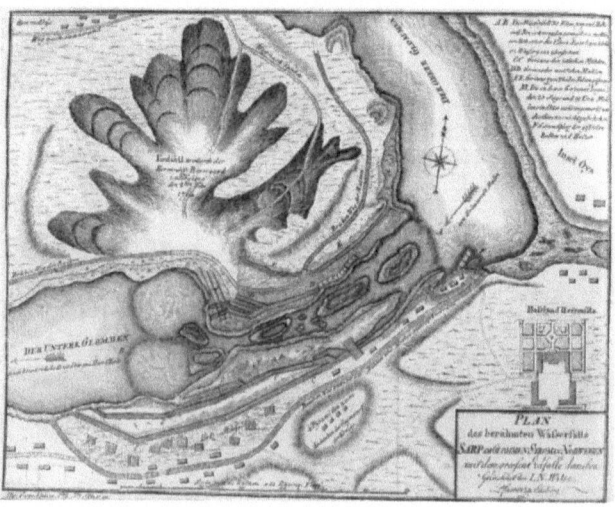

Delambre, Jean B. J.
(1749-1822)

1799

Titel: Méthodes analytiques pour la détermination d'un arc du méridien

Zusatz: [...] Précédées d'un mémoire sur le même sujet, par A. M. Legendre, Membre de la Commission des Poids et Mesures de l'Institut national

Verfasserangabe: Par J.B.J. Delambre, Membre de l'Institut national et du Bureau des Longitudes, l'un des deux Astronomes chargés de la mesure de l'Arc compris entre Dunkerque et Barcelonne

Erscheinungsort: Paris

Verlag: Crapelet; Duprat

Sprache: Französisch

Umfang: 15 S., 176 S., [8] Bl., 6 S., 2 gef. Bl., [1] Bl.

Format: Quart (25x19cm)

Bibliogr. Nachweis: J.C. Poggendorf, Biographisch-literarisches Handwörterbuch zur Geschichte der exacten Wissenschaften, 1. Bd., Leipzig 1863, Sp. 539

Signatur: Gd I 5

Abbildung: Titelseite

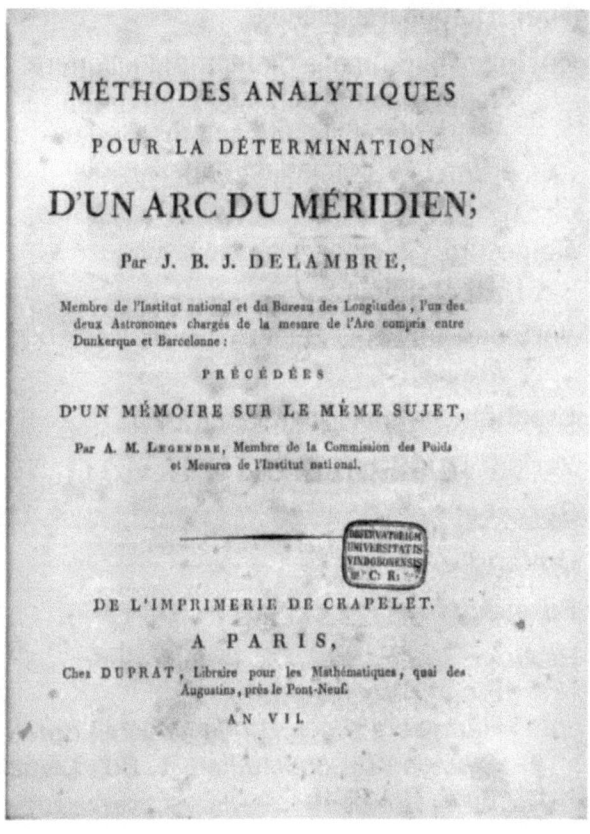

Gauß, Carl Friedrich [45]

(1777-1855)

1799

Titel: Demonstratio Nova

Zusatz: Theorematis Omnem Functionem Algebraicam Rationalem Integram Unius Variabilis In Factores Reales Primi Vel Secundi Gradus Resolvi Posse

Beigefügt: Demonstratio Nova Altera Theorematis

Verfasserangabe: Auctore Carolo Friderico Gauss

Erscheinungsort: Helmstadt

Verlag: Fleckeisen, C. G.

Sprache: Latein

Umfang: 40 S., [1] Bl.

Format: Quart (22,5x18cm)

Bibliogr. Nachweis: J.C. Poggendorf, Biographisch-literarisches Handwörterbuch zur Geschichte der exacten Wissenschaften, 1. Bd., Leipzig 1863, Sp. 854f

Signatur: Ma IV 12

Abbildung: Titelseite
Illustration

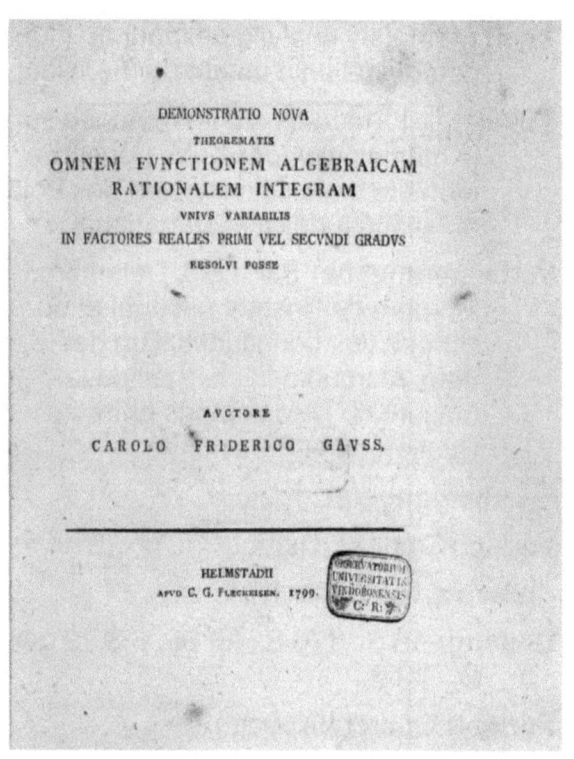

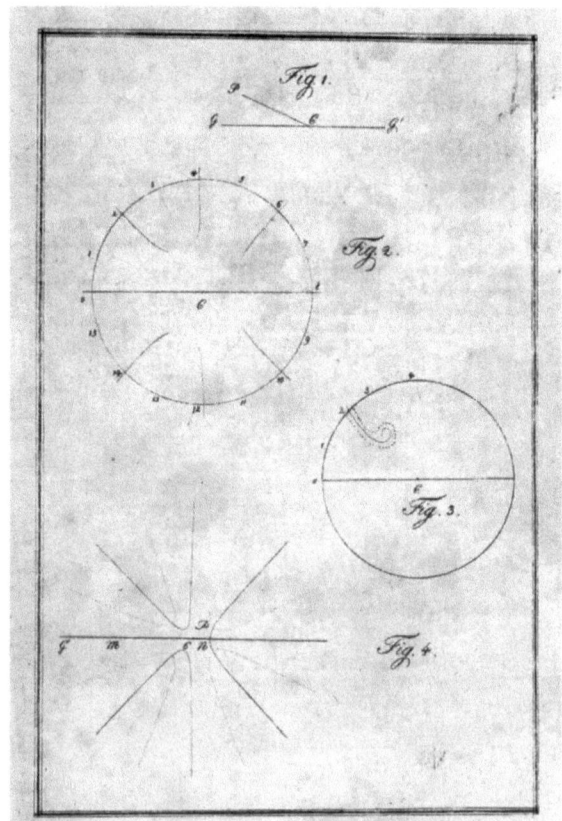

Kramp, Christian
(1760-1826)

1799

Titel: Analyse des réfractions astronomiques et terrestres

Verfasserangabe: Par le citoyen Kramp, Professeur de Chymie et de Physique expérimentale à l'école centrale du Département de la Roer.

Erscheinungsort: Straßburg

Verlag: Dannbach, Philippe Jacques; Schwickert, E. B.

Sprache: Französisch

Umfang: 20 S., 210 S., [1] Bl.

Format: Quart (24x19,5cm)

Bibliogr. Nachweis: J. Lalande, Bibliographie astronomique, Paris 1803, p.649

Signatur: Am I 4

Abbildung: Titelseite

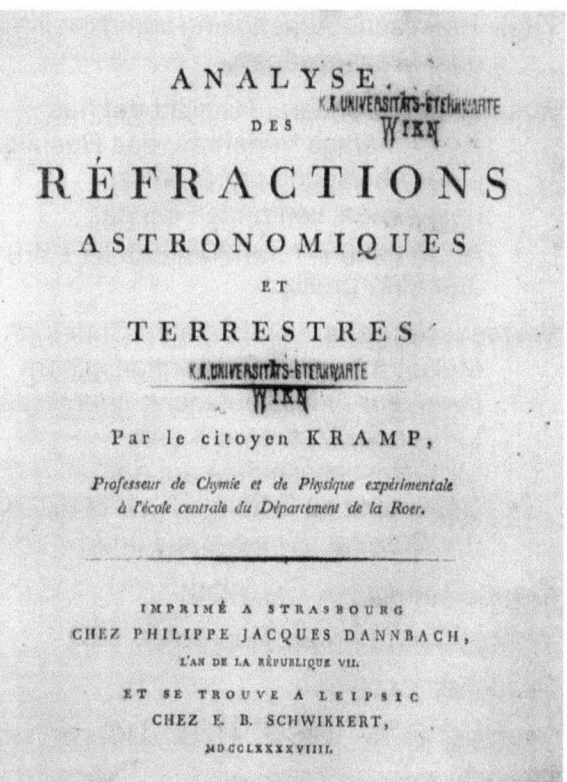

Müller, Gotthard Christoph
(-1803)

1799

Titel: Praktische Abhandlung vom Nivelliren, oder Wasserwägen

Zusatz: In Besonderer Hinsicht auf das zweckmäßige Verfahren, das Resultat einer Abwägung untrüglich zu bestimmen; verbunden mit der Anweisung zur Verfertigung der Berg- und Moorprofile.

Verfasserangabe: von Gotthard Christoph Müller, Königlich-Großbrittanischem Ingenieur-Obristlieutenant; öffentlichem Lehrer der Mathematik und Militärwissenschaften auf der Universität zu Göttingen und Mitgliede der Societat der Bergbaukunde

Erscheinungsort: Göttingen

Verlag: Vandenhoek; Ruprecht

Sprache: Deutsch

Umfang: [6] Bl., 136 S., [1] Bl., [13] gef. Bl.

Format: Oktav (20x12cm)

Bibliogr. Nachweis: J.C. Poggendorf, Biographisch-literarisches Handwörterbuch zur Geschichte der exacten Wissenschaften, 2. Bd., Leipzig 1863, Sp. 224f

Signatur: Hw 807

Abbildung: Titelseite
Höhenmessgerät

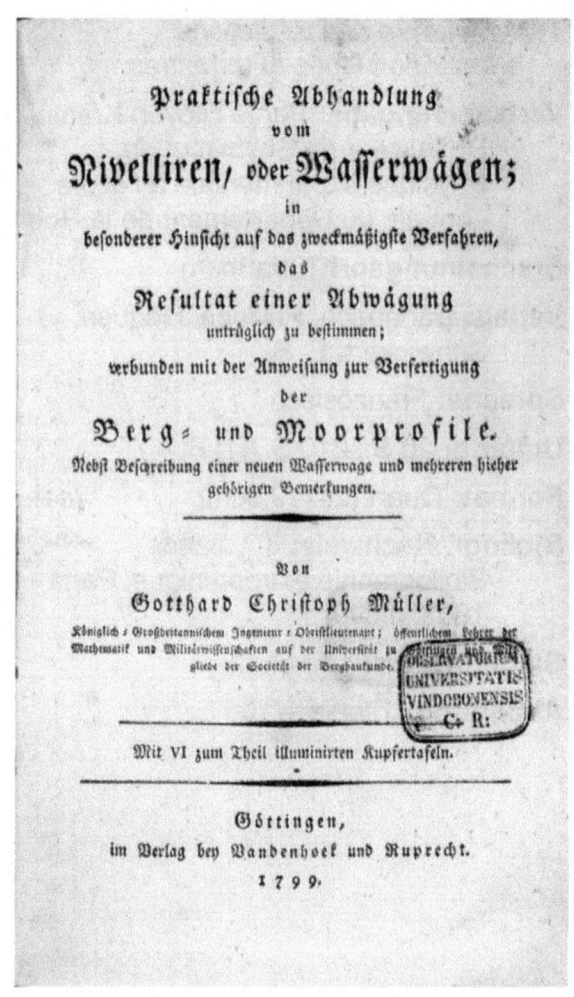

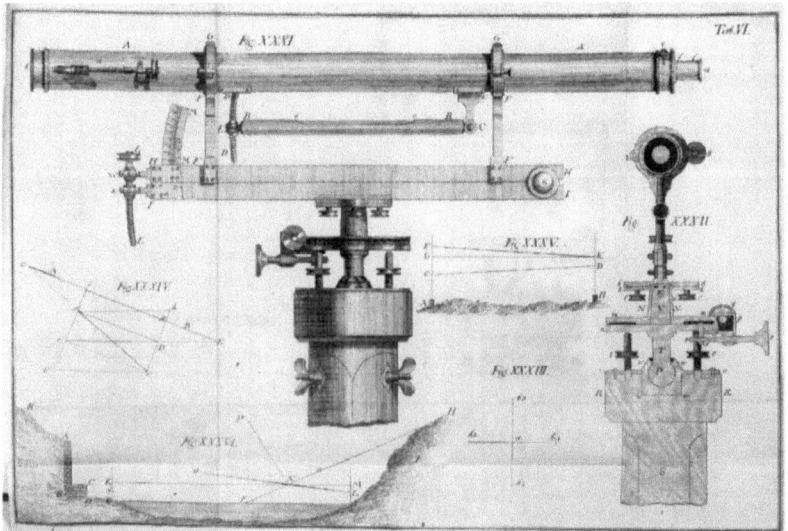

Autorenindex

Im folgenden Autorenindex sind auch jene Dissertationen und Disputationen berücksichtigt, die im Katalogteil nicht behandelt werden. Die Autoren dieser Werke sind mit * gekennzeichnet. Die Dissertationen der mit † markierten Autoren sind in dem Werk *Dissertationum physico-mechanicarum ex commentariis Academiae Imperalis Petropolitanae excerptarum* (1762) enthalten. Als Autor im Katalogteil scheint der Verfasser der ersten Dissertation auf. Sämtliche Titel sind in gekürzter Form aufgeführt.

Erstautor	Kurztitel	Jahr
* Abicht, Johann Georg	Annus MDCC ex hypothesi Vulgari seculi XVII ultimus [...]	1700
Aman, Caesarius	Quadrans astronomicus novus	1770
Anonym	Anmuthiges Bauren-Gespräch [...]	1720
* Anonym	Calculus astronomicus totalis eclipseos Lunæ [...]	1722
Anonym	Commentarii Academiae Scientiarum Imperialis Petropolitanae	1728
* Anonym	Responsum Lipsiense	1701
Anonym	Sammlung astronomischer Tafeln	1776
Anonym	Tabulae astronomicae	1700
Bacon, Francis	[...] De dignitate et augmentis scientiarum	1779
* Baehr, Felix Diet.	Summam doctrine de incrementis [...]	1722
Bailly, Jean Sylvain	[...] Geschichte der neuern Astronomie	1796
Bailly, Jean Sylvain	[...] Geschichte der Sternkunde [...]	1777
Bailly, Jean Sylvain	Lettres sur l'origine des sciences [...]	1777
* Balthasar, Joachim Christian	De phænomenis quibusdam coelestibus	1701
Bang, Oluf	Lebensbeschreibung [...] Tycho v. Brahes	1756
* Barth, Johann Matthäus	De luce barometrorum	1716
* Barth, Johann Matthäus	Schediasma physicum [...]	1715
Baudrand, Michel-Antoine	Dictionaire geographique universel	1711
* Becker, Johann Hermann	De duplici visionis [...]	1720
* Becker, Johann Hermann	Theoria motæ circa Solem Telluris [...]	1726
Beffroy de Reigny, Louis-Abel	La constitution de la lune	1793
† Bernoulli, Daniele	Examen principiorum mechanicae [...]	1762
† Bernoulli, Daniele	Demonstrationes geometricae de centro virium [...]	1762
Bernoulli, Johann	Lettres astronomiques	1771
Bernoulli, Johann	Recueil pour les astronomes	1771
† Bernoulli, Johann	Theoremata selecta de conservatione virium	1762
† Bernoulli, Nicolaus	De motu corporum ex percussione	1762
Bianchini, Francesco	Hesperi et Phosphori Nova Phænomena	1728

Erstautor	Kurztitel	Jahr
Bianchini, Francesco	[...] Observationes selectae	1737
† Bilfinger, Georg Bernhard	De viribus corpori moto insitis [...]	1762
* Binsdörffer, Michael	Uranologian	1705
Bion, Nicolas	[...] Abhandlung von der Weltbeschreibung [...]	1736
Bode, Johann Elert	[...] Beobachtung und Beschreibung der Gestirne [...]	1795
Bode, Johann Elert	[...] Kurzgefaßte Erläuterung der Sternkunde [...]	1778
Bode, Johann Elert	[...] Von dem neu entdeckten Planeten	1784
Bode, Johann Elert	Vorstellung der Gestirne [...]	1782
Bodmer, Johann Jacob	Schreiben an die critickverständige Gesellschaft [...]	1742
Bohnenberger, Johann G. F.	Anleitung zur geographischen Ortsbestimmung [...]	1795
Boileau-Despréaux, Nicolas	Oeuvres [...]	1729
Bonnet, Charles	Betrachtung über die Natur	1789
Borda, Jean Charles	Description [...] du cercle de réflexion	1787
Boščović, Rudjer Josip	Nouveaux ouvrages [...]	1785
Bošković, Rudjer Josip	De inæqualitatibus	1756
Bošković, Rudjer Josip	Philosophiæ naturalis theoria redacta [...]	1758
Bošković, Rudjer Josip	Philosophiæ naturalis theoria redacta [...]	1759
Bouguer, Pierre	La figure de la terre	1749
Bouguer, Pierre	[...] Optice de diversis luminis gradibus [...]	1762
* Buchholtz, Georg	De conjunctionibus planetarum	1710
Bugge, Thomas	Observationes Astronomicæ [...]	1784
Büsch, Johann Georg	[...] Versuch einer Mathematik [...]	1776
* Bytemeister, Heinrich Johann	De præstantia arithmeticæ decadicæ	1719
Callet, François	Supplément à la Trigonométrie sphérique [...]	1798
Capello, Angelo Felice	Astrosophiæ numericæ supplementum	1737
Capello, Angelo Felice	Astrosophia numerica	1733
Capello, Angelo Felice	[...] Saturni, Jovis , Martis, Veneris, & Mercurii Tabulæ	1733
Cassini, Jacques	Éléments d'Astronomie	1740
Cassini, Jacques	Tables astronomiques [...]	1740
Cassini, Jacques	Tabulæ Planetarum [...]	1764
Cassini, Jean-Dominique	Observations de la comète de 1531 [...]	1759
Cellarius, Andreas	Harmonia Macrocosmica	1708
Celsius, Anders	CCCXVI Observationes de lumine boreali [...]	1733
Chappe D'Auteroche, Jean	Tables astronomiques	1754
Chéseaux, Jean Philippe Loÿs de	Traité de la comète [...]	1744

Erstautor	Kurztitel	Jahr
Clairaut, Alexis Claude	Élémens d'Algébre	1797
Clairaut, Alexis Claude	Tables de la lune	1754
Clairaut, Alexis Claude	Théorie de la lune	1765
Clairaut, Alexis Claude	Théorie du mouvement des comètes	1760
* Clausen, Detlevus Fridericus	Disputatio mathematica [...]	1703
Clemm, Heinrich Wilhelm	[...] Mathematisches Lehrbuch	1764
Clemm, Heinrich Wilhelm	[...] Mathematisches Lehrbuch	1786
* Colmar, Johann	Dissertatio physica curiosa de lacrymis seu guttis vitreis	1708
Costard, George	The history of astronomy [...]	1767
Cousin, Jacques A. J.	Traité de calcul différentiel [...]	1796
Darquier de Pellepoix, Antoine	[...] Briefe über die practische Astronomie	1791
David <a Sancto Caietano>	Neues Rädergebäude [...]	1793
David <a Sancto Caietano>	Praktische Anleitung [...]	1793
Delagrive, Jean	Manuel de trigonometrie pratique	1754
Delambre, Jean B. J.	Méthodes analytiques [...]	1799
Denicke, C. L.	Vollständiges Lehrgebäude der ganzen Optik [...]	1757
Desplaces, Philippe	Ephemerides des mouvemens celestes	1716
Dicquemare, Jacques-François	La connoissance de l'astronomie	1771
Dionis du Séjour, Achille P.	[...] analytische Abhandlung von den Sonnenfinsternissen	1793
Doppelmayr, Johann Gabriel	Atlas Coelestis	1742
Doppelmayr, Johann Gabriel	Dritte Eröffnung der neuen mathematischen Werck-Schule [...]	1721
* Dunnehauptius, Albert Christian	Sphaericam Telluris figuram	1715
* Eberhard, Johann Christoph	De calendis, calendarioque Romanor. veter. [...]	1700
Ecker, Johann Anton	Beschreibung [...] einer neuen Weltkarte [...]	1794
* Ehrenberger, Bonifacius Heinrich	De temperamento mathematico	1710
Euclides	Euclid's Elemente	1798
Euler, Leonhard	Briefe an eine deutsche Prinzessinn [...]	1784
† Euler, Leonhard	De novo quodam curvarum tautochronarum genere	1762
Euler, Leonhard	Dioptrica	1769
Euler, Leonhard	[...] Einleitung in die Analysis des Unendlichen	1788
Euler, Leonhard	Élémens d'Algèbre	1774
Euler, Leonhard	Institutiones calculi differentialis	1755

Erstautor	Kurztitel	Jahr
Euler, Leonhard	Institutionum calculi integralis	1768
Euler, Leonhard	Introductio in analysin infinitorum	1748
Euler, Leonhard	Lettres à une princesse d'Allemagne	1768
Euler, Leonhard	Mechanica [...]	1736
Euler, Leonhard	Methodus inveniendi lineas curvas	1744
Euler, Leonhard	[...] Opuscula varii argumenti	1746
Euler, Leonhard	Recherches [...] sur la vraie orbite [...] de la comète [...]	1770
Euler, Leonhard	Scientia navalis [...]	1749
Euler, Leonhard	Tentamen novae theoriae musicae	1739
Euler, Leonhard	Theoria motuum lunae	1772
Euler, Leonhard	Theoria motuum planetarum et cometarum	1744
Euler, Leonhard	[...] Theorie der Planeten und Cometen	1781
Euler, Leonhard	[...] Vollständige Anleitung zur Algebra	1771
Euler, Leonhard	[...] Vollständige Anleitung zur [...] Algebra	1796
Euler, Leonhard	[...] vollständige Anleitung zur Differenzial-Rechnung	1790
Feind, Barthold	Astrognosia [...]	1707
Felkel, Anton	Tafel aller einfachen Factoren [...]	1776
Ferguson, James	Astronomy [...]	1756
Ferguson, James	Die Astronomie nach Newtons Grundsätzen [...]	1785
Fixlmillner, Placidus	Acta Astronomica Cremifanensia	1791
Fixlmillner, Placidus	Decennium astronomicum	1776
Fixlmillner, Placidus	Meridianus speculae astronomicae Cremifanensis	1765
Flamsteed, John	Atlas céleste de Flamstéed	1776
Flamsteed, John	Atlas Coelestis	1753
Flamsteed, John	Historia Coelestis Britannica	1725
Florencourt, Carl Chassot von	Abhandlungen aus der juristischen und politischen Rechenkunst	1781
Fontenelle, Bernard Le Bovier de	Dialogen über die Mehrheit der Welten	1798
Frisi, Paolo	[...] De gravitate universali corporum	1768
Funk, Christlieb Benedict	[...] Anweisung zur Kenntnis der Gestirne [...]	1777
Fuss, Nicolaj I.	Umständliche Anweisung [...]	1778
Galilei, Galileo	Opere di Galileo Galilei	1718
* Galli, Johann Conrad	De variis arcuumin circulo [...]	1700
Gardiner, William	Tables de logarithmes	1770
Gauß, Carl Friedrich	Demonstratio Nova	1799

Erstautor	Kurztitel	Jahr
* Gebhard, Brandanus	Theses arithmetica scientia [...]	1727
Gerlach, Friedrich Wilhelm	Die Bestimmung der Gestalt und Grösse der Erde	1782
Gianella, Carlo	De fluxionibus earumque usu	1771
* Glave, Friedrich	De effluviis corporum naturalium	1726
Gottsched, Johann Christoph	Gedächtnißrede auf [...] Nicolaus Copernicus [...]	1743
Gregory, David	[...] Astronomiæ physicæ et geometricæ elementa	1726
* Grove, Johannes	De methodis demonstrandi declinationem magnetis [...]	1718
Grünberger, Georg	[...] Brauchbarkeit mathematischer Kenntnisse [...]	1784
Grüneberg, Christian	Pandora mathematica [...]	1700
Grüson, Johann Philipp	Supplement zu L. Eulers Differenzialrechnung	1798
* Gundling, Nicolaus Hieronymus	Metum crescentis potentiae [...]	1711
Hahn, Georg Gottlieb	Vollständige Anleitung [...]	1788
Hallerstein, Augustin	Observationes astronomicæ [...]	1768
Heilbronner, Johann Christoph	Historia matheseos universæ [...]	1742
Heinrich, Placidus	De Sectionibus Conicis [...]	1796
Helfenzrieder, Johann Evangelist	Vollständiger [...] Unterricht gute Sonnenuhren [...] zu machen [...]	1790
Hell, Maximilian	Anleitung zum Nutzlichen Gebrauch der [...] Stahl-Magneten	1762
Hell, Maximilian	Elogium [...] Petri Anich [...]	1768
Hell, Maximilian	Observatio transitus Veneris [...] 1769	1770
Hell, Maximilian	Supplementum dissertationis de parallaxi Solis	1773
Hell, Maximilian	Transitus Veneris per discum Solis anni 1761 [...]	1761
Hellwig, L. Christoph von	Auf hundert Jahr gestellter [...] Kalender	1702
Hellwig, L. Christoph von	[...] Neuvermehrter, auf hundert Jahr gestellter [...] Hauß-Calender	1770
* Hempel, Johann Joachim	Dissertatio academica hydrostatico-aerometrica [...]	1727
† Hermannus, Iacobus	De mensura virium corporum	1762
† Hermannus, Iacobus	Theoria generalis motuum	1762
† Hermannus, Iacobus	Nova ratio deducendi regulam [...]	1762
Herschel, Caroline Lucretia	Catalogue of stars [...]	1798
Herschel, William	[...] Über den Bau des Himmels	1791
Horrebov, Peder	Atrium Astronomiae [...]	1732
Horrebov, Peder	Basis astronomiae [...]	1735
Horrebov, Peder	Clavis astronomiae [...]	1730

Erstautor	Kurztitel	Jahr
Horrebov, Peder	Copernicus triumphans [...]	1727
Horrebov, Peder	[...] Opera mathematico-physica	1740
Hube, Johann Michael	Vollständiger [...] Unterricht in der Naturlehre [...]	1796
Hutton, Charles	Tables of the products and powers of numbers	1781
Huygens, Christiaan	[...] Cosmotheōros	1704
Huygens, Christiaan	[...] Opera Reliqua	1728
Huygens, Christiaan	[...] Opera Varia	1724
Jagemann, Christian Joseph	Geschichte des [...] Galileo Galilei	1787
* Jan, Johann Wilhelm	Historiam cycli Dionysiani	1718
Jaucourt, Louis de	Geschichte des Herrn von Leibniz [...]	1757
Jöcher, Christian Gottlieb	Allgemeines Gelehrten-Lexicon [...]	1750
Kant, Immanuel	[...] Begriff der negativen Größen [...]	1797
Karsten, Wenceslaus Johann Gustav	Auszug aus den Anfangsgründen [...]	1785
Karsten, Wenceslaus Johann Gustav	Lehrbegrif der gesamten Mathematik	1767
Karsten, Wenceslaus Johann Gustav	[...] Theorie von Wittwencassen [...]	1784
Kästner, Abraham Gotthelf	Anfangsgründe der Mathematik	1793
Kästner, Abraham Gotthelf	Astronomische Abhandlungen [...]	1772
Kästner, Abraham Gotthelf	[...] Ausführung der mathematischen Geographie [...]	1795
Kästner, Abraham Gotthelf	Die mathematischen Anfangsgründe	1760
Kästner, Abraham Gotthelf	Die mathematischen Anfangsgründe	1790
Kästner, Abraham Gotthelf	Geschichte der Mathematik	1796
Kindermann, Eberhard Christian	Vollständige Astronomie	1744
* Kirch, Gottfried	Transitus Mercurii per Solem	1719
* Klausing, Heinrich	Eclipsis Lunaris [...]	1719
Klügel, Georg Simon	Analytische Dioptrik [...]	1778
Klügel, Georg Simon	Analytische Trigonometrie	1770
Knauer, Mauritius	Calendarium oeconomicum practico-perpetuum [...]	1797
Kraft, Jens	[...] Mechanik	1787
Kramp, Christian	Analyse des réfractions astronomiques [...]	1799
La Caille, Nicolas Louis de	Astronomiæ fundamenta [...]	1757
La Caille, Nicolas Louis de	Leçons élémentaires d'Astronomie [...]	1755
La Caille, Nicolas Louis de	Leçons élémentaires d'Astronomie [...]	1764

Erstautor	Kurztitel	Jahr
La Caille, Nicolas Louis de	Leçons élémentaires de mathématiques	1764
La Caille, Nicolas Louis de	Leçons élémentaires de mathématiques	1772
La Caille, Nicolas Louis de	Leçons élémentaires de mécanique	1764
La Caille, Nicolas Louis de	Leçons élémentaires d'optique	1750
La Caille, Nicolas Louis de	[...] Lectiones elementares mathematicæ [...]	1762
La Caille, Nicolas Louis de	Tables de logarithmes	1760
La Caille, Nicolas Louis de	Tabulæ Solares	1758
La Caille, Nicolas Louis de	Tabulæ Solares ad meridianum Parisinum	1763
La Chapelle, J. B. de	[...] Abhandlung von den Kegelschnitten [...]	1791
La Condamine, Charles-Marie de	Mesure des trois premiers dégres [...]	1751
La Hire, Philippe de	Tables astronomique	1735
La Hire, Philippe de	Tabulæ astronomicæ [...]	1702
Lalande, Joseph Jérôme Le Français de	Astronomie	1764
Lalande, Joseph Jérôme Le Français de	Astronomie	1792
Lalande, Joseph Jérôme Le Français de	Astronomisches Handbuch [...]	1775
Lalande, Joseph Jérôme Le Français de	Exposition du calcul astronomique	1762
Lalande, Joseph Jêrome Le Français de	Mélanges d'astronomie	1798
Lalande, Joseph Jerôme Le Français de	Tables astronomiques [...]	1771
Lalande, Joseph Jérôme Le Français de	Tables astronomiques [...]	1792
Lambert, Johann Heinrich	Beyträge zum Gebrauche der Mathematik [...]	1765
Lambert, Johann Heinrich	[...] Insigniores orbitae cometarum proprietates	1761
Lambert, Johann Heinrich	Merkwürdigste Eigenschaften der Bahn des Lichts [...]	1773
Lambert, Johann Heinrich	[...] Photometria [...]	1760
* Lange, David Christian	De characteribus temporum	1716
* Langhanßen, Christoph	Dissertatio chronologica [...]	1713
LaPlace, Pierre Simon de	Darstellung des Weltsystems	1797
* Lauterbach, Hieronymus Christoph	Dissertatio Academica de tripudio Solaris paschali	1706
Le Gentil de la Galaisière, Guillaume J.	Voyage dans les mers de l'Inde	1779

Erstautor	Kurztitel	Jahr
Leibniz, Gottfried Wilhelm	[...] Commercium philosophicum et mathematicum	1745
Leibniz, Gottfried Wilhelm	[...] Opera omnia	1768
Leibniz, Gottfried Wilhelm	[...] Protogaea	1749
* Leistikow, Michael Friedrich	Triplex matheseos objectum [...]	1716
Le Monnier, Pierre-Charles	Histoire Céleste [...]	1741
Le Monnier, Pierre-Charles	Institutions astronomiques	1746
Le Monnier, Pierre-Charles	La theorie des cometes [...]	1743
Le Monnier, Pierre-Charles	Observations de la lune [...]	1751
Le Ratz de Lanthenée, Jean François	Versuch einer Methode [...]	1772
Leski, Joseph	Teoryczna [...]	1790
L'Hospital, Guillaume François Antoine de	Traité analytique des sections coniques [...]	1720
Liesganig, Joseph	Dimensio graduum [...]	1770
* Lilienthal, Joachim Christoph	Dissertatio academica [...]	1728
* Löscher, Martin Gotthelf	Commentatio physica [...]	1721
* Lüders, Gerhard	De methodis demonstrandi declinationem magnetis [...]	1718
MacLaurin, Colin	Exposition des découvertes philosophiques de [...] Newton	1749
MacLaurin, Colin	Geometria organica [...]	1720
MacLaurin, Colin	Traité d'algèbre [...]	1753
MacLaurin, Colin	Traité des fluxions	1749
Mairan, Jean Jacques de	Traité physique [...]	1754
Maister, Georg	Panegyricus [...]	1756
Manfredi, Eustachio	De gnomone meridiano Bononiensi [...]	1736
Manfredi, Eustachio	[...] Ephemerides motuum coelestium	1715
Manfredi, Eustachio	[...] Introductio in Ephemerides	1750
Manfredi, Eustachio	Mercurii ac Solis congressus [...]	1724
Manfredi, Eustachio	Novissimæ ephemerides motuum coelestium [...]	1725
Manilius, Marcus	[...] Astronomicon [...]	1740
Manilius, Marcus	[...] Astronomicon [...]	1767
Marinoni, Johann Jacob von	De astronomica specula [...]	1745
Marinoni, Johann Jacob von	De re ichnographica	1751
Marinoni, Johann Jacob von	De re ichnometrica [...]	1775
Martini, Georg Heinrich	Abhandlung von den Sonnenuhren [...]	1777
Martonfi, Antonius	Initia Astronomica Speculæ [...]	1798

Erstautor	Kurztitel	Jahr
Maskelyne, Nevil	Astronomical observations [...]	1774
Mateucci, Petronio	Ephemerides motuum cælestium	1798
Maupertuis, Pierre Louis Moreau de	Astronomie nautique	1743
Maupertuis, Pierre Louis Moreau de	Figura Telluris	1742
Maupertuis, Pierre Louis Moreau de	La figure de la terre	1738
Maupertuis, Pierre Louis Moreau de	Ouvrages divers [...]	1744
Mayer, Christian	Collectio omnium observationum [...]	1770
Mayer, Christian	Expositio De Transitu Veneris [...] 1769	1769
Mayer, Johann Tobias	[...] Unterricht zur praktischen Geometrie	1792
Mayer, Tobias	[...] Opera Inedita	1775
Mayer, Tobias	Tabulæ motuum Solis et Lunæ [...]	1770
Mayer, Tobias	Theoria Lunæ juxta systema Newtonianum	1767
Melander, Daniele	[...] Tractatus de quadratura curvarum	1762
Metzburg, Georg Ignaz von	[...] Praxis Geometrica [...]	1777
Metzger, Johann	Tabulae aberrationis et nutationis [...]	1778
Minto, Walter	Researches [...]	1783
Mitterpacher, Ludwig	Anfangsgründe der physikalischen Astronomie	1781
Morville, Niels	[...] Vertheilung der Felder	1793
Müller, Friedrich Christoph	[...] Tafeln der Sonnenhöhen [...]	1791
Müller, Gotthard Christoph	[...] Abhandlung vom Nivelliren [...]	1799
Müller, Johann Ulrich	Astronomia compendiaria	1709
* Müller, Matth. Christian	De laterna magica	1704
* Nestius, Jacob	Controversiarum philosophicarum ex jure naturæ selectiorum	1709
Newton, Isaac	Optice [...]	1706
Newton, Isaac	[...] Opuscula mathematica [...]	1744
Newton, Isaac	Philosophiæ Naturalis Principia Mathematica	1714
Newton, Isaac	Philosophiæ Naturalis Principia mathematica	1739
Newton, Isaac	Philosophiae Naturalis Principia Mathematica	1783
Newton, Isaac	The chronology of ancient kingdoms amended	1728
Noël, François	Observationes mathematicæ, et physicæ [...]	1710
Nollet, Jean-Antoine	Essai sur l'electricité des corps	1746

Erstautor	Kurztitel	Jahr
Olbers, Wilhelm	Abhandlung [...], die Bahn eines Cometen [...] zu berechnen	1797
Paccassi, Johann von	[...] Einleitung in die Theorie des Mondes	1783
* Palthen, Johann Philipp	Disputatio philosophica [...]	1703
* Palthen, Johann Philipp	Dissertatio politica de dethronisatione	1704
* Palthen, Johann Philipp	Quæstio juris [...]	1702
* Papke, Jeremias	Calculus astronomicus eclipsis Lunæ totalis [...]	1718
* Papke, Jeremias	Calculus eclipseos Solaris	1724
* Papke, Jeremias	Congressus Mercurii cum Sole	1723
* Papke, Jeremias	Discursus astronomico-astrologicus de eclipsi Solis [...]	1715
* Papke, Jeremias	Dissertatio astronomica [...] corporis Lunaris	1729
* Papke, Jeremias	Dissertatio physico-mathematica [...]	1721
* Papke, Jeremias	Incursus Mercurii in discum Solis [...]	1720
Parrot, Christoph Friedrich	[...] Einleitung in die mathematisch-physische Astronomie [...]	1797
Pasquich, Johann	Compendiaria Euthymetriæ Institutio	1781
Penther, Johann Friedrich	Praxis Geometriæ	1788
Petau, Denis	[...] Rationarium temporum	1710
Petau, Denis	[...] Rationarium temporum	1720
Petau, Denis	[...] Rationarium temporum	1724
Picard, Jean	Dégré du méridien entre Paris et Amiens	1740
Pilgram, Anton	Calendarium chronologicum [...]	1781
Pilgram, Anton	Tabulæ Lunares Tobiæ Mayeri	1771
Pilgram, Anton	Untersuchungen über das Wahrscheinliche der Wetterkunde [...]	1788
Pingré, Alexandre Guy	Cométographie [...]	1783
* Pyl, Theodor	Schediasma mathematicum de atmosphæra lunari	1706
Rachel, Joachim	[...] teutsche satyrische Gedichte	1743
Rau, Johann Jacob	Kurze Einleitung [...] der Himmels- und Erd-Kugeln	1756
Reimarus, Johann Albert Heinrich	[...] Neuere Bemerkungen vom Blitze	1794
* Reyher, Samuel	[...] Calendariorum Juliani, Gregoriani & naturalis comparatio [...]	1701
* Reyher, Samuel	De muniendi	1702
* Reyher, Samuel	De observationibus astronomicis	1703
* Reyher, Samuel	[...] nothwendige Erinnerung	1703
Riccioli, Giovanni Battista	Apostata Copernicanus [...]	1790

Erstautor	Kurztitel	Jahr
Rivard, Dominique François	Tafel der Sinusse [...]	1777
* Roeser, Johann Georg	[...] Dissertatio de foederibus fidelium [...]	1710
Roesler, Gottlieb Friedrich	[...] Handbuch der praktischen Astronomie [...]	1788
Röhl, Lambert Heinrich	Anleitung zur Steuermannskunst	1778
Rost, Johann Leonhard	[...] Astronomisches Hand-Buch	1726
Rost, Johann Leonhard	Atlas portatilis coelestis [...]	1723
Rost, Johann Leonhard	Der aufrichtige Astronomus	1727
Scherffer, Karl	Berechnung des Moments der Trägheit [...]	1774
Scherffer, Karl	Institutionum geometricarum [...]	1770
Schlichtegroll, Friedrich	Denkmahl des [...] Placidus Fixlmillner [...]	1797
Schroeter, Johann Heinrich	Aphroditographische Fragmente [...]	1796
Schroeter, Johann Heinrich	[...] Beiträge zu den neuesten astronomischen Entdeckungen	1788
Schroeter, Johann Heinrich	[...] Beobachtungen über die Sonnenfackeln [...]	1789
Schroeter, Johann Heinrich	Beobachtungen über [...] Gebirge und Rotation der Venus	1793
Schroeter, Johann Heinrich	Beyträge zu [...] astronomischen Entdeckungen	1798
* Schuckman, Hermann Albrecht	De triplici algebræ cartesianæ algorithmo	1701
Schulze, Johann Karl	Recueil De Tables Logarithmiques [...]	1778
* Schuman, Johann Friedrich	Dissertatio horographica sitens Horologium universale [...]	1716
* Schurtzfleisch, Johannes	Dissertatio chronologica [...]	1705
* Schwaenius, Michael	Solem ab eclipsi liberum	1719
Semler, Christian Gottlieb	[...] Astrognosia nova	1742
Semler, Christian Gottlieb	[...] Vollständige Beschreibung von dem neuen Cometen [...]	1742
Slop de Cadenberg, Franciscus	Observationes siderum [...]	1795
Slop von Cadenberg, Joseph Anton	Observationes siderum [...]	1793
Souciet, Étienne	Observations mathématiques [...]	1729
Stengel, Johann Peterson	[...] Ausführliche Beschreibung der Sonnen-Uhren	1755
Stengel, Johann Peterson	[...] Gnomonica universalis	1706
* Stephani, Johann Gabriel	De lente crystallina oculi humani	1712
Sternberg, Daniel	Lebensgeschichte [...] Peter Anichs [...]	1767
* Stralenheim, Henning von	[...] Epistola	1707

Erstautor	Kurztitel	Jahr
Strauch, Aegidius	[...] Tabulæ sinuum tangentium logarithmorum [...]	1700
Struyck, Nicolaas	[...] Beschryving der Staartsterren	1753
Struyck, Nicolaas	Inleiding tot de algemeene Geographie [...]	1740
Sturm, Johann Christoph	Mathesis juvenilis	1701
Suàrez, Buenaventura	Lunario de un siglo	1748
Swedenborg, Emanuel	Von den Erdkörpern der Planeten [...]	1771
* Szirmay, Thomas	Eclipsin Lunæ totalem	1707
Taylor, Michael	A sexagesimal table [...]	1780
Tetens, Johann Nicolaus	Einleitung zur Berechnung der Leibrenten [...]	1785
* Theuerlein, Johannes	De proportione vulgo geometrica dicta	1702
Thiout, Antoine	Traité de l'Horlogerie méchanique et pratique	1741
Torfiño de San Miguel, Vincente	Observaciones astronomicas [...]	1776
* Trachti, Rudolf Christoph	Theses ex geometrica scientia [...]	1727
Trembley, Jean	Essai de trigonométrie sphérique	1783
* Urlsperger, Samuel	Phænomena laternæ magicæ	1705
Vega, Georg von	Logarithmische [...] Tafeln und Formeln.	1783
Vega, Georg von	Mathematische Betrachtungen [...]	1798
Vega, Georg von	Tabulae logarithmico-trigonometricae [...]	1797
Vega, Georg von	Vorlesungen über die Mathematik	1788
Verdries, Johann Melchior	[...] Physica [...]	1735
Vlacq, Adriaan	[...] Sammlung [...] logarithmisch-trigonometrischer Tafeln	1794
Vlacq, Adriaan	Tabulae sinuum [...]	1726
* Wagner, Rudolf Christian	Dissertatio mathematica de maculis Solaribus	1709
Walcher, Joseph	Nachrichten von den Eisbergen [...]	1773
Walmesley, Charles	Theorie du mouvement des apsides [...]	1749
Weidler, Johann Friedrich	[...] Bibliographia Astronomica	1755
* Weidler, Johann Friedrich	[...] Conamen novi systematis cometarum	1719
Weidler, Johann Friedrich	[...] Historia astronomiae	1741
* Weidler, Johann Friedrich	Indicem fastorum Christianorum perpetuum chronologiae [...]	1716
Weidler, Johann Friedrich	[...] Tractatus de machinis hydraulicis	1733
* Westphal, Andreas	Commentationem historico-moralem [...]	1727
* Westphal, Andreas	De adjumentis, et cautelis jurisprudentiæ [...]	1716
* Wiedeburg, Johann Bernhard	De præstantia arithmeticæ [...]	1718

Erstautor	Kurztitel	Jahr
Wilkins, John	[...] Vertheidigter Copernicus	1713
Wolff, Christian von	Elementa Matheseos Universae	1730
† Wolffius, Christianus	Principia dynamica	1762
Wurm, Johann Friedrich	Geschichte des neuen Planeten Uranus	1791
Wurzelbau, Johann Philipp von	Uraniæ Noricæ [...]	1719
Zach, Franz Xaver von	Allgemeine Geographische Ephemeriden	1798
Zach, Franz Xaver von	Fixarum Praecipuarum Catalogus Novus	1792
Zach, Franz Xaver von	Tabulae Motuum Solis [...]	1792
Zanotti, Eustachio	Ephemerides motuum cælestium [...]	1774
Zanotti, Eustachio	Ephemerides motuum coelestium	1750
Zimmermann, Johann Jakob	Scriptura Sacra Copernizans [...]	1709
Zimmermann, M. Johann Jacob	Coniglobium nocturnale stelligerum [...]	1704
Zucconi, Ludovico	De heliometri structura et usu [...]	1760
* Zwerg, Dithlef Gotth.	Experimentorum Newtonianorum de coloribus [...]	1720

Kommentare

[1] Christiaan Huygens, *Cosmotheōros*, Frankfurt/Leipzig 1704

Das im Jahr 1698 erstmals posthum erschienene Quart-Bändchen liegt uns in der lateinischen Ausgabe von 1704 vor. Schon zuvor erschienen englische, niederländische, französische und deutsche[69] Übersetzungen.

Das Werk stellt eine teils philosophische, eher populäre Auseinandersetzung mit dem Bau des Universums und der Bewohnbarkeit der Planeten dar. Dabei werden neuere, insbesondere eigene Beobachtungen, aber auch Überlegungen anderer Autoren verwendet. Huygens' Gedanken zu den Einwohnern anderer Planeten werden so mit den einschlägigen Aussagen von Cusanus, Bruno oder Kepler kontrastiert, aber auch mit Episoden aus seinen eigenen Beobachtungen[70] illustriert.

Besonders interessant sind Huygens' Ausführungen zu der Art und Weise, wie sich unser Sonnensystem den Bewohnern anderer Planeten und Monde zeige. Die Frage, wie sich den „Saturnianern" ihr planetarer Ring darstellt, oder, dass die inneren Planeten den Jupiterbewohnern wohl für immer verborgen bleiben, werden detailliert behandelt.

Dem Werk sind am Ende noch Tafeln zum Aufbau des Planetensystems und der Mondsysteme um Erde, Jupiter und Saturn beigefügt.

Christiaan Huygens, 1629–1695, war ein niederländischer Astronom, Optiker, Mathematiker, aber auch Uhrenbauer. Seine großen Leistungen in der Astronomie betreffen vor allem die Instrumentation und Beobachtungen im Planetensystem. Von unschätzbarer Bedeutung für breiteste Kreise ist aber seine Konstruktion der ersten genau gehenden Penduluhr[71]. Erst die mechanische Verbindung der schon Galilei bekannten periodischen Pendelschwingung mit der alten Räderuhr mittels der Huygens'schen Hemmung erlaubte die Entwicklung verlässlicher Zeitmesser.[72]

[2] Isaac Newton, *Optice: sive de Reflexionibus, Refractionibus, Inflexionibus et Coloribus Lucis*, London 1706

Die *Optik* – 1704 erstmals in englischer Sprache publiziert, hier in der (unter Aufsicht des Autors entstandenen) lateinischen Übersetzung von Samuel Clarke vorliegend – ist neben den *Mathematischen Prinzipien der Naturphilosophie* (siehe Kommentar [4]) das bekannteste Werk Newtons. Sowohl hinsichtlich der Voranstellung zentraler Definitionen und Axiome als auch hinsichtlich des Verhältnisses von Experiment und mathematischer Methode folgen beide Werke einem einheitlichen Schema. Eine weitere – eher äußerliche – Parallele zwischen beiden Werken besteht in der Gliederung in drei Bücher. Das erste dieser drei Bücher hat die Farbenlehre, das zweite Reflexion, Refraktion und Interferenz und das dritte schließlich die Beugung („Inflexion") zum Gegenstand. Diese Hauptgegenstände werden auch schon im Untertitel („sive de Reflexionibus [...]") genannt.

---

[69] Johann Philipp von Wurzelbau übersetzte 1703 das Werk unter dem Titel *Weltbetrachtende Muthmassungen von den himmlischen Erdkugeln und deren Schmuck*.
[70] So zum Beispiel die, die zur Entdeckung des Saturnmondes Titan führten.
[71] Horologium oscillatorium sive de motu pendulorum ad horologia aptato demonstrationes geometricae (Paris 1673)
[72] vgl. Pogg 1 Sp. 1164

Als ein wesentlicher Unterschied zwischen Newtons *Optik* und seinen *Mathematischen Prinzipien der Naturphilosophie* muss allerdings angesehen werden, dass ersteres Werk eher einen Teil der experimentellen, letzteres eher die theoretische Physik fundierte.

Zu den von Newton in der *Optik* erstmals beschriebenen Instrumenten zählt auch der später nach ihm benannte Spiegelteleskoptyp.

Was die Natur des Lichts anbelangt, so sah Newton – im Gegensatz zu Christiaan Huygens – dieses als einen Strom von Teilchen an; seine Korpuskulartheorie war sehr wirkmächtig, wurde jedoch u. a. von Leonhard Euler – der die Wellentheorie favorisierte – kritisiert (siehe Kommentar [19]). Eulers Kritik führte jedoch keineswegs sogleich zu einer allgemeinen Akzeptanz des Wellenmodells des Lichts; zu einer solchen kam es erst im Laufe des 20. Jahrhunderts. Inwieweit die Quantenmechanik und deren dualistisches Welle-Teilchen-Modell als eine partielle Rehabilitierung der spezifisch Newtonschen Korpuskulartheorie angesehen werden kann, ist umstritten.

Als Anhang – dem Umfang nach allerdings als Hauptteil – enthält das dritte Buch *Quaestiones* (Fragen), die auch philosophische Probleme, die die Physik (nicht allein die Optik) aufwirft, betreffen. Die Zahl dieser das Werk beschließenden und teilweise von langen Erörterungen begleiteten Fragen wuchs von der ersten englischen Auflage (16 Fragen) über die erste lateinische Auflage kontinuierlich bis zur zweiten englischen Auflage (1717: 31 Fragen). Die vorliegende Ausgabe aus dem Jahre 1706 enthält 23 Fragen; dabei entsprechen die Fragen 17–23 in dieser Auflage den Fragen 25–31 der englischen Ausgaben seit 1717. Die als „Query 31" bekannt gewordene, knapp 30seitige Betrachtung über den Aufbau der Materie und die Natur der Kraft ist daher als „Quaestio 23" in unserer Ausgabe enthalten.

Die lateinische Übersetzung von Newtons *Optik* erfreute sich – wie S. I. Vavilov in seiner Newton-Biographie schreibt – „der größten Berühmtheit in Europa, da man im 18. Jahrhundert außerhalb Englands zum Teil Lateinisch, aber selten Englisch konnte."[73]

Beigegeben sind der *Optik* noch zwei kleine mathematische Abhandlungen Newtons: die *Enumeratio Linearum Tertii Ordinis* und der *Tractatus de Quadratura Curvarum*; letztere Schrift ist insofern bedeutsam, als sie Ansätze zur Fluxionsrechnung (d. h. Differentialrechnung) präsentiert; der größte Teil der dieses Gebiet betreffenden Manuskripte Newtons blieb bis ins späte 20. Jahrhundert unpubliziert.

Sir Isaac Newton, 1643–1727 (nach dem Gregorianischen Kalender), trat als Physiker, Mathematiker, Astronom, Alchemist, Philosoph und Theologe hervor und hat insbesondere als Begründer der Klassischen Mechanik bleibende Bedeutung erlangt.[74]

[3] John Wilkins, *Vertheidigter Copernicus*, Leipzig 1713

Beim vorliegenden Werk handelt es sich um eine Übersetzung von Johann Gabriel Doppelmayr aus dem Englischen ins Deutsche. Die Originaltitel der beiden zugrunde liegenden Werke lauten: *The discovery of a new world, or, A discourse tending to prove, that it is probable there may be another habitable world in the moon* (1638) und *A discourse concerning a new planet; tending to prove, that it is probable our earth is one of the planets* (1640).

---

[73] Sergej I. Vavilov, Isaac Newton (Berlin 1951) 69
[74] Für detailliertere Informationen zu Newtons Biographie siehe z.B. Richard S. Westfall, The life of Isaac Newton (Cambridge 1993).

Das Werk ist demnach auch in zwei Bücher unterteilt, wobei sich der Autor im ersten Buch mit dem Beweis befasst, dass „der Mond eine Welt oder Erde"[75] sei, im zweiten Buch soll dargelegt werden, dass die Erde ein Planet sei. Die Bücher sind betitelt mit „Erstes Buch von der Entdeckung einer neuen Welt. Zu welchem mit ziemlicher Probabilität dargethan wird/ daß eine andere wohnbare Welt in dem Mond anzutreffen seye" und „Zweytes Buch von einem neuen Planeten. In welchem gar glaublich erwiesen wird/ daß unsere Erde unter die Zahl der Planeten allerdings gerechnet werden möge". Im Vorwort schreibt Doppelmayr über Wilkins, dass dieser ein rechtschaffener Philosoph gewesen sei, der es vollbracht habe, Vorurteile zu beseitigen und überdies als guter „Schrifftverständiger" habe zeigen können, dass die kopernikanischen Grundsätze nichts Gefährliches enthielten. Wilkins' Werk erlebte in England bis 1713 bereits die fünfte Auflage, dies sieht Doppelmayr als Beweis für die Wichtigkeit der darin enthaltenen Erkenntnisse an und hofft, in Deutschland einen ähnlichen Erfolg zu erzielen.

Wilkins sieht den Mond als dichten und undurchsichtigen Körper an, der selbst kein Licht aussende, sondern das Sonnenlicht reflektiere. Die Krater auf dem Mond bezeichnet er als Mondflecken (Maculae); er vermutet, dass sie die Meere auf dem Mond darstellen, während die helleren Gebiete das Land repräsentieren[76]. Im zehnten Kapitel behandelt er die Mondatmosphäre, die er als Kreis von dicker, dampfiger Luft beschreibt. Als Beweis für die Existenz einer Atmosphäre auf dem Mond führt Wilkins unter anderem folgende Argumente an: man habe bewegliche Flecken, ähnlich den Wolken auf der Erde, beobachtet, diese Wolken rührten von Ausdünstungen aus dem Mond her. Außerdem sei die Mondatmosphäre bei einer totalen Sonnenfinsternis beobachtbar. „Man hat observiret/ daß bey den totalen Sonnen-Finsternissen/ da nemlich gar nichts von der Sonnen-Cörper gesehen werden kunte/ dannoch nicht allezeit eine so grosse Fisterniss/ die man etwan wegen ihrer totalen Bedeckungen und gäntzlichen Abwesenheit mögte erwartet haben/ darbey sich ereignet hätte/ nun seye aber gar glaublich/ daß dieses die Ursach wäre/ daß nemlich diese dickere Dämpffe/ die von ihren Strahlen erleuchtet worden/ einiges Liecht gegen uns zugeworffen/ obgleich der Mond zwischen ihrem Cörper und unserer Erden sich befunden."[77] Wilkins hält in diesem Fall die Sonnenkorona für die Atmosphäre des Mondes.

Weiters vermutet Wilkins, dass auf dem Mond Jahreszeiten wie auf der Erde sowie Tag und Nacht herrschten, er beruft sich dabei auf Aristoteles.

Auch stellt er Überlegungen an, ob Bewohner des Mondes existierten, dabei bleibe es jedoch unklar, welcher Art diese sein müssten. Für die Bewohner sei dann unsere Erde deren Mond. Wilkins beendet das erste Buch mit einem Kapitel darüber, ob unsere Nachfahren ein Mittel finden würden, in diese neue Welt zu gelangen, das heißt, auf dem Mond zu landen: „Welches aber anjetzo einem furchtsamen und erschrockenen zu thun noch leicht ankommen mag/ es kan aber ausser allem Zweiffel die Erfindung einiger anderen Mittel um in dem Mond zu gelangen/ uns nicht unglaublicher/ als wie solches bey jenen sich anfänglich ereignet/ bedüncken/ so daß wir demnach nicht erhebliche Ursach haben/ unsern Muth in dergleichen Success sincken zu lassen."[78]

---

[75] Wilkins, Copernicus 1 Titelseite

[76] „Weil demnach/ nun der Mond ein so grosses/ so tichtes und opaces/ oder undurchsichtiges Corpus wie unsere Erde ist/ [...] warum solte es dann nicht glaublich seyn/ daß die dünnere und dickere Theile/ die sich im selbigen præsentiren/ den Unterschied zwischen Wasser und Land in dieser anderen Welt andeuten mögen? Und hieran zweiffelte Galilæus gantz nicht/ sondern glaubte/ daß/ wann unsere Erde in eben der Distanz gesehen werden könte/ selbige uns eben so vorkommen würde." ebd. S. 48

[77] ebd S. 66f

[78] ebd. S. 96

Das zweite Buch beginnt mit einer Vorrede des Autors, in welcher er meint: „Wir könten noch eine grössere Schönheit und herzlichere Ordnung in diesem grossen Welt-Gebäude observiren/ und die Phænomena in der Astronomie noch leichter verstehen / wañ wir auf dasjenige mit unpartheyischem Gemüth sehen mögten/ was vor die Copernicanische Meynung/ die wir zu defendiren uns unternehmen/ ausgesaget wird"[79]. Wilkins übt Kritik an der vielfach vorherrschenden Meinung, dass an der Wahrheit der Bibel nicht gezweifelt werden dürfe, und meint vielmehr, „daß wir durch unsere eigene Erfahrung/ und durch die Untersuchung/ dasjenige/ was der Sachen Natur und Beschaffenheit seye/ oder was dieselben an sich selbsten sind/ nicht aber was ein anderer von solchem saget/ ausfinden mögen."[80]
Laut Wilkins bekräftigt die Bibel weder den täglichen Umlauf der Sonne noch den Stillstand oder die Unbeweglichkeit der Erde[81], darauf geht er in Kapitel II und IV näher ein.
Dass die Erde im Mittelpunkt der Welt stehe (geozentrisches Weltbild), lasse sich weder aus der Bibel, noch aus den Prinzipien der Natur noch aus astronomischen Beobachtungen erweisen. Es sei vielmehr wahrscheinlicher, dass die Sonne im Zentrum der Welt stehe. Im letzten Kapitel zeigt Wilkins, dass diese Hypothese mit den allgemein beobachtbaren Phänomenen übereinstimmt. Diese Phänomene seien unter anderem die Entstehung von Polartag und Polarnacht sowie die von der Erde aus beobachtete recht- und rückläufige Bewegung der Planeten[82].

Das besprochene Werk von John Wilkins, der 1614 geboren wurde, zeugt von seinem Interesse für die Naturphilosophie. Wilkins begann seine Ausbildung in Oxford, 1637 wurde er Vikar von Fawsley und im darauffolgenden Jahr zum Priester geweiht. 1641 veröffentlichte Wilkins sein Werk *Mercury, or, The secret and swift messenger: showing how a man may with privacy and speed communicate his thoughts to a friend at any distance*, in welchem er zum ersten Mal die Idee einer allgemein verständlichen Sprache behandelt. In seinem Hauptwerk *Essay towards a Real Character and a Philosophical Language* (1668) entwickelte er diese Idee zu einer Theorie einer universalen philosophischen Sprache.[83]
1648 kehrte Wilkins nach Oxford zurück und veröffentlichte im selben Jahr das Werk *Mathematical Magick, or, The Wonders that may be Performed by Mechanical Geometry*, welches eine Art Wegbereiter für die mechanische Naturphilosophie wurde. Von 1648 bis 1659 bekleidete er das Amt des Warden of Wadham College, von 1659 bis 1660 war er Master des Trinity College in Cambridge.[84]
Wilkins kehrte nach London zurück und wurde 1662 Vikar von St. Lawrence Jewry. Er wurde zum Mitbegründer der Royal Society in London und 1663 Mitglied dieser Gesellschaft. Bis 1668 war er Sekretär der Royal Society, dann wechselte Wilkins nach Chester, wo er Bischof wurde und 1672 verstarb.[85]

---

[79] Wilkins, Copernicus 2 Bl. 1

[80] ebd. S. 3

[81] Dies steht in Gegensatz zum Inhalt des Werkes *Anmuthiges Bauren-Gespräch*, siehe Kommentar [5].

[82] „Was nun von diesem Planeten [Jupiter, Anm.] gesagt worden/ das lässet sich gleichfalls auf die andere/ als auf den Saturnum, Martem, Venerem, Mercurium appliciren/ welche alle auch dergestalten repræsentiret werden können/ daß sie directi, stationarii und retrogradi erscheinen/ und dieses alles nur aus der einigen Bewegung der Erden/ und ohne Beyhülff vieler Epicyclorum Eccentricorum und anderer dergleichen unnöthigen Circul-Werke/ mit welchen Ptolemäus den Himmel angefüllet/ [...]" Wilkins, Copernicus 2 S. 101

[83] vgl. Artikel „Wilkins, John". In: Oxford DNB, online: http://www.oxforddnb.com/view/article/29421, Version vom 14. 6. 2006

[84] ebd.

[85] ebd.

[4] Isaac Newton, *Philosophiae Naturalis Principia Mathematica*, Amsterdam 1714

Von den *Mathematischen Prinzipien der Naturphilosophie* besitzt die Bibliothek der Universitätssternwarte drei Auflagen aus dem 18. Jahrhundert: erstens die vorliegende aus dem Jahre 1714, welche als „Editio ultima. Auctior et emendatior" bezeichnet wird; zweitens die von T. Leseur und F. Jacquier umfangreich kommentierte dreibändige Ausgabe aus den Jahren 1739–42; drittens schließlich die ebenfalls – von J. Tessanek – kommentierte Ausgabe aus den 1780er Jahren, von welcher uns allerdings nur der erste Teil des zweiten Buches erhalten ist.

Die Ausgabe von 1714 stellt einen unautorisierten Nachdruck der zweiten Auflage der *Principia* dar. Von der Erstauflage aus dem Jahre 1687 unterscheidet sich die letztere unter anderem durch das Hinzukommen der „Regulae philosophandi" sowie des „Scholium generale" am Anfang bzw. am Ende des dritten Buches. Beide Abschnitte dieses Newtonschen Werkes sind insofern von allgemeiner Bedeutung, als sie weit über die Sphäre der Mechanik hinausreichen und philosophische (vor allem erkenntnistheoretische) Fragen berühren. Die erste „Regula philosophandi" lautet beispielsweise: „Causas rerum naturalium non plures admitti debere, quam quae et verae sint et earum Phaenomenis explicandis sufficiant." (S. 357; „Als Ursachen der natürlichen Dinge sollen nicht mehr zugelassen werden, als jene, die wahr sind und die zur Erklärung ihrer Erscheinungen zureichen.") Während dieser Leitsatz verhältnismäßig trivial erscheinen mag – jedenfalls nicht viel mehr als eine Reformulierung von „Ockhams Rasiermesser"[86] darstellt –, ist die vierte Regel des Philosophierens etwas gehaltvoller. Diese ist allerdings erst von der dritten Auflage an (ab 1726) in den *Principia* enthalten, also nicht Bestandstück unserer Ausgabe von 1714, sondern erst jener von 1739–42 (Leseur/Jacquier). Sie lautet: „In philosophia experimentali, propositiones ex phaenomenis per inductionem collectae, non obstantibus contrariis hypothesibus, pro veris aut accuratae aut quamproxime haberi debent, donec alia occurerint phaenomena, per quae aut accuratiores reddantur aut exceptionibus obnoxiae." (Bd. 2, 1742, S. 5; „In der experimentellen Wissenschaft müssen die Lehrsätze, welche aus den Phänomenen auf dem Wege der Induktion abgeleitet wurden, auch im Falle des Vorliegens entgegengesetzter Hypothesen so lange für wahr und genau zutreffend gehalten werden, bis sich andere Phänomene zeigen, durch welche jene Lehrsätze entweder präzisiert oder in ihrer Gültigkeit eingeschränkt werden.") Hier zeigt sich Newton von seiner wissenschaftstheoretischen Seite, indem er sich zu einem Programm bekennt, in dem Induktion und Falsifikation/Modifikation eine entscheidende Rolle spielen. Die später von Kant so stark in den Vordergrund gestellte Frage, von welcher Art die Setzungen des erkennenden Subjekts sind, die zur Aufstellung der Lehrsätze erforderlich sind, wird von Newton noch kaum thematisiert.

Die Gliederung der *Principia* kann summarisch folgendermaßen umrissen werden: Von den drei Büchern, in die sich das Werk gliedert, ist das erste der Grundlegung der – durch Synthese von Keplers Himmelsmechanik und Galileis terrestrischer Mechanik entstandenen – allgemeinen Mechanik gewidmet, wobei (nach einigen Definitionen) die drei Newtonschen Axiome als „leges motus" vorangestellt werden. Merkwürdigerweise hält Newton diese Sätze weniger für Axiome im Sinne von Setzungen, sondern eher für gesetzesähnliche Aussagen über die Natur, was sich darin ausdrückt, dass er sie durch Beispiele zu plausibilisieren versucht. Wichtige Abschnitte des ersten Buches sind ferner jene über die Auffindung des

---

[86] Ockhams Rasiermesser bezeichnet das Sparsamkeitsprinzip in der Wissenschaft. Es besagt, dass von mehreren Theorien, die den gleichen Sachverhalt erklären, die einfachste zu bevorzugen ist.

Zentripetalkraftterms (Sect. II) und über die Bewegung auf kegelschnittförmigen Bahnen (Sect. IIIff.). Was im ersten Buch noch nicht behandelt wird, sind Bewegungen von Körpern unter dem Einfluss von Reibungskräften. Diese sind der Gegenstand des zweiten Buches, das auch Ausführungen zur Hydrostatik und Hydrodynamik inkludiert. Das dritte Buch schließlich trägt den Titel „De mundi systemate" (meist mit „Über das Gefüge der Welt" übersetzt) und behandelt spezielle astronomische bzw. himmelsmechanische Fragen. Ein wesentliches Ziel ist dabei, die universelle Gültigkeit des Graviationsgesetzes anhand zahlreicher Einzelbeispiele zu erweisen (Jupitermonde, Saturnmonde, Erdmond, Planeten und Satelliten des Sonnensystems im Allgemeinen). Auch die Gezeiten, die Irregularitäten der Mondbahn sowie (abschließend) die Kometen werden dabei behandelt. Das schon erwähnte „Scholium generale" beschließt das dritte Buch. Newton setzt sich darin kritisch mit der Ätherwirbeltheorie des Descartes auseinander und lässt seine weltanschaulichen Grundüberzeugungen erkennen, so etwa sein berühmtes „hypotheses non fingo" (S. 484; „bloße Hypothesen denke ich mir nicht aus"), welches sich auf die von ihm unbeantwortete Frage nach dem Wesen der Gravitationskraft bezieht; oder auch seine theologische Anschauung: „Hic omnia regit, non ut Anima mundi, sed ut universorum Dominus" (S. 482; „Er [Gott, Anm.] lenkt alles, nicht als Weltseele, sondern als der Herr aller Dinge [...]").

Zur Biographie Newtons siehe Kommentar [2].

[5] Anonym, *Anmuthiges Bauren-Gespräch über dem Lauffen und nicht-Lauffen der Sonnen, und dem Umdrehen und nicht-Umdrehen der Erden*, Leipzig/Frankfurt 1720

Das Werk ist eine Übersetzung aus dem Holländischen, es findet sich jedoch kein Hinweis auf den Verfasser der holländischen bzw. den Übersetzer der deutschen Ausgabe. An die deutsche Ausgabe sind zwei Vorreden vom Übersetzer angefügt.
Die Aussage des Werkes wird gleich an den Anfang gestellt: die Erde stehe still und die Sonne laufe um sie herum. Der Inhalt des eigentlichen Hauptteils, nämlich der zwei Gespräche zwischen den Bauern Jacob, Cornelis und Peter, wird bereits in den beiden Vorreden vorweggenommen. In diesen schreibt der Übersetzer, dass in der Bibel das Stillstehen der Erde und das Umlaufen der Sonne beschrieben werde, und da man die Bibel nicht anzweifeln dürfe, sei dies der eindeutige Beweis dafür. Zusätzlich führt der Autor zwanzig Bibelstellen an, um diesen Umstand zu belegen[87].
Der Übersetzer vermutet, dass der Verfasser des (holländischen) Werkes die Gespräche zwischen Bauern stattfinden lässt, um das Bewegen der Sonne und das Stillstehen der Erde noch einleuchtender darzustellen: der Lauf der Sonne, das heißt deren scheinbare Bewegung am Himmel, falle sogar einem einfachen Bauern auf, und dieser könne selbst einen Gelehrten davon überzeugen[88]. In den Gesprächen sind die Rollen folgendermaßen

---

[87] Als Beispiel folgt die erste Bibelstelle (Luk 1, 78, Vers 17), die der anonyme Autor angibt und mit einem eigenwilligen Kommentar versieht: „Cap. IV, 2: Euch aber/ die ihr meinen Namen fürchtet/ soll aufgehen die Sonne der Gerechtigkeit/ und Heyl unter desselben Flügeln [...] Es ist wahr, daß dieses in Absicht auf den Messiam gesaget wird; Allein, weil die Redens-Art von der Sonnen entlehnet ist, so muß sie auch in Absicht der Sonnen warhafftig seyn, und so wird dann auf eine doppelte Art ihr Umlauff bestetiget, durch das Wort Aufgehen/ und daß derselben Flügel zugeschrieben werden, gleich wie auch Ps. CXXXIX, 9 stehet: Flügel der Morgenröthe: und wozu Flügel, als zu einem schnellen Flug?" Bauren-Gespräch Bl. 7f

[88] „[...] und man also schlechterdings auch nur einen Bauer (der sonst in Philosophischen Dingen sehr

aufgeteilt: Cornelis behauptet, die Erde bewege sich und die Sonne stehe still, das habe er von einem Prediger gehört. Jacob und Peter wollen ihn vom Gegenteil überzeugen und dies gelingt ihnen schließlich im Laufe der Gespräche. Der Verfasser lässt Cornelis Kopernikus, Galilei, Gilbertus, Kepler, Stevinus und Descartes als Vertreter des heliozentrischen Weltbildes anführen, während als Vertreter des geozentrischen Weltbildes Athanasius Kircher erwähnt wird. Auffallend ist, dass Jacob und Peter viel länger zu Wort kommen als Cornelis. Im Wesentlichen stellen die Gespräche eine Ausschmückung der vielen Argumente und Gegenargumente dar, hier sollen nur einige genannt werden:

Als Argument für das Stillstehen der Sonne wird von Cornelis angeführt, dass die Sonne, die 166mal größer als die Erde sei, sich sehr schnell bewegen und deshalb ein lautes Geräusch verursachen müsse. Als Gegenargument meint Peter, dass die Sonne von der Erde zu weit entfernt sei, um jegliche noch hörbaren Geräusche zu verursachen, ähnlich wie man ein Gewitter in Spanien in der Nähe von Amsterdam nicht miterleben könne.[89]
Und Jacob führt als Argument für das Stillstehen der Erde an: „Allein ich glaube, Cornelis, daß, wenn wir und tausende mit uns so geschwind umgedrehet würden, [...] uns so übel sollte werden, daß wir mit dem Kopf gegen den Boden fallen würden; Weil wir aber nun nicht die geringste Übelkeit von einer so schnellen Umdrehung verspüren, gleich wie wir solches auch in unserm gantzen Leben von keinem eintzigen Menschen haben gehört, so erweckt uns das schon einen gründlichen Gedancken, daß, was die Erde betrifft, eine so geschwinde Umdrehung des Untersten zu Oberst keinen Platz finde."[90]

Das Werk endet mit einem Vers, in welchem der Leser noch einmal eindringlich ermahnt wird, Gottes Wort nicht zu widersprechen.

[6] Pierre Louis Moreau de Maupertuis, *La figure de la Terre*, Amsterdam 1738

Zur französischen Ausgabe von *La figure de la Terre* 1738 erschien 1742 in Leipzig eine lateinische Übersetzung, verfasst von Maupertuis (siehe Katalog). Inhaltlich unterscheiden sich die beiden Werke nur in einem zusätzlichen Vorwort in der lateinischen Ausgabe von 1742. Dieses Vorwort wurde von Alaricus Zeller verfasst („Notisqve prooemialibvs avxit Alaricus Zeller, M. D. Consil. et Archiater Wolffenb."[91]). Unter anderem bemängelt Zeller darin die auf der Expedition verwendeten Beobachtungsinstrumente und weist auf Inkonsistenzen bei diversen Wertangaben hin, beispielsweise bezüglich des Abstandes des Polarsterns vom Zenith.[92]

Im Vorwort der französichen Ausgabe gibt Maupertuis einen kurzen historischen Überblick zur Bestimmung der Erdgestalt (siehe Abschnitt 2.1). Er erwähnt unter anderem die Expedition nach Peru, die, als das Werk erschien, jedoch noch nicht abgeschlossen war. König

---

wenig geachtet wird) nöthig habe, solche Weltweise, die das Gegentheil behaupten wollen, zu überzeugen und beschämt zu machen." ebd. Bl. 5

[89] ebd. S. 17f
[90] ebd. S. 23f
[91] Pierre Louis Moreau de Maupertuis, Figura Telluris (Leipzig 1742) Titelseite
[92] „Circa Observationes Distantiarum Stellæ Polaris a Zenith in Tornea, descriptas p. 160 notandum, superari secundam a prima 5", tertiam a secunda 3", hanc iterum a quarta 6", & quintam a quarta iterum 3". Quæ quæso hic inconstantia?" ebd. Bl. 6. Maupertuis gibt in seinem Werk *La figure de la terre* auf S. 160 unterschiedliche Werte für den in Torneå beobachteten Abstand des Polarsternes zum Zenith an, der erste Wert unterscheidet sich vom zweiten um 5", der dritte vom zweiten um 3" und vom vierten um 6", und der fünfte vom vierten um 3". Zeller fragt sich also, woher diese Inkonsistenz stammt.

Louis XIV. beauftragte die Akademie der Wissenschaften in Paris, die Form der Erde zu bestimmen. Diese Messungen wurden von Jean Picard 1669–1670 durchgeführt,[93] und er erhielt als Wert für einen Grad 57060 toises[94]. Eine später von Jacques Cassini durchgeführte Messung des Meridians ergab den gleichen Wert für die Gradmessung.[95] Cassini war jedoch der Meinung, dass die Erde entlang der Pole elongiert sei. Newton hingegen etablierte das Bild einer an den Polen abgeplatteten Erde. Schließlich ordnete der König an, Gradmessungen nahe dem Äquator und nahe dem Polarkreis durchzuführen, die Expedition nach Lappland fand unter Louis XV. statt.

Die Kenntnis der richtigen Form der Erde sei für viele Bereiche der Wissenschaft wichtig, Maupertuis nennt drei Beispiele: Schifffahrt (Navigation), Astronomie (Parallaxenbestimmung des Mondes) und Nivellierung[96]: „Il y a un tel enchainement dans les Sciences, que les mêmes élémens qui servent à conduire un Vaisseau sur la Mer, servent à faire connoitre [connaître, Anm.] le cours de la Lune dans son orbite, servent à faire couler les eaux dans les lieux où l'on en a besoin pour établir la communication."[97]

Das Werk selbst beginnt mit einem tagebuchähnlichen Bericht über die französische Expedition zur Gradmessung in Lappland, die von Maupertuis geleitet wurde. Dieser Bericht wurde am 13. November 1737 bei einer öffentlichen Versammlung der Académie des Sciences unter dem Titel „Sur la mesure du degré du meridien au cercle polaire" vorgetragen.

Als Anlass für die Expedition wird unter anderem die Entdeckung von Richer[98] angeführt: Richer habe 1672 festgestellt, dass die Schwerkraft (pesanteur) in der Nähe des Äquators kleiner sei als in Frankreich. Als Folge dieser Entdeckung führt Maupertuis an, dass Christiaan Huygens die Theorie der Zentrifugalkraft auf die Kräfte, die die Erde formen, angewandt habe: „M. Huygens appliquant aux parties qui forment la Terre, la Théorie de Forces centrifuges, dont il etoit l'inventeur [...]"[99]. Danach müsse die Erde, die sich um ihre eigene Achse dreht, ein an den Polen abgeplattetes Sphäroid sein. Dies ist zugleich die zentrale Aussage des Werkes.[100]

Maupertuis hat sein Werk in drei Teile unterteilt, wobei das erste Buch alle Beobachtungen für die Bestimmung des Meridianbogens enthält. Zusätzlich beschreibt Maupertuis, wie aus der Gradmessung von zwei Meridianen am Äquator und am Polarkreis die Gestalt der Erde abgeleitet werden könne. Das zweite Buch beinhaltet die Beobachtungen zur Polhöhenbestimmung in Torneå, das zugleich den südlichsten Vermessungsort darstellt, und Kittis, welches der nördlichste Vermessungsort war, den Wert der Refraktion am Polarkreis – dieser Wert unterscheidet sich nach Maupertuis kaum von dem in Paris – und eine Längenbestimmung von Torneå (Unterschied zu Paris sind $1^h 23^m$). Im dritten Buch beschreibt Maupertuis die Theorie zur Schwerkraft und die Versuche mit dem Sekundenpendel, mit denen eine auf der Erde variierende Erdbeschleunigung bewiesen werden sollte.

---

[93] vgl. Pogg 2 Sp. 441f; Jean Picard, La mesure de la Terre (Paris 1671)

[94] Eine toise (=Pariser Klafter) entspricht 1,949 m. Für die Länge eines Grades zwischen zwei Breitengraden erhielt Maupertuis demnach einen Wert von ca. 111,2 km.

[95] Giovanni Domenico Cassini begann diese Messungen, sein Sohn Jacques Cassini vollendete und veröffentlichte sie in seinem Werk *Traité de la grandeur et de la figure de la terre* (Paris 1720). Vgl. Pogg 1 Sp. 388f

[96] Messung des Höhenunterschiedes zwischen zwei Punkten

[97] Maupertuis, Figure de la Terre S. XIV

[98] Jean Richer, gestorben 1696, unternahm 1671–1673 im Auftrag der Académie des Sciences eine Reise nach Cayenne. Vgl. Pogg 2 Sp. 632

[99] Maupertuis, Figure de la Terre S. 2

[100] ebd. S. 146

Pierre Louis Moreau de Maupertuis, geboren 1698, kam im Alter von 16 Jahren zum Studium nach Paris. Nachdem er begonnen hatte, Philosophie und später Musik zu studieren, wandte er sich schließlich der Mathematik zu. Bereits mit 25 Jahren wurde er Mitglied der Académie des Sciences. 1728 unternahm er eine Reise nach London, die ihn wesentlich beeinflussen sollte: er wandte sich von der Cartesischen Wirbeltheorie, nach welcher die Erde in Polrichtung elongiert sei, Newtons Mechanik zu und wurde schließlich der erste Befürworter von Newtons Theorie in Frankreich. Maupertuis etablierte sich mit seinem Werk *Sur la Figure de la Terre et sur les moyens que l'astronomie et la géographie fournissent pour la determiner* (1733) als führender Verfechter von Newtons Theorie in Kontinentaleuropa.[101] Am 2. Mai 1736 begann die Expedition nach Lappland zur Messung eines Meridiangrades in der Nähe des Nordpols unter seiner Leitung. Die Expedition dauerte über ein Jahr, und obwohl Maupertuis' Schiff auf der Heimreise in der Baltischen See verunglückte, waren weder Todesopfer noch ein Verlust der Daten oder Instrumente zu beklagen. Der Empfang in Paris, wo Maupertuis am 20. August 1737 eintraf, gestaltete sich jedoch als kühl, zum einen, weil es nur wenige Befürworter, darunter Voltaire, der Newton'schen Theorie in Frankreich gab und Maupertuis' Messungen eine an den Polen abgeplattete Erde ergaben, und zum anderen, weil Charles-Marie de La Condamine (siehe Kommentar [12]) noch nicht von der Expedition nach Peru mit seinen Messungen zurückgekehrt war.[102] 1743 wurde Maupertuis in die Académie Française gewählt, 1745 folgte er der Aufforderung Friedrichs II., nach Berlin zu kommen. Am 3. März 1746 wurde er Präsident der dortigen Akademie der Wissenschaften. 1752 kam es zum Zerwürfnis mit Voltaire, der ihm unter anderem Plagiat vorwarf. In Voltaires Werk *Micromégas* unterstellt er Maupertuis amouröse Abenteuer in Lappland. Daraufhin verschlechterte sich Maupertuis' Gesundheitszustand, und er beschloss 1756, nach Frankreich zurückzukehren. Der Ausbruch des Siebenjährigen Krieges verzögerte seine Reise jedoch erheblich. Maupertuis traf schließlich in Basel ein, wo er am 27. Juli 1759 verstarb.[103]

[7] Pierre-Charles Le Monnier, *Histoire Céleste*, Paris 1741

Das Wort *Histoire* im Titel ist nicht als Geschichte im heute üblichen Sinn zu verstehen. Le Monnier gibt in seinem Werk eine Auflistung der astronomischen Beobachtungen, die seit der Gründung der Akademie der Wissenschaften in Paris (Académie Royale des Sciences) 1666[104] durchgeführt wurden, um diese mit den Beobachtungsergebnissen der jüngsten Zeit zu vergleichen. Daraus lasse sich das Voranschreiten der Wissensbereiche Astronomie und Physik ablesen.

Das Werk beginnt mit einem Vortrag von Le Monnier, gehalten am 10. Mai 1738 in der Akademie der Wissenschaften in Paris unter dem Titel „Projet d'une Histoire Céleste", eine Art Entwurf dieses Werkes. Einleitend spricht Le Monnier über die Bedeutung der Beobachtungen Tycho Brahes, und er erwähnt die auf diesen Beobachtungen beruhende Veröffentlichung der Rudolphinischen Tafeln von Johannes Kepler um 1671. Als Begründung für das Verfassen des Werkes *Histoire Céleste* wird die Sammlung astronomischer Beobachtungen

---

[101] vgl. Artikel „Maupertuis, Pierre Louis Moreau de". In: DSB 9 S. 186–189
[102] ebd.
[103] ebd.
[104] vgl. Pogg 2 Sp. 441f

von John Flamsteed[105] in Greenwich angeführt. Diese Sammlung entstand unter anderem unter der Mitwirkung von Isaac Newton, James Gregory und Edmond Halley, 1725 erschien eine zweite Auflage, die von James Hodgson vollendet wurde.[106]

Erwähnenswert ist, dass Le Monnier vorwiegend Wissenschaftler aus Großbritannien und Frankreich anführt, einzige Ausnahmen sind Johannes Kepler und Tycho Brahe.

Sinn und Zweck der Gegenüberstellung früherer und späterer astronomischer Beobachtungen sei unter anderem das Entdecken von Gesetzmäßigkeiten für die Bewegung der Gestirne am Himmel. Als Beispiel für einen solchen essentiellen Fortschritt führt Le Monnier die Entdeckung der Aberration des Lichts durch James Bradley 1728 an. Als Flamsteed seinen Fixsternkatalog herausbrachte, war die Aberration des Lichts noch nicht bekannt. Nach Le Monnier liege dabei der Fehler aufgrund der Refraktion im Bereich einer Bogenminute, die Genauigkeit, mit der die Position eines Sternes damals angegeben werden konnte, jedoch im Bereich von zehn Bogensekunden. Eine so große Abweichung müsse daher auf einen bis dahin noch nicht entdeckten Effekt zurückzuführen sein.

Der eigentliche Hauptteil des Werkes, die Auflistung der astronomischen Beobachtungen, ist in drei Bücher unterteilt. Das erste Buch beinhaltet die Beobachtungen von Jean Picard von 1666 bis Juli 1673 in Paris. Das zweite Buch führt Picards Beobachtungen von 1673 bis Anfang 1677 fort, und das dritte Buch enthält die Beobachtungen von Picard bis September 1682 sowie die Beobachtungen von Philippe de la Hire von 1678 bis 1681.

Pierre-Charles Le Monnier, 1715–1799, war ein Günstling des französischen Königs Ludwig XV., welcher ihm die besten astronomischen Instrumente aus England für seine wichtigsten Beobachtungen (Venustransit 1761, Merkurtransit 1763) zur Verfügung stellte. 1735 präsentierte er der Académie des Sciences in Paris eine ausführliche Mondkarte, woraufhin er „associé géomètre" (1736), später „pensionnaire" (1746) der Académie des Sciences wurde. Le Monnier war außerdem Professor am Collège Royale, Mitglied der Royal Society in London, der Berliner Akademie der Wissenschaften und der Académie de la Marine.[107]

Le Monnier begleitete 1736 Alexis Claude Clairaut und Pierre Louis Moreau de Maupertuis (siehe Kommentar [6]) auf die Lappland-Expedition zur Messung eines Meridiangrades in der Nähe des Nordpols. Dabei führte er zusätzliche Beobachtungen durch, um die atmosphärische Refraktion an verschiedenen Breitengraden und zu unterschiedlichen Jahreszeiten berechnen zu können. Zu seinen wichtigsten Arbeiten zählen jene über die Bewegung des Mondes. Sein Hauptwerk *Institutions astronomiques* (Paris 1746, siehe Katalog) ist eigentlich eine Übersetzung von John Keills Werk *Introductio ad veram astronomiam*, welches Le Monnier jedoch mit wichtigen Zusätzen, neuen Sonnen- und Mondtabellen sowie den Tabellen von John Flamsteed ergänzte. Er übersetzte auch Edmund Halleys *Cometography* unter dem Titel *La Théorie des Comètes* (Paris 1743, siehe Katalog), wiederum versehen mit mehreren Ergänzungen. Seine Korrespondenz mit James Bradley führte dazu, dass Le Monnier als erster Bradleys Entdeckung der Erdnutation auf die Sonnentabellen anwandte.[108]

1748 beobachtete er eine ringförmige Sonnenfinsternis in Schottland, 1755 veröffentlichte er eine Karte der Zodiakalsterne, welche auch zwölf Beobachtungen von Uranus, den Le

---

[105] John Flamsteed, Historia coelestis Britannica (London 1712)
[106] vgl. Pogg 1 Sp. 948, 1118; Artikel „Flamsteed, John". In: MKL 6 S. 340. Das Institut für Astronomie besitzt die zweite Auflage der Historia coelestis Britannica aus 1725 (siehe Katalog).
[107] vgl. Artikel „Le Monnier, Pierre-Charles". In: DSB 8 S. 178–180
[108] ebd.

Monnier jedoch nicht als Planet identifizierte, enthielt (siehe Abschnitt 2.1 und Kommentar [40]). Zu Le Monniers berühmtesten Schülern zählt Joseph Jérôme Le Français de Lalande, welcher bei ihm Vorlesungen über Mathematik und Physik am Collège Royale besuchte. 1751 schickte Le Monnier Lalande mit seinem besten Quadranten für Mondbeobachtungen nach Berlin. Diese wurden gleichzeitig mit Beobachtungen von La Caille am Kap der Guten Hoffnung durchgeführt, um daraus die Mondparallaxe ableiten zu können. Danach kam es jedoch zum Zerwürfnis zwischen Le Monnier und Lalande. 1791 beendete ein Schlaganfall Le Monniers Karriere als aktiver Beobachter, er starb acht Jahre später.[109]

[8] Johann Friedrich Weidler, *Historia astronomiae*, Wittenberg 1741

Nach Rudolf Wolf stellt die *Historia astronomiae* das Hauptwerk von Johann Friedrich Weidler dar.[110] Er beschreibt das Werk folgendermaßen: „Am schätzbarsten ist jedoch entschieden seine [Weidlers, Anm.] *Historia astronomiae*, welche zwar noch mehr den Charakter einer chronologischen und trockenen Zusammenstellung von biographischen Notizen und Büchertiteln, als den einer eigentlichen Geschichte hat, aber ein von staunenswerthem Sammelfleiße zeugendes Material von so großem Umfange in sich birgt, daß sie für alle Nachfolger eine unentbehrliche und fast unerschöpfliche Fundgrube bildete, und noch lange bilden wird."[111]

Wolf bezeichnet Weidlers *Dissertatio de specularum astronomicarum statu praesenti*[112] als Vorläufer der *Historia astronomiae*.[113] Der Untertitel zu Weidlers *Historia astronomiae* lautet „sive de ortu et progressu astronomiae" (Über die Entstehung und Entwicklung der Astronomie). Weidler gibt im Vorwort diejenigen Quellen, die er für sein Werk verwendet hat, an, sowie eine kurze Bemerkung zu jeder Quelle.

Die erste Quelle stammt von Plinius, es handelt sich dabei um dessen Werk *Historia naturalis*, aus welchem Weidler im Folgenden das neunte Kapitel aus dem zweiten Buch zitiert. Weidler bezieht sich hierbei auf die Sage von Endymion[114].

Das erste Kapitel der *Historia Astronomiae* ist mit „De fabulosis astronomiae originibus" betitelt, Weidler geht jedoch weniger auf den Inhalt diverser Fabeln ein, sondern untersucht vor allem die Bedeutung derselben. So findet man in der detaillierten Inhaltsangabe des ersten Kapitels unter anderem folgende Überschriften: „1. De fabulis veteris historiae profanae involucris, 2. Fabula de Urano [...], 4. De significatore harum fabularum".

Von Joseph Blancanus zitiert er *De mathematicarum natura dissertatio. Una cum clarorum mathematicorum chronologia*[115], daran angehängt ist *De mathematicarum natura dissertatio. Una cum clarorum mathematicorum chronologia*. Wie Weidler selbst anmerkt, ist diese Abhandlung mit einem Umfang von 65 Seiten sehr kurz („[...] brevis admodum est, & paginis 65 absolvitur".[116])

---

[109] ebd.
[110] vgl. Wolf, Geschichte S. 773–775
[111] ebd. S. 774
[112] Johann Friedrich Weidler, De praesenti specularum astronomicarum statu dissertatio (Wittenberg 1727)
[113] ebd. S. 774
[114] In der griechischen Mythologie ist Endymion der Geliebte der Mondgöttin Selene.
[115] Im Original lautet der Titel: Aristotelis loca mathematica, ex universis ipsius operibus collecta et explicata (Bologna 1615)
[116] Weidler, Historia Bl. 4

Weiters gibt Weidler als Quelle Ricciolis *Almagestum Novum*[117] an, insbesondere zwei Listen, die als „chronicon duplex astronomorum, astrologorum, cosmographorum et polyhistorum" bezeichnet sind. Die erste Liste beinhaltet die Namen der Gelehrten in chronologischer Reihenfolge, die zweite Liste zählt sie in alphabetischer Reihenfolge auf, jedoch nach den Vornamen geordnet.[118] Diese zweite Liste ist umfangreicher als die erste und enthält kurze Angaben zu den Lebensdaten und zu veröffentlichten Werken der jeweiligen Personen.

Weidler zitiert außerdem Johann Gerhard Vossius aus dessen Werk *Tractatus de scientiis mathematicis*[119]. Dieses Werk sei posthum erschienen, die Geschichte der Astronomie werde aber nur knapp erörtert, von Kapitel 28 (XXIIX) bis 36 (XXXVI), oder von Seite 117 bis 202.

Über das Werk *Tychonis Brahei vita; accessit Nicolai Copernici, Georgii Peurbachii et Joannis Regiomontani vita*[120] von Pierre Gassendi schreibt Weidler, dass im fünften Teil ab Seite 519 das Leben von Tycho Brahe dargestellt werde, im Vorwort werde die Geschichte der ganzen Astronomie in kurzer Form dargelegt.

Zu Giovanni Domenico Cassinis Werk *De l'origine et du progrès de l'astronomie, et de son usage dans la géographie et dans la navigation*[121] bemerkt Weidler lediglich, dass es aus 43 Seiten bestehe und die deutsche Ausgabe, übersetzt von Johann Philipp von Wurzelbau, von Johann Leonhard Rost verbreitet worden sei.

Als letzte Quelle nennt Weidler Ismael Boulliaus *Ismaelis Bvllialdi Astronomia philolaica*, Paris 1645.

Weidlers Werk ist in 16 Kapitel unterteilt. Zuerst wird die Astronomie verschiedener Kulturen dargestellt, wie zum Beispiel der Chaldäer (=Babylonier), Ägypter und Griechen, wobei die Geschichte der griechischen Astronomie auf zwei Kapitel aufgeteilt ist (Kapitel V und VI), von den Anfängen bis zur Gründung der Alexandrinischen Schule, und von deren Gründung bis Christi Geburt.[122] Das siebente Kapitel beschreibt die Geschichte der Astronomie der ersten acht Jahrhunderte nach Christi Geburt. Weiters folgen die Araber, Perser und Tataren, Mongolen, Amerikaner und Juden (Kapitel VIII bis XI). Weidler widmet das nächste Kapitel der Geschichte der Astronomie im Mittelalter, das für ihn das 9. bis 14. Jahrhundert n. Chr. umfasst. Ab dem 15. Jahrhundert sind die Jahrhunderte in eigene Kapitel unterteilt, wobei das letzte Kapitel das 18. Jahrhundert bis ca. 1740 beinhaltet.

Weidlers Werk verfügt über moderne Elemente, wie etwa die oben schon erwähnten Quellenangaben sowie ein Sach- und Personenregister am Ende des Werkes.

1755 erschien in Wittenberg ein von Weidler verfasstes Supplement zur *Historia astronomiae* unter dem Titel *Bibliographia astronomica – temporis, quo libri, vel compositi, vel editi sunt, ordine servato, ad supplemendam et illustrandam Astronomiae Historiam, di-*

---

[117] Giovanni Battista Riccioli, Almagestum novum: astronomiam veterem novamque complectens observationibus aliorum, et propriis novisque theorematibus, problematibus, ac tabulis promotam, in tres tomos distributam quorum argumentum sequens pagina explicabit (Bologna 1651)

[118] vgl. Riccioli, Almagestum S. XXVI–XLVII

[119] Im Original lautet der Titel: De quatuor artibus popularibus, de philologia et societiis mathematicis, cui operi subjungitur chronologia mathematicorum, libri tres (Amsterdam 1650)

[120] Pierre Gassendi, Tychonis Brahei vita; accessit Nicolai Copernici, Georgii Peurbachii et Joannis Regiomontani vita (Paris 1654)

[121] Enthalten in: Recueil d'observations faites en plusieurs voyages / par ordre de Sa Majesté pour perfectioner l'astronomie et la géographie par Meßieurs de l'Académie Royale des Sciences (Paris 1693)

[122] Bailly verfasste eine Geschichte der Astronomie mit einer ähnlichen Unterteilung. Vgl. Jean Sylvain Bailly, Geschichte der Sternkunde des Alterthums bis auf die Errichtung der Schule zu Alexandrien (Leipzig 1777) und Jean Sylvain Bailly, Geschichte der neuern Astronomie (Leipzig 1796/97, beide siehe Katalog)

gesta (siehe Katalog). Im bibliographischen Teil dieses Werkes sind die entsprechenden Seitenzahlen der *Historia astronomiae* als Verweis angegeben. Nach der Auflistung astronomischer Werke, die vor bzw. nach Christi Geburt erschienen sind, folgt das Supplement zur *Historia astronomiae*.

Ernst Zinner schreibt in seinem Werk *Die Geschichte der Sternkunde*, dass im 16. und 17. Jahrhundert keine Geschichtsschreibung, sondern Lebensbeschreibungen vorherrschten, und nennt hier als Beispiel das oben schon erwähnte Werk *Tychonis Brahei vita* von Pierre Gassendi. Erst im 18. Jahrhundert entwickelte sich das Bestreben, die durch die Präzession verursachte Verschiebung der Äquinoktialpunkte heranzuziehen, „um aus alten Angaben über den Zusammenhang von Festen mit Sternaufgängen und über andere Verknüpfung irdischen und himmlischen Geschehens Anhaltspunkte zur Festlegung der Zeit dieser Vorkommnisse zu erhalten"[123]. Zinner erwähnt hier Weidlers Werke *Historia astronomiae* und *Bibliographia astronomica*, „die durch die Inhaltsangaben älterer Werke das geschichtliche Wissen vermehren wollten"[124].

Johann Friedrich Weidler, geboren 1691, kam bereits mit 15 Jahren an die Universität in Jena. 1710 erhielt er dort die Magisterwürde im Fach Philosophie. 1711 wechselte Weidler nach Wittenberg, ein Jahr darauf wurde er Assessor an der dortigen philosophischen Fakultät. 1715 wurde er Professor für Mathematik (Mathematum superiorum), diese Professur umfasste Vorlesungen über Astronomie. Weidler reiste 1726 nach Frankreich, 1727 wurde er Doktor der Rechte in Basel. Er war unter anderem Mitglied der Royal Society in London und der Berliner Akademie der Wissenschaften. Weitere von ihm veröffentlichte astronomische Arbeiten, neben den oben bereits erwähnten, sind unter anderem *Dissertatio de coloribus macularum solarium* (Wittenberg 1729) und ein Lehrbuch mit dem Titel *Institutiones astronomicae, observationibus et calculis illustratae* (Wittenberg 1754). Er starb 1755.[125]

[9] Johann Christoph Gottsched, *Gedächtnißrede auf den unsterblich verdienten Domherrn in Frauenberg*, Leipzig 1743

Das vorliegende Werk ist eine für die zwei polnischen Prinzen Friedrich Christian und Xaverius Augustus gehaltene Rede von Johann Christoph Gottsched zu Ehren von Nikolaus Kopernikus, die im Mai 1743, genau 200 Jahre nach dessen Tod, in der Universitätsbibliothek zu Leipzig vorgetragen wurde. An die Rede angefügt sind ein Brief von Kardinal Nikolaus von Schönberg an Kopernikus, ein Auszug aus der von Kopernikus verfassten Widmung seines Hauptwerkes *De Revolutionibus Orbium coelestium*[126] an Papst Paul III., sowie einige ausgewählte Quellen von antiken Schriftstellern wie Cicero und Plutarch.

Gottsched gibt einen kurzen Überblick über den Lebenslauf von Nikolaus Kopernikus und legt dabei den Schwerpunkt auf dessen wissenschaftlichen Werdegang und Errungenschaften. Gottsched erwähnt Kopernikus' Aufenthalt in Krakau, wo er von Albrecht Brudzevius an der Universität in Mathematik unterrichtet worden sei. Dort habe er sich auch der

---

[123] Zinner, Sternkunde S. 614
[124] ebd.
[125] vgl. Artikel „Weidler, Johann Friedrich". In: ADB 41 S. 453–455
[126] Kopernikus' Werk wurde 1616 auf den *Index librorum prohibitorum* gesetzt und erst 1757, nach der von Gottsched gehaltenen Rede, aus dieser Liste wieder entfernt. Vgl. Artikel „Kopernikus, Nikolaus". In: MKL 10 S. 64f

Astronomie gewidmet und Bekanntschaft mit den Lehren von Georg von Peuerbach und Regiomontan zur Theorie der Planetenbewegung gemacht. Weiters führt Gottsched die Aufenthalte in Bologna, wo Kopernikus Gehilfe von Dominicus Maria aus Ferrara geworden sei, und in Rom, wo er öffentlich Mathematik gelehrt und mit seinen Vorlesungen Studierende gleichermaßen wie vornehme Leute, Künstler und Handwerker begeistert habe, an. In seiner Funktion als Domherr zu Frauenberg, die er nach seiner Rückkehr nach Polen übernahm, habe Kopernikus unter anderem Bischöfe vertreten oder sei ihnen als Berater zur Seite gestanden. Als besondere Leistung hebt Gottsched einerseits die von Kopernikus berechneten Tabellen, in denen er den Wechselkurs der polnischen, preußischen und litauischen Münzen festlegte, hervor, andererseits seinen Erfolg in der Rückforderung der von deutschen Rittern des Kreuzherren-Ordens besetzten Güter, die ursprünglich zum Bistum Ermland gehörten.

Nach Gottsched sah sich Kopernikus mit dem Problem der Bewegung der Himmelskörper konfrontiert. Für ihn hätten die unterschiedlichen Epizykeltheorien keine wirkliche Lösung dieses Problems dargestellt. Durch die Beschäftigung mit antiken Schriftstellern wie Pythagoras, der die Sonne in den Mittelpunkt des Weltsystems gesetzt habe, sowie Nicetas, Ekphantus und Heraklides, die der Erde eine Rotation um ihre eigene Achse innerhalb von 24 Stunden zugeschrieben hätten, sei Kopernikus schließlich auf die These von Aristarch von Samos und Philolaus aus Croton gestoßen, die diese beiden Theorien vereint und der Erde also eine Rotation um ihre Achse und eine jährliche Umkreisung der Sonne zugeschrieben hätten. Gottsched meint, Kopernikus habe durch Himmelsbeobachtungen schließlich erkannt, „daß nicht die hellstralende Sonne um den kleinen Erdball, sondern vielmehr die dunkle Erdkugel, nebst allen anderen Planeten, um den ungeheuren, großen, und stillstehenden Sonnenkörper gedrehet würde."[127]

1536 habe Kopernikus einen Brief von Kardinal Nikolaus von Schönberg aus Rom erhalten, in welchem der Kardinal ihn zur Veröffentlichung seiner astronomischen Schriften ermuntert und ihm angeboten habe, für die Druckkosten aufzukommen. Kopernikus habe daraufhin sein Werk *De Revolutionibus Orbium coelestium*, das 1543 erschien, Papst Paul III., der die Veröffentlichung jedoch nicht mehr erlebt habe, gewidmet.

Gottsched gibt eine detaillierte Inhaltsangabe des Werkes wieder: Kopernikus habe zunächst das pythagoräische Weltbild als Hypothese angesehen, ähnlich „wie auch wohl andere Sternseher ihre orbes excentricos und epicyclos anzunehmen pflegten"[128].

Astronomische Beobachtungen hätten für ihn jedoch den Beweis für dieses Weltbild geliefert, da auf diese Weise unter anderem die lange geforderte Verbesserung des Kalenders leicht zu Stande gebracht werden könne. Gottsched weist hier auf die später tatsächlich durchgeführte Kalenderreform unter Papst Gregor XIII. hin. Weiters lehre Kopernikus in seinem Werk, dass die Sonne im Mittelpunkt der Welt still stehe und von Merkur in drei bis vier Monaten, von Venus in acht Monaten und von der Erde in einem Jahr umkreist werde. Die übrigen damals bekannten Planeten Mars, Jupiter und Saturn bräuchten für einen Umlauf zwei, zwölf und dreißig Jahre.

Gottsched deutet die Kontroversen, die nach Erscheinen des Werkes entstanden sind, nur an, und meint, dass die bloße, unumstößliche Wahrheit, die in dem Werk enthalten sei, sich selber geschützt habe. Schließlich hätten sich nachher die „größten Sternseher" der kopernikanischen Lehre zugeschrieben. Dies seien unter anderem Tycho Brahe, der zwar

---

[127] Gottsched, Gedächtnißrede S. 31. Man beachte Gottscheds Formulierung „hellstralende Sonne" und „dunkle Erdkugel", mit welcher er den Sachverhalt noch deutlicher hervorhebt.
[128] ebd. S. 34

ein eigenes Weltsystem[129] entwickelte, jedoch Kopernikus' Verdienst anerkannte, Kepler, Galilei, Descartes, Gassendi, Newton, Huygens, Giovanni Domenico Cassini, Boulliau, Hevelius, Halley und Flamsteed.

Die Berechtigung für die Bezeichnung „kopernikanisches Weltbild" sieht Gottsched in Kopernikus' Verdienst, „eine seit zweitausend und mehr Jahren vergessene Meynung hervorzuziehen, [...] [und, Anm.] mit deutlichen Beweisen zu bestätigen"[130]. Denn obwohl Pythagoras (nach Gottsched) dieses Weltbild formuliert habe, sei es Kopernikus gewesen, der es als erster mit astronomischen Beweisen unterstützt habe.

Johann Christoph Gottsched, geboren 1700, beeinflusste die Entwicklungsgeschichte der deutschen Literatur wesentlich. Mit 14 Jahren begann er, an der Universität Königsberg Theologie zu studieren, wechselte jedoch später auf Philosophie. 1724 wurde er Privatlehrer des ältesten Sohnes von Johann Burckhardt Mencke in Leipzig. Im selben Jahr habilitierte sich Gottsched, 1730 wurde er außerordentlicher Professor der Poesie, 1734 ordentlicher Professor der Logik und Metaphysik. In den Jahren 1729–1740 war Gottscheds Einfluss auf die deutsche Literatur ungebrochen, doch Anfeindungen gegen Bodmer und Breitinger, später auch Klopstock und Lessing ließen seinen Ruhm erheblich leiden, sodass sein Name „beinahe bis zum Scheltwort"[131] herabsank.[132]

Zu Gottscheds Verdiensten um die deutsche Sprache zählen unter anderem die Verbannung von Fremdwörtern sowie die Bemühung um Deutlichkeit des Ausdrucks. Mit seinem literaturhistorischen Werk *Nötiger Vorrat zur Geschichte der deutschen dramatischen Dichtkunst* (Leipzig 1757–65) erschuf er ein umfangreiches, jedoch nicht vollständiges Verzeichnis aller dramatischen Dichtungen aus den Jahren 1470–1760. Zu Gottscheds bedeutendsten Lehrbüchern zählt unter anderem *Grundlegung einer deutschen Sprachkunst* (Leipzig 1748). Gottsched starb 1766 als Dezemvir der Universität und als Senior der philosophischen Fakultät und des Großen Fürstenkollegiums.[133]

[10] Johann Jakob von Marinoni, *De astronomica specula domestica et organico apparatu astronomico*, Wien 1745

Das Werk ist Maria Theresia, die als „Hungariae & Bohemiae Reginae, Archi-Duci Austriae" (Königin von Ungarn und Böhmen, Erzherzogin von Österreich) betitelt ist, gewidmet. Im Vorwort schreibt Marinoni unter anderem, dass es ihm möglich sei, von einem geeigneten Standpunkt aus die Höhe der Planeten und Sterne, Bewegungen und scheinbare Magnituden zu bestimmen sowie Finsternisse, Bedeckungen und andere bewundernswerte Phänomene zu beobachten.[134]

Marinoni unterteilte sein Werk in zwei Bücher, wobei er im ersten Buch seine private Sternwarte beschreibt, betitelt mit *De astronomica specula domestica*, und im zweiten Buch sei-

---

[129] Tychonisches Weltbild: Die Erde befindet sich im Mittelpunkt der Welt und wird von der Sonne umkreist, die selbst wiederum von den anderen Planeten umkreist wird.

[130] Gottsched, Gedächtnißrede S. 38

[131] vgl. Artikel „Gottsched, Johann Christoph". In: MKL 7 S. 572f

[132] ebd.

[133] ebd.

[134] „[...] quod nimirum directis ex idonea statione convenientibus organis, liceat mihi planetarum, siderumque altitudines, motus magnitudines apparentes metiri, vel eorum eclipses, congressus, occultationes, aliaque admiranda phaenomena certa methodo, certaque ratione intueri [...]". Marinoni, Specula Bl. 3

ne Instrumente, betitelt mit *De organico apparatu astronomico*. Marinoni richtete ab ca. 1735 sein Observatorium in einem Haus, das Graf Leander Anguissola 1690 erbauen ließ, ein.[135] Dieses Haus befand sich im heutigen Gebäudekomplex der Mölkerbastei im ersten Wiener Gemeindebezirk. In etwa zur selben Zeit, 1734, beobachtete P. Josef Franz[136] an der eher bescheiden eingerichteten Sternwarte des Jesuitenkollegiums[137] – diese Sternwarte hat sich nicht bis heute erhalten, ihr ehemaliger Standort ist heute in der Nähe der Bäckerstraße 13 im ersten Wiener Gemeindebezirk. Beide Observatorien sind in einem auf der Titelseite dargestellten Stadtplan[138] verzeichnet. Auf der ersten Seite des Werkes befindet sich darüber hinaus ein Kupferstich, der das Gebäude auf der Mölkerbastei darstellt. Vergleicht man diese Darstellung mit den auch im Werk enthaltenen Plänen der verschiedenen Räume, so kann angenommen werden, dass es sich bei dem Kupferstich um eine wirklichkeitsgetreue Darstellung handelt. Weiters schreibt Marinoni, dass das Gebäude, in welchem er sein Observatorium errichtete, zu den Hauptrichtungen einen Winkel von 45° einschloss.

Vorgesehen war ein achteckiger Aufbau, Marinoni beschränkte sich aber in der Folge auf die Verwendung mehrerer Räume im obersten Stockwerk, die mit Luken versehen wurden, um ein größeres Blickfeld zu ermöglichen.[139]

Ernst Zinner gibt in seinem Werk *Deutsche und niederländische astronomische Instrumente des 11.–18. Jahrhunderts* (München 1956) einen detaillierten Überblick über die von Marinoni beschriebenen Instrumente[140]:

Marinoni befestigte in seinem Meridianraum eine Meridianlinie, teils am Fußboden, teils senkrecht an der benachbarten Wand, nach dem Vorbild der von Giovanni Domenico Cassini 1695 entworfenen Meridianlinie in der Kirche S. Petronio in Bologna, welche Marinoni 1729 erstmals dort sah. Um den Durchgang der Sonne durch den Meridian zu beobachten, wurde ein Faden gespannt und die Wanderung des durch ein kleines Loch fallenden Lichtstrahls über diesen Faden beobachtet.[141]

Marinoni verwendete für seine Beobachtungen insgesamt fünf Pendeluhren, zwei davon hatte er von George Graham bezogen und zwei ähnliche Uhren in Wien bauen lassen. Die fünfte Uhr wurde 1736 in Paris bei Faucheuer gebaut, versehen mit einem Ziffernblatt für die mittlere Zeit und für die Angabe der Zeitgleichung. Zinner vermutet, dass Marinoni seine Instrumente nach seinen eigenen Angaben, die französischen Anregungen folgen, in Wien erbauen ließ, da die Hersteller nicht angegeben sind. Die Instrumente waren um 1735 fertiggestellt.[142]

Zur Beobachtung der Meridiandurchgänge verwendete Marinoni ein Doppelfernrohr (Culminatorium) mit zwei gleich langen, aber entgegengesetzten Fernrohren, dargestellt in der

---

[135] ebd. S. 3

[136] Josef Franz, 1704–1776, Jesuit. 1745 erhielt Josef Franz einen Gehilfen, Maximilian Hell. Vgl. Konradin Ferrari d'Occhieppo, Maximilian Hell und Placidus Fixlmillner. Die Begründer der neueren Astronomie in Österreich. In: Österreichische Naturforscher, Ärzte und Techniker, ed. Fritz Knoll (Wien 1957) 27

[137] ebd. S. 27

[138] Marinoni und Anguissola fertigten außerdem in ihrer Tätigkeit als Landvermesser einen detaillierten Stadtplan von Wien, welcher 1706 unter dem Titel *Accuratissima Viennae Austriae Ichnographica Delineatio* erschienen ist, an.

[139] vgl. Ernst Zinner, Deutsche und niederländische astronomische Instrumente des 11.–18. Jahrhunderts (München 1956) 436f; Marinoni, Specula S. 4

[140] siehe auch: J. A. Repsold, Zur Geschichte der astronomischen Messwerkzeuge 1 (überarb. Aufl. Leipzig 2004) 62–64

[141] vgl. Zinner, Astronomische Instrumente S. 436f

[142] ebd.

Abbildung Tab. I in Sectio II des zweiten Buches. Ein ähnliches Gerät, versehen mit einem Halbkreis und einem Lot, welches die Höhe angibt, ist in Tab. I in Sectio IV des zweiten Buches abgebildet. Verschiedene Fernrohre waren auf einen bestimmten Stern eingestellt, um dessen Kulmination beobachten zu können.[143]

Weitere im Werk beschriebene Instrumente zur Beobachtung im Meridian sind drei feste Quadranten von 9 Fuß[144] Halbmesser, die mit einem Fernrohr von 10 Fuß Brennweite versehen waren. Marinoni legte großen Wert auf die Prüfung seiner Geräte. Seine Instrumente gelangten nach seinem Tod 1755 in den Besitz der im selben Jahr gegründeten Wiener Universitätssternwarte[145], 1920 war von ihnen aber nichts mehr vorhanden. Ältere Geräte wurden zwar nach Czernowitz und Zara ausgeliehen, es bleibt jedoch unklar, ob es sich um Marinonis Instrumente handeln könnte. In diesem Zusammenhang bemerkt Zinner auch, dass Hepperger[146] es abgelehnt habe, ein Museum in der Wiener Universitätssternwarte einzurichten.[147]

Für biographische Angaben siehe Abschnitt 2.2.

[11] Pierre Bouguer, *La figure de la Terre*, Paris 1749

Das Werk beschreibt die Expedition von Pierre Bouguer, Charles-Marie de La Condamine, Louis Godin und Joseph de Jussieu nach Peru.
Diese Expedition dauerte sieben Jahre[148] (1735–1742) und diente ursprünglich dazu, einen Meridiangrad in der Nähe des Äquators zu vermessen, um daraus die Gestalt der Erde abzuleiten (siehe Abschnitt 2.1). Bouguer führte jedoch zusätzlich eine Reihe wissenschaftlicher Versuche durch (Wärmeausdehnung verschiedener Festkörper, Untersuchungen über die atmosphärische Lichtbrechung, Höhenmessungen mit einem Barometer). Die Ergebnisse präsentierte er im vorliegenden Werk.[149] Dazu gliedert Bouguer das Werk in sieben Teile, in welchen er jeweils unterschiedliche wissenschaftliche Schwerpunkte behandelt, ohne dass er diese inhaltlich aufeinander aufbaut. Bouguer beginnt das Werk mit einer ausführlichen geographischen Beschreibung Perus, welche 110 Seiten umfasst. Daran angefügt ist eine Profilkarte des Landes, insbesondere der Kordilleren.
Im ersten Teil stellt Bouguer verschiedene Messmethoden vor. Im zweiten Teil befasst er sich ausführlich mit der Aufstellung des Vermessungsnetzes und liefert eine genaue Beschreibung der verwendeten Instrumente (Quadranten). Bouguer diskutiert in seinem Werk mögliche Fehler und gibt gleichzeitig eine zu erwartende Genauigkeit für seine Werte an. Erst der sechste Teil beinhaltet konkret die Bestimmung der Erdgestalt (siehe Abschnitt

---

[143] ebd.
[144] Das Längenmaß „Fuß" (heutiges Zeichen gemäß dem Internationalen Einheitensystem: ft) existierte bereits in frühgeschichtlicher Zeit und wurde erst mit der Einführung des Meters Ende des 18. Jahrhunderts langsam als Maßeinheit verdrängt. Die genaue Länge des Fußes variierte je nach Region und Zeit, meist betrug sie etwa 30 cm. Heute gilt: 1 ft = 30,48 cm.
[145] Konradin Ferrari d'Occhieppo schreibt dazu: „Als dieser [Marinoni, Anm.] 1755 starb, wurden seine nachgelassenen astronomischen Instrumente der Wiener Universität überwiesen und für deren Aufstellung der Bau einer eigenen Universitätssternwarte beschlossen." Ferrari d'Occhieppo, Maximilian Hell S. 27
[146] Joseph von Hepperger, 1855–1928, Direktor der Wiener Universitätssternwarte 1909–1928
[147] vgl. Zinner, Astronomische Instrumente S. 436f
[148] vgl. Artikel „Bouguer, Pierre". In: MKL 3 S. 273
[149] vgl. Artikel „Bouguer, Pierre". In: DSB 2 S. 343f

2.1). Bouguers Messungen ergeben eine an den Polen abgeplattete Erde, wobei der Durchmesser der Erde entlang der Pole um ein 179stel kleiner sei als der Durchmesser am Äquator[150]. Der Wert für den Durchmesser am Äquator beträgt 6 562 391 toises[151], der Wert entlang der Pole beträgt 6 532 903 toises[152].

Vergleicht man Bouguers Buch mit Maupertuis' *La figure de la Terre* (siehe Kommentar [6]), so hält sich Bouguer im Aufbau seines Werkes und der Präsentation seiner Ergebnisse strenger an wissenschaftliche Kriterien, da er – im Gegensatz zu Maupertuis – auch eine ausführliche Beschreibung der Methoden, die verwendet wurden, gibt und die zugrunde liegende Theorie erläutert, um die Wahl der Messmethoden zu untermauern. Während Maupertuis in seinem Werk gleich zu Beginn die Gestalt der Erde festlegt, erbringt Bouguer den Beweis der abgeplatteten Erdgestalt auf wissenschaftlich nachvollziehbarere Weise aufgrund von geometrischen Überlegungen und Berechnungen im vorletzten Teil seines Werkes.

Pierre Bouguer, geboren 1698, galt in Frankreich als führende Autorität in allen nautischen Angelegenheiten. Im Alter von 29 Jahren hatte er bereits drei Preise der Académie des Sciences in Paris zu diesem Themenkomplex erhalten. 1735 wurde er volles Mitglied der Académie des Sciences, im selben Jahr brach er gemeinsam mit Charles-Marie de La Condamine, Louis Godin und Joseph de Jussieu zur Expedition nach Peru auf, um einen Meridian nahe dem Äquator zu vermessen. 1744 kehrte er von dort zurück.[153]

1748 erfand Bouguer das Heliometer, er gilt heutzutage als Begründer der Photometrie. Am 23. November verglich er das Licht einer Kerze mit dem Licht des Vollmondes und nahm dabei das menschliche Auge als Null-Indikator an. Somit lieferte er eine Lösung für das von Jean Jacques de Mairan gestellte Problem, die relative Menge an Sonnenlicht für zwei unterschiedliche Höhen zu bestimmen. Bouguer starb 1758.[154]

[12] Charles-Marie de La Condamine, *Mesure des trois premiers degrés du méridien dans l'hémisphere austral*, Paris 1751

Charles-Marie de La Condamine war Teilnehmer an der französischen Expedition nach Peru zur Bestimmung der Erdgestalt (siehe Kommentar [11]). Sein Werk behandelt in erster Linie nicht die Gestalt der Erde, sondern – wie schon im Titel angekündigt – die Vermessung der ersten drei Breitengrade entlang des Meridians. Die Beobachtungsorte Quito im Norden und Cuenca im Süden Perus haben eine unterschiedliche südliche Breite von ca. drei Grad. La Condamines Werk ist in zwei Teile gegliedert, im ersten befasst sich der Autor mit den geodätischen Messungen, im zweiten mit den astronomischen Beobachtungen, die größtenteils von Bouguer durchgeführt wurden, um die Länge des Meridians zwischen Quito und Cuenca zu bestimmen. Dabei weist La Condamine gleich zu Anfang seines Werkes auf zwei Fehler hin, die während der Messungen entstanden seien. Die Auswirkung der

---

[150] „On trouvera que le degré de l'Equateur est plus grand que le premier degré du Méridien dans le rapport de 112 à 111, & que le diamétre de l'Equateur est à l'axe proprement dit, comme 179 à 178". Bouguer, Figure de la Terre S. 291
[151] Entspricht 12 790,1 km.
[152] Entspricht 12 732,6 km.
[153] vgl. Artikel „Bouguer, Pierre". In: DSB 2 S. 343f
[154] ebd.

Fehler in den geodätischen Messungen habe jedoch beschränkt werden können, da bei der trigonometrischen Vermessung zwei Basen festgelegt worden seien, eine in Yarouqui im Norden, die zweite in Tarqui im Süden Perus.[155] La Condamine kommt zu dem Schluss, dass aufgrund des Fehlers in der Aufstellung des Vermessungsnetzes die Länge des Meridians um 18 toises[156] zu lang gemessen worden sei.[157] Nach Anbringung aller Reduktionen erhält er den Wert 176 950 toises[158] für die Länge des Meridians, berechnet für eine Höhe von 1 226 toises[159] über dem Meeresspiegel.

La Condamine ist weniger explizit, was den Fehler in den astronomischen Beobachtungen betrifft. Generell stellt er detaillierte Überlegungen an, welche Einflüsse zum Beispiel Kälte und Hitze auf die Beobachtungsinstrumente haben können und welche Fehler daraus in den Ergebnissen resultieren. Für die Breitendifferenz der Beobachtungsorte (l'amplitude de l'arc) ergibt sich aus den astronomischen Beobachtungen der Wert 3° 7' 1" mit einer Genauigkeit von 1". Deshalb verwendet La Condamine für die Berechnung eines Grades sowohl den angegebenen Wert als auch einen auf Minuten gerundeten Wert von 3° 7' und erhält 56 770,20 toises[160] bzw. 56 775,42 toises[161]. Verglichen mit den Werten für Frankreich und den Messungen am Polarkreis (siehe Kommentar [6]) resultiert aus diesen Ergebnissen eine an den Polen abgeplattete Erde.

Im letzten Kapitel, betitelt mit Conclusion, diskutiert La Condamine, ob die unterschiedliche Zusammensetzung der Erde aus festen und flüssigen Stoffen Einfluss auf die Gleichförmigkeit der Erdgestalt habe. Er kommt zu dem Schluss, dass es bis dato nicht möglich sei, den Grad der Abplattung oder die gleichförmige Sphärizität der Erde zu bestimmen, dazu bedürfe es weiterer Beobachtungen.

Charles-Marie de La Condamine, geboren 1701, schlug zunächst, nachdem er seine Ausbildung am Collège Louis-le-Grand beendet hatte, eine militärische Laufbahn ein, während der er an der Belagerung von Rosas 1719 teilnahm. 1731 begann er eine ca. 1½-jährige Reise, die ihn auf dem Seeweg von Algiers über Alexandria, die Küste von Palästina, Cyprus und Smyrna nach Konstantinopel, wo er im Oktober 1731 ankam, führte. Seine Beobachtungen präsentierte er der Académie des Sciences unter dem Titel „Observations mathématiques et physiques faites dans un voyage de Levant en 1731 et 1732". Aufgrund dieses Berichts wurde er von der Académie des Sciences für die Expedition nach Peru, wo damals Philipp V. von Spanien herrschte, ausgewählt. Am 14. April 1735 brach La Condamine von Paris auf und traf in La Rochelle auf die restlichen Mitglieder der Expedition, namentlich Louis Godin, Pierre Bouguer und Joseph de Jussieu. Nach mehreren Zwischenstationen erreichte die Expedition am 10. März 1737 Quito. Bald kam es jedoch zu Spannungen zwischen Godin und Bouguer. Als die Messungen 1743 abgeschlossen waren, arbeitete jeder der Männer bereits für sich.[162]

---

[155] „[...] la mesure d'une seconde Base sur le terrain, à l'autre extrémité de l'arc, nous met en état d'arrêter le progrès des erreurs qui pourroient s'être glissées dans la mesure de nos angles". La Condamine, Mesure S. 2

[156] Entspricht etwa 35 m.

[157] „Si on prend le milieu des deux résultats entre une toises & 36, on aura environ 18 toises pour l'excès de la Méridienne calculée sur la véritable". La Condamine, Mesure S. 94

[158] Entspricht 344,87 km.

[159] Entspricht 2 389,47 m.

[160] Entspricht 110,645 km.

[161] Entspricht 110,655 km.

[162] vgl. Artikel „La Condamine, Charles-Marie de". In: DSB 15 S. 269–273

La Condamine trat die Rückreise über den Amazonas an und gelangte nach mehreren Zwischenstationen am 5. Februar 1744 nach Cayenne. Dort verzögerte sich seine weitere Reise um fünf Monate, in dieser Zeit wiederholte er die Experimente von Jean Richer zur Variation der Erdbeschleunigung (siehe Kommentar [6]). Am 23. Februar kam La Condamine wieder in Paris an. Er war Mitglied der Royal Society in London, der Akademie der Wissenschaften in Berlin, St. Petersburg und Bologna. 1750 wurde er Mitglied der Académie Française. La Condamine starb 1774.[163]

[13] Jean Jacques de Mairan, *Traité physique et historique de l'aurore boréale*, Paris 1754

Die Erstausgabe des vorliegenden Werkes erschien 1733 in Paris in den *Mémoires de l'Académie Royale des Sciences 1731*. Zur vorliegenden zweiten Auflage von 1754 schreibt Mairan, dass er die Verbesserungen in Form von Anmerkungen am Seitenende angeführt habe, um den Fluss des ursprünglichen Textes nicht zu stören. Am Ende des *Traité* sind weiters detaillierte Erläuterungen angefügt, besonders erwähnenswert ist das Éclaircissement XVII, in welchem Mairan über die Elektrizität als mögliche Erklärung für die Entstehung von Polarlichtern schreibt.
Gleich zu Anfang des Werkes gibt Mairan eine zusammenfassende Beschreibung des Phänomens Aurora Borealis. Er erklärt die Namensgebung folgendermaßen: das Polarlicht werde häufig am Nordhimmel beobachtet (borealis) und seine Farbe erinnere dabei an die Morgendämmerung (aurora). Die physikalische Erklärung von Mairan ist aus heutiger Sicht jedoch unrichtig. Mairan glaubt, dass die eigentliche Ursache für das Polarlicht das Zodiakallicht sei. Er verwendet in weiterer Folge auch den Begriff Sonnenatmosphäre für Zodiakallicht. Diese Sonnenatmosphäre erstrecke sich bis zur Erdumlaufbahn, und wenn dann die Anziehungskraft der Erde die der Sonne überwiege, dringe Materie aus der Sonnenatmosphäre in die tieferen Schichten der Erdatmosphäre und lagere sich dort ab. Diese Schichten beschreibt Mairan als dichte, aber transparente Nebel bzw. als eine Art von Rauch, der die Polarlichter begleite. Über diesen Schichten befände sich leichteres und zugleich leichter entflammbares Material, das schließlich auch entzündet werde. Hier führt Mairan verschiedene Ursachen an, sei es durch Selbstentzündung, durch Kollisionen mit Luftpartikeln oder durch Gärung. Diese brennende Materie, die ihren Ursprung im Zodiakallicht habe, sei nun das Polarlicht. Da die Erdatmosphäre laut Mairan an den Polen dichter sei als am Äquator, träten Polarlichter eher in den Polregionen auf.
Eine mögliche Erklärung für die Entstehung von Polarlichtern durch Elektrizität lehnt Mairan strikt ab. Für ihn besteht ein Widerspruch darin, dass sich diese Elektrizität am Himmel in Form von Polarlichtern manifestieren könne, auf der Erde aber ganz andere Erscheinungsformen habe. Weitere Widersprüche ergeben sich aus Mairans Annahme, die Elektrizität sei eine Art Materie. Ähnliches gilt für ihn für den Magnetismus als mögliche Erklärung.

Jean Jacques d'Ortous de Mairan wurde 1678 geboren und stammte aus dem französischen Landadel. Er begann seine Ausbildung in Toulouse, wo sein Hauptinteresse der altgriechischen Sprache galt. 1698 ging Mairan nach Paris und widmete sich mathematischen und physikalischen Studien. 1718 wurde er „associé géomètre" der Académie des

---

[163] ebd.

Sciences. Er verfasste unter anderem Arbeiten über Hitze und Kälte sowie über die Reflexion verschiedener Körper, damals relativ unerforschte wissenschaftliche Gebiete. Zu seinen bekanntesten Veröffentlichungen zählen unter anderem *Dissertation sur les variations du baromètre* (1715), *Dissertation sur la cause de la lumière des phosphores et des noctiluques* (1717) und *Dissertation sur l'estimation et la mesure des forces motrices des corps* (1728).[164]

1740 wurde Mairan Sekretär der Académie des Sciences, 1743 Mitglied der Académie Française, außerdem war er Mitglied der Royal Society in London, Edinburgh und Uppsala sowie der Akademie der Wissenschaften in St. Petersburg und Bologna. In etwa zur selben Zeit übernahm er die Redaktion des *Journal des Savants* (siehe Abschnitt 4.1). Das Spektrum seiner Veröffentlichungen erstreckte sich über Astronomie, Geometrie, Physik und Naturgeschichte. Mairan schrieb als einer der ersten der Sonnenatmosphäre elektrische Stürme zu. Er starb 1771.[165]

[14] Johann Peterson Stengel, *Ausführliche Beschreibung der Sonnenuhren*, Ulm 1755

Die erste Auflage dieses Werkes erschien 1675 in Augsburg unter dem Titel *Gnomonica Universalis*[166]. Bei der vorliegenden Ausgabe handelt es sich um die sechste, erweiterte Auflage[167], die den Zusatz „mit neuen Observationibus vermehret von einem Liebhaber dieser Kunst" aufweist. Weder auf der Titelseite noch im Buch selbst findet sich jedoch ein genauerer Hinweis auf diese Person.

Im Vergleich zur ersten Auflage ist der Titel im vorliegenden Werk leicht verändert. Der augenfälligste Unterschied ist, dass die Bezeichnung „Gnomonica Universalis" im Titel wegfällt, dagegen im Frontispiz aufscheint.

Das Werk ist in vier Teile gegliedert, beginnend mit einfachen geometrischen Grundlagen, und liefert dann detaillierte Anweisungen zur Herstellung der verschiedensten Arten von Sonnenuhren. Diese waren im 17. Jahrhundert weit verbreitet, eine einfache Form der Sonnenuhr, die so genannte Bauernsonnenuhr (Ringsonnenuhr), hielt sich sogar bis ins 19. Jahrhundert. Inhaltlich zählt das Buch zum 17. Jahrhundert und stellte damals ein beliebtes Standardwerk zur Herstellung von Sonnenuhren dar, was sich durch die Anzahl der Auflagen bis ins 18. Jahrhundert widerspiegelt.[168]

Das Institut für Astronomie besitzt auch die lateinische Version des Werkes mit dem Titel *Gnomonica Universalis* (Ulm 1706, siehe Katalog). Bei diesem Exemplar fehlen jedoch alle Abbildungen, die in Form von Kupferstichen an die entsprechenden Teile angefügt sein sollten, wie es der „Bericht an den Buchbinder" auf der letzten Seite vorschreibt und wie es beim deutschen Exemplar der Fall ist.

---

[164] vgl. Artikel „Mairan, Jean Jacques d'Ortous de". In: NBG 32 Sp. 936–940
[165] ebd.
[166] Der vollständige Titel lautet: Gnomonica Universalis, oder aussfürliche Beschreibung der Sonnen Uhren, darinnen allerhand Gattungen derselben in Figuren vorgestellet, und wie sie auf allerley flachen Ebenen, sowol under Sphaera Recta, als Obliqua, Geometrisch auffgerissen werden. Sampt Anhang, wie man Reflex-Uhren auffreißen soll. Wie auch von allerhand Beweglichen, so wol universal- als particular-Sonnen-Uhren.
[167] vgl. Zinner, Astronomische Instrumente S. 541
[168] Bis 1755 erschienen sechs Auflagen. Vgl. Zinner, Astronomische Instrumente S. 69

[15] Rudjer Bošković, *De inaequalitatibus quas Saturnus et Jupiter sibi mutuo videntur inducere praesertim circa tempus conjunctionis*, Rom 1756

Bošković reichte sein vorliegendes Werk als Beitrag zum Thema der gegenseitigen Störungen zwischen Jupiter und Saturn 1748 in der Académie des Sciences ein.[169] Den dafür ausgeschriebenen Preis gewann jedoch Leonhard Euler[170] (siehe Abschnitt 2.1). Der Titel „De inaequalitatibus quas Saturnus et Jupiter sibi mutuo videntur inducere praesertim circa tempus conjunctionis" fasst im Wesentlichen den Inhalt des Buches zusammen.

Bošković entwickelte in seiner Abhandlung *De lumine* (Rom 1749) eine Methode zur Bestimmung elliptischer Umlaufbahnen, die sich auf die Beschreibung der Reflexion eines Lichtstrahls an einem sphärischen Spiegel stützt. Diese Methode verwendet er auch im vorliegenden Werk, um die gegenseitigen Bahnstörungen zwischen Jupiter und Saturn zu beschreiben.[171]

Im Vorwort weist Bošković darauf hin, dass Euler zwar den Preis gewonnen habe, seine eigene Arbeit jedoch von der Académie des Sciences sehr gelobt worden sei.

Bošković stützt sich in seinem Werk auf die drei Kepler-Gesetze und auf Newtons Gravitationstheorie. In der Einleitung schreibt er bezüglich der Basis der Theorie, dass der Ursprung der Störungen mit den Massen von Saturn, Jupiter und der Sonne in direktem Verhältnis, jedoch in indirektem Verhältnis zum Quadrat des (betreffenden) Abstandes stehe. Er gibt weiters zu bedenken, dass das Aphel durch diese Störungen nicht am selben Ort bleibe. Außerdem solle ein Weg gefunden werden, alle Störungen bis zu einer beliebigen Grenze berechnen zu können.

Das Werk ist in sechs Kapitel unterteilt, im vierten Kapitel schreibt Bošković explizit über das Ausmaß und die Richtung der Kraft, durch welche Jupiter und Saturn ihre Bewegungen störten. Im letzten Kapitel werden die Bahnknoten sowie die Bahnneigung zur Ekliptik beschrieben. Auf der Titelseite befindet sich der handschriftliche Eintrag „P. Maximiliani Hell è S. J.", was darauf hindeutet, dass dieses Exemplar einmal Hell gehört haben könnte.

Rudjer Bošković, geboren 1711, begann seine Ausbildung am Jesuitenkolleg in Dubrovnik und setzte sie später in Rom am Collegium Romanum fort. 1735 befasste er sich näher mit Newtons' Werken *Optice: sive de reflexionibus, refractionibus, inflexionibus et coloribus lucis* (siehe Kommentar [2]) und *Philosophiae Naturalis Principia Mathematica* (siehe Kommentar [4]), was ihn zum Verfechter dieser neuen Naturphilosophie machte. 1740 wurde Bošković Professor für Mathematik am Collegium Romanum, ein Lehrbuch über seine Vorlesungen gab er 1754 unter dem Titel *Elementa universae matheseos* heraus.[172]

Bošković interessierte sich auch für die Archäologie, so war er an der Ausgrabung einer römischen Villa bei Frascati in Tusculum beteiligt und veröffentlichte 1746 eine Arbeit über eine dort gefundene antike Sonnenuhr.[173]

---

[169] vgl. Artikel: „Bošković, Rudjer J.". In: DSB 2 S. 326–332

[170] Insgesamt zwei Abhandlungen von Leonhard Euler zu diesem Thema wurden von der Académie des Sciences gekrönt. Diese sind: „Sur la manière de chercher une théorie de Saturne et de Jupiter, par laquelle on puisse expliquer les inégalités, que ces deux planètes paroissent se causer mutuellement surtous vers le tems de leur conjonctions" (1748) und „Sur les derangemens, que Saturne et Jupiter se causent mutuellement principalement vers le tems de leur conjonction" (1752). Vgl. Pogg 1 Sp. 702f; Bošković, De inaequalitatibus S. XV

[171] vgl. Artikel „Bošković, Rudjer J.". In: DSB 2 S. 326–332

[172] vgl. Artikel „Bošković, Rudjer J." In: DSB 2 S. 326–332

[173] ebd.

In diplomatischem Auftrag kam Bošković unter anderem an den Habsburgischen Hof, wo er als Vertreter der Republik Lucca den Streit um Wasserrechte in der Toskana beilegen konnte. Noch in Wien beendete er sein naturphilosophisches Hauptwerk *Philosophiae naturalis theoria* (1758), von dem das Institut für Astronomie sowohl die Erstausgabe als auch eine Ausgabe von 1759 (beide siehe Katalog) besitzt.[174]

1759 brach Bošković nach Paris auf, 1760 reiste er weiter nach London, wo er unter anderem Bekanntschaft mit Benjamin Franklin machte, der ihm einige elektrische Versuche vorführte. 1761 wurde Bošković Mitglied der Royal Society. Nach mehreren Reisen ins Ausland, darunter Bulgarien, Moldawien und Polen, kehrte er nach Italien zurück. In Pavia nahm er die Professur für Mathematik an der dortigen Universität an, und er wandte sich dort auch der Optik zu, unter anderem im Hinblick auf die Verbesserung teleskopischer Linsen. Er übernahm 1764 eine führende Rolle in der Errichtung des Jesuitenobservatoriums in Brera.[175]

1770 wechselte Bošković nach Mailand, ging jedoch, als der Papst 1773 begann, den Jesuitenorden zu unterdrücken, wieder nach Paris, wo er seine Arbeit im Bereich der Optik und Astronomie fortsetzte. 1782 kehrte er schließlich zurück nach Italien, um seine französischen und lateinischen Manuskripte für den Druck vorzubereiten. Gegen Ende seines Lebens zog sich Bošković nach Brera zurück, wo er 1787 an einem Lungenleiden verstarb.[176]

[16] Maximilian Hell, *Anleitung zum nutzlichen Gebrauch der künstlichen Stahl-Magneten*, Wien 1762

Hell beschreibt im vorliegenden Werk die Herstellung künstlicher Magnetnadeln mit Hilfe von künstlichen Stahlmagneten. Das Buch ist auf Deutsch verfasst, da es, wie Hell selbst in der Einleitung schreibt, nicht für Gelehrte, sondern für Handwerker nützlich sein solle. Zunächst wird ein historischer Überblick über die Entwicklung des Gebrauchs von natürlichen magnetischen Steinen zur Herstellung künstlicher Magneten und die daraus resultierenden Entwicklungen, wie zum Beispiel der Fortschritt von der Küstenseefahrt zur Überseefahrt, gegeben.

Hell schreibt die Herstellung der ersten künstlichen Magneten ohne Zuhilfenahme natürlicher Magnetsteine dem Engländer Gowin Knight zu, der seine Erfindung 1744 der Royal Society präsentierte,[177] die Methode aber geheim hielt. Die mit dieser Methode hergestellten Magneten wiesen einen stärkeren Grad der Magnetisierung auf als natürliche Magnetsteine. 1761 gelang es Hell, ebenso starke Magneten wie Knight zu erzeugen, jedoch beschreibt er sein Verfahren im vorliegenden Werk nicht. Weiters folgt eine Beschreibung der Eigenschaften sowie vorteilhafter Kombinationen von Stabmagneten, um einen möglichst starken Magneten zu erhalten. In diesem Zusammenhang ist es Hell ein Anliegen, den richtigen Umgang mit künstlichen Magneten zu vermitteln, um ein Entmagnetisieren zu verhindern. Den Nutzen seines Werkes sieht Hell vor allem darin, exaktere Kompasse anzufertigen, da durch eine stärkere Magnetisierung die Magnetnadel vergrößert und damit die Genauigkeit der Ablesung erhöht werden könne. Er weist jedoch darauf hin, dass

---

[174] vgl. Artikel „Bošković, Rudjer J." In: DSB 2 S. 326–332
[175] ebd.
[176] ebd.
[177] Gowin Knight erhielt von der Royal Society 1747 die „Copley Medal", älteste Auszeichnung der Royal Society, für seine Experimente mit künstlichen und natürlichen Magneten.

die Nadel nicht den vollständigen Grad der Magnetisierung erreiche, denn dies könne nur dann geschehen, wenn die Nadel selbst durch das von ihm entwickelte Verfahren zu einem künstlichen Magneten gemacht werde.

Bemerkenswert ist Hells Aussage, dass Magnetismus und Elektrizität ein und dieselbe Erscheinung seien. 1754 sei er nämlich zu dem Schluss gekommen, „daß die magnetische Erscheinungen nichts anders, als ein gewisser Grad der Bewegung der Electrischen Materie seyen"[178], und weiters: „daß nemlichen, die magnetischen, und electrischen Erscheinungen aus einerley Theorie, und Grunde müssen und sollen erkläret [...] werden"[179].

Abschließend stellt Hell fest: „[...] je mehrere und genauere Versuche man mit denen Stahlmagneten machet, je immer neuere und grössere Beweise erlanget man, daß der Magnetismus eine nach einen gewissen Grad beständig würkende Electricität seye"[180]. Welcher Art diese Beweise sind, beschreibt er jedoch nicht.

Heutzutage gilt Hans Christian Oersted als Entdecker des Elektromagnetismus, da es ihm um 1820 mit einem Versuch[181] gelang, den endgültigen Beweis zu erbringen.

Für biographische Angaben siehe Abschnitt 2.2.

[17] Jacques Cassini, *Tabulæ Planetarum Saturni, Jovis, Martis, Veneris et Mercurii*, [Wien] 1764

Das vorliegende Exemplar ist in der Inventarliste der Wiener Universitätssternwarte als Neuerwerb um 1939/40 verzeichnet. Neben dem Inventarstempel auf der Titelseite befindet sich jedoch kein Hinweis auf Vorbesitzer. Das Werk von Jacques Cassini ist eine unter anderem von Maximilian Hell verbesserte und erweiterte Ausgabe von *Tabulae Planetarum Saturni, Jovis, Martis, Veneris et Mercurii*, welche 1740 in Paris erschienen ist.

Die Daten stammen von Beobachtungen verschiedener Astronomen, wie etwa Leonhard Euler, Edmond Halley, Joseph Jérôme Le Français de Lalande und Tobias Mayer.

Cassinis Werk ist unterteilt in ein Vorwort, verfasst von Maximilian Hell (10 Seiten), gefolgt vom eigentlichen Tabellenteil (91 Seiten) und abschließend einem Kapitel über den Gebrauch der Tabellen (35 Seiten). In letzterem beschreibt Cassini die drei für einen Astronomen relevanten Koordinaten der Planeten, die sich je nach Bezugspunkt unterscheiden. Die Daten sind dementsprechend einerseits für den Mittelpunkt der Sonne gerechnet (heliozentrisch), andererseits für denjenigen der Erde (geozentrisch), zuletzt für die Erdoberfläche. Dieser Sachverhalt wird in drei Abbildungen am Ende des Buches dargestellt.

In den Tabellen werden auch die aufgrund der gegenseitigen gravitativen Störungen der Planeten erforderlichen Korrekturwerte angegeben (in den „tabulae perturbationum"). Die Erde selbst beeinflusse die fünf damals bekannten Planeten: „Mercurium item a Venere, & Martem a Tellure, & fortassis a Jove perturbatum iri in suis motibus dubium esse nequit, at tamen a Geometris nihil adhuc productum, felicius hæc omnia determinabuntur, ubi celebre illud problema Trium Corporum resolutum fuerit"[182].

---

[178] Hell, Anleitung S. 13
[179] ebd. S. 39f
[180] ebd.
[181] Um 1820 führte Oersted vor, dass eine Magnetnadel, die in die Nähe eines stromdurchflossenen Leiters gebracht wird, eine Ablenkung erfährt.
[182] Cassini, Tabulæ Planetarum Bl. 5

Die Positionen der Planeten sind für den Meridian von Paris gerechnet, anhand der letzten Tabelle (Tabula LIII) können jedoch die Planetenpositionen entsprechend den angeführten europäischen Städten auf den jeweiligen Meridian zurückgerechnet werden.

Das vorliegende Werk erschien ursprünglich als Anhang in *Ephemerides astronomicae anni 1765 ad meridianum Vindobonensem* (Wien 1764). Im Jahr zuvor erschienen in den Wiener Ephemeriden von Maximilian Hell zwei weitere Tabellenwerke, wiederum als Anhang, namentlich *Tabulae Solares ad meridianum Parisinum* (siehe Katalog) von Nicolas Louis de La Caille und *Tabulae Lunares ad meridianum Parisinum* von Tobias Mayer. Inhaltlich sind diese beiden Tabellenwerke analog aufgebaut zu Cassinis *Tabulae Planetarum*, ein Tabellenteil gefolgt von einer Erklärung zum Gebrauch der Tabellen. Mayers *Tabulae Lunares* beinhalten zusätzlich zwei Abschnitte über Methoden zur Berechnung von Mond- und Sonnenfinsternissen. Diese drei Tabellenwerke, Tabulae Solares, Tabulae Lunares und Tabulae Planetarum, liegen am Institut für Astronomie zusätzlich als zusammengebundene Ausgabe vor (1763, siehe Katalog).

Jacques Cassini, geboren 1677, wurde bereits im Alter von 17 Jahren Mitglied der Académie des Sciences in Paris, zwei Jahre darauf, 1696, Mitglied der Royal Society. Nach dem Tod seines Vaters Giovanni Domenico Cassini 1712 übernahm er die Direktion der Pariser Sternwarte. Zu seinen bedeutendsten Arbeiten zählt die Fortsetzung der von seinem Vater begonnenen Gradmessung in Frankreich. Die Ergebnisse dieser Arbeit präsentierte er in seinem Werk *Traité de la grandeur et de la figure de la Terre* (Paris 1720, siehe Abschnitt 2.1). Cassini starb 1756.[183]

[18] Placidus Fixlmillner, *Meridianus speculae astronomiae Cremifanensis*, Steyr 1765

Das vorliegende Werk handelt von der Ortsbestimmung des Observatoriums des Stifts Kremsmünster. Abt Alexander Fixlmillner, Onkel von Placidus Fixlmillner, ließ ab 1748 die Sternwarte im Stift Kremsmünster erbauen, welche auch unter dem Namen „Mathematischer Turm" bekannt ist und als ältestes Hochhaus Europas gilt.

Fixlmillners Werk ist in vier Teile gegliedert, die wie folgt betitelt sind: 1) Praecognita varia, 2) Observationes magnae eclipseos Solaris die 1. Aprilis 1764, 3) Applicatio eclipseos Solaris ad examinandas tabulas et meridianum Cremifanensem, 4) Aliae observationes determinando meridiano deservientes.

Der erste Teil beinhaltet die genaue geographische Lagebestimmung des Observatoriums in Kremsmünster mit den Werten $11^h 54^m 43^s$ bzw. $42 ½^s$ für die östliche Länge (gerechnet für den Meridian von Paris) und $48° 3' 24"$ für die nördliche Breite. Diese Werte erhielt Fixlmillner aus seinen Beobachtungen, unter anderem durch die Bestimmung der Polhöhe. Außerdem bestimmt er den Längenunterschied zwischen Paris und Kremsmünster zu $46' 42"$ aus dem Vergleich verschiedener Beobachtungen der partiellen Sonnenfinsternis vom 1. April 1764 mit seinen eigenen Daten. Fixlmillner erläutert anschließend die von ihm verwendete Berechnungsmethode. Diese Methode wurde von Lalande entwickelt und galt damals als die exakteste.

---

[183] vgl. Artikel „Cassini, Jacques". In: MKL 3 S. 847f; Pogg 1 Sp. 390f

Im dritten Teil werden die verschiedenen, im zweiten Teil aufgelisteten Daten zur partiellen Sonnenfinsternis von 1764 untereinander verglichen, um daraus die Differenz der Meridiane von Kremsmünster, Berlin, Stockholm, Göttingen, Leipzig, Bratislava und Madrid[184] zum Meridian von Paris zu bestimmen.

Im letzten Teil führt Fixlmillner andere Beobachtungen zur Bestimmung der Längendifferenz zweier Orte an. Das sind unter anderem Fixsternbedeckungen von α Virginis (Spica) am 20. Februar 1764, die Kulmination des Mondes und des Fixsterns β Tauri am 28. Februar 1765 und Bedeckungen der Jupitermonde durch Jupiter selbst in den Jahren 1763, 1764 und 1765.

In der Conclusio werden unter anderem die Ephemeriden von Maximilan Hell[185] erwähnt und Lalande aus seiner *Astronomie*[186] zitiert. Lalande meint, dass die genaueste Methode, den Längenunterschied zwischen zwei Städten zu bestimmen, der Vergleich von Sonnenfinsternisbeobachtungen und Fixsternbedeckungen sei. Einziger damit verbundener Nachteil sei die langwierige Berechnung, die man dabei anstellen müsse. Eine einfachere Methode, den Meridian festzulegen, sei die Beobachtung von Mondfinsternissen und Bedeckungen der Jupitermonde, diese Methode sei aber weniger exakt als die vorhin erwähnte. Dieser Meinung schließt sich Fixlmillner ohne Einwand an.

Auf der Titelseite befindet sich ein Kupferstich, der den Inhalt des Werkes illustriert: In der linken oberen Ecke steht über einem stilisierten Observatorium die Sonne, die mit ihrem Gesicht auf die Erde hinabblickt, rechts vor ihr befindet sich ein dunkler Kreis, der den Neumond darstellen soll.

Josef Fixlmillner wurde 1721 geboren und trat 1737 unter dem Namen Placidus in den Benediktinerorden ein. Den Großteil seiner Ausbildung erhielt er im Stift Kremsmünster, er studierte aber auch an der Universität Salzburg Philosophie, Theologie und Rechtswissenschaften. In seiner Freizeit widmete er sich unter anderem mathematischen Studien. 1745 wurde er zum Priester geweiht, kurz danach erhielt er die Professur für Kirchenrecht an der damals neu gegründeten Ritterakademie in Kremsmünster. 1748 übernahm er das Dekanat der höheren Stiftsschulen, 1756 wurde er schließlich Regens der Ritterakademie.[187]

Aus Anlass der Venusdurchgänge in den 1760er Jahren beschäftigte er sich eingehender mit diesem Thema, sodass ihm Abt Berthold Vogel, Nachfolger von Abt Alexander Fixlmillner, 1762 die Aufsicht über die Sternwarte übertrug. In dieser Funktion schaffte Fixlmillner neue Instrumente für die Sternwarte an, die teilweise nach seinen Konstruktionen von einheimischen Künstlern erbaut wurden. Ab 1767 finden sich in den *Wiener Ephemeriden* von Maximilian Hell (siehe Abschnitt 4.2) häufig Beobachtungen und Abhandlungen von Fixlmillner, unter anderem seine Korrespondenz mit Astronomen aus dem In- und Ausland in deutscher, französischer und lateinischer Sprache, die auch in Johann Elert Bodes *Berliner Astronomischem Jahrbuch* sowie im *Journal des Savants* abgedruckt worden sind (siehe Abschnitt 4.2).[188]

Zu Fixlmillners bedeutendsten Arbeiten zählen die Vorausberechnungen der Bahn des 1781 von William Herschel entdeckten Planeten Uranus (siehe Kommentar [33]). Ursprüng-

---

[184] In Madrid war die Sonnenfinsternis vom 1. April 1764 ringförmig.
[185] Maximilian Hell, Ephemerides astronomicae ad meridianum Vindobonensem (Wien 1757–1806) (siehe Abschnitt 4.2)
[186] Joseph Jérôme Le Français de Lalande, Astronomie 1 (Paris 1764), 10. Buch, §1561
[187] vgl. Friedrich Schlichtegroll, Denkmahl des berühmten Astronomen P. Placidus Fixlmillner, Benedictiners in Kremsmünster (Gotha 1797) 1–20
[188] vgl. Schlichtegroll, Denkmahl S. 1–20

lich wollte er seine Berechnungen nicht publizieren, doch Hell und Bode druckten sie fast zeitgleich in ihren Jahrbüchern ab. Ferner führte er auf Anregung Lalandes zahlreiche Beobachtungen von Merkur durch, diese Daten verwendete Lalande später für seine Merkurtabellen. Weiters berechnete Fixlmillner die Parallaxe der Sonne aufgrund der weltweit durchgeführten Beobachtungen des Venustransits von 1769. Bis kurz vor seinem Tod 1791 hatte Fixlmillner eifrig beobachtet.[189]

Aufgrund der Bemühungen Fixlmillners wurde die Sternwarte des Stifts Kremsmünster zu einem der Wiener Universitätssternwarte ebenbürtigen Institut.[190]

[19] Leonhard Euler, *Lettres à une Princesse d'Allemagne*, Petersburg 1768–72

Die *Briefe an eine deutsche Prinzessin* wurden von dem mit Euler befreundeten Markgrafen Friedrich Heinrich von Brandenburg-Schwedt in Auftrag gegeben. Sie sind an dessen zu Beginn des Briefwechsels 15jährige Tochter Sophie Friederike Charlotte Leopoldine[191] gerichtet, um diese unter anderem in Mathematik, Physik, Astronomie, Musiktheorie und Philosophie zu unterrichten. In den Jahren 1760 bis 1762 verfasste Euler insgesamt 234 Briefe, die 1768 in Petersburg erstmals herausgegeben und in der Folge in mehrere Sprachen übersetzt wurden.[192] Dieses Werk erfuhr rasch eine weite Verbreitung und galt lange als „meistverbreitete Synopsis populärer naturwissenschaftlicher und philosophischer Bildung"[193]. Beim vorliegenden Werk handelt es sich um die Erstausgabe. Das Institut für Astronomie besitzt auch eine deutsche Fassung, von der jedoch nur der erste Teil vorhanden ist – es handelt sich bei dieser um die dritte Auflage, die 1784 in Leipzig gedruckt wurde (siehe Katalog).

Eulers philosophische Überlegungen sind bis heute ein kontrovers diskutiertes Thema. Sein Freund Daniel Bernoulli riet ihm von der Auseinandersetzung mit der Philosophie ab: „Sie sollten sich nicht über dergleichen Materien einlassen, denn von Ihnen erwartet man nichts als sublime Sachen, und es ist nicht möglich, in jenen zu excellieren."[194]

Andreas Speiser sieht in Euler hingegen den Beginn der modernen Philosophie, da Euler mit seiner Schrift „Überlegungen über Raum und Zeit" sowie mit seinem vorliegenden Werk direkten Einfluss auf Immanuel Kant ausgeübt habe, sodass Kant seine „Transzendentale Ästhetik" [§§1 – 8 der Kritik der reinen Vernunft] darauf stützte.[195]

Die Briefe sind einfach und verständlich aufgebaut, die vorkommenden Rechenarten Addition, Subtraktion, Multiplikation und Division sind nicht formelhaft dargestellt, sondern werden in Worten erklärt und sofort im nächsten Schritt gelöst. Auf Formeln und Problemstellungen wird verzichtet, auch finden sich keine Übungsaufgaben zum tieferen Verständnis.

Das Werk beginnt ohne Vorwort oder Einleitung mit dem ersten Brief, in der französischen Ausgabe ist die Anrede „Madame" vorangestellt. Im Folgenden werden diejenigen Briefe, welche spezielle physikalische Themenkomplexe wie Licht, Gravitation, Optik, Elektrizität und Magnetismus behandeln, sowie die Briefe über die Bestimmung der Erdgestalt und

---

[189] ebd. S. 15–17
[190] vgl. Ferrari d'Occhieppo, Maximilian Hell S. 27–31
[191] 1745–1808, ab 1765 Äbtissin im Stift Herford
[192] vgl. Emil A. Fellmann, Leonhard Euler (Reinbek bei Hamburg 1995) 70f
[193] ebd. S. 71
[194] Brief Daniel Bernoullis an Leonhard Euler vom 29. April 1747. Zit. n.: Fellmann, Leonhard Euler S. 71
[195] ebd. S. 71f

der damit teilweise verbundenen astronomischen Phänomene genauer erläutert. Der erste Band beinhaltet die Briefe 1 bis 79, der zweite die Briefe 80 bis 154 und der dritte die Briefe 155 bis 234.

In den Briefen 17 bis 27 geht Euler auf die Ausbreitung des Lichts ein. Er sieht in der Äther-Theorie, wonach das ganze Universum von subtilen Partikeln angefüllt sei, die einzig richtige Erklärung dafür. Licht sei demnach eine Unruhe oder Bewegung des Äthers.

Euler verwendet die Äther-Theorie auch für die Erklärung der Elektrizität (Brief 138 bis 154). Jeder Körper bestehe aus offeneren und geschlosseneren Poren, in welche der Äther eindringen könne. Durch mechanische Einwirkung (zum Beispiel Reiben eines Seidentuches an einem Glasstab) könne der in den Poren befindliche Äther verdichtet bzw. verdünnt werden, elektrische Phänomene seien nichts anderes als ein Anzeichen für das Wiedereinstellen des Gleichgewichts des Äthers.

In den Briefen 169 bis 186 erklärt Euler den Magnetismus und führt dazu eine weitere Materie ein, nämlich die magnetische Materie. Diese Materie sei noch subtiler als der Äther, verhalte sich jedoch ähnlich wie dieser. Magnetische Materie trete nur in magnetischen Körpern in reiner Form auf, da diese Körper über derart kleine Poren verfügten, sodass der Äther nicht eindringen könne. In diesen Körpern befänden sich außerdem kleine Kanälchen, welche die magnetische Materie nur in eine Richtung passieren ließen. Euler vergleicht dieses Prinzip mit der Funktionsweise der Venen von Säugetieren.[196] Somit kann Euler die Entstehung und Form der Magnetfeldlinien erklären. Weiters nimmt Euler an, dass diejenigen Körper, welche sich magnetisieren ließen, über Bausteine dieser Kanälchen verfügten. Würden diese Körper einem Magnetfeld ausgesetzt, ordneten sich die Bausteine zu solchen Kanälchen an, was schließlich zur Magnetisierung des Körpers führe.

Diese Theorie steht in völligem Gegensatz zur Theorie von Maximilian Hell, in welcher dieser die moderne Auffassung vorwegnimmt, Magnetismus und Elektrizität seien Erscheinungsformen ein und desselben Phänomens (siehe Kommentar [16]).

Die Briefe 45 bis 68 beinhalten die Themenkomplexe Schwerkraft und Anziehungskraft der Himmelskörper untereinander. Dabei nimmt Euler eine kugelförmige Gestalt der Erde an und vernachlässigt hierbei bewusst die Abplattung an den Polen. Er beschreibt Newtons Gravitationsgesetz, jedoch in Sätzen ausformuliert.[197]

In einer genauen Beschreibung des Sonnensystems, begleitet von einer Abbildung, stellt Euler die sechs damals bekannten Planeten Merkur, Venus, Erde, Mars, Jupiter und Saturn sowie die zehn bekannten Satelliten, nämlich den Mond, die vier Satelliten von Jupiter und die fünf von Saturn dar. Zusätzlich beinhaltet die Darstellung den Halleyschen Kometen. Euler vermutet, dass auch andere Fixsterne über ein ähnliches System verfügten und somit auch andere bewohnte Planeten existieren könnten.

In den Briefen 155 bis 168 beschreibt Euler die Erdgestalt, gefolgt von den Definitionen eines Meridians, der geographischen Breite eines Ortes sowie eines Parallelkreises zum Äquator. Mithilfe einer geometrischen Abbildung (ähnliche Dreiecke) veranschaulicht er, dass die geographische Breite eines Ortes der dortigen Polhöhe entspricht.

Für die Längenbestimmung eines Ortes zählt Euler insgesamt fünf Methoden auf: genaue Aufzeichnung des zurückgelegten Weges und der Richtung, Bestimmung des örtlichen Mittags mit einer genauen Uhr, Beobachtung von Mondfinsternissen, Beobachtung von Fins-

---

[196] Der Blutkreislauf wurde 1628 von William Harvey entdeckt.

[197] In heutiger Form lautet Newtons Gravitationsgesetz: $F = G \cdot m_1 \cdot m_2 / r^2$, wobei r den Abstand der beiden Massen m_1 und m_2 beschreibt und G die Gravitationskonstante ist. Diese Konstante wurde erst durch Henry Cavendish 1798 bestimmt.

ternissen der Jupitermonde und Beobachtung von Fixsternbedeckungen durch den Mond. Für die letzten drei erwähnten Methoden werde eine Uhr benötigt, die wenigstens für den Zeitraum von einigen Stunden genau gehen und jeden Tag von neuem auf den örtlichen Mittag eingestellt werden müsse. Euler verzichtet hierbei auf die Definition der Zeitgleichung und nimmt vereinfachend an, dass nach genau 24 Stunden am selben Ort wieder Mittag sei. Die Beobachtung von Fixsternbedeckungen durch den Mond sei die für die Seefahrt am besten geeignete Längenbestimmung.

Geboren 1707 in Basel, kam Leonhard Euler nach dem Besuch des Gymnasiums in Basel im Alter von 13 Jahren an die dortige Universität, wo er bei Johann Bernoulli Mathematik studierte. Seine Promotion erfolgte 1724. Nachdem er sich 1726 erfolglos für die Physikprofessur in Basel beworben hatte, folgte er dem Ruf an die ein Jahr zuvor von Peter dem Großen gegründete Akademie der Wissenschaften in Petersburg. Er heiratete Katharina Gsell, die Tochter eines Malers; von den 13 gemeinsamen Kindern starben acht bereits früh, nur drei überlebten den Vater.

1741 ging er nach Berlin, wo er drei Jahre später Direktor der Mathematischen Klasse der Preußischen Akademie wurde und die Entwicklung von Mathematik und Physik nachhaltig beeinflusste. Während dieser Zeit hielt er den Kontakt zur Petersburger Akademie stets aufrecht, zu der er 1766 zurückkehrte. Diese so genannte „Zweite Petersburger Periode" war von Schicksalsschlägen geprägt. Zunächst büßte er seine Sehkraft fast zur Gänze ein, einige Jahre später verlor er sein Haus in einer Feuersbrunst, dessen Wiederaufbau von Katharina II. finanziell großzügig unterstützt wurde. Auch den Tod zweier Töchter sowie seiner Frau hatte Euler zu betrauern. Nichtsdestotrotz gilt diese „Zweite Petersburger Periode" als die produktivste Zeit seines Lebens. Durch seine Erblindung war er jedoch auf Gehilfen angewiesen, die er unter anderen in W. L. Krafft und Nicolaj Fuss (siehe Kommentar [27]) fand. Er korrespondierte mit vielen europäischen Gelehrten, war Mitglied zahlreicher bedeutender Akademien und erhielt etwa zwanzig von Akademien vergebene Preise. Seine Werke wurden dank ihrer Einfachheit und Klarheit bis ins 19. Jahrhundert als Lehrbücher verwendet.[198]

[20] **Maximilian Hell, *Observatio transitus Veneris ante discum Solis die 3 Junii anno 1769*, Wien 1770**

In diesem Werk befasst sich Hell mit dem von ihm am 3. Juni 1769 in Wardoe beobachteten Venustransit (siehe auch Abschnitt 2.1 und 2.2), aus dem Hell als wichtigstes Resultat Daten zur genaueren Bestimmung der Sonnenentfernung gewann.[199]

Den Anfang bildet eine Widmung an König Christian VII. von Dänemark und Norwegen, der Hell für die Beobachtung des Venustransits ein Messinstrument aus dem königlichen Observatorium in Kopenhagen zur Verfügung stellte. Diesem Instrument sowie den damit durchgeführten Beobachtungen ist ein eigenes Kapitel gewidmet. Bevor Hell sich dem von ihm beobachteten Venustransit zuwendet, befasst er sich mit der Bestimmung der geographischen Länge und Breite von Wardoe und mit der Problematik, den exakten Zeitpunkt des

---

[198] vgl. Rudolf Mumenthaler, Im Paradies der Gelehrten (Zürich 1996) 149–199; Artikel „Euler, Leonhard". In: ADB 6 S. 422–431; Artikel „Euler, Leonhard". In: MEL 8 S. 244f; Artikel „Euler, Leonhard". In: NDB 4 S. 688f; Artikel „Euler, Leonhard". In: DBE S. 192–194; Pogg 1 Sp. 689–703

[199] vgl. Artikel „Hell, Maximilian". In: DBE 4 S. 561; Artikel „Hell, Maximilian". In: BBKL 17 Sp. 632–636

ersten Kontaktes des Venusscheibchens mit der Sonnenscheibe zu ermitteln. Es folgt noch ein kurzes Kapitel über sonstige Beobachtungen von Hell am 2., 3. und 4. Juni, danach wendet er sich dem Venustransit selbst zu, wobei verschiedene Zeitpunkte (Wiener Zeit, Korrekturwert und daraus resultierende wahre Zeit) tabellarisch aufgelistet sind und festgehalten ist, was zwischen Ein- und Austritt des Venusscheibchens passiert. Den Abschluss des Werkes bildet eine kurze Beschreibung der Sonnenfinsternis, die Hell am folgenden Tag, dem 4. Juni, dank gutem Wetter beobachten konnte.

Dem Venustransit von 1769 wurde international große Bedeutung beigemessen, da sich hier die Gelegenheit bot, mittels Beobachtungen an mehreren weit auseinander liegenden Orten Daten zur genauen Bestimmung des Abstandes von der Erde zur Sonne zu erhalten. Hell unternahm mit seinem Gehilfen János Sajnovics anlässlich dieses Großereignisses eine Expedition zur Insel Wardoe.[200]

Hells erfolgreiche Expedition hatte für ihn leider ein unerfreuliches Nachspiel: die verzögerte Publikation seines auf der Reise geführten Tagebuchs veranlasste den französischen Astronomen Joseph Jérôme Lalande zu dem Vorwurf, Hell habe seine Daten im Nachhinein korrigiert. Diese Anschuldigung haftete Hell zeitlebens an und wurde nach seinem Tod auch von Carl Ludwig von Littrow, einem späteren Direktor der Wiener Universitätssternwarte, aufgegriffen, der Hells Tagebuchnotizen studiert hatte und den die darin aufgefundenen verschiedenen Tintenfarben zu dem Schluss kommen ließen, Hell habe seine Originaldaten nachträglich manipuliert. Hells Ruf wurde erst 1883 von Simon Newcomb, einem amerikanischen Astronomen, wiederhergestellt, der aufzeigen konnte, dass die Vorwürfe Littrows unberechtigt waren und auf einem Irrtum desselben beruhten.[201] 1903 beschreibt er in seinem Buch *The reminiscences of an astronomer*, wie er während eines Wienaufenthaltes aufgrund schlechten Wetters, das ihn von seinen geplanten Beobachtungen abhielt, stattdessen begann, Nachforschungen zu Hells Tagebuch über den Venustransit und Littrows Kritik desselben anzustellen, und wie er schließlich zu dem Ergebnis gelangte, dass Littrow aufgrund seiner Rot-Grün-Farbenblindheit Korrekturen, die Hell noch während seines Aufenthaltes in Wardoe mit der Originaltinte in seinem Tagebuch vorgenommen hatte, irrtümlich für nachträgliche Fälschungen gehalten hatte:

„[...] I began to compare the manuscript, page after page, with Littrow's printed description. It struck me as very curious that where the manuscript had been merely retouched with ink which was obviously the same as that used in the original writing, but looked a little darker than the original, Littrow described the ink as of a different color. In contrast with this, there was an important interlineation, which was evidently made with a different kind of ink, one that had almost a blue tinge by comparison; but in the description he markes no mention of this plain difference. I thought this so curious that I wrote in my notes as follows:– 'That Littrow, in arraying his proofs of Hell's forgery, should have failed to dwell upon the obvious difference between this ink and that with which the alterations were made leads me to suspect a defect in his sense of color.' Then it occurred to me to inquire whether, perhaps, such could have been the case. So I asked Director Weiss [Edmund Weiss, von 1877 bis 1908 Direktor der Wiener Sternwarte, Anm.] whether anything was known as to the normal character of Littrow's power of distinguishing colors. His answer was prompt and decisive.

---

[200] vgl. Pärr, Wiener Astronomen S. 33f
[201] ebd. S. 34–37; Artikel „Hell, Maximilian". In: BBKL 17 Sp. 632–636. Newcomb veröffentlichte seine Erkenntnisse in dem Artikel On Hell's alleged falsification of his observations of the transit of Venus in 1769. In: Monthly Notices of the Royal Astronomical Society 43 (London 1883) 371–381

'Oh, yes, Littrow was color blind to red. [...]' No further research was necessary. For half a century the astronomical world had based an impression on the innocent but mistaken evidence of a color-blind man expecting the tints of ink in a manuscript."[202]

Für biographische Informationen siehe Abschnitt 2.2.

[21] Joseph Liesganig, *Dimensio graduum meridiani Viennensis et Hungarici*, Wien 1770

Das Buch, in dem Liesganig die Vorbereitungen und Ergebnisse seiner Meridianmessungen in Wien und Ungarn beschreibt, gilt als Hauptwerk des Autors und wurde später zum Ziel einer heftigen Kritik seines ehemaligen Gehilfen Franz Xaver von Zach.[203] Es gliedert sich in zwei Hauptteile, wobei der erste Teil, der die Messungen in Wien umfasst, wesentlich umfangreicher ist (226 Seiten) als der zweite Teil über die ungarischen Messungen (35 Seiten), was unter anderem darauf zurückzuführen ist, dass der erste Teil auch die Einleitung sowie die Beschreibungen der Messinstrumente und -orte umfasst. Die Untergliederung der Hauptteile erfolgt in einen geometrisch-trigonometrischen und einen astronomischen Abschnitt, wobei der erste Hauptteil im astronomischen Abschnitt ein Kapitel *(Sectio)* über die Bestimmung der Länge des Sekundenpendels für die geographische Breite von Wien enthält. Interessanterweise existieren in diesem Abschnitt nur die Sectiones I, II und IV, Sectio III fehlt. Dies dürfte allerdings nicht auf eine fehlerhafte Nummerierung oder einen Druckfehler zurückzuführen sein, da Sectio III nicht nur im Inhaltsverzeichnis, sondern auch im Werk selbst nicht aufscheint.
In der Einleitung spricht Liesganig die Gestalt der Erde an – an den Polen sei sie abgeplattet, am Äquator elongiert. Dies bezieht sich auf den wenige Jahrzehnte zuvor stattgefundenen Gelehrtenstreit über die Form der Erde (siehe Abschnitt 2.1). In diesem Zusammenhang weist Liesganig auf wichtige Autoren und deren Werke hin, die teilweise ebenfalls in der Bibliothek der Universitätssternwarte Wien vorhanden sind. Dazu zählen: Pierre Louis Moreau de Maupertuis, *Figure de la terre* (Amsterdam 1738, siehe Kommentar [6]) sowie *Degré du méridien entre Paris & Amiens* (Paris 1740), Charles-Marie de la Condamine, *Mesure des trois premiers degrés du méridien* (Paris 1751, siehe Kommentar [12]), Pierre Bouguer, *La figure de la terre* (Paris 1749, siehe Kommentar [11]).
Gewidmet ist das Werk Maria Theresia, die hier als „Augusta", also als Kaiserin bezeichnet wird, obwohl sie selbst nie gekrönt wurde und daher bis zu ihrem Tod 1780 „nur" Erzherzogin war. Allerdings bezeichnete sie sich selbst ab 1745 als „römische Kaiserin", was zu dem immer noch weit verbreiteten Irrtum führte.[204]

Joseph Liesganig, der 1734 dem Jesuitenorden beigetreten war, wurde 1752 Professor der Mathematik an der Universität Wien und 1756 Präfekt des Wiener Kollegiums an der Jesuitensternwarte. 1758 führte er eine Polhöhenbestimmung Wiens mit einem selbstgebauten 10-Fuß-Zenit-Sektor durch und erhielt dabei den sehr genauen Wert von 48° 12' 34,5"[205].

---

[202] Simon Newcomb, The reminiscences of an astronomer (London/New York 1903) 156–160
[203] vgl. Peter Brosche, Der Astronom der Herzogin. Leben und Werk von Franz Xaver von Zach 1754–1832 (=Acta Historia Astronomiae 12, ed. Wolfgang R. Dick, Jürgen Hamel, Frankfurt a. M. 2001) 18
[204] vgl. Artikel „Maria Theresia". In: Österreich- Lexikon 2 S. 18f
[205] vgl. Artikel „Liesganig, Joseph". In: DSB 8 S. 350

Zwei Jahre später beauftragte ihn Maria Theresia, angeregt durch Bošcović (zu Bošcović siehe Kommentar [15]), mit der Vermessung der Umgebung Wiens. Hierfür richtete Liesganig Basisvermessungsorte bei Wiener Neustadt und im Marchfeld ein und berechnete mittels Triangulationssystem die geographische Breite von Warasdin, Brünn und Graz. 1769 folgten Vermessungen in Ungarn.[206] Die Ergebnisse der Arbeiten in Wien und Ungarn veröffentlichte Liesganig im vorliegenden Werk, in dem auch das von ihm verwendete Triangulationssystem beschrieben ist.

1772 wurde Liesganig Baudirektor in Lemberg und leitete die Vermessungen in Ostgalizien, wo er nach Auflösung des Jesuitenordens (1773) Gubernialrat wurde. 1775 erhielt er eine Professur am Collegium Nobilium in Lemberg, neun Jahre später betreute er die Katastervermessungen in Gutenbrunn und im darauf folgenden Jahr in Galizien.[207]

Liesganig „war zweifellos einer der Gründerväter des neueren österreichischen Vermessungswesens"[208].

[22] Christian Mayer u. a., *Collectio omnium observationum quae occasione transitus Veneris per Solem a. MDCCLXIX...*, Petersburg 1770

Von 1768 bis 1774 wurden auf Veranlassung Katharinas II. mehrere groß angelegte Expeditionen in verschiedene Gegenden Russlands durchgeführt. Ursprünglich waren diese nur als astronomische Forschungsreisen zur Beobachtung des Venustransits von 1769 gedacht, um die von der Petersburger und der Pariser Akademie der Wissenschaften angezweifelten Messergebnisse des französischen Astronomen Jean Chappe d'Auteroche, der den 1761 stattgefundenen Venusdurchgang in Tobolsk beobachtet hatte, zu überprüfen. Anlässlich der Reise von Katharina II. nach Südrussland im Frühjahr 1767 traten neben die astronomischen aber auch wirtschaftliche Aspekte. Zunächst dachte man daran, jedem Astronomen einen Naturforscher zur Seite zu stellen, schließlich entschied man sich aber für von den astronomischen Expeditionen unabhängige so genannte „physikalische" Expeditionen, wobei hier der Begriff „physikalisch" nicht im Sinne der modernen Physik, sondern im Sinne des griechischen Natur- bzw. physis-Begriffs gebraucht wird. Letztere sollten Pflanzen, Tiere, Minerale, Steine, Erden und vieles mehr, wovon man sich genauere Kenntnis der Natur und des sich daraus für die Gesellschaft ergebenden Nutzens erhoffte, beschreiben und sammeln, über Ackerbau, Krankheiten, Viehseuchen sowie Viehzucht berichten und Aufzeichnungen über meteorologische Beobachtungen, Sprachen, Sitten und Altertümer führen. Schließlich brachen 1768 acht astronomische und zwei physikalische Expeditionen auf.[209]

Im Rahmen der astronomischen Expeditionen der Petersburger Akademie entstand der vorliegende Sammelband, der Beiträge von acht Astronomen über ihre an jeweils unterschiedlichen Standpunkten durchgeführten Beobachtungen des Venustransits und der Sonnenfinsternis im Juni 1769 beinhaltet (die teilweise Datierung des Venustransits auf den 23. Mai erklärt sich daraus, dass in Russland bis 1918 der julianische Kalender galt).

---

[206] ebd. S. 351
[207] vgl. Artikel „Liesganig, Joseph". In: DBE 6 S. 393; Pogg 1 Sp. 1461; Artikel „Liesganig, Joseph". In: DSB 8 S. 351
[208] Brosche, Astronom der Herzogin S. 19
[209] vgl. Folkwart Wendland, Peter Simon Pallas (1741–1811). Materialien einer Biographie 1 (=Veröffentlichungen der Historischen Kommission zu Berlin 80/I, Berlin/New York 1992) 80–82, 90f, 95

Die Beobachtungen wurden in Petersburg (Christian Mayer), Lapponia[210] (Jacques-André Mallet, Jean-Louis Pictet), Kola[211] (Stephan J. Rumovskij), Gurjew[212] (Georg Moriz Lowitz), Orenburg[213] (Wolfgang Ludwig Krafft), Orsk[214] (Christoph Euler) und Jakutsk[215] (Ivan Islenev) durchgeführt. Neben genauen Aufzeichnungen über die Ereignisse rund um Venustransit und Sonnenfinsternis finden sich in den meisten Beiträgen auch meteorologische Daten, die von den Astronomen während ihres Aufenthaltes über mehrere Monate hindurch aufgenommen worden waren, sowie Längen- und Breitengradbestimmungen ihres jeweiligen Beobachtungsstandortes.

Daran anschließend folgt eine Darlegung der Methoden sowohl zur Bestimmung der Sonnenparallaxe aus dem Venustransit als auch zur Längenbestimmung der Orte auf der Erde mit Hilfe der Sonnenfinsternis mit Berechnungen und Schlussfolgerungen. Beigefügt sind darüber hinaus Berechnungen zum Venustransit (Eintritt, Austritt etc.) für die einzelnen Beobachtungsstandorte sowie Aufzeichnungen von Beobachtungen, die an einigen amerikanischen Instituten durchgeführt worden waren (Castello St. Josephi in Kalifornien, Noritoni in Pennsylvania, Philadelphia).

Zwei kurze Beiträge von Wolfgang Ludwig Krafft sind der Bestimmung der geographischen Länge seines Beobachtungsstandortes – des Observatoriums von Orenburg – sowie den Berechnungen zum Kometen von 1770 gewidmet.

Der letzte Beitrag, verfasst von Johann Albrecht Euler (Sohn von Leonhard Euler), stellt eine Zusammenfassung seiner meteorologischen Beobachtungen in St. Petersburg für die einzelnen Monate des Jahres 1769 sowie die Beschreibung seiner verwendeten Instrumente (Barometer, Thermometer) dar. Am Ende des Werkes sind zahlreiche Abbildungen mitgebunden.

[23] Anton Pilgram, *Tabulæ Lunares Tobiæ Mayeri*, Wien 1771

In diesem von Pilgram herausgegebenen Tabellenwerk finden sich zehn von Tobias Mayer verbesserte Sonnentafeln des französischen Astronomen Nicolas Louis de La Caille (1713–1762), sowie 77 Mondtafeln von Mayer, die dieser für den Meridian von London gerechnet hatte und die von Pilgram auf den Pariser Meridian umgerechnet wurden.

Im Vorwort wird erklärt, was die einzelnen Tafeln darstellen, wo Mayer im Vergleich zu La Caille Veränderungen vorgenommen und was Pilgram selbst bei seiner Umrechnung auf den Pariser Meridian geändert oder hinzugefügt habe.

Unter den Mondtafeln finden sich beispielsweise Tabellen über die mittlere Bewegung des Mondes im Julianischen Jahr (Julianischer Stil), die Epochen der mittleren Mondbewegung für den Gregorianischen Stil, die mittlere Mondbewegung (wobei jeder Monat auf einer eigenen Tafel dargestellt wird), die mittlere Mondbewegung in Stunden, Minuten und Sekunden, die Anomalie des Mondes sowie verschiedene Tafeln zu Mondlänge, -breite und -parallaxe. Pilgram erstellte darüber hinaus eine Tafel mit Refraktionsdaten für Wien und Paris.

---

[210] Naturlandschaft im schwedischen Lappland
[211] Halbinsel in Russland am Nordrand des Weißen Meeres
[212] Gurjew war bis 1992 der Name der kasachischen Stadt Aterau/Atyrau am Ural nahe dem Kaspischen Meer.
[213] russische Stadt am Ural
[214] russische Stadt am Ural nahe der kasachischen Grenze
[215] sibirische Stadt an der Lena

An den Tabellenteil schließen zwei kurze Kapitel über die Verwendung der Sonnen- und Mondtafeln an, in denen auch sich stellende Probleme angesprochen und Beispielrechnungen durchgeführt werden.

Der 1730 in Wien geborene Anton Pilgram trat 1747 dem Jesuitenorden bei und erhielt sechs Jahre später eine Assistentenstelle bei Maximilian Hell (zu Hell siehe Abschnitt 2.2) an der Wiener Sternwarte. Als Hell 1769 zu seiner Venustransit-Reise aufbrach, blieb Pilgram als sein Vertreter in Wien und wurde zum kaiserlichen Astronomen ernannt. Ab 1769 war er auch verantwortlich für die Herausgabe der von Hell gegründeten, jährlich erscheinenden *Ephemerides astronomicae ad meridianum Vindobonensem*, die er nach Hells Rückkehr gemeinsam mit diesem leitete. Besonderen Ruf erlangte er durch seine *Untersuchungen über das Wahrscheinliche der Wetterkunde durch vieljährige Beobachtungen* (siehe Kommentar [35]), die ihn zu einem Wegbereiter der wissenschaftlichen Meteorologie machten.[216]

[24] Emanuel Swedenborg, *Von den Erdkörpern der Planeten und des gestirnten Himmels Einwohnern*, Frankfurt und Leipzig 1771

Die vorliegende Schrift kann als frühe Vorform von „Science fiction" bezeichnet werden, auch wenn ihr Autor sie selbst wohl nicht so situierte, da er den Anspruch erhob, durch mystische Erfahrung Kunde von den angeblichen Bewohnern der anderen Planeten erlangt zu haben.
Darin unterscheidet sich das Werk offensichtlich ganz entscheidend von den seriösen wissenschaftlichen Betrachtungen zur Bewohnbarkeit der Planeten unseres Sonnesystems durch Christian Huygens in seinem *Cosmotheōros* (siehe Kommentar [1]).
Um den sehr umstrittenen Wert der Schriften Swedenborgs zu dokumentieren, sei zunächst in Erinnerung gebracht, dass Kant diese unter dem Gesichtspunkt ihrer mangelnden erkenntnistheoretischen Fundierung in seiner Abhandlung *Träume eines Geistersehers* (1766) scharf kritisierte. Dort finden wir etwa folgendes Urteil: „Es lebt zu Stockholm ein gewisser Herr Schwedenberg, ohne Amt oder Bedienung, von seinem ziemlich ansehnlichen Vermögen. Seine ganze Beschäftigung besteht darin, daß er, wie er selbst sagt, schon seit mehr als zwanzig Jahren mit Geistern und abgeschiedenen Seelen in genauestem Umgange stehet, von ihnen Nachrichten aus der anderen Welt einholet [...], große Bände über seine Entdeckungen abfaßt und bisweilen nach London reiset, um die Ausgabe derselben zu besorgen. Er ist eben nicht zurückhaltend mit seinen Geheimnissen, spricht mit jedermann frei davon, scheint vollkommen von dem, was er vorgibt, überredet zu sein [...]. So wie er, wenn man ihm selbst glauben darf, der Erzgeisterseher unter allen Geistersehern ist, so ist er auch sicherlich der Erzphantast unter allen Phantasten, man mag ihn nun aus der Beschreibung derer, welche ihn kennen, oder aus seinen Schriften beurteilen."[217]
Einige kurze Ausschnitte aus dem Werk *Von den Erdkörpern der Planeten und des gestirnten Himmels Einwohnern* (welches uns in der 2. Auflage der deutschen Übersetzung vorliegt) mögen dazu dienen, die Triftigkeit der Kantschen Einschätzung zu belegen. In dem

---

[216]vgl. Artikel „Pilgram, Anton". In: ADB 26 S. 129; Artikel „Pilgram, Anton". In: DBE 7 S. 670

[217]Immanuel Kant, Träume eines Geistersehers, erläutert durch Träume der Metaphysik. In: ders., Werke 1, ed. W. Weischedel (Wiesbaden 1960) 966.

Abschnitt über die Bewohner des Planeten Merkur heißt es: „Was die Geister des Planeten Mercurs in diesem größten Menschen [Swedenborg betrachtet den ganzen Weltraum als einen großen Menschen, Anm.] vorstellen, ist mir auch aus dem Himmel entdeckt worden, daß sie nemlich das Gedächtniß aber nur desjenigen vorstellen, welches von irdischen blos materiellen Dingen abgesondert ist. Weil mir aber mit ihnen zu reden gegeben worden, und dieses über mehrere Wochen lang, und zu hören wer sie seyen, und zu erforschen, wie es mit denjenigen, die in jener Erde [eben dem Merkur, Anm.] sind, stehe; so will ich meine eigene Erfahrung anführen." (S. 8) Diese „Erfahrung" mit den Merkurbewohnern wird dann unter anderem folgendermaßen beschrieben: „Die Wörtersprache verabscheuen sie, weil sie materiell ist, weßwegen ich mit ihnen ohne Hülfe anderer Geister nicht anders als durch eine Art von activen Gedanken reden konnte." (S. 13) – Analog wird in Swedenborgs Buch über die Bewohner der Planeten Jupiter (S. 39ff.), Mars (S. 83ff.), Saturn (S. 102ff.) und Venus (S. 108ff.) berichtet. Des weiteren wird auch noch von anderen „Erdbällen in dem gestirnten Himmel" gehandelt.

Der (anonyme) Übersetzer dieses Swedenborgschen Werks ist Christoph Friedrich Dertinger; beigegeben sind dem eigentlichen Text noch „Reflexionen" zu Theologie, Philosophie, Logik und Psychologie von Friedrich Christoph Oetinger (1702–1782), des weiteren ein Brief Swedenborgs vom 8. November 1768 sowie eine kurze „Vergleichung mit Fontenelle" (Bernard le Bouyer de Fontenelle, Verfasser der *Entretiens sur la pluralité des mondes* (1686); hier S. 224ff.). Erwähnenswert ist, daß Oetinger an einer Stelle (S. 215) festhält: „Hieraus ist klar, wie viel willkührliches sich unter die Visa [=Visionen, Anm.] Schwedenborgs mischet [...]."

Emanuel Swedenborg (eigentlich Swedberg), 1688–1772, trat als Erfinder, Naturforscher und Verfasser mystischer Schriften hervor. Naturphilosophisch stand er zunächst dem Mechanismus, später (ab 1744) dem Vitalismus nahe. Er erhob (nach Durchleben einer langjährigen religiösen Krise) den Anspruch, die Welt der Engel und Geister in Visionen erschauen und sprachlich beschreiben zu können, was er in zahlreichen Publikationen auch tat. Zu diesen gehören unter anderem *Arcana coelestia* (London 1749–56, 8 Bde.), *De coelo et ius mirabilibus, et de inferno* (ebd. 1758), *Apocalypsis relevata* (ebd. 1769), aber auch das vorliegende Werk, dessen lateinisches Original den Titel *De telluribus in mundo nostro solari, quae vocantur planetae: et de telluribus in coelo astrifero; deque illarum incolis; tum de spiritibus et angelis ibi; ex auditis et visis* trägt und 1758 erschienen ist. Das Jenseits fasste Swedenborg als ein Spiegelbild des Diesseits auf und beschrieb es daher geradezu topographisch. Swedenborgs Werke machten u. a. Eindruck auf Goethe, Schiller, Schelling, Balzac und Strindberg.[218]

[25] Johann Heinrich Lambert, *Merkwürdigste Eigenschaften der Bahn des Lichts durch die Luft und überhaupt durch verschiedene sphärische und concentrische Mittel*, Berlin 1773

Der Originaltitel dieses von Lambert verfassten Werkes lautet *Les propriétés remarquables de la route de la lumière, par les airs et en général par plusieurs milieux refringens spheriques et concentriques*. Die Motivation, eine neue Auflage in erstmaliger deutscher Überset-

---

[218] vgl. Artikel „Swedenborg, Emanuel". In: DGB 11 S. 358.

zung herauszugeben, bestand laut Anmerkung des Übersetzers darin, dass das Werk, „von dem man mit vielem Grunde behaupten kann, daß es das einzige ist, welches uns etwas Deutliches und in seiner Art Vollständiges, besonders von der Strahlenbrechung, liefert"[219], schnell vergriffen und „in Teutschland nicht so bekannt war, als es wegen der Wichtigkeit der darinnen abgehandelten Materien von rechtswegen hätte seyn sollen"[220].

Die beiden Schwerpunkte, die Lambert in den *Merkwürdigsten Eigenschaften* setzte, werden von ihm in seiner Vorrede kurz skizziert. Zum Einen sei dies die Geometrie und Analyse, wobei der Autor sich mit dem Strahlengang des Lichts durch verschiedene „sphärische und concentrische Mittel"[221] befasse, hierbei jedoch einen anderen Weg eingeschlagen habe als die „großen Geometer", „weil ich fand, daß er sie nicht zum Ziele führete"[222]. Man müsse vielmehr Umwege einschlagen, so Lambert. Zum Anderen spiele die Photometrie eine zentrale Rolle. An dieser Stelle folgen Verweise auf Bouguers *Gradation des Lichts*[223] (mit der Anmerkung, dass Bouguer die Eigenschaften des Lichts nur bei Einfall im rechten Winkel untersucht und er selbst – Lambert – dies nun auf alle Einfallswinkel ausgedehnt habe), sowie Euler, Smith und Kästner. Bei seinen Untersuchungen (beispielsweise über die Abnahme des Lichts beim Durchgang durch die Atmosphäre, die Helligkeit der erleuchteten Gegenstände im Vergleich zur Helligkeit des Lichts selbst und die Helligkeit der Bilder in den Brennpunkten kaustischer Gläser im Vergleich zur Helligkeit der Gegenstände selbst, wobei er die Menge des Lichts, die die Oberfläche der Gläser zurückwirft, berücksichtigt) und deren Anwendung auf das Planetensystem (beispielsweise bezüglich der Helligkeit der Planeten und ihrer Phasen) habe Lambert Erkenntnisse über die Helligkeit des Monds und der Sonne gewonnen, die sehr gut mit jenen von Bouguer übereinstimmten; Euler habe bei seinen Berechnungen eine zu geringe, Smith eine zu große Helligkeit erhalten. Auch die verschiedenen Grade des Schattens sowie die Helligkeit der Gegenstände in Abhängigkeit zur Pupillenöffnung habe er untersucht. Am Schluss der Vorrede betont Lambert, dass seine Aussagen über die abgehandelten Materien von dem, was bisher über diese veröffentlicht wurde, abwichen, und dass auch hinsichtlich der Strahlenbrechung Neues in diesem Werk zu finden sei.

Der Hauptteil des Werkes ist in drei Abschnitte gegliedert, die ähnlich aufgebaut sind. Den Anfang bildet die Schilderung von Erfahrungen oder der „Vortrag des Falles", dann folgt ein Lehrsatz. Diesem wird ein Beweis angehängt, an den sich gegebenenfalls ein Folgesatz anschließt, der wiederum einen Lehrsatz und einen Beweis nach sich zieht usw. Zwischendurch fügt der Autor bisweilen Anmerkungen und Aufgaben mit Auflösung ein.

Im ersten Abschnitt über „[a]llgemeine Eigenschaften der Bahn des Lichts durch verschiedene brechende Mittel, die sphärisch und concentrisch sind"[224], befasst sich Lambert mit dem Verhältnis der Sinus von Einfalls- und Brechungswinkeln bei verschiedenen Einfallswinkeln und „Mitteln" sowie der Anwendung auf die Erdatmosphäre: was passiert, wenn man verschiedene Mittel mit ähnlichen strahlenbrechenden Kräften unendlich nahe aneinander setzt?

Der zweite Abschnitt handelt „[v]on der astronomischen Strahlenbrechung; Methode, sie durch Näherung so genau zu bestimmen, als man es verlangt, und verschiedene andere

---

[219] Lambert, Merkwürdigste Eigenschaften, Vorrede S. 16
[220] ebd.
[221] ebd. S. 5
[222] ebd.
[223] Pierre Bouguer, Essai d'optique sur la gradation de la lumière (Paris 1729) sowie ders., Optice de diversis luminis gradibus dimetiendis opus posthumum in latinum conversum (Wien 1762, siehe Katalog).
[224] Lambert, Merkwürdigste Eigenschaften S. 1

Aufgaben, die damit verwandt sind"[225]. Es wird darin die Strahlenbrechung in der Atmosphäre unter Berücksichtigung von Temperatur und Druck erläutert.

Auch der dritte Abschnitt ist der Anwendung der Erkenntnisse auf die Erdatmosphäre gewidmet. Diesmal wird „die Bahn des Lichts als ein Cirkelbogen betrachtet [...] um die Strahlenbrechung nahe bey der Oberfläche der Erde zu bestimmen"[226]. Die Strahlenbrechung wird hier genutzt, um die Höhe eines Berges oder einer Wolke zu bestimmen. Lambert verbessert dabei die Werte, die Cassini für verschiedene Berge gefunden hatte, da dieser die Strahlenbrechung nicht berücksichtigt hatte.

Johann Heinrich Lambert wurde 1728 als Sohn eines hugenottischen Schneiders geboren und bildete sich hauptsächlich autodidaktisch. In der Mathematik entwickelte er unter anderem die Darstellung des Tangens und des Tangens hyperbolicus als Kettenbrüche und bewies die Irrationalität der Eulerschen Zahl e und der Kreiszahl π. Auch in der Astronomie machte er sich einen Namen, beispielsweise durch die Gründung des *Berliner Astronomischen Jahrbuchs oder Ephemeriden* oder die halb wissenschaftliche, halb spekulative Abhandlung über seine Vorstellung vom „Weltbau",[227] in der er einerseits die Milchstraße richtig als ein aus vielen Sonnen zusammengesetztes System erkannte, andererseits aber die Existenz menschenähnlicher Lebewesen im All behauptete. In der Physik beschäftigte er sich unter anderem mit Photometrie, Hydrometrie und Pyrometrie. Als Philosoph stand er Leibniz nahe. Sein 1752 gegründetes Monatsbuch beinhaltete bis zu seinem Tod 1777 Veröffentlichungen zu seinen neuesten Entdeckungen und Studien.[228]

[26] Placidus Fixlmillner, *Decennium astronomicum*, Wien 1776

Fixlmillners *Decennium astronomicum* beinhaltet die Beobachtungen des Autors an der Sternwarte Kremsmünster in den Jahren 1765 bis 1775 und die auf diesen Beobachtungen beruhenden Berechnungen. Das Werk umfasst drei Teile, wobei der erste Teil Sonnen-, Planeten- und Kometenbeobachtungen, der zweite die Bestimmung der geographischen Lage des Stifts Kremsmünster und der dritte Bemerkungen zu Theorie und Nutzen der Berechnungen enthält.

Im ersten Abschnitt befasst sich Fixlmillner zunächst mit der Bestimmung der Sonnenrotation und der Neigung des Sonnenäquators auf Basis seiner Sonnenfleckenbeobachtungen im Juni 1767, sodann mit verschiedenen Sternbedeckungen durch den Mond (beispielsweise der Bedeckung der Plejaden am 22. September 1766, des Aldebaran am 11. August 1773 und des Saturn am 18. Februar 1775) und anderen Mondbeobachtungen (darunter eine partielle Mondfinsternis am 24. Februar 1766), wobei er seine Ergebnisse mit den Tabellen von Tobias Mayer (siehe Kommentar [23]) vergleicht. Es folgen verschiedene Beobachtungen von Oppositionen (so die Opposition des Saturn, Jupiter und Mars zu jeweils mehreren Zeitpunkten in den Jahren 1765 bis 1775) sowie der Venus (erwähnenswert ist hier vor allem der Venustransit von 1769, siehe Abschnitt 2.1), des Merkur und der Kometen von 1769 und 1771. Den Abschluss des ersten Teils bilden die von 1765 bis 1775 von Fixlmillner durchgeführten Beobachtungen der Bedeckungen der Jupitersatelli-

---

[225] ebd. S. 37
[226] ebd. S. 69
[227] Johann Heinrich Lambert, Cosmologische Briefe über die Einrichtung des Weltbaues (Augsburg 1761)
[228] vgl. Artikel „Lambert, Johann Heinrich". In: DBE 6 S. 204

ten durch Jupiter selbst. Um im zweiten Teil seines Werkes die geographische Länge der Sternwarte von Kremsmünster zu ermitteln, schlägt Fixlmillner zwei getrennte Wege ein: zum Einen zieht er die zuvor dargestellten Untersuchungen über die Bedeckungen der Jupitersatelliten heran (wobei er auch diesbezügliche Beobachtungen von Maximilian Hell und Anton Pilgram einbindet), zum Anderen führt er Längenberechnungen auf Basis von Ergebnissen aus Sonnenfinsternissen und Fixsternbedeckungen durch. Darauf folgt ein Exkurs über den Unterschied zwischen der geographischen Länge von Kremsmünster und Linz. Eine genauere Beschreibung seiner Lagebestimmung des Stifts Kremsmünster findet sich in seinem Werk *Meridianus speculae astronomicae Cremifanensis* (siehe Kommentar [18]).

Für biographische Angaben siehe Kommentar [18].

[27] Nicolaj I. Fuss, *Umständliche Anweisung, wie alle Arten von Fernröhren in der größten möglichen Vollkommenheit zu verfertigen sind*, Leipzig 1778

Diese Arbeit basiert auf Auszügen aus Leonhard Eulers *Dioptrik*[229], versehen mit Erklärungen von Fuss und Zusätzen des Übersetzers Georg Simon Klügel.
Im Vorwort, das von Euler verfasst wurde, wird auf die Problematik der Vergrößerung bei Fernrohren hingewiesen. Nachdem man nach Erfindung der Fernrohre zunächst gedacht habe, dass die Länge des Fernrohrs mit dem Quadrat der Vergrößerung wachsen müsse, also bei doppelter Vergrößerung eine vierfache Länge des Teleskops erforderlich sei, hätten sich die Astronomen überlanger Fernrohre bedient. Allerdings habe eine stärkere Vergrößerung eine höhere Unschärfe der Bilder bedingt. Dieses Problem sei durch die Erfindung der grundsätzlich farbfehlerfreien Spiegelteleskope behoben worden, die auf Newtons Entdeckung beruht hätten, wonach Licht unterschiedlicher Wellenlänge verschieden stark gebrochen werde. Der Nachteil der Spiegelteleskope habe darin bestanden, dass sie durch die bei der Herstellung erforderliche hohe Präzision teuer gewesen seien und einige Fehler aufgewiesen hätten, wie beispielsweise abnehmende Helligkeit bei steigender Vergrößerung, ein kleines Gesichtsfeld und Anlaufen der Metallspiegel. Für diese Probleme seien bisher keine Lösungen gefunden worden, bis Euler vorgeschlagen habe, den von Newton kritisierten Fehler der Teleskope durch die Kombination mehrerer verschiedener, durchsichtiger Materialien, die den Unterschied der Brechungsindizes der einzelnen Farben mildern würde, auszumerzen. John Dollond (1706–1761, englischer Optiker), der Euler zunächst kritisiert habe, habe aufgrund eigener Versuche schließlich Euler Recht geben müssen und danach so gute, „achromatisch" genannte Fernrohre hergestellt, dass sie den Spiegelteleskopen vorgezogen worden seien. Euler meint, man könne die Fernrohre noch weiter vervollkommnen, brauche dazu aber eine gute Theorie, und diese habe er in seiner *Dioptrik* auch dargelegt, allerdings in algebraischer Form. Deshalb werde er jetzt versuchen, diese Theorie allgemein verständlich zu erklären, damit die „Künstler" sie verwenden und Fernrohre konstruieren könnten, die trotz starker Vergrößerung sehr kurz seien, was wichtig sei für die Schifffahrt.

---

[229] Leonhard Euler, Dioptrica 1–3 (Petersburg 1769–1771, siehe Katalog)

Auf Formeln wird im Werk selbst weitgehend verzichtet und stattdessen alles mit Worten einfach und anschaulich erklärt. Maßangaben richten sich nach der in tausend Einheiten unterteilten Brennweite, sodass sich für jede gewünschte Brennweite die einzelnen Maße schnell und einfach ermitteln lassen. In insgesamt sieben Abschnitten werden möglichst stark vergrößernde Linsensysteme bzw. Fernrohre bei gleichzeitiger Minimierung von Farbfehlern präsentiert, ergänzt werden die Abschnitte jeweils von einem Zusatz des Übersetzers Klügel.

Im ersten Abschnitt werden Objektivgläser vorgestellt, die „gar keine Undeutlichkeit verursachen"[230]. Um das zu erreichen, werden sie aus zwei Glasarten zusammengesetzt, nämlich Flintglas und Kronglas. Es folgen Erklärungen zur Bestimmung der Brennweite eines derart zusammengesetzten Objektivglases sowie zur Einrichtung der Objektivgläser, wozu drei Beispiele gegeben werden, eines zu einem aus zwei Linsen bestehenden Objektiv, zwei zu aus drei Linsen bestehenden Objektiven (bestehend aus zwei Kronglaslinsen mit einer dazwischen befindlichen Flintglaslinse). Der Zusatz, den Klügel dem Kapitel beifügt, betrifft den Fall, dass das Licht von einem Punkt außerhalb der Achse des Objektivs einfällt.

Der zweite Abschnitt handelt von der Verbesserung gewöhnlicher Fernrohre mit Hilfe eines konkaven Okulars und unter Verwendung der im ersten Abschnitt vorgestellten Objektive. Für die Verbesserung der Vergrößerung durch ein Dreilinsensystem werden fünf Beispiele gegeben, von einer fünffachen bis hin zu einer fünfzigfachen Vergrößerung. Klügel befasst sich in einem Zusatz mit der Verminderung des farbigen Randes um das Objekt durch Anbringen eines konvexen Glases vor dem konkaven Okular.

Um die Verbesserung der aus drei Gläsern bestehenden Fernrohre geht es im dritten Abschnitt. Da die normalerweise aus zwei konvexen Gläsern bestehenden Fernrohre Farben um den Rand des Bildes erzeugen, die mit steigender Vergrößerung zunehmen, werden sie mit einem dritten Glas versehen, einem aus drei Linsen zusammengesetzten Objektiv, wodurch auch das Gesichtsfeld erweitert wird. Es folgen vier Beispiele für verschiedene Vergrößerungen (von 25fach bis 320fach) bei einer maximalen Länge des Fernrohres von nur 7 Fuß. Klügel ergänzt den Abschnitt um weitere Möglichkeiten, die Farben am Bildrand zu vermindern.

Von den aus drei Gläsern bestehenden Fernrohren geht Euler nun auf Fernrohre über, die aus vier Gläsern zusammengesetzt sind, wodurch das Gesichtsfeld um beinahe die Hälfte vergrößert wird. Darüber hinaus sind auch keine so kleinen Okulare erforderlich, und die Fernrohre sind kürzer. Wieder werden vier Beispiele für unterschiedliche Vergrößerungen (abermals von 25fach bis 320fach) gegeben. Im folgenden Zusatz beschäftigt sich Klügel mit der Anwendung der zuvor besprochenen Anordnung der Okulare für ein einfaches Objektiv.

Der fünfte Abschnitt umfasst die Verbesserung der aus vier Gläsern bestehenden Erdfernrohre, wobei unter „Erdfernrohr" ein aus zwei astronomischen Fernrohren zusammengesetztes Fernrohr verstanden wird, das die Gegenstände aufrecht darstellt. Von den vier Gläsern sind drei aus Kronglas, eines aus Flintglas hergestellt. Ziel ist es, die Gläser so einzurichten, dass das Gesichtsfeld bei möglichst geringem farblichen Rand möglichst groß ist. Das einfache Objektivglas wird hierbei durch ein aus drei Linsen zusammengesetztes Glas ersetzt. Die vier anschließenden Beispiele sind für eine zehn- bis dreihundertfache Vergrößerung gerechnet. Angefügt sind einige Bemerkungen Klügels zu den Okularen.

Im sechsten Abschnitt geht es ebenfalls um Erdfernrohre, die gleich denjenigen aus dem vorigen Abschnitt die Gegenstände aufrecht darstellen, sich von diesen jedoch in der Stel-

---

[230] Fuss, Umständliche Anweisung S. 8

lung der Okulargläser zueinander unterscheiden. Die folgenden Beispiele gelten für 16- bis 324fache Vergrößerungen. Klügel regt im Anschluss dazu an, zur Vergrößerung des Gesichtsfeldes ein fünftes Okular hinzuzufügen, und macht einige Angaben zu verbesserten Gregory- und Cassegrain-Teleskopen[231].

Der siebente und letzte Abschnitt ist der Verbesserung der Mikroskope gewidmet, die die Gegenstände „nicht so nett und deutlich darstellten"[232] wie Fernrohre, denn je stärker die Vergrößerung sei, desto undeutlicher werde das Bild. Da die Ursachen dafür die Öffnung der Linse und die unterschiedliche Brechung der Strahlen seien, sei die Verkleinerung der Objektivöffnung naheliegend; dies aber hätte einen Helligkeitsverlust zur Folge. Als Lösung wird dasselbe vorgeschlagen wie bei den Fernrohren, und zwar die Zusammensetzung der Objektive aus verschiedenen Glasarten. Anschließend werden das Objektiv (bestehend aus zwei Kronglaslinsen und einer Flintglaslinse) und die beiden Okulare (jeweils aus Flintglas) beschrieben. Klügel fügt einige Regeln zur Herstellung eines Mikroskops mit zwei Okularen hinzu.

Zuletzt sind zwei Tafeln mit Illustrationen zu den Fernrohren beigegeben.

Nikolaj Fuss kam 1773 im Alter von 18 Jahren auf Empfehlung seines ehemaligen Lehrers Daniel Bernoulli an die Petersburger Akademie der Wissenschaften, wo er bei dem mittlerweile erblindeten Leonhard Euler (zu Euler siehe Kommentar [19]) lernte und nach drei Jahren dessen Assistent wurde. Bernoulli lobte Fuss ob seiner Fähigkeit, Eulers Theorien in seinen Arbeiten praktisch anzuwenden, und auch Euler war von seinem Assistenten sehr angetan. Seinem mehrmaligen Ansuchen, Fuss zum Adjunkten der Akademie zu erheben, wurde 1777 entsprochen. Auch bei der Pariser Akademie hatte Fuss Erfolg: seine Untersuchung über Kometen[233] wurde 1776 gelobt und in überarbeiteter Form 1778 ausgezeichnet. In der Folgezeit arbeitete er gemeinsam mit Euler unter anderem an Versuchen mit künstlichen Magneten, publizierte mehrere Werke – darunter auch das vorliegende – und zeichnete für Christoph Euler (Sohn Leonhard Eulers) Pläne einer russischen Kirche. Ab 1782 gehörte er einem von Katharina II. eingesetzten Komitee zur Reformierung des Schulwesens an. Seine Beförderung zum Professor wurde zunächst noch vom Präsidenten der Akademie verhindert, doch nachdem dieser von Katharina II. durch die Fürstin Daškova ersetzt worden war, wurde Fuss 1783 in den Professorenstand erhoben. Im selben Jahr heiratete er Albertine Euler, eine Enkelin Leonhard Eulers. Ein Jahr darauf wurde er Professor der Mathematik am adeligen Landkadettenkorps, später am Marinekorps. Im Jahr 1800 wurde er als Nachfolger seines Schwiegervaters zum Sekretär der Petersburger Akademie sowie zum Staatsrat ernannt, kurz darauf auch zum Sekretär der Ökonomischen Gesellschaft. 1803 erhielt die Petersburger Akademie ein neues Reglement, erarbeitet von einem von Alexander I. einberufenen Komitee, dem auch Fuss angehörte. Als der Präsident der Akademie 1804 eine mehrmonatige Auslandsreise antrat, übernahm Fuss einen Teil der Korrespondenz der Akademie, und ab 1807 verrichtete er auch die administrativen Arbeiten. Neben all diesen Tätigkeiten erarbeitete er gemeinsam mit drei weiteren Akademikern eine Regelung für die Transliteration des kyrillischen ins lateinische Alphabet. Nach dem

---

[231] Bei Cassegrain- und Gregory-Teleskopen werden die einfallenden Lichtstrahlen vom Hauptspiegel zu einem Sekundärspiegel und von diesem durch eine kleine Öffnung im Hauptspiegel zum Auge des Beobachters reflektiert. Das Gregory-Teleskop unterscheidet sich vom Cassegrain-Teleskop in der Form des Sekundärspiegels, der bei ersterem konkav, bei letzterem konvex geformt ist. Dadurch liefert das Gregory-Teleskop im Gegensatz zum Cassegrain-Teleskop ein aufrechtes Bild.
[232] Fuss, Umständliche Anweisung S. 51
[233] Recherches sur le dérangement d'une Comète qui passe près d'une Planète

Rücktritt des Akademiepräsidenten 1810 wurde die Stelle nicht nachbesetzt. Während der Zeit des Vaterländischen Krieges stand die Akademie offiziell unter der Leitung des Ministeriums, in der Praxis wurde sie allerdings von Fuss geleitet. Fuss wurde im Laufe seines Lebens zum auswärtigen Mitglied zahlreicher europäischer Akademien und gelehrter Gesellschaften ernannt. Er starb 1826 als hochangesehener Mann.[234]

[28] Francis Bacon, *De dignitate et augmentis scientiarum*, Würzburg 1779

Bacons *De dignitate* ist ein Teil seiner *Instauratio magna (Große Erneuerung der Wissenschaften)*, die als sein Hauptwerk angesehen werden kann und in drei Bänden erstmals zwischen 1605 und 1627 erschienen ist. *De dignitate et augmentis scientiarum* ist der erste Teil dieses Werkes und wurde ursprünglich unter dem Titel *The Advancement of Learning* publiziert (erst 1623 erschien die erweiterte und umgearbeitete lateinische Ausgabe, von der das vorliegende Buch eine Neuauflage darstellt). Der zweite Teil der *Instauratio magna* erschien 1620 unter dem Titel *Novum Organum*, enthält zahlreiche Aphorismen zur Methodik der Wissenschaft und ist heute wohl das meistgelesene Baconsche Werk. Der dritte Teil der *Großen Erneuerung* schließlich zerfällt in die beiden Bände *Historia naturalis et experimentalis* (1622) und *Silva Silvarum, or A Natural History in Ten Centuries* (1627). *De dignitate* selbst ist eine kleine Enzyklopädie und Abhandlung zur Epistemologie der Wissenschaften, unter anderem folgende Bereiche inkludierend: Geschichte (als Natur- und Weltgeschichte, Liber II), Philosophie einschließlich der Naturphilosophie (Liber III), Natur des Menschen und der Seele (Liber IV), Natur des Intellekts (Liber V), Rhetorik und Grammatik (Liber VI), Ethik (Liber VII), Rechts- und Staatslehre (Liber VIII) sowie bestimmte Teilbereiche der Theologie (Liber IX). Zu den – gegen die mittelalterliche Philosophie gerichteten – Grundforderungen, die Bacon in *De dignitate* erhebt, gehört der Verzicht auf Zweckursachen (causae finales), und zwar nicht nur in der Naturerklärung, sondern in der gesamten Forschung. Dieses gegen Aristoteles gerichtete Motiv kehrt auch in einer Reihe von Aphorismen des *Novum Organum* wieder.

Francis Bacon, 1561–1626, englischer Philosoph und Staatsmann, legte in verschiedenen Schriften programmatisch seine nicht unumstrittene Variante des neuen Wissens- und Wissenschaftsbegriffs der Renaissance dar. Seine Betonung der Bedeutung des Experiments, der Arbeitsteilung sowie der menschlichen Vernunft gegenüber der Offenbarung hatte nachhaltigen Einfluss auf die neuzeitliche Philosophie und den neuzeitlichen Wissenschaftsbetrieb. Besonders John Locke und die englischen Empiristen beriefen sich auf Bacon; aber auch Physiker und Chemiker wie Newton, Hooke und Boyle griffen auf Baconsches Gedankengut zurück. Zu seinen Werken zählen neben der *Instauratio magna* unter anderem: *Proficience and Advancement of Learning* (1603), *The Essays or Counsels, civil and moral* (1597, 2. Aufl. 1612, 3. Aufl. 1625) sowie *De Sapientia Veterum* (1609).[235]

---

[234] vgl. Artikel „Fuss, Niklaus". In: elektronische Publikation HLS, online: http://www.dhs.ch, Version vom 15. 3. 2006; Mumenthaler, Paradies S. 201–234; Artikel „Fuss, Nikolaus". In: DBE 3 S. 546
[235] vgl. Artikel „Bacon, Francis". In: DGB 1 S. 569f.

[29] Guillaume Hyazinthe Joseph Jean Baptiste Le Gentil de La Galaisière, *Voyage dans les mers de l'Inde*, Paris 1779, 1781

Als sich 1760 die ersten Astronomen in Hinblick auf den bevorstehenden Venustransit im Juni 1761 (siehe Abschnitt 2.1) erwartungsvoll auf den Weg machten, um ihre angestrebten Beobachtungsorte zu erreichen, befand sich auch Guillaume Le Gentil unter ihnen. Ziel seiner Reise war Indien, jedoch traten bereits vor seiner Ankunft die ersten Schwierigkeiten auf, die seine weiteren Unternehmungen beharrlich verfolgen sollten. Man kann Le Gentil mit Recht als den großen Pechvogel der Venustransit-Expeditionen bezeichnen – nicht nur, dass er aufgrund mehrerer widriger Umstände während des ersten Transits 1761 gerade auf See war und keine brauchbare Beobachtung durchführen konnte, er hatte auch bei seinem zweiten Versuch 1769, dessentwegen er acht Jahre vor Ort geblieben war, kein Glück, da sich die Sonne zum Zeitpunkt des Vorübergangs der Venus hinter einer Wolke versteckte. Damit war seine Chance vertan – der nächste Transit sollte erst 120 Jahre später stattfinden. Während die meisten der übrigen Astronomen ruhmvoll von ihren Expeditionen zurückkehrten, hatte Le Gentil nichts in der Hand außer seinen über die Jahre gesammelten Aufzeichnungen von Klima, Geologie und Küstenvermessungen – sogar seine acht mit Mineralien und Muscheln gefüllten Kisten waren ihm zu guter Letzt noch abhanden gekommen.

Le Gentil machte das Beste aus seinem Unglück und verwertete die während seiner elfjährigen Abwesenheit von Frankreich gemachten Erfahrungen und Erlebnisse in einem detaillierten und anschaulich geschriebenen zweibändigen Werk. Er beginnt dieses mit einer Widmung an König Ludwig XV. Danach folgt eine ausführliche Beschreibung seiner Reise von seiner Abfahrt 1760 bis zu seiner Rückkunft 1771, die im Folgenden kurz umrissen werden soll.

Am 10. Juli 1760 auf der Isle de France (heute Mauritius) gelandet, musste Le Gentil zunächst feststellen, dass in Indien ein Krieg zwischen England und Frankreich ausgebrochen war und es aufgrund des Monsuns keine Chance gab weiterzukommen. Während seines unfreiwilligen Aufenthalts auf der Insel erkrankte er und überlegte – da zu krank für eine Reise nach Indien –, den Venustransit auf der Insel Rodrigues (ungefähr 560 km östlich von Mauritius gelegen) zu beobachten. Seine Berechnungen zeigten jedoch, dass die Eintrittsphase des Venustransits dort nicht beobachtbar sein würde. Er ergriff daher die Möglichkeit, mit einer französischen Fregatte am 11. März Richtung Pondichéry an der Koromandelküste (südöstliche Küste der indischen Halbinsel) auszulaufen, jedoch wurde auf dieser Reise bekannt, dass Pondichéry von den Engländern eingenommen worden war, und die Fregatte musste umkehren. Am 23. Juni kam Le Gentil wieder auf der Isle de France an und hatte damit den Venustransit am 6. Juni verpasst.

Sein Vorhaben, vor seiner Rückkehr nach Frankreich das Archipel nördlich der Isle de France sowie die östliche Küste von Madagaskar zu vermessen, was einige Jahre in Anspruch genommen hätte, plante er nun, mit dem Abwarten des nächsten Venustransits 1769 zu verbinden. Er stellte geographische, naturhistorische, physikalische und astronomische Beobachtungen an und untersuchte die dort herrschenden Winde und Gezeiten.

1765 schließlich begann er, sich auf den nächsten Venustransit vorzubereiten; seine Berechnungen ergaben als günstigsten Beobachtungsort Manila (Hauptstadt der Philippinen), wohin er am 1. Mai 1766 aufbrach. Die feindliche Haltung des dortigen spanischen Gouverneurs und seine Überlegung, dass Pondichéry aufgrund der in Manila zwischen April und Juli herrschenden Wetterbedingungen der geeignetere Beobachtungsstandort sei, bewegten Le Gentil jedoch dazu, Manila am 5. Februar 1768 zu verlassen. Ende März erreichte er Pondichéry. An dieser Stelle skizziert Le Gentil nicht ohne eine gewisse Portion Schadenfreude das weitere Schicksal des Gouverneurs von Manila: zwei Jahre, nachdem Le Gentil von dort aufgebrochen war, wurde der Gouverneur zusammen mit seinem Sohn und dem Sekretär ins Gefängnis gesperrt und starb dort, niedergeschlagen vor Kummer und aufgezehrt von Gewissensbissen.

In Pondichéry errichtete Le Gentil auf den Ruinen des alten Forts ein Observatorium und beobachtete während der verbleibenden Zeit bis zum Venustransit unter anderem eine totale Mondfinsternis am 23. Dezember 1768. Den ganzen Mai hindurch schien das Wetter Le Gentil wohlgesinnt; doch kurz vor Beginn des Venustransits am Morgen des 3. Juni trübte sich der Himmel ein und wurde erst wieder klar, als das Ereignis bereits vorüber war. Wie Le Gentil später erfuhr, war in Manila der Transit gut zu beobachten gewesen. Die dortigen Astronomen, mit denen Le Gentil Bekanntschaft geschlossen und die er für den Venustransit „eingeschult" hatte, übermittelten ihm ihre Ergebnisse in Briefen, die sich im zweiten Band der *Voyage* finden.

Die Nachricht seines Anwalts, dass seine Erben das Gerücht vernommen hätten, er wäre gestorben, und sich seines Erbes bemächtigen wollten, kommentiert Le Gentil lapidar mit der Bemerkung, in diesem Land (der Normandie) sei man immer schnell beim Erben.[236] Etwas später kommt er auf den Brief seines Anwalts, der ihn von dem in seiner Heimat kursierenden Gerücht seines Todes und die Reaktion seiner Erben unterrichtete, nochmals zurück: „Ohne mich davon alarmieren zu lassen, setzte ich meine astronomischen Beobachtungen fort, und nachdem ich diese beendet hatte, machte ich mich auf den Weg zurück in meine Heimat, so schnell es mir die Umstände und Ereignisse erlaubten."[237]

Seine Rückreise verzögerte sich jedoch vorerst aufgrund einer schweren Ruhr-Erkrankung. Nachdem er schließlich abgereist war, wurde sein Schiff von einem Orkan überrascht und musste aufgrund starker Beschädigungen zur Isle de France zurückkehren. Seine in acht Kisten verpackte naturhistorische Sammlung wurde entladen und kam nie in Frankreich an. Le Gentil meint hierzu spöttisch, dass diejenigen, die sich seiner Kisten bemächtigt hatten, wohl nicht gewusst hätten, dass sich darin nur Muscheln befanden – und das vergönne er ihnen.[238] Er selbst betrat am 8. Oktober 1771 nach etwas mehr als elf Jahren und sechs Monaten erstmals wieder französischen Boden – um festzustellen, dass er während seiner langen Abwesenheit für tot erklärt worden war und seine Erben den Tod seiner Mutter (der eine erschütternde Nachricht für ihn war) zum Anlass genommen hatten, nun endlich sein Erbe anzutreten. Sein Anwalt erklärte ihm darüber hinaus, dass Le Gentils Geld, das er eigentlich verwalten sollte, gestohlen worden war. Le Gentil musste sich also nach Beendigung seiner missglückten Expedition auch noch damit abfinden, dass er sein Vermögen verloren hatte.

Nach der sehr ausführlichen Schilderung der Reise auf über 80 Seiten beginnt der Hauptteil des Werkes, der aus fünf Teilen besteht, wobei die ersten beiden Teile noch im ersten Band, die letzten drei im zweiten Band zu finden sind.

---

[236] „[...] en se pays-là on est toujours habile à succéder [...]". Le Gentil, Voyage S. 54
[237] „Sans m'en alarmer, je continuai mes Observations astronomiques, & lorsque je les eus terminées, je me mis en route pour rejoindre ma patrie, avec la célérité que les circonstances & les évènemens pouvoient me permettre." Ebd. S. 82
[238] „... je veux bien croire que les personnes qui ont disposé de mes coquilles, n'ont pas cru me faire un vol réel; parce que ce n'étoient que des coquilles: c'est une justice que je veux bien leur rendre." Ebd. S. 85

Im ersten Teil gibt Le Gentil einen Überblick über die Bräuche und Sitten an der Koromandelküste und befasst sich mit dem Handel und der Astronomie der „Brames" (einer Kaste innerhalb der dort ansässigen Bevölkerung) – beispielsweise deren Methode zur Berechnung von Finsternissen –, wobei er an die Ähnlichkeit der Astronomie der Brames mit jener der antiken Chaldäer[239] erinnert. Auf die Astronomie der Einwohner von Pondichéry sei er aufmerksam geworden, als ihm ein Brame in einer Dreiviertelstunde eine Mondfinsternis vorausberechnen habe können.

Der zweite Teil beinhaltet Beobachtungen in Pondichéry, so dessen Längen- und Breitenbestimmung, wobei Le Gentil die Längenbestimmung auf drei verschiedene Arten durchführt: mittels einer Mondfinsternis, der Beobachtung des Stundenwinkels des Mondes und mehrerer Beobachtungen der Jupitermonde. Daneben bestimmte er die Horizontalrefraktion im Winter und Sommer und erstellte aus Beobachtungen eine Tabelle für die Refraktion bei verschiedenen Höhen basierend auf Cassinis Methode. Er legte die Länge des Sekundenpendels für Pondichéry fest, bestimmte die Schiefe der Ekliptik und führte 1769 eine Kometenbeobachtung zur Ermittlung der Parallaxe des Kometen durch. Des Weiteren gibt er meteorologische Beobachtungen aus 24 Monaten an und fügt einen topographischen Plan von der Umgebung von Pondichéry hinzu, in dessen Nähe er auch einen pyramidenähnlichen Turm vermaß, dessen Zeichnung dem Werk ebenfalls beigefügt ist.

Außerdem berichtet er in einem an einen Freund in Manila gerichteten Brief über seine Reise von Manila nach Pondichéry, wobei er einige Bemerkungen über die Navigation in der Straße von Malakka (Meerenge zwischen der malaiischen Halbinsel und Sumatra) und über Korrekturen auf Seekarten anfügt, die seines Erachtens wichtig seien, da Schiffe von Europa nach China nur selten durch diese Meerenge führen und die Schifffahrt durch diese daher nur wenig bekannt sei. Darüber hinaus berichtet er über die Monsune im Indischen Ozean und grenzt das Gebiet, in dem sie auftreten, ein. Er gibt mehrere Routen zur Erreichung der Koromandelküste (über das Kap der Guten Hoffnung, über die Isle de France und die Isle de Bourbon (heute Réunion)) sowie neue Routen, die von Daprès und de Joannis vorgeschlagen wurden, an. Seine Beobachtungen über die Inklination der Magnetnadel hält er auf einer dem Werk beigefügten Karte mit Symbolen und Werten für die jeweilige Inklination fest. In diesem Zusammenhang stellt er fest, dass die Inklination nicht vom Längengrad, sehr wohl aber vom Breitengrad abhängt – eine Erkenntnis, die für die Schifffahrt von Nutzen sei.

Im Anhang des ersten Teils finden sich zahlreiche Abbildungen, darunter beispielsweise einige Darstellungen von indischen Gottheiten wie Brama und Saravalty sowie Sternbildern, Kometenzeichnungen, Bilder von Tieren wie einer zweiköpfigen Eidechse, einem Rochen und einer sich drohend aufrichtenden Schlange mit geblähtem Halsschild, verschiedene Karten, unter anderem die Reiseroute Le Gentils von Manila nach Pondichéry, die Meerenge von Malakka, ein Umgebungsplan von Pondichéry und eine Karte, auf der die magnetische Inklination eingetragen wurde, sowie die Zeichnung der Pyramide der Pagode von Vilnour (kleines indisches Städtchen zwei Meilen entfernt von Pondichéry) und eines Teils der Ruinen von Pondichéry.

Den zweiten Band beginnt Le Gentil mit einem Kapitel über die Philippinen und Manila. Er befasst sich hierbei einerseits mit dem Land selbst (Klima, Geographie, Topographie, Fruchtbarkeit, natürliche Ressourcen, Vulkane, Erdbeben) und der Natur (Flora und Fauna), andererseits aber auch mit den Menschen (Sitten, Bräuche, Moral, Religion, Herkunft,

---

[239] Weidler setzt in seinem Werk *Historia astronomiae* die Chaldäer mit den Babyloniern gleich (siehe Kommentar [8]).

Kleidung, Gesichtszüge, Sprache, Schrift), der Wirtschaft (Handel, erzeugte Produkte) und seinen astronomischen Beobachtungen vor Ort (Längenbestimmung mit mehreren Methoden, Bestimmung der Länge des Sekundenpendels). Selbes gilt auch für die im vierten und fünften Teil beschriebenen Inseln (Madagaskar, Isle de France und Isle de Bourbon).

In einem Zusatz ist der Briefwechsel Le Gentils mit dem Korrespondenten der Pariser Akademie der Wissenschaften angeführt, dem er Auszüge aus seinem Tagebuch schrieb, beispielsweise über die Inklination der Magnetnadel. Auch ein vom 14. Juni 1776 datierter Brief von Voltaire findet sich im Anhang, in dem dieser sich als Reaktion auf Le Gentils Berichte über die Astronomie der Brames mit diesem Thema befasst und Le Gentil Fragen über die Herkunft der Tierkreiszeichen der Brames stellt sowie darüber, wie sich diese verbreitet haben könnten.

Auch am Ende dieses Bandes sind Abbildungen angefügt, so eine Karte der Philippinen mit der Darstellung einer Wasserhose, Karten von den Häfen der Philippinen, der Bucht von Manila sowie Manila-Stadt, der Küste von Madagaskar mit der Bucht von Antongil – illustriert mit einem malaysischen Boot und Anker –, der Isle de France und der Isle de Bourbon und wiederum eine Karte, auf der die magnetische Inklination verzeichnet ist. Daneben finden sich einige naturkundliche Zeichnungen, so das Bild einer Wasserpflanze und einer Pflanze mit Vogelnest.

1725 geboren, wurde Guillaume Le Gentil im Alter von 25 Jahren Jacques Cassinis Assistent an der Pariser Sternwarte. Drei Jahre später nahm ihn die Akademie der Wissenschaften als Mitglied auf. 1760 reiste er in ihrem Auftrag zur Beobachtung des für Juni 1761 erwarteten Venustransits nach Indien und kehrte erst elf Jahre später nach Frankreich zurück, wo man ihn für tot gehalten hatte, seine Erben bereits seinen Besitz unter sich aufgeteilt hatten und auch sein Platz in der Akademie der Wissenschaften neu besetzt worden war. Le Gentil zog sich daraufhin aus der Astronomie zurück, heiratete und verfasste seine Memoiren. Er starb 1792 in Paris.[240]

[30] Leonhard Euler, *Theorie der Planeten und Cometen*, Wien 1781

Johann von Paccassi, der das lateinische Original *Theoria motuum planetarum et cometarum* ins Deutsche übersetzte, widmete dieses Graf Johann Philipp von Cobenzl (1741–1810). In der von Paccassi verfassten Vorrede übt dieser Kritik am Umgang mit den Wissenschaften (siehe auch Kommentar [34]):

„[…] daß man insgemein das Ansehen einer Wissenschaft, einer Kunst, oder überhaupt einer Erfindung nur nach dem augenblicklichen Nutzen, und unmittelbahren Einfluß zu schätzen pflegt, durch welches seltsame Betragen, die Genien abgeschröcket werden, und viele Wissenschaften uns beynahe unbekannt scheinen, welche in anderen Reichen im größten Flore sind."[241]

Paccassi bereicherte das Werk um einige Zusätze und fügte teils von ihm selbst, teils von anderen (namentlich nicht genannten) Autoren erstellte Tafeln bei. Das eigentliche Werk beginnt mit einer Unterscheidung von Kometen und Planeten:

---

[240] vgl. Pogg 1 Sp. 1407; Timothy Ferris, Kinder der Milchstraße. Die Entwicklung des modernen Weltbildes (Basel/Boston/Berlin 1989) 112
[241] Euler, Theorie, Vorrede S. 1

„Dann Cometen und Planeten unterscheiden sich allein durch die Gestalt ihrer Laufbahn, durch welche, wenn sie eine nicht sehr vom Kreise abweichende Ellypse ist, der Körper, der selbe beschreibt, den Namen eines Planeten erhält, wäre sie aber eine sehr eccentrische Ellypse, oder eine Parabel, oder Hyperbel, so wird der Körper ein Comet genennet."[242]
Euler stellt sich in dieser Arbeit dem Problem, dass die mittlere und wahre Anomalie bislang nur bei nahezu kreisförmigen Ellipsen mit der herkömmlichen Methode, die von der Sonnenferne gerechnet wird, bestimmt werden konnte – bei Hyperbeln und Parabeln konnte man aufgrund des fehlenden Aphels nicht nach dieser Methode vorgehen. Seine Lösung für dieses Problem lautet: Der Ausgangspunkt dürfe nicht das Aphel, sondern müsse das Perihel sein. Darüber hinaus müsse man die mittlere Anomalie, für die man die periodische Umlaufzeit brauche, welche es bei Parabeln und Hyperbeln nicht gebe, durch die Zeit, zu der sich der Körper im Perihel befinde, ersetzen. Auf diese Darlegung folgen verschiedene Aufgaben und deren Lösungen sowie daraus ableitbare Folgerungen und Zusätze. Die Aufgaben bestehen beispielsweise darin, aus zwei bekannten Entfernungen zur Sonne, dem eingeschlossenen Winkel und dem Parameter der Laufbahn letztere zu bestimmen, oder bei bekannter hyperbelförmiger Laufbahn sowie dem Zeitpunkt des Periheldurchgangs eines Körper für jede andere gegebene Zeit dessen Ort in der Laufbahn oder die wahre Anomalie sowie die Entfernung zur Sonne zu finden.

Danach folgen Tabellen mit für den Meridian von London berechneten Werten zum Kometen von 1680/81 und die Berechnung seiner Laufbahn, wobei Euler ähnliche Ergebnisse erhält wie Newton und Halley – allerdings habe Newton nur gezeichnet, daher sei dessen Genauigkeit unsicher, und da Halley zwar gerechnet, aber die Daten von Newton beibehalten habe, würden beide keine sicheren Ergebnisse liefern. Die Periode des Kometen beträgt nach Euler 170 Jahre. Auch zu dem Kometen von 1744 stellt er Bahnberechnungen nach seiner Methode an.

Darüber hinaus macht sich Euler Gedanken, welche Wirkung der nahe Vorbeiflug eines Kometen auf die Erdbahn hätte, und nennt die Verschiebung der Äquinoktialpunkte sowie die Änderung der Schiefe der Ekliptik.

Im Anhang wird Jacques Cassini erwähnt, der Euler die vollständigen Daten des Kometen von 1744 geschickt habe, damit dieser seine Theorie anhand der Daten überprüfen könne. Laut Euler stimmen diese gut mit seinen Berechnungen überein. Danach stellt er seine Methode, eine halbbekannte Laufbahn leicht und schnell zu verbessern, anhand von Aufgaben, deren Lösungen und Folgerungen vor.

In fortlaufender Seitennummerierung schließen sich nun die *Beyträge zur Theorie der Cometen samt Tafeln* von Pacassi an, die in ihrer Struktur an diejenige von Euler angelehnt sind: auf eine Aufgabe (zum Beispiel die Ermittlung der wahren Anomalie oder der Entfernung eines Kometen zur Erde) folgt deren Auflösung, ein erläuterndes Beispiel und zuweilen ein Zusatz. Angefügt ist eine Tabelle mit den Werten zum Kometen von 1779, den Paccassi an der Sternwarte von Mailand beobachtet hatte, und die Berechnung der Laufbahn dieses Kometen. Ein weiterer Abschnitt, bestehend aus Tafeln zu allen bisher beobachteten Kometen und Erläuterungen zu den Tafeln, sowie eine „Zugabe", in der Paccassi aufgrund starker Abweichungen der berechneten Werte des Kometen von 1779 von Beobachtungen eine neuerliche, sorgfältigere Berechnung durchführt, schließen die *Beyträge* ab.

Für biographische Angaben siehe Kommentar [19].

---

[242] ebd.

[31] Anton Pilgram, *Calendarium Chronologicum*, Wien 1781

Das *Calendarium* ist ein Werk zur Bestimmung von Festen und Daten, beispielsweise, um ein julianisches Datum in das entsprechende gregorianische Datum umrechnen zu können. Zunächst werden besondere Merkmale des Kalenders erklärt. So erläutert Pilgram kurz die christliche Ära, verliert einige Worte über das Problem der Datierung von Christi Geburt und Tod und weist auf unterschiedliche Jahresanfänge in verschiedenen Ländern und Städten und zu anderen Zeiten hin. Danach folgt eine Darstellung über den 28jährigen Sonnenzyklus und die julianische und gregorianische Kalenderreform. Die nächsten Abschnitte sind der Erklärung wichtiger Begriffe in der Kalenderwissenschaft gewidmet (Sonntagsbuchstabe, Konkurrenten, Goldene Zahl, Epakten, Indiktion, Regularen, Berechnung der Olympiaden). Zuletzt werden verschiedene Ären wie die Aera Seleucidarum[243] und die Aera Diocletiani[244] besprochen.

Danach folgt eine Tabelle für die Jahre 300 bis 2000 n. Chr., die unter anderem Sonnenzykluszahl, Sonntagsbuchstaben, Goldene Zahl, Epakten, Indiktion, Regularen, Osterdatum, Sonnen- und Mondfinsternisse in Europa, Asien und römischem Afrika beinhaltet. Eine Tabelle in Dekadeneinteilung für die Jahre 750 v. Chr. bis 2000 n. Chr. und deren Entsprechung in anderen Ären ist angeschlossen.

Der Hauptteil mit dem „Calendarium Generale" zeigt die Kalendarien für die einzelnen, nach einem bestimmten Schema zusammengefassten Jahre mit deren beweglichen und unbeweglichen Festen. Das etwas mehr als hundert Jahre später erschienene, in den folgenden Auflagen erweiterte und noch heutzutage in der Geschichtswissenschaft verwendete *Taschenbuch der Zeitrechnung des deutschen Mittelalters und der Neuzeit* von Hermann Grotefend ist gleichermaßen aufgebaut.

Der nächste Abschnitt des Werkes beinhaltet Mondtafeln und die Erklärung ihrer Verwendung, beispielsweise zur Berechnung von Sonnenfinsternissen, sowie eine Darstellung über das Fortschreiten der Sonne im Tierkreis. Es folgt ein Kapitel über im Mittelalter gebräuchliche Tagesbezeichnungen und deren – regional mitunter verschiedene – Kalenderdaten (wie Bastianstag, Charwoche, Unser Frauenabend im Winter, Walztag, Zehenttausent Rittertag)

Den Schluss des Werkes bildet ein Abkürzungsverzeichnis („Calendaria et Martyrologia") sowie ein Verzeichnis besonderer Heiliger und ihrer Festtage in alphabetischer Reihenfolge samt kurzen Anmerkungen.

Für biographische Angaben siehe Kommentar [23].

[32] Friedrich Wilhelm Gerlach, *Die Bestimmung der Gestalt und Grösse der Erde*, Wien 1782

„Dieses Werk, wie es hier ist, hält eigentlich fünf Theile in sich: die Geschichte der Bestimmung der Grösse und Gestalt der Erde, und drey Aufgaben, deren jede für einen Theil gelten kann, samt den nützlichen Folgen als dem fünften Theile."[245]

---

[243] Seleukidische Ära, Beginn: 312 v. Chr. (Eroberung Babylons durch Seleukos I.)
[244] Diokletianische Ära, Beginn: 29. August 284 n. Chr. (Kaiserkrönung Diokletians)
[245] Gerlach, Gestalt, Vorwort S. 3

In Teil Eins skizziert Gerlach, von der Antike (Aristoteles und Eratosthenes) angefangen bis hin zur Debatte über die Erdform im 18. Jahrhundert (Huygens, Newton und Cassini, siehe auch Abschnitt 2.1), die Geschichte von der Vermessung unseres Planeten. Die vielen unterschiedlichen Messergebnisse, die manchen Wissenschaftler sogar dazu veranlassten, die Form der Erde als irregulär anzunehmen, führt Gerlach auf „Gebirge, Hitze, Kälte und andere Umstände" zurück, die die Messinstrumente beeinflusst hätten.[246]

Nachdem Gerlach die zeitgenössische Diskussion über die Erdform ausführlich dargelegt hat, folgen drei Aufgaben, deren Ergebnisse für ihn klar aussagen, dass weder die Verfechter einer an den Polen abgeplatteten Erde noch jene einer entlang der Rotationsachse elongierten Erde Recht hätten, sondern dass die Erde eine vollkommene Kugel sei und „sowohl die Ausmessungen der Erde als die mathematisch-physikalischen Beweise [...] keinen Zweifel an der Wahrheit dieser Kugelforme überlassen".[247]

Erwähnt werden muss, dass Gerlach selbst an keiner der Messexpeditionen beteiligt war. Stattdessen versuchte er, am Schreibtisch sitzend und sämtliche in den Forschungsreisen gewonnene Ergebnisse aufgrund deren Widersprüchlichkeit verwerfend, seine These von der kugelrunden Erde mit Hilfe verschiedener Rechnungen aufrecht zu erhalten, was aus der Sicht des 21. Jahrhunderts beim Lesen durchaus amüsant wirkt.

Interessant ist Gerlachs Hinweis am Anfang des Werkes, dass nicht Columbus, sondern Martin Behaim von Schwarzbach[248] der wahre Entdecker Amerikas sei, da von diesem eine Seekarte aus dem Jahr 1460 existiere, die er König Alphonsus V. gegeben habe und die Amerika zeige. Columbus habe diese Karte vor seiner Abreise am königlichen Hof gesehen. Gerlach verweist hier auf die Quelle, von der er diese Informationen bezogen hat; es ist dies das 1750 erschienene Werk *Untersuchungen vom Meere* von J. S. V. Popowitsch. Schlägt man dort nach, findet man folgende Textstelle:

„Bei diesem [portugiesischen, Anm.] Hofe erwarb sich erwehnter Behaim, sowol durch seine Gelehrsamkeit, als auch durch seine geschickte Auffführung, eine allgemeine Gunst, und erhielt auf Ansuchen ein ausgerüstetes Schiff, darauf er, in der Absicht unbekannte Meere zu durchstreichen, im J. 1460 unter Segel gieng, seine Reise gegen Abend richtete, und anfangs die Insel Fayal, eine der Azorischen, entdeckte, welche Eilande insgesamt hernach, von den ersten Inwohnern, die Flämischen sind genannt worden. Er überkam darauf zwey Schiffe, mit denen er einige Jahre auf der grossen Weltsee herum segelte, bis er endlich auch den vierten Welttheil ausgekundschaftet, ja so gar, wie gemeldet worden, bis an die so genannte Magellanische Meerenge gekommen ist, wie er solches alles, bevor noch Magellan an die Westindische Reise gedacht, auf einer Seekarte aufgezeichnet, und dieselbe Alphonso dem V Könige von Portugall, übergeben hat. Diesen Behaimischen Entwurf bekam sodann Christophorus Columbus, ein gebohrner Genueser, an dem Portugiesischen Hofe zu sehen, und dadurch die Lust nach solchen Ländern selbst eine Reise vorzukehren."[249]

In Meyers Konversationslexikon ist diesbezüglich allerdings der Hinweis zu finden, dass Behaim zwar „mit Kolumbus und Magelhaens befreundet [war]; sein Einfluß auf ihre Ent-

---

[246] ebd. S. 95
[247] ebd.
[248] Martin Behaim von Schwarzbach, 1459–1506 oder 1507, deutscher Seefahrer, Kaufmann, Kartograph, Astronom und Kosmograph
[249] Johann Sigmund Valentin Popowitsch, Untersuchungen vom Meere, die auf Veranlaßung einer Schrift de columnis Herculis, welche der hochberühmte Professor in Altorf, Herr Christ. Gottl. Schwarz, herausgegeben, nebst andern zu derselben gehörigen Anmerkungen / von einem Liebhaber der Naturlehre und der Philologie, vorgetragen werden (Frankfurt/Leipzig 1750) S. 16

deckungen kann jedoch nur sehr gering gewesen sein, und die Behauptung, B. sei der eigentliche Entdecker der Neuen Welt, gehört ohne Zweifel in den Bereich der Fabel."[250]

Friedrich Wilhelm Gerlach, 1728–1802, lehrte Geschichte, Philosophie und Mathematik an der Ingenieur-Academie Gumpendorf,[251] das damals noch nicht zu Wien gehörte, da die Eingemeindung erst Ende des 19. Jahrhunderts erfolgte.

[33] Johann Elert Bode, *Von dem neu entdeckten Planeten*, Berlin 1784

Der schon im Titel des Werkes von 1784 angesprochene „neue Planet"[252] ist der nur kurz zuvor, am 13. März 1781 von William Herschel aufgefundene, außerhalb der Jupiterbahn kreisende Wandelstern. Johann Elert Bode schlägt vor, den neuendeckten Planeten „Uranus" zu nennen.[253] Sehr schön illustriert wird diese Namensgebung durch die Titel-Vignette und ihre Beschreibung durch Bode am Ende des Bandes (S. 132): „[...] er läßt in den ätherischen Gefielden des Weltraums, von der Muse der Sternkunde, jenem verdienten König des Altertums [Uranos/Coelus, Anm.], dessen Sohn [Kronos/Saturn, Anm.] und Enkel [Zeus/Jupiter, Anm.] schon Jahrtausende im Besitz zweyer Planeten sind, die mit dem neu entdeckten Planeten noch unbesetzte Stelle anweisen. Am Diadem des alten Königs zeigt sich daher der neu aufgefundene Planet; weiter hin zur rechten folgen Saturn und Jupiter; hierauf Mars und die innern Planeten nach der Sonne hin, die ausser dem Bilde steht. Noch erscheinen einige von den übrigen Sonnen des Weltalls, die man Fixsterne zu nennen pflegt [...]".
Wesentlicher Inhalt des Werkes ist die Entdeckungsgeschichte des Uranus, auch frühere, Uranus noch als Fixstern ansehende Beobachtungen inkludierend. Weiters werden die Bahnbestimmung diskutiert sowie alle Bode bekannten Nachentdeckungsbeobachtungen aufgelistet. Dem schmalen Band ist auch noch ein Kupfer mit Sternkarten zum Entdeckungszeitpunkt[254] und maßstäblichen Darstellungen der Planetenkörper sowie des Gesamtsystems angeschlossen.

Johann Elert Bode, 1747–1826, war Astronom der Berliner Akademie der Wissenschaften und später Direktor der Berliner Sternwarte. Der begnadete Beobachter entdeckte eine Vielzahl von Nebeln, erstellte mehrere sehr erfolgreiche Sternkarten bzw. Atlanten und gab insbesondere beginnend 1774 bis zu seinem Tod 1826 das *Astronomische Jahrbuch* heraus.[255]

[34] Johann von Paccassi, *Einleitung in die Theorie des Mondes*, Wien 1783

Noch bevor Johann von Paccassi auf das eigentliche Thema seines Werkes eingeht, übt er in der Widmung an „Eugenius Graf Wrbna Freudenthal" (Graf Eugen Wenzel Wrbna von

---

[250] Artikel „Behaim, Martin". In: MKL 2 S. 620
[251] vgl. Pogg 1 Sp. 883
[252] Siehe auch Kommentar [40].
[253] Zur Problematik der Namensfindung siehe Kommentar [40].
[254] Auch eine Karte der Vorentdeckungsbeobachtung durch Tobias Mayer am 25. September 1756 ist dabei.
[255] vgl. Pogg 1 Sp. 218; Pogg 7a Suppl. Sp. 92

Freudenthal, 1728–1789), wie auch schon in der Vorrede zu dem 1781 von ihm herausgegebenen Werk Leonhard Eulers *Theorie der Planeten und Kometen* (siehe Kommentar [30]), Kritik am zeitgenössischen Stellenwert der Wissenschaften: „Möchte doch das Schicksal uns mehr Minister geben, welche die Wissenschaften lieben, und den unerkannten Fleiß ihres Schutzes würdigen! – Dann würde die Sonne der Wissenschaften auch über uns aufgehen, und der Fremdling die Erndte des Landes nicht mehr aufzehren!"[256] Die letzte Bemerkung wird klarer, wenn man die Vorrede liest, in der Johann von Paccassi den Aufbau seines Werkes beschreibt und sich bei dieser Gelegenheit einen weiteren Seitenhieb erlaubt: „In gegenwärtiger ersten Abtheilung erscheinet Meyers [gemeint ist Tobias Mayer, Anm.] Theorie, für welche er von den Engländern eine Belohnung von 3 000 Pfund Sterling erhalten hat. – Ein Beweis, daß seine Theorie, und die daraus abgeleitete [sic!] Tafeln, dem Wunsche dieser großmüthigen Nation Genüge leistete, und daß wenigstens die Ausländer den deutschen Fleiß zu schätzen wissen, wenn er auch in seinem Vaterlande nicht der geringsten Aufmunterung würdig gehalten wird."[257] Am Ende der Vorrede kommt er nochmals auf die seiner Meinung nach mangelnde Würdigung von Wissenschaft bzw. Wissenschaftlern zurück: „Da meine Bestimmung die juridischen Wissenschaften sind, so würde ich diese mühsame Arbeit nicht unternommen haben, wenn ich mich nicht eben in dem Falle des Diogen befände, der seine Tonne auf und nieder wälzte, weil sein Vaterland seine Talente und Kenntniße durchaus nicht gebrauchen wollte."[258]

Inhaltlich befasst sich Johann von Paccassi in seinem Werk mit der Anwendung der auf Leonhard Euler zurückgehenden Bestimmung der Bewegung eines Körpers in Beziehung auf einen anderen Körper für den Fall der Mondbewegung um die Erde. Dazu führt er zahlreiche Rechnungen unter Berücksichtigung der mittleren Anomalie von Sonne und Mond, des wahren Ortes der Sonne und des mittleren Mondortes, des verbesserten Ortes des Knotens sowie der Mondlänge durch. Die Sonnenparallaxe bestimmt er auf 7,8" (heutiger Wert: 8,79415").

Diesem Abschnitt folgen 77 Mondtafeln, inklusive derer von Tobias Mayer, die zwölf Jahre zuvor von Anton Pilgram herausgegeben worden waren (siehe Kommentar [23]). Die 77 Tafeln zeigen unter anderem den Ort des aufsteigenden Knotens, die mittlere Anomalie des Mondes sowie die Mondlänge und -breite. Die Erklärung der Tafeln anhand dreier Beispiele bildet den abschließenden Teil des Werkes.

1758 in Görz als Sohn eines Hofarchitekten geboren, studierte Johann Baptist von Paccassi Mathematik, wandte sich jedoch zunächst der juristisch-diplomatischen Laufbahn zu und arbeitete bei verschiedenen Gesandtschaften. 1797 wurde er zum Wasserbauinspektor ernannt, 1811 zum Direktor des Wiener k.k. Wasserbauamtes befördert und mit der Leitung des Baus von Franzensbrücke und Donaukanal-Quai betraut. In seiner Freizeit beschäftigte er sich neben der Malerei mit Astronomie und Mathematik und hielt Briefkontakt zu Euler, Kästner und Lambert. Er übersetzte zahlreiche Werke Eulers, so auch dessen *Theoria motuum planetarum et cometarum* (*Theorie der Planeten und Cometen*, siehe Kommentar [30]) und war auch an der Herausgabe der *Ephemeriden* Maximilian Hells (siehe Abschnitt 4.2) beteiligt.[259]

---

[256] Paccassi, Theorie des Mondes, Auszug aus der Widmung
[257] ebd., Vorrede S. 1
[258] ebd., Vorrede S. 2
[259] vgl. Artikel „Pacassi, Johann". In: ADB 25 S. 42f

[35] Anton Pilgram, *Untersuchungen über das Wahrscheinliche der Wetterkunde durch vieljährige Beobachtungen*, Wien 1788

Jenes Werk, mit dem Anton Pilgram zum Mitbegründer der Meteorologie als Wissenschaft wurde,[260] beginnt mit einer Widmung an Kaiser Joseph II. In der darauf folgenden Vorrede weist der Autor darauf hin, dass er in dieser Arbeit untersuchen wolle, auf wie lange man Vorhersagen treffen könne. Zu diesem Zweck führe er seine Rechnung für die letzten tausend Jahre durch, da es für frühere Zeiten zu wenig zuverlässige Aufzeichnungen gebe; für Lostage[261] ziehe er nur seine eigenen Beobachtungen heran, die sich auf 25 Jahre erstreckten. Auch meteorologische Instrumente sollen besprochen werden.

Die Danksagung am Ende der Vorrede (beispielsweise an die Augustiner, die ihm Zutritt zu ihrer Bibliothek gewährten, sowie an den namentlich genannten Bibliothekar) mutet modern an, ebenso das Literaturverzeichnis, in dem die in diesem Werk angeführten Autoren nicht nur aufgelistet, sondern auch kurz kommentiert wurden. Beides ist bei den im Rahmen dieses Kataloges untersuchten Werken des 18. Jahrhunderts selten zu finden (darunter bei Weidler, siehe Kommentar [8]).

Das Werk ist in zwei Abschnitte geteilt. Der erste Abschnitt beginnt mit einem Kapitel über den Nutzen der Wetterkunde, die Notwendigkeit, das Wetter zu wissen, und die Wirkung der Sonne auf die Witterung. Danach werden die Anfänge der Jahreszeiten und der Einfluss der Witterung auf die Gesundheit besprochen. Durch Vergleich der Anzahl der Verstorbenen pro Monat in den Jahren 1759 bis 1786 kommt er zu dem Schluss, dass der Dezember der für die Gesundheit beste Monat sei, da im Dezember merklich weniger Leute gestorben seien (obwohl zu dieser Jahreszeit mehr Menschen in der Stadt lebten als im Sommer), während der August der schädlichste sei. Es folgen ein Vergleich der Witterung in Wien mit Padua und Paris sowie Bemerkungen über die Wirkung des Mondes auf die Witterung (wie der Mond Ebbe und Flut verursache, verändere er auch die Luft, die sich durch die Mondanziehung häufe und sich heftiger bewege).

Anschließend werden die Kapitel nach Themenblöcken geordnet, innerhalb derer eine chronologische Auflistung der Ereignisse erfolgt. Beispielsweise erstellte Pilgram ein Verzeichnis außerordentlicher Witterungen seit der Spätantike (sehr kalte/milde Jahreszeiten, überschwemmungsreiche/trockene, stürmische, an Gewittern oder Nordlichtern reiche Jahre etc.) und der Auswirkungen der Witterungen (fruchtbare/unfruchtbare Jahre: Hunger, Überfluss, Teuerung etc.), es werden gute und schlechte Weinjahre (da Wein ein Hauptprodukt Österreichs sei), Jahre mit Epidemien bei Tier und Mensch sowie mit Erdbeben, Vulkanen und Insektenplagen aufgeführt.

Im zweiten Abschnitt befasst sich Pilgram zunächst mit der Frage, was sich für kurze Zeit an Witterung voraussagen lasse, danach spricht er die Kometen an. In dem chronologischen Verzeichnis aller ihm bekannten Kometen ist auch für Christi Geburt ein Komet aufgelistet.[262] Sodann geht er der Frage auf den Grund, was sich aus dem Erscheinen eines

---

[260] vgl. Artikel „Pilgram, Anton". In: DBE 7 S. 670

[261] Bezeichnung für bestimmte Tage des Jahres, die nach volkstümlicher Überlieferung („Bauernregeln") eine besondere Bedeutung hinsichtlich der zukünftigen Witterung und der Verrichtung landwirtschaftlicher Arbeiten besitzen (wie Lichtmess, Eisheilige, Siebenschläfer, Raunächte).

[262] Gegen die Kometentheorie sprechen in der neueren Forschung mehrere Argumente. So wird das Geburtsjahr Jesu Christi zwischen 7 und 4 v. Chr. angenommen, für diesen Zeitraum gibt es jedoch nur eine einzige Quelle, die einen Kometen im Jahr 5 v. Chr. nennt. Unklar ist daneben, warum gerade dieser und nicht etwa der Halleysche Komet, der 12 v. Chr. erschien, die Geburt eines Königs verkünden sollte. Auch vom mythologischen Standpunkt aus ist die These von der Verkündung der Geburt eines neuen Königs durch

Kometen für die Witterung schließen lasse. Hierfür erstellt er Statistiken aus seinen im ersten Abschnitt angeführten Wettererscheinungen. Seine Schlussfolgerung lautet, dass Kometen zwar die Feuchtigkeit von Winter und Sommer vermehrten (manchmal jedoch auch die Trockenheit), schlecht für die Fruchtbarkeit der Erde seien, Krankheiten förderten und in Kometenjahren auch Erdbeben häufiger aufträten, schränkt jedoch gleich ein, dass in Kometenjahren dennoch das Mittelmaß wahrscheinlicher sei als das Außergewöhnliche. Damit ist gemeint, dass in einem Kometenjahr die Wahrscheinlichkeit beispielsweise einer Heuschreckenplage zwar höher sei als in normalen Jahren, dass es aber nicht automatisch in jedem Kometenjahr eine Heuschreckenplage geben müsse.

Im nächsten Teil des zweiten Abschnitts trifft Pilgram Voraussagen aus der Witterung einer Jahreszeit auf die anderen drei und verweist auf diverse andere Umstände wie Krankheiten und Erdbeben. So verursache ein schneereicher Winter einen kühlen Frühling und vermehre die Anzahl der Nordlichter, ein regnerischer Winter habe einen kühlen, feuchten Sommer sowie wenige Nordlichter zur Folge, außerordentliche Winter vermehrten die Winde und in Jahren mit feuchtem Winter sei die Wahrscheinlichkeit für Erdbeben und Vulkane höher. Sodann werden die Lostage jeder Jahreszeit einzeln genau beschrieben und der Einfluss von trockenen und feuchten Jahren, Gewittern und Nordlichtern auf Fruchtbarkeit, Gesundheit etc. untersucht. So brächen in trockenen Jahren mehr Epidemien aus als in feuchten, auch Erdbeben seien in und nach trockenen Jahren häufiger.

Im nächsten Kapitel befasst sich Pilgram mit den Zeichen einer bevorstehenden Wetterveränderung, sowohl am Himmel als auch am Verhalten der Tiere (zum Beispiel kündeten Schwalben im Tiefflug Regen an) und an den Pflanzen.

Zuletzt folgen Beschreibungen meteorologischer Instrumente (Barometer, Thermometer, Hygrometer, Windfähnchen, Hyetometer[263], Atmidometer[264]), wobei zunächst auf die Geschichte bzw. Erfindung des jeweiligen Instrumentes eingegangen wird, sodann Formen und Arten sowie deren Fehler und Messungen vorgestellt werden und zuletzt erläutert wird, was sich daraus für die Witterung ableiten lasse. Beispielsweise bemerkte Pilgram die Bedeutung der Schwankungen des Barometers für die bevorstehende Witterung.

Für biographische Angaben siehe Kommentar [23].

[36] Johann Heinrich Schroeter, *Beiträge zu den neuesten astronomischen Entdeckungen*, Berlin 1788

Schroeters *Beiträge* umfassen zwei Bände, wobei der zweite Band einen etwas anderen Titel trägt. Herausgegeben wurde der erste Band von J. E. Bode (zu Bode siehe Kommentar [33]), der auch das Vorwort verfasste, welches eine Lobeshymne auf den Autor, der seine knappe Freizeit unbezahlt der Astronomie widme und mit seinem eigenen Geld in Lilienthal

---

einen Kometen unwahrscheinlich, da Kometen als Unglücksboten galten. In einem alternativen Erklärungsmodell geht man von einer Supernovaexplosion aus, jedoch ließen sich bisher keine Supernova-Überreste am Himmel finden, die von einem um Christi Geburt explodierten Stern stammen könnten. Die 7 v. Chr. erfolgte dreifache Konjuktion („Große Konjunktion") der Planeten Jupiter und Saturn ist das dritte heute gängige Erklärungsmodell. Vgl. Konradin Ferrari d'Occhieppo, Der Stern von Bethlehem in astronomischer Sicht. Legende oder Tatsache? (Gießen ^{4}2003)

[263] veraltete Bezeichnung für ein Gerät zur Niederschlagsmessung

[264] Instrument zur Messung der Verdunstung

eine Sternwarte errichtet und Instrumente gekauft habe, darstellt. Schroeter untersucht in diesem Band die Oberfläche von Jupiter und Saturn, gibt Vorschläge zu einigen neuen Instrumenten und der Verbesserung anderer, eine Beschreibung des Herschelschen siebenfüßigen Teleskops und dessen Aufstellungsart sowie auch einige Aufsätze von William Herschel (zu William Herschel siehe Kommentar [39]). Von den acht Abhandlungen, in die das Werk unterteilt ist, sind fünf von Schroeter und drei von Herschel, wobei letztere von Schroeter aus dem Englischen übersetzt und Anmerkungen hinzugefügt wurden.

Schroeter befasst sich in seinen Abhandlungen (= 1., 3.–6. Abhandlung) zunächst mit der Rotation und Atmosphäre des Jupiters. Zu diesem Zweck führt er seine Beobachtungen der Jupiteroberfläche mit genauen Zeitangaben an, bestimmt die Lage des Äquators, beschreibt Flecken der Äquatorzone mit unterschiedlicher Rotationszeit sowie die nördliche und südliche Polarzone und leitet daraus Schlussfolgerungen über die Rotation und Atmosphäre des Jupiter ab. Anschließend vergleicht er die Jupiteratmosphäre mit den „Erdwinden". Es folgen Bemerkungen über ein neues Scheiben-Mikrometer und das Herschelsche siebenfüßige Teleskop, wobei der Autor für letzteres die genaue Einrichtung des Fernrohrs, des Maschinenwerks und der Spiegel sowie dessen Preis und Gebrauch erklärt. Weiters stellt er eine neue „Projections-Maschine"[265] vor, die beim Abzeichnen von Sonnen- und Mondflecken hilfreich sei, sowie einen „Entwurf zu einer Monds-Topographie, sammt allgemeinen Bemerkungen über die Beschaffenheit der Mondsfläche"[266].

Jene Abhandlungen, die von Herschel verfasst und von Schroeter aus dem Englischen übersetzt wurden (= 2., 7., 8. Abhandlung), enthalten eine Beschreibung des Herschelschen Lampenmikrometers, ein Schreiben von Herschel an den Präsidenten der Royal Society, Joseph Banks, über teleskopische Vergrößerungen und Bemerkungen über die Parallaxe von Fixsternen.

Der zweite Band ist betitelt mit *Neuere Beyträge zur Erweiterung der Sternkunde* und erschien zehn Jahre nach dem ersten Band. Der erste Teil des zweiten Bandes beinhaltet Beobachtungen zur Rotation und Atmosphäre der Jupitertrabanten, die erst jetzt durch bessere Instrumente möglich geworden waren. Schroeter beschäftigt sich mit den Größenverhältnissen, Durchmessern, Rotationsperioden, Atmosphären (insbesondere Flecken) sowie dem Naturbau und der Bewohnbarkeit (also der Frage nach Wasser) der Monde. Im zweiten Teil werden verschiedene Themen angeschnitten, so erneut Jupiter (Verhältnis Polar-/Äquatorialdurchmesser, sphäroidische Gestalt), außerdem eine seltene Erscheinung bei der Bedeckung eines Fixsterns durch den Mond und der im August 1797 beobachtete Komet „sammt hingeworfenen Gedanken über die Atmosphäre der Cometen im Allgemeinen"[267]. Danach folgen Bemerkungen über einige Trabanten des Uranus (hier als „Georgsplanet" bezeichnet, siehe Kommentar [40] und Abschnitt 2.1) sowie des Saturn und Aufzeichnungen über die Beobachtung eines „vorzüglich merkwürdigen Sonnenfleckens, sammt weitern Bemerkungen über den Naturbau der Sonne"[268].

Johann Heinrich Schroeter, geboren 1745, studierte Theologie und Rechtswissenschaft und besuchte daneben Mathematik-, Physik- und Astronomievorlesungen. Nachdem seine Bekanntschaft mit William Herschels Brüdern sein Interesse für Astronomie vertieft hatte, errichtete er in Lilienthal, wo er die Stelle eines Oberamtmanns innehatte, ein Observato-

---

[265] Schroeter, Beiträge S. 210
[266] ebd. S. 221
[267] Schroeter, Neuere Beyträge S. XI
[268] ebd. S. 56

rium, das bald internationale Anerkennung erlangte. Die Sternwarte fand 1813 ein trauriges Ende, als sie von französischen Truppen auf deren Rückzug vor den Russen überfallen und großteils zerstört wurde; dabei verbrannten auch alle vorhandenen Werke Schroeters, die dieser auf eigene Kosten hatte drucken lassen. Danach errichtete er in seiner Heimatstadt Erfurt ein neues Observatorium, starb aber kurz darauf. Zeitlebens befasste sich Schroeter vornehmlich mit topographischer Astronomie, um die Oberflächenbeschaffenheit der Elemente des Sonnensystems möglichst genau kennen zu lernen. So studierte er die Oberfläche der inneren Planeten und des Erdmondes und veröffentlichte ein Werk über die Streifen und Trabanten des Jupiter. Obwohl er in seinen Arbeiten immer wieder Fehlschlüsse zog – so glaubte er die Venusoberfläche mit außerordentlich hohen Bergen versehen (siehe Kommentar [42]) und interpretierte die Oberflächenstrukturen des Mars als Wolken –, blieben viele seiner Erkenntnisse jahrzehntelang unübertroffen. Mehrere astronomische Phänomene sind nach ihm benannt, beispielsweise der „Schröter-Effekt", der Phänomene aufgrund der Lichtbrechung in der Venusatmosphäre (zum Beispiel die „Venushörner") beschreibt.[269]

[37] Johann Heinrich Schroeter, *Beobachtungen über die Sonnenfackeln und Sonnenflecken*, Erfurt 1789

Mit freiem Auge sichtbare Sonnenflecken waren bereits in der Antike bekannt, rückten aber im Mittelalter aus dem Bewusstsein der Menschen, da in das zu dieser Zeit herrschende Weltbild nur eine makellose Sonne passte. Man erklärte sich die „Flecken" als unentdeckte Planeten oder Wolken zwischen Erde und Sonne. Erst mit der Erfindung des Teleskops zu Beginn der Frühen Neuzeit wurden Sonnenflecken systematisch beobachtet, erste diesbezügliche, unabhängig voneinander gemachte Beobachtungen stammen von Johannes Fabricius (Dezember 1610), Galileo Galilei (August 1610, Ergebnisse aber erst 1611 veröffentlicht) und Christoph Scheiner (März 1611).[270] Ein Exemplar der Erstauflage des von Scheiner 1630 veröffentlichten Werkes *Rosa Ursina sive Sol*, das als erstes Standardwerk zur Sonnenforschung gilt, ist an der Wiener Universitätssternwarte vorhanden (siehe Kommentar [27] in Kerschbaum, Posch, Buchbestand 1).
Schroeters 1789 erschienene Arbeit über die Sonnenflecken wurde – wie ein Vermerk am Anfang des Buches zeigt – am 2. Juni 1788 an der Mainzer Kurfürstlichen Akademie nützlicher Wissenschaften vorgetragen und gliedert sich in drei Abschnitte.
Anfangs befasst sich Schroeter mit den Sonnenfackeln, also den helleren Flecken auf der Sonnenoberfläche, und unterscheidet hierbei helle Flecken innerhalb dunkler Flecken sowie helle Flecken auf der „reinen" Sonnenscheibe. Die Hypothese von Philippe de la Hire, dass die Sonne von einer rauen Kruste umgeben sei, die von einer Feuermaterie umflossen werde, welche wie das Meer durch die Anziehungskraft der Planeten Ebbe und Flut ausgesetzt sei, widerlegt Schroeter durch seine Entdeckung, dass die Flecken unabhängig von der Konstellation der Planeten auftreten.
Den nächsten Abschnitt widmet Schroeter den dunklen Sonnenflecken und führt zunächst seine Beobachtungen detailliert an, wobei er genau notiert, was er wann mit welchem Instrument und welcher Vergrößerung gesehen habe. Da er die Flecken vor allem in der

---

[269]vgl. Artikel „Schroeter, Johann Hieronymus". In: ADB 32 S. 570–572; Artikel „Schroeter, Johann Hieronymus". In: DBE 9 S. 155; HAE S. 447
[270]vgl. Artikel „Sonne". In: MKL 15 S. 29; Hamel, Geschichte S. 182, 185–187

Äquatorgegend ausmacht und deren unregelmäßiges Erscheinen feststellt, vermutet er in den Flecken ein atmosphärisches Phänomen wie bei Jupiter.

Im letzten Teil seiner Arbeit geht Schroeter genauer auf den zuletzt genannten Aspekt ein: aus seinen Beobachtungen schließt er auf eine Sonnenatmosphäre, in der die dunklen Flecken als Phänomene auftreten. Schroeters – aus heutiger Sicht durchaus amüsante – Hypothese lautet nun, dass die Sonne nicht von einem Feuerfluidum umflossen werde, sondern ein dunkler Körper wie alle Planeten sei. Das Licht, das sie auszustrahlen scheine, komme nicht von ihr selbst, sondern sei ein Teil des Sonnensystems bzw. der Schöpfung. Da die Sonne im Vergleich zu den Planeten aber viel mehr Masse habe, befänden sich in ihrer Nähe durch ihre Gravitation mehr Lichtteilchen – diese Lichtatmosphäre gebe der Sonne den Glanz. Die dunklen Flecken entstünden in der Sonnenatmosphäre, die sich in Sonnennähe mit der Lichtatmosphäre vermische.

Für biographische Angaben siehe Kommentar [36].

[38] Placidus Fixlmillner, *Acta Astronomica Cremifanensia*, Steyr 1791

Dieses Werk stellt im ersten Teil eine Zusammenfassung verschiedener, in Kremsmünster durchgeführter Sonnen- und Planetenbeobachtungen dar und beinhaltet im zweiten Teil Übungsbeispiele zu unterschiedlichen astronomischen Problemstellungen.

Schlägt man das Werk auf, fällt zunächst das Frontispiz ins Auge, das den mathematischen Turm von Kremsmünster zeigt. Er wurde 1749–1758 erbaut und gilt mit seiner Höhe von 50 Metern als ältestes Hochhaus Europas. In seiner Kuppel wurden astronomische und meteorologische Beobachtungen durchgeführt, heute beherbergt er die naturwissenschaftliche Sammlung des Stifts Kremsmünster.[271]

Fixlmillner widmet (D.D.D. = dat, donat, dedicat = gibt, schenkt, weiht) das Werk Kaiser Leopold II., den er als „scientiarum fautor" („Gönner der Wissenschaften") bezeichnet.

Im Vorwort nennt der Autor eine Reihe bekannter Astronomen – darunter Lalande, Mayer, de La Caille, Herschel, Flamsteed, Delambre, Halley und Triesnecker –, auf deren Arbeiten er sich in verschiedenen Kapiteln seines Werkes bezieht.

Im ersten Teil des Werkes finden sich zunächst Sonnenbeobachtungen, darunter die Sonnenfinsternisse von 1778, 1779, 1781, 1787 und 1788, deren Werte tabellarisch aufgeführt sind und die mit den Aufzeichnungen anderer Observatorien wie Mannheim, Berlin und Paris verglichen werden, und Beobachtungen der Sonnenflecken in den Jahren 1776 bis 1778 und 1782 zur Untersuchung der Knotenstelle des Äquators, dessen Neigung und Rotationsdauer. Danach folgen Mondbeobachtungen, wie Bedeckungen und Konjunktionen von Sternen mit dem Mond (beispielsweise die Bedeckung von μ Geminorum am 7. 2. 1778, die Konjunktion von Mond und α Librae am 10. 7. 1780 und die Bedeckung des Jupiter durch den Mond am 14. 5. 1788), Mondfinsternisse von 1776 und 1783 und Meridiandurchgänge des Mondes, wobei letztere mit den Tafeln von Tobias Mayer verglichen werden. Zuletzt sind Planetenbeobachtungen zusammengestellt, geordnet nach der Reihenfolge der Planeten, beginnend bei Merkur bis hin zu Uranus, dem äußersten damals bekannten Planeten.[272] Die errechneten geozentrischen Längen und Breiten von Merkur und Venus werden da-

---

[271] vgl. Artikel „Mathematischer Turm". In: Österreich-Lexikon 2 S. 28
[272] Uranus wurde 1781 von W. Herschel entdeckt, siehe Abschnitt 2.1.

bei mit den Werten von Lalande verglichen. Bei Mars und den äußeren Planeten liegt das Hauptaugenmerk Fixlmillners auf den Beobachtungen von Oppositionen, die jeweils auch zusammenfassend in einer Überblickstabelle am Ende jedes Kapitels dargestellt sind. Den Abschluss des ersten Teils bilden Beobachtungen zu Bedeckungen von Jupitersatelliten durch Jupiter selbst.

Der zweite Teil des Werkes besteht aus neun astronomischen Übungen und einem kurzen Anhang. Unter den Übungen befindet sich beispielsweise die Ermittlung der Sonnenparallaxe mittels des Venustransits vom 3. 6. 1769, wobei die Beobachtungen auf Tahiti, in Kalifornien, Wardoe, Finnland und der Hudson Bay miteinander verglichen werden. Eine weitere Übung betrifft die Bedeckung des Saturn durch den Mond am 18. 2. 1775, bei der wiederum die Ergebnisse verschiedener Beobachtungsstationen respektive Astronomen mit einbezogen werden (beispielsweise diejenigen von Cassini, Messier und Lalande) und eine Korrektur der Saturn- und Mondtafeln anhand der Bedeckung durchgeführt wird. In anderen Beispielen befasst sich Fixlmillner mit der Aberration des Lichts von Planeten und Fixsternen. Ferner werden Berechnungen zum Orbit des Uranus angestellt und dessen frühe Beobachtung durch Flamsteed am 23. 12. 1690 erwähnt. In der letzten Übung wird den Sonnenflecken und dem Schatten der Erde auf dem Mond bei einer Mondfinsternis Beachtung geschenkt.

Im Anhang finden sich Angaben zur Bedeckung von β Capricorni am 15. 10. 1790, zur Mondfinsternis sieben Tage später, zur Opposition des Jupiter im März 1791 und zur Sonnenfinsternis am 3. 4. desselben Jahres. Zuletzt sind zwei „Zugaben" angefügt, in denen unter anderem die Bestätigung der geographischen Länge des Kremsmünster Observatoriums durch neue Beobachtungen dargestellt wird.

Für biographische Angaben siehe Kommentar [18].

[39] William Herschel, *Über den Bau des Himmels*, Königsberg 1791

Das Werk[273] trägt den Untertitel: *Drey Abhandlungen aus dem Englischen übersetzt. Nebst einem authentischen Auszug aus Kants allgemeiner Naturgeschichte und Theorie des Himmels* und beinhaltet die in Königsberg von G. M. Sommer, „Adjunct an der Haberbergschen Kirche und zweyter Bibliothekar bey der Königl. Schloßbibliothek" erstellten deutschen Übersetzungen von mehreren in den *Philosophical Transactions of the Royal Society* erschienenen Arbeiten Herschels. Konkret besteht der Inhalt aus: „Nachricht von einigen Beobachtungen zum Behuf der Erforschung des Baues des Himmels" (1784), „Ueber den Bau des Himmels" (1785), „Einige Bemerkungen über den Bau des Himmels" (1789), sowie einer Einleitung durch Sommer und einem im Anhang untergebrachten kommentierten Auszug aus Kants *Naturgeschichte und Theorie des Himmels*.

In den drei Werken beschäftigt sich Herschel mit der aus seinen Beobachtungen abgeleiteten Gestalt der Milchstraße. Im ersten Beitrag wird insbesondere die Zusammensetzung des strukturierten Milchstraßenbandes aus Einzelsternen, Nebeln und aufgelösten Nebeln erörtert. Auch wird eine in weiterer Folge entscheidende Methode vorgestellt, das „Aichen

---

[273] Für eine kommentierte Ausgabe dieses und einiger damit zusammenhängender anderer Werke Herschels siehe den von Jürgen Hamel bearbeiteten, gleichnamigen Band 288 von Ostwalds Klassiker der Exakten Wissenschaften, Thun und Frankfurt a. Main, 2001.

des Himmels", mit der man unter Annahme einer gleichmäßigen Erfüllung des Raumes mit Sternen, durch richtungsweises Abzählen derselben auf die Dimension bzw. Gestalt des Gesamtsystems (das ist die Milchstraße) schließen kann. Auch die Position unserer Sonne, von ihm schon klar außerhalb des Zentrums der Milchstraße lokalisiert, lasse sich daraus ableiten.

Der zweite, namensgebende Beitrag präsentiert vor allem die Ergebnisse der Herschelschen Sternzählungen, der „Aichungen". Dieses Ergebnis ist das erste auf modernen beobachtenden Methoden aufbauende Bild unserer Milchstraße. Weiters werden Szenarien zur Entstehung der Nebelflecke auf Basis der gegenseitigen Anziehung gemeinsam mit der den Sternen innewohnenden „Wurfkraft" besprochen.

Im dritten Teil werden die Entwicklungszusammenhänge der bei seinen langjährigen Beobachtungen gefundenen Nebeltypen dargelegt. Deren Gestaltbildung, aber auch zeitliche Weiterentwicklung solle nach seinen Vorstellungen durch „Centralkäfte", allen voran der „Schwere", bewirkt werden.

William Herschel, eigentlich Friedrich Wilhelm Herschel, 1738–1822, war ein deutschstämmiger, vor allem in England wirkender bedeutender Astronom, aber auch Musiker. Als Astronom tat er sich vor allem durch Instrumentenbau und daraus abgeleitet durch intensivste Beobachtungstätigkeit hervor. Schlagartige Berühmtheit erlangte er durch die Entdeckung des Uranus[274] im Jahre 1781.[275]

Für weitere biographische Details, besonders auch seiner Schwester Caroline, sei auf Kommentar [44] zu ihrem Werk *Catalogue of Stars* verwiesen.

[40] Johann Friedrich Wurm, *Geschichte des neuen Planeten Uranus (Historia Novi Planetae Urani)*, Gotha 1791

Das zwar schon zuvor beobachtete, aber erst 1781 von William Herschel als Planet identifizierte Himmelsobjekt ist Thema der vorliegenden Arbeit von Johann Wurm.

Den Anfang bilden lateinische Tabellen für den heliozentrischen sowie geozentrischen Ort des Uranus sowie – ebenfalls lateinische – Erläuterungen zu deren Verwendung, darauf folgen die Vorrede und die drei Abschnitte des Hauptteils, die auf Deutsch verfasst sind. Die Tabellen für den heliozentrischen Ort wurden von Jean Baptiste Joseph de Lambre erstellt. Die Erklärung der Tabellen ist ein kürzerer Auszug aus dem dritten Abschnitt im Deutschen.

In seiner Vorrede bemerkt Wurm, dass er vornehmlich auf die Geschichte des Uranus und die stufenweise Bearbeitung seiner Theorie eingehen werde. Am Ende des Werkes sei eine Übersicht zum Lauf des Uranus bis zum Ende des Jahrhunderts gegeben sowie eine Sammlung aller bisherigen von verschiedenen Astronomen beobachteten „Gegenscheine"[276] des Uranus, wobei diese Sammlung auf Mitteilungen von Franz Xaver von Zach[277] zurückgehe.

---

[274] Siehe auch Kommentar [33] zu Bodes Namensdiskussion sowie Kommentar [40] und Abschnitt 2.1.
[275] vgl. Pogg 1 Sp. 1087; Pogg 7a Suppl. Sp. 279
[276] „Gegenschein" ist die alte Bezeichnung für „Opposition".
[277] Franz Xaver Freiherr von Zach, 1754–1832, österreichischer Astronom und Geodät

Der erste Abschnitt handelt von der „Entdeckung des neuen Sterns, und erste Muthmassungen und Untersuchungen über seine Laufbahn"[278]. Beginnend bei den Griechen und Babyloniern, kommt Zach dann auf einen wichtigen Schritt, die Erfindung der „Fernröhre", zu sprechen, die neue Entdeckungen erst möglich gemacht habe. Herschels 1781 gelungene Identifizierung des Uranus als Wandelstern und somit die Entdeckung eines neuen Planeten wäre mit „unbewafnetem [sic!] Gesicht"[279], das heißt ohne Fernrohr, nicht möglich gewesen. Wurm geht danach genauer auf die Ereignisse rund um die Entdeckung des Uranus sowie auf die Biographie Herschels ein, verweist aber für Informationen über die von Herschel in den folgenden Jahren gemachten weiteren Beobachtungen auf Johann Elert Bodes *Von dem neu entdeckten Planeten* (siehe Kommentar [33]).

Zur Entdeckungsgeschichte merkt Wurm an, dass man den neuen Planeten zunächst für einen Kometen gehalten und versucht habe, anhand von Beobachtungen dessen Parabelbahn zu berechnen, sich allerdings nach einiger Zeit herausgestellt habe, dass die Bewegungen des neuen Himmelskörpers nicht mehr mit der parabolischen Theorie übereinstimmten. Als weitere Beobachtungen immer stärker der Hypothese einer Kometenbahn widersprochen hätten und Anders Johan Lexell (1740–1784) herausgefunden habe, dass eine Kreisbahn besser passe, sei die Vermutung aufgekommen, dass es sich um einen neuen Planeten handeln könnte. Nun habe sich einerseits das Problem der Bahnbestimmung gestellt, auf das Wurm im zweiten Abschnitt genauer eingeht, andererseits sei die Frage nach der Namenswahl in den Blickpunkt gerückt. Wurm führt nun einige Vorschläge an, beispielsweise Herschels Bezeichnung „Georgium Sidus" (Georgs-Gestirn) nach dem englischen König Georg, die sich in England in etwas abgewandelter Form als „Georgian Planet" durchgesetzt habe, während die Franzosen den neuen Planeten nach seinem Entdecker Herschel benennen wollten. Letzterer Name habe allerdings allgemein keinen Anklang gefunden, da dieser unter den anderen Götternamen zu sehr auffalle; so habe man sich darauf geeinigt, einen Namen aus der Mythologie zu nehmen. Bodes Vorschlag, den Planeten nach Uranus zu benennen, sei schließlich zugestimmt worden, da er sich gut in die Reihe der übrigen Planetennamen füge: Merkur und Venus seien die Kinder des Jupiter, dieser sei Sohn des Saturn, dieser wiederum Sohn des Uranus. Einwände, dass Uranus die griechische Bezeichnung des römischen Coelus sei und die übrigen Planetennamen auch auf römische Götter zurückgingen, seien nicht berücksichtigt worden. Allerdings sei die Namensgebung zum Zeitpunkt der Veröffentlichung des Buches noch nicht einheitlich; die Franzosen würden den neuen Planeten nach wie vor Herschel, die Engländer Georgian Planet nennen.

Im zweiten Abschnitt befasst sich Wurm mit der „[g]enauere[n] Bearbeitung der Theorie des Uranus"[280]. Nach Erläuterungen zur Bahnbestimmung folgt eine kurze Darstellung der Suche Bodes nach früheren Eintragungen des Planeten als Stern in Sternverzeichnissen, die bei Tobias Mayer, Pierre Charles Le Monnier (zur Biographie Le Monniers siehe Kommentar [7]) und John Flamsteed (1646–1719) die gewünschten Ergebnisse brachte.

Die Theorie des Uranus habe man verbessert, indem man Störungen des Uranus durch andere Himmelskörper einbezogen habe, darunter vor allem Jupiter und Saturn aufgrund ihrer Massen. Es folgen Berechnungen und Ergebnisse mehrerer Astronomen (Joseph Jérôme Le Français de Lalande, Joseph Louis Lagrange – auch Giuseppe Lodovico Lagrangia –, Jean Baptiste Joseph de Lambre). Mit Hilfe der von Herschel entdeckten zwei Trabanten,

---

[278] Wurm, Uranus S. 5
[279] ebd. S. 9
[280] ebd. S. 31

über die er auch ein Buch schrieb (*On the Georgian Planet, and its Satellites*), sei es auch möglich gewesen, die Masse des Uranus auf das 18fache der Erdmasse zu bestimmen. Wurm erhielt bei seinen Berechnungen ein ähnliches Ergebnis wie Herschel und von Zach. Die Ermittlung der Größe ergab den vierfachen Erddurchmesser, auch die Umlaufszeit sowie der Abstand zu Sonne und Erde wurden bestimmt.
„Erläuterung und Gebrauch der Tafeln"[281] finden sich im dritten Abschnitt. Der Anhang beinhaltet eine Tabelle mit einigen Stellungen des Uranus für die letzten Jahre des 18. Jahrhunderts und eine kurze Erläuterung dazu.

Johann Friedrich Wurm wurde 1760 in Nürtingen (Württemberg) als Sohn eines Präzeptors geboren und trat ab 1788 in die Fußstapfen seines Vaters. 1797 war er für drei Jahre Pfarrer in Grübingen, danach Professor für Latein, Altgriechisch und Mathematik zunächst am Gymnasium zu Blaubeuren, dann am Obergymnasium zu Stuttgart. Aufgrund eines Augenleidens setzte sich Wurm 1824 zur Ruhe. Zeitlebens beschäftigte er sich aus Mangel an Gelegenheiten zur Durchführung eigener Beobachtungen vorwiegend mit Berechnungen. Vor allem veränderlichen Sternen und der Bestimmung ihrer Perioden widmete er seine Aufmerksamkeit, aber auch dem Berechnen von Parallaxen, Planetendurchmessern und -massen sowie der Photometrie. Seine Längenbestimmungen galten als sehr genau. Er starb 1833.[282]

[41] David a Sancto Caietano, *Neues Rädergebäude mit Verbesserungen und Zusätzen*, Wien/Leipzig 1793

Bis zum Ende des 18. Jahrhunderts hatte sich bei der Herstellung von Uhrwerken das Problem ergeben, „ein Räderwerk so anzuordnen, daß dadurch eine ununterbrochene Bewegung in einer gegebenen Umlaufszeit, die entweder selbst eine grosse Primzahl ist, oder eine grosse Primzahl enthält, vollkommen genau ausgeführt werde."[283] Es war bisher nicht gelungen, die Bestandteile eines Getriebes derart anzuordnen, dass das letzte Rad während eines Zeitraumes, der einer großen Primzahl entspricht – beispielsweise 1 009 Stunden –, in einer ununterbrochenen Bewegung genau eine Umdrehung ausführt, da es unmöglich war, eine derart große Anzahl von Elementen in ein einziges Rad einzuschneiden. Alle bisherigen Versuche, Primzahlen durch Kombination mehrerer Räder darzustellen, hatten keine ganz exakten Ergebnisse geliefert. David a Sancto Caietano stellt im vorliegenden Werk die von ihm entwickelte Rechenmethode dar, wie anhand einer geschickten Kombination aus verschiedenen Rädern, wobei keines mehr als hundert Zähne enthält, die Ausführung einer exakten Bewegung auch bei großen Primzahlen gewährleistet wird. Dies hält er unter anderem für die genaue Darstellung des Mondlaufs für wichtig. Neben der wesentlich höheren Genauigkeit dieser neuen Methode war auch die Zeitersparnis gegenüber den früheren langwierigen, rein empirischen Rechnungen ein Gewinn.[284]

---

[281] ebd. S. 54
[282] vgl. Artikel „Wurm, Johann Friedrich". In: ADB 44 S. 333, Pogg 2 Sp. 1375f
[283] Sancto Caietano, Rädergebäude, Vorwort S. 9
[284] vgl. Hans Bertele-Grenadenberg, Uhren und Automaten. In: Maria Theresia und ihre Zeit. Eine Darstellung der Epoche von 1740–1780 aus Anlaß der 200. Wiederkehr des Todestages der Kaiserin (Salzburg/Wien 1979). Zit. n.: Sylvia Mattl-Wurm, Zur Biographie David Ruetschmanns alias Frater a Sancto Cajetano (1726–1796). In: Himmlisches Räderwerk. Die astronomische Kunstuhr Frater Cajetanos (1726–1796)

Im ersten Abschnitt des Buches wird die Funktionsweise dieses neuen „Rädersistems" erklärt. Im zweiten Abschnitt werden Details erläutert und konkrete Rechenbeispiele anhand verschiedener Umlaufzeiten durchgeführt, wobei der Autor für den synodischen Monat die Dauer von 2 551 443 Sekunden (entspricht der Multiplikation der Primzahl 850 481 mit drei), für den siderischen Monat 2 360 591 Sekunden (dieser Wert ist selbst eine Primzahl) und für das Sonnenjahr 31 556 928 Sekunden (die größte mittels Primfaktorenzerlegung dieses Wertes erhaltene Primzahl ist 269) annimmt. Anhand der Berechnungen wird gezeigt, wie man durch Darstellung großer Primzahlen als Summe kleinerer Zahlen die benötigte Anzahl an Rädern und deren Zahnzahl ermittelt und wie die Koppelung verschiedener Getriebe erfolgen muss, damit – beispielsweise im Falle des Mondes – exakt ein Umlauf in einem (siderischen oder synodischen) Monat erreicht wird.

Das *Neue Rädergebäude mit Verbesserungen und Zusätzen* stellt eine Überarbeitung der ersten Ausgabe von 1791 dar, die sich jedoch nicht im Besitz der Wiener Universitätssternwarte befindet.

Dem vorliegenden Werk ist eine weitere Arbeit von David a Sancto Caietano beigebunden, in der er sich mit demselben Thema befasst und die als „praktische Anleitung für Künstler"[285] gedacht ist. Die Erläuterungen des *Neuen Rädergebäudes* bilden hierbei die Basis für die Konstruktion eines Kunstwerkes, und zwar einer Uhr, die nicht nur Stunden, sondern auch periodische Bewegungen der Sonne, des Mondes, der Knoten, der Erdferne und der Erdnähe nach der wahren Umlaufzeit anzeigen kann, wobei für die Darstellung der Mondbewegung die unterschiedliche Geschwindigkeit im Perigäum und Apogäum berücksichtigt wird – all das wiederum ausschließlich mit Rädern, die weniger als hundert Zähne aufweisen.

David a Sancto Caietano wurde 1726 in Lembach als David Ruetschmann geboren und war Zimmermann und Schreiner. Im Alter von 20 Jahren kam er nach Wien, wo er zunächst als Tischler arbeitete, dann aber ins Augustinerkloster Mariabrunn eintrat und den Ordensnamen David a Sancto Caietano annahm. Neben seiner Arbeit als Tischler befasste er sich hier erstmals mit der Reparatur und später auch mit der Konstruktion von Uhren. 1760 wechselte er von Mariabrunn in das Wiener Hofkloster der Augustiner Barfüßer, wo er an Kursen über Mathematik, Physik und Mechanik teilnahm, und konstruierte in den folgenden Jahren seine erste Kunstuhr, die ihm aufgrund ihrer ausgezeichneten Genauigkeit große Anerkennung verschaffte und heute die Sammlung des Wiener Uhrenmuseums bereichert. Für die zwei weiteren Kunstuhren (1781, 1793) lieferte David a Sancto Caietano nur noch die Entwürfe und Berechnungen, gebaut wurden sie von anderen. Im *Neuen Rädergebäude* von 1791 sowie in dessen Überarbeitung von 1793 erläutert er die Konstruktion der letzten der drei Caietanischen Großuhren. Sie wurde im Auftrag von Fürst Joseph von Schwarzenberg gebaut und ist als „Schwarzenbergische Uhr" bekannt. Nach wie vor ist die Familie Schwarzenberg im Besitz dieser Uhr.[286]

(Wien 1996) 22f

[285] David a Sancto Caietano, Praktische Anleitung für Künstler, alle astronomische Perioden durch brauchbare bisher noch nie gesehene ganz neue Räderwerke mit Leichtigkeit vom Himmel unabweichlich genau auszuführen (Wien/Leipzig 1793)

[286] vgl. Sylvia Mattl-Wurm, Zur Biographie David Ruetschmanns alias Frater a Sancto Cajetano (1726–1796). In: Himmlisches Räderwerk. Die astronomische Kunstuhr Frater Cajetanos (1726–1796) (Wien 1996) 22–68

[42] Johann Heinrich Schroeter, *Beobachtungen über die sehr beträchtlichen Gebirge und Rotation der Venus*, Erfurt 1793

Der zur damaligen Zeit noch offenen Frage nach der Rotationsdauer der Venus geht Schroeter in dieser Arbeit nach, die „in der Kurfürstl. Akademie nützlicher Wissenschaften den 19. Sept. 1792 bey einer außerordentlichen Versammlung zu der Feyer des 400jährigen Jubilaeums der Erfurtischen Universitaet"[287] vorgetragen wurde.

In dem aus zwei Abschnitten bestehenden Werk befasst sich Schroeter zunächst mit der „Vergleichung einiger von mir wahrgenommenen nebelähnlichen Schattenflecken der Venus mit den ältern Cassinischen und Bianchinischen Beobachtungen dieser Art, sammt beyläufiger Bestimmung der daraus erhellenden Rotationsperiode"[288]. Die von Jean-Dominique Cassini beim Mars angewandte Methode zur Bestimmung der Rotationsdauer anhand dessen Flecken erweise sich bei der Venus als schwierig, da diese kaum Flecken zeige; dennoch habe Cassini 1666 mit Mühe einen helleren Fleck gefunden, der sich in 23 Stunden zu bewegen schien. Allerdings bestehe Zweifel daran, dass es sich bei Cassinis Beobachtungen jeweils um denselben Fleck gehandelt habe. Francesco Bianchini habe 1726 die Umdrehungsperiode auf 24 Tage und 8 Stunden bestimmt, sich dabei aber nur auf eine einzige unzulängliche Beobachtung gestützt. Um die Frage nach der korrekten Rotationsdauer der Venus zu klären, habe er, Schroeter, sich 1779 daran gemacht, diesen Planeten systematisch zu beobachten, allerdings habe er erst 1788 Flecken entdecken können. Es folgt nun eine chronologische, detaillierte Auflistung seiner Beobachtungen, wann, mit welchem Instrument, welcher Vergrößerung etc. er welche Veränderungen festgestellt habe. Die Zeichnungen Cassinis, Bianchinis und Schroeters sind dem Werk zum besseren Vergleich beigefügt. Auf Basis seiner Beobachtungen grenzt Schroeter die Rotationsdauer der Venus auf 23 bis 24 Stunden ein, erhält damit ein ähnliches Ergebnis wie Cassini und erläutert dies anhand detaillierter Erklärungen und Rechnungen.

Der zweite Abschnitt handelt von „[w]eitere[n] Beobachtungen über die Ungleichheiten und Gebirge der Oberfläche, sammt genauerer Bestimmung der auch daraus erhellenden Umdrehungsperiode der Venus"[289]. Schroeter geht hierbei davon aus, dass die Unterschiede zwischen berechneter und beobachteter Phase auf Gebirge zurückzuführen seien. Dementsprechend richtet er sein Augenmerk vor allem auf die beiden „Venushörner"[290]. Auch hier werden die Beobachtungen wie im ersten Abschnitt chronologisch aufgelistet. Schroeters Schlussfolgerung lautet, dass die südliche Halbkugel der Venus wie die des Mondes mehr und höhere Gebirge habe als die nördliche. Die senkrechte Höhe der Venusgebirge verhalte sich zu derjenigen der Mondgebirge wie der Durchmesser der Venus zu dem des Mondes; die Gebirge der Venus seien darüber hinaus fünf bis sechs mal höher als die Erdgebirge. Der Äquator sei gegenüber der Ekliptik stark geneigt, und die Hornspitzen befänden sich weit weg von den Polen, da sich das von den Sonnenstrahlen bestimmte Erscheinungsbild der Hörner sehr schnell ändere. Aufgrund eines bestimmten, täglich etwas früher wahrgenommenen Erscheinungsbildes der Hörner betrage die Rotationsdauer etwas weniger als 24 Stunden. Schroeter erhält also auf zwei verschiedenen Wegen dasselbe Ergebnis und legt die Rotationszeit auf 23 Stunden und 21 Minuten fest. Der moderne Wert für die Rotationszeit der Venus beträgt 243 Tage. Allerdings waren bis 1964 Werte zwischen

---
[287] Schroeter, Beobachtungen S. 1
[288] ebd. S. 2
[289] ebd. S. 16
[290] Phänomen in der Venusatmosphäre aufgrund der Lichtbrechung

22 Stunden und 225 Tagen zu finden, da weder direkte optische oder spektroskopische Beobachtungen noch die Anwendung des Doppler-Effekts zufrieden stellende Ergebnisse lieferten. Erst die 1964 durchgeführten Radarmessungen auf Puerto Rico und an anderen Orten konnten dieses Problem lösen.[291]

Drei Jahre nach den *Beobachtungen* erschienen Schroeters *Aphroditographische Fragmente*[292], in denen er seine sämtlichen Venusbeobachtungen – sowohl die bereits veröffentlichten als auch neue – sowie die daraus gewonnenen Resultate präsentiert.

Für biographische Angaben siehe Kommentar [36].

[43] Johann Elert Bode, *Claudius Ptolemäus Beobachtung und Beschreibung der Gestirne und der Bewegung der himmlischen Sphäre mit Erläuterungen, Vergleichen der neuern Beobachtungen*, Berlin und Stettin 1795

Der Hauptteil des Werks stellt im Wesentlichen eine kommentierte Übersetzung des Siebenten Buchs des Almagests von Claudius Ptolemäus aus dem Griechischen dar. Der eigentliche Übersetzer des Texts ist nicht Bode, sondern ein „Professor Fischer", der sich in einer Fußnote zum ersten Kapitel detailliert über die widrigen Umstände seiner Arbeit beklagt: einerseits sei die griechische Vorlage von 1538 voll von Fehlern und andererseits habe er bei seiner Arbeit nicht gewusst, dass seiner Übersetzung „[...] die Ehre des Drucks widerfahren würde [...]". Bode vergleicht die neue Übersetzung und insbesondere den Sternkatalog mit den einschlägigen früheren Arbeiten von Montignot[293] und Flamsteed[294]. Großen Raum, nämlich 140 Seiten (!) nimmt eine tabellarische Gegenüberstellung aller Ptolemäischen Fixsterne mit modernen Beobachtungen ein. Bemerkenswert sind die Betrachtungen zur Präzessionsbewegung und ihrer Auswirkung auf Sternpositionen, insbesondere die langfristig wechselnden „Polarsterne" von Deneb im Jahr 15 520 v. Chr., über die Wega im Jahr 11 950 v. Chr. bis zu α Cephei im Jahr 7 511 n. Chr.

Den Abschluss des Bandes bilden zwei stereographische Entwürfe der beiden Hemisphären nach den Beobachtungen des Ptolemäus für das Jahr 63 n. Chr. Die Sternbildfiguren sind denen des Farnesischen Globus aus dem 1. Jahrhundert nachempfunden.

Für biographische Angaben siehe Kommentar [33].

[44] Caroline Herschel, *Catalogue of Stars*, London 1798

Wie William Herschel (zu Herschel siehe Kommentar [39]) in der von ihm verfassten Einleitung schreibt, basiert das vorliegende Werk auf dem von seiner Schwester Caroline erstellten Index der Beobachtungen des englischen Astronomen John Flamsteed (1646–1719,

---

[291] vgl. Joachim Herrmann, dtv-Atlas Astronomie (München 2000) 83

[292] Johann Heinrich Schroeter, Aphroditographische Fragmente, zur genauern Kenntniss des Planeten Venus; sammt beygefügter Beschreibung des Lilienthalischen 27füssigen Telescops, mit practischen Bemerkungen und Beobachtungen über die Grösse der Schöpfung (Helmstedt 1796)

[293] Etat des Etoiles fixes, au second Siècle, par Claude Ptolemée, comparé à la position des mêmes étoiles en 1786, avec le texte grec & la traduction françoise (Straßburg 1787)

[294] Historia coelestis Britannica (London 1725)

Gründer und erster Direktor des Greenwich Observatory). Im Verlaufe dieser Arbeit habe sich herausgestellt, dass über 500 der von ihm beobachteten Sterne im *British Catalogue* nicht erfasst worden seien. Da Flamsteeds Beobachtungen jedoch von großer Bedeutung seien, habe er seine Schwester überredet, einen Katalog jener Sterne zu veröffentlichen. Nach dieser kurzen Darstellung der Motivation, den *Catalogue of Stars* zu erstellen, erläutert Herschel kurz den Aufbau des Kataloges. Gelistet seien die Sterne nach der Vollständigkeit der über sie vorhandenen Angaben, so beginne der Katalog mit den von Flamsteed komplett beobachteten Sternen, gefolgt von jenen, die Unsicherheiten bei Rektaszension und/oder Deklination aufwiesen, danach jenen ohne Angaben über Rektaszension oder Deklination und anschließend jenen, bei denen lediglich eine Beschreibung vorliege, mit deren Hilfe man sie auffinden könne. Zuletzt seien sieben Mehrfachsterne und Sternhaufen hinzugefügt. Die zehn Spalten des Katalogs beinhalteten Informationen wie das Symbol des Wochentags, die betreffende Seitennummer in Flamsteeds Teil 2 der *Historia Coelestis Britannica*[295], den Namen, den Flamsteed dem jeweiligen Stern gegeben habe, die Größenklasse, den Namen des Referenzsterns, die Angabe, ob der im *British Catalogue* nicht erfasste Stern dem Referenzstern folge oder vorangehe und, ob er sich nördlich oder südlich des Referenzsterns befinde, sowie die Differenz der Polhöhe in Grad, Minuten und Sekunden.

Seine einleitenden Bemerkungen schließt Herschel mit der Versicherung, er habe den Fortgang der Arbeit beobachtet und alles überprüft, was mehr astronomische Erfahrung erfordere, als seine Schwester aufwelsen könne, und er habe daher, soweit es ihm möglich gewesen sei, verhindert, dass Fehler in die Arbeit Eingang fänden.[296] Diese Bemerkung war in einer Zeit, in der es höchst unüblich war, dass Frauen eigenständig wissenschaftlich arbeiteten und publizierten,[297] wohl nötig, um dem Werk die gewünschte Aufmerksamkeit und Anerkennung in Fachkreisen zu verschaffen.

Nach der Einleitung durch William Herschel folgt der von Caroline Herschel erstellte und mit „Catalogue of Flamsteed's stars, not inserted in the British Catalogue" betitelte Teil des Werkes sowie ein umfangreicher Fußnotenapparat.

Den mit über 70 Seiten größten Teil des Werkes nimmt jedoch der „Index to Flamsteed's observations of the fixed stars contained in the second volume of the Historia Coelestis" ein. Diese Aufstellung der Fixsterne ist bereits auf der Titelseite angekündigt und beginnt ebenfalls mit einleitenden Worten durch William Herschel, in denen er wiederum den Aufbau sowie einige von Flamsteed gemachte Notizen erklärt.

Den Schlussteil des Werkes bildet eine von Caroline Herschel erstellte Sammlung jener Fehler, die Flamsteed bei seinen Fixsternbeobachtungen im zweiten Teil der *Historia Coelestis* gemacht hatte („Errata in the observations of the fixed stars contained in Flamsteed's second volume of the historia coelestis"). Unter diesen Fehlern ist, wie William Herschel einleitend schreibt, am häufigsten jener der falschen Zuordnung der Sterne zum jeweiligen Sternbild zu finden.

---

[295] Die *Historia coelestis Britannica*, in der knapp 3 000 Sterne beschrieben sind, erschien erstmals 1712, erfuhr jedoch 1725 eine Neuauflage durch Edmond Halley. Vgl. Artikel „Sternkataloge". In: MKL 15 S. 304

[296] „And I may add, that by inspecting the work as it proceeded, and looking over all cases which seemed to require more of the habits of an astronomer than she has been in the way of acquiring, I have endeavoured, as much as I could, to prevent errors from finding their way into the work." Herschel, Catalogue, Einleitung S. 5

[297] vgl. Londa Schiebinger, Schöne Geister. Frauen in den Anfängen der modernen Wissenschaft (Stuttgart 1993) 365f, 369

Caroline Lucretia Herschel wurde 1750 in Hannover geboren und erhielt wie ihre Geschwister von ihrem Vater, der Militärmusiker war, eine musikalische Ausbildung. 1761 erkrankte sie an Typhus, konnte die Krankheit jedoch überwinden. Nach dem Tod des Vaters zog sie 1772 zu ihrem Bruder William, der bereits 15 Jahre zuvor nach Bath (England) übersiedelt und dort als Musiker tätig war, und führte dessen Haushalt. William ermöglichte ihr eine Gesangsausbildung, um sie als Sängerin in seinen Konzerten auftreten zu lassen, doch assistierte sie ihm bald mehr und mehr bei seinen astronomischen Tätigkeiten. Als ihr Bruder durch die Entdeckung des Uranus 1781 praktisch über Nacht ein gefeierter Astronom wurde, wandte auch sie sich schließlich ganz der Astronomie zu, um ihren Bruder, zu dem sie zeitlebens ein inniges Verhältnis hatte, voll unterstützen zu können. 1782 zogen William und Caroline nach Datchet, das näher bei London gelegen war. Im selben Jahr stellte Caroline ihre ersten eigenen Beobachtungen an und entdeckte 1786 ihren ersten Kometen. Ihre erbrachten Leistungen anerkannte die englische Regierung, indem sie ihr ab 1787 als Assistentin ihres Bruders ein jährliches Gehalt auszahlte. Als ihr Bruder im folgenden Jahr heiratete, zog sie aus dem Haus aus und widmete sich in verstärktem Maße der Astronomie. Bis 1797 folgten sieben weitere Kometenentdeckungen,[298] die ihr unter anderem anerkennende Briefe von Maskelyne und Lalande eintrugen. Bei ihren Himmelsdurchmusterungen fand sie auch einige bis dahin unbekannte Nebel und Sternhaufen. Daneben half sie ihrem Bruder bei der Herstellung verschiedener Spiegelinstrumente. 1798 wurden der „Catalogue of Flamsteed's stars, not inserted in the British Catalogue", der „Index to Flamsteed's observations of the fixed stars contained in the second volume of the Historia Coelestis" sowie die „Errata in the observations of the fixed stars contained in Flamsteed's second volume of the historia coelestis", in einem Werk zusammengefasst und, jeweils mit einer Einleitung ihres Bruders versehen, von der Royal Society publiziert.[299]

Nachdem ihr Bruder 1822 gestorben war, zog sie nach Hannover zurück, wo sie von bedeutenden Persönlichkeiten wie Gauß (zu Gauß siehe Kommentar [45]) und Mädler Besuch erhielt. 1835 wurde sie als Ehrenmitglied in die Royal Astronomical Society aufgenommen und erhielt bis zu ihrem Tod 1848 zahlreiche Auszeichnungen, darunter die Goldene Medaille der Royal Astronomical Society und die große Goldene Preismedaille für Erweiterung der Wissenschaften, verliehen an ihrem 96. Geburtstag auf Empfehlung Alexander von Humboldts durch den preußischen König Friedrich Wilhelm IV.[300]

[45] Carl Friedrich Gauß, *Demonstratio Nova Theorematis Omnem Functionem Algebraicam Rationalem Integram Unius Variabilis*, Helmstedt 1799

Die *Demonstratio Nova* ist als Dissertation des erst 22jährigen Carl Friedrich Gauß der krönende Abschluss seines Studiums an der Academia Julia, der Universität in Helmstedt. Der nur schmale, 40seitige Band enthält nichts weniger als den ersten strengen Beweis des Fundamentalsatzes der Algebra. Dieser – nun „Gaußsche" – Fundamentalsatz der Algebra besagt, modern ausgedrückt, dass der Körper der komplexen Zahlen algebraisch abge-

---

[298] Davon wurden allerdings drei Kometen bereits zuvor von anderen Astronomen entdeckt, vgl. Artikel „Herschel, Karoline". In: ADB 12 S. 225

[299] vgl. Artikel „Herschel, Caroline" sowie „Herschel, (Friedrich) Wilhelm". In: DBE 4 S. 646; Artikel „Herschel, Caroline". In: NDB 8 S. 698f; Artikel „Herschel, Karoline". In: ADB 12 S. 222–226

[300] vgl. Artikel „Herschel, Caroline". In: DBE 4 S. 646; Artikel „Herschel, Caroline". In: NDB 8 S. 698f; Artikel „Herschel, Karoline". In: ADB 12 S. 226f

schlossen ist.[301] Gauß' langjähriger Förderer Herzog Karl Wilhelm Ferdinand von Braunschweig finanzierte sowohl sein Studium als auch den Druck der Demonstratio Nova in Helmstedt 1799.

Carl Friedrich Gauß, 1777–1855, vielfach „princeps mathematicorum" genannt, war vor allem Mathematiker und Astronom, leistete aber auch zu Physik und Geodäsie bedeutende Beiträge. Sein astronomisches Hauptwerk ist die Theoria motus corporum coelestium in sectionibus conicis Solem ambientium von 1809, welche die Bahnbestimmung von neu entdeckten Himmelskörpern (insbesondere Kleinplaneten und Kometen) revolutionierte und mit seiner darin vorgestellten Methode der kleinsten Fehlerquadrate auch weite Bereiche der messenden Wissenschaften beinflusste.[302]

---

[301] Praktisch bedeutet dies, dass jedes nicht konstante Polynom n-ten Grades mit ganzen, reellen oder komplexen Koeffizienten auch n ganze, reelle oder zumindest komplexe Nullstellen aufweist.

[302] vgl. Pogg 1 Sp. 854, Sp. 1567; Pogg 3 Sp. 498; Pogg 4 Sp. 481; Pogg 5 Sp. 415; Pogg 6 Sp. 858; Pogg 7a Sp. 229

Literaturverzeichnis

Nachschlagewerke

ADB = Allgemeine Deutsche Biographie. 56 Bde. (Leipzig 1875–1912);
online: http://mdz1.bib-bvb.de/~ndb/ndbmaske.html

BBKL = Biographisch-Bibliographisches Kirchenlexikon. 25 Bde., ed. Friedrich Wilhelm Bautz (Hamm/Herzberg/Nordhausen 1990–2005);
online: http://www.bautz.de/bbkl/

DBE = Deutsche Biographische Enzyklopädie. 12 Bde. (München 1995–2000)

DGB = Der Große Brockhaus. 14 Bde. (Wiesbaden ^{16}1952–1963)

DNB = The Dictionary of National Biography. 63 Bde. (London u. a. 1885–1900)

DSB = Dictionary of Scientific Biography. 18 Bde., ed. Charles Coulston Gillispie (New York 1981–1990)

HAE = History of Astronomy. An Encyclopedia, ed. John Lankford (New York/London 1997)

HLS = Historisches Lexikon der Schweiz, 13 Bde. (bisher erschienen: Bd. 1–4, Basel 2002–2005);
online: http://www.hls-dhs-dss.ch/index.php

MEL = Meyers Enzyklopädisches Lexikon. 32 Bde. (Mannheim/Wien/Zürich 1971–1981)

MKL = Meyers Konversations-Lexicon. 19 Bde. (Leipzig/Wien 1885–1892);
online: http://susi.e-technik.uni-ulm.de:8080/Meyers2/index/index.html

NBG = Nouvelle Biographie Générale. 46 Bde. (Paris 1855–1866)

NDB = Neue Deutsche Biographie. 22 Bde. (Berlin 1971–2005);
online: http://mdz1.bib-bvb.de/~ndb/ndbmaske.html

Österreich-Lexikon. 2 Bde., ed. Richard Bamberger, Maria Bamberger, Ernst Bruckmüller, Karl Gutkas (Wien 1995);
online: http://www.aeiou.at/aeiou.encyclop

Oxford DNB = The Oxford Dictionary of National Biography. 60 Bde. (Oxford 2004);
online: http://www.oxforddnb.com/

Pogg = Johann Christian Poggendorff, Biographisch-literarisches Handwörterbuch der exacten Naturwissenschaften. 7 Bde. (Leipzig/Berlin 1863–1992)

Sonstige Literatur

Anonym, Anmuthiges Bauren-Gespräch über dem Lauffen und nicht-Lauffen der Sonnen, und dem Umdrehen und nicht-Umdrehen der Erden (Leipzig/Frankfurt 1720)

Francis Bacon, De dignitate et augmentis scientiarum (Würzburg 1779)

Johann Elert Bode, Claudius Ptolemäus Beobachtung und Beschreibung der Gestirne und der Bewegung der himmlischen Sphäre mit Erläuterungen, Vergleichen der neuern Beobachtungen (Berlin/Stettin 1795)

Johann Elert Bode, Von dem neu entdeckten Planeten (Berlin 1784)

Hanns Bohatta, Michael Holzmann, Adressbuch der Bibliotheken der Oesterreichisch-ungarischen Monarchie (=Schriften des Oesterreichischen Vereines für Bibliothekswesen, Wien 1900)

Rudjer Boškovič, De inaequalitatibus quas Saturnus et Jupiter sibi mutuo videntur inducere praesertim circa tempus conjunctionis (Rom 1756)

Pierre Bouguer, La Figure de la Terre (Paris 1749)

Peter Brosche, Der Astronom der Herzogin. Leben und Werk von Franz Xaver von Zach 1754–1832 (=Acta Historia Astronomiae 12, ed. Wolfgang R. Dick, Jürgen Hamel, Frankfurt a. Main 2001) (=Brosche, Astronom der Herzogin)

Jacques Cassini, Tabulæ Planetarum Saturni, Jovis, Martis, Veneris et Mercurii (Wien 1764)

Suzanne Débarbat, Venus Transits – A French View. In: Transits of Venus. New Views of the Solar System and Galaxy. Proceedings of the 196th Colloquium of the International Astronomical Union, ed. D. W. Kurtz (Cambridge 2004) (=Débarbat, Venus Transits)

Leonhard Euler, Lettres à une Princesse d'Allemagne (Petersburg 1768–72)

Leonhard Euler, Theorie der Planeten und Cometen (Wien 1781) (=Euler, Theorie)

Emil A. Fellmann, Leonhard Euler (Reinbek b. Hamburg 1995) (=Fellmann, Leonhard Euler)

Konradin Ferrari d'Occhieppo, Der Stern von Bethlehem in astronomischer Sicht. Legende oder Tatsache? (Gießen ^{4}2003)

Konradin Ferrari d'Occhieppo, Maximilian Hell und Placidus Fixlmillner. Die Begründer der neueren Astronomie in Österreich. In: Österreichische Naturforscher, Ärzte und Techniker, ed. Fritz Knoll (Wien 1957) (=Ferrari d'Occhieppo, Maximilian Hell)

Timothy Ferris, Kinder der Milchstraße. Die Entwicklung des modernen Weltbildes (Basel/Boston/Berlin 1989)

Placidus Fixlmillner, Acta Astronomica Cremifanensia (Steyr 1791)

Placidus Fixlmillner, Meridianus speculae astronomiae Creminfanensis (Steyr 1765)

Nikolaj I. Fuss, Umständliche Anweisung, wie alle Arten von Fernröhren in der größten möglichen Vollkommenheit zu verfertigen sind (Leipzig 1778) (=Fuss, Umständliche Anweisung)

Carl Friedrich Gauß, Demonstratio Nova Theorematis Omnem Functionem Algebraicam Rationalem Integram Unius Variabilis (Helmstedt 1799)

Friedrich Wilhelm Gerlach, Die Bestimmung der Gestalt und Grösse der Erde (Wien 1782) (=Gerlach, Gestalt)

Johann Christoph Gottsched, Gedächtnißrede auf den unsterblich verdienten Domherrn in Fraunberg (Leipzig 1743) (=Gottsched, Gedächtnißrede)

Helmut Grössing, Frühling der Neuzeit. Wissenschaft, Gesellschaft und Weltbild in der frühen Neuzeit (=Perspektiven der Wissenschaftsgeschichte 12, ed. Maria Petz-Grabenbauer, Wien 2000) (=Grössing, Frühling)

Bibliotheka Lichtenbergiana. Katalog der Bibliothek Georg Christoph Lichtenbergs, ed. Hans Ludwig Gumpert (Wiesbaden 1982) (=Gumpert, Bibliotheka Lichtenbergiana)

Jürgen Hamel, Geschichte der Astronomie. Von den Anfängen bis zur Gegenwart (Basel/Boston/Berlin 1998) (=Hamel, Geschichte)

Thomas L. Hankins, Science and the Enlightenment (Cambridge History of Science, ed. George Basalla, William Coleman, Cambridge ^{9}1997) (=Hankins, Science)

Maximilian Hell, Anleitung zum nutzlichen Gebrauch der künstlichen Stahl-Magneten (Wien 1762) (=Hell, Anleitung)

Maximilian Hell, Observatio transitus Veneris ante discum Solis die 3 Junii anno 1769 (Wien 1770)

Joachim Herrmann, dtv-Atlas Astronomie (München ^{14}2000)

Caroline Herschel, Catalogue of Stars (London 1798) (=Herschel, Catalogue)

William Herschel, Über den Bau des Himmels (Königsberg 1791)

William Herschel, Über den Bau des Himmels. Abhandlungen über die Struktur des Universums und die Entwicklung der Himmelskörper, bearb. v. Jürgen Hamel (=Ostwalds Klassiker der Exakten Wissenschaften 288, Thun/Frankfurt a. Main 2001)

Christiaan Huygens, Cosmotheōros (Frankfurt/Leipzig 1704)

Marion Janzin, Joachim Güntner, Das Buch vom Buch. 5000 Jahre Buchgeschichte (Darmstadt ^{2}1997) (=Janzin, Güntner, Buch vom Buch)

Immanuel Kant, Träume eines Geistersehers, erläutert durch Träume der Metaphysik. In: ders., Werke 1, ed. W. Weischedel (Wiesbaden 1960)

Franz Kerschbaum, Thomas Posch, Der historische Buchbestand der Universitätssternwarte Wien. Ein illustrierter Katalog 1. 15. bis 17. Jahrhundert (Frankfurt a. Main u. a. 2005) (=Kerschbaum, Posch, Buchbestand 1)

Charles-Marie de La Condamine, Mesure des trois premiers degrés du méridien dans l'hémisphere austral (Paris 1751) (=La Condamine, Mesure)

Guillaume Hyazinthe Joseph Jean Baptiste Le Gentil de La Galaisière, Voyage dans les mers de l'Inde (Paris 1779, 1781) (=Le Gentil, Voyage)

Joseph Jèrome Le Français de Lalande, Bibliographie Astronomique; avec l'Histoire de l'Astronomie depuis 1781 jusqu'à 1802 (Paris 1803)

Johann Heinrich Lambert, Merkwürdigste Eigenschaften der Bahn des Lichts durch die Luft und überhaupt durch verschiedene sphärische und concentrische Mittel (Berlin 1773) (=Lambert, Merkwürdigste Eigenschaften)

Pierre-Charles Le Monnier, Histoire Céleste (Paris 1741)

Joseph Liesganig, Dimensio graduum meridiani Viennensis et Hungarici (Wien 1770)

Jean Jacques de Mairan, Traité physique et historique de l'aurore boréale (Paris 1754)

Johann Jakob von Marinoni, De astronomica specula domestica et organico apparatu astronomico (Wien 1745) (=Marinoni, Specula)

Sylvia Mattl-Wurm, Zur Biographie David Ruetschmanns alias Frater a Sancto Caietano (1726–1796). In: Himmlisches Räderwerk. Die astronomische Kunstuhr Frater Caietanos (1726–1796) (Wien 1996) (=Mattl-Wurm, Biographie)

Pierre Louis Moreau de Maupertuis, Figura Telluris (Leipzig 1742) (=Maupertuis, Figura Telluris)

Pierre Louis Moreau de Maupertuis, La figure de la Terre (Amsterdam 1738) (=Maupertuis, Figure de la Terre)

Christian Mayer u. a., Collectio omnium observationum quae occasione transitus Veneris per Solem a. MDCCLXIX (Petersburg 1770)

Rudolf Mumenthaler, Im Paradies der Gelehrten (Zürich 1996) (=Mumenthaler, Paradies)

Simon Newcomb, The reminiscences of an astronomer (London/New York 1903)

Isaac Newton, Optice: sive de Reflexionibus, Refractionibus, Inflexionibus et Coloribus Lucis (London 1706)

Isaac Newton, Philosophiae Naturalis Principia Mathematica (Amsterdam 1714)

Wayne Orchiston, James Cook's 1769 transit of Venus expedition to Tahiti. In: Transits of Venus. New Views of the Solar System and Galaxy. Proceedings of the 196th Colloquium of the International Astronomical Union, ed. D. W. Kurtz (Cambridge 2004)

Johann von Paccassi, Einleitung in die Theorie des Mondes (Wien 1783) (=Paccassi, Theorie des Mondes)

Nora Pärr, Wiener Astronomen. Ihre Tätigkeit an Privatobservatorien und Universitätssternwarten (phil. Diplomarbeit, Wien 2001) (=Pärr, Wiener Astronomen)

Jean Picard, La mesure de la Terre (Paris 1671)

Anton Pilgram, Calendarium Chronologicum (Wien 1781)

Anton Pilgram, Tabulæ Lunares Tobiæ Mayeri (Wien 1771)

Anton Pilgram, Untersuchungen über das Wahrscheinliche der Wetterkunde durch vieljährige Beobachtungen (Wien 1788)

Gerhard Polnitzky, Bibliothek des Instituts für Astronomie. In: Handbuch der historischen Buchbestände in Österreich 1, ed. Helmut W. Lang (Hildesheim/Zürich/New York 1994)

Johann Sigmund Valentin Popowitsch, Untersuchungen vom Meere, die auf Veranlaßung einer Schrift de columnis Herculis, welche der hochberühmte Professor in Altorf, Herr Christ. Gottl. Schwarz, herausgegeben, nebst andern zu derselben gehörigen Anmerkungen / von einem Liebhaber der Naturlehre und der Philologie, vorgetragen werden (Frankfurt/Leipzig 1750)

Johann Adolf Repsold, Zur Geschichte der astronomischen Messwerkzeuge, 2 Bde. (überarb. Aufl. Leipzig 2004)

David a Sancto Caietano, Neues Rädergebäude mit Verbesserungen und Zusätzen (Wien/Leipzig 1783) (= Sancto Caietano, Rädergebäude)

David Sellers, The Transit of Venus. The Quest to find the true Distance of the Sun (Leeds 2001) (=Sellers, Transit)

Londa Schiebinger, Schöne Geister. Frauen in den Anfängen der modernen Wissenschaft (Stuttgart 1993)

Friedrich Schlichtegroll, Denkmahl des berühmten Astronomen P. Placidus Fixlmillner, Benedictiners in Kremsmünster (Gotha 1797) (=Schlichtegroll, Denkmahl)

Johann Heinrich Schroeter, Beiträge zu den neuesten astronomischen Entdeckungen (Berlin 1788) (=Schroeter, Beiträge)

Johann Heinrich Schroeter, Beobachtungen über die sehr beträchtlichen Gebirge und Rotation der Venus (Erfurt 1793) (=Schroeter, Beobachtungen)

Johann Heinrich Schroeter, Beobachtungen über die Sonnenfackeln und Sonnenflecken (Erfurt 1789)

Johann Peterson Stengel, Ausführliche Beschreibung der Sonnenuhren (Ulm 1755)

Emanuel Swedenborg, Von den Erdkörpern der Planeten und des gestirnten Himmels Einwohnern (Frankfurt/Leipzig 1771)

Sergej I. Vavilov, Isaac Newton (Berlin 1951)

Johann Friedrich Weidler, Historia astronomiae (Wittenberg 1741) (=Weidler, Historia)

Folkward Wendland, Peter Simon Pallas (1741–1811). Materialien einer Biographie 1 (=Veröffentlichungen der Historischen Kommission zu Berlin 80/I, Berlin/New York 1992)

Richard S. Westfall, The life of Isaac Newton (Cambridge 1993)

John Wilkins, Vertheidigter Copernicus. 2 Bde. (Leipzig 1713) (=Wilkins, Copernicus)

Curtis Wilson, Astronomy and Cosmology. In: The Cambridge History of Science 4. Eighteenth-Century Science, ed. Roy Porter (Cambridge 2003) 328–353 (=Wilson, Astronomy)

Rudolf Wolf, Geschichte der Astronomie (=Geschichte der Wissenschaften in Deutschland 16, München 1877) (=Wolf, Geschichte)

Volker Wollmann, Die Karlsburger Sternwarte (Specula) aus dem Jahre 1797. In: Zeitschrift für Siebenbürgische Landeskunde 21/1 (1998) 77–81

Johann Friedrich Wurm, Geschichte des neuen Planeten Uranus. Historia Novi Planetae Urani (Gotha 1791) (=Wurm, Uranus)

Geschichte der Naturwissenschaften, ed. Hans Wußing (Köln 1983) (=Wußing, Naturwissenschaften)

Ernst Zinner, Deutsche und niederländische astronomische Instrumente des 11.–18. Jahrhunderts (München 1956) (=Zinner, Astronomische Instrumente)

Ernst Zinner, Die Geschichte der Sternkunde (Berlin 1931) (=Zinner, Sternkunde)

Peter Lang · Europäischer Verlag der Wissenschaften

Franz Kerschbaum / Thomas Posch

Der historische Buchbestand der Universitätssternwarte Wien

Ein illustrierter Katalog
Teil 1: 15. bis 17. Jahrhundert

Frankfurt am Main, Berlin, Bern, Bruxelles, New York, Oxford, Wien, 2005.
IXX, 201 S., zahlr. Abb.
ISBN 3-631-52890-6 · br. € 39.–*

Die Wiener Universitätssternwarte bewahrt eine der bedeutendsten Sammlungen historisch bedeutsamer Bücher naturwissenschaftlichen Inhalts aus dem 15.–19. Jahrhundert. Insbesondere im deutschsprachigen Raum gibt es kaum eine astronomische Fachbibliothek mit einem vergleichbaren geschichtlich gewachsenen Bestand. Der illustrierte Katalog präsentiert die Werke des 15.–17. Jahrhunderts, welche in dieser Sammlung vertreten sind, in Wort und Bild. Während in erster Linie auf Vollständigkeit der bibliographischen Angaben und eine repräsentative Auswahl von Abbildungen geachtet wurde, konnten in zweiter Linie auch die Inhalte ausgewählter Werke (etwa von G. v. Peuerbach, Regiomontan, Kepler und anderen) durch historische Anmerkungen aufgeschlüsselt werden. Grundlinien der Entwicklung der neuzeitlichen Astronomie werden dadurch neu sichtbar.

Aus dem Inhalt: Einführung (u. a. zur Astronomie- und Buchdruckgeschichte 1470–1700) · Illustrierter Katalog der Bücher des 15.–17. Jahrhunderts in der Bibliothek der Wiener Universitätssternwarte · Autorenindex · Anmerkungen · Bibliographie · Zeittafel

Frankfurt am Main · Berlin · Bern · Bruxelles · New York · Oxford · Wien
Auslieferung: Verlag Peter Lang AG
Moosstr. 1, CH-2542 Pieterlen
Telefax 00 41 (0) 32 / 376 17 27

*inklusive der in Deutschland gültigen Mehrwertsteuer
Preisänderungen vorbehalten
Homepage http://www.peterlang.de